普通高等教育“十三五”规划教材

材料成形设备

宋天民　刘丽喆　主编

中国石化出版社

内 容 提 要

本书全面介绍了材料成形设备的工作原理、典型结构、控制系统、性能特点、主要技术参数与应用等。全书共三章，铸造设备重点介绍了砂型铸造设备和特种铸造设备；锻压设备重点介绍了液压机、曲柄压力机、螺旋压力机、旋压机和其他锻压设备；焊接设备重点介绍了电弧焊、电阻焊、高能束焊设备和其他焊接设备。

本书可作为高等工科院校材料成形及控制工程、机械制造及其自动化专业等专业的教材，也可作为其他相关专业的教学参考书，还可供铸、锻、焊设备技术人员参考。

图书在版编目(CIP)数据

材料成形设备／宋天民，刘丽喆主编. —北京：
中国石化出版社，2017
普通高等教育“十三五”规划教材
ISBN 978-7-5114-4373-1

Ⅰ.①材… Ⅱ.①宋… ②刘… Ⅲ.①工程材料-成型-设备-高等学校-教材 Ⅳ.①TB3

中国版本图书馆 CIP 数据核字(2016)第 314893 号

中国石化出版社出版发行
地址：北京市朝阳区吉市口路 9 号
邮编：100020 电话：(010)59964500
发行部电话：(010)59964526
http://www.sinopec-press.com
E-mail：press@sinopec.com
北京科信印刷有限公司印刷
全国各地新华书店经销
*
787×1092 毫米 16 开本 20 印张 489 千字
2017 年 3 月第 1 版 2017 年 3 月第 1 次印刷
定价：39.80 元

前　言

本书是一部全面介绍材料成形设备的专业书籍。编写本书的目的，旨在为铸造、锻压和焊接原三个专业合并成现在的材料成形及控制工程专业后，提供一部名副其实的材料成形设备教科书，作为材料成形及控制工程专业的主干课教材。

全书共分为3章。第1章铸造设备，重点介绍了砂型铸造设备和特种铸造设备；第2章锻压设备，重点介绍了液压机、曲柄压力机、螺旋压力机、旋压机和其他锻压设备；第3章焊接设备，重点介绍了电弧焊、电阻焊、高能束焊设备和其他焊接设备。

本书编写具有以下3个特点：

(1) 全面性　全面介绍了铸造、锻压和焊接设备；

(2) 实用性　重点介绍了各种设备的工作原理、结构特点及应用，删除了繁杂的理论计算内容，非常适用于教学和自学；

(3) 创新性　本书为国内首部将铸、锻、焊设备合并编写的书籍，书中内容注重引入国内外最新科研成果。

本书可作为高等工科院校材料成形及控制工程、机械制造及其自动化等专业的教材，也可作为其他相关专业的教学参考书，还可供铸、锻、焊设备技术人员参考。

本书由辽宁石油化工大学组织编写，参加编写的人员有宋天民、刘丽喆、宋尔明。全书由宋天民和刘丽喆主编。

本书在编写过程中，查阅和引用了许多书籍和文献，在此，向本书中引用书籍和文献的作者深表谢意。

由于编者水平有限，书中会有疏漏和不妥之处，敬请读者批评指正。

前言

目　　录

第1章 铸造设备

铸造是指熔炼金属，制造铸型，并将熔融金属浇入铸型，凝固后获得具有一定形状、尺寸和性能金属零件毛坯的成形方法。铸造生产的产品称为铸件。大多数铸件只能作为毛坯，经过机械加工后才能成为各种机器零件。

铸造生产是复杂、多工序的工艺过程，由铸型制备、合金熔炼及浇注、落砂及清理等三个相对独立的工艺过程组成。

铸造方法虽然很多，但习惯上把铸造分成砂型铸造和特种铸造两大类。

1.1 砂型铸造设备

1.1.1 造型设备

在我国，按铸造生产产量计算，砂型铸造占整个铸造产量的80%~90%。砂型铸造又分黏土砂型铸造、树脂砂型铸造和水玻璃砂型铸造，而黏土砂型铸造又占砂型铸造的80%以上。黏土型砂是由“原砂或再生砂+黏结剂(膨润土，称黏土)+其他附加物(煤粉、水等)”混合而成，它们经紧实而成砂型或砂芯。

使黏土型砂紧实的外力称为紧实力。在紧实力的作用下，型砂的体积变小的过程称为紧实过程。用单位体积内型砂的质量或型砂表面的硬度来衡量型砂的紧实程度，称为紧实度。

1. 振压造型机

振压造型机的结构如图1.1-1所示，它主要由振压气缸、机架、转臂、压板和起模油缸等组成。

振压造型机的主要部件是振压气缸，振压气缸的结构如图1.1-2所示，它主要由压实气缸、压实活塞及振击气缸、振击活塞和密封圈等组成。振压造型机的机架采用悬臂单立柱结构，压板架是转臂式的。机架和转臂都是箱形结构。为了适应不同高度的砂箱，打开压板机构上的防尘罩，转动手柄，可以调整压板在转臂上的高度。转臂可以绕中心轴9转，由动力缸8推动一齿条，带动中心轴9的齿轮，使转臂摇转。为了使转臂转动终了时，能平稳停止，避免冲击，动力缸在行程二端都有缓冲阻尼缸。

振压造型机采用顶杆法起模。装在机身内的起模液压缸6带动起模同步架5，5带动装在工作台两侧的两个起模导向杆3在起模时同时向上顶起。3带动起模架13和顶杆同步上升，顶着砂箱四个角而起模。为了适应不同大小的砂箱，顶杆在起模架上的位置可以在一定范围内调节。

振压造型机的动作过程为：①振击；②转臂前转；③压实；④转臂旁转，压板移开；⑤起模；⑥起模架下落，机器恢复至原始位置。

2. 高压造型机

高压造型机具有生产效率高、铸件尺寸精度高和表面粗糙度低等一系列优点。

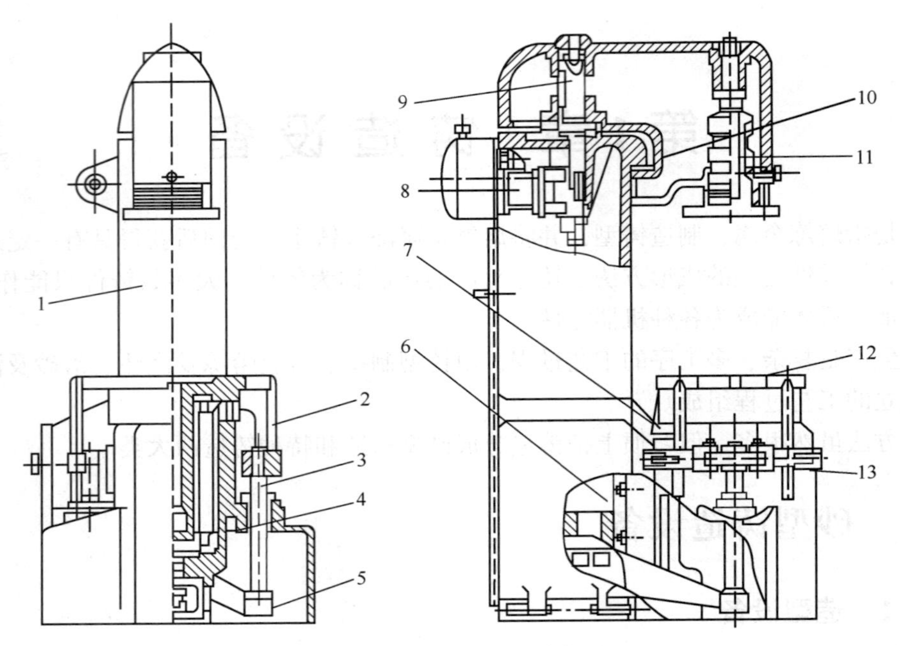

图 1.1-1　振压造型机结构图

1—机身；2—起模顶杆；3—起模导向杆；4—振压气缸；5—起模同步架；6—起模液压缸；7—振动器；8—转臂动力缸；9—转臂中心轴；10—垫块；11—压板机构；12—工作台；13—起模架

高压造型机通常采用多触头压头，并与气动微振紧实相结合，故称为多触头高压微振造型机，典型的多触头高压微振造型机的结构如图 1.1-3 所示，主要由机架、微振压实机构、多触头压头、定量加砂斗和边辊道等组成。

该造型机的机架为四立柱式，上面横梁 10 上装有浮动式多触头压头 13 及漏底式加砂斗 8，它们装在移动小车上，由压头移动缸 9 带动可以来回移动。机体内的紧实缸分为两部分，上部是气动微振缸 17，下部是具有快速举升功能的压实缸 1。

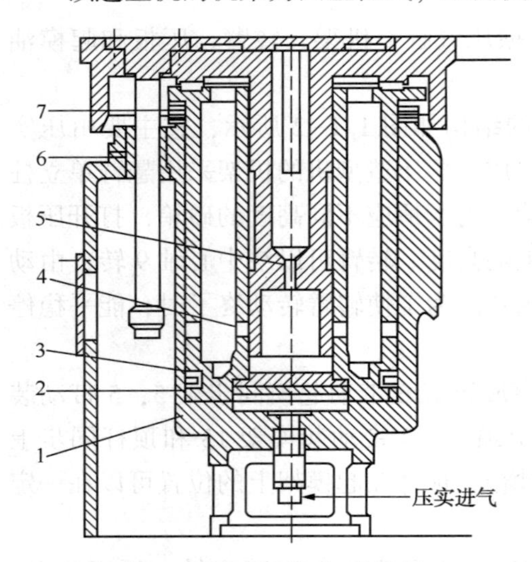

图 1.1-2　振压气缸结构图

1—压实气缸；2—压实活塞及振击气缸；3—密封圈；4—振击气缸排气孔；5—振击活塞；6—导杆；7—折叠式防尘罩

1）微振压实机构

高压微振造型机中的微振压实机构种类较多，图 1.1-4 是一种常见的微振压实机构的结构图。

在图 1.1-4 所示的单弹簧微振压实机构中，微振机构在导向活塞中，使震击面内藏，减小了噪声，而且导向性好，保证了较高的起模精度。

双级油缸使用高、低压两种油源，低压油从孔 c 中进入。与此同时，b 孔吸油（通过充液阀和高位油箱），d 孔关闭。预升活塞 11 顶着压实活塞 9 上升，通过球形盘 8 顶着导向活塞 6 及工作台 1 升起，完成接砂工序。压实时先预压，即再次从 c、b 孔吸入低压油，使压实活塞 9 推动工作台 1 上升，使砂箱中的型砂进行预压实。接着 b 孔关闭，从

c、d 孔改进高压油，从而完成高压压实。球形盘 8 可降低双级油缸的安装精度。这种压实机构比较简单，但需要高、低压两种油源，泵站结构比较复杂。

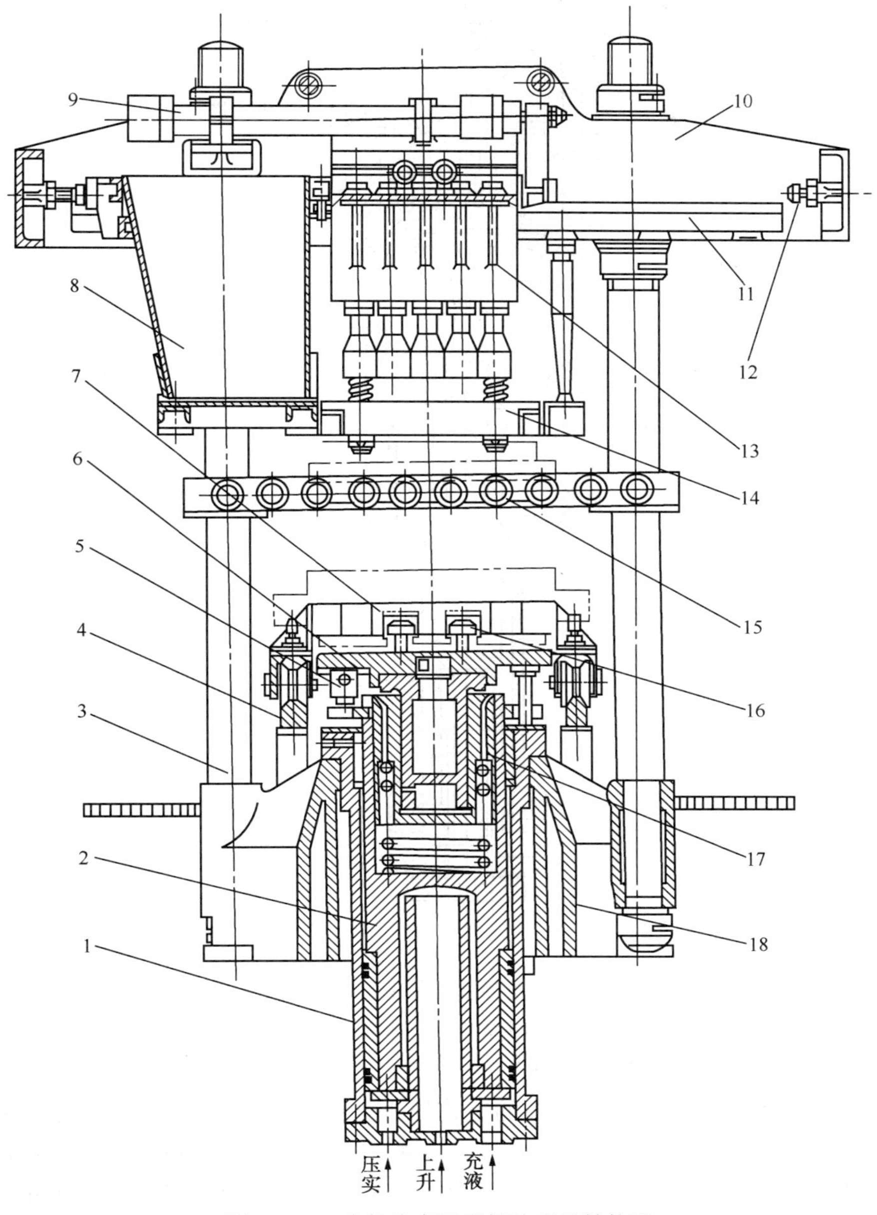

图 1.1-3　多触头高压微振造型机结构图

1—压实缸；2—压实活塞；3—立柱；4—模板穿梭机构；5—振动器；6—工作台；7—模板框；8—加砂斗；9—压头移动缸；10—横梁；11—导轨；12—缓冲器；13—多触头压头；14—辅助梁；15—边辊道；16—模板夹紧器；17—气动微振缸；18—机座

2）多触头压头

常见的多触头压头有主动式多触头、弹簧复位浮动式多触头和油缸复位浮动式多触头等。

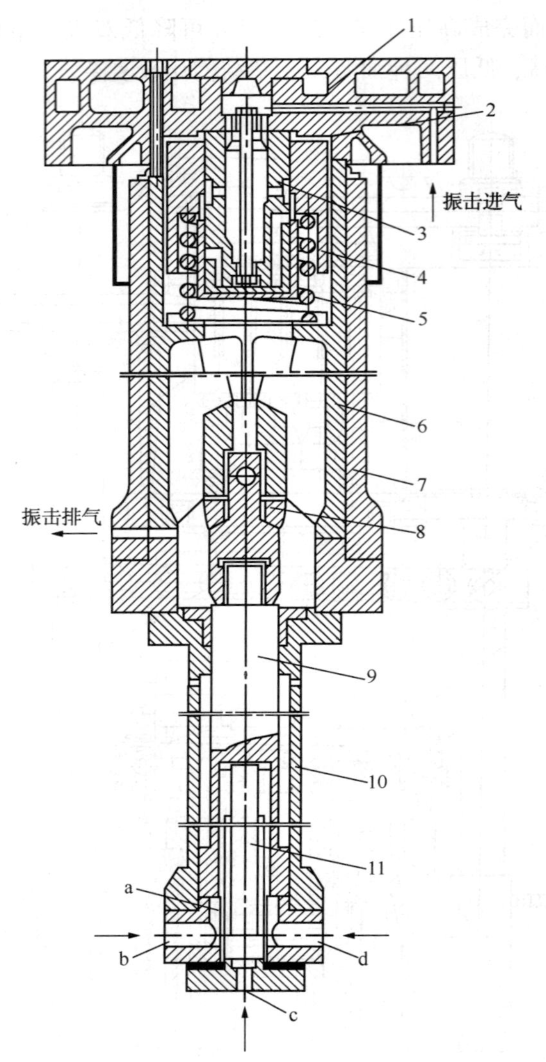

图 1.1-4　单弹簧微振压实机构结构图

1—工作台；2—振击垫；3—振击活塞；4—振铁；5—微振弹簧；6—导向活塞；
7—导向缸；8—球形盘；9—压实活塞；10—压实缸；11—预升活塞

(1) 主动式多触头　主动式多触头的工作原理如图 1.1-5 所示。在原始位置时，压力油从油缸的有杆端进入，无杆端排油，所有触头提升，如图 1.1-5(a)所示。压实时，工作台不动，压力油通过调压阀从油缸的无杆端进入，触头伸入砂箱压实型砂，并可通过调压阀调节油压来改变压实比压。为了增加箱壁附近的紧实度，可使外圈触头的油压比内圈触头的油压高一些，如图 1.1-5(b)所示(用了两个调压阀)。

(2) 弹簧复位浮动式多触头　弹簧复位浮动式多触头的工作原理如图 1.1-6 所示。安装触头的柱塞装在一个密闭而连通的箱体中，随着压实行程的不同，触头伸出的程度也不同。由于触头伸出时，要克服弹簧的恢复力，导致触头受力不相等。因此，在保证触头能复位的情况下，复位弹簧的刚度应尽量小些，以使触头的比压比较均匀，一般弹簧的刚度为 3000～6000N/m。

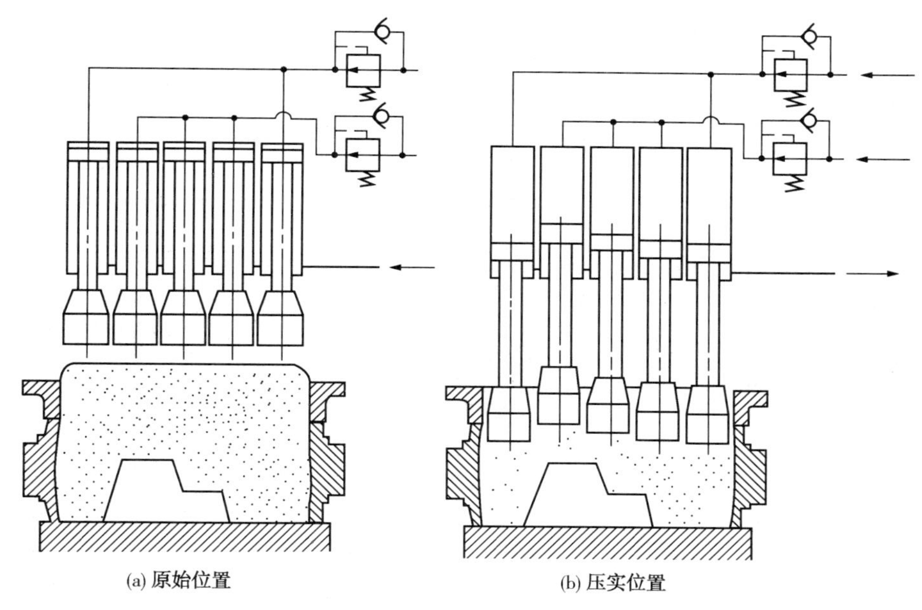

图 1. 1-5　主动式多触头工作原理图

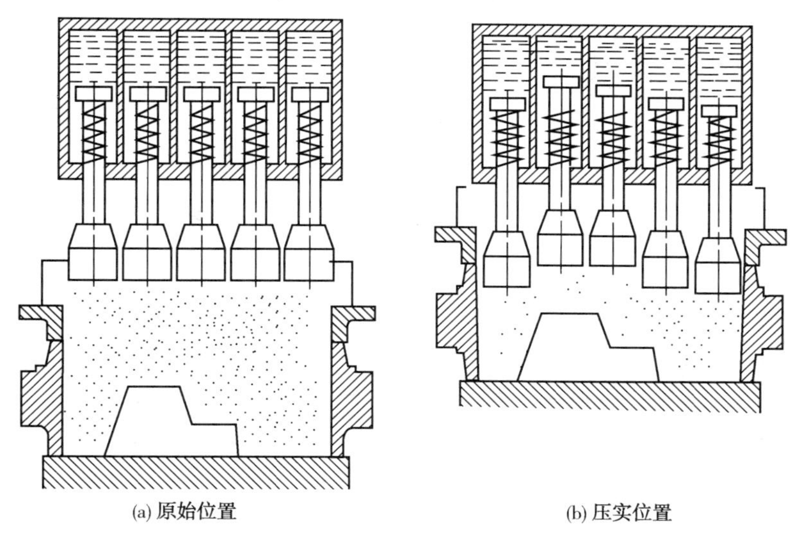

图 1. 1-6　弹簧复位浮动式多触头工作原理图

（3）油缸复位浮动式多触头　油缸复位浮动式多触头的工作原理如图 1. 1-7 所示。多触头小油缸与复位油缸连通，如果多触头内、外圈比压不同时，则分别用两个复位油缸连通。在原始位置时，多触头处于最低位置。当工作台托着砂箱和型砂上升进行压实时，多触头退缩，小油缸中的油排至复位油缸中，使复位油缸的活塞左移到底，触头退缩处于中间某个位置，如图 1. 1-7(b)所示。继续压实时，各触头根据模样高度不同浮动，如图 1. 1-7(c)所示。当压实结束后，工作台下降，复位油缸进油使活塞右移，将油压出并使触头复位，如图 1. 1-7(a)所示。这种油缸复位比弹簧复位更可靠。

3）模板穿梭机构

模板穿梭机构的组成如图 1. 1-8 所示，将模板框连同模板送入造型机，定位后，由工作台上的模板夹紧装置夹紧。

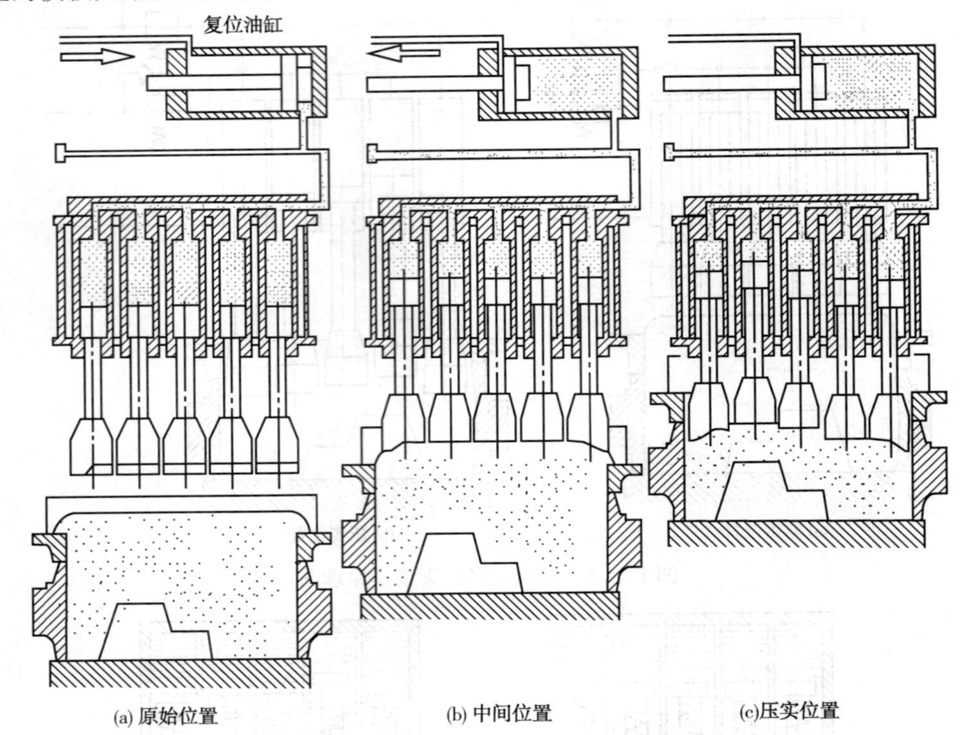

图 1.1-7　油缸复位浮动式多触头工作原理图

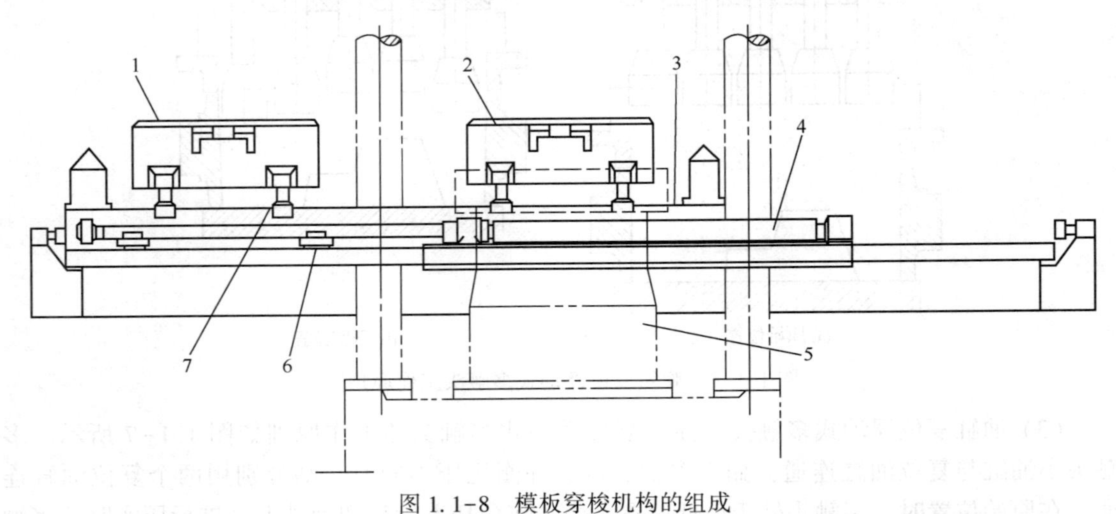

图 1.1-8　模板穿梭机构的组成

1、2—模板及模板框；3—穿梭小车；4—驱动液压缸；5—高压造型机；6—车轮；7—定位销

造型时，空砂箱由边辊道送入，活塞先快速上升，同时，高位油箱向压实缸充液，工作台上升，先托住砂箱，然后托住辅助框。此时，压头小车移位，加砂斗向砂箱填砂，同时开动微振机构进行预振，型砂得到初步紧实。加砂及预振完毕后，压头小车再次移位，加砂斗移出，多触头压头移入。在这个过程中，加砂斗将砂型顶面刮平。而后，微振缸和压实缸同时工作，从压实孔通入高压油液，实施高压，进行压振，使型砂进一步紧实。紧实后，工作

台下降，边辊道托住砂型，实现起模。

3. 垂直分型无箱射压造型机

如果造型时不用砂箱(无箱)或者在造型后能先将砂箱脱去(脱箱)，使砂箱不进入浇注、落砂、回送循环，就能减少造型生产的工序，节省许多砂箱，而且，可使造型生产线所需辅机减少，容易实现自动化。

1）无箱射压造型机工作原理

垂直分型无箱射压造型机的造型原理如图 1.1-9 所示。造型室由造型框和正、反压板组成，正、反压板上有模样，封住造型室后，由上面射砂填砂[图 1.1-9(a)]，再由正、反压板两面加压，紧实成两面有型腔的型块[图 1.1-9(b)]。而后，反压板退出造型室并向上翻起，让出型块通道[图 1.1-9(c)]。接着正压板将造好的型块从造型室推出，且一直前推，使其与前一型块推合，并且还将整个型块向前推过一个型块的厚度[图 1.1-9(d)]。此后，正压板退回[图 1.1-9(e)]，反压板放下并封闭造型室[图 1.1-9(f)]，机器进入下一造型循环。

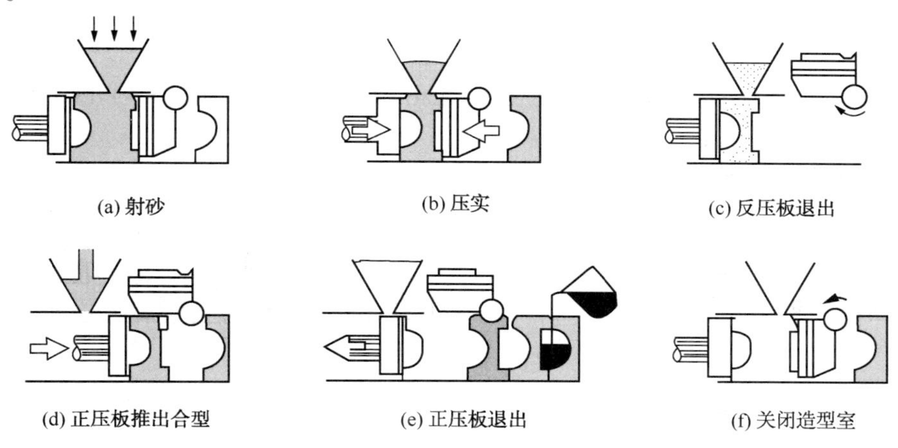

图 1.1-9 垂直分型无箱射压造型机工作原理

这种造型方法的特点是：①用射压方法紧实砂型，所得型块紧实度高且均匀；②型块的两面都有型腔，铸型由两个型块间的型腔组成，分型面是垂直的；③连续造出的型块互相推合，形成一个很长的型列，浇注系统设在垂直分型面上，由于型块互相推住，在型列的中间浇注时，几个型块与浇注平台之间的摩擦力可以抵住浇注压力，型块之间仍保持密合，不需卡紧装置；④一个型块即相当一个铸型，而且，射压都是快速造型方法，所以造型机的生产率很高，造小型铸件时，生产率可达 300 型/h 以上。

2）无箱射压造型机的结构

垂直分型无箱射压造型机的结构如图 1.1-10 所示。机器的上部是射砂机构，射砂筒 1 的下面是造型室 9。正、反压板由液压缸系统驱动。为了获得高的压实比压和较快的压板运动速度，采用增速液压缸。为了保证合型精度，结构上采用了四根刚度大的长导杆 6 协调正反压板的运动。造型室前有浇注平台，推出的砂型即排列在上面。

造型机的造型工艺过程有六道工序，如图 1.1-11 所示。

(1) 射砂工序[图 1.1-11(a)] 正反压板关闭造型室。当料位指示器 14 显示射砂筒 3 中已装满砂时[图 1.1-11(f)]，开启射砂阀 15，贮气罐 5 中的压缩空气进入射砂筒 3，将型砂射入造型室 1 内。射砂结束后，射砂阀 15 关闭，排气阀 2 打开，使射砂筒 3 内余气排出。

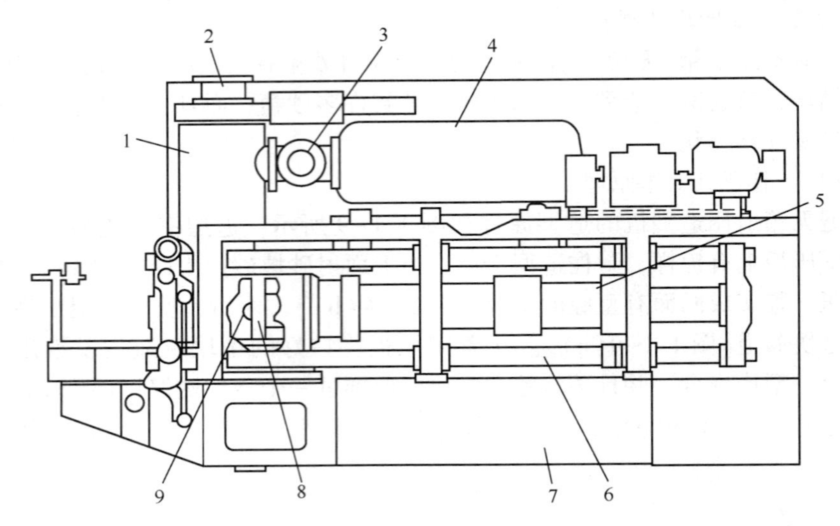

图 1.1-10　垂直分型无箱射压造型机结构图

1—射砂筒；2—加砂口；3—射砂阀；4—贮气包；5—主液压缸；6—导杆；7—机座；8—正压板；9—造型室

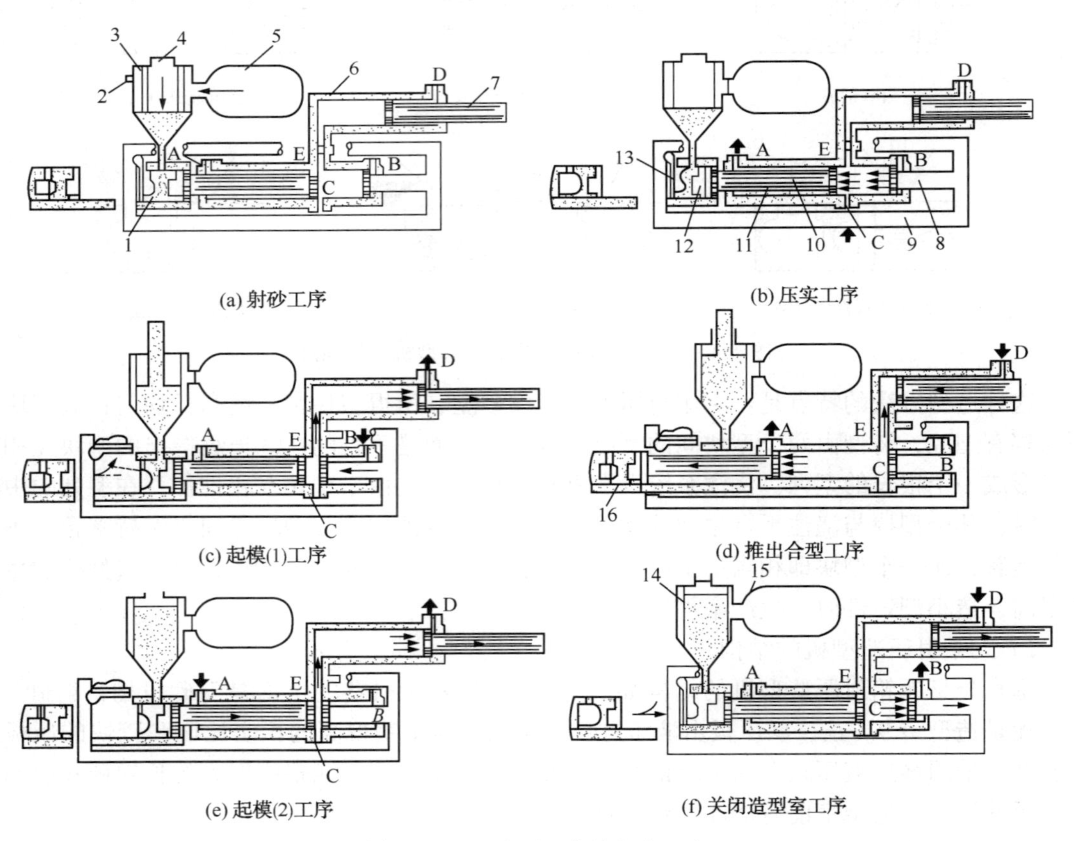

图 1.1-11　造型工艺的六个工序

1—造型室；2—排气阀；3—射砂筒；4—砂闸板；5—贮气罐；6—增速液压缸；7—增速活塞；8—辅助活塞；9—导杆；10—主活塞；11—液压缸；12—正压板；13—反压板；14—料位指示器；15—射砂阀；16—砂型

（2）压实工序［图 1.1-11（b）］　压力油从 C 孔进入液压缸 11，推动主活塞 10 及正压板 12 压实型砂。同时，反压板 13 由辅助活塞 8 通过导杆 9 拉住，使型砂在正、反压板之间被压实。当铸型需要下芯时，等下芯结束信号发出后，造型机才进行下一工序。

（3）起模（1）工序［图 1.1-11（c）］　压力油从 B 孔进入，使辅助活塞 8 左移，并通过导杆 9 使反压板 13 左移而完成起模，然后，反压板在接近终端位置时，通过导杆及四连杆机构使之翻转 90°，为推出合型做准备。在起模前，反压板上的振动器动作，同时砂闸板 4 开启，供砂系统可向射砂筒 3 内加砂，为再次射砂做准备。

（4）推出合型工序［图 1.1-11（d）］　压力油从 D 孔进入，推动增速活塞 7 动作，使主活塞 10 左移。这样，砂型 16 被推出，且与以前造型的砂型进行合型。

（5）起模（2）工序［图 1.1-11（e）］　压力油从 A 孔进入，使主活塞 10 右移，正压板 12 从砂型中起模，在起模前正压板上的振动器动作。

（6）关闭造型室工序［图 1.1-11（f）］　压力油再次从 D 孔进入，推动增速活塞 7 左移，使辅助活塞 8 右移，并通过导杆将反压板拉回原位而关闭造型室，完成一次工作循环。

造型机的主液压缸是一个双向液压缸，因前后两个活塞共处于一个缸中，一个活塞的运动有时会对另一个活塞的运动产生干扰，影响造型质量。因此，改进后的结构是将前后两个活塞互相隔离，以避免干扰。

垂直分型无箱射压造型机的工作循环是自动进行的，操作者只需在机器旁进行监视即可。造型机的控制系统由液压、气压和计算机控制系统联合组成。

垂直分型无箱射压造型机只需配以适当的铸型输送机就可以组成生产线。生产线所用的铸型输送机应有两个功能：一是直线的前移运动；二是与造型机同步推动型块。

用于这类铸造生产线的步移铸型输送机主要有夹持式和栅板式两种形式。

常见的夹持式步移铸型输送机的工作原理如图 1.1-12 所示。

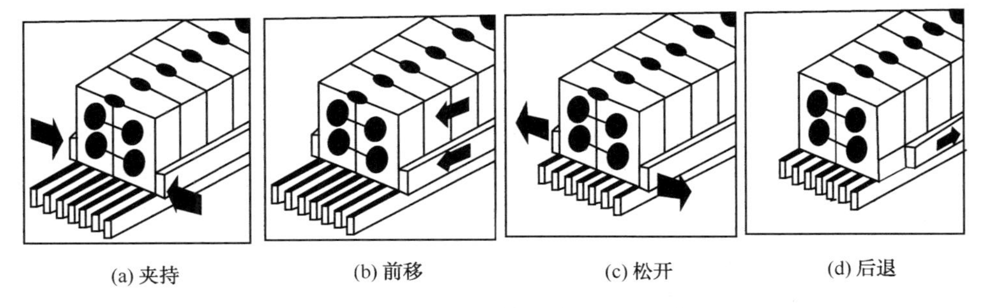

图 1.1-12　夹持式步移铸型输送机的工作原理

4. 水平分型脱箱射压造型机

水平分型脱箱射压造型是在分型面呈水平的情况下，进行射砂充填、压实、起模、脱箱、合型和浇注的。

图 1.1-13 是水平分型脱箱射压造型机的结构图。模板小车 15 是装在移动小车上的双面模板。15 的上面是上砂箱和上射压系统，下面是下砂箱和下射压系统，中间是一个转盘机构。

水平分型脱箱射压造型机的工作原理如图 1.1-14 所示。模板进入工作位置后［图 1.1-14（a）］，上、下砂箱从两面合在模板上［图 1.1-14（b）］。这时，上、下射砂机构进行射

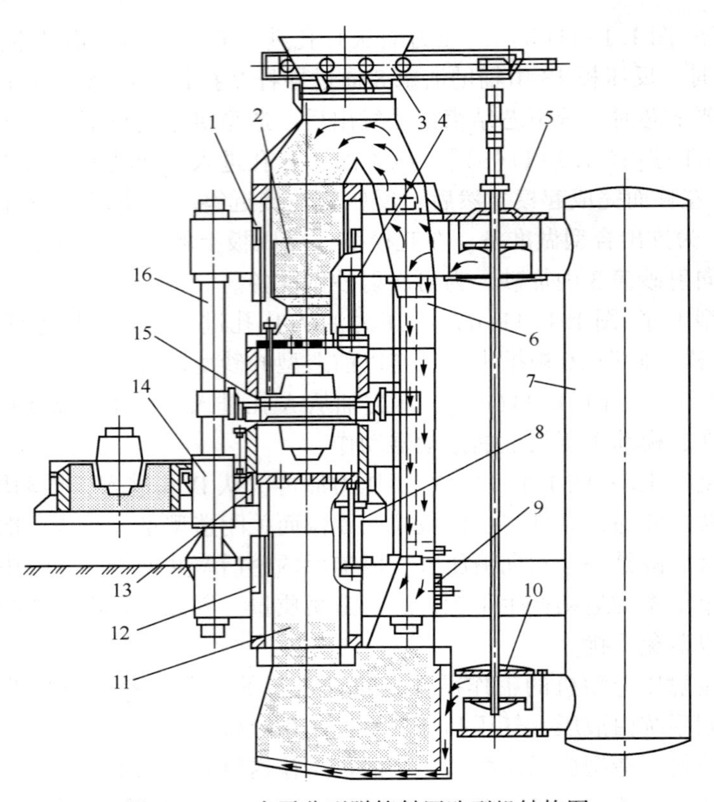

图 1.1-13　水平分型脱箱射压造型机结构图

1、12—压实液压缸；2—上射砂筒；3—加料开闭机构；4—上脱箱液压缸；5—上射砂阀；6—落砂管道；7—贮气罐；8—下脱箱液压缸；9—料位器；10—下射砂阀；11—下射砂筒；13—辅助框；14—转盘机构；15—模板小车；16—中立柱

砂，将型砂填入砂箱[图 1.1-14(c)]。随即，射压板压入砂箱将砂型压实[图 1.1-14(d)]。接着，上、下砂箱分开，从模板上起模[图 1.1-14(e)]。下砂箱在转盘上，这时，转盘旋转 180°，下砂箱随转盘转至外面的下芯工位，而前一个下砂箱在下芯工位完毕同时转至下一工位。与此同时，模板小车向旁移出[图 1.1-14(f)]。于是，上、下箱合型[图 1.1-14(g)]。合型后，上射压板不动，上砂箱向上抽起脱箱[图 1.1-14 (h)]。然后，下射压板不动，下砂箱向下抽出脱箱[图 1.1-14 (i)]，在下射压板上就是已造好的脱箱砂型。在下一工序中，将它推出至浇注台或铸型输送机，同时模板小车进入，开始下一循环。

水平分型脱箱造型和垂直分型无箱造型，两者都没有砂箱进入生产线，水平分型与垂直分型相比有如下一些优点：

① 水平分型下芯和下冷铁比较方便；

② 水平分型时，直浇口与分型面相垂直，模板面积有效利用率高，而垂直分型的浇注系统位于分型面上，模板面积有效利用率小；

③ 在垂直分型时，如果模样高度比较大，模样下面的射砂阴影处，紧实度不高，而水平分型可避免这一缺点；

④ 在水平分型时，铁水压力主要取决于上半型的高度，较易保证铸件质量。

但是，水平分型脱箱造型比垂直分型无箱造型的生产率低；另外，水平分型的生产线上需要配备压铁装置和取放砂箱的装置，所以，比垂直分型的生产线复杂一些。

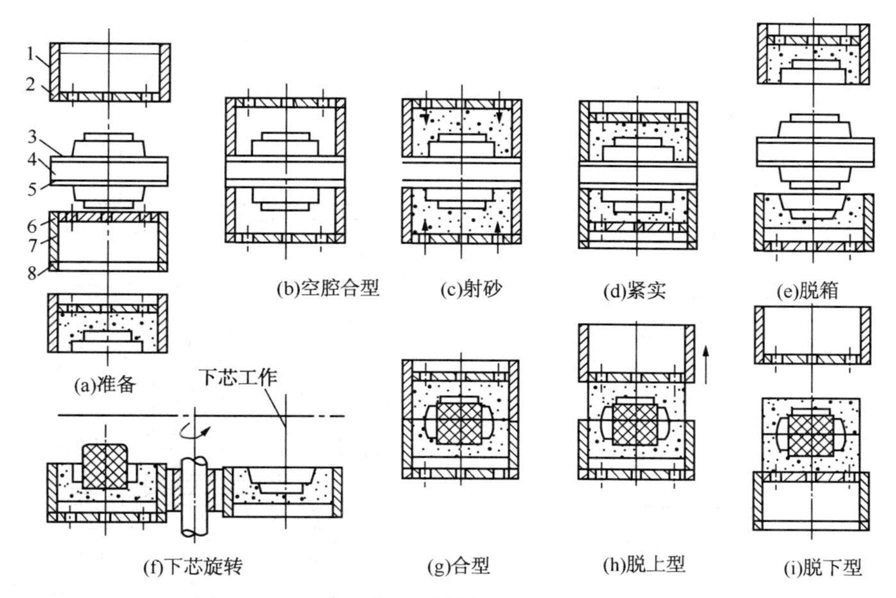

图 1.1-14　水平分型脱箱射压造型机的工作原理

1—上砂箱；2—上射压板；3—上模板；4—模板框；5—下模板；6—下射压板；7—下砂箱；8—辅助框

5. 气冲造型机与静压造型机

气冲造型机与静压造型机的结构相似，它们主要由机架、接箱机构、加砂机构、模板更换机构和气冲装置(或静压装置)等组成。图 1.1-15 是一种栅格式气冲造型机的结构图，它主要由气冲阀、贮气包和压实装置等组成。其中，气冲阀(或静压装置)是造型机的关键部件之一。

液控栅格式气冲装置如图 1.1-16 所示。(固)定阀板 8 与(活)动阀板 7 都做成栅格形，两阀板的月牙形通孔相互错开，当两阀板贴紧时完全关闭。当液压锁紧机构放开时，在贮气室 1 的气压作用下，活动阀板迅速打开，实现气冲紧实。紧实后液压缸 3 使活动阀板复位，液压锁紧机构再锁紧活动板，恢复关闭状态，贮气室补充进气，以待再次工作。

静压装置的气流打开速度要比气冲装置的气流打开速度低。

1.1.2　制芯设备

制芯设备的结构形式与芯砂黏结剂和制芯工艺密切相关，常用的制芯设备有热芯盒射芯机、冷芯盒射芯机和壳芯机三种。

1. 热芯盒射芯机

图 1.1-17 为热芯盒射芯机的结构图，主要由供砂装置、射砂机构、工作台、夹紧机构、立柱、底座、加热板和控制系统组成，依次完成加砂、芯盒夹紧、射砂、加热硬化、取芯等工序。

(1) 加砂　当振动电动机 1 工作时，砂斗振动向射砂筒 3 加砂；振动电机停止工作时，加砂完毕。

(2) 芯盒夹紧　夹紧气缸 18 推动夹紧器 17 完成芯盒的合闭，升降气缸 7 驱动工作台上升，完成芯盒的夹紧。

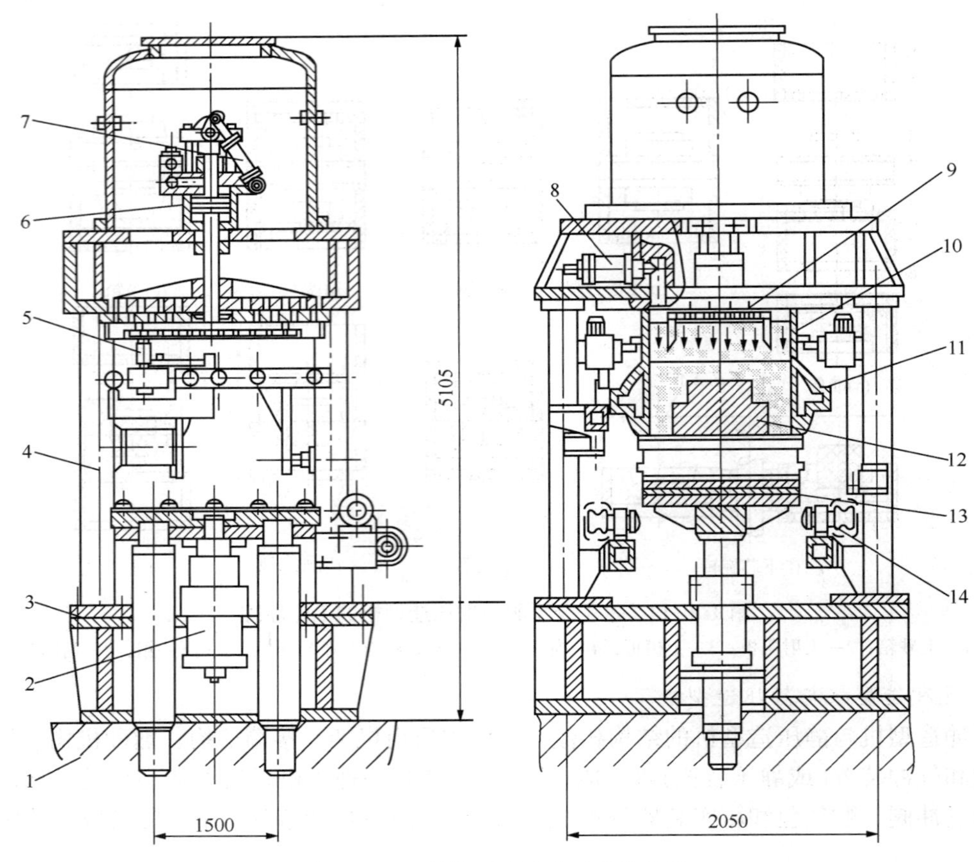

图 1.1-15　栅格式气冲造型机结构图

1—底座；2—液压举升缸；3—机座；4—支柱；5—辅助框辊道及驱动电机；6—气冲阀；7—气动安全锁紧缸；8—控制阀；9—阻流板；10—辅助框；11—砂箱；12—模样及模板框；13—工作台；14—模板辊道

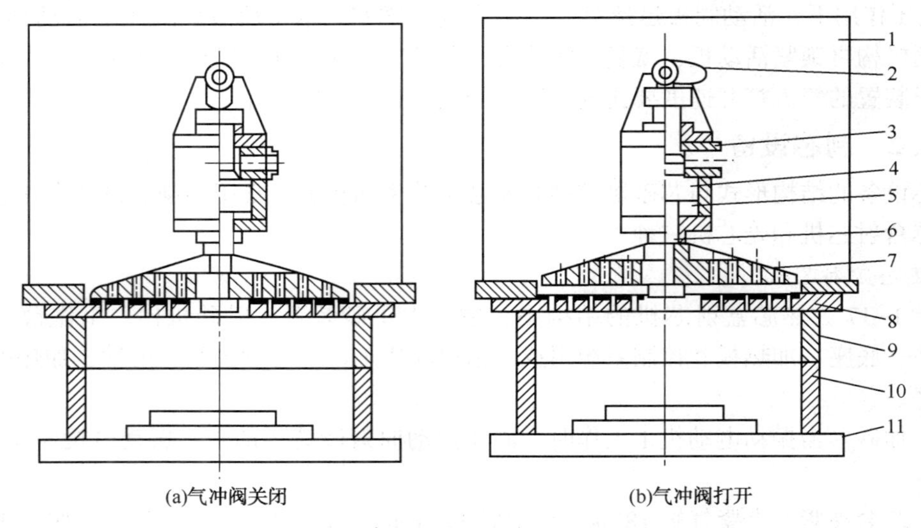

图 1.1-16　液控栅格式气冲装置结构图

1—贮气室；2—气动锁紧凸轮；3—控制阀盘启闭的液压缸；4—活塞；5—控制阀盘启闭的气缸；6—活塞杆；7—动阀板；8—定阀板；9—预填框；10—砂箱；11—模板

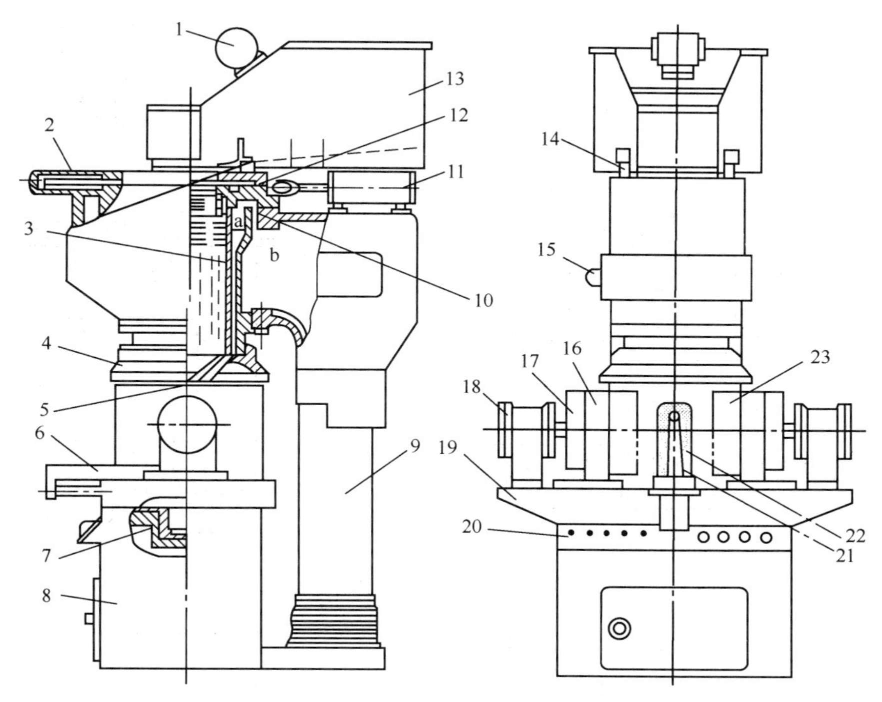

图 1. 1-17　热芯盒射芯机结构图

1—振动电动机；2—闸板；3—射砂筒；4—射砂头；5—排气塞；6—气动托板；7—工作台及升降气缸；8—底座；9—立柱；10—环形薄膜阀；11—闸板气缸；12—闸板密封圈；13—砂斗；14—减振器；15—排气阀；16—加热板；17—夹紧器；18—夹紧气缸；19—工作台；20—开关控制器；21—取芯杆；22—砂芯；23—芯盒

(3) 射砂　加砂完毕后，闸板伸出关闭加砂口，闸板密封圈 12 的下部进气使之贴合闸板，以保证射腔的密封。射砂时，薄膜阀 10 上部排气，压缩空气由 b 室进入助射腔 a，再通过射砂筒 3 上的缝隙进入射砂筒，完成射砂工作。

射砂完毕后，射砂阀关闭，快速排气阀 15 打开，排除射砂筒内的余气。

(4) 加热硬化　加热板 16 通电加热，砂芯受热硬化。

(5) 开盒取芯　加热延时后，升降气缸 7 下降，夹紧气缸 18 打开，取芯。

2. 冷芯盒射芯机

冷芯盒射芯是指采用气体硬化砂芯，即射芯后，通以气体(如三乙胺、SO_2或 CO_2等气体)，使砂芯硬化。与热芯盒及壳芯相比，冷芯盒射芯不用加热，降低了能耗，改善了工作条件。

冷芯盒射芯机的结构与热芯盒射芯机的结构相似。冷芯盒射芯机也可以在原有热芯盒射芯机上改装而成，只需增设一个吹气装置取代原有的加热装置，吹气装置主要是吹气板和供气系统。

射砂工序完成后，将射头移开，并将芯盒与通气板压紧，通入硬化气体，硬化砂芯。砂芯硬化后，再通过通气板通入空气，使空气穿过已硬化的砂芯，将残留在砂芯中的硬化气体(三乙胺、SO_2等)冲洗除去。

图 1. 1-18 所示为吹气冷芯盒射芯机结构图，它由加砂斗 7、射砂机构 5、吹气机构 10、立柱 12、底座 1 和硬化气体供气系统等组成。

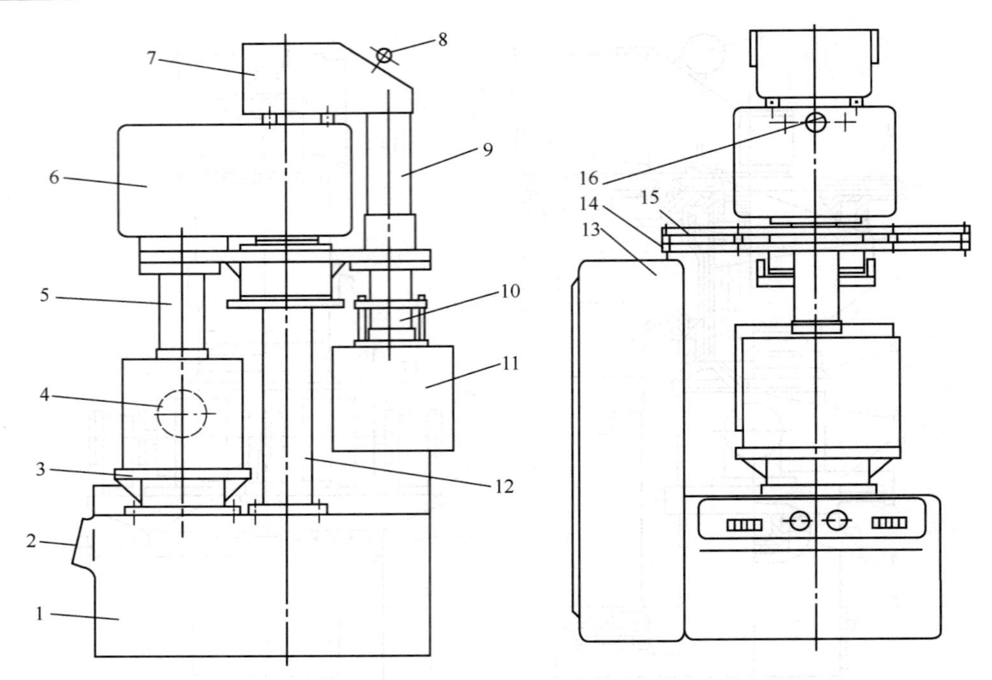

图 1.1-18 吹气冷芯盒射芯机结构图

1—底座；2—控制板；3—工作台；4—抽风管；5—射砂机构；6—横梁；7—加砂斗；8—振动电动机；9—加砂筒；10—吹气机构；11—抽气罩；12—立柱；13—供气柜；14—旋转手轮；15—转盘；16—压力表

制芯时，将置于工作台上的芯盒顶升夹紧，射砂后工作台下降，由手轮 14 将转盘 15 转动 180°，射砂机构可在砂斗下补充加砂，带抽气罩 11 的吹气机构 10 转至工作台上方，工作台再次上升夹紧芯盒，进行吹气硬化砂芯，经反应净化后，工作台再次下降，完成一次工作循环。

为了防止硬化气体的腐蚀作用，管道阀门系统均采取了相应的防护措施，同时，为了避免硬化气体泄漏对环境造成污染，还应有尾气净化装置。

3. 壳芯机

壳芯机是利用吹砂原理制成的，其工作原理如图 1.1-19 所示，依次经过芯盒合拢、吹砂斗上升、翻转吹砂、加热结壳、回转摇摆倒出余砂、硬化和芯盒分开、顶芯、取芯等工序。

壳芯是相对于实体芯而言的中空壳体芯。它是以强度较高的酚醛树脂为黏结剂的覆膜砂经加热硬化制成。用壳芯生产的铸件，由于砂粒细，铸件表面光洁，尺寸精度高，芯砂用量少，降低了材料消耗；加之砂芯中空，增加了型芯的透气性和溃散性。所以，壳芯在大型芯制造上得到广泛应用。

K87 型壳芯机为广泛使用的壳芯机，其结构如图 1.1-20 所示，它由加砂装置、吹砂装置、芯盒开闭机构、翻转机构、顶芯机构和机架等组成。

(1) 开闭芯盒及取芯装置　两个半芯盒分别装在门板 14 和滑架 5 之上的加热板 9 和 7 的上面；当门板 14 关闭时，由气缸 16 驱使门板锁销 17 插入销孔中，从而使右半芯盒相对固定；左半芯盒由气缸 28 驱动滑架 5 在导杆 6 上移动，执行芯盒的开闭动作；滑架的原始位置可根据芯盒厚度不同，转动手轮 4 通过丝杠 3 进行调整。

取芯时，由气动滑架先拉开左半芯盒，这时，芯子应在右半芯盒上(由芯盒设计保证)。

再使气缸 16 动作，拔出门板锁销 17，随即摆动气缸 33 动作将门板打开。然后，启动顶芯气缸 15，通过同步杆 34 使顶芯板 10 平行移动，从而使顶芯板上的顶芯杆顶出砂芯。

（2）供砂及吸砂装置　由于覆膜砂是干态的，流动性好，因此，采用压缩空气压送的供砂装置，送砂包 29 上部进口处装有气动橡胶闸阀 30，下部出口与吹砂斗 18 上的加砂阀 8 相连，加砂阀是由一个橡皮球构成的单向阀，送砂时球被冲开，吹砂时又由吹气气压关闭，这种结构简单可靠。

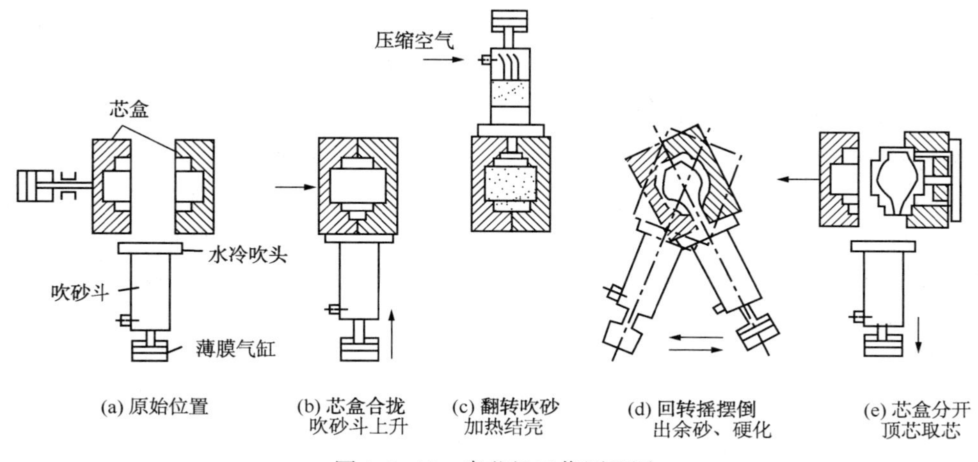

图 1.1-19　壳芯机工作原理图

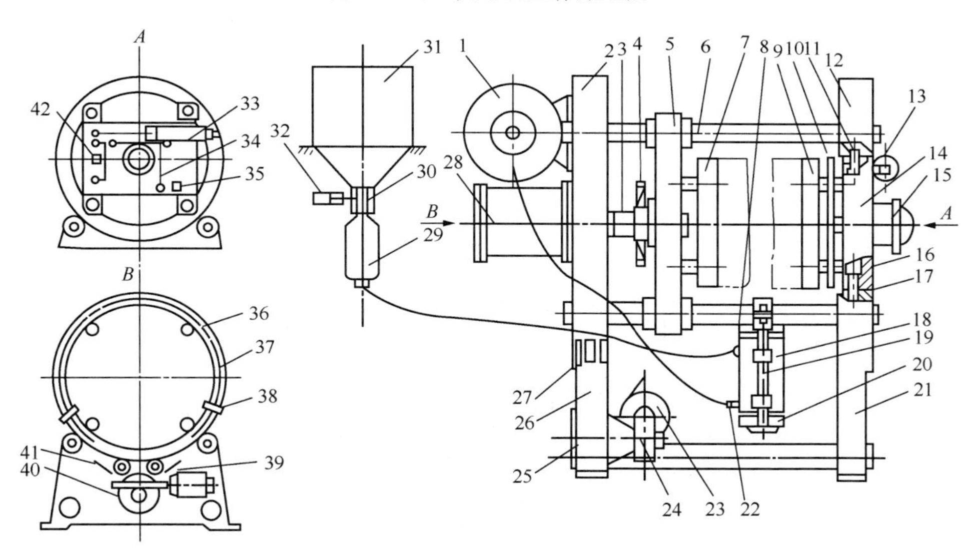

图 1.1-20　K87 型壳芯机结构图

1—贮气包；2—后转环；3—调节丝杠；4—手轮；5—滑架；6、19、36—导杆；7—后加热板；8—加砂阀；9—前加热板；10—顶芯板；11—门转轴；12—前转环；13、33—摆动气缸；14—门板；15—顶芯气缸；16—门板锁紧气缸；17—门板锁销；18—吹砂斗；20—薄膜气缸；21—前支架；22—接头；23—制动电动机；24—蜗轮蜗杆减速器；25—离合器；26—后支架；27—托辊；28—合芯气缸；29—送砂包；30—橡胶闸阀；31—大砂斗；32—闸阀气缸；34—顶芯同步杆；35、38—挡块；37—链条；39—导轮；40—链轮；41—保险装置；42—机控联锁阀

吹砂时，吹砂斗 18 先由薄膜气缸 20 顶起，使吹砂斗与芯盒的吹嘴吻合，再由电动翻转机构翻转 180°，使吹砂斗转至芯盒的上部，然后打开吹砂阀，压缩空气进入吹砂斗中将砂子

吹入芯盒，剩余的压缩空气从斗上的排气阀排出。待结壳后，翻转机构反转180°，使砂斗回到芯盒之下，进行倒砂，并使芯盒摆动以利于倒净余砂。最后，翻转机构停止摆动，薄膜气缸20排气使砂斗下降复原，吹砂斗上部还设有水冷却吹砂板，以防余砂受热硬化堵塞吹砂口。

(3) 翻转及传动装置　芯盒翻转主要是指电动机经过蜗轮蜗杆减速器24驱动链轮，带动前后转环2和12，在托辊27上滚动180°，芯盒的摆动(摆动角约45°)是通过行程开关控制电动机正反转实现的。为了防止过载，在链轮两侧设有扭矩限制离合器25。当载荷过大时，摩擦片打滑，链轮停转，挡块38和保险装置41分别起缓冲和保险作用。

1.1.3　造型材料处理设备

造型材料种类繁多，不同的型砂种类的组成各不相同，处理方式、工艺过程和处理设备等也不相同。各种型砂通常都由原砂、黏结剂和附加物等组成，其原材料常需经烘干、过筛和输送等过程进入生产设备，旧砂常需要回用或再生处理。因此，造型材料处理设备包括原材料处理和旧砂再生回用处理两大部分，主要设备有烘干过筛设备、旧砂回用(或再生)处理设备、混砂设备、搬运及辅助设备等。旧砂回用处理设备的主要功能是去除旧砂中的金属屑、杂质灰尘、降温冷却和贮藏等；再生设备主要用于化学黏结剂砂(树脂砂和水玻璃砂等)，其作用是去除包覆在砂粒表面的残留黏结剂膜，而混砂设备则是完成砂、黏结剂和附加物等的称量和混制，获得满足造型要求的高质量型砂。

不同的型砂种类处理方式大不相同，一个组成比较简单的黏土旧砂处理设备的结构组成如图1.1-21所示。

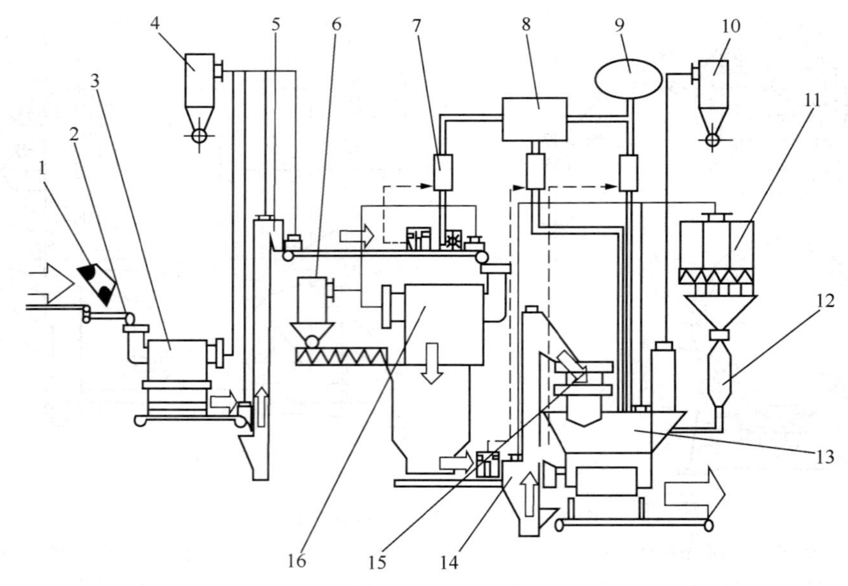

图1.1-21　黏土旧砂处理设备的结构组成

1—磁选机；2—带式输送机；3—筛砂机；4、6、10—除尘器；5、14—斗式提升机；7—加水装置；8—水压稳定装置；9—水源；11—附加物贮料筒；12—气力输送机；13—混砂机；15—定量装置；16—冷却滚筒

1. 新砂烘干设备

目前，常用的新砂烘干设备有热气流烘干装置、三回程滚筒烘干炉和振动沸腾烘干装置等。

1）热气流烘干装置

常用的热气流烘干装置的结构组成如图 1. 1-22 所示。由给料器 2 均匀送入喉管 4 的新砂与来自加热炉的热气流均匀混合，在输送管道 5 中，砂粒受热后其表面水分不断蒸发而烘干，烘干的砂粒从旋风分离器中分离出来，存于砂斗备用。从分离器 6 的顶部排出的含尘气流经旋风除尘器 7 和泡沫除尘器 8 两级除尘，再经风机 10 和带消声器 11 的排风管排至大气。由于风机装在尾端起抽吸作用，故该装置又称风力吸进装置。

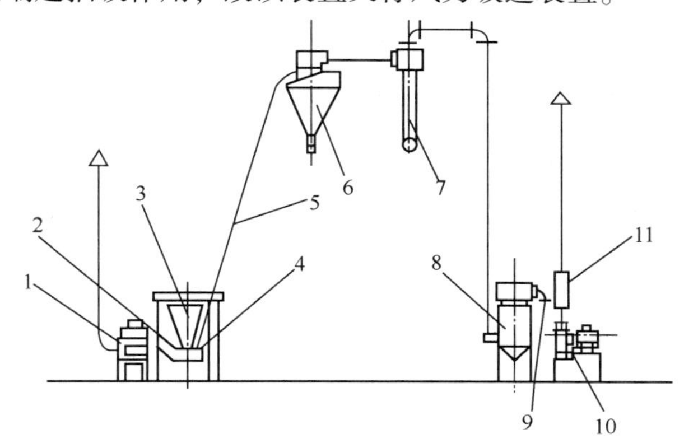

图 1. 1-22　热气流烘干装置的结构组成

1—加热炉；2—给料器；3—砂斗；4—喉管；5—输送管道；6—旋风分离器；
7—旋风除尘器；8—泡沫除尘器；9—滤水装置；10—风机；11—消声器

2）三回程滚筒烘干炉

三回程滚筒烘干炉的结构如图 1. 1-23 所示，主要由燃烧炉和烘干滚筒组成。它以煤或碎焦炭为燃料，由鼓风机将热气流吸入烘干滚筒，与湿砂充分接触，将其烘干。烘干滚筒由三个锥度为 1 ∶ 10 和 1 ∶ 8 的滚筒套装组成，在内滚筒、中滚筒与外滚筒间，用轴向隔板组成许多小室，滚筒由四个托轮支承，其中两个托轮是主动轮，靠摩擦传动使滚筒旋转。工作时，湿砂均匀地加入进砂管，由滚筒端部的导向筋片将砂送入内滚筒中，举升板将其提升，然后靠自重下落与热气流接触，进行热交换。湿砂在举升、下落的同时，沿滚筒向其大端移动，然后落入中滚筒的各小室中，砂子在小室中反复翻动，与热气流继续接触，最后又落入外滚筒的各个小室中，继续进行烘干，烘干后的砂子由滚筒右端卸出。

在这种烘干装置中，砂子的烘干行程并不短，但由于滚筒是套装组成的，所以，它占地面积小、结构紧凑、热能利用率高。

此外，还有一种振动沸腾烘干装置，它由振动输送机和热风系统组成。由于散热大、噪声大而使用受到限制。

2. 黏土砂混砂机

黏土砂混砂机种类较多，结构也各不相同。按工作方式分，有间歇式和连续式两种；按混砂装置分，有辗轮式、转子式、摆轮式、叶片式和逆流式等。

混砂机对混制黏土砂的要求是：将各种成分混合均匀；使水分均匀湿润所有物料；使黏土膜均匀地包覆在砂粒表面；将混砂过程中产生的黏土团破碎，使型砂松散。

1）辗轮式混砂机

辗轮式混砂机的结构如图 1. 1-24 所示。它由辗压装置、传动系统、刮板、出砂门和机体等部分组成。

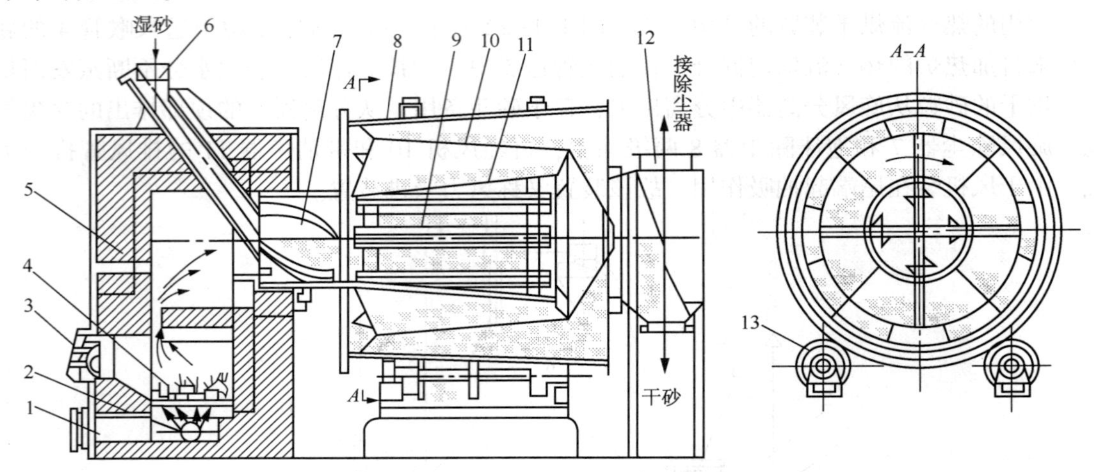

图 1.1–23　三回程滚筒烘干炉结构图

1—出灰门；2—进风口；3—操作门；4—炉膛；5—炉体；6—进砂管；7—导向筋片；8—外滚筒；9—举升板；10—中滚筒；11—内滚筒；12—漏斗；13—传动托轮

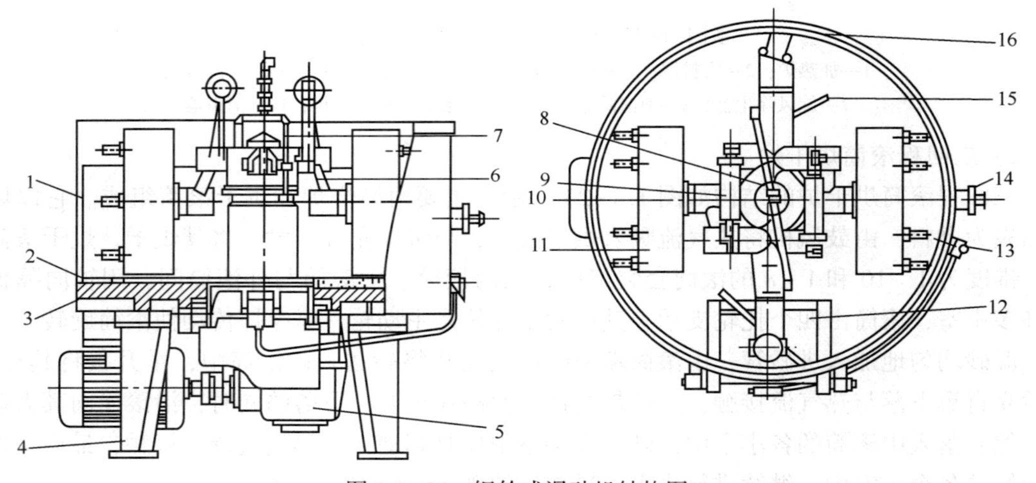

图 1.1–24　辗轮式混砂机结构图

1—围圈；2—辉绿岩铸石；3—底盘；4—支腿；5—减速器；6—曲柄；7—加水装置；8—十字头；9—弹簧加减压装置；10—辗轮；11—外刮板；12—卸砂门；13—气阀；14—取样器；15—内刮板；16—壁刮板

传动系统通过混砂机主轴以一定转速带动十字头旋转，辗轮和刮板就不断地辗压和松散型砂，达到混砂目的。

(1)刮板的作用　刮板的作用是对型砂进行搅拌混合和松散。刮板的混砂作用在混砂初期较为明显，而在混砂的后期，刮板的作用以松散砂为主，刮板使型砂愈松散，辗轮的碾压作用愈显著。

(2) 辗轮的弹簧加减压装置　为了强化辗轮混砂机的混砂过程，可提高主轴转速和增加碾压力(即辗轮的重量)，使单位时间内碾压和松散型砂的次数增加。但这些措施是与辗轮的重量和尺寸相矛盾的，为解决这一问题，人们设计了辗轮弹簧加减压装置，图 1.1–25 为弹簧加减压装置安装图，图 1.1–26 为弹簧加减压装置结构图。支架固定在十字头上，而曲柄和支架上端铰接着弹簧加减压装置，在曲柄下端的辗轮轴上装着辗轮。

弹簧加减压装置的结构如图 1. 1-26 所示。

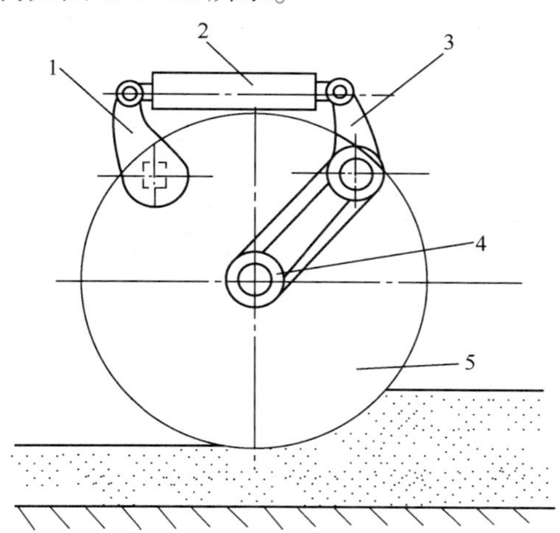

图 1. 1-25 弹簧加减压装置安装图

1—支架；2—弹簧加减压装置；3—曲柄；4—辗轮轴；5—辗轮

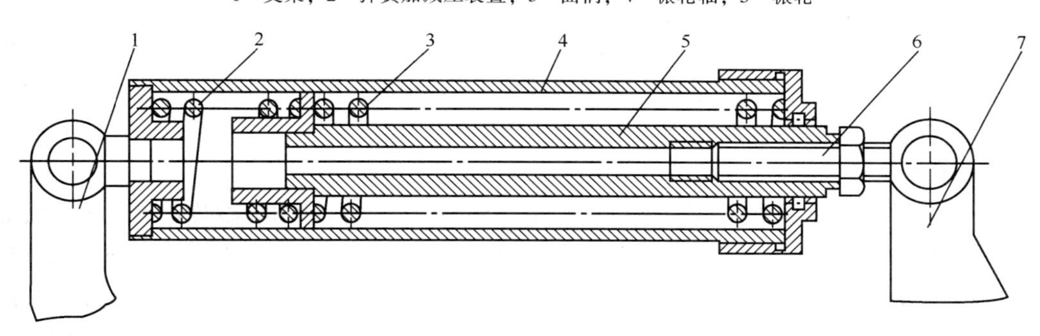

图 1. 1-26 弹簧加减压装置结构图

1—支架；2—减压弹簧；3—加压弹簧；4—套筒；5—拉杆活塞；6—调节螺栓；7—曲柄

空载时，辗轮自重使曲柄沿逆时针方向转动，拉杆活塞左移，压缩减压弹簧，直至辗轮自重与减压弹簧力平衡，辗压力等于零。

混砂时，辗轮在压实砂层时被抬高，曲柄顺时针方向转动，减压弹簧伸长，加压弹簧受到压缩，弹簧力经过曲柄和辗轮对砂层产生附加载荷。

弹簧加减压装置的优点如下：

① 在减轻辗轮自重的情况下，利用弹簧加减压装置可保证一定的辗压力。因此，可以适当增加辗轮宽度，扩大辗压面积；也可以提高辗轮转速，加快混砂过程。

② 辗压力随砂层厚度自动变化，加砂量多或型砂强度增加，则辗压力增加；加砂量少或在卸砂时，辗压力也随之降低。这不但符合混砂要求，而且，可以减少功率消耗和刮板磨损。

2）辗轮转子式混砂机

在辗轮式混砂机的基础上，去掉一个辗轮，增加一个混砂转子，便制成了辗轮转子式混砂机，其结构如图 1. 1-27 所示。

这种混砂机的混砂装置由辗轮、混砂转子和刮板组成。内、外刮板将混合料喂送到辗轮

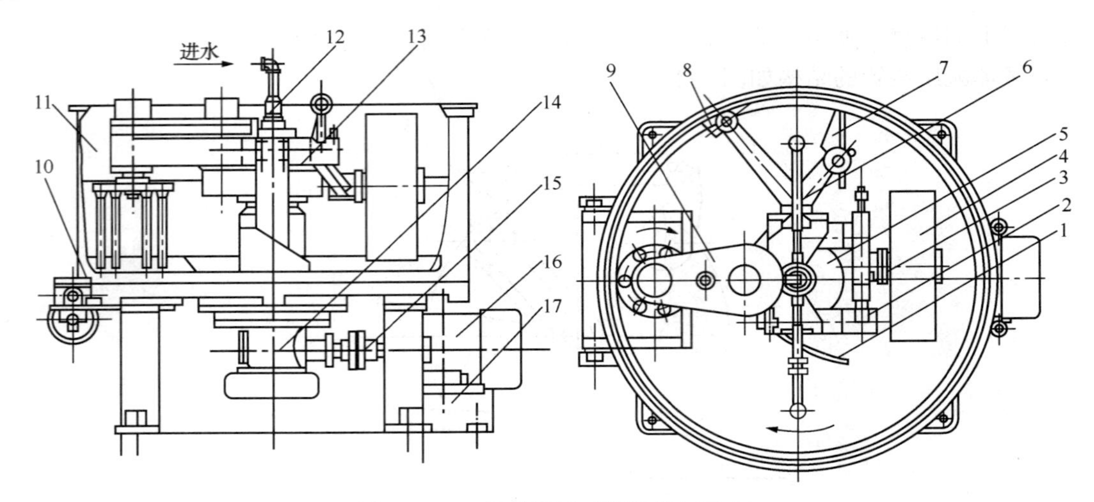

图 1.1-27　辗轮转子式混砂机结构图

1—内刮板；2—曲臂；3—弹簧加压机构；4—辗轮；5—十字头；6—刮板臂；7—外刮板；8—壁刮板；9—混砂转子；10—卸砂门；11—机体；12—加水机构；13—混碾机构；14—减速器(摆线针轮)；15—联轴器；16—电机；17—电机座

底下，辗压后的型砂再被刮板翻起，正好进入转子运动的轨迹范围内，经转子的剧烈抛击，便将辗压成块的型砂打碎和松散，并使砂流强烈地对流混合和相互摩擦，从而达到最佳的混砂效果。辗轮转子混砂机兼有弹簧加压的辗轮式混砂机和转子式混砂机的优点，它是目前国内较完善并且较先进的高效混砂机。

3）转子式混砂机

转子式混砂机依据强烈搅拌原理设计，是一种高效、大容量的混砂装备。其主要混砂机构是高速旋转的混砂转子，转子上焊有多个叶片，根据底盘的转动方式有底盘固定式和底盘旋转式两类。如图 1.1-28 所示，当转子或底盘转动时，转子上的叶片迎着砂的流动方向，对型砂施以冲击力，使砂粒间彼此碰撞、混合，使黏土团破碎、分散，旋转的叶片同时对松散的砂层施以剪切力，使砂层间产生速度差、砂粒间相对运动，互相摩擦，将各种成分快速地混合均匀，在砂粒表面包覆上黏土膜。

与常用的辗轮式混砂机相比，转子式混砂机有如下特点：

① 辗轮混砂机的辗轮对物料施以辗压力，而转子混砂机的混砂器对物料施加冲击力、剪切力和离心力，使物料处于强烈的运动状态。

② 辗轮混砂机的辗轮不仅不能埋在料层中，而且，要求辗轮前方的料层低一些，以免前进阻力太大；转子混砂机可以完全埋在料层中工作，可将能量全部传给物料。

③ 辗轮混砂机主轴转速一般为 25~45r/min，因此，两块垂直刮板每分钟只能将物料推起和松散 50~90 次，混合作用不够强烈；高速转子混砂机转子的转速为 600 r/min 左右，使受到冲击的物料快速运动，混合速度快，混匀效果好。

④ 辗轮使物料始终处于压实和松散的交替过程，转子则使物料一直处于松散的运动状态，这既有利于物料间穿插、碰撞和摩擦，也减轻了混砂工具的运动阻力。

⑤ 转子混砂机生产效率高，生产量大。

⑥ 转子混砂机结构简单，维修方便。

国内研制开发的 S14 系列转子混砂机的结构如图 1.1-29 所示。

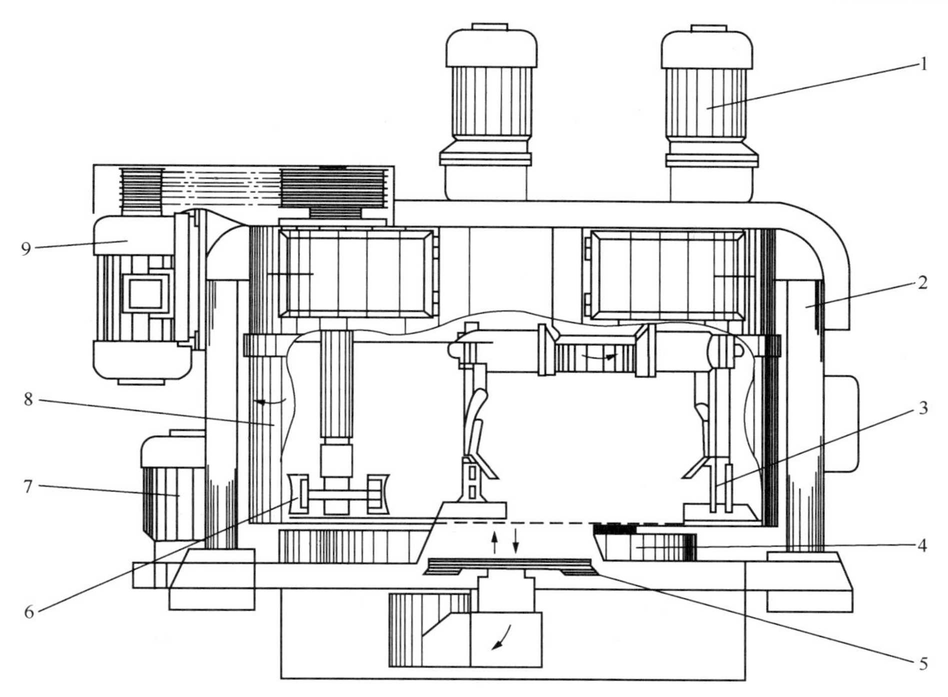

图1.1-28　转子式混砂机结构图

1—刮板混砂器电动机；2—机架；3—刮板混砂器；4—大齿圈；5—卸砂门；6—混砂转子；7—底盘转动电动机；8—筒体；9—混砂转子电动机

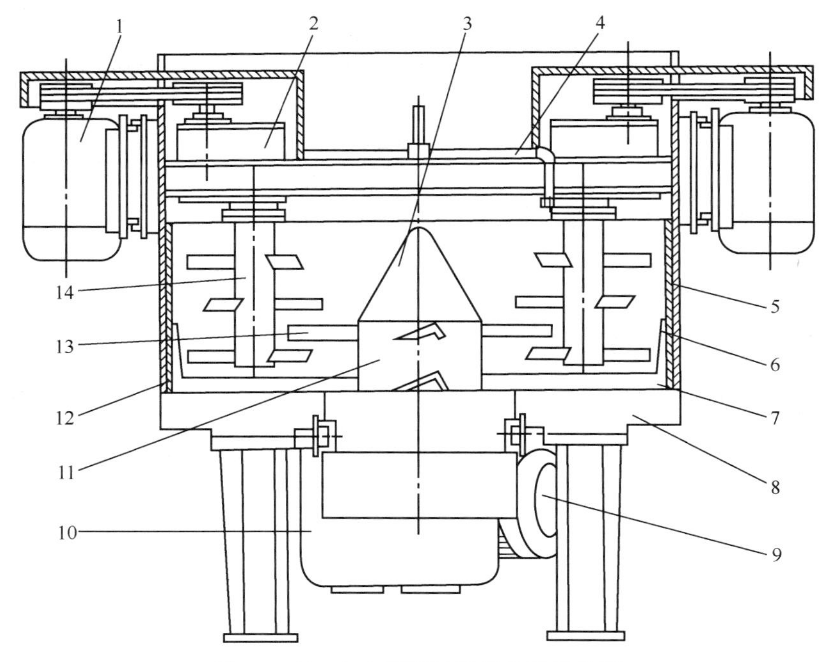

图1.1-29　S14系列转子混砂机结构图

1—转子电机；2—转子减速器；3—流砂锥；4—加水装置；5—筒体；6—壁刮板；7—长刮板；8—底座；9—主电机；10—减速器；11—主轴套；12—内衬圈；13—短刮板；14—混砂转子

目前，在现代化铸造车间或工厂，转子式混砂机的应用越来越广泛。

4）摆轮式混砂机

摆轮式混砂机的工作原理如图 1. 1–30 所示。在混砂机主轴驱动的转盘上，有两个安装高度不同的水平摆轮，以及两个与底盘分别成 45°和 60°夹角的刮板。摆轮可以绕其偏心轴在水平面内转动，刮板的夹角与摆轮的高度相对应，筒体的内壁和摆轮的表面均包有橡胶。当主轴转动时，转盘带动刮板将型砂从底盘上铲起并抛出，形成一股砂流抛向筒体，与筒体产生摩擦后下落。由于这种混砂机主轴转速比较高，摆轮在离心惯性力的作用下，绕其垂直的偏心轴摆向筒体，在砂流上压过，辗压砂流，压碎黏土团。由于摆轮与砂流间的摩擦力，摆轮也绕其偏心轴自转。在摆轮式混砂机中，由于主轴转速、刮板角度与摆轮高度的配合，型砂受到强烈的混合、摩擦和辗压作用，混砂效率高。但是，摆轮式混砂机的混砂质量不如辗轮式混砂机。

3. 树脂砂、水玻璃砂混砂机

用于树脂砂和水玻璃砂的混砂机有双螺旋连续式混砂机和球形混砂机两种。

1）双螺旋连续式混砂机

双螺旋连续式混砂机的结构如图 1. 1–31 所示。它通常由两个并列的水平螺旋混砂装置 1 和一个垂直的快速混砂装置 5 组成，整个混砂装置可以围绕机身上的轴转动。

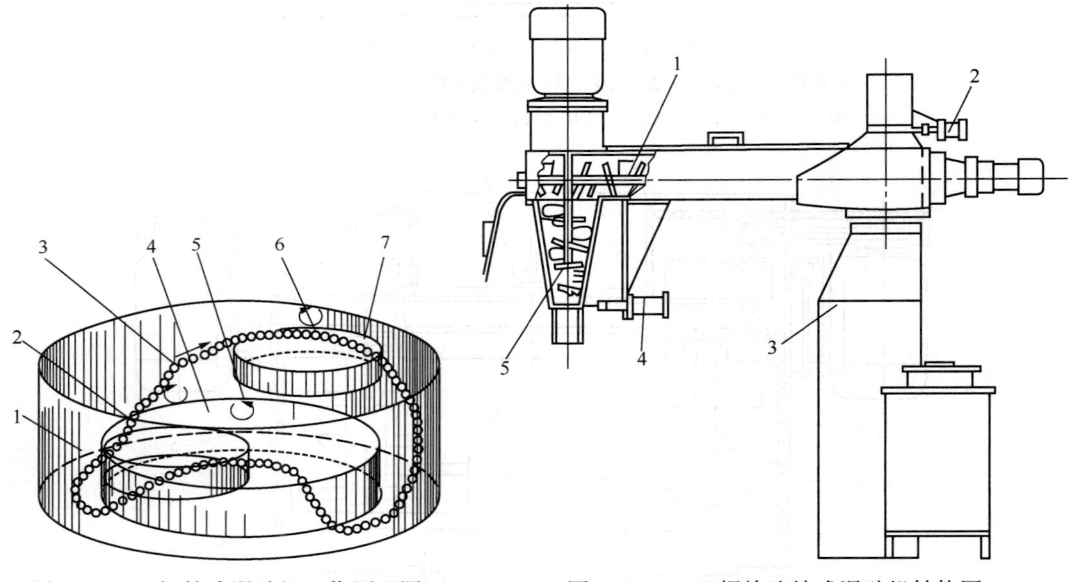

图 1. 1–30　摆轮式混砂机工作原理图

1—筒体；2—刮板；3—砂流轨迹；
4—转盘；5—主轴；
6—偏心轴；7—摆轮

图 1. 1–31　双螺旋连续式混砂机结构图

1—螺旋混砂装置；2、4—闸门气缸；
3—机身；5—快速混砂装置

该机采用较先进的双砂三混工艺，即树脂(或水玻璃)和固化剂先分别与砂子在两水平螺旋混砂装置中预混，再全部进入垂直的锥形快速混砂装置中，高速混合后，直接卸入砂箱或芯盒中造型与制芯。

2）球形混砂机

球形混砂机的结构如图 1. 1–32 所示，主要由转轴 1、球形外壳 2、搅拌叶片 3、反射叶片 4 和卸料门 5 组成。卸料门一般放置在下球体上，便于迅速而彻底地卸料。

原材料从混砂机上部加入后，在叶片高速旋转的离心力作用下，向四周飞散，由于球壁的限制和摩擦，混合料沿球面螺旋上升，经反射叶片导向抛出，形成空间交叉砂流，使混合料之间产生强烈的碰撞和摩擦，落下后再次抛起，如此反复多次，达到混合均匀和树脂膜均匀包覆砂粒的目的。

该机最大的特点是效率高，一般只要 5～10s 即可混合好，且结构紧凑，球形腔内无物料停留或堆积的“死角”区，与混合料接触的零部件少，砂流的冲刷还能减少黏附(或称自清洗)，可减少人工清理。

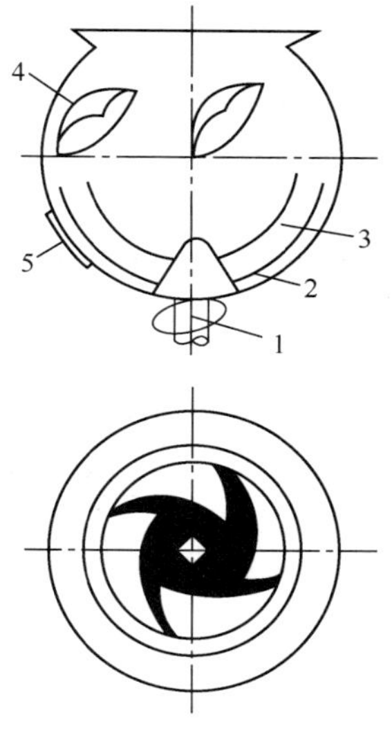

图 1.1-32　球形混砂机结构图
1—转轴；2—球形外壳；
3—搅拌叶片；4—反射叶片；
5—卸料门

4. 黏土旧砂处理设备

黏土旧砂处理设备有磁分离设备、破碎设备、筛分设备和冷却设备等。

1）磁分离设备

磁分离的目的是将混杂在旧砂中的断裂浇冒口、飞边、毛刺与铁豆等铁磁性物质去除。常用的磁分离设备如表 1-1 所示，按结构形式可分为磁分离滚筒、磁分离皮带轮和带式磁分离机三种；按磁力来源不同，磁分离设备可分为电磁和永磁两大类。

表 1-1　常用的磁分离设备

项目＼类别	SA92 型电磁皮带轮（S91 型电磁分离滚筒）	S97 型永磁皮带轮(滚筒)	带式磁分离机
结构简图	1—轴；2—铁芯；3—线圈；4—电刷	1—轴；2—端盖；3—滚筒；4—永磁块	1—传动滚筒；2—胶带；3—支架；4—磁系；5—从动滚筒
原理	通过电刷向线圈通以直流电，使铁芯形成电磁铁，所产生的磁力线通过铁料面导通，达到吸料的目的。	在滚筒内用永磁体装配成磁系，分布角 150°；永磁皮带轮的磁系呈圆周分布 360°	用永磁体装配成磁系
应用	1—带式输送机；2—电磁皮带轮；3—砂子；4—溜槽；5—杂铁料	1—给料器；2—磁系；3—砂子；4—溜槽；5—杂铁料；6—滚筒	1—带式磁分离机；2—杂铁料；3—溜槽；4—带式输送机

2）破碎设备

对于干型黏土砂、水玻璃砂和树脂砂的旧砂块，需要进行破碎，常用的砂块破碎机如表1-2所示。

表1-2　常用的砂块破碎机

名称	结构	原理	使用范围	特点
辊式破碎机	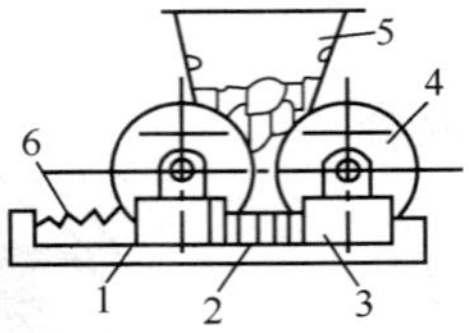 1—活动轴承座；2—调节垫片；3—固定轴承座；4—轧辊；5—加料斗；6—弹簧	砂块被相向旋转的轧辊轧碎	各种干砂破碎	结构庞大，效率不高，使用较少
双轮破碎松砂机	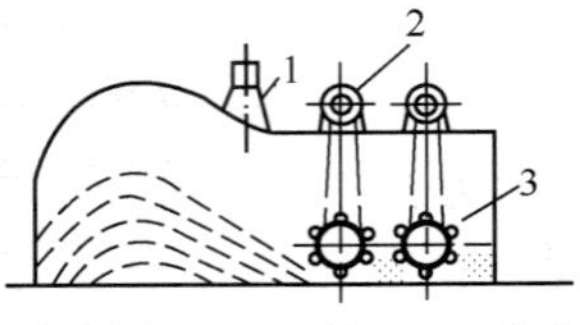 1—防尘罩；2—电动机；3—破碎轮	砂块经过同向、同速旋转的两破碎轮，由后轮抛向前轮，受撞击而破碎	用于黏土潮模砂破碎和松砂	结构简单，使用方便
振动破碎机	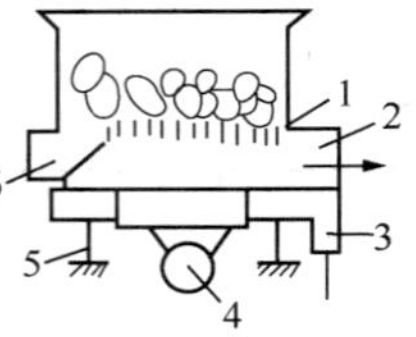 1—格栅；2—废料口；3—砂出口；4—振动电机；5—弹簧；6—异物出口	物料在振动惯性力作用下，受振击、碰撞和摩擦而破碎	用于树脂砂块破碎	振动破碎，不怕卡死，使用可靠
反击式破碎机	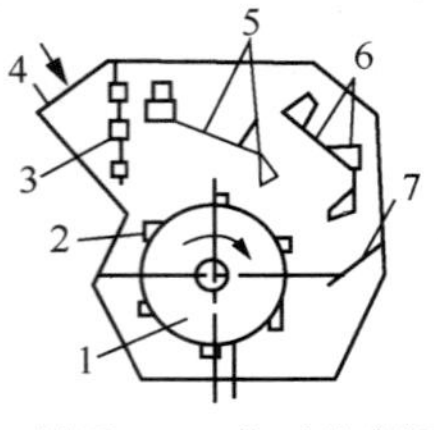 1—转子；2—条刃破碎锤；3—挡料链条；4—进料口；5、6—两级反击板；7—挡料板	砂块在带条刃破碎锤2与两级反击板之间，被敲击、碰撞而破碎	干型、水玻璃砂型及树脂砂型等砂块破碎	结构较复杂，磨损后维修量大，使用不多

3）筛分设备

旧砂过筛主要是排除其中的杂物和大的团块，同时，通过除尘系统还可排除砂中的部分粉尘。旧砂过筛一般在磁分离和破碎之后，可进行1～2次筛分。常用的筛砂机有滚筒筛砂机和振动筛砂机等，如表1-3所示。

表 1-3 常用筛分设备

名称	结构及原理	特点
滚筒筛砂机	(a) 多角筛 (b) 圆筒筛	有圆筒筛和多角筛两种，圆筒筛是在旋转过程中进行筛分，砂子在筛面上滚动，过筛效率较低；多角筛过筛时，部分砂子具有跌落筛面的运动，过筛效率提高。 该类筛砂机结构简单，维护方便，但筛孔易堵塞，过筛效率低
滚筒破碎筛砂机	物料 1 2 3 4 5 6 7 8 通除尘系统 12 11 10 9 废料 回用旧砂 1—进料口；2—外滚筒；3—分配叶片；4—内滚筒；5、6—输送叶片；7—提升叶片；8—导轨；9—机架；10—托轮；11—导轮；12—传动装置	与滚筒筛砂机结构相似，但是筛网上安装了输送叶片 5、6 和提升叶片 7，这些叶片既能将物料向前输送，又能将物料带到滚筒上方靠自重跌落下来，实现筛分和破碎的双重功能，该类破碎筛砂机结构紧凑，使用效果较好
振动筛砂机	1 2 3 4 5 15° 6 8 9 7 1—支承堰板；2—振动电机；3—筛网；4—除尘口；5—加砂口；6—筛网张紧器；7—弹簧；8—卸砂口；9—输送槽	由振动电机、筛体和弹簧系统三大部分组成，筛体结构上分上下两层，上层为筛网，下层为输送槽。该类筛砂机结构简单，体积小，生产率高，且工作平稳，具有筛分和输送两种功能，适应性强，目前被广泛采用

4）冷却设备

（1）常用的旧砂冷却设备　铸型浇注后，高温金属的烘烤使旧砂的温度增高，如用温度较高的旧砂混制型砂，水分不断蒸发，型砂性能不稳定，易造成铸件缺陷。为此，必须对旧砂实施强制冷却。目前，普遍采用增湿冷却方法，即用雾化方式将水加入到热旧砂中，经过冷却装置，使水分与热砂充分接触，吸热汽化，通过抽风将砂中的热量除去。常用的旧砂冷却设备有双盘搅拌冷却设备、振动沸腾冷却设备和冷却设备提升等，如表 1-4 所示。

（2）新型旧砂冷却设备

① 回转冷却滚筒　在自动化造型生产线中，型砂使用及循环的频率很高，浇注后型砂温度升高，如果使用温度过高的旧砂混制型砂，将造成型砂性能下降，引发铸件缺陷。因此，必须对旧砂进行充分冷却。图 1. 1-33 所示为一种大规模生产线上常见的回转式旧砂冷却滚筒，它将铸件落砂、旧砂冷却等工艺结合在一起，是一种旧砂冷却效率较高的设备。

表 1-4 常用的冷却设备

名称	结构及原理	特点
冷却提升	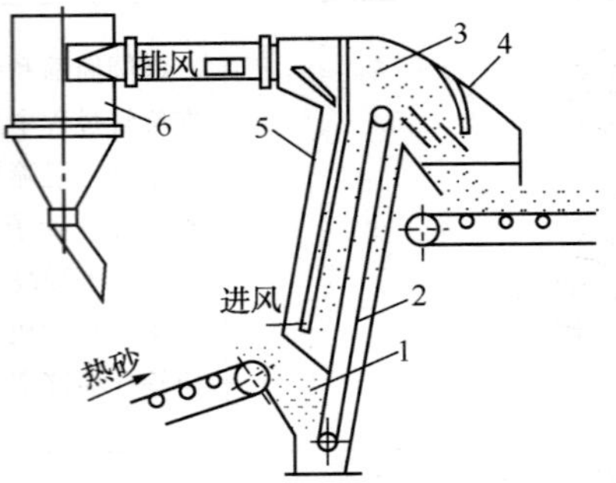 1—进料口；2—提升带；3—调节板；4—卸料口；5—进、排风通道；6—分离器	旧砂从进料口进入后，被带有许多棱条的橡胶提升，大部分砂卸出，约有1/3的砂子被调节板3挡回撒落下来，旧砂在提升和回落过程中，与由壳体上进入的冷空气充分接触，以对流形式换热使旧砂冷却，该设备兼有提升、冷却旧砂的双重作用，占地面积小，布置方便，但冷却效果不太理想
振动沸腾冷却	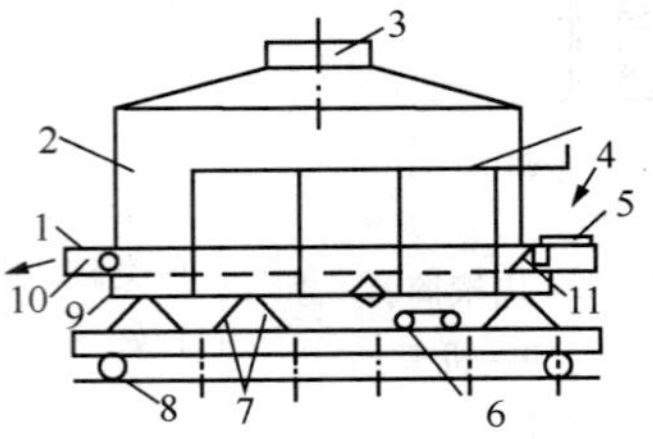 1—振动槽；2—沉降室；3—抽风除尘口；4—进风管；5—进砂口；6—激振装置；7—弹簧系统；8—橡胶减振器；9、10、11—余砂、出砂和进砂活门	增湿后的旧砂从进砂口5进入沸腾床，振动的作用使砂粒在孔板上呈波浪式前进，形成定向运动的砂流，从孔板下部鼓入的空气穿过砂层，形成理想的叉流热交换，该设备生产效率高、冷却效果好，但噪声较大，要求振动参数的设置严格
双盘搅拌冷却	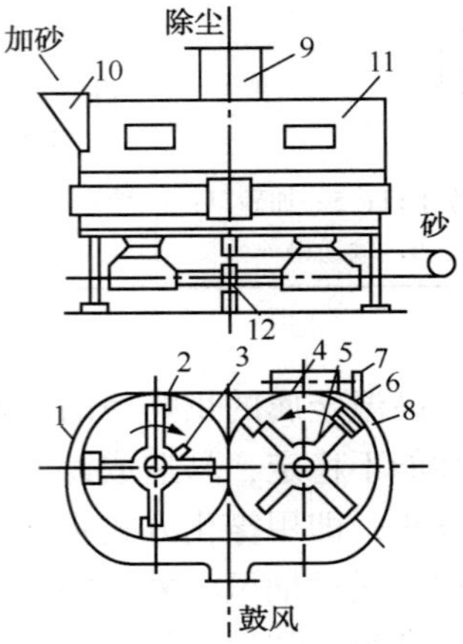 1—风带；2—外刮板；3—内刮板；4—摆动式出砂门；5—主轴；6—平衡重；7—操纵杠杆；8—壁刮板；9—抽尘口；10—加砂口；11—冷却罩；12—驱动装置	经过磁选、增湿、过筛的旧砂由加料口均匀加入，在刮板的作用，一面翻腾搅拌，一面按8字形路线在两个盘上反复运动，在搅拌过程中，冷空气吹向旧砂，冷却空气与热砂充分接触进行热交换，使旧砂冷却 该冷却设备同时起到增湿、冷却、预混三重作用，冷却效果较好，且体积小、重量轻、工作平稳、噪声小、应用广泛

回转冷却滚筒内胆沿水流动方向有一倾斜角，壁上焊有筋条，型砂入口处设有鼓风装置，筒体内设有测温及加水装置，滚筒由电机带动以匀速转动。其工作原理是：振动给料机向滚筒内送入铸件和型砂的混合物，滚筒旋转时会带着铸件和型砂上升，铸件/型砂升到一定高度后因重力作用而下落，和下方的型砂发生撞击，铸件上黏附的型砂因撞击而脱落，砂块因撞击而破碎。与此同时，设置在滚筒内的砂温传感器检测型砂温度，加水装置向型砂喷

水，鼓风机向筒内吹入冷空气。在筒体旋转过程中，水与高温型砂充分接触，受热汽化后的水蒸气由冷空气吹出。因内胆倾斜，连续旋转的筒体会使铸件/型砂向前运动，最后铸件和已冷却的型砂由滚筒出口分别排出。该机具有冷却效果好，噪声小，粉尘少，操作环境好的优点。其缺点是仅适合于小型铸件，不能用于大型铸件。

② 旧砂振动提升冷却设备　近年来，在我国出现并采用了集冷却与垂直提升于一体的旧砂振动提升冷却设备，常用在树脂自硬砂、水玻璃自硬砂和消失模铸造的砂处理系统中，其外形及内部结构如图 1.1-34 所示。其工作原理是：当两台交叉安装的振动器同步旋转时，其不平衡质量将产生惯性振动力，惯性力的水平分力互相抵消，合成为使输送塔绕自身轴进行扭转振动的力偶，使输送塔体上下振动，输送槽上任一点的合成振动方向与槽面成一夹角，物料从槽面跃起，按抛物线飞行一段距离再落下，这样就使物料不断地沿槽面跳跃前进。槽的底部有许多小孔，压缩空气通过这些小孔进入，使热砂得到冷却。因此，该设备可以起冷却器和提升机的双重作用，它占地少、粉尘少、噪声小、维修量少、物料对设备的磨损小、生产率可调(3~20t/h)，是一种较好的冷却提升设备。

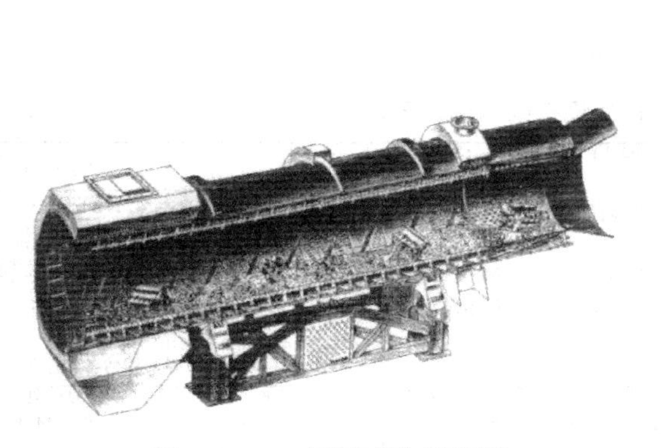

图 1.1-33　回转式冷却滚筒

(a) 外部形状

(b) 内部结构

图 1.1-34　振动提升冷却设备

5. 旧砂再生设备

旧砂再生与旧砂回用是两个不同的概念：旧砂回用是指将用过的旧砂块经破碎、去磁、筛分、除尘、冷却等处理后重复或循环使用。而旧砂再生是指将用过的旧砂块经破碎并去除废旧砂粒上包裹着的残留黏结剂膜及杂物，恢复近于新砂的物理和化学性能，可代替新砂使用。

旧砂再生与旧砂回用的区别在于：旧砂再生除了要进行旧砂回用的各工序外，还要进行再生处理，即去掉旧砂粒表面的残留黏结剂膜。如果将旧砂再生过程分为前处理(旧砂去磁、破碎)、再生处理(去掉旧砂粒表面的残留黏结剂膜)、后处理(除尘、风选、调温度)三个工序，则旧砂回用相当于旧砂再生过程中的前处理和后处理。即：旧砂再生等于“旧砂回用”+“去除旧砂粒表面残留黏结剂膜”。

另外，回用砂和再生砂在使用性能上有较大区别，再生砂的性能接近新砂，可代替新砂作背砂或单一砂使用；回用砂表面的黏结剂含量较多，通常作背砂或填充砂使用。

旧砂再生的方法很多，根据再生原理分为干法再生、湿法再生、热法再生和化学法再生四大类。

干法再生是利用空气或机械的方法将旧砂粒加速至一定的速度，靠旧砂粒与金属构件间或砂粒互相之间的碰撞、摩擦作用再生旧砂。干法再生的设备简单、成本较低；但不能完全去除旧砂粒上的残留黏结剂，再生砂的质量不高。

干法再生的形式多种多样，有机械式、气力式和振动式等，但干法再生机理都是“碰撞-摩擦”，碰撞-摩擦的强度越大，干法再生去膜的效果越好，同时，砂粒的破碎现象也加剧。除此之外，旧砂的性质、铁砂比等对干法再生效果也有很大影响。

湿法再生是利用水的溶解、擦洗作用和机械搅拌作用，去除旧砂粒上的残留黏结剂膜。对某些旧砂的再生质量好，旧砂可全部回用，但湿法再生的系统较大、成本较高（需对湿砂进行烘干），有污水处理回用问题。

热法再生是通过焙烧炉将旧砂加热到 800～900℃后，除去旧砂中可燃残留物的再生方法。该法去除有机黏结剂的效果好、再生质量高；但能耗大、成本高。

化学法再生是指向旧砂中加入某些化学试剂（或溶剂），把旧砂与化学试剂（或溶剂）搅拌均匀，借助化学反应来去除旧砂中的残留黏结剂及有害成分，使旧砂恢复到接近新砂的物理化学性能。对某些旧砂，其化学再生砂的质量好，可代替新砂使用；但因成本较高，应用受限制。

典型再生设备的结构及原理如表 1-5 所示。

表 1-5　典型再生设备的结构及原理

分类	形式	结构示意图	原理及特点	使用情况
机械式	离心冲击式		在离心力的作用下，砂粒受冲击、碰撞和搓擦而再生 结构简单、效果良好，每次除膜率约 10%～15%	适于呋喃树脂砂再生
	离心摩擦式		与上类同，只是以搓擦为主，比上略为逊色，每次脱膜率约 10%～12%	适于呋喃树脂砂再生
	振动率擦式	再生砂　杂物	砂粒利用振动和摩擦而再生，该类再生脱膜率相对较小，约 10%	使用效果与旧砂性能有关
气力式	垂直气力式	尘　旧砂　再生砂　鼓风	利用气流使砂粒冲击和摩擦而再生 结构简单，多级使用，能耗和噪声大	适于呋喃树脂砂和黏土砂再生

续表

分类	形式	结构示意图	原理及特点	使用情况
湿法	叶轮搅拌式	旧砂 叶轮 再生砂	利用机械搅拌擦洗再生	适于黏土砂、水玻璃砂再生
	旋流式	砂 水 再生砂	利用水力旋流擦洗再生	适于黏土砂、水玻璃砂再生
热法	倾斜搅拌式	煤气 旧砂 搅拌器 空气 再生砂	使树脂膜烧去而再生，但结构较复杂	适于树脂覆膜砂和自硬砂再生
	沸腾床式	尘 旧砂 燃烧层 燃料冷却层 再生砂 鼓风	沸腾燃烧是比较先进的，有利提高燃烧效率，改善再生效果	适于树脂覆膜砂和自硬砂再生

由于干法再生旧砂系统相对简单，故被广泛采用。目前，大量应用的旧砂干法再生设备，主要有离心冲击式再生机、离心摩擦式再生机、竖吹式再生机和振动破碎式再生机等。

(1) 离心冲击式再生机　离心冲击式再生机的结构如图 1.1-35 所示。其工作原理是利用高速旋转叶轮产生的离心力的作用，将加入的旧砂粒流抛向撞击环，经几次撞击后向下抛出，此过程中旧砂粒相互撞击、摩擦，使得旧砂表面的惰性膜被脱除而再生。砂流的流动路线如图 1.1-36 所示。

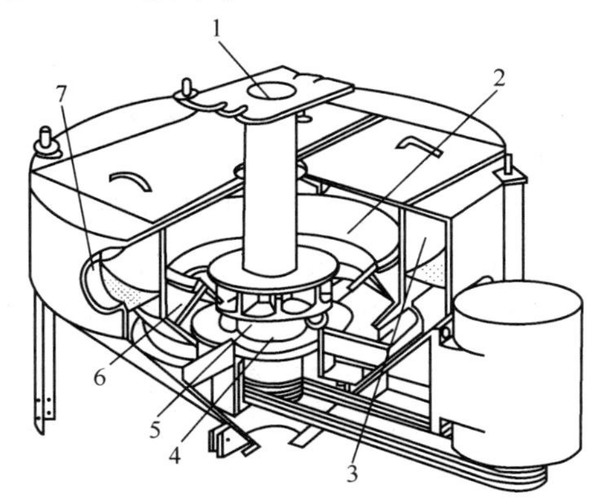

图 1.1-35　离心冲击式再生机结构图

1—加砂器；2—反击环；3—通风道；4—转轴；5—转子；6—撞击环；7—粉尘出口

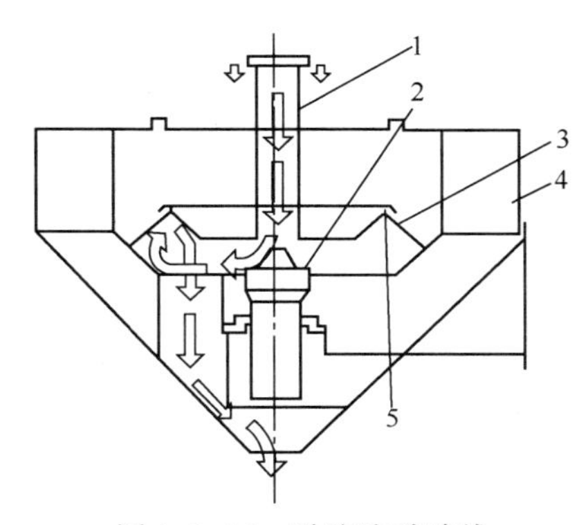

图 1.1-36　砂流流动路线

1—导砂管；2—回转盘；3—撞击环；4—通风道；5—反击环

(2) 离心摩擦式再生机　离心摩擦式再生机的原理和结构如图 1.1-37 和图 1.1-38 所示，它与离心冲击式再生机相似，主要区别在于：它将再生叶轮改成了再生转盘，再生力主要是摩擦力。再生转盘将砂粒抛至边缘产生摩擦，然后，上行至固定环的砂流与在转角上的积砂产生摩擦，被抛至顶面，又产生一次撞击摩擦。由于砂粒在回转盘内圈形成密相，产生砂层，与砂粒相互摩擦，再流向外圈固定环，它内部也形成砂层，使得砂粒在两部分均形成砂层，导致砂粒间多次摩擦，提高了再生效果。该类再生机对质量较差的原砂不易发生破碎，但对具有塑性膜旧砂有较好的再生效果。

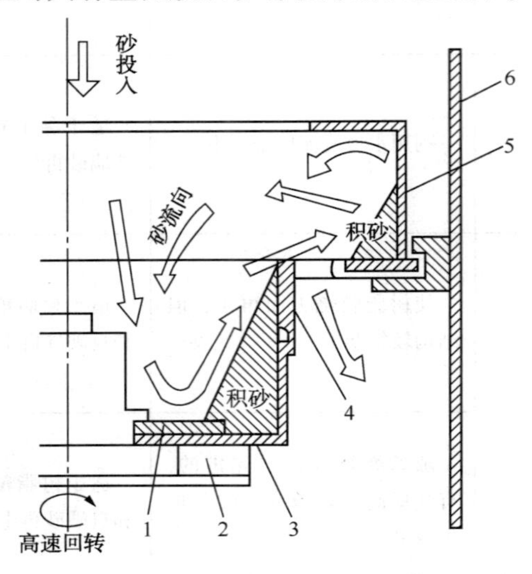

图 1.1–37　离心摩擦式再生机工作原理图

1—回转盘衬；2—风翼；3—回转盘；4—回转盘边缘；5—固定环；6—外壁

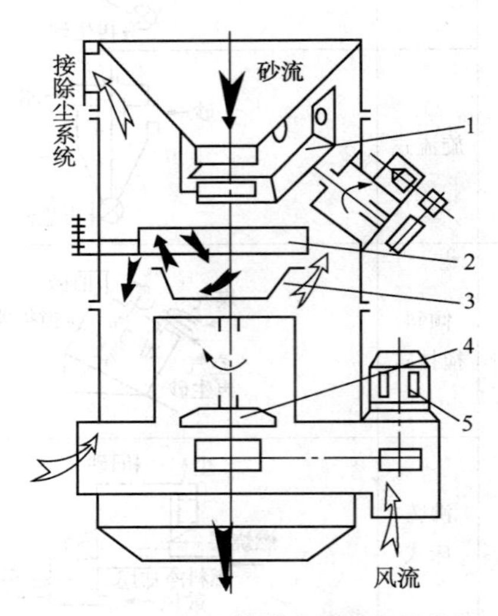

图 1.1–38　离心摩擦式再生机结构图

1—旋转定量布料器；2—反击圈；3—再生盘；4—风叶；5—电机

(3) 竖吹式再生机　竖吹式再生机的工作原理如图 1.1–39 所示，其动力除用高压鼓风机外，还有用压缩空气的。工作过程为：由高压风机来的气流由下部经喷嘴 4 进入混合室制造负压，把旧砂粒带入吹管 6 中，砂气两相流加速冲击顶盖形成砂层，相互撞击与摩擦，在吹管中也有相互摩擦作用，旧砂粒因惰性膜剥离而再生。

图 1.1–40 是两级气流再生工作原理图。旧砂粒由加入口进入一级，经再生后进入第二级再生。为提高砂粒清洁度，由调整板调节，可再次返入一级，延长再生时间，但这样会降低生产率，调整调节板可在全部或部分进入二级之间加以选择。

(4) 振动破碎式再生机　图 1.1–41 为具有破碎再生、筛分、除尘和去除金属杂物功能的振动破碎式再生机的结构图，金属杂物的去除由顶部的振动电机反转自动完成。

图 1.1–42 为多功能破碎再生机的结构图，它集破碎、再生、筛分、冷却、螺旋输送排出、去除金属杂物和除尘等多种功能于一体，是一种高效率的再生设备。

振动破碎式再生机的再生能力相对较弱，对旧砂的脱膜率相对较低，适于再生具有脆性残留膜的自硬树脂旧砂。

再生砂的后处理一般包括风选除尘和调温。

再生砂的风选除尘原理较为简单，通常是将再生砂以“雨淋”或“瀑布”的方式通过风选(或风选仓)，靠除尘器去除再生砂中的灰尘和微粒。

砂温调节器的结构如图 1.1–43 所示，它主要是利用砂子与冷(热)水管的直接热交换，来调节再生砂的温度。为了提高热交换效率，在水管上设有很多散热片；同时为了保证调温质量，通过测温仪表和料位控制器等监测手段，自动操纵加料和卸料。对于自硬型的树脂砂或水玻璃砂，型砂的硬化时间和硬化速度对砂温的波动较为敏感，一般应根据天气的变化和硬化剂的种类，将砂温调节在一定的范围内。

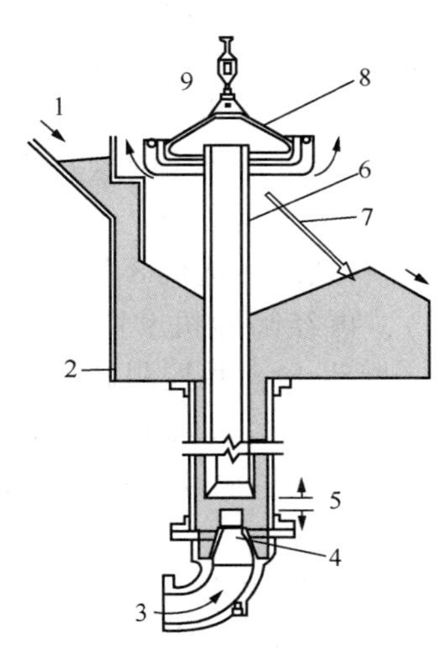

图 1.1-39　竖吹式再生机工作原理图

1—旧砂入口；2—贮砂室；3—高压气入口；4—喷嘴；5—喉口；6—吹管；7—调整板；8—顶盖；9—细粒

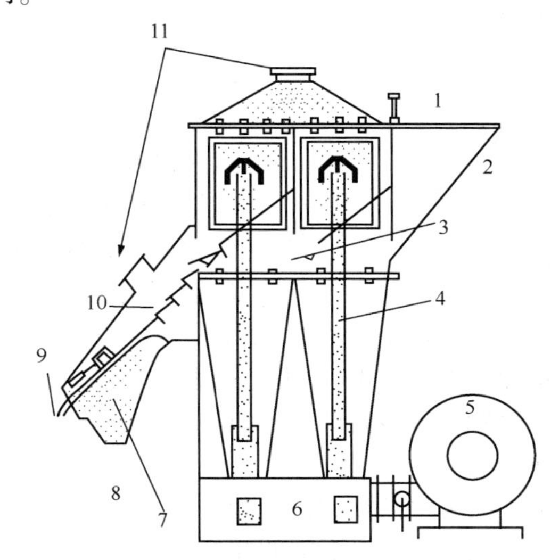

图 1.1-40　两级气流再生工作原理图

1—旧砂入口；2—加料槽；3—导砂板；4—吹管；5—风机；6—稳压空气室顶盖；7—分选筛；8—再生砂出口；9—废料出口；10—除尘斜槽；11—除尘口

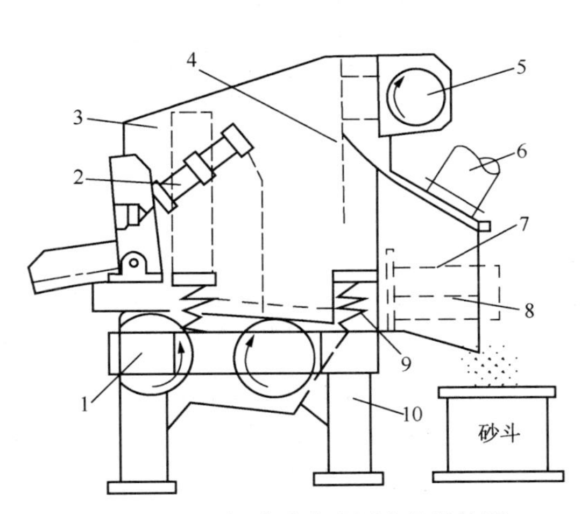

图 1.1-41　振动破碎式再生机结构图

1—振动电机；2—开门装置；3—后墙板；4—格筛；5—反转电机；6—抽风口；7—栅格；8—筛网；9—弹簧；10—机座

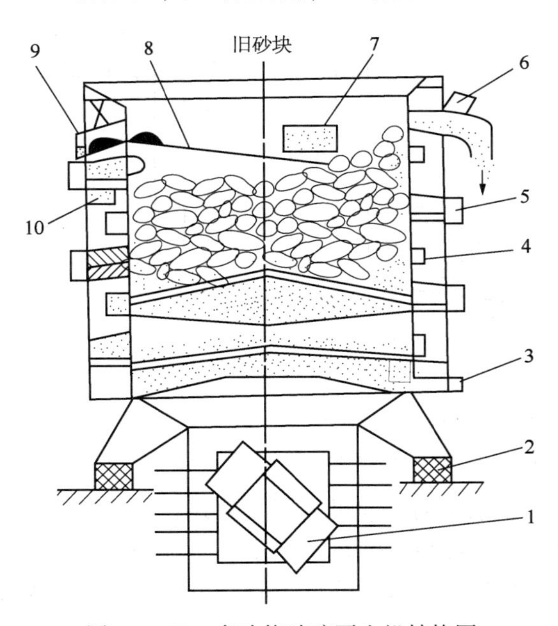

图 1.1-42　多功能破碎再生机结构图

1—振动电机；2—减振座；3—冷却水排出口；4—砂团输送螺旋；5—冷却再生砂输送螺旋；6—抽风口；7—砂团返回口；8—内螺旋；9—排除金属物斜槽；10—冷却水入口

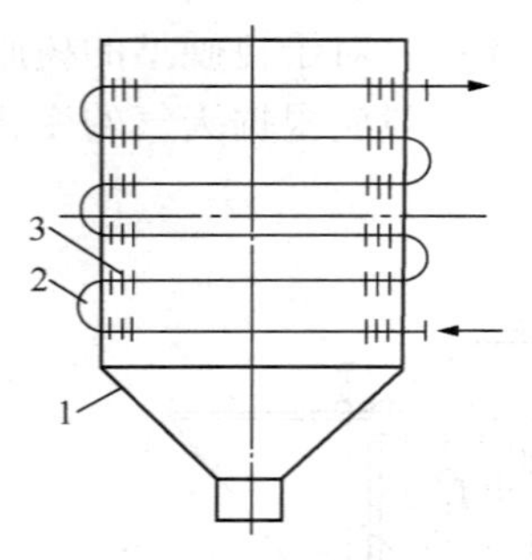

图 1.1-43　砂温调解器结构

1—壳体；2—调节水管；3—散热片

典型的旧砂干法再生系统有自硬树脂旧砂干法再生系统、水玻璃旧砂干法再生系统、气流式再生系统、壳式旧砂热法再生系统、水玻璃旧砂湿法再生系统等。

（1）自硬树脂旧砂干法再生系统　图 1.1-44 所示是我国使用最多的自硬树脂旧砂干法再生系统。浇注冷却后的自硬砂型经落砂机 2 落砂，旧砂用带式输送机 1 送入斗式提升机 3 提升并卸入回用砂斗 4 贮存。当进行再生时，首先由电磁给料机 5 将旧砂(主要是砂块)送入破碎机 6，破碎后的旧砂卸入斗式提升机 7 提升，在卸料处由磁选机 8 除去砂中铁磁物(如铁豆、飞边、毛刺等)，再经筛砂机 9 除去砂中杂物，过筛的旧砂存于旧砂斗 10 中，再经斗式提升机 11 送入二槽斗 12，并控制卸料闸门将旧砂适量加入再生机 13 中进行再生，合格的再生砂经斗式提升机 14 送入风选装置 15，风选后的再生砂卸入砂温调节器 16 中，使再生砂的温度接近室温，最后，由斗式提升机 18 装入贮砂斗 19 备用。

如果一次再生循环的再生砂质量不合工艺要求，可以进行两次循环再生，甚至三次循环再生。只要控制再生机下部的卸料岔道，让再生砂进入斗式提升机 11 即可循环再生。

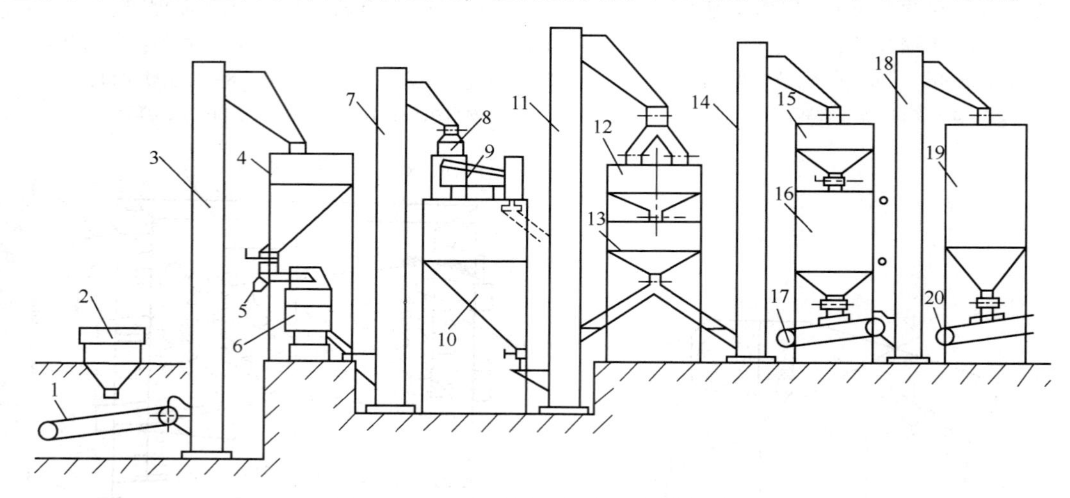

图 1.1-44　自硬树脂旧砂干法再生系统

1、17、20—带式输送机；2—落砂机；3、7、11、14、18—提升机；4—回用砂斗；5—电磁给料机；6—破碎机；8—磁选机；9—筛砂机；10—旧砂斗；12—二槽斗；13—再生机；15—风选装置；16—砂温调节器；19—贮砂斗

该系统的破碎机采用振动式破碎机，再生机采用离心冲击式再生机，工作可靠，再生效果好，旧砂再生率可达 95%，并使树脂加入量从原来的 1.3%～1.5%降到 0.8%～1.0%，铸件质量提高，成本降低 15%～20%。该系统结构庞大，比较复杂，投资大。

（2）水玻璃旧砂干法再生系统　图 1.1-45 所示是我国自行研究开发的水玻璃旧砂干法再生系统。该系统采用机械法(球磨)预再生和气流冲击再生的组合再生方法，并根据水玻璃旧砂的特点，在气流再生前对旧砂粒进行加热处理，再生工艺较为先进。但是，经处理的再生砂通常只能用作背砂或填充砂。

水玻璃旧砂可以采用干法再生、湿法再生和化学法再生。最新的研究结果表明，水玻璃旧砂采用干法回用(作背砂或填充砂)、湿法再生(作面砂或单一砂)的综合效果最好。

(3) 气流式再生系统　图 1.1-46 所示为四室气流式再生系统。旧砂经筛分、磁分、破碎等预处理后，由提升机送入贮砂斗，以一定量连续供给再生机，经四级气流冲击再生后，获得再生砂。

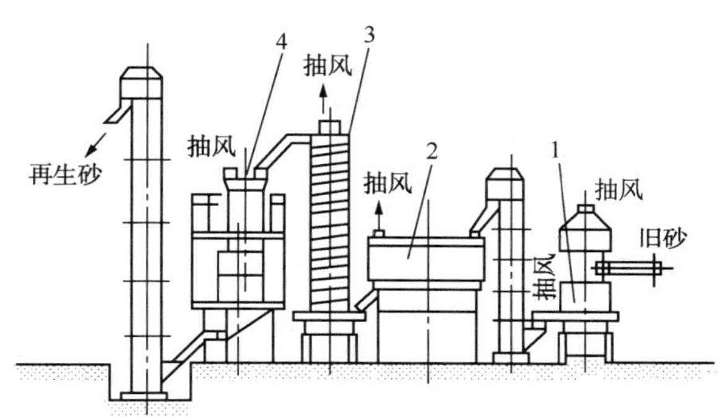

图 1.1-45　水玻璃旧砂干法再生系统

1—振动破碎球磨再生机；2—流化加热器；3—冷却提升筛分机；4—风力再生机

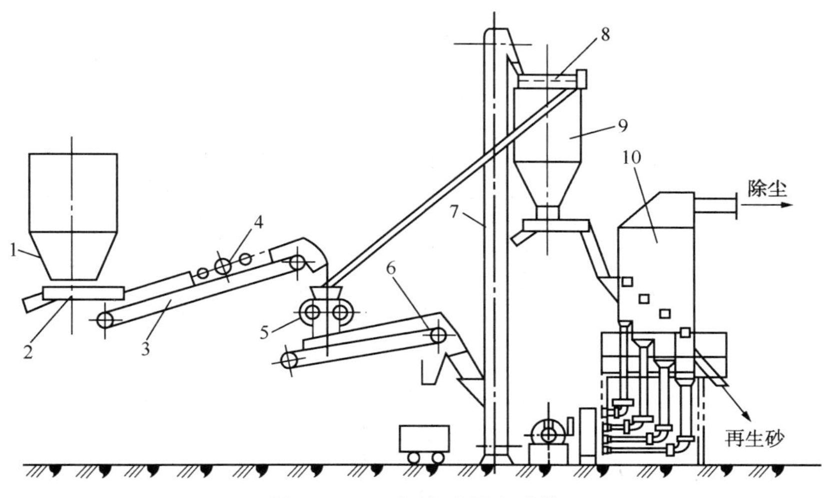

图 1.1-46　气流式再生系统

1—旧砂斗；2—给料机；3—带式输送机；4—带式磁分离机；5—破碎机；6—电磁带轮；7—提升机；8—振动筛；9—砂斗；10—四室式再生装置

该系统的特点是结构简单、工作可靠、维修方便，可适用于各种铸造旧砂，根据旧砂的性质和生产率要求，可选择适当的再生室数量和类型；但是，动力消耗大，对水分的控制较严格。

(4) 壳型旧砂热法再生系统　图 1.1-47 所示是由立式沸腾炉组成的热法再生系统，可用于壳型旧砂等有机类黏结旧砂的再生，生产率约为 2t/h。其工艺过程是：落砂后的旧砂，经过过磁选、破碎、筛分后，进入沸腾炉，在 750℃温度下进行焙烧，烧去有机黏结剂，出来的砂首先经过一次喷水沸腾冷却后，再进行第二次沸腾冷却，使再生砂温度冷却到 80℃左右，通过筛选送至贮砂斗。

(5) 水玻璃旧砂湿法再生系统　图 1.1-48 是瑞士 FDC 公司开发的一种处理水玻璃旧砂的湿法再生系统。它将磁选、破碎设备同水力旋流器与搅拌器串联在一起，系统具有落砂、除芯、铸件预清理、旧砂再生、回收水力清砂用水五个功能。砂子的回收率达 90%，水回

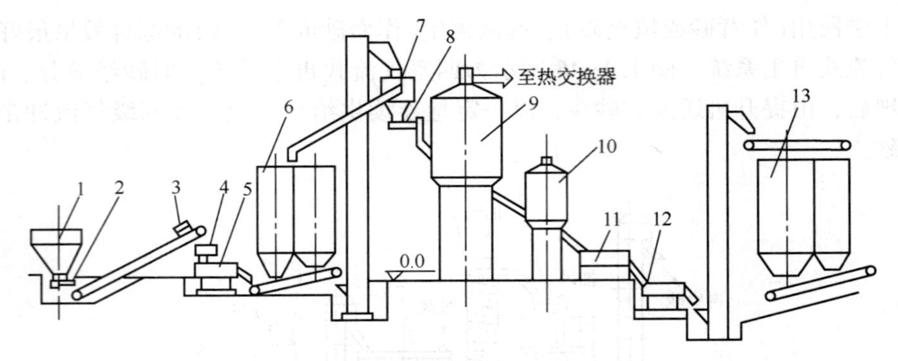

图 1.1-47　壳型旧砂热法再生系统

1—砂斗；2、8—振动给料机；3—带式磁分离机；4—破碎机；5、12—振动筛；6—中间斗；7—溢流料斗；9—立式沸腾焙烧炉；10—沸腾冷却室；11—二次沸腾冷却室；13—再生砂贮砂斗

收率达 80%，是一个较完整紧凑的湿法再生系统。

实践和研究表明，水玻璃旧砂采用湿法再生系统较好。由我国自行研制开发的新型水玻璃旧砂湿法再生设备采用双级强擦洗再生工艺，具有耗水量小、脱膜率高、污水经处理后循环使用等特点，是再生水玻璃旧砂的理想系统。

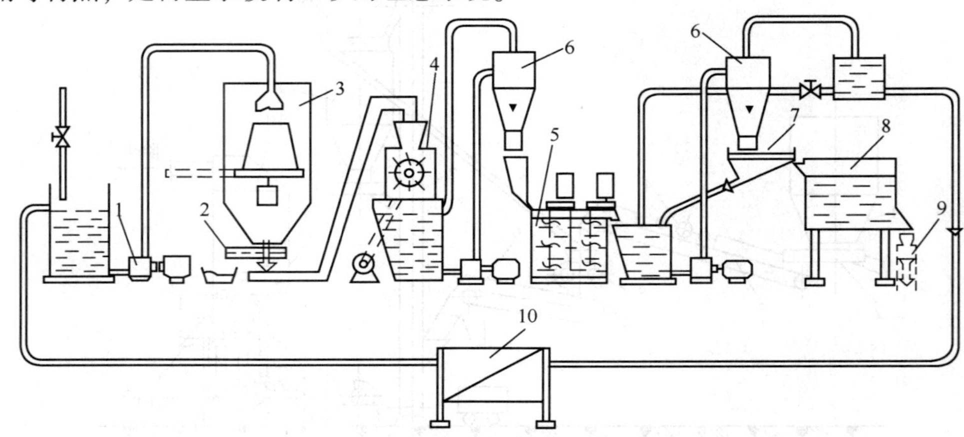

图 1.1-48　水玻璃旧砂湿法再生系统

1—供水设备(高压泵)；2—磁铁分离器；3—水力清砂室；4—破碎机；5—搅拌再生机；6—水力旋流器；7—振动给料机；8—烘干冷却设备；9—气力压送装置；10—澄清装置

6. 砂处理辅助设备

砂处理系统的辅助设备有输送设备、给料设备、定量设备等，如表 1-6 和表 1-7 所示。

表 1-6　输送设备

名称	结构原理图	作用及特点
带式输送机	1—主动轮；2—橡胶带；3—托辊；4—从动轮	1. 主要由橡胶带及其传动装置构成，结构简单，工作平稳可靠，布置灵活 2. 可以水平(或倾斜)输送颗粒料、块料，运输适应性广 3. 缺点是构成运输系统时，比较庞大、材料消耗大，一次投资大

续表

名称	结构原理图	作用及特点
斗式提升机	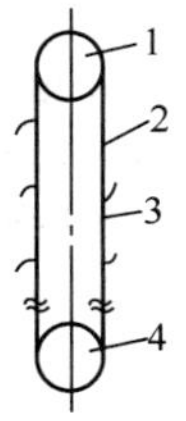 1—主动轮；2—提升斗；3—传送带；4—从动轮	1. 由带料斗的胶带（或链带）及其传动装置构成，结构紧凑，占地小 2. 用于垂直输送干颗粒或小块料 3. 缺点是湿料易粘斗
螺旋输送机	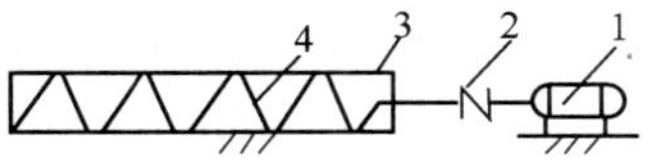 1—电动机；2—联轴器；3—槽体；4—螺旋叶片	1. 利用旋转的螺旋叶片推进物料进行运输，也可作定量器使用，结构紧凑，占地小，可以封闭运输，灰尘少，主要用于粉状材料运输，也可输送小块料 2. 缺点是单位功率消耗大，槽体及叶片磨损大
振动输送机	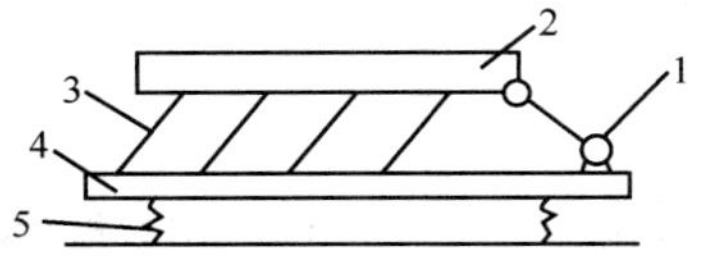 1—激振器；2—槽体；3—摆杆；4—减振架；5—减振弹簧	1. 利用槽体的振动使物料达到输送的作用。结构形式较多，图为偏心摆杆式振动输送机 2. 可输送颗粒及小块料，也可作给料器用 3. 结构较简单，使用方便可靠
气力吸送装置	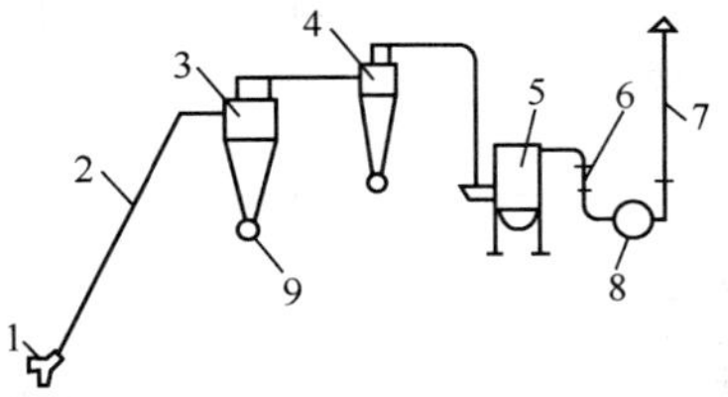 1—喉管；2—输料管；3—旋风分离器；4—除尘器；5—泡沫除尘器；6—蝶形阀；7—排风管；8—风机；9—星形锁气器	1. 利用尾部风机（或真空泵）抽风的负压，使物料（粉料或粒料）在管道中悬浮运动而进行输送。如果用热风可作烘干装置使用 2. 输送管道化，布置灵活，结构简单，扬尘少，不占地面位置，一次投资少 3. 动力消耗大，磨损大，维修频繁，噪声大，要消声处理
气力压送装置	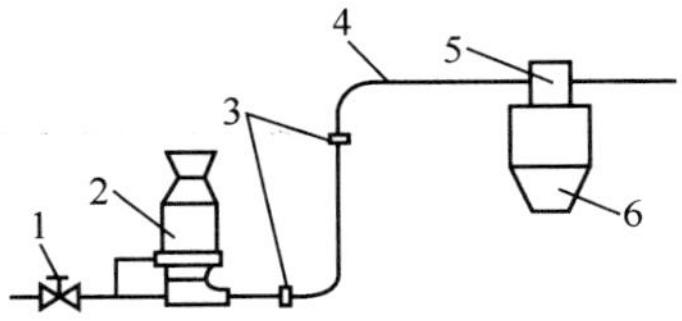 1—截止阀；2—发送器；3—增压器；4—输送管；5—卸料器；6—贮料斗	1. 利用压缩空气的压力输送型砂，实现了型砂输送管道化，水分不易蒸发 2. 占地面积小，一次投资少 3. 管道较易堵塞和磨损

表 1-7　给料设备及定量器

名称	结构原理图	作用及特点
带式给料机	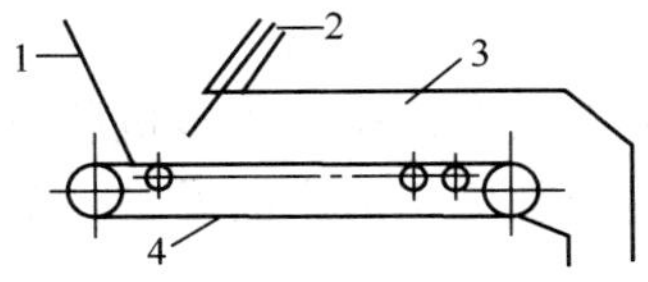 1—料斗；2—可调闸板；3—保护罩；4—带式输送机	1. 结构原理与带式输送机相同，受料段托辊数较多 2. 给料均匀，使用方便可靠 3. 可以水平或倾斜安装 4. 缺点是结构比较复杂

续表

名称	结构原理图	作用及特点
电磁振动给料器	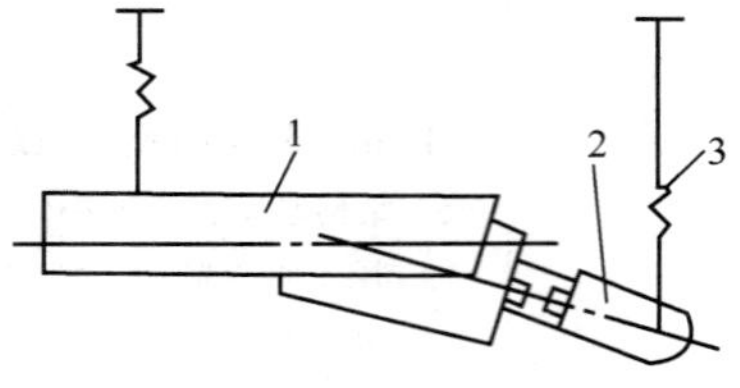 1—槽体；2—电磁振动器；3—减振器	1. 电磁给料器与电磁振动输送机类似，适于干粒料或小块料给料。给料均匀，也可作定量器使用 2. 结构紧凑，使用方便可靠 3. 电器控制较复杂，有噪声
圆盘给料器	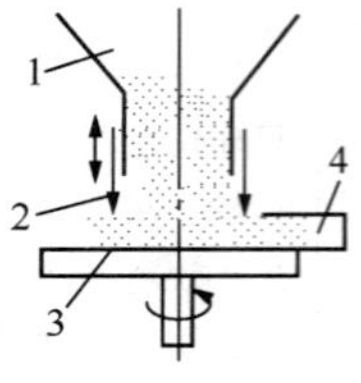 1—砂斗；2—调整圈；3—转盘；4—刮板	1. 利用旋转的圆盘使自动倾塌其上的物料经刮板作用实现均匀给料 2. 结构比较简单，工作平稳、可靠、调节方便 3. 体积庞大，对黏性材料使用不便
箱式定量器	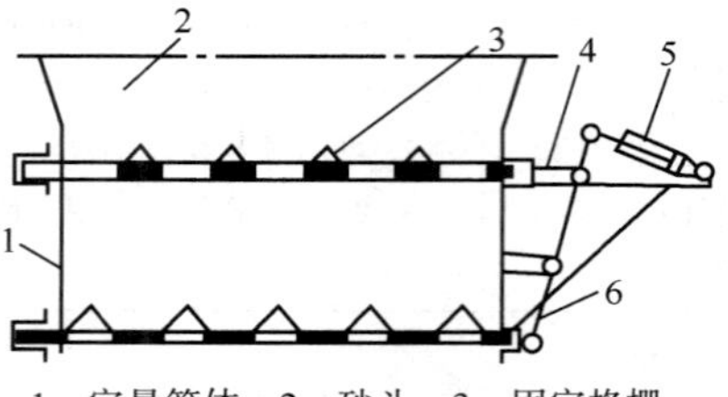 1—定量箱体；2—砂斗；3—固定格栅；4—活动格栅；5—气缸；6—杠杆	1. 利用箱体容积定量，方便可靠 2. 为了迅速而均匀卸料，采用格栅卸料门，可以气动操纵 3. 用于混砂机上的大砂斗定量加料
电子称量斗	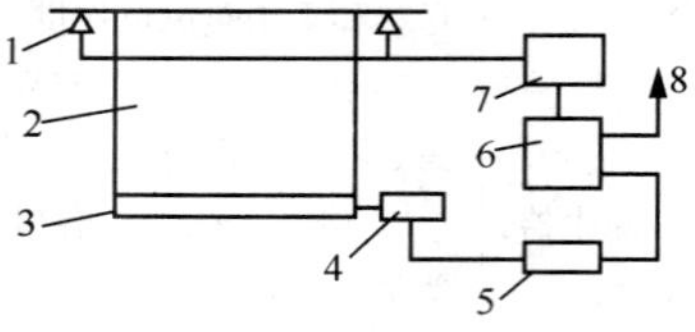 1—荷重传感器；2—定量斗；3—格栅闸门；4—气缸；5—气阀；6—控制器；7—显示仪表；8—控制给料器	1. 与炉料称量所用的电子秤类似 2. 用荷重传感器检测重量，用仪表显示，便于自动控制

1.1.4 落砂、清理及环保设备

1. 落砂设备

落砂是在铸型浇注并冷却到一定温度后，将铸型破碎，使铸件从砂型中分离出来。落砂工序通常由落砂机完成，常用的落砂机有振动落砂机和滚筒落砂机两大类。

1）振动落砂机

振动落砂机是利用振动力驱使栅床与铸型周期振动，落砂栅床将铸型抛起又自由下落与栅床碰撞，经过反复撞击，砂型破坏，最终铸件和型砂分离。

振动式落砂机又分为惯性振动落砂机、撞击式惯性振动落砂机和电磁振动落砂机等。

（1）惯性振动落砂机　惯性振动落砂机是当前应用最广的设备。落砂机的栅床支承在弹簧组上，由主轴旋转时偏心质量产生的离心惯性力激振。

惯性振动落砂机有单轴和双轴两类。单轴落砂机结构简单，维修、润滑方便；但栅床运动轨迹是椭圆形，有水平方向的摇晃，仅适于小载荷。双轴落砂机栅床作直线运动，适于大载荷，但结构复杂，造价高。

当单轴落砂机栅床倾斜设置，落砂机的激振角 $\beta = 55° \sim 70°$时，兼有输送作用，称为惯性振动落砂输送机。

惯性振动落砂机一般在过共振区工作，在启动和停机过程中都要经过共振区，振幅迅速增大，停机时更甚，可高达 4~7 倍，易导致机器损坏，弹簧折断，所以，要采用限幅装置或电机反接制动等措施。

单轴和双轴惯性振动落砂机的结构分别如图 1. 1-49 和图 1. 1-50 所示，它们常用于中小型铸件的落砂。

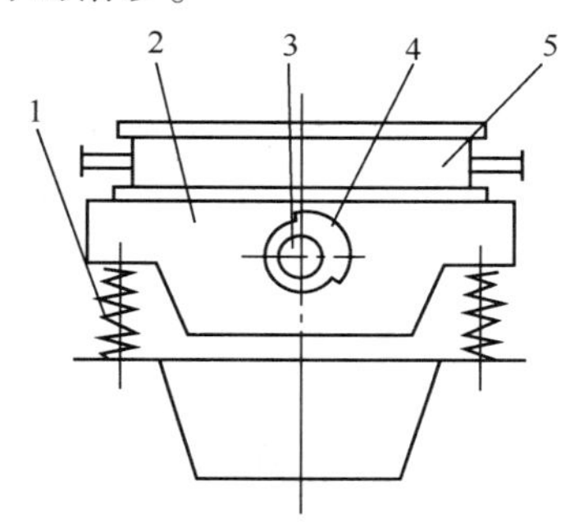

图 1. 1-49　单轴惯性振动落砂机结构图

1—弹簧；2—栅床；3—主轴；4—偏心块；5—铸型

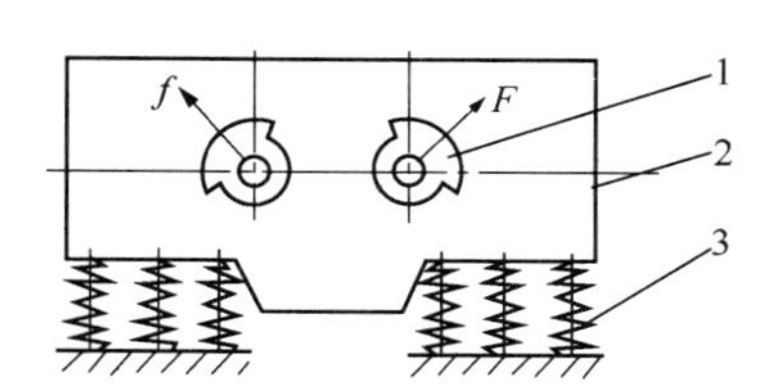

图 1. 1-50　双轴惯性振动落砂机结构图

1—偏心块；2—栅床；3—弹簧

（2）撞击式惯性振动落砂机　撞击式惯性振动落砂机是在惯性振动落砂机的基础上改进而来的，前者与后者相比，增加了固定撞击梁。铸型置于梁上，其表面与栅床上平面保持一定间隙，栅床振动时，梁上的铸型因撞击而跳起，然后靠自重下落又与梁撞击，偏心轴每转一次，铸型即受到两次撞击，此种落砂机的结构如图 1. 1-51 所示。撞击式惯性振动落砂机常用于中大型铸件的落砂。

2）滚筒落砂机

滚筒落砂机的工作原理是：脱去砂箱的铸型进入滚筒体内，随筒体旋转到一定高度时，靠自重落到筒体下方，在相互间的不断撞击和摩擦作用下，砂型与铸件分离并顺着螺旋方向到达筒体栅格部分进行落砂。

滚筒落砂机主要用于垂直分型无箱射压造型线上，边输送边落砂，生产率高，密封性好，噪声低，能破碎旧砂团，还可对热砂进行增湿冷却，并对铸件进行预清理。但由于薄壁铸件易损坏，因此，适用于不怕撞击的无箱小件落砂。

为减少对基础的振动，机座与地基之间须垫有 20~25mm 橡胶皮缓冲垫。机器安装水平度要求是全长不超过 5mm。

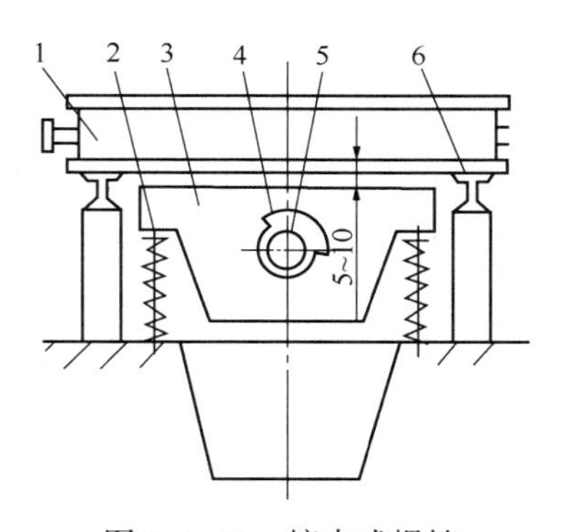

图 1. 1-51　撞击式惯性振动落砂机结构图

1—铸型；2—弹簧；3—框架；4—偏心块；5—主轴；6—撞击梁

滚筒式落砂机的优点如下：

① 落砂时不产生振动，尘烟在筒内很容易被除尘装置抽走；

② 清砂后铸件表面较干净；

③ 落砂后的旧砂经过预处理；

④ 不需要地坑，便于安装；

⑤ 不需要人工操作；

⑥ 既适用于无箱造型，也适用于有箱造型。

3）其他落砂设备

随着振动电机制造质量的提高，采用振动电机作激振器的落砂机越来越普及，它具有结构简单、维修方便等优点，目前被大量采用。图 1.1-52 为采用振动电机作激振源的输送落砂机结构原理图，它具有落砂与输送两种功能。

虽然振动落砂机具有结构简单、成本低等优点，但是，它还有噪声大、灰尘多、工作环境差等缺点。

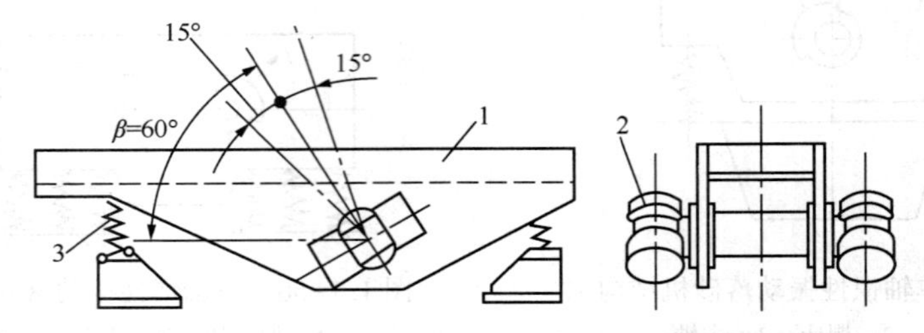

图 1.1-52　激振输送落砂机结构原理图

1—栅床；2—振动电机；3—弹簧

图 1.1-53 所示为振动式落砂滚筒的工作原理图。它是在摆动式滚筒的基础上增加了振动机构，使得滚筒边摆动边振动，一是避免了落砂滚筒易损坏铸件的缺点；二是大大增加了落砂效果，扩大了应用范围，适合于各种大小的铸件。但是，因为设置有振动功能，整个机体对地基有影响。与普通式落砂滚筒相比，振动式落砂滚筒主要以落砂为主，砂子或铸件的冷却则是其次的。

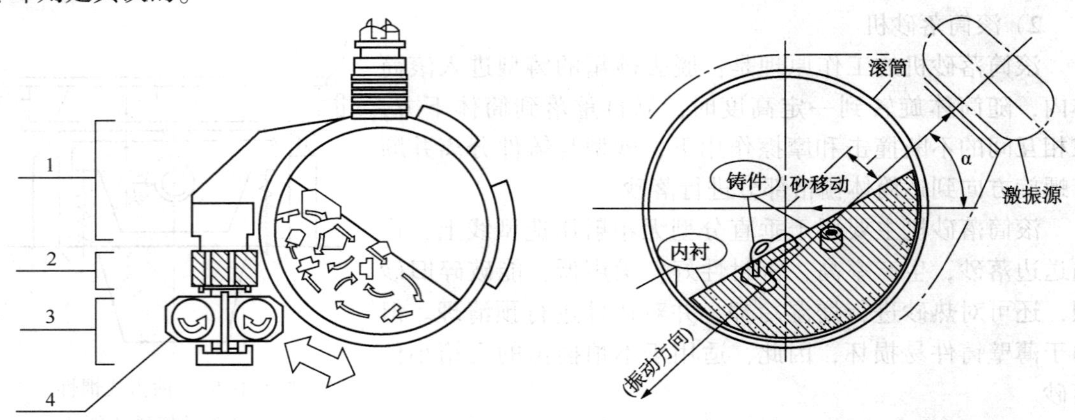

图 1.1-53　振动式落砂滚筒的工作原理

1—工作部分；2—增幅机构；3—激振源；4—振动电机

2. 清理设备

铸件清理包括表面清理和除去多余的金属两部分。前者是除去铸件表面的砂子和氧化皮；后者主要包括去除浇冒口、飞边和毛刺等。铸件表面清理的常用方法有：手工清理、滚筒清理、抛丸清理和喷丸清理等，清理设备有清理滚筒、抛丸清理机和喷丸清理机等。铸件的各种表面清理方法、特点和应用范围见表 1-8。

表 1-8 表面清理方法、特点及应用范围

表面清理方法	所用设备(工具)与特点	应用范围
半手工或手工清理	1. 风铲、固定式、手提式、悬挂式砂轮机 2. 锉、錾、锤及其他手工工具 3. 手工或半手工操作，生产率较低 4. 工具简单、电动、风动或手动 5. 劳动强度大，劳动条件差	单件小批量生产的铸件
滚筒清理	1. 圆形或多角形滚筒，铸件和一定数量的星形铁，电机驱动，靠撞击作用清理铸件表面 2. 设备简单，生产率高，适用范围广 3. 噪声和粉尘大，需加防护	批量生产的中、小型铸铁和铸钢件
抛丸清理	1. 利用高速旋转的叶轮将金属丸、粒高速射向铸件表面，将铸件表面的附着物打掉，有抛丸清理滚筒、履带式抛丸清理机、连续滚筒式抛丸清理机、通过式(鳞板输送)连续抛丸机、吊钩与悬链抛丸机、多工位转盘抛丸清理机及专用抛丸机等，抛丸清理是世界各国清理铸件的主要手段 2. 可实现机械化和半自动化操作，生产率高，铸件表面清理效果好 3. 设备投资大，抛丸器构件易磨损 4. 操作要求严格，作业环境好	批量生产的铸铁件和铸钢件
喷丸(砂)清理	1. 利用压缩空气或水将金属丸、粒或砂子等高速喷射到铸件表面，打掉铸件表面的附着物，有喷丸器、喷丸清理转台、喷丸室和水砂清理等设备 2. 清理效率低，表面质量好，使用较普遍 3. 喷枪、喷嘴易磨损，压缩空气耗量大，需设立单独的操作间 4. 粉尘和噪声大，应采取防护措施	喷丸常用于铸铁和铸钢件；喷砂多用于非铁合金铸件
机械手自动打磨系统	1. 采用预编程序的程序控制或模拟随动遥控操纵机器人或机械手对铸件进行自动打磨和表面清理 2. 使铸件清理工作从高温、噪声、粉尘等恶劣的工作环境及繁重体力劳动中解放出来 3. 操作者必须具备较高的技术素质，投资大，维护保养严格 4. 需进行开发性设计研究	用于成批或大量流水生产的各类铸件

清理设备按其铸件载运方式分为滚筒式、转台式和室式(悬挂式和台车式)。滚筒式用于清理小型铸件；转台式用于清理壁薄而又不易翻转的中、小型铸件；悬挂式用于清理中、大型铸件；台车式用于清理大型和重型铸件。

常见的表面清理设备主要类型及特点见表 1-9。

表 1-9　常用清理设备的类型及特点

名称		适用范围	主要参数及特点	工作原理简图	国产定型产品型号
清理滚筒	间歇作业式抛丸清理滚筒	一般用于清理小于300kg，容易翻转而又不怕碰撞的铸件	1. 滚筒直径：ϕ600～1700mm 2. 一次装料量：80～1500kg 3. 滚筒转速：2～4r/min	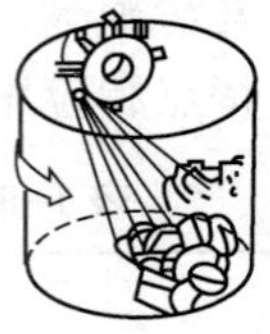	Q3110（滚筒直径 ϕ1000mm）
	履带式抛丸清理滚筒（间歇作业式）		1. 生产率：0.5～30t/h 2. 履带运行速度：3～6m/min		QB3210（一次装料 500kg）
	普通清理滚筒		1. 一次装料：0.08～4t 2. 滚筒直径：ϕ600～1200mm	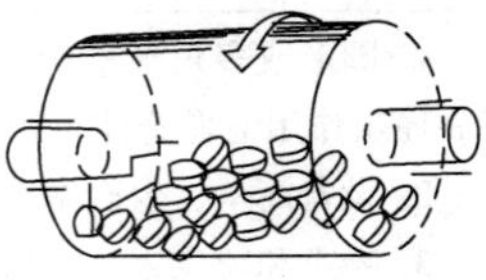	
清理室	台车式抛丸清理室	适于清理中，大型及重型铸件	1. 转台直径 ϕ2～5m，转速 2～4r/min 2. 台车运行速度：6～18m/min 3. 台车载重量：5～30t	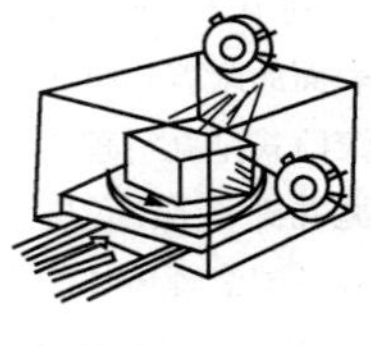	Q365A（铸件最大重量 5t）
	单钩吊链式抛丸清理室	适于多品种、小批量生产	1. 吊钩载重量：800～3000kg 2. 吊钩自转速度：2～4r/min 3. 运行速度：10～15m/min	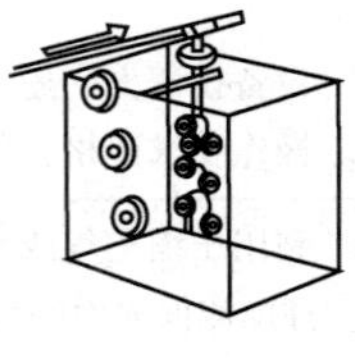	Q388（吊钩载量 800kg）
	台车式喷丸清理室	适于中、大件及重型铸件	台车载重量几吨至上百吨	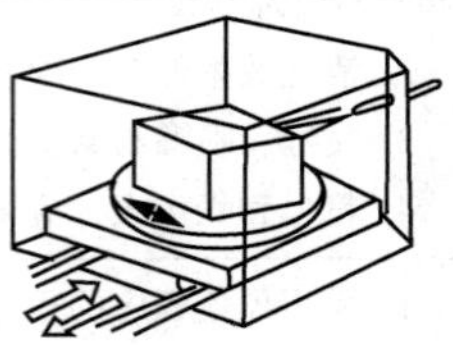	Q265A（铸件最大重量 5t）

1）滚筒清理设备

滚筒清理是依靠滚筒转动，造成铸件与滚筒内壁、铸件与铸件，铸件与磨料之间的摩擦、碰撞，从而清除表面粘砂与氧化皮的一种清理工艺。

普通清理滚筒按作业方式分为间歇式清理滚筒（简称清理滚筒）和连续式清理滚筒两大类。

（1）间歇式清理滚筒　间歇式清理滚筒由传动系统、筒体和支座三部分组成。清理滚筒的传动方式分为减速电动机直接传动、减速器传动、三角皮带传动和摩擦传动等。普通清理滚筒的工作原理简图如表 1-9 所示。

清理滚筒筒截面一般为圆形，也有方形、六角形和八角形的。筒体由厚钢板制成，内衬为铸钢板或球墨铸铁板，中间垫有橡胶板以降低噪声。两端盖也是双层结构。支承颈系空心结构，以利通风除尘。滚筒壳体上开有长方形门孔，长度与筒长相同，以便装卸铸件。清理时用三链闩将门盖锁紧。为使滚筒运转平稳，在另一侧配置平衡块。手动杠杆制动器或电磁抱闸制动器可使筒体停止在指定位置，以便装卸。

(2) 连续式清理滚筒　连续式清理滚筒的工作原理如图 1.1-54 所示。滚筒轴线与水平面成一小倾角 α；滚筒内壁有纵向肋条，以利铸件翻滚撞击。铸件沿溜槽进入滚筒，边前进，边与星铁、滚筒内壁撞击，清理后由出口落下；砂子经滚筒孔眼入集砂斗；星铁在出口端附近落入外层，由螺旋叶片送至进口端回用。滚筒倾角 α 通常可以调节，借以调整铸件在滚筒中的停留时间。

水平安装的连续式清理滚筒，内层应有螺旋状肋条，以便铸件随滚筒的翻转而前进。

连续式清理滚筒适用于清理流水线，针对中小型铸件进行表面清理。此外，还可用于垂直分型无箱射压造型生产线上，作浇注后铸型的落砂与铸件的清砂。此时不用星铁，滚筒为单层(有漏砂孔)，亦可为双层(外层无孔，内层有漏砂孔，末端排砂)。

连续式清理滚筒的优点是：生产效率高，可组成清理流水线，清理中有破碎旧砂团块的作用，可空载启动，无需大启动转矩的电动机。

连续式清理滚筒的缺点是：铸件在滚筒内停留时间短，因此，对形状复杂的铸件及其内腔而言，清理效果较差，只能清理形状简单、表面粘砂较松散的铸件。

2) 喷丸清理设备

喷丸清理是指弹丸在压缩空气的作用下，变成高速丸流，撞击铸件表面而清理铸件。喷丸清理设备按工艺要求可分为表面喷丸清理设备与喷丸清砂设备；按设备结构形式可分为喷丸清理滚筒、喷丸清理转台和喷丸清理室等。

喷丸清理设备的核心是喷丸器，常用的喷丸器有单室式和双室式两种。单室式喷丸器结构如图 1.1-55 所示，弹丸经漏斗 1 和锥形阀 2，进入圆筒容器 3 内。工作时压缩空气经三通阀 9 进入容器，锥形阀关闭，容器内气压增加，弹丸受压而进入混合室 6，与来自管道 7 的压缩空气相混合，最后从喷嘴 4 中高速喷出。

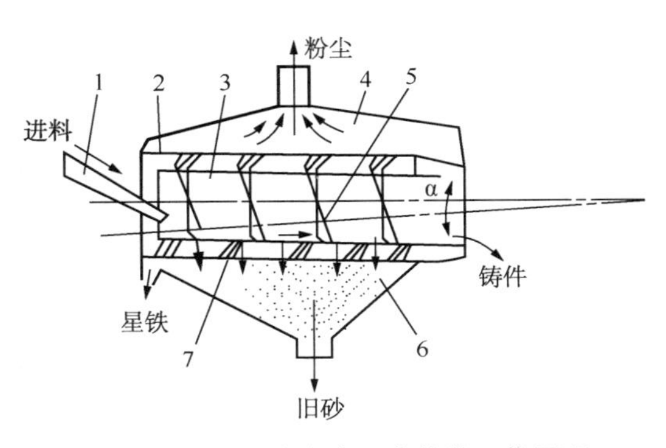

图 1.1-54　连续式清理滚筒的工作原理

1—溜槽；2—滚筒外壁；3—滚筒内壁；4—吸尘风罩；5—螺旋状导向肋板；6—集砂斗；7—螺旋叶片

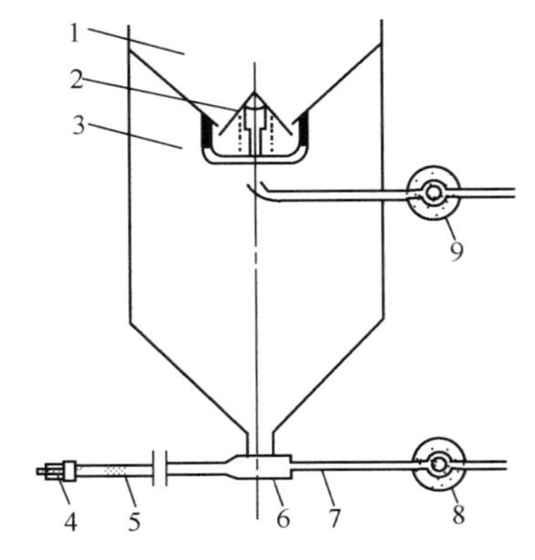

图 1.1-55　喷丸器结构图

1—加料漏斗；2—锥形阀门；3—圆筒容器；4—喷嘴；5—胶管；6—混合室；7—管道；8—阀；9—三通阀

单室式喷丸器补加弹丸时，必须停止喷丸器的工作，即关断三通阀 9，容器停止进气，并同时排气。还要关闭阀 8，使混合室也停止进气。于是弹丸压开锥形阀 2，进入容器内。所以，单室式喷丸器只能间断工作，使用不太方便。

双室式喷丸器的工作原理与单室式相同。广泛采用的 Q2014B 型喷丸器(双室)结构如图 1.1-56 所示，它主要由弹丸室、控制阀、混合室、喷头和管道等组成。其工作过程为：

① 使转轴 2 和各阀处于关闭位置；

② 从上罩 9 按装丸量将喷丸加入喷丸器中；

③ 打开进气蝶阀 16 和直通开关 13、14；

④ 使三通阀 11 处于如图 1.1-56(a)所示的喷射位置；

⑤ 逐渐转动转轴，使喷丸循序落下，待喷射量适当时，停止转动；

⑥ 当喷丸结束后，重新将喷丸从上罩 9 加入喷丸器内，然后，再使三通阀 11 处于图 1.1-56(b)的喷射位置，使喷丸从上罩落入上室再落入下室，保持连续工作；

⑦ 清理完毕时，先转动转轴 2 关闭喷头，再关闭进气蝶阀 16，然后，将三通阀转至图 1.1-56 (b)所示的停止喷射位置，使室内的空气迅速排入大气。

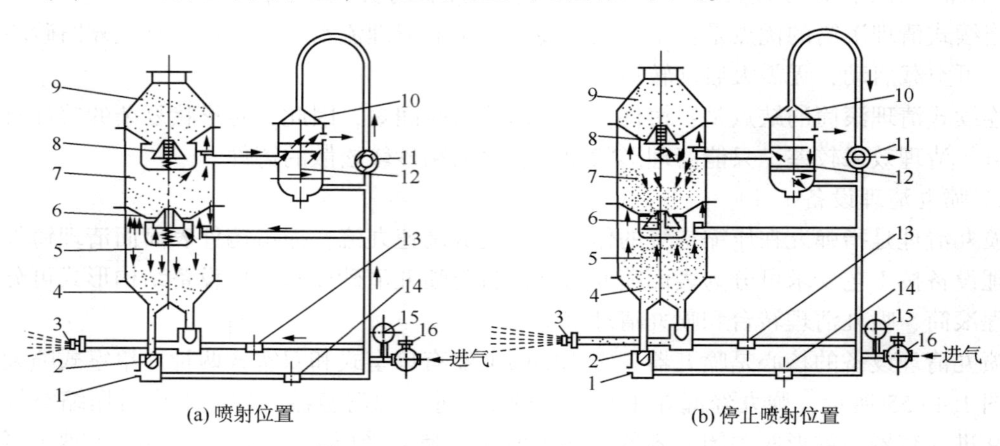

图 1.1-56 Q2014B 型喷丸器结构图

1—混合室；2—转轴；3—喷头；4—底座；5—下室；6—下室阀；7—上室；8—上室阀；9—上罩；10—转换开关；11—三通阀；12—转换开关活塞；13、14—直通开关；15—压力表；16—进气蝶阀

3）喷砂清理设备

喷砂清理原理与喷丸清理相似，用各种质地坚硬的砂粒代替金属丸清理铸件。喷砂清理分为干法喷砂和湿法喷砂，干法喷砂的砂流载体是压力为 0.3~0.6MPa 压缩空气流，湿法喷砂的砂流载体是压力为 0.3~0.6MPa 的水流。

喷砂清理多用于非铁合金铸件的表面清理，对于铸铁件主要用于清除其表面的污物和轻度粘砂。由于砂粒在清理过程中破碎较快，粉尘较大，故一般采用湿法喷砂。

喷砂清理设备较简单，投资少、操作方便，效率高，清理效果较好。尤其适合中小铸造车间用燃煤退火炉退火的铸件表面清理。可快速和较彻底地清除掉退火后铸件表面黏附的烟黑和灰等污染物。

常用的干法喷砂设备的结构如图 1.1-57 所示，它主要由喷砂嘴、喷砂室、喷砂罐、贮气罐和抽风除尘系统等组成。散砂在压力为 0.3~0.6MPa 压缩空气的作用下，射向喷砂室内的铸件表面而获得清理。

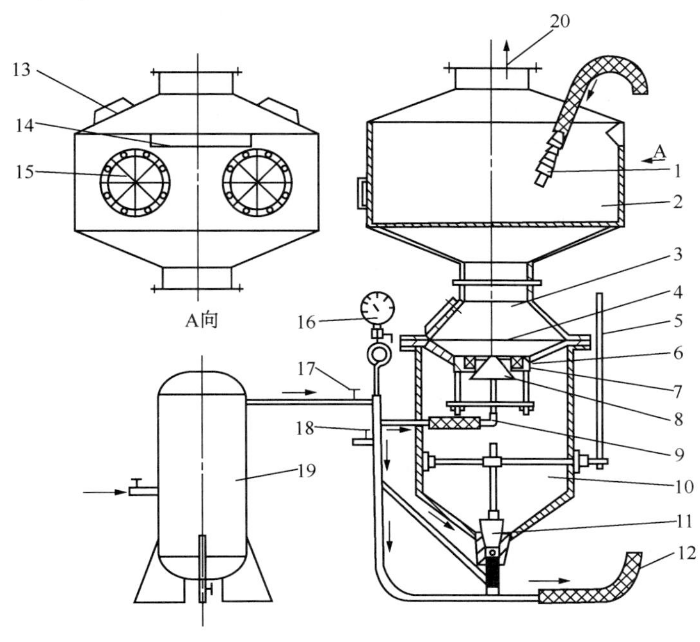

图 1.1-57 干法喷砂机结构图

1—喷砂嘴；2—喷砂室；3—喷砂罐；4—漏砂隔板；5—控制阀杆；6—密封盖；7—密封胶圈；8—锥形塞；9—锥形塞座；10—下室；11—控制锥阀；12—夹布胶管；13—照明灯；14—窥视口；15—橡胶软帘操作口；16—压力表；17—阀门；18—放气阀；19—贮气罐；20—接抽风除尘系统

4）抛丸清理设备

抛丸清理是指弹丸进入叶轮，在离心力作用下成为高速丸流(图 1.1-58)，撞击铸件表面，使铸件表面的附着物破裂脱落(图 1.1-59)。除清理作用外，抛丸还有使铸件表面强化的功能。

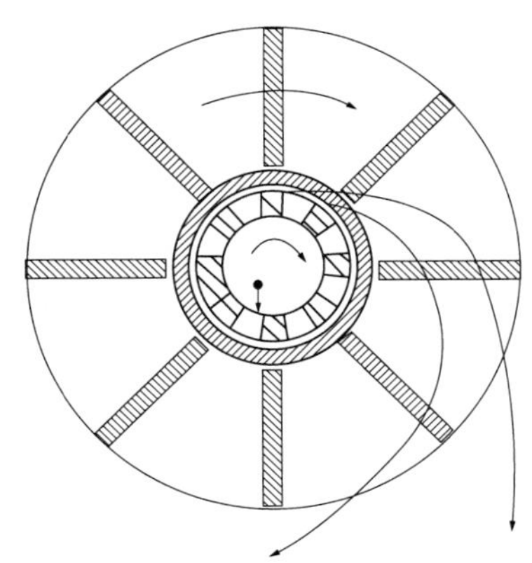

图 1.1-58 高速丸流的形成

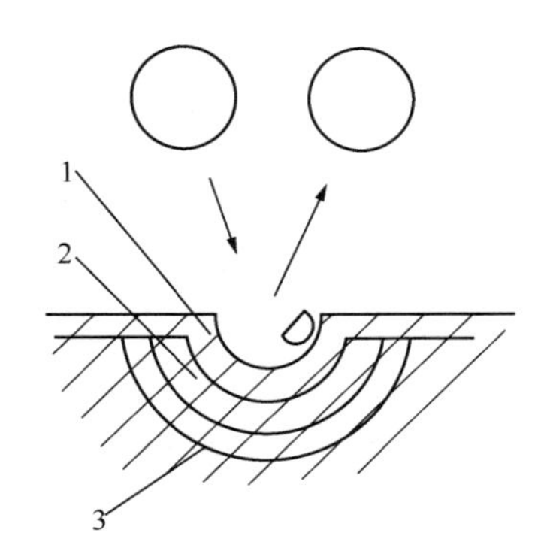

图 1.1-59 抛丸清理原理图

1—氧化皮锈斑层；2—塑性变形区；3—弹性变形区

撞击会使零件表面产生压痕，其内层为塑性变形区，更深处则为弹性变形区。在弹性力的作用下，塑性变形区受到压缩应力，弹丸被反弹回去。

一般抛丸清理只要求破坏氧化皮锈斑层，并不要求塑性变形区的厚度值；而抛丸强化则要求尽可能厚的塑性变形区。因此，不同的抛丸目的需采用不同的工艺参数。

抛丸清理设备按照设备结构形式可分为抛丸清理滚筒、抛丸清理振动槽、履带式抛丸清理机、抛丸清理转台、抛丸清理转盘、台车式抛丸清理室、吊钩式抛丸清理室、悬链式抛丸清理室、鼠笼式抛丸清理室、辊道通过式抛丸清理室、橡胶输送带式抛丸清理室、悬挂翻转器抛丸清理室、组合式抛丸清理室、专用抛丸清理室以及其他形式的抛丸清理设备。按作业方式可分为：间隙式抛丸清理设备和连续式抛丸清理设备。

此外，按工艺要求分为表面抛丸清理、抛丸除锈、抛丸强化和抛丸落砂等。

抛丸器是抛丸清理设备的核心部件，在不同形式的清理机中其数量和安装位置有所不同，尺寸大小及规格也不同。

图 1. 1-60 是抛丸器的结构图。叶轮 3 上装有八块叶片 4，与中心部件的分丸器 6 一起，均安装在由电动机直接驱动的主轴 12 上。外罩 8 内衬有护板，罩壳上装有定向套 7 和进丸管 5，在工作时，弹丸由进丸管送入，旋转的分丸器使弹丸得到初加速度，经由定向套的窗口飞出，进入外面旋转的叶片上，在叶片上进一步加速后，抛射到铸件上去。由于弹丸的抛出速度很高，被冲击的铸件表面黏砂和毛刺可得到有效清理。同时，还能使铸件得到冷作硬化，提高铸件表面的力学性能。

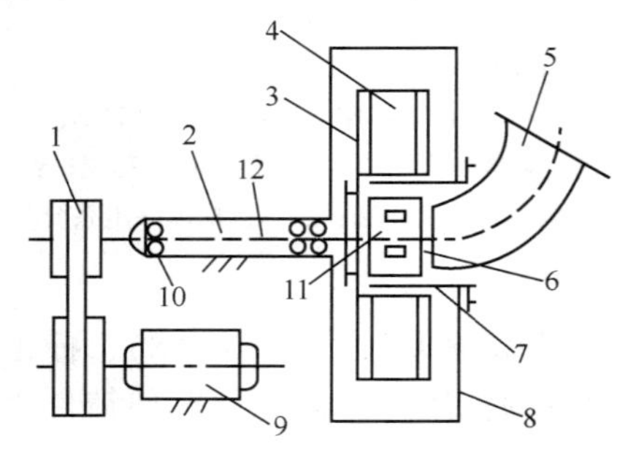

图 1. 1-60　抛丸器结构图

1—三角皮带；2—轴承座；3—叶轮；4—叶片；5—进丸管；6—分丸器；7—定向套；8—外罩；9—电动机；10—轴承；11—左螺钉；12—主轴

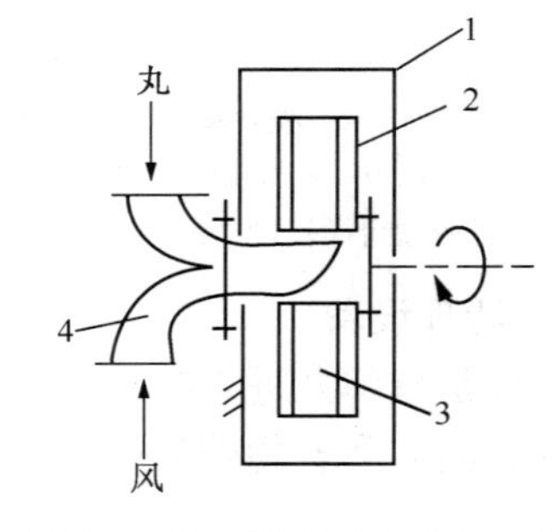

图 1. 1-61　鼓风进丸的抛丸器

1—外壳；2—叶轮；3—叶片；4—鼓风进丸管

为了改进抛丸器的工作性能，可以采用鼓风进丸的抛丸器，如图 1. 1-61 所示。此时，弹丸被鼓风送入，调整进丸喷嘴方位即可改变抛射方向。该类抛丸器省去了分丸器和定向套，使抛丸器的结构简化，但增加了一套鼓风系统。

3. 环保设备

铸造生产工艺过程较复杂，材料和动力消耗较大，设备品种繁多，高温、高尘、高噪声直接影响人体健康，废砂、废水的直接排放会给环境造成严重的污染。因此，对铸造车间的灰尘、噪声等进行控制，对所产生的废砂、废气、废水进行处理或回用是现代铸造生产的主要任务之一。

1）除尘设备

铸造车间的除尘设备的作用是捕集气流中的尘粒、净化空气，它主要由局部吸风罩、风管、除尘器和风机等组成，其中，除尘器是主要设备。除尘器的结构形式很多，可分为干式和湿式除尘器两大类。由于湿式除尘会产生大量的泥浆和污水，需要二次处理，相比之下，干式除尘器的应用更为广泛。

常见的干式除尘器有旋风除尘器和袋式除尘器两种。

（1）旋风除尘器　旋风除尘器的结构如图 1.1-62 所示，其除尘原理与旋风分离器相同。含尘气体沿切向进入除尘器，尘粒受离心惯性力的作用而与器壁产生剧烈摩擦而沉降，在重力的作用下沉入底部。

（2）袋式除尘器　袋式除尘器的结构如图 1.1-63 所示，它是用过滤袋把气流中的尘粒阻留下来而使空气净化的。袋式除尘器处理风量的范围很宽，含尘浓度适应性也很强，特别是对分散度大的细颗粒粉尘，除尘效果显著，一般一级除尘即可满足要求。但是，工作时间长了，滤袋的孔隙被粉尘堵塞，除尘效率大大降低，所以，滤袋必须随时清理，通常以压缩空气脉冲反吹的方法进行清理。

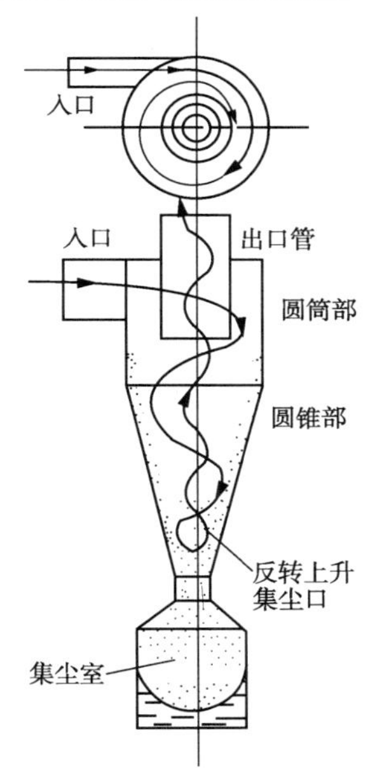

图 1.1-62　旋风除尘器结构图

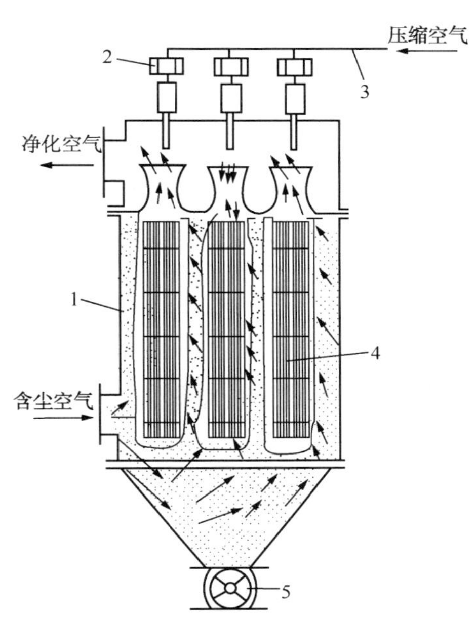

图 1.1-63　袋式除尘器结构图

1—壳体；2—气阀；3—压缩空气管道；4—过滤袋；5—锁气器

袋式除尘器是目前效率最高、使用最广的干式除尘器；其缺点是阻力损失较大，对气流的湿度有一定的要求，另外，气流温度受滤袋材料耐高温性能的限制。

2）降噪设备

铸造车间是噪声很高的工作场所，大多数铸造机械工作时都会产生一定程度的噪声。噪声污染是对人们的工作和身体影响很大的一种公害，许多国家规定，工人 8h 连续工作下的环境噪声不得超过 80~90dB。对于一些产生噪声较大的设备都应采取措施控制其对环境的影响。

噪声控制的方法主要有两种：消声器降噪和隔离降噪。

（1）消声器降噪　气缸、射砂机构和鼓风机的排气噪声可以在排气管道上装消声器，使噪声降低，消声器是既能允许气流通过又能阻止声音传播的一种消声装置。

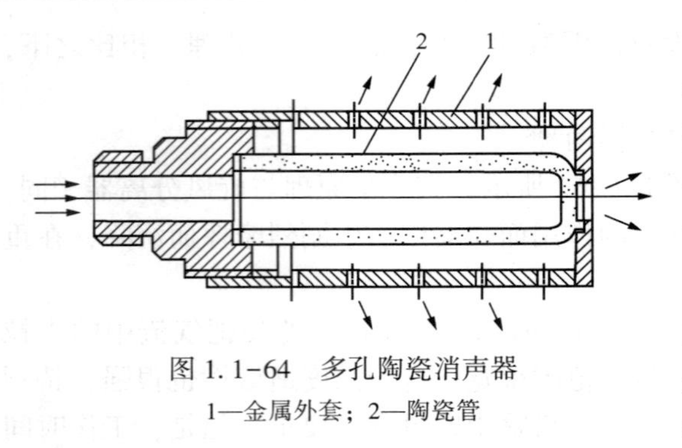

图 1.1-64　多孔陶瓷消声器

1—金属外套；2—陶瓷管

图 1.1-64 是一种适应性较广的多孔陶瓷消声器。它通常接在噪声排出口，使气体通过陶瓷的小孔排出，它的降噪效果好(大于 30dB)，不易堵塞，而且体积小，结构简单。

(2) 隔离降噪　声音的传播有两种方式，一种是通过空气直接传播；另一种是通过结构传播，即由自身的振动以及对空气的扰动而传播。为了降低或减缓声音的传播，常用隔声的方法。

在铸造车间有一些噪声源混杂着空气声和结构声，单纯的消声器无能为力，常采用隔声罩和隔声室等方法隔离噪声，应用于空压机、鼓风机和落砂机等的降噪处理，均取得了满意的效果。

3) 废气净化装置

相对于灰尘(或微粒)和噪声对环境的污染，铸造车间排放的各类废气对周围环境的污染，影响范围更广。随着环境保护措施的日趋严格，工业废气直接排放将被严格禁止，废气排放前都必须经过净化处理，常见的废气净化方法如表 1-10 所示。

(1) 冲天炉喷淋式烟气净化装置　冲天炉是熔化铸铁的主要设备，也是铸造车间的主要空气污染源之一。冲天炉烟气中含有大量粉尘和有害气体(SO_2、HF、CO 等)，必须进行净化处理。

常用的冲天炉喷淋式烟气净化装置如图 1.1-65 所示。

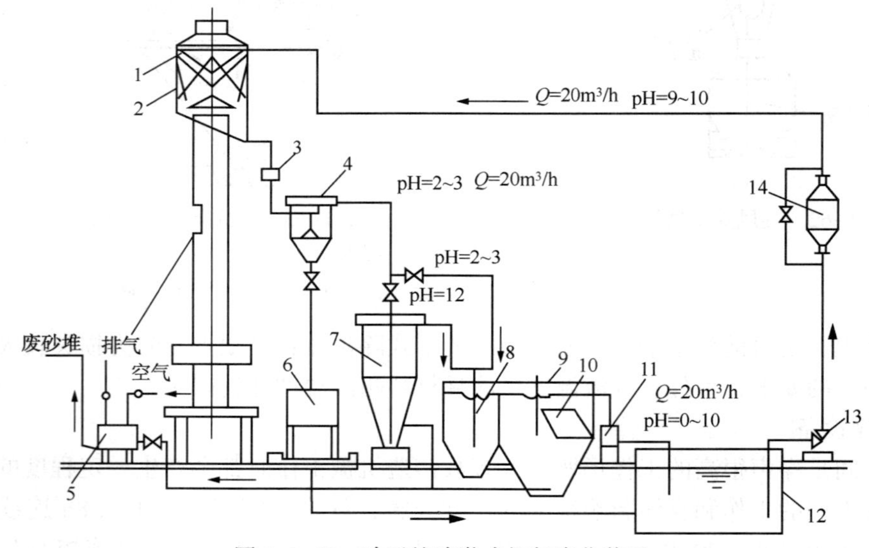

图 1.1-65　冲天炉喷淋式烟气净化装置

1—喷嘴；2—喷淋式除尘器；3—木屑斗；4—初级沉淀池；5—气压排泥罐；6—渣脱水箱；7—投药池；8—反应池；9—斜管沉淀池；10—斜管；11—三角屉；12—清水池；13—水泵；14—磁化器

冲天炉烟气在喷淋式除尘器 2 中经喷嘴 1 喷雾净化后排入大气，水经净化处理后循环使用。污水首先经木屑斗 3 滤去粗渣，在沉淀池 4 中进行初步沉淀，然后，进入投药池 7 和反应池 8，在投药池内投放电石渣 $Ca(OH)_2$，以中和水中由于吸收炉气中的二氧化硫和氟化氢，其反应如下：

$$H_2SO_3+Ca(OH)_2 \longrightarrow CaSO_3\downarrow+2H_2O$$

$$2HF+Ca(OH)_2 \longrightarrow CaF_2\downarrow+2H_2O$$

反应产物经斜管沉淀池 9 沉淀下来，呈弱碱性的清水流入清水池 12，再由水泵 13 送到喷嘴。磁化器 14 使流过的水磁化，以强化水的净化作用。沉淀下来的泥浆由气压排泥罐 5 排到废砂堆。

这种装置的烟气净化部分结构简单、维护方便、动力消耗少。如果喷嘴雾化效果好，除尘效率可达 97%，SO_2、HF 气体也被部分吸收。其缺点是耗水量较大，水的净化系统较复杂和庞大。

（2）消失模铸造(EPC)废气净化装置　消失模铸造(EPC)产生的废气除 H_2、CO、CH_4 和 CO_2 等小分子气体外，主要是苯、甲苯、苯乙烯等有机废气，这些有机废气直接排放对环境影响很大，大量生产时，必须进行净化处理。净化处理有机废气的方法很多(如表 1-10 所示)，试验研究表明，催化燃烧法对处理消失模铸造废气比较合适。

表 1-10　常用废气的净化方法

净化方法		基本原理	主要设备	特　　点	应用举例
液体吸收法		将废气通过吸收液，由物理吸附或化学吸附作用来净化废气	填料塔或喷淋塔	能够处理的气体量大，缺点是填料塔容易堵塞	用水吸收冲天炉废气中的 SO_2、HF 等废气
固体吸收法		废气与多孔性的固体吸附剂接触时，能被固体表面吸引并凝聚在表面而净化	固定床	主要用于浓度低、毒性大的有害气体	活性炭吸附治理氯乙烯废气
冷凝法		在低温下使有机物凝聚	冷凝器	用于高浓度易凝有害气体，净化效率低，多与其他方法联用	如用冷凝-吸附法来回收氯甲烷
燃烧法	直接燃烧法	高浓度的易燃有机废气直接燃烧	焚烧炉	要求废气具有较高的浓度和热值，净化效率低	火炬气的直接燃烧
	热力燃烧法	加热使有机废气燃烧	焚烧炉	消耗大量的燃料和能源，燃烧温度很高	应用较少
	催化燃烧法	使可燃性气体在催化剂表面吸附、活化后燃烧	催化焚烧炉	起燃温度低，耗能少，缺点是催化剂容易中毒	烘漆尾气催化燃烧处理

催化燃烧法净化废气的原理是，使废气以一定的流量通过装有催化剂的具有一定温度的催化焚烧炉内，废气在催化剂表面吸附、活化后燃烧成 CO_2 和 H_2O 等无害气体排放。EPC 废气净化装置的原理如图 1.1-66 所示。

4）污水处理设备

在湿法清砂、湿式除尘、旧砂湿法再生等工艺过程中，会产生大量的污水，这些污水如果直接排放，会对周围环境和生物产生严重的影响，必须对其进行处理以实现无害排放。对于像我国北方这样的缺水地区，还须考虑生产用水的循环使用。

铸造污水的特点是浊度高，且不同的污水其酸碱度差别大(例如，水玻璃旧砂湿法再生

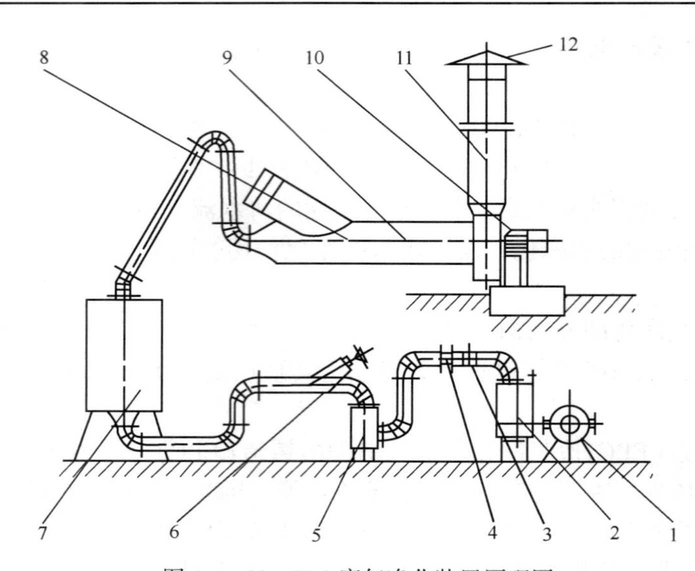

图 1.1-66　EPC 废气净化装置原理图

1—水环真空泵；2—气水分离器；3—应急阀；4—废气截止阀；5—贮气罐；6—新鲜空气阀；
7—催化燃烧炉；8—冷却空气阀；9—进风管；10—风机；11—出风管；12—风帽

污水的 pH=11~12，而冲天炉喷淋式烟气净化污水的 pH=2~3）。污水处理的一般方法是根据水质不同，通过加入化学药剂先将污水的 pH 值调至 7 左右，然后加入混凝药剂等，将污水中的悬浮物凝絮、沉淀、过滤，所得清水被回用，泥浆被浓缩成活泥或泥饼。

图 1.1-67 是我国自行研制开发的水玻璃旧砂湿法再生的污水处理及回用设备的工艺流程图。湿法再生产生的污水经加酸中和（pH 值由 12~13 降至 7 左右）后排入污水池 1 内，由污水泵抽入处理器中（在抽水过程中加絮凝剂和净化剂），在处理器中经沉淀、过滤等工序，清水从出水管 6 中排入清水池中回用，污泥浆定期从排泥口 11 中排出。为了避免处理器中的过滤层被悬浮物阻塞，定期用清水进行反冲清洗。

该污水处理设备将沉淀、过滤、澄清及污泥浓缩等工序集中于一个金属罐内，工艺流程短、净化效率高、占地面积小、操作简便，能较好地满足水玻璃旧砂湿法再生的污水处理及回用要求。

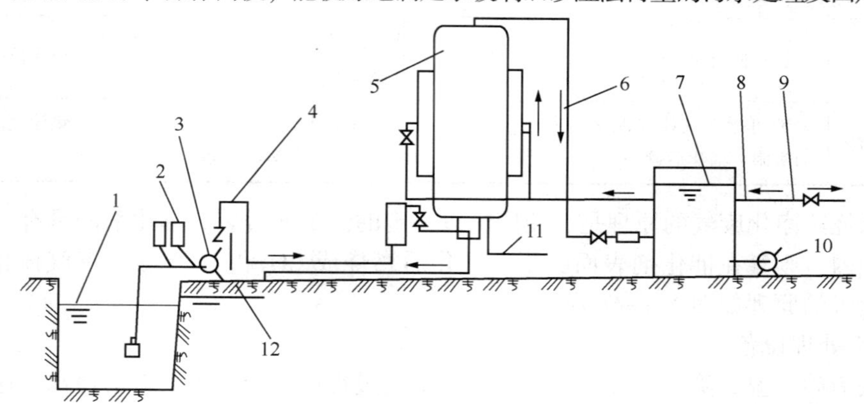

图 1.1-67　水玻璃旧砂湿法再生的污水处理工艺流程图

1—污水池；2—加药系统；3—污水泵；4—进水管；5—处理器；6—出水管；
7—清水池；8—反冲进水管；9—回用水管；10—清水泵；11—排泥口；12—反冲排水

1.1.5　熔炼设备

熔化是金属液态铸造成形的首要环节，其任务是提供高质量的金属液体。根据合金材料可选择不同的金属熔化方法。例如，铸铁合金广泛采用冲天炉熔化、铸钢常用电弧炉或感应电炉熔化、铝合金常用电阻炉或油气炉熔化等。金属的熔化设备包括三大部分：熔化炉、辅助装备(如配料、加料设备等)和浇注装备。

1. 冲天炉

1）冲天炉熔化系统

冲天炉是铸造车间获得铁水的主要熔炼设备，其结构如图 1.1-68 所示，它由炉底、炉体和炉顶三部分组成。炉底起支承作用，炉体是冲天炉的主要工作区域，炉顶排出炉气。冲天炉的熔化过程如下：空气经鼓风机升压后送入风箱，然后由各风口进入炉内，与底焦层中的焦炭发生燃烧反应，生成大量的热量和 CO、CO_2 等气体，高温炉气向上流动，使底焦面上的第一批金属炉料熔化，熔化后的液滴在下落过程中被进一步加热，温度上升(达 1500℃以上)，高温液体汇集后由出铁口放出，炉渣则由出渣口排出。

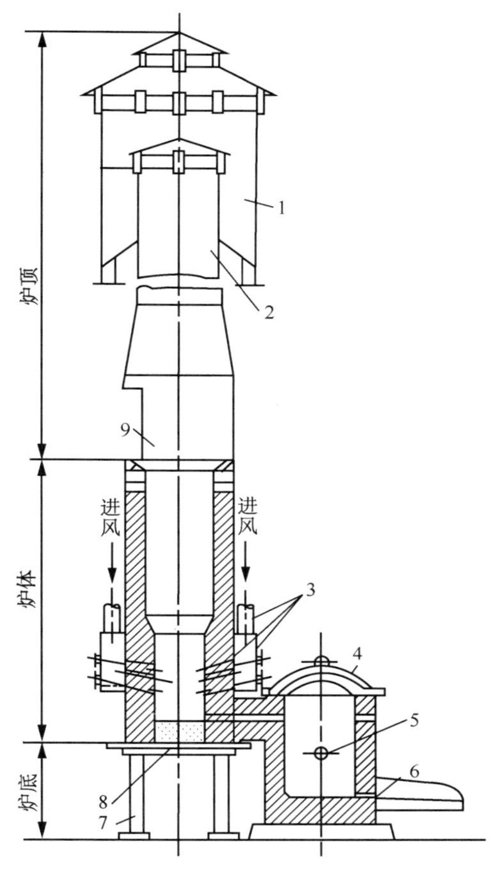

图 1.1-68　冲天炉结构图

1—除尘器；2—烟囱；3—进风通道；4—前炉；5—出渣口；6—出铁口；7—支腿；8—炉底板；9—加料口

一个典型的冲天炉熔化系统组成如图 1.1-69 所示，它由鼓风机、加料机、冲天炉、除尘器、循环水池和引风机等组成。

为提高冲天炉内空气的燃烧效率，常将空气加热后再送入冲天炉内，称作热风冲天炉。图 1.1-70 所示为一热风冲天炉的系统。冲天炉炉气由排风口被引入到热交换器的燃烧塔 4 中燃烧，产生高温废气，高温废气由上至下进入热交换器 5，由两台主风机 11 输入的冷空气则从下至上进入热交换器，冷空气和高温废气发生热量交换，预热后的热空气由进风管送入冲天炉炉内，废气由右侧管道进入冷却塔 7 冷却。如果热空气温度过高，则打开电磁阀 6，使高温废气的一部分不经过热交换直接进入冷却塔，从而稳定热空气温度。该系统有如下特点：①一个热风装置配两台冲天炉；②设置有换热设备，由燃烧塔 4 和热交换器 5 组成；③燃烧塔设有火焰稳定装置和冷却装置；④热风温度稳定、波动小。

2）称量配料装置

炉料主要包括金属料(生铁、回炉料、废钢等)、焦炭和石灰石等。不同的炉料采用不同的称量配料装置。对于焦炭和石灰石等常用电子磅秤直接称量，振动给料机输送；而金属料则采用电磁秤配料。电磁秤的结构如图 1.1-71 所示，它一般安装在行车上，可往返于料库和加料口之间，完成装料、定量、搬运和卸料工作。它主要由电子秤、电磁吸盘和控制部分组成。

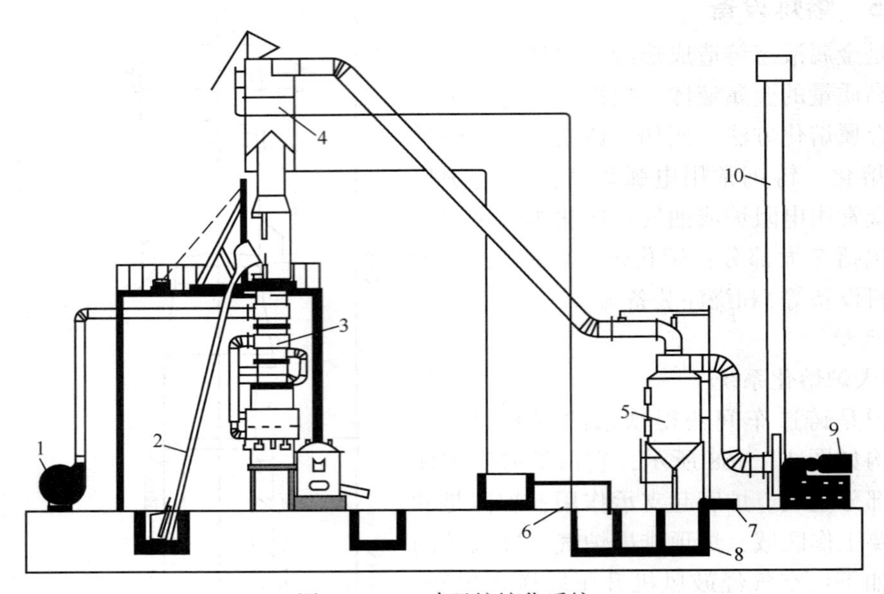

图 1.1-69　冲天炉熔化系统

1—鼓风机；2—加料机；3—冲天炉；4—除尘罩；5—除尘器；
6—一级水泵；7—二级水泵；8—循环水池；9—引风机；10—烟囱

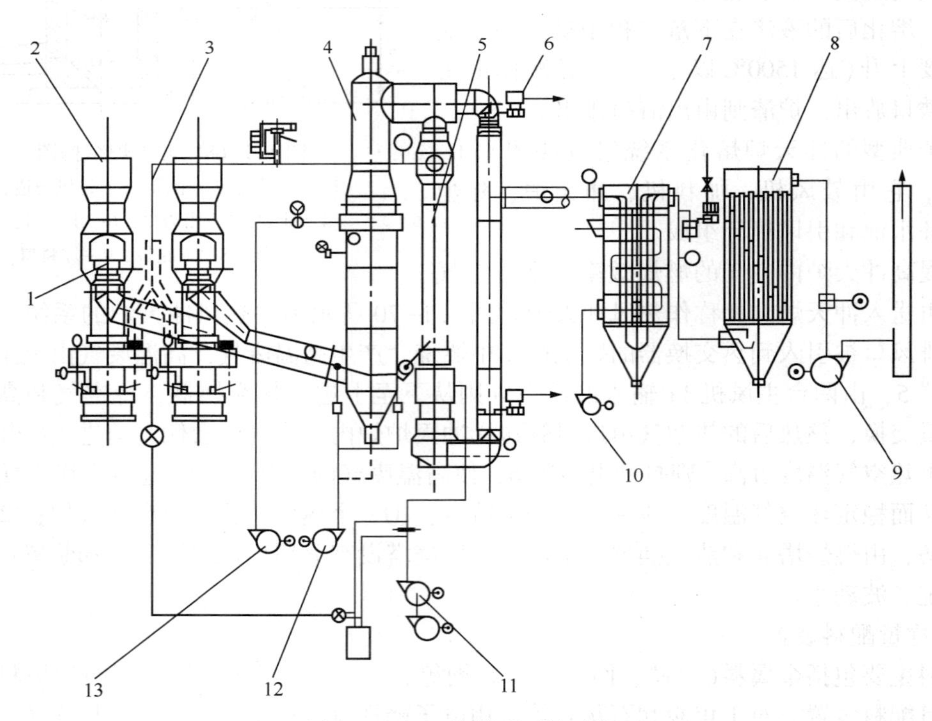

图 1.1-70　热风冲天炉系统

1—排风口；2—冲天炉；3—进风管；4—燃烧塔；5—热交换器；6—电磁阀；
7—冷却塔；8—除尘器；9—抽风机；10、13—冷却风机；11—主风机；12—燃烧用风机

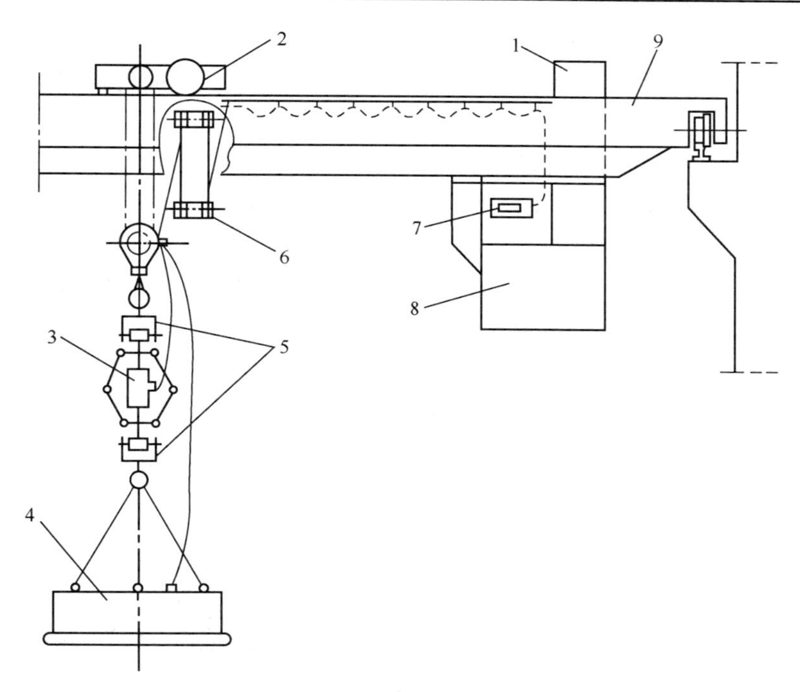

图 1. 1-71　电磁秤结构图

1—控制屏；2—小车卷扬机构；3—荷重传感器；4—电磁吸盘；5—万向挂钩；
6—滑轮卷电缆装置；7—电子秤；8—驾驶室；9—行车

电磁吸盘的结构如图 1. 1-72 所示，它是在铸钢的钟盖内设有电磁线圈，下面用锰钢的非磁性底板盖住。当线圈内通电时，产生电磁力，吸住铁料，铁料在吸附状态下搬运；断电去磁则卸料。电磁吸盘的吸力与线圈的电流、匝数及被吸材料的性质和块度等有关。

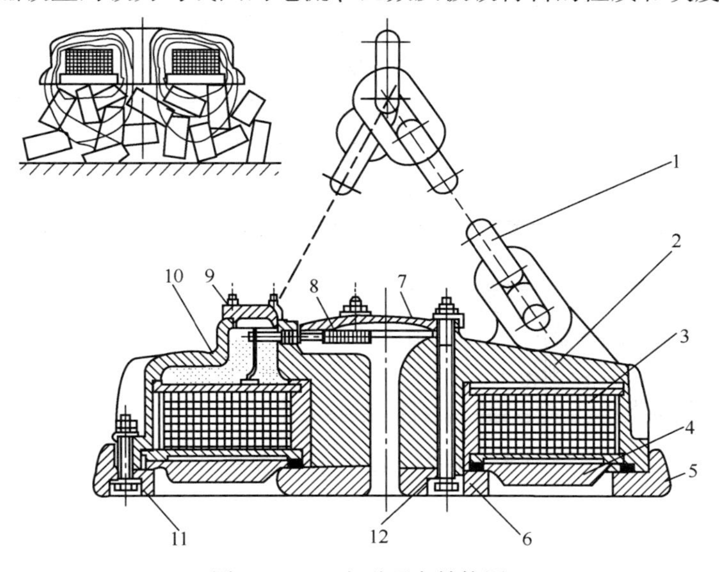

图 1. 1-72　电磁吸盘结构图

1—链条；2—钟罩；3—线圈；4—非磁性底板；5—外磁极；6—内磁极；7—盖板；
8—软导线；9—注胶盖板；10—96 号油；11、12—紧固螺钉

3）加料装置

配料工序完成后，由加料系统完成加料工作，加料系统通常包括加料机、加料桶和料位控制系统等。

（1）加料机　常见的加料机有爬式加料机和单轨式加料机两种。

图 1.1-73 为一种常见的爬式加料机结构图，料桶 2 悬挂在料桶小车支架的前端，料桶小车两侧装有行走轮，可以沿机架 3 的轨道行走。加料时，卷扬机 4 以钢丝绳拉动料桶小车从下端的地坑内上升到加料口。然后，小车上的支架将料桶伸进冲天炉炉内。这时，料桶的桶体受炉壁上的支承托住，而小车的两个后轮进入轨道，被向上拉起。于是，小车支架绕前轮轴旋转，支架前端向下运动，将底门打开，把料卸入炉内。卸料完毕，卷扬机放松钢丝绳，料桶因自重下落返回原始位置。爬式加料机动作比较简单、速度快、操作方便，易于实现自动化，适用于中、大型冲天炉批量生产。在使用时，应特别注意安全，防止断绳引起的人身或机械事故。

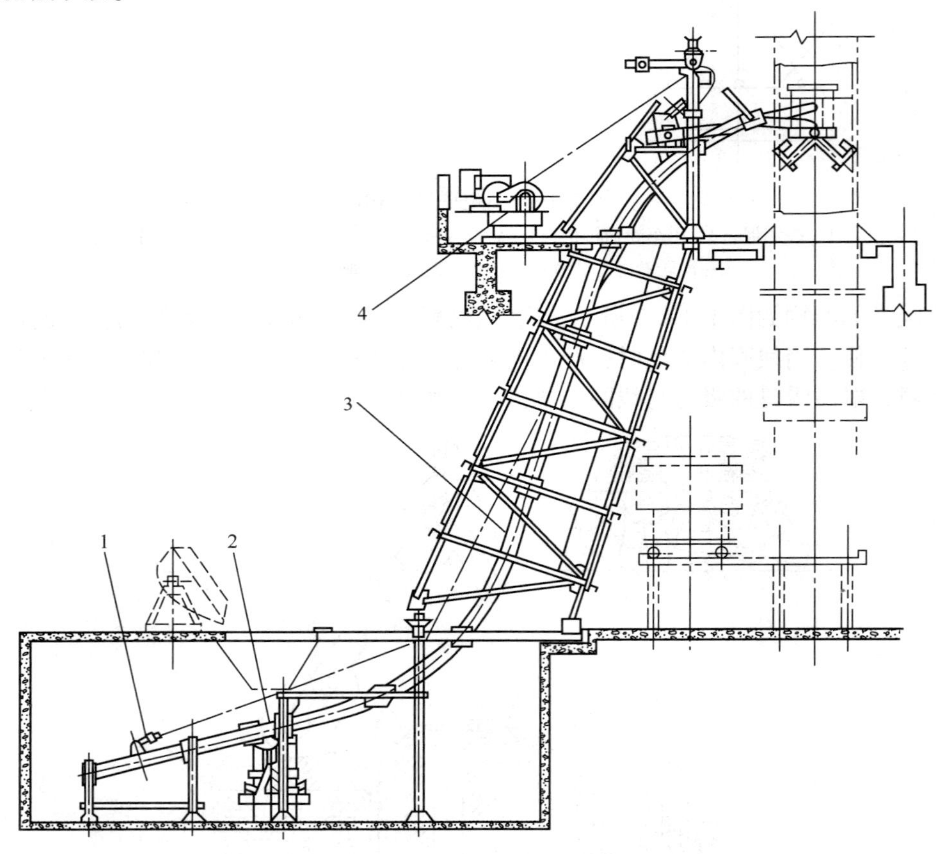

图 1.1-73　爬式加料机结构图

1—料桶小车；2—料桶；3—机架；4—卷扬机

常见的单轨加料机的结构如图 1.1-74 所示，它结构简单、投资少、操作方便，主要由单轨吊、活动横梁和料桶等组成。一台加料机可以供两台冲天炉（如图所示），也可以供一台冲天炉。该类加料机每次加料需要进行多次动作，不易实现自动化，需要加料平台，一般适用于小型冲天炉。

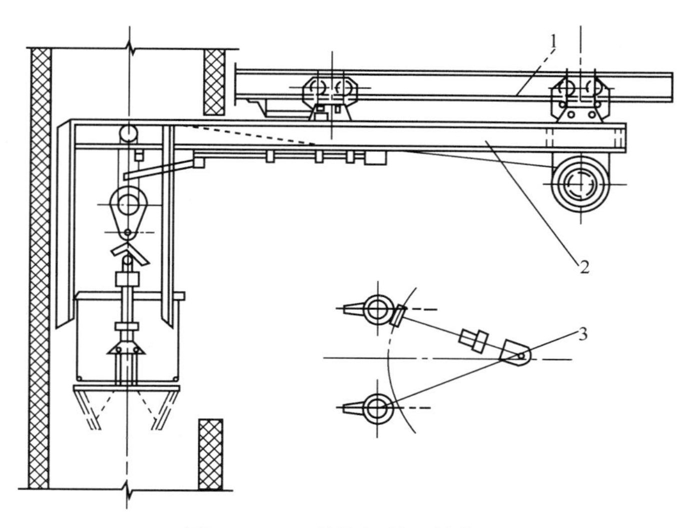

图 1.1-74　单轨加料机结构图

1—单轨吊；2—活动横梁；3—立柱

（2）料桶

① 单轨加料机料桶　单轨加料机上的料桶结构如图 1.1-75 所示，桶底由吊杆 1(位于料桶两侧)的升降通过连杆 3 执行开闭。加料时，料桶进入炉体中，钢丝绳卷扬机反转，料桶搁置在炉体中相应的凸块或吊钩支架 5 上，随即打开桶底，卸完料后钢丝绳卷扬机正转，提起吊杆，关闭桶底，料桶在卷扬机的驱动下驶出冲天炉体进行下一次加料工作。

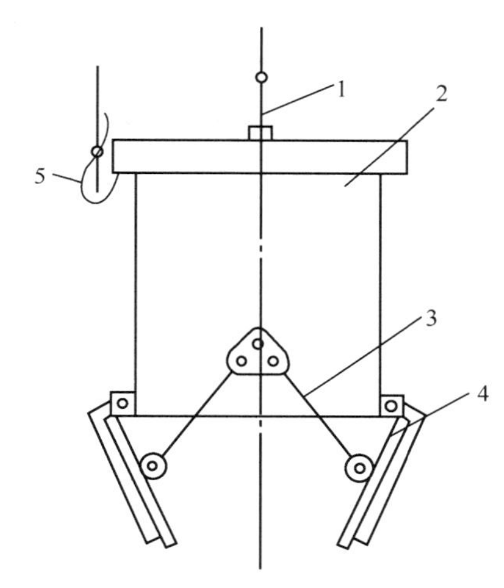

图 1.1-75　单轨加料机料桶结构图

1—吊杆；2—料桶；3—连杆；
4—桶底；5—吊钩支架

② 爬式加料机料桶　用于爬式加料机的料桶有撞杆式料桶(见图 1.1-76)和后轮翘起式料桶(见图 1.1-77)两种。

（3）料位控制系统　冲天炉内炉料高度保持在一定位置对获得稳定可靠的金属液有非常重要的作用。炉料位置的检测是实现自动加料的关键要素，常用的有杠杆式料位计、重锤式料位计和气缸式料位计等。图 1.1-78 为杠杆式料位计的工作原理图，料满时杠杆左臂被压下，右端上升，加料开关断开。当部分炉料熔化后炉料下降到一定位置时杠杆左臂上升，右臂下降，闭合开关给出加料信号。杠杆式料位计具有结构简单、使用可靠和价格低等优点。

2. 电炉

1）电弧炉

铁合金用熔化电炉有三相交流电弧炉和感应电炉。图 1.1-79 所示为铸钢用三相电弧炉的结构图。其基本工作原理是，炉体上部的 3 根石墨电极通以三相交流电后，在电极和炉料之间产生高温电弧使金属料熔化。在加料时，炉盖和电极同时上移并旋转以让出加料所需的空间及位置。熔化完毕，炉体倾转倒出金属液。

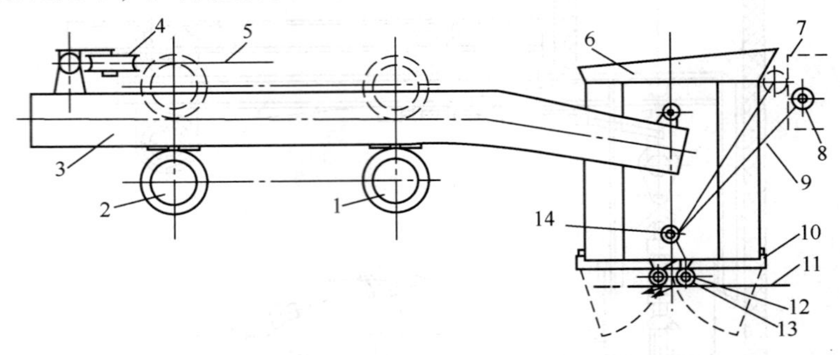

图 1.1-76　撞杆式双开底料桶

1、2—前后车轮；3—小车架；4—平衡绳轮；5—钢丝绳；6—料桶；7—碰块；8—碰轮；9—碰杆；10—桶底板；11—底挡板；12—钩板；13—桶底滚轮；14—碰杆轴

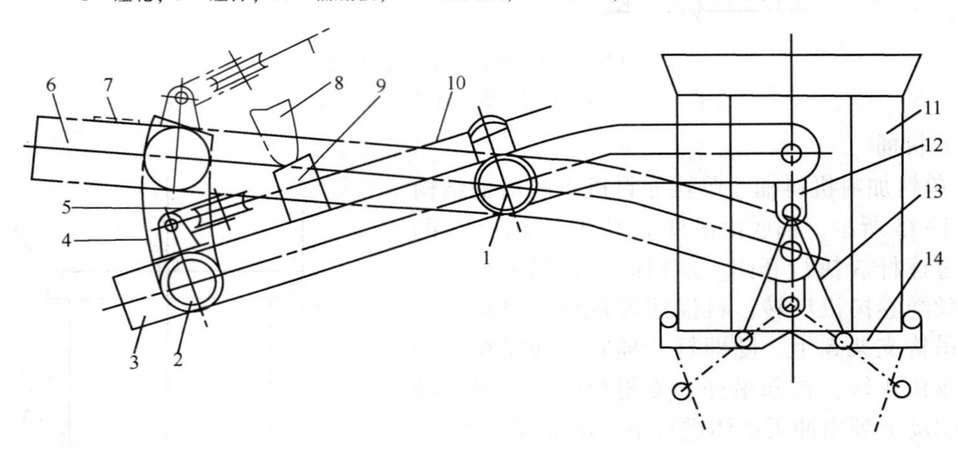

图 1.1-77　后轮翘起式料桶

1、2—前后车轮；3—内车架；4—轨道岔道；5—绳轮；6—外车架；7—挡板；8—轨道凸块；9—内车架凸块；10—钢丝绳；11—料桶；12—吊杆；13—连杆；14—底板

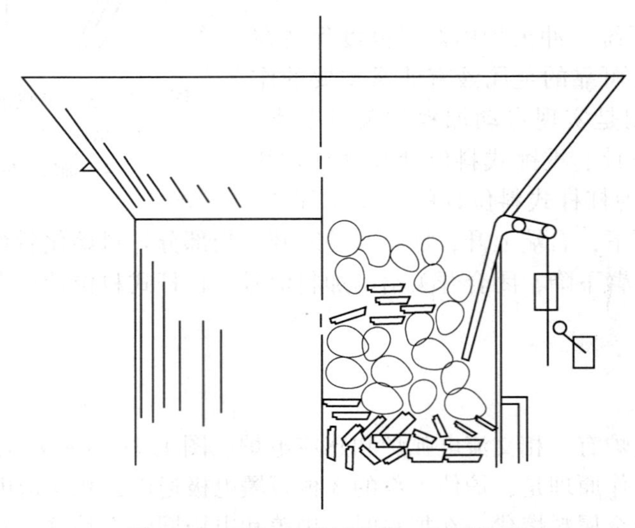

图 1.1-78　杠杆式料位计工作原理图

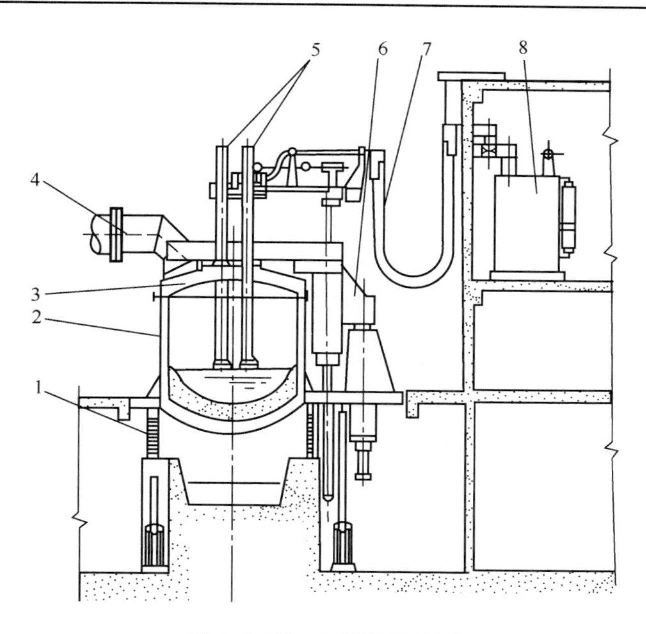

图 1.1-79　电弧炉结构图

1—支腿；2—炉体；3—炉盖；4—除尘；5—电极；6—炉盖开启旋转机构；7—电缆；8—变压器

2）感应炉

坩埚式感应电炉的结构如图 1.1-80 所示。炉体由感应线圈、耐火砖、倾转机构、冷却水和电源等部分组成。感应加热的基本原理是，当线圈中通以一定频率的交流电时，在坩埚中产生磁场，使得处于该磁场内的金属材料中产生感应电流。由于金属材料有电阻，因此，金属材料便发热而熔化。根据电流频率的不同，感应电炉可分为工频感应炉(50Hz)、中频感应炉(50~10000Hz)和高频感应炉(10000Hz 以上)。

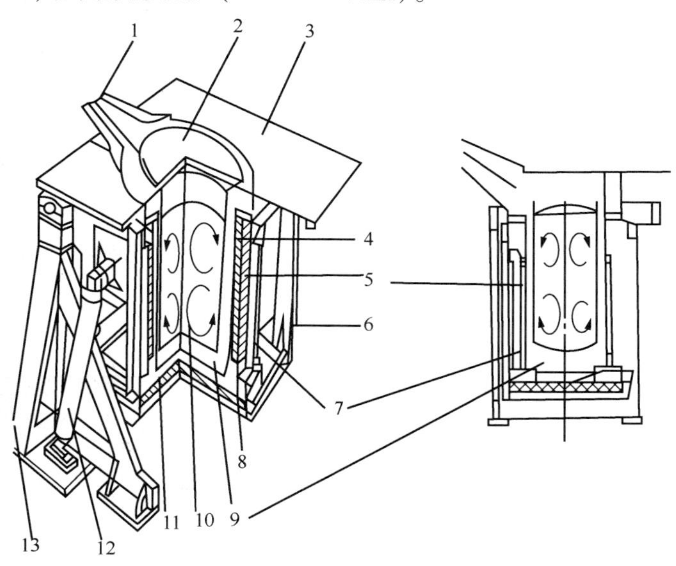

图 1.1-80　感应炉结构图

1—出铁口；2—炉盖；3—作业面板；4—冷却水；5—感应线圈黏结剂；6—炉体；7—铁芯；8—感应线圈；9—耐火材料；10—金属液；11—耐火砖；12—倾转油缸；13—支架

3. 自动浇注设备

在铸造生产中，浇注作业的环境恶劣(高温和烟气)、劳动强度大和危险性高，一直以来是迫切需要实现机械化和自功化操作的工序。为适应现代化铸造生产的要求，研制了各种各样的自动浇注机。其基本功能包括浇注时的定位与同步、浇注流量控制、浇注速度控制、金属液补充及保温、安全保护等。国内外常用的自动浇注机主要有电磁泵式浇注机、气压包式浇注机和倾转式浇注机等。

为了实现自动化浇注，需要满足自动浇注的基本要求：

(1) 对位与同步　静态浇注时，仅要求浇包口与铸型浇口杯对位；而动态浇注时，不仅要求浇包口与铸型浇口杯对位，还要求浇包口与铸型同步运动。

(2) 定量控制　需要按铸件的大小供给适量的金属液，以满足定量浇注的要求，故控制系统中需要有定量和满溢自动监测装置。

(3) 浇注速度　应按照铸造工艺的要求控制浇注流量和浇注速度，以满足恒流浇注和变流浇注的需要。

(4) 浇注时间和浇包位置　应根据浇包的结构形式，控制有利于开浇或停浇的时间及浇包位置。

(5) 保温与过热　在浇包内应有加热和保温装置，以保证金属液的浇注温度不下降。

1) 电磁泵式自动浇注机

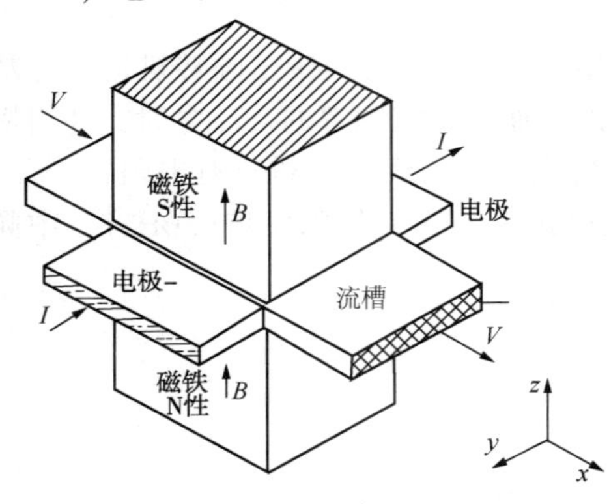

图 1. 1-81　电磁泵工作原理图

电磁泵式自动浇注机一般由电磁泵和浇注流槽组成。电磁泵的工作原理是通入电流的导电体在磁场中受到洛伦兹力的作用，使其定向移动，如图1. 1-81 所示。

由电磁泵和浇注流槽组成的自动浇注机的结构如图 1. 1-82 所示。电磁泵所在的流槽位置处于浇包的最底部，保证金属液长期充满电磁泵的流槽，而浇嘴位置则稍高于排液口。在工作时，金属液在电磁泵的推力作用下，先沿流槽坡上升到达浇嘴处，再经浇嘴流出。电磁泵浇注机的优点是容易调节浇注速度和浇注量，容易实现自动化。此外，电磁力对熔渣不起作用，因此，流动时只有金属液向浇注口方向运动，可保证浇注的金属液质量。

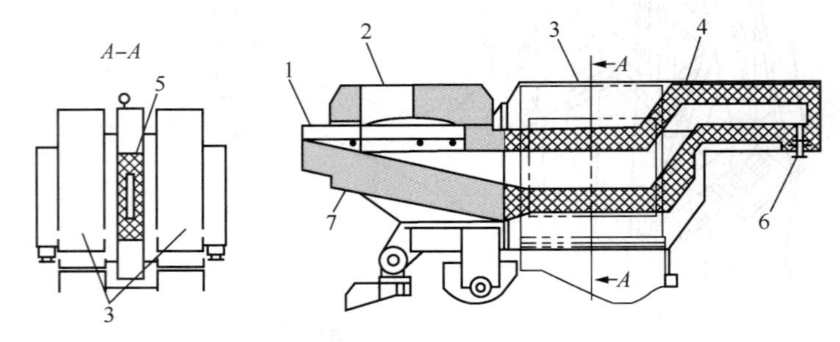

图 1. 1-82　电磁泵自动浇注机结构图

1—排液口；2—加料口；3—电磁泵；4—流槽；5—耐火材料；6—浇嘴；7—贮液槽

2）气压式自动浇注机

气压式自动浇注机的工作原理如图 1. 1-83 所示。在密封浇包的金属液面上施加一压力，金属液在压力的作用下沿浇注槽上升，金属液到达浇注口后便自然下落，浇入到铸型。浇注完毕，金属液面上的气体卸压，金属液回落。为保证浇注平稳，浇注前金属液面上应施加一个预压力(备浇压力)，使金属液到达浇注槽的预定位置。且每浇注一次，浇包内的金属液面下降，该预压力应随着液面的下降而自动补偿。

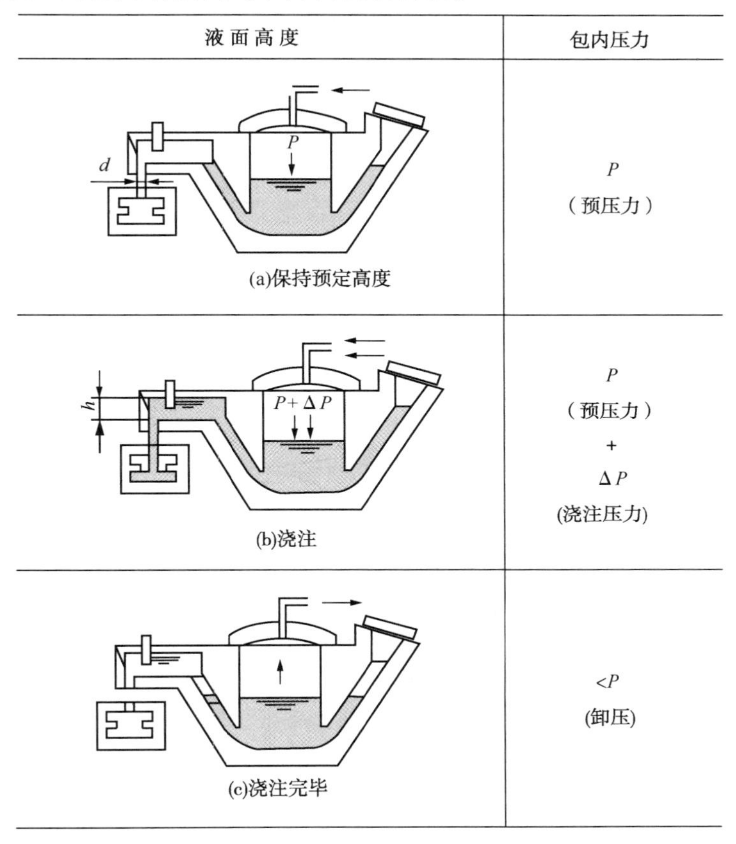

图 1. 1-83　气压式自动浇注机的工作原理

采用荷重传感器与预压力联合控制，可大大提高浇注定量的精度和浇注过程的稳定性，它使称量、保持备浇状态、浇注、卸压等各个动作均自动连续进行，如图 1. 1-84 所示。其工作原理如下：首先称量浇注前的整个浇包的重量，然后加压浇注，在浇注过程中，浇包重量逐渐减少，当减少量逐渐逼近于设定的铸件重量时，根据对应的“气压-流速”关系图，降低浇包内气压，减小浇注量，最后直至停止加压并保持包内有一定的初始压力。

3）倾转式自动浇注机

倾转式自动浇注机是目前使用最广泛的浇注装备，其特点是结构简单，容易操作，适应性强，能满足不同用户的需求。图 1. 1-85 为倾转式自动浇注机的结构图。浇包 12 由行车吊运置于倾转架 11 上，浇注机沿平行于造型线的轨道移动，当其对准铸型浇口位置后，电机 5 的离合器脱开，同时气缸 2 将同步挡块 1 推出，使之与铸型生产线同步，倾转油缸 10 推动倾转架 11，带动浇包以包嘴轴线为轴心转动进行浇注。浇注完毕，同步挡块 1 缩回，离合器合上，电机反转，浇注机退到下一铸型再进行浇注。横向移动液压缸 8 使浇包作横向移动并与纵向移动配合，满足浇包对位要求。

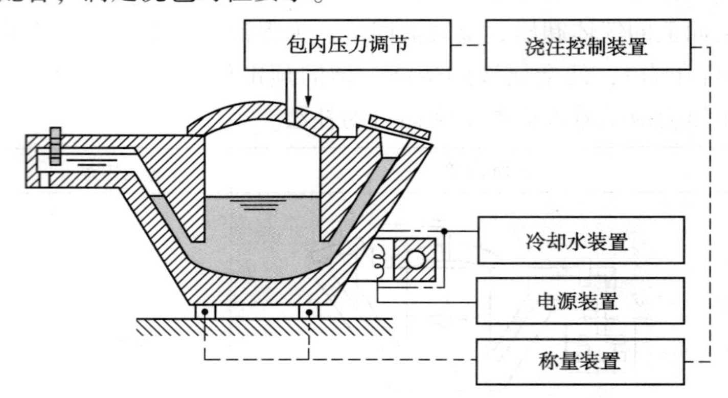

图 1.1-84　带荷重传感器的气压式自动浇注机

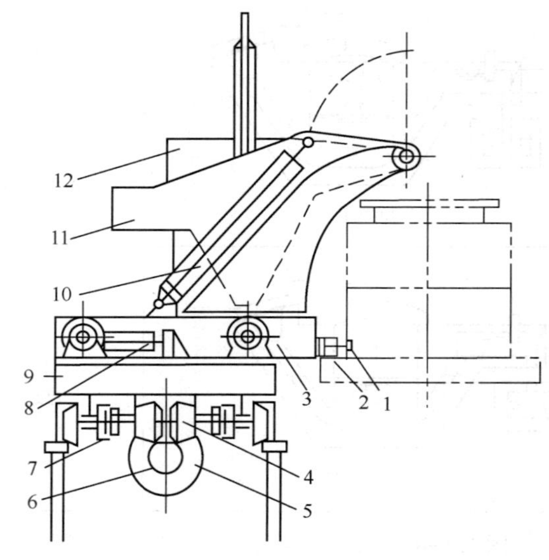

图 1.1-85　倾转式自动浇注机结构图

1—同步挡块；2、4—薄膜气缸；3—横向移动车架；5—电机；6—减速器；7—摩擦轮；8—横向移动液压缸；9—纵向移动液压缸；10—倾转油缸；11—倾转架；12—浇包

复习思考题

1. 什么是铸造？铸造方法分成哪两类？
2. 什么是紧实力？什么是紧实度？
3. 简述振压式造型机的结构。
4. 简述振压式造型机的动作过程。
5. 简述高压式造型机的结构组成。

6. 简述垂直分型无箱射压造型机的工作原理。
7. 无箱射压造型机造型过程有哪几道工序?
8. 简述水平分型脱箱射压造型机的结构组成。
9. 简述气冲造型机/静压造型机的结构组成。
10. 常用的制芯设备有哪几种?
11. 简述热芯盒射砂机的结构和工作过程。
12. 简述壳芯机的结构组成。
13. 造型材料处理设备包括哪两部分? 主要设备有哪些? 各设备的作用是什么?
14. 简述黏土旧砂处理设备的结构组成。
15. 常用的新砂烘干设备有哪几种? 简述其中一种设备的结构组成。
16. 黏土砂混砂机按工作方式分为哪几种? 按混砂装置分为哪几种?
17. 简述辗轮式混砂机的结构组成。
18. 简述辗轮转子式混砂机的结构组成。
19. 简述转子式混砂机的结构组成。
20. 转子式混砂机与辗轮式混砂机相比有哪些特点?
21. 简述 S14 系列转子混砂机的结构组成。
22. 简述摆轮式混砂机的工作原理。
23. 黏土旧砂处理设备通常有哪几种? 各种设备的作用是什么?
24. 简述回转冷却滚筒的工作原理。
25. 简述旧砂回用和旧砂再生的区别。
26. 旧砂再生有哪几种方法? 简述各种方法的机理。
27. 简述离心冲击式再生机的结构组成和工作原理。
28. 简述离心摩擦式再生机的结构组成和工作原理。
29. 简述竖吹式再生机的结构组成和工作原理。
30. 简述振动破碎式再生机的结构组成和工作原理。
31. 什么是落砂? 常用的落砂设备有哪几种?
32. 简述振动落砂机的结构组成和工作原理。
33. 简述滚筒落砂机的工作原理和特点。
34. 简述喷丸器的结构组成和工作原理。
35. 简述干法喷砂机的结构组成和工作原理。
36. 简述抛丸器的结构组成和工作原理。
37. 常见的干式除尘器有哪几种? 简述它们的工作原理。
38. 简述铸造污水的特点和常用的处理方法。
39. 画图说明冲天炉的结构组成。
40. 画图说明冲天炉熔化系统的组成。
41. 简述带荷重传感器的气压式自动浇注机的工作原理。
42. 简述倾转式自动浇注机的结构组成。

1.2　特种铸造设备

1.2.1　压铸机

1. 压铸机的工作原理

压力铸造简称压铸，它是将熔融合金在高压、高速条件下充型，并在高压下冷却凝固成形的一种精密铸造方法，是一种发展较快的少、无切削加工制造金属制品的成形工艺。高压和高速是压铸区别于其他铸造方法的重要特征。

压铸有以下主要特点：

① 压铸件尺寸精度和表面质量高。尺寸精度一般可达 IT11～IT13，最高可达 IT9；表面粗糙度 R_a可达 3.2～0.4μm。制品可不经机械加工或少量表面机械加工就可使用。并且可以压铸成形薄壁(最小壁厚 0.3mm)、形状复杂和轮廓清晰的铸件。

② 压铸件组织致密，硬度和强度较高。因熔融合金在压力下结晶，冷却速度快，表层金属组织致密，强度高，表面耐磨性好。

③ 可采用镶铸法简化装配和制造工艺。压铸时将不同的零件或镶嵌件先放入压铸模内，一次压铸将其连接在一起，可代替部分装配工作量，又可改善制品局部的性能。

④ 生产率高，易实现机械化和自动化。

⑤ 压铸件易出现气孔和缩松，除充氧压铸件外一般不宜进行热处理。因压铸速度很快，模腔内的气体难以完全排除，金属液凝固后残留在铸件内部，形成细小的气孔；而厚壁处难以补缩，易形成缩松。

⑥ 压铸模具结构复杂、对材料及加工的要求高，模具制造费用高，适于大批量生产的制品。

压铸机的分类主要按熔炼炉的设置、压射装置和锁模装置的布局等进行分类。主要有热压室压铸机和冷压室压铸机两类。

热压室压铸机指金属熔炼、保温与压射装置连为一体的压铸机。

冷压室压铸机指金属熔炼与压铸装置分开单独设置的压铸机。根据压射冲头运动方向和锁模装置分布方向又分为卧式、立式和全立式三种。

卧式冷压室压铸机指金属熔炼部分与压射装置分开单独设置，压射冲头水平方向运动，锁模装置水平分布的压铸机。

立式冷压室压铸机指金属熔炼部分与压射装置分开单独设置，压射冲头垂直方向运动，锁模装置水平分布的压铸机。

全立式冷压室压铸机指金属熔炼部分与压射装置分开单独设置，压射冲头垂直方向运动，锁模装置垂直分布的压铸机。其中按压射冲头运动方向的不同，还可分为上压式和下压式两种。上压式为压射冲头由下往上压射的压铸机；下压式为压射冲头自上而下压射的压铸机。

目前，国产压铸机已经标准化，其型号主要反映压铸机类型和锁模力大小等基本参数。压铸机型号表示方法为“J×××”。其中“J”表示“金属型铸造设备”，J 后第一位阿拉伯数字表示压铸机所属“列”，压铸机有两大列，分别用“1”和“2”表示，“1”表示“冷压室”，“2”表示“热压室”；J 后第二位阿拉伯数字表示压铸机所属“组”，共分 9 组，“1”表示“卧式”，“5”表示“立式”等；第二位以后的数字表示锁模力 $L/100$kN；在型号后加有 A、B、C、D……字母时，表示第几次改型设计。例如：

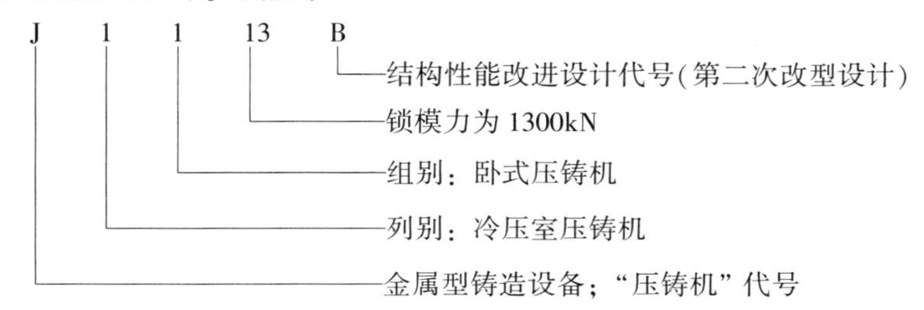

1）热压室压铸机

热压室压铸机的压射部分与金属熔化部分连为一体，并浸在金属液中，其工作原理如图 1.2-1 所示。装有金属液的坩埚 6 内放置一个压室 5，压室与模具之间用鹅颈管相通，金属液从压室侧壁的通道 a 进入压室内腔和鹅颈通道 c，鹅颈嘴 b 的高度应比坩埚内金属液最高液面略高，使金属液不会自行流入模具模腔。压射前，压射冲头 4 处于通道 a 的上方；压射时，压射冲头向下运动，当压射冲头封住通道 a 时，压室、鹅颈通道及模腔构成密闭的系统。压射冲头以一定的推力和速度将金属液压入模腔，充满型腔并保压适当时间后，压射冲头提升复位，鹅颈通道内未凝固的金属液流回压室，坩埚内的金属液又向压室补充，直至鹅颈通道内的金属液面与坩埚内液面呈水平，待下一循环压射。

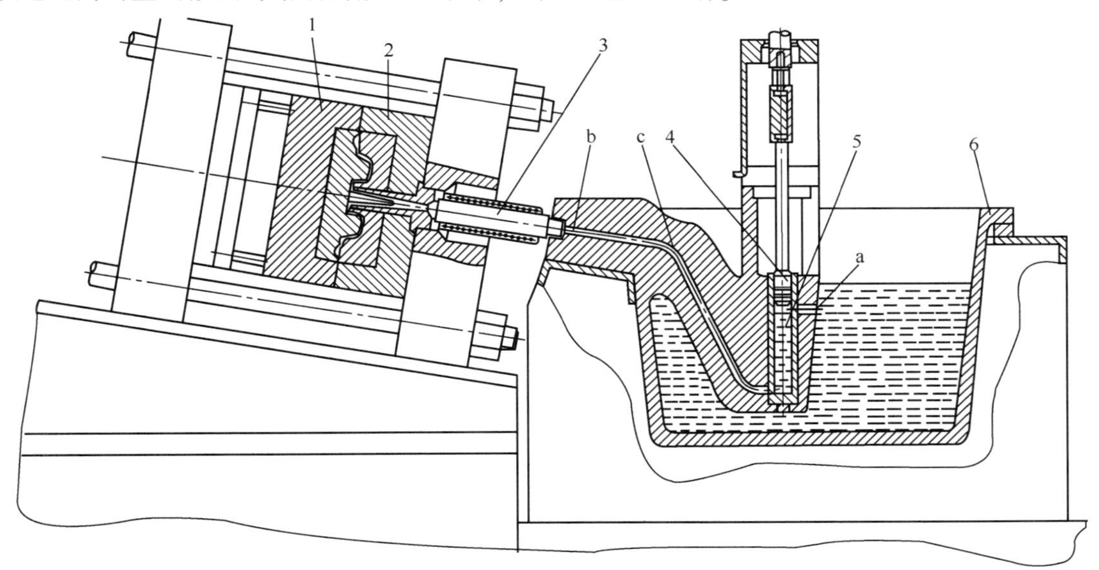

图 1.2-1　热压室压铸机工作原理图

1—动模；2—定模；3—喷嘴；4—压射冲头；5—压室；6—坩埚

a—压室通道；b—鹅颈嘴；c—鹅颈通道

2）冷压室压铸机

冷压室压铸机的压射部分与金属熔化部分分开单独设置，其工作原理按立式、卧式和全立式分别介绍。

（1）立式冷压室压铸机

图 1.2-2 所示为立式冷压室压铸机的工作原理图，锁模部分呈水平设置，负责模具的开、合模及压铸件的顶出工作；压射部分呈垂直设置，压射冲头 3 与反料冲头 5 可上下垂直

运动。压室4与金属熔炉分开设置，不像热压室压铸机那样连成一体。

压铸时，模具闭合，从熔炉或金属液保温炉中舀取一定量金属液倒入压室内，此时，反料冲头应上升堵住浇道b，以防金属液自行流入模具模腔[图1.2-2(a)所示状态]。当压射冲头下降接触金属液时，反料冲头随压射冲头向下移动，使压室与模具浇道相通，金属液在压射冲头高压作用下，迅速充满模腔a成形[图1.2-2(b)所示状态]。压铸件冷却成形后，压射冲头上升复位，反料冲头在专门机构推动下向上移动，切断余料。并将其顶出压室，接着进行开模顶出压铸件[图1.2-2(c)所示状态]。

(2) 卧式冷压室压铸机

卧式冷压室压铸机的工作原理如图1.2-3所示。压铸机压室与金属合金熔炉也是分开设置的，压室呈水平布置，并可从锁模中心向下偏移一定距离(偏移量可调)。压铸时，将金属液c注入压室中[图1.2-3(a)]；而后压射冲头向前压射，金属液经模具内浇道a压射入模腔b，保压冷却成形[图1.2-3(b)]；冷却定形后，开模，同时压射冲头继续前推，将余料e推出压室，让余料随动模1移动，压射冲头复位，等待下一循环。动模开模结束，顶出压铸件d，再合模进行下一循环工作。

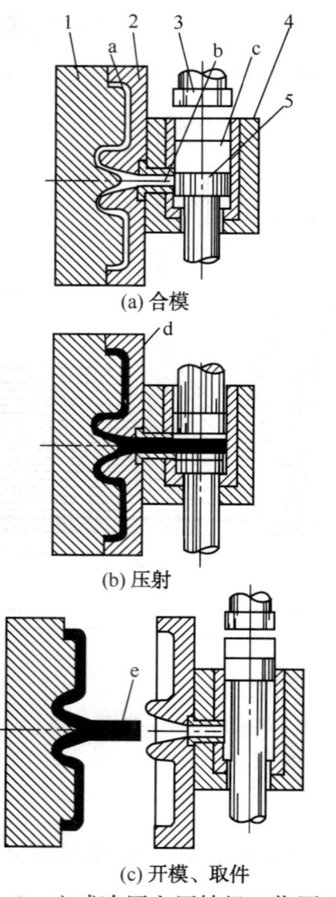

图1.2-2　立式冷压室压铸机工作原理图

1—动模；2—定模；3—压射冲头；4—压室；5—反料冲头

a—模腔；b—浇道；c—金属液；d—压铸件；e—余料

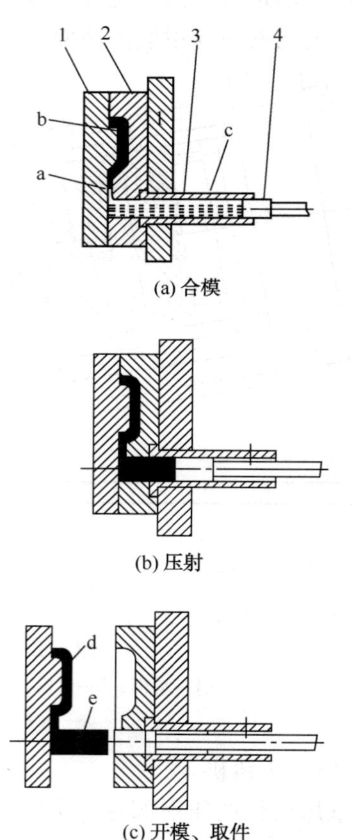

图1.2-3　卧式冷压室压铸机工作原理图

1—动模；2—定模；3—压室；4—压射冲头

a—内浇道；b—模腔；c—金属液；d—压铸件；e—余料

（3）全立式冷压室压铸机

① 压射冲头上压式压铸机　图 1.2-4 所示为压射冲头上压式压铸机工作原理图。其压铸过程如下：金属液 2 倒入压室 3 后，模具闭合，压射冲头 1 上压，使金属液经过浇注系统进入模腔 6，冷却成形后开模，压射冲头继续上升，推动余料 7 随铸件移动，通过模具顶出机构即可顶出压铸件及浇注系统凝料，同时，压射冲头复位。

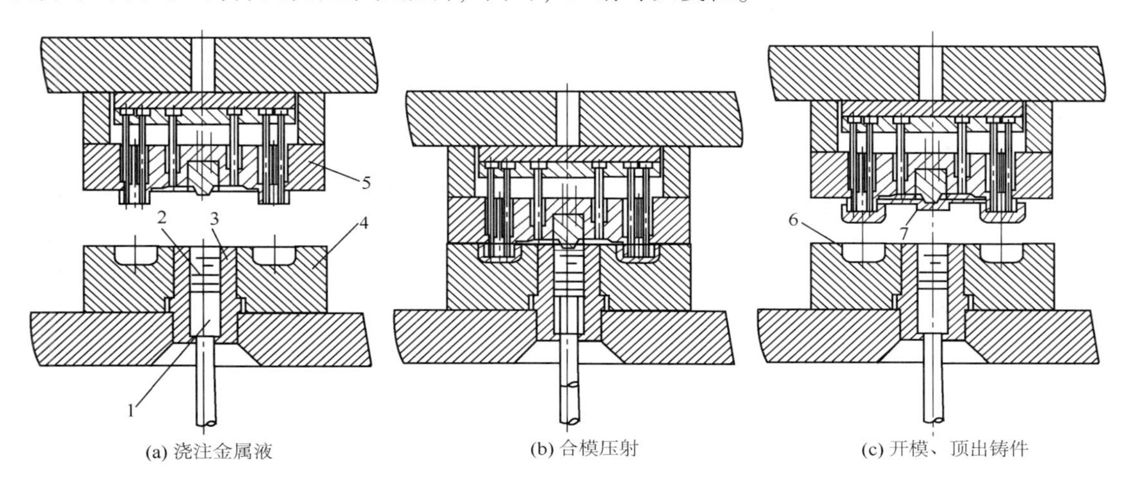

图 1.2-4　全立式冷压室（上压式）压铸机工作原理图

1—压射冲头；2—金属液；3—压室；4—定模；5—动模；6—模腔；7—余料

② 压射冲头下压式压铸机　压射冲头下压式压铸机的工作原理如图 1.2-5 所示。模具

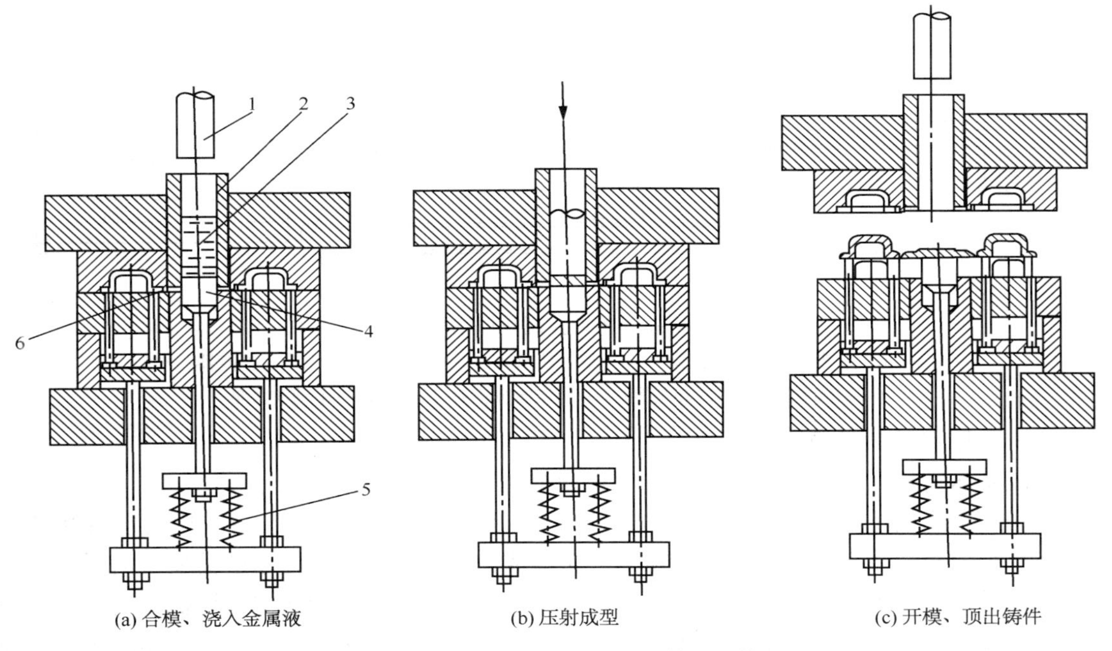

图 1.2-5　全立式冷压室（下压式）压铸机工作原理图

1—压射冲头；2—压室；3—金属液；4—反料冲头；5—弹簧；6—横浇道

闭合后，将金属液 3 浇入压室 2 内，此时，反料冲头在弹簧 5 的作用下上升封住横浇道 6，当压射冲头 1 下压时，迫使反料冲头后退，金属液经浇注道进入模腔，冷却定形后开模，压射冲头复位，顶出机构顶出铸件及浇注系统凝料，推出机构复位后，反料冲头在弹簧作用下复位。

2. 压铸机的结构

1）压铸机的结构

压铸机主要由合模机构、压射机构、机座、动力部分、液压与电气控制系统及其他辅助装置等组成。压铸机的结构形式主要有以下几种：

（1）热压室压铸机的结构

该类压铸机的金属熔炼、保温与压射装置连为一体，压射装置直接浸没于金属液中，结构紧凑，图 1.2-6 为 PLC 控制的热压室压铸机的结构图。该系列压铸机具有低压合模保护装置，带有自动喷雾装置、数字式温度控制及可编程序控制系统，并可选配自动取件机械手和抽芯等附加装置。

热压室压铸机多为中小型机，这种压铸机的压射比压较小，目前多用于铅、锡、锌等低熔点合金铸件的生产。

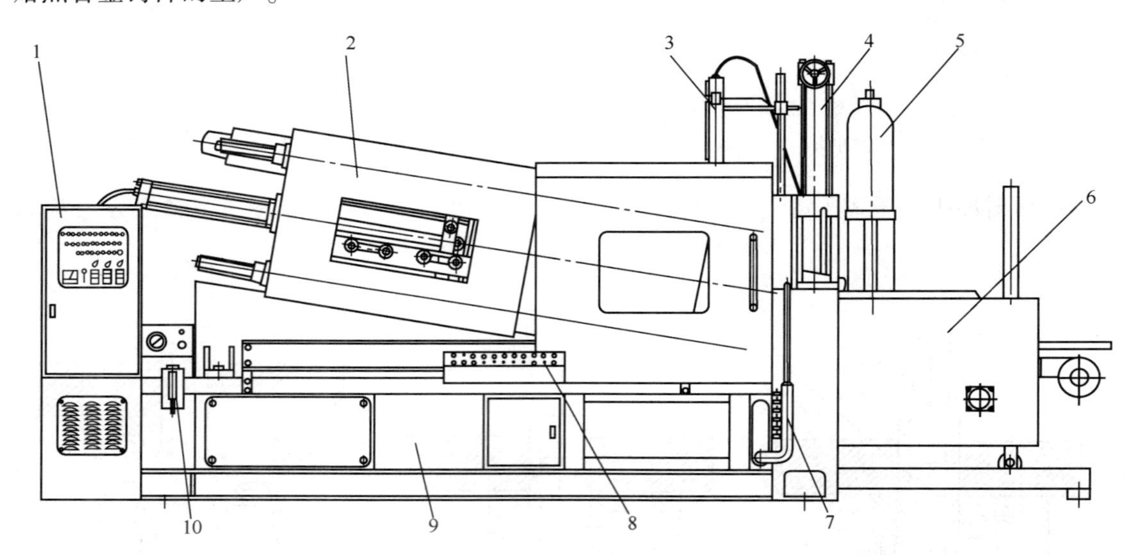

图 1.2-6　PLC 控制热压室压铸机

1—电气控制柜；2—合模部分；3—取件机械手；4—压射装置；5—增压蓄能器；6—合金熔炉；7—冷却装置；8—操作面板；9—床身；10—手动润滑泵

（2）冷压室压铸机的结构

冷压室压铸机的结构分别按卧式、立式和全立式加以介绍。

① 卧式冷压室压铸机的结构　该类压铸机不带金属熔炼和保温装置，压射装置和锁模装置呈水平分布，压射装置由压室和压射冲头组成，并根据模具浇注系统需要可向下偏移一定距离，机床上常配有自动加料装置，图 1.2-7 为 J1116 型卧式冷压室压铸机的结构图。该机采用 PLC 程序控制系统，配有分罐式压射增压装置，具有很高的压射速度（5m/s 以上）和极短的建压时间（0.03s 以下），能更好地适应不同压铸工艺的要求。

卧式冷压室压铸机压室的工作条件比热压室好，同时，可以采用大吨位的卧式压射缸，适合中、大型压铸机。目前，这类压铸机最大锁模力已超过 36000kN，压铸铝合金件最大已达 60kg。该类压铸机可用于铝合金、镁合金、铜合金及黑色金属的压铸成形。

② 立式冷压室压铸机的结构　该类压铸机也不带金属熔炼装置，压射装置呈垂直分布，由压室、压射冲头与反料冲头组成，进料口在机床模板中心处，锁模装置呈水平分布，其结构与卧式冷压室压铸机相同。

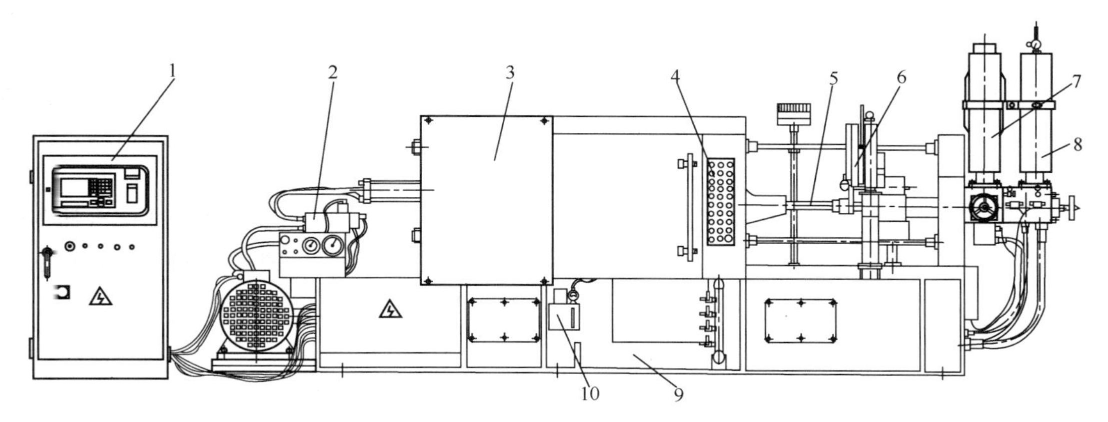

图 1.2-7　J1116 型卧式冷压室压铸机

1—电气控制柜；2—液压系统；3—锁模装置；4—操作面板；5—压射装置；
6—取料机械手；7—快速射压装置；8—增压蓄能器；9—床身；10—自动润滑系统

立式冷压室压铸机占地面积较卧式压铸机小，金属液杂质上浮压射时不易进入模腔，有利于提高铸件质量，而且，模具模腔可沿中心对称布置，使模具压力中心与压铸机锁模中心重合，便于压铸有中心浇口的铸件。但立式冷压室压铸机多了一组余料切除装置，使机器复杂化，生产率较热压室和卧式冷压室压铸机低，金属液从压室进入模腔需经 90°转折，压力损失大，需要较大的压射力。立式冷压室压铸机可用于锌、铝、镁和铜合金压铸件的生产。

③ 全立式冷压室压铸机的结构　该类机床压射装置和锁模装置均垂直分布，总体结构类似于四柱液压机，其中按压射冲头运动方向的不同，还可分为上压式和下压式两种。上压式为压射冲头由下往上压射的压铸机；下压式为压射冲头自上而下压射的压铸机。

全立式冷压室压铸机的特点：模具水平放置，稳固可靠，安放嵌件方便，广泛用于压铸电动机转子类零件；金属液进入模腔时转折少，流程短，减少了压力和热量的损失；设备占地面积小，但设备高度大，不够稳定，铸件顶出后常需人工取出，不易实现自动化生产。

2）压铸机的主要零部件

（1）压射装置

压射装置是实现液态金属高速充型，并使金属液在高压下结晶凝固成铸件的重要装置。压射装置不仅要达到压铸工艺要求的压射比压和压射速度，而且，还应使压射过程的压射速度、压射力、压力建立时间等能方便地调节，以便更好地适应各种压铸工艺要求。

① 增压缸有背压压射装置　图 1.2-8 所示为 J1113A 型压铸机采用的三级压射增压机构的结构图。它由带缓冲器的普通液压缸和增压器组成，联合实现分级压射，具有两种速度和一次增压。压室 1 和压射缸 6 固定在压射支架 16 上，支架底部装有升降器 17，以便调节压射机构的位置，使之与模具浇口套对准。

第一级压射　压力油经增压器的油孔 14 进入，由于增压器活塞的背压腔 11 有背压，增压活塞 12 不能前移，压力油经活塞中的单向阀进入压射缸的后腔，汇集在缓冲杆周围的分油器 8 中，由于节流阀杆 9 的作用，只有很小流量的压力油从分油器的中心孔进入，作用在压射活塞缓冲杆端部的截面上，作用力也很小，因而压射活塞慢速前进，进行慢速压射，压射冲头 2 缓缓地封闭压室 1 的注液口，以免金属液溢出，同时，以利于压室中空气的排出和减少气体卷入。

第二级压射　当压射冲头越过注液口(即缓冲杆脱开分油器 8 时)，大流量压力油进入压射缸，推动压射活塞快速前进，实现快速压射充模。

第三级压射　金属液充满模腔，压射活塞停止前进的瞬间，增压活塞及单向阀阀芯 13 前后压力不平衡，增压活塞因压差作用而前移，单向阀阀芯在弹簧 10 的作用下自行关闭，实现压射增压。

压射结束后，只要压射缸前腔进入压力油，同时增压器的油孔 14 回油，即实现压射冲头回程。回程后期，由于缓冲杆重新插入分油器中，回程速度降低起缓冲作用。这种压射机构的压射速度和压射力均可按工艺要求进行调节。

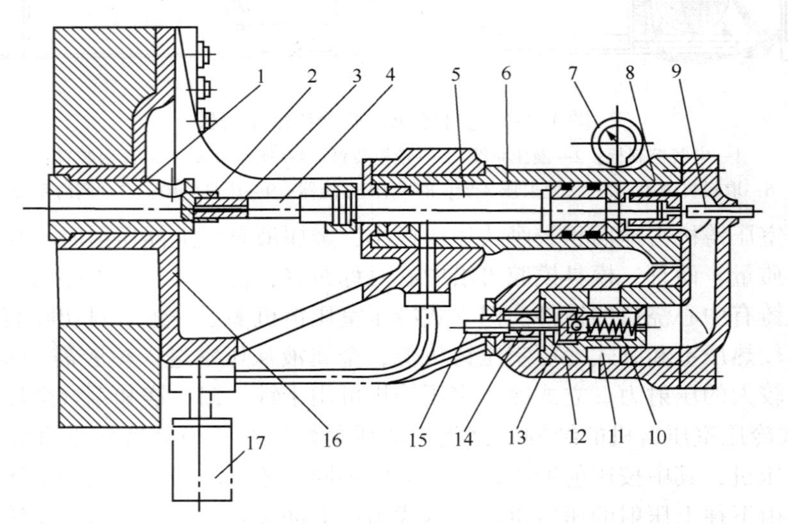

图 1. 2-8　J1113A 型压射增压机构结构图

1—压室；2—压射冲头；3—冷却水通道；4—压射杆；5—活塞杆；6—压射缸；7—压力表；8—分油器；9—节流阀杆；10—弹簧；11—背压腔；12—增压活塞；13—单向阀阀芯；14—油孔；15—调节螺杆；16—压射支架；17—升降器

压射力的调节　从上述分析可以看出，当压射活塞面积一定时，压射力决定于增压压力，而增压压力的大小又决定于背压腔压力的大小，背压越大增压越小，反之亦然。背压可通过接通背压腔油路上的单向顺序阀与单向节流阀配合调整。J1113A 型压铸机的压射增压压力最高可达 20MPa，相应的最大压射力达 140kN。

压射速度的调节　第一级低速压射速度，可通过节流阀杆 9 调节；第一级高速压射速度，由油口 14 的调节螺杆 15 调整。

② 增压缸无背压压射装置　图 1. 2-9 所示为 J1116 型 PLC 控制压铸机的压射增压机构的结构图。它采用分罐式压射增压结构，这是近年来发展和改进的一种压射增压新结构。它用两个蓄能器分别对压射缸和增压缸进行快速增压，完全取消了增压活塞的背压，增压压力

通过调整蓄能器压力来改变，压射速度、压射力和压力建立时间都能分别单独调节，互不影响。其工作过程如下：合模结束信号发讯后压射开始，压力油由油口 13 进入压射缸 4 进行慢速压射，当随动杆 3 离开行程感应开关 5 时，切换为快速压射，此时快速压射蓄能器的压力油通过油口 13 进入压射缸进行快速压射，快速压射工作油同时进入增压缸启动阀 12，当模腔内金属液充满，快速压射突然停止，引起的压力冲击使阀 12 换向，受阀 12 控制的增压缸控制阀 8 打开，增压蓄能器的压力油进入增压缸，推动增压活塞产生压射增压，这一系列动作是在极短时间内完成的。

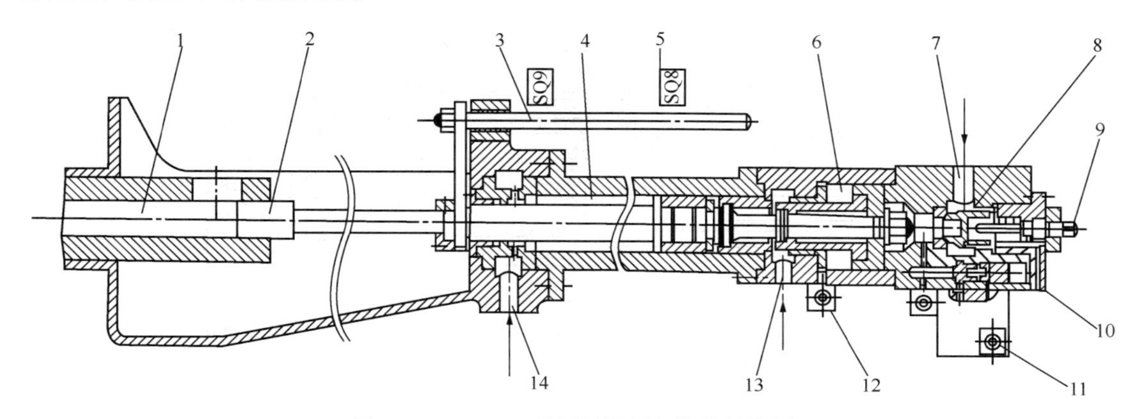

图 1.2-9　J1116 型压射增压机构的结构图

1—压室；2—压射冲头；3—随动杆；4—压射缸；
5—快速压射行程感应开关；6—增压缸；7—增压蓄能器入油口；8—增压缸控制阀；
9—增压速度调节螺栓；10—增压起始时间调节入油口；11—压射力调节阀；12—增压缸启动阀；
13—慢速压射与快速压射蓄能器入油口；14—压射冲头回程入油口

这种压射增压系统具有如下优点：压射速度快，反应与升压时间短；反应与升压时间可单独调节；压力稳定，不受压射速度影响；增压压力可通过增压蓄能器上的减压阀直接进行调整；压射与增压蓄能器分开，互不干扰。

因此，该压射增压装置允许在很大范围内调整压铸工艺参数，对不同的铸件压铸成形，可以选择较佳的压铸工艺。

(2) 合模机构

压铸机的合模机构主要完成模具的开、合动作及压铸件的顶出等工作，是压铸机的重要组成部分。合模机构的优劣直接影响到压铸件的精度、模具的使用寿命和操作的安全性等，因此，要求它动作既平稳又迅速，锁紧可靠，便于压铸模的装卸和模具的清理，压铸件的取出方便可靠。压铸机的合模机构有全液压锁模和液压-机械联合锁模两大类。

图 1.2-10 所示为 J1113A 型压铸机采用的全液压合模机构的结构图。整个机构由合模缸组件、活塞组件、动模板 5、充液箱 2、填充阀 3 和增压器 7 等组成。V_3为开模腔，V_1为内合模腔，V_2为外合模腔，活塞组件中的差动活塞 1 和外活塞及动模板相连接。合模时，V_1通入压力油，这时虽然 V_3也通入压力油，但差动活塞两边受力不同而向右移动，带着动模快速右移，随着动模板 5 的移动过程，V_2腔容积不断增大形成较大的真空度，自动打开填充阀 3(填充阀的结构见图 1.2-11，此时阀 a 孔通压力油)，使大量油液从充液箱向 V_2合模缸充液，进行快速合模，当模具将要闭紧时，由于动模板 5 拖动着拉杆凸块打开凸轮阀，压

力油进入 V_2腔，V_2腔内压力升高，填充阀的阀门关闭，转为慢速合模，直至模具闭合。此时，V_2腔内压力升高到与管路中压力一致(约 10MPa)，但尚未达到压射时所需要的最大合模力，因为增压器未动作。

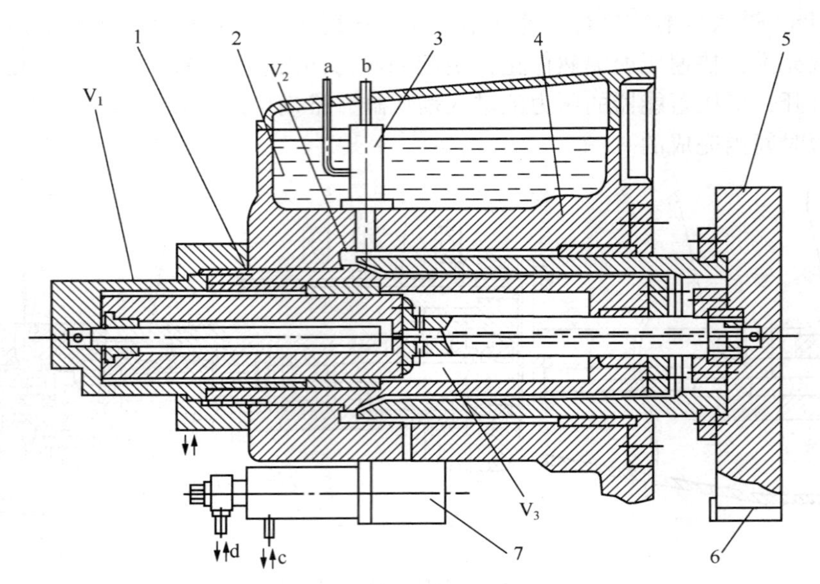

图 1.2-10　全液压式合模机构结构图

1—差动活塞；2—充液箱；3—填充阀；4—合模缸座；5—动模板；6—凸块；7—增压器

图 1.2-12 所示为增压器结构图。图中增压器通道 e 与 V_2腔相通，压射时压力油从孔 c

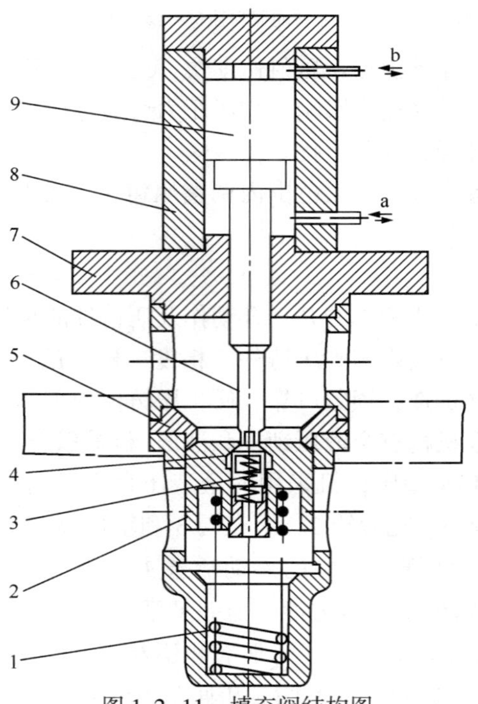

图 1.2-11　填充阀结构图

1、3—弹簧；2—主阀芯；4—先导阀芯；5—阀座；6—先导推杆；7—缸座；8—活塞缸；9—活塞进入增压器，克服弹簧 4 的弹力，顶开单向阀芯 3，进入增压器液压缸的左腔，推动活塞右移，使 V_2腔内压力增高，实现增压，V_2腔压力可达 23MPa，锁模力达 1250kN。

开模时，V_1腔和增压器中的压力油从孔 c 回油，压力撤消，合模机构的差动活塞在 V_3腔常压压力油作用下，带着动模回位开模。此时，V_2腔内的油液必须迅速排回充液箱，为此，压力油从填充阀的上端 b 孔通入，让先导推杆 6 首先推开填充阀内的先导阀芯 4，进而打开主阀芯 2，使 V_2腔中油液先慢后快地排回充液箱，以实现开模先慢后快的目的，如图 1.2-11 所示。

全液压合模机构以油液作介质，又应用组合缸结构，所以工作平稳，推力大，效率高，可以获得比动力源大几倍的输出力(达 10~20 倍)。对于不同厚度的压铸模，安装时无需调整合模缸座的位置便可使用，省去了合模缸座位置调节机构，压铸模的受热膨胀也能自动补偿，而不影响合模力的大小。这种机构较简单，操作方便；但全液压合模机构的工作周期较长，尤其是大规格的压铸机，为了具有更大锁模力，液压缸径更大，增压时间更长，影响生产率和增加动力消耗，且机构庞大，不便加工、维修。全液压合模机构一般用于小型或中型压铸机。对于大中型压铸机的合模机构，广泛采用液压-机械合模机构。

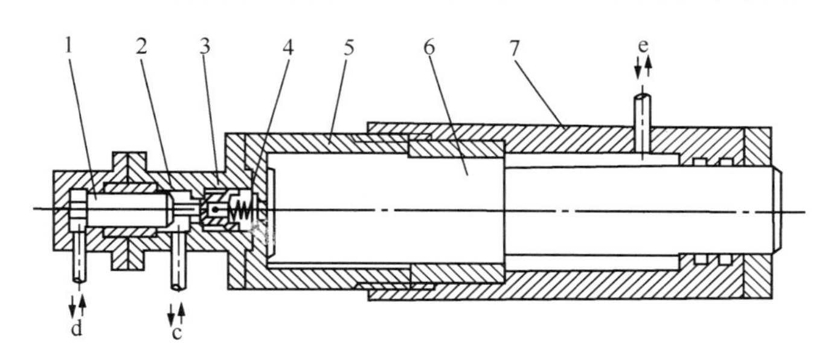

图 1.2-12　增压器结构图

1—活塞；2—单向阀体；3—阀芯；
4—弹簧；5—活塞缸；6—活塞；7—增压缸

3. 新型压铸装备

1）半固态压铸成形

半固态压铸是当金属液凝固时对其进行强烈搅拌，并在一定的冷却条件下获得 50%左右甚至更高固体组分后，对其进行压铸的方法。半固态金属熔料中固体质点为球状或等轴状，相互之间分布均匀且彼此隔离地悬浮在金属母液中。常见的压铸方法有两种：一种是将半固态的金属熔料直接加入压室压铸成形，该法称为流变压铸法；另一种是将半固态金属熔料制成一定大小的锭块，压铸前重新加热到半固态温度，然后送入压室进行压铸，该法称为搅溶压铸法。

半固态压铸与普通压铸相比，有以下优点：

① 利于延长模具寿命。半固态压铸时，金属熔料对模具表面的热冲击大大减小，据测约降低了 75%，受热速率约下降 86%。同时，压铸机压室表面的受热程度也降低了许多。

② 半固态熔料黏度大，充型时无涡流，较平稳，不会卷入空气，成形收缩率较小，压铸件不易出现疏松、缩孔等缺陷，提高了压铸件的质量。

③ 半固态熔料输送简单方便，便于实现机械化与自动化。

④ 金属半固态浆料的流变性能受温度影响较大，且浆料黏度大，半固态压铸时要求设

备能提供更快的压射速度和更大的压射力。半固态压铸工艺的出现为高温合金的压铸开辟了新的道路。

半固态压铸成形设备除原有的冷压室压铸机之外，还必须配备半固态金属熔料制备装置，若采用搅溶压铸法成形，还要配置对锭料重新加热到半固态温度的重温炉。图 1.2-13 为半固态压铸成形辅助设备图。

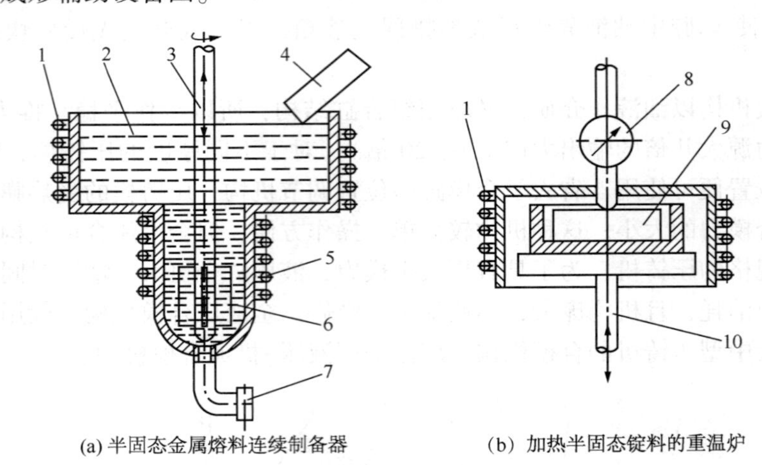

图 1.2-13　半固态压铸成形辅助设备图

1—感应加热器；2—金属液；3—搅拌器；4—供液槽；5—冷却装置；
6—半固态金属液；7—出液口；8—软度计；9—半固态锭料；10—锭料加热托架

2）真空压铸成形

真空压铸是用真空泵将模具模腔中的空气抽出，达到一定的真空度后再注入金属液进行压铸的工艺方法。真空压铸有以下特点：

① 消除或减少了压铸件内部的气孔，提高了压铸件的强度和质量，可进行适当的热处理。

② 改善了金属液充填能力，压铸件壁厚可以更薄，形状复杂的压铸件也不易出现充不满现象。

③ 减少了压铸时模腔的反压力，因此，可以采用较低的压射比压和用于压铸性能较差的合金，扩大了压铸机允许压铸的零件尺寸，提高了设备的成形能力。反压力的减小使结晶速度加快，缩短了成形时间，一般可提高生产率 10%~20%。

④ 真空压铸密封结构复杂，还需配备快速抽真空系统，控制不当则效果不明显。

真空压铸工艺要求在很短时间内使模腔达到预定的真空度，故真空系统应根据抽真空容积的大小确定真空罐的容积和足够大的真空泵。获得真空常见的方法有以下两种：

（1）真空罩密封压铸模　图 1.2-14 所示为真空罩抽真空原理图。在压铸机动、定模板之间加真空密封罩，将压铸模整体密封在罩内。压铸时，金属液注入压室，压射冲头慢速移动，当压射冲头密封注料口时，启动抽真空系统把密封区域内的空气全部抽出，达到预定的真空度后，压射冲头切换为快速压射，保压冷却后，真空阀换向使密封罩与大气连通，进行开模取件。这种方法每次抽气量大，抽真空系统要求高。

（2）模腔直接抽真空　图 1.2-15 所示为模腔直接抽真空原理图，压铸模分型面上，总排气槽与抽真空系统连通。压铸时，金属液注入压室，压射冲头密封注料口后开始抽真空，

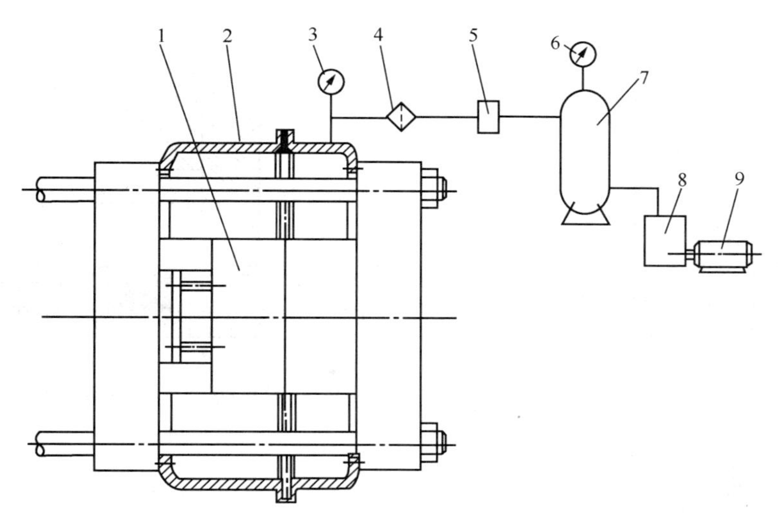

图 1.2-14　真空罩抽真空原理图

1—压铸模；2—真空罩；3、6—真空表；4—过滤器；5—真空阀；7—真空罐；8—真空泵；9—电动机

达到一定的真空度后，压力继电器使液压装置关闭总排气槽，以防止压射时金属液进入真空系统，此时，压射冲头转为快速压射，完成压铸成形。此种方法抽气量少，对抽真空系统要求较低，但对模具分型面的密封要求较高。

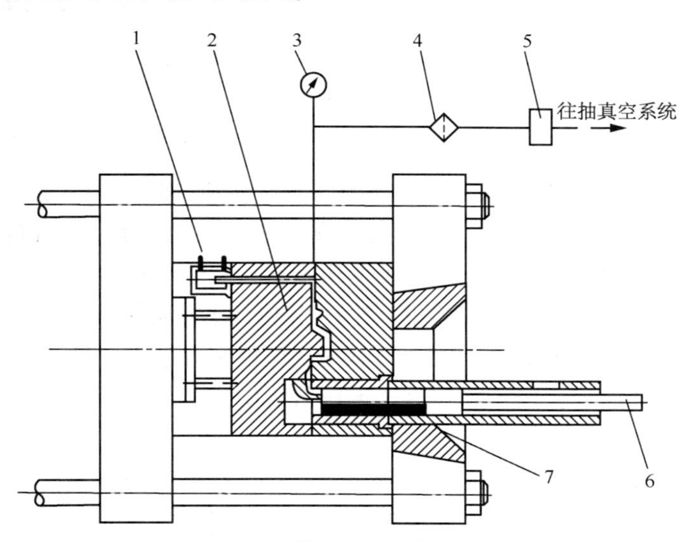

图 1.2-15　模腔直接抽真空原理图

1—排气槽开闭液压缸；2—压铸模；3—真空表；4—过滤器；5—真空阀；6—压射冲头；7—压室

上述两种方法在抽真空时，压室与模腔通过浇注系统相通，为了防止金属液因真空度的提高被吸入模腔，真空度不宜太高，压室内的空气难以完全抽出，影响了真空压铸的效果。目前，国外开发了一种新型的真空压铸装置，其工作原理如图 1.2-16 所示。该装置通过控制阀使抽真空时压室内的金属液与模具模腔隔离开，并通过专门通道同时将压室内的气体抽出，压射时阀芯换位，使压室与模腔连通，同时切断抽真空通道，完成压铸成形。采用此法可以提高模腔的真空度，且压室内的空气完全被抽出，提高了压铸件的质量。

3）充氧压铸

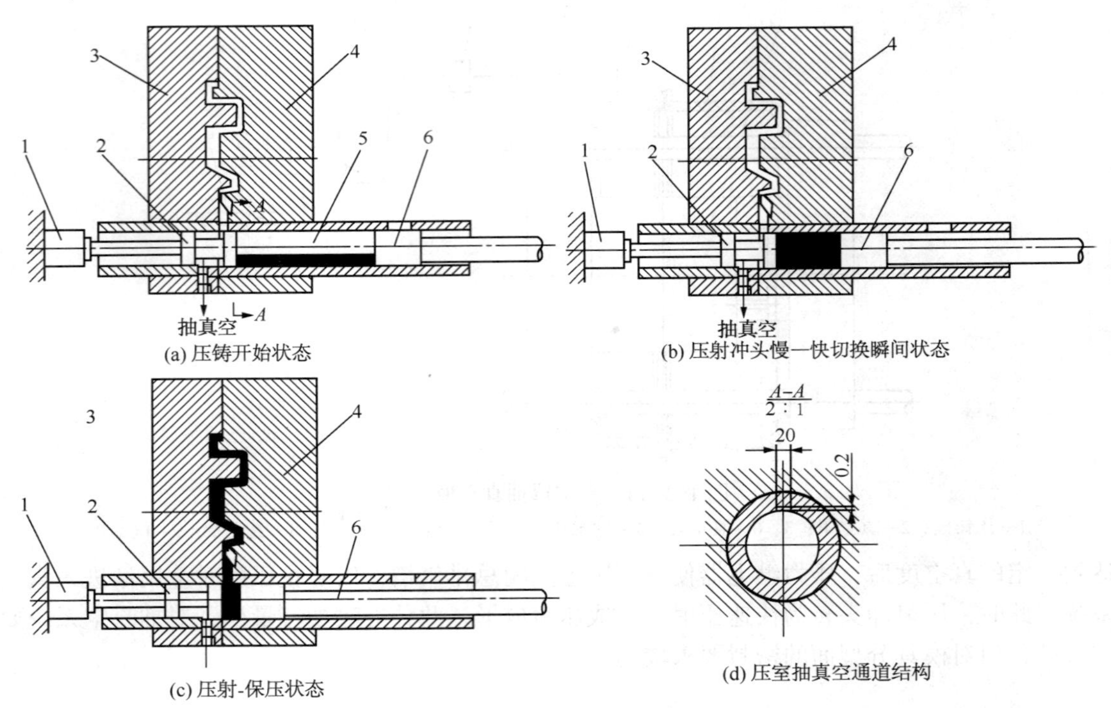

图 1. 2-16　新型真空压铸装置工作原理图

1—缓冲装置；2—阀芯；3—动模；4—定模；5—压室；6—压射冲头

充氧压铸是将干燥的氧气充入压室和压铸模模腔，以取代其中的空气。当铝(或锌)金属液压入压室和模具模腔时，与氧气发生氧化反应，形成均匀分布的三氧化二铝(或氧化锌)小颗粒，从而减少或消除了气孔，提高了压铸件的致密性。此类压铸件可进行热处理以改善零件的力学性能，目前，该压铸方法主要用于铝、锌合金压铸。

图 1. 2-17 为充氧压铸装置的结构图。图 1. 2-17(a)为氧气从模具上开设的通道加入，取代模腔和压室中的空气。图 1. 2-17(b)为氧气从压射装置的反料冲头中加入，此法结构简单，密封可靠，易保证质量，用于立式冷压室压铸机中。

4）精速密压铸

精速密压铸是精确、快速和密实压铸方法的简称，它采用两个套在一起的内外压射冲头进行压射，故又称套筒双冲头压铸法。压射开始时，内外冲头同时压射，当模腔填充结束，压铸件外壁部分凝固后，延时装置使内压射冲头继续前进，推动压室内未凝固金属液补缩压实压铸件。由于内压射冲头动作在压铸件部分凝固的情况下，因此，不会增大胀模力而造成飞边的出现。精速密压铸有如下特点：

① 充模平稳，压射、充填速度低，不易形成涡流和喷溅现象，减少压铸件的气孔数量。

② 浇注系统内浇口应选择在压铸件厚壁处，且内浇口厚度大，接近压铸件壁厚，以利于内压射冲头的补缩压实。

③ 浇注系统与压铸件不易分离，需要切割装置进行分离。

④ 精速密较适于中大型压铸机上生产厚壁大铸件。

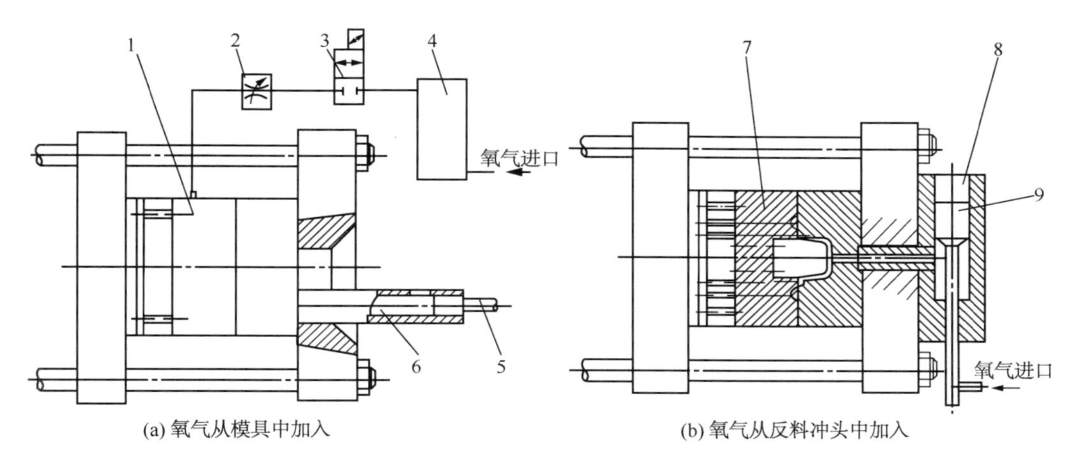

(a) 氧气从模具中加入　　(b) 氧气从反料冲头中加入

图 1.2-17　充氧压铸装置结构图

1、7—压铸模；2—气流阀；3—电磁换向阀；4—氧气干燥箱；5—压射冲头；6、8—压室；9—反料冲头

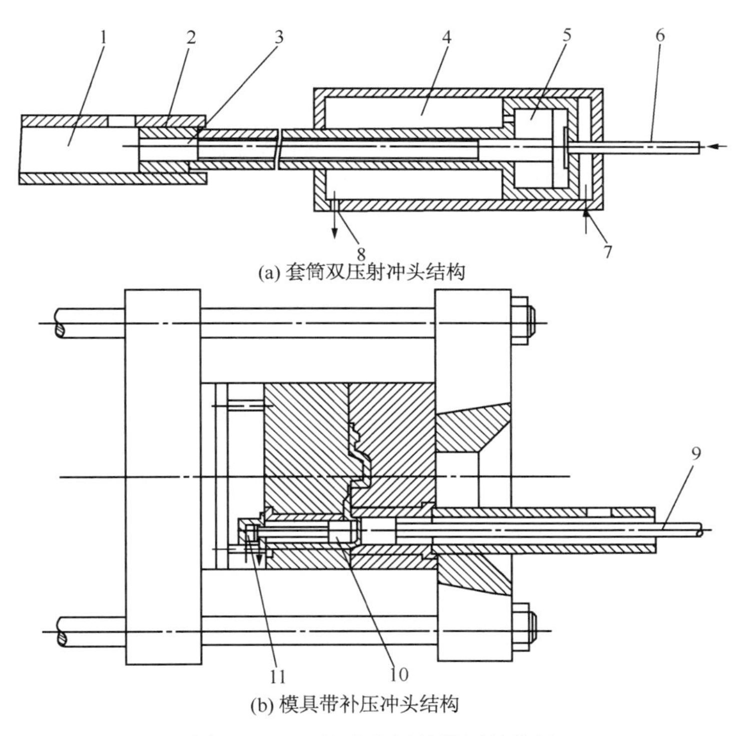

(a) 套筒双压射冲头结构

(b) 模具带补压冲头结构

图 1.2-18　精速密压铸装置结构图

1—压室；2—外冲头；3—内冲头；4—外压射缸；5—内压射缸；6—内压射缸进油口；
7—外压射缸进油口；8—出油口；9—压射冲头；10—补压冲头；11—补压液压缸

精速密压铸要求压铸机的压射装置能驱动套筒双压射冲头，按工艺要求顺序工作。图 1.2-18 所示为精速密压铸装置的结构图。图 1.2-18(a)为套筒双压射冲头结构图；图 1.2-18(b)为在压铸模具上设置补压冲头来代替内压射冲头的结构图，补压冲头起到补压的作用，用于普通压铸机上进行精速密压铸。

1.2.2 金属型铸造机

通用金属型铸造机有以下几种：

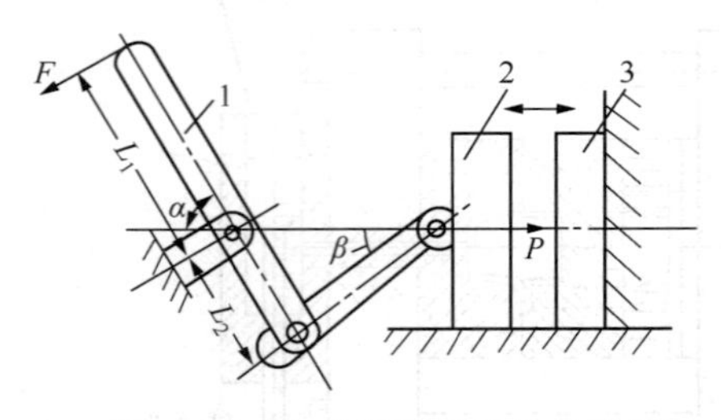

图 1.2-19 曲柄连杆机构结构图

1—手柄；2—动型；3—定型

（1）可倾斜金属型浇注台　可倾斜金属型浇注台是一种最简单的手动金属型铸造机，在浇注台上安装金属型，便可以进行倾斜浇注。

（2）杠杆式金属型浇注机　杠杆式金属型铸造机结构简单，使用可靠方便；但较费力，要求金属型导向装置刚度要好，一般只适用于小型金属型，其曲柄连杆机构的结构如图 1.2-19 所示。

（3）齿条式金属型铸造机　齿条式金属型铸造机结构简单，使用方便，传动迅速，开合型行程长，工作效率高，一般适用于中、小型金属型；但由于铸造机锁紧力小，故金属型应设计锁紧装置。齿条式金属型铸造机具有左右开型，并可倾斜浇注，其结构如图 1.2-20 所示。

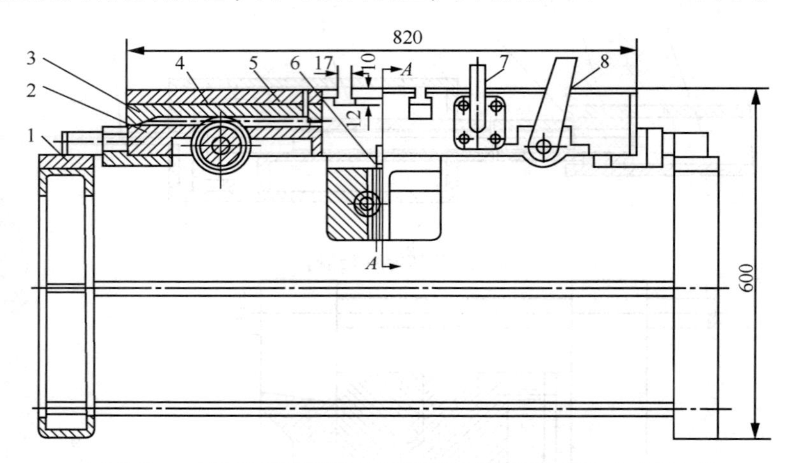

图 1.2-20 可倾斜齿条传动式金属型铸造机结构图

1—机架；2—平台；3—滑板；4、5—齿轮；6—齿条；7、8—手柄

（4）螺杆式金属型铸造机　手动螺杆式金属型铸造机制造简单、调整方便、容易控制开合型位置、省力、锁紧力大，无需设计金属型锁紧装置；但操作费力，速度慢，生产效率低。手动螺杆式金属型铸造机的结构如图 1.2-21 所示。

（5）可倾斜气压传动金属型铸造机　可倾斜气压传动金属型铸造机的结构如图 1.2-22 所示。其特点是左右开型、下抽芯和顶出铸件由三个气缸分别完成；气缸的行程由限位螺母控制，合型位置准确可靠；金属型采用斜销联接，装卸方便；可实现倾斜浇注，通用性强；可降低劳动强度，提高生产率。缺点是气缸压力变化大，运动不平稳，不适用于型腔复杂的金属型铸造。

（6）可倾斜液压传动金属型铸造机　可倾斜液压传动金属型铸造机的结构如图 1.2-23 所示。三个控制阀分别控制左、右开型和下抽芯三个液压缸，调整螺母调整和限制合型距

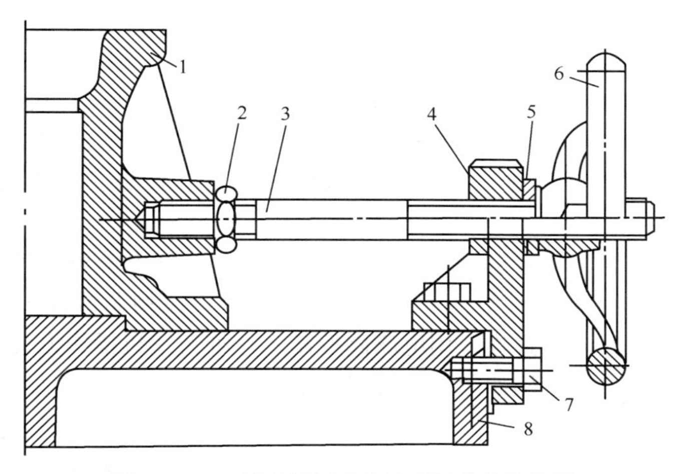

图 1.2-21　手动螺杆式金属型铸造机结构图

1—金属型；2—螺母；3—螺杆；4—支架；5—垫圈；6—手轮；7—螺栓；8—底座

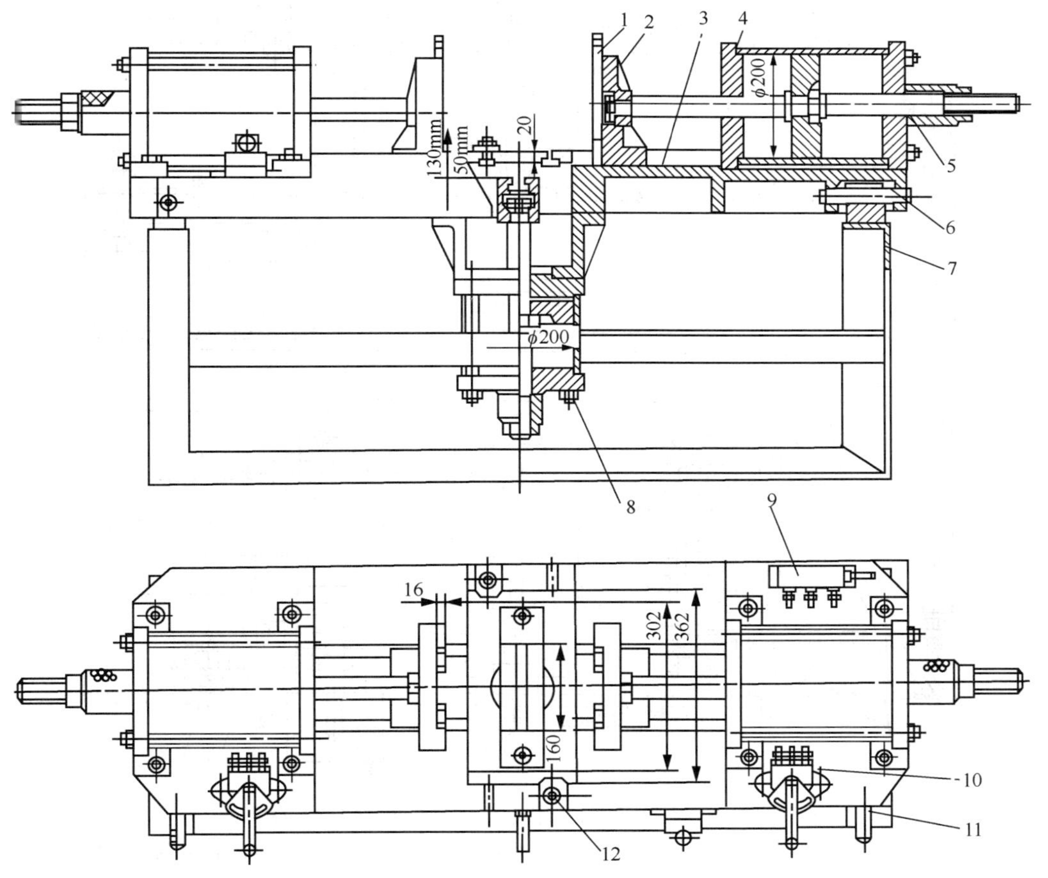

图 1.2-22　可倾斜气压传动金属型铸造机结构图

1—斜销；2—安装板；3—平台；4—气缸；5—限位螺母；6—转轴；
7—机架；8—抽芯缸；9—汇流管；10—控制阀；11—插销；12—压板

离，可作40°倾斜浇注。这种铸造机结构紧凑，操作方便，劳动强度低，生产效率高，通用性强，适用于中小型金属型浇注。

（7）固定式液压传动金属型铸造机　固定式液压传动金属型铸造机的结构如图1.2-24所示。其特点是，金属型安装板通过四根连杆带动，运动平稳；金属型的两半型和底板均采用斜销联接，装卸方便；活塞杆的一端设有限位块和限位螺母，可以控制金属型的合型距离。

（8）四开式液压金属型铸造机　四开式液压金属型铸造机共有五个液压缸，前后左右四个方向由四个液压缸控制开(合)型，下液压缸用于抽取金属型芯或顶出铸件。金属型的合型位置由限位螺母调整，液压缸均采用电磁阀控制。这种铸造机操作方便，运动平稳，适用于较复杂的金属型铸造，其结构如图1.2-25所示。

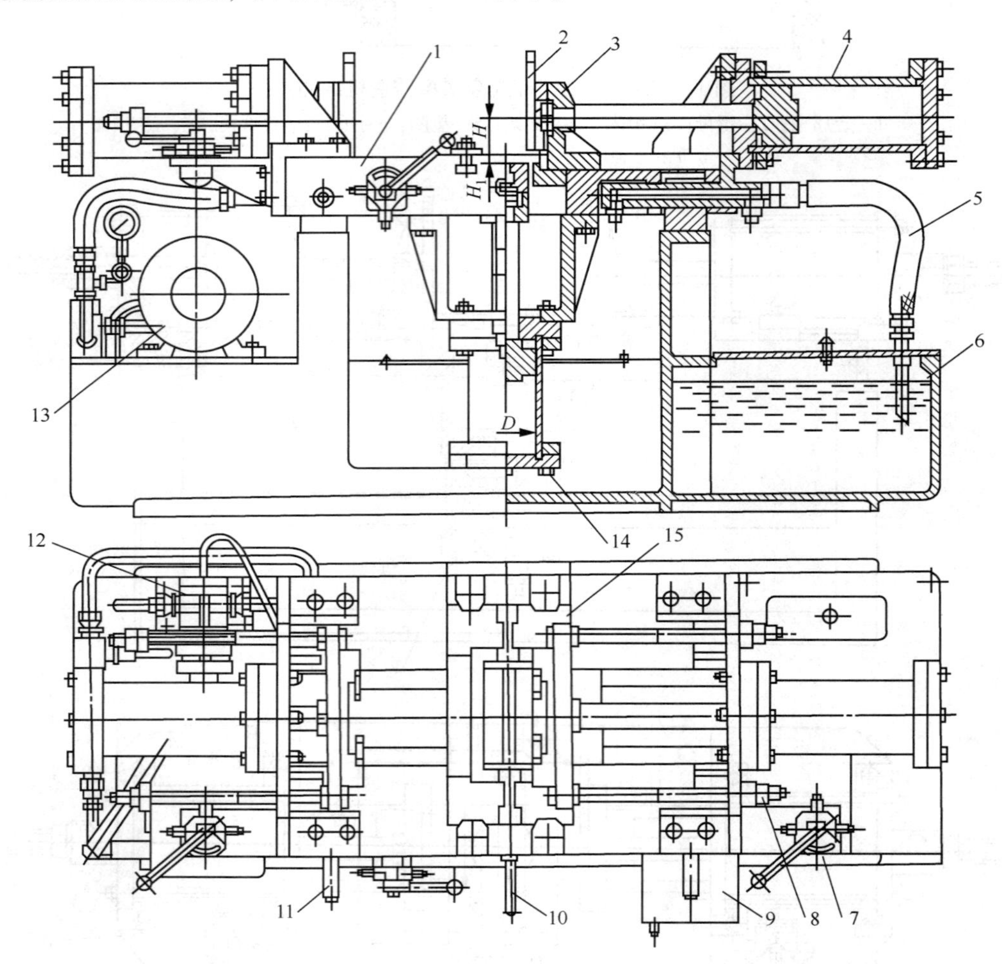

图1.2-23　可倾斜液压传动金属型铸造机结构图

1—平台；2—斜销；3—安装板；4—开合型液压缸；5—高压软管；6—机座；7—控制阀；8—调整螺母；9—电器箱；10—倾斜手柄；11—定位插销；12—液压泵；13—电动机；14—抽芯液压缸；15—底板

金属型铸造机的分类如表1-11所示。

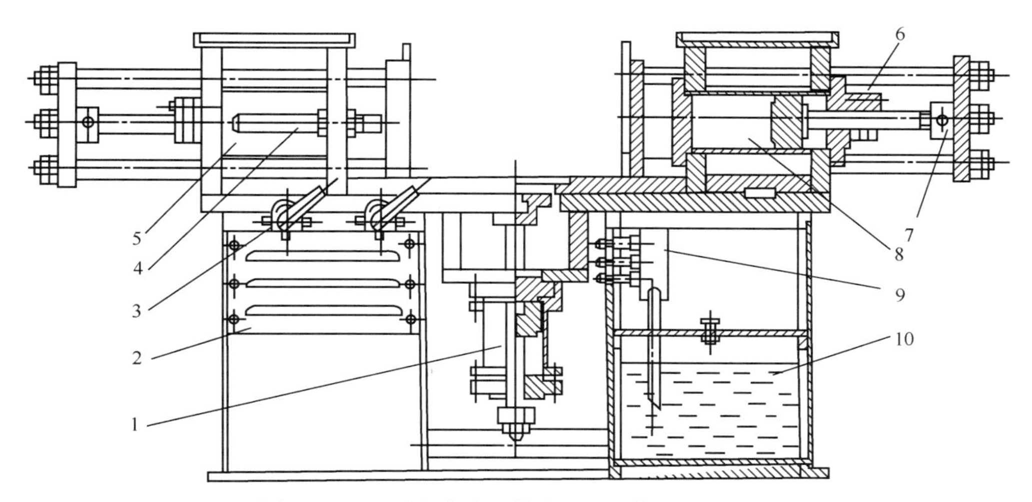

图 1.2-24　固定式液压传动金属型铸造机结构图

1—抽芯液压缸；2—动力箱；3—控制阀；4—推杆；5—左液压缸；
6—限位调距垫块；7—限位螺母；8—右液压缸；9—汇流管；10—油箱

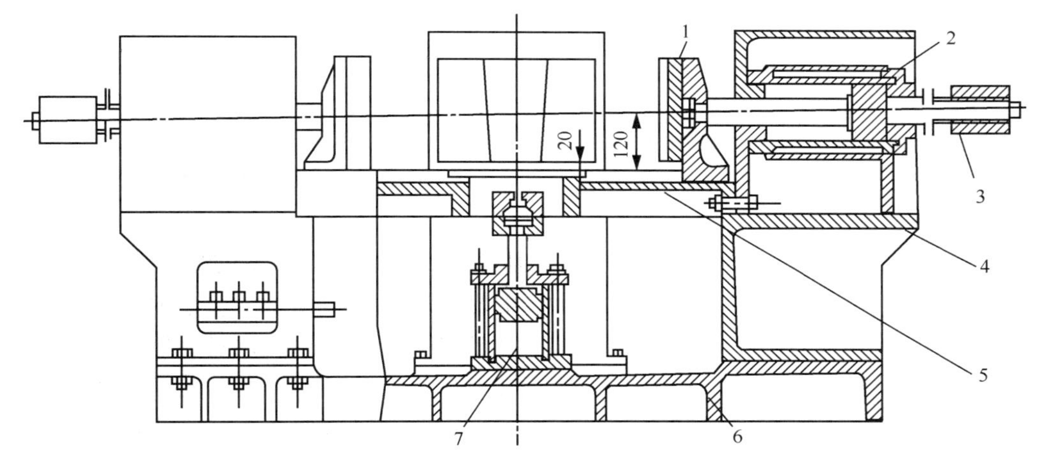

图 1.2-25　四开式液压金属型铸造机结构图

1—安装板；2—液压缸；3—限位螺母；4—液压缸支架；
5—工作平台；6—底座；7—抽芯液压缸

表 1-11　金属型铸造机的分类

类　别		特　点	开型力/N	应用范围
按用途分类	专用金属型铸造机	一般用于生产单一产品，机体与金属型设计成一个整体，容易调整，使用方便，生产效率高。但设计制造周期长，成本高	不限	适用于大型复杂、需要多种操作程序和大量生产的金属型
	通用金属型铸造机	用于同一类型不同尺寸的金属型，简化了金属型结构，设计制造周期短，成本低	不限	适用于多品种成批生产的金属型，最适于航空航天工业

续表

类别		特点	开型力/N	应用范围
按动力分类	手动金属型铸造机	手工操作，结构简单，制造方便。 缺点：劳动强度大，开(合)型力小	1000~5000	适用于简单的中小型和小批量生产的金属型
	气动金属型铸造机	利用压缩空气作动力，操作维护方便，劳动强度低。 缺点：开(合)型力小，运动不平稳	5000~20000	适用于简单的中小型和成批生产的金属型
	电动金属型铸造机	利用电动机传动，操作方便，运动准确。 缺点：结构复杂，成本高	>10000	适用于复杂的和成批或大量生产的金属型
	液压金属型铸造机	利用液压传动，体积紧凑，运动平稳，操作方便。 缺点：有噪声，成本高	>10000	适用于各种复杂的和成批或大量生产的金属型

1.2.3 反重力铸造设备

反重力铸造设备主要有低压铸造设备、差压、调压铸造设备和真空铸造设备等。

1. 低压铸造设备

低压铸造设备主体部分按加压方式不同，分为压力罐式低压铸造设备和坩埚密封加压式低压铸造设备；按设备的结构形式，分为压力罐式设备和四立柱式设备。

1）压力罐式低压铸造设备

压力罐式低压铸造设备主体属于压力容器范畴，其承压部分属于Ⅰ类压力容器。在一般情况下，低压铸造设备主体的设计压力为0.25MPa，工作压力为0.2 MPa，设计工作温度为180℃。

（1）普通压力罐式低压铸造设备　典型的压力罐式低压铸造设备的结构如图1.2-26所示，主要由压力罐、锁紧环、中隔板、升液管和坩埚等组成。此种结构的设备，压力罐是实现建压过程的承压部分，坩埚和熔化炉放置在压力罐中。采用此种结构的设备，由于坩埚内外不承受压差，因而可以采用大容量坩埚，且具有较长的使用寿命。此类设备生产的铸件尺寸不受设备结构限制，因而可用于单件、中小批量的大中型铸件的生产。

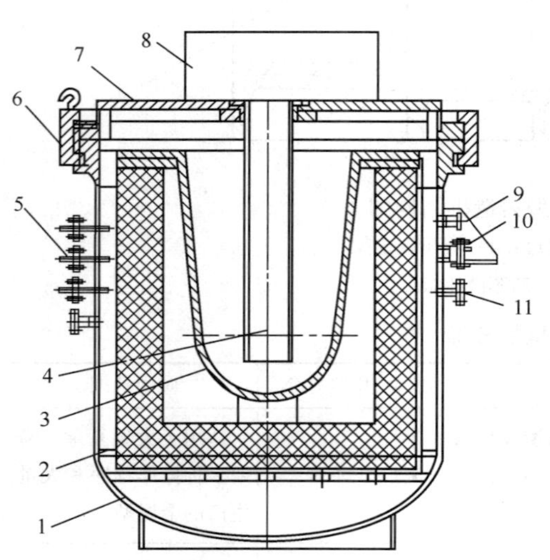

图1.2-26　压力罐式低压铸造设备结构图

1—压力罐；2—熔化炉；3—坩埚；4—升液管；5—电极；6—锁紧环；7—中隔板；8—铸型；9—压力信号采集口；10—热电偶接口；11—进排气口

（2）大型分体式低压铸造设备　大型分体式低压铸造设备主要用于大型、超大型砂型铸件的生产，由压力罐和铸型输运台车组成。大型、超大型铸件采用砂型生产时，工装、铸型、冒口以及冷铁的重最有时达到10多吨，甚至50多吨，这往往超出了一般铸造车间的起吊能力。此外，造型工作通常需要许多天才能完成，而合金熔体的准备工作需要在较短的时间内完成，因此，此类设备增加了铸型输运台车功能。铸型输运台车可提供造型组芯用的工作平台，并完成输运铸型，实现铸型与设备主体之间的对接与密封。

2）四立柱式低压铸造设备

四立柱式低压铸造设备按机架结构及其在炉体上的固定方法，分为活动式机架低压铸造机和固定式机架低压铸造机。

（1）活动式机架低压铸造机　有三种：①吊装式机架低压铸造机，其结构如图 1.2-27 所示。整个开合型机构、铸型等均安装在基准底座上，用起重设备将整个机架吊到保温炉上并加以固定。该机构紧奏，安装维修方便，适合中、小铸件批量生产。②悬臂式低压铸造机，其结构如图 1.2-28 所示。开合型机构由升降液压缸推动立柱升降，起到与保温炉密封和脱离的作用，并可绕立柱在 180°范围内旋转，使用时便于坩埚清理。该类型低压铸造机适合小型铸件的生产。③后倾式低压铸造机，其结构如图 1.2-29 所示。将机架底板安装在支架上，利用倾角液压缸使支架作倾斜动作，从而实现与炉体的配合。该机结构紧凑，操作、维修方便，适用于中小型铸件的生产。

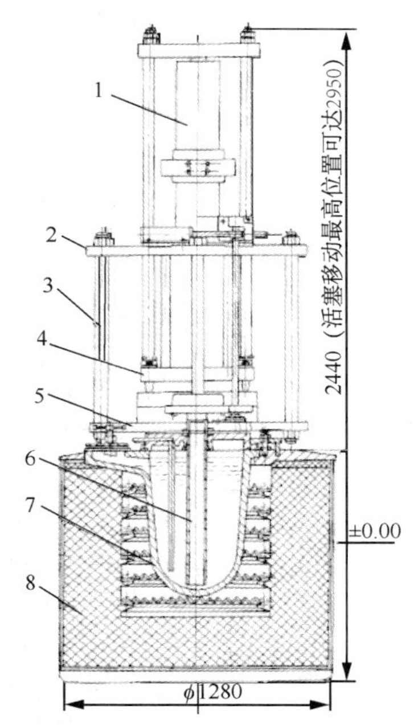

图 1.2-27　吊装式低压铸造机结构图

1—开合液压缸；2—上固定板；3—立柱；4—活动板；5—下固定板；6—升液管；7—坩埚；8—保温炉

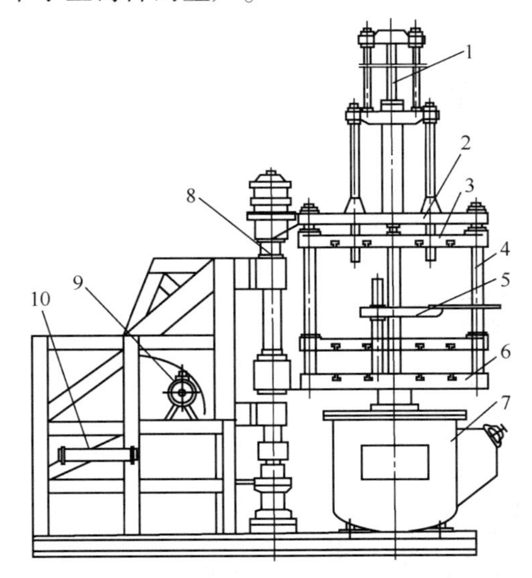

图 1.2-28　悬臂式低压铸造机结构图

1—开合液压缸；2—合型缸座；3—动型板；4—导向杆；5—取件机械手；6—静型板；7—保温炉；8—大立柱；9—液压泵电动机；10—油冷却器

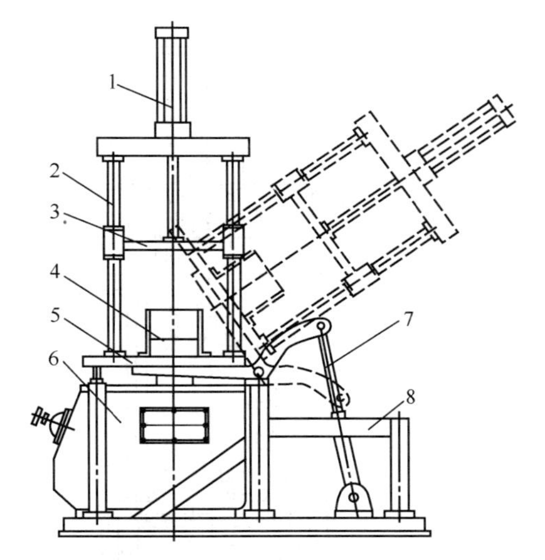

图 1.2-29　后倾式低压铸造机结构图

1—开合液压缸；2—立柱；3—动型板；4—抽芯器；5—静型板；6—保温炉；7—倾转液压缸；8—支撑架

（2）固定式机架低压铸造机　该机机架固定不动，保温炉安装在移动的台车上，台车在液压油缸或伺服机构的驱动下，可沿轨道前后平稳移动。浇注时，通过举升系统把保温炉升起，实现保温炉与铸型、升液管及机架相互之间的配合密封，该类型低压铸造机可用于中大型铸件的生产。根据不同的结构形式，可进一步分为四立柱式低压铸造机(见图 1.2-30)和四方柱式低压铸造机(见图 1.2-31)。

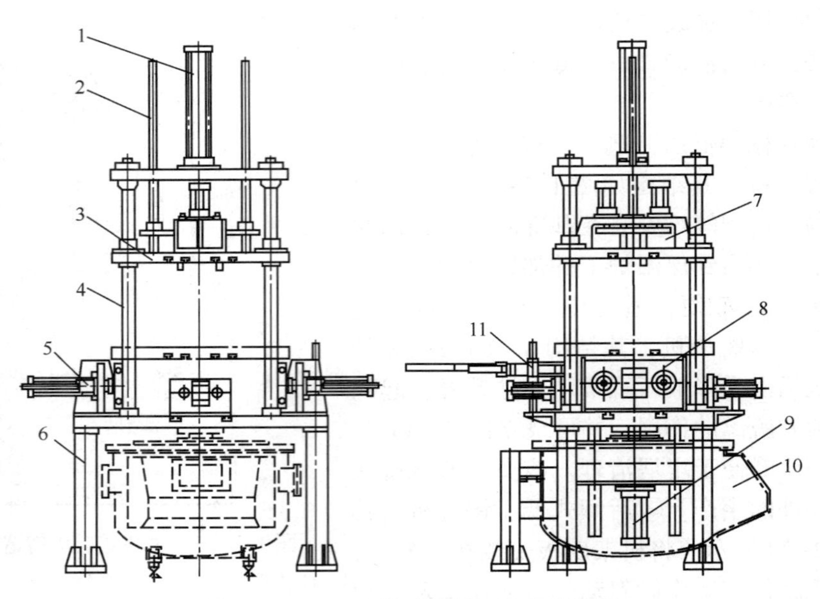

图 1.2-30　四立柱式低压铸造机结构图

1—开合液压缸；2—导向杆；3—动型板；4—立柱；5—左右抽芯缸；6—机架；7—顶出机构；8—前后抽芯器；9—机架升降液压缸；10—保温炉；11—取件液压缸

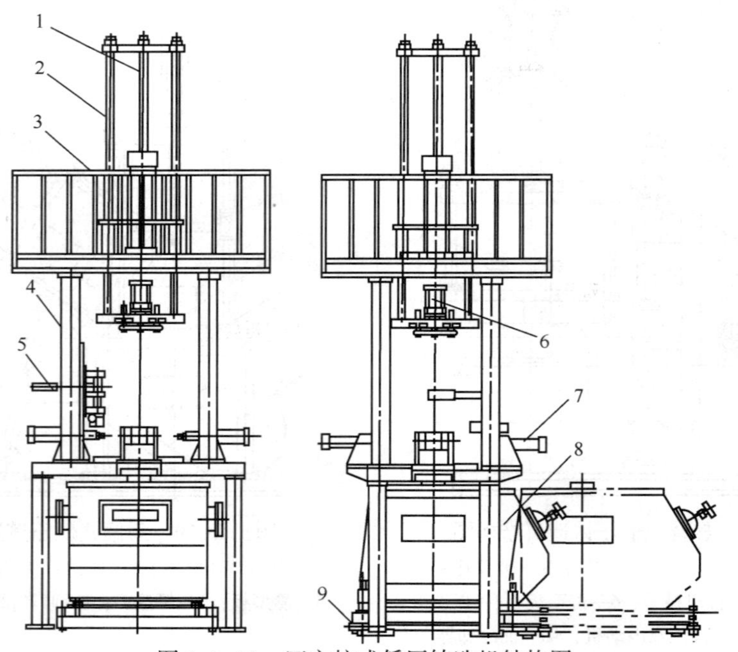

图 1.2-31　四方柱式低压铸造机结构图

1—开合液压缸；2—导向杆；3—防护栏；4—方柱；5—取件液压缸；6—顶出液压缸；7—抽芯缸；8—保温炉；9—保温炉传动机构

2. 差压、调压铸造设备

差压、调压铸造均采用上下压室结构来实现反重力铸造，因此，其设备主体结构基本相同，包括上压室、下压室、中隔板、锁紧环、坩埚、升液管和熔化炉等，其结构如图 1.2-32 所示。熔化炉放置在下压室内，铸型放置在中隔板上，并置于上压室内，中隔板将上压室隔离密封。为使上下压室有效密封，在升液管法兰的上下两个端面上应垫耐高温的石棉板、石棉绳或石棉盘根。此类设备采用了齿啮式卡箍锁紧密封结构，由液压缸驱动锁紧环沿轴向转动，实现设备的松开与密封。

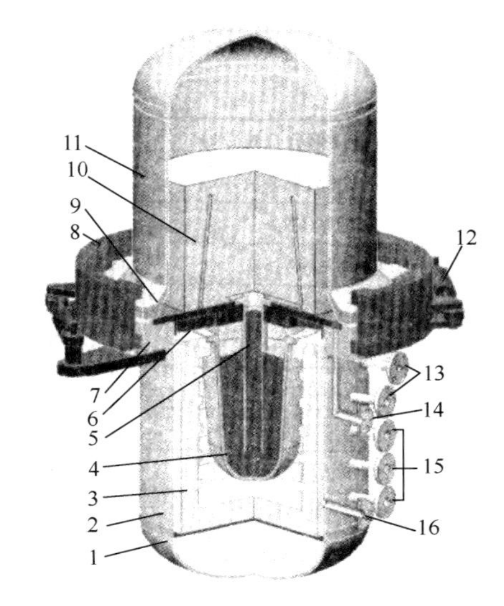

图 1.2-32　差压、调压铸造设备结构图

1—封头；2—下压室；3—熔化炉；4—坩埚；5—升液管；6—中隔板；7—下法兰；8—锁紧环；9—上法兰；10—铸型；11—上压室；12—液压缸；13—压力信号采集口；14—上压室进气口；15—电极引入接口；16—下压室进气口

此外，为保证上下压室在建立同步压力时不出现压差，在上下室之间需设置互通管道，互通管道间装有自控截止阀。同时，上下压室的压力信号采集，需要单独从罐体上引出。差压、调压铸造设备由于需要承受正压或负压，因此，在上下压室设计时需要按压力容器的有关标准进行设计和强度校核。

3. 真空吸铸设备

1）带吸铸室的真空吸铸设备

它由熔化炉、吸铸室升降机构和抽真空装置等组成，如图 1.2-33 所示。

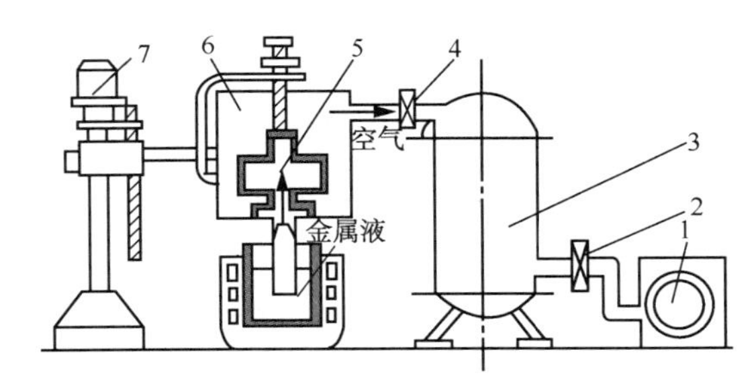

图 1.2-33　带吸铸室的真空吸铸设备

1—机械泵；2、4—电磁阀；3—负压罐；5—陶瓷型壳；6—吸铸室；7—升降机构

（1）熔化炉　可以采用常压下各种熔炼炉，也可采用真空或惰性气体保护的熔炼炉，真空熔炼吸铸设备的结构，如图 1.2-34 所示。

（2）吸铸室升降机构　吸铸室升降机构由吸铸室和升降机构组成。吸铸室由上铸室、下铸室和密封装置组成，如图 1.2-35 所示。升降机构由立柱、电动机、减速器和丝杠组成。需要浇注的铸型放入吸铸室，封闭后，升降机构下降使铸型浇口浸入金属液中，抽真空吸铸。

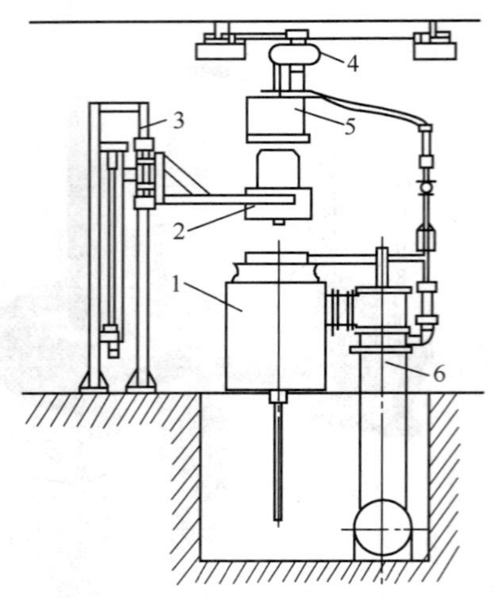

图 1.2-34　真空熔炼吸铸设备结构图

1—熔化室；2—型底座；3—型底升降机构；4—上室升降机构；5—上室；6—扩散泵

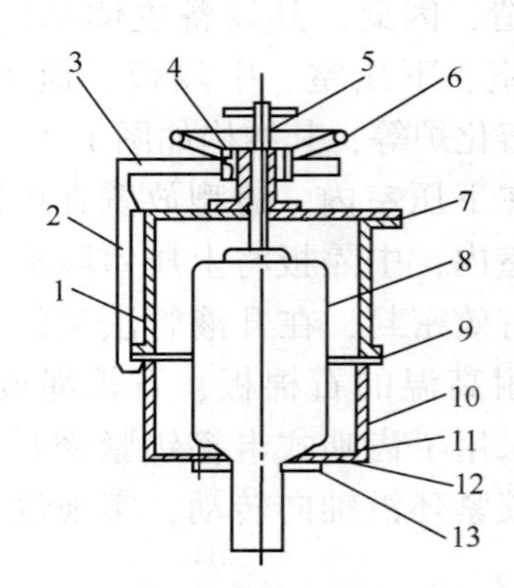

图 1.2-35　吸铸室结构图

1—上铸室；2—吊钩；3—横臂；4—螺母；5—固定型壳螺杆；6—手轮；7—接头；8—壳型；9—橡胶密封圈；10—下铸室；11—陶瓷纤维毡密封；12—石棉垫圈；13—下端盖

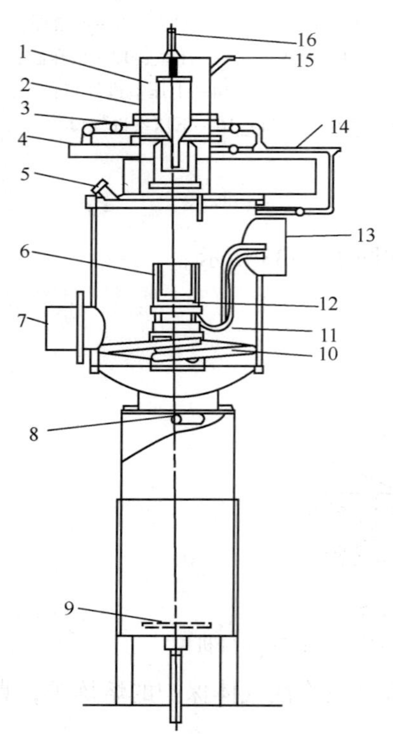

图 1.2-36　吸铸室结构图

1—吸铸室；2—可动封闭罩；3—配合底座；4、7—抽真空管路；5—窥视窗口；6—熔炼坩埚；8—密封阀门；9—升降平台；10—坩埚升降机架；11—熔炼室；12—熔炼炉；13—电源；14—氩气通道；15—充气管；16—夹壳气缸

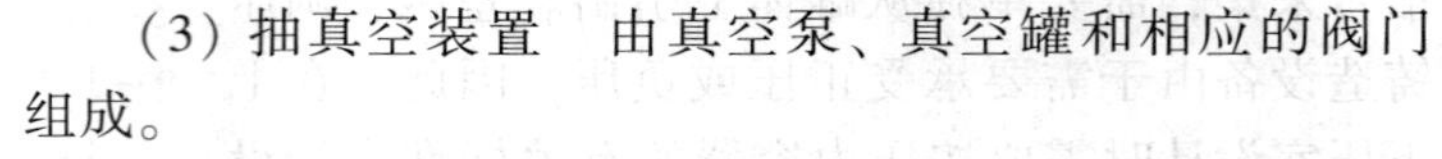

(3) 抽真空装置　由真空泵、真空罐和相应的阀门组成。

2) CLY 法吸铸设备

CLY 法真空吸铸是一种用于生产高温合金和易氧化合金的真空熔炼及浇注的吸铸法。其设备结构如图 1.2-36 所示。设备上有熔炼室和吸铸室，两室之间由一个阀门隔开。当金属在真空条件下熔化后，将氩气充入真空熔炼室和吸铸室，并使它们保持相同的压力，打开阀门，升高熔炼炉，使型壳浇道插入金属液中，然后，减低吸铸室的氩气压力，进行吸铸，保持一定时间后卸压，直到浇道中金属液流回坩埚，随即熔炼炉降至原位，关闭阀门，一次吸铸过程完成。

1.2.4　挤压铸造机

挤压铸造生产需要在压力机上进行，根据铸件的不同，可选用立式机或卧式机。当前，我国大多使用立式液压机，使生产受到较多限制。为适应多产品、高质量、高效率生产的需要，国内外定型生产了多种先进的挤压铸造机(简称挤铸机)。

1. 通用立式液压机

用于挤压铸造的通用液压机，最好选用有足够的挤压力、回程力，滑块空载下行速度较快，顶出液压缸有足够的顶出力和有较高的顶出速度。

此种通用液压机价格低廉，多用于做直接挤压铸造，也可用做间接挤压铸造。但此类设备不是专为挤压铸造工艺设计的，存在功能不全、参数达不到要求、需开型浇注、顶出缸升压速度慢且速度不可调、生产所需工人多、难以实现自动化、生产效率低等诸多问题。此种液压机正逐渐被专用挤压铸造机所取代。

2. 立式挤压铸造机(立式挤铸机)

此类机型又称立式合模(水平分型)立式挤压(压射)挤铸机，适合于直接挤压铸造和间接挤压铸造生产。其结构特点是，在立式液压机基础上增加了浇注机构，改进了挤压(压射)系统，各种动作参数按挤压铸造要求进行设置，在配有自动浇注、自动喷涂和自动取件的条件下，可以实现全自动化生产。

图 1.2-37 所示为全自动 SCV-800A 型立式挤压铸造机结构图。该系列立式机的合模系统有曲肘式和四液压缸扩力式两种结构。活动横梁可在设定位置精确定位，能预锁模，并迅速启动二次挤压，使设备具备双重挤铸功能。其立式压射系统置于设备工作台的下方，倾斜时进行浇注，摆正并提升后，由下而上进行压射，系统配有比例阀和大功率储能器，使挤压活塞实现无级调速和高能压射，建压时间不超过 150ms。此设备由 PLC 控制，可优选并储存 100 副模具的最佳工艺参数，并实施从浇注到取件全过程自动化。

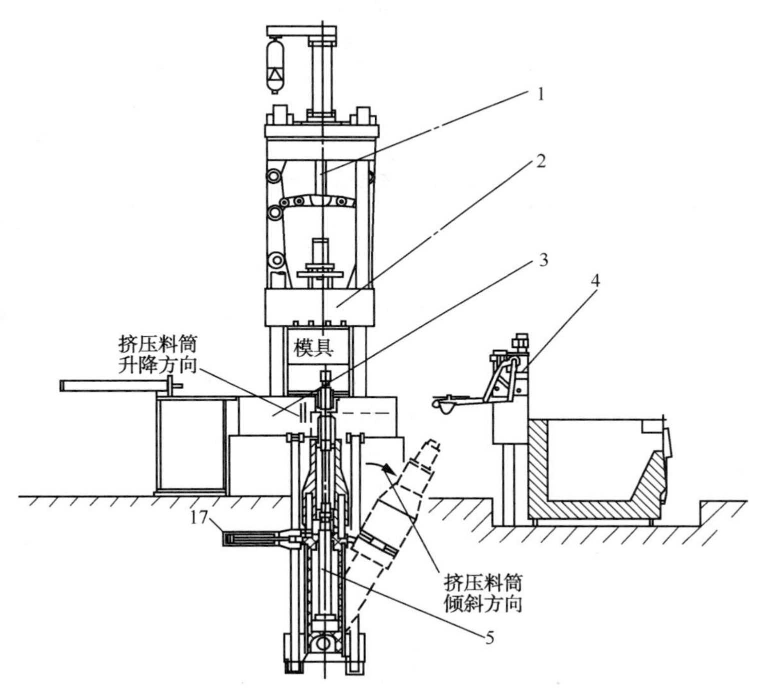

图 1.2-37　SCV—800A 型立式挤压铸造机结构图

1—合模系统；2—活动横梁；3—工作台；4—浇注机；5—压射系统

3. 卧式挤压铸造机(卧式挤铸机)

此类机型又称卧式合模(垂直分型)立式挤压(压射)挤铸机，一般适合于间接挤压铸造生产。其结构特点是在卧式压铸机基础上，将挤压料筒(压室)垂直安装在动模(型)和定模(型)分型面下方，以实现浇入金属液的自下而上的立式挤压(压射)。此外，这类机型一般均应增加浇注机构，并将各种动作参数按挤压铸造要求进行设置，可在配置自动浇注、自动挤压和自动取件条件下，实现全自动化生产。

图 1.2−38 所示为全自动 SCV−350A 型卧式挤压铸造机的结构图。该系列卧式挤铸机采用曲肘式合模机构，自动模板可在设定位置精确定位，预锁模后迅速启动二次挤压，以实现双重挤铸功能。同立式机一样，压射系统也是垂直置于动、定型(动、定模)的分型面，倾斜时进行浇注，摆正并提升后，由下而上进行压射。该机压射系统也可实现无级调速、高能压射，其建压时间不超过 150ms。该机也由 PLC 控制，可优选并储存 100 副模具的最佳工艺参数，在配有周边设备条件下，实施从浇注到取件的全过程自动化。

挤铸机的选择原则见表 1−12。

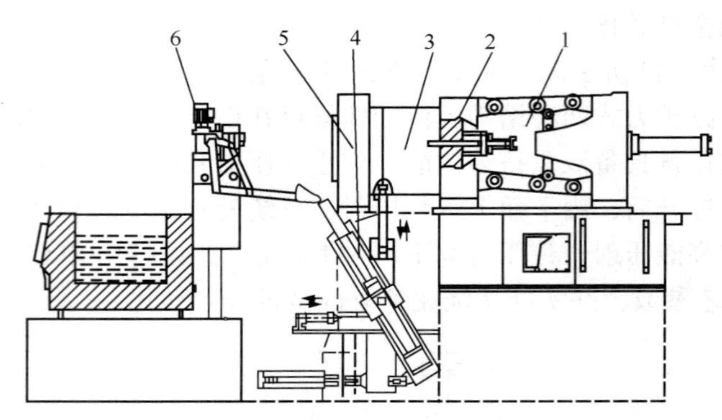

图 1.2−38　SCV−350A 型卧式挤压铸造机结构图

1—合模系统；2—动模板；3—模具；4—压射系统；5—定模板；6—浇注机

表 1−12　挤铸机的选择

项　　目	立式液压机	立式挤铸机	卧式挤铸机
设备功能	1. 上有主液压缸 2. 下有顶出缸，但无变速、增压系统 3. 无专门浇注系统，需开型浇注 4. 无全自动控制系统	1. 上有主合型加压系统 2. 下有立式液压压射系统(可控，可变速，可补压) 3. 有专用浇注系统(如倾斜式，管道输送式等) 4. 从浇注到取件，可全自动操作，参数稳定	1. 上有卧式合模加压系统 2. 下有立式液压压射系统(可控、可变速、可补压) 3. 有专用浇注系统(如倾斜式，管道输送式等) 4. 从浇注到取件，可全自动操作，参数稳定
适于进行的挤注方式	柱塞挤铸、直接挤铸、间接挤铸	柱塞挤铸、直接挤铸、间接挤铸，双重挤铸	直接挤铸、间接挤铸，双重挤铸
适于生产的铸件	水平分型、需中心进料和长宽尺寸相近的实心件、空心件和异形件	水平分型、需中心进料和长宽尺寸相近的实心件、空心件和异形件	垂直分型、需侧面进料的各种异形件
使用性能比较	1. 设备价格便宜 2. 一台机需 2~3 人操作，劳动条件差 3. 生产效率低 4. 工艺由人工控制，产品质量波动大	1. 设备价格较贵 2. 1 人可操作 1~2 台机，劳动条件好 3. 生产效率高 4. 工艺由计算机控制，产品质量稳定	1. 设备价格较贵 2. 1 人可操作 1~2 台机，劳动条件好 3. 生产效率高 4. 工艺由计算机控制，产品质量稳定

1.2.5　熔模铸造设备

熔模铸造又称气化模铸造或实型铸造，泡沫模样的获得有两种方法，模具发泡成形和泡沫板材的加工成形。

采用泡沫塑料模样代替普通模样紧实造型，造好铸型后不取出模样、直接浇入金属液，在高温金属液的作用下，泡沫塑料模样受热气化、燃烧而消失，金属液取代原来泡沫塑料模样占据的空间位置，冷却凝固后即获得所需的铸件。熔模铸造浇注的工艺过程如图 1.2-39 所示。用于熔模铸造的泡沫模样材料包括 EPS(聚苯乙烯)、EPMMA(聚甲基丙烯酸甲酯)和 STMMA(EPS 与 MMA 的共聚物)等。

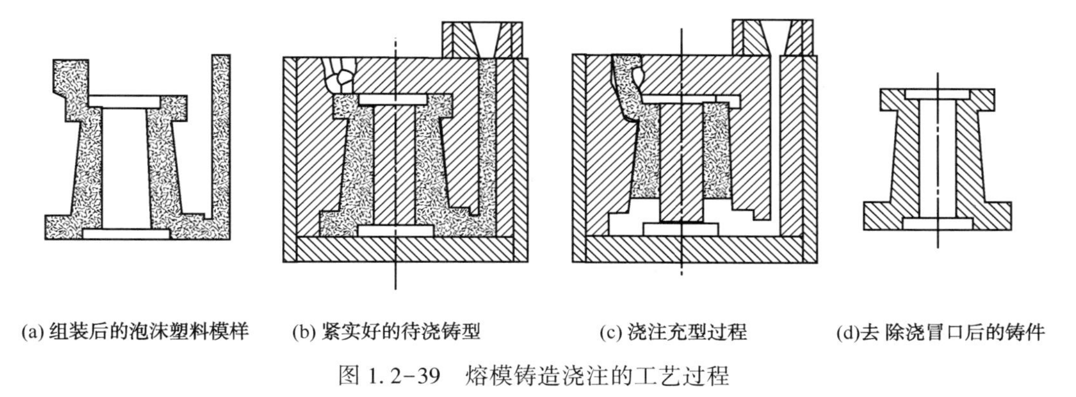

(a) 组装后的泡沫塑料模样　(b) 紧实好的待浇铸型　(c) 浇注充型过程　(d)去 除浇冒口后的铸件

图 1.2-39　熔模铸造浇注的工艺过程

整个熔模铸造工艺过程包括：a. 制造模样；b. 模样组合；c. 喷(浸)涂料及其干燥；d. 填砂及紧实；e. 浇注；f. 取出铸件，如图 1.2-40 所示。

熔模铸造与砂型铸造相比具有如下特点：

① 铸件的尺寸精度高、表面粗糙度低。铸型紧实后不用起模、分型，没有铸造斜度和活块，取消了砂芯，因此，避免了普通砂型铸造时因起模、组芯、合箱等引起的铸件尺寸误差和错箱等缺陷，提高了铸件的尺寸精度；同时，由于泡沫塑料模样的表面光整，粗糙度较低，故熔模铸造的铸件表面粗糙度也较低，铸件的尺寸精度可达 CT5~6 级，表面粗糙度可达 6.3~12.5μm。

② 增大了铸件结构设计的自由度。在砂型铸造进行产品设计时，必须考虑铸件结构的合理性，以利于起模、下芯、合箱等工艺操作，避免因铸件结构而引起铸件缺陷。熔模铸造由于没有分型面，也不存在下芯、起模等问题，许多在普通砂型铸造中难以铸造的铸件结构在熔模铸造中不存在任何困难，增大了铸件结构设计的自由度。

③ 简化了铸件生产工序，提高了劳动生产率，容易实现清洁生产。熔模铸造不用砂芯，省去了芯盒制造、芯砂配制、砂芯制造等工序，提高了劳动生产率；型砂不需要黏结剂，铸件落砂和砂处理系统简便；同时，劳动强度降低、劳动条件改善，容易实现清洁生产。熔模铸造与普通砂型铸造的工艺过程对比，如图 1.2-41 所示。

④ 减少了材料消耗，降低了铸件成本。熔模铸造采用无黏结剂干砂造型，可节省大量型砂黏结剂，旧砂可以全部回用，型砂紧实及旧砂处理设备简单，所需的设备也较少，铸件的生产成本较低。

总之，熔模铸造是一种接近无余量的液态金属精确成形的技术，它被认为是“21 世纪的

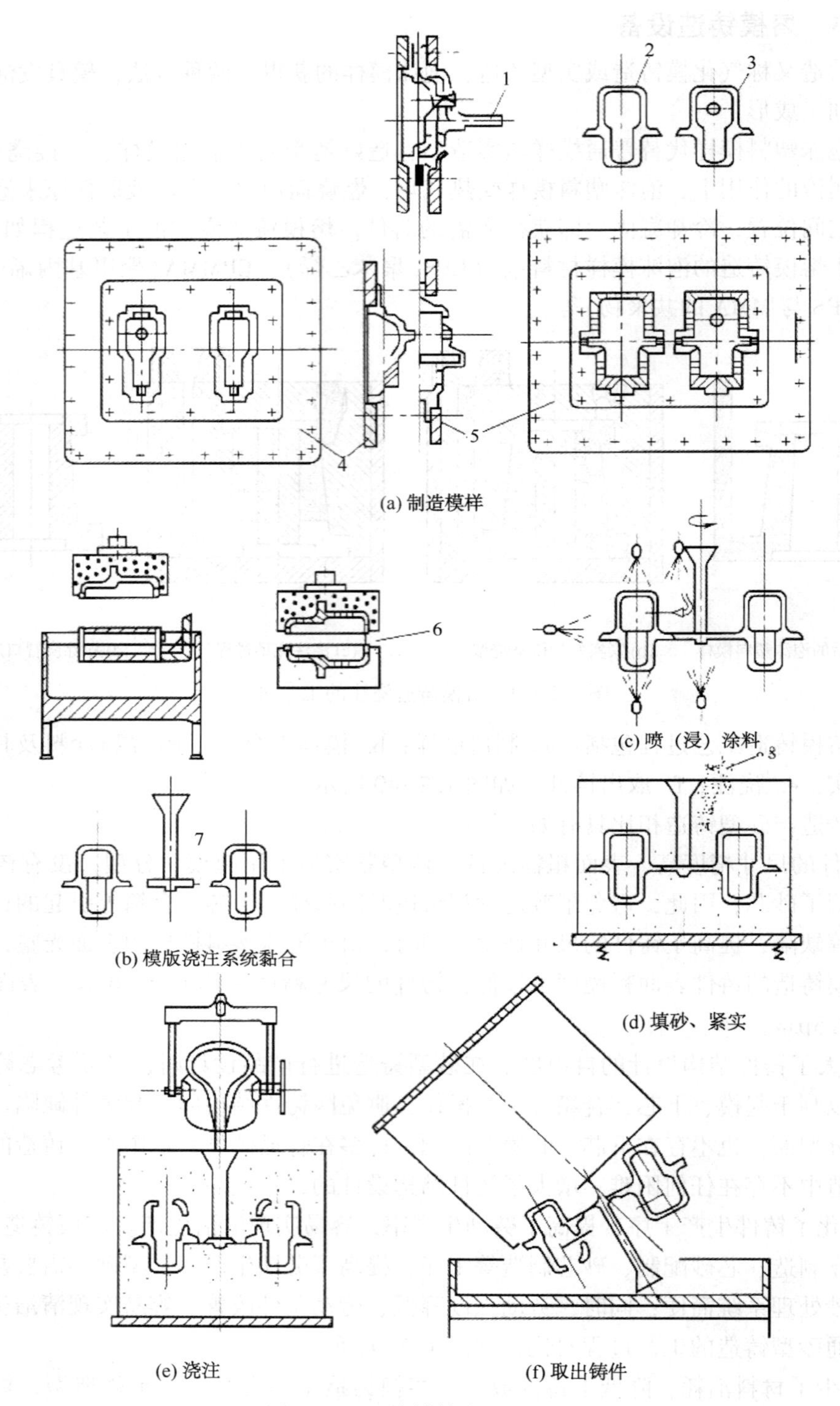

图 1.2-40　熔模铸造工艺过程

1—注射预发泡珠粒；2—左模片；3—右模片；4—凸模；5—凹模；

6—模片与模片黏合；7—模片与浇注系统黏合；8—干砂

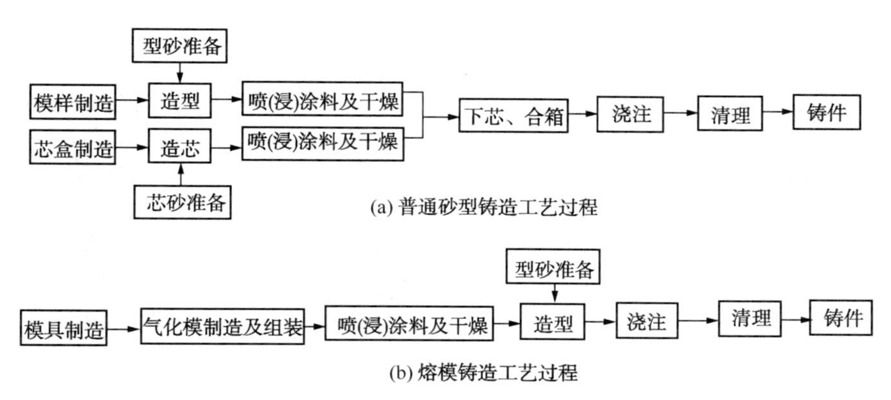

图 1.2-41　熔模铸造与普通砂型铸造工艺过程比较

新型铸造技术”及“铸造中的绿色工程”，目前，它已被广泛用于铸铁、铸钢和铸铝等工业生产。

根据工艺特点，熔模铸造分为三个部分：一是泡沫塑料模样的成形加工及组装，通常称为白区；二是造型、浇注、清理和型砂处理，称为黑区；三是涂料的制备、模样喷(浸)涂料和烘干，称为黄区。因此，熔模精密铸造的装备，包括泡沫塑料模样的成形加工装备、造型装备、型砂处理装备、涂料的制备和烘干装备。其主要设备是白区的泡沫塑料模样的成形设备，黑区的振动紧实设备和雨淋加砂设备、抽真空设备及旧砂冷却设备等。

1. 泡沫塑料模样的成形设备

模样制作的方法有两种：一是发泡成形；二是利用机床加工(泡沫模样板材)成形。前者适合于批量生产，后者适合于单件制造。泡沫塑料模样的模具发泡成形及切削加工成形的过程如图 1.2-42 所示，主要设备有预发泡机和成形发泡机等。

(1) 预发泡机

在成形发泡之前，对原料珠粒进行预发泡和熟化是获得密度低、表面光洁、质量优良模样的必要条件。

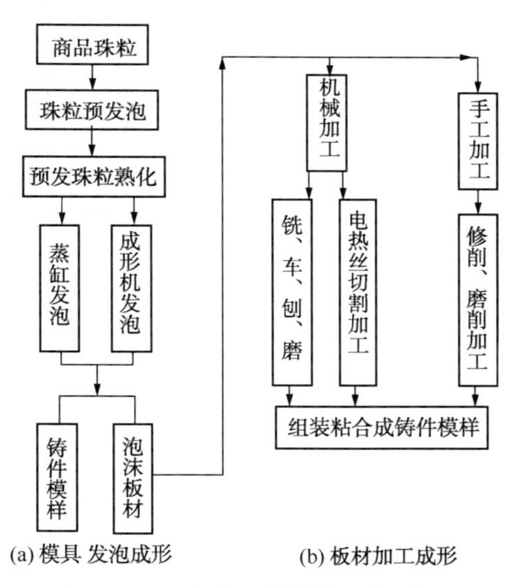

图 1.2-42　泡沫塑料模样的成形方法

图 1.2-43 所示是一种典型的间隙式蒸汽预发泡机的工艺流程，珠粒从上部加入搅拌筒体，高压蒸汽从底部进入，开始预发泡。筒体内的搅拌器不停转动，当预发泡珠粒的高度达到光电管的控制高度时，自动发出信号，停止进汽并卸料，预发泡过程结束。

(2) 成形发泡机

将一次预发泡的单颗分散珠粒填入模具内，再次加热进行二次发泡，这一过程叫做成形发泡。成形发泡的目的在于获得与模具内腔一致的整体模样。

将预发泡后的珠粒，吹入预热后的成形模具中，经通蒸汽加热、发泡成形和喷冷却水出模。成形发泡设备主要有两大类：一类是将发泡模具安装到机器上成形，称为成形机；另一

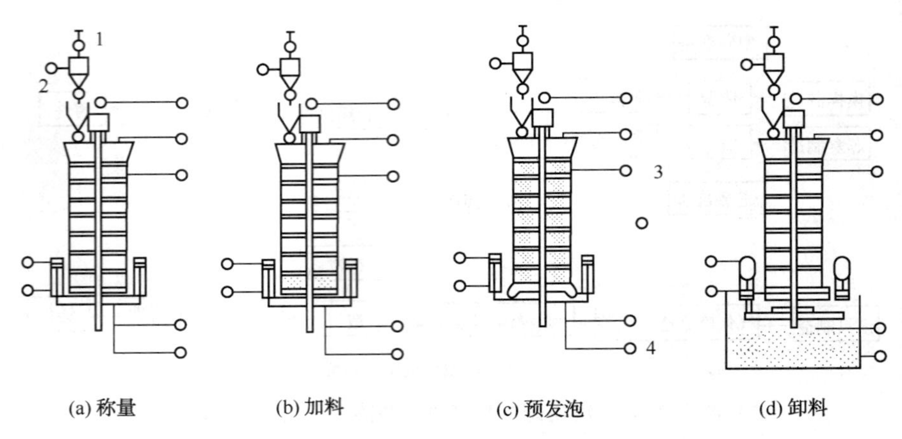

图 1.2-43　间隙式蒸汽预发泡机的工艺流程

1—称量传感器；2—原料珠粒；3—光电管；4—蒸汽

类是将手工拆装的模具放入蒸汽室成形，称为蒸汽箱(或蒸缸)。大量生产多采用成形机成形，成形机的结构如图 1.2-44 所示。

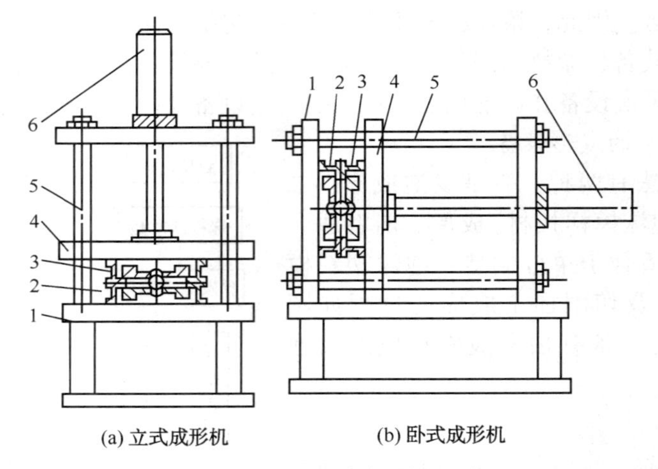

图 1.2-44　成形机结构图

1—固定工作台；2—定模；3—动模；4—移动工作台；5—导管；6—液压缸

模样的粘接、组装、上涂料和烘干等其他工序，均可由机械手或机器人完成。值得注意的是，因泡沫模样的强度很低，机器操作时应避免模样的变形与损坏。

2. 振动紧实装备

(1) 干砂的振动紧实

熔模铸造中干砂的加入、充填和紧实是得到优质铸件的重要工序。砂子的加入速度必须与砂子紧实过程相匹配，如果在紧实开始前将全部砂子都加入，肯定会造成变形。砂子填充速度太快会引起变形，但砂子填充太慢造成紧实过程时间过长，生产速度降低，也可能促使变形。熔模铸造中型砂的紧实一般采用振动紧实的方式，紧实不足会导致浇注时铸型壁塌陷、胀大、黏砂和金属液渗入，而过度紧实振动会使模样变形。振动紧实应在加砂过程中进行，以便使砂子充入模型束内部空腔，并保证砂子达到足够紧实而又不发生变形。

根据振动维数的不同，熔模铸造振动紧实台的振动模式分为：一维振动、二维振动和三维振动 3 种。研究表明：

① 三维振动的充填和紧实效果最好，二维振动在模样放置和振动参数选定合理的情况下也能获得满意的紧实效果，一维振动通常被认为适于紧实结构较简单的模样；

② 在一维振动中，垂直方向振动比水平方向振动效果好；

③ 垂直方向与水平方向两种振动的振幅和频率均不相同或两种振动存在一定相位差时，所产生的振动轨迹有利于干砂的充填和紧实。

(2) 振动紧实台　熔模造型与黏土砂造型的区别在于，熔模采用干砂振动造型机，即振动紧实台。目前，振动紧实台通常采用振动电机作驱动源，结构简单，操作方便，成本低。根据振动电机的数量和安装方式，振动紧实台分为一维紧实台、二维紧实台、三维紧实台和多维紧实台。

振动紧实台的基本组成，包括激振器、隔振弹簧、工作台面、底座和控制系统等，其中，激振器常用双极高转速的振动电机，而隔振弹簧一般采用橡胶空气弹簧，以利于工作台面的自由升降。目前，常用的熔模铸造紧实台有两种：一维振动紧实台和三维振动紧实台。

一维振动紧实台的结构如图 1. 2-45 所示，三维振动紧实台的结构如图 1. 2-46 所示。

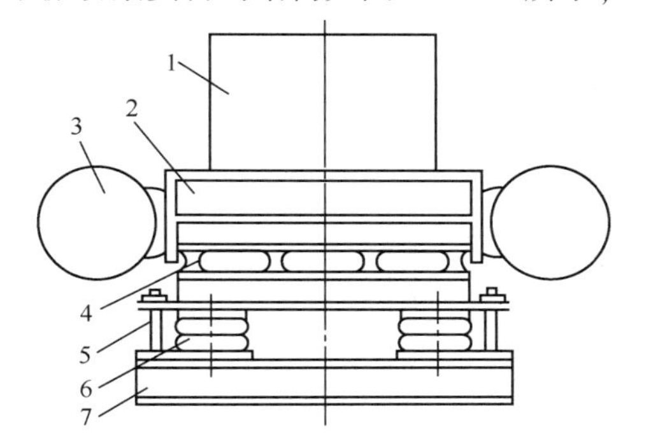

图 1. 2-45　一维振动紧实台结构图

1—砂箱；2—振动台体；3—振动电机；
4—橡胶弹簧；5—高度限位杆；6—弹簧；7—底座

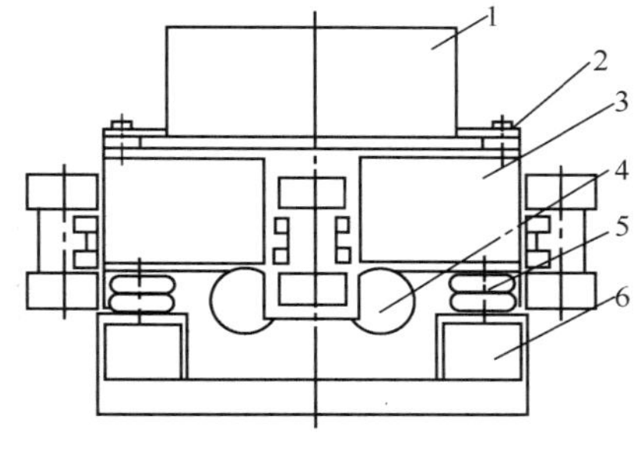

图 1. 2-46　三维振动紧实台结构图

1—砂箱；2—夹紧装置；3—振动台体；
4—振动电机；5—弹簧；6—底座

熔模铸造的其他设备(旧砂冷却除尘系统、输送辊道、浇注设备等)大多与普通铸造装备相同。

3. 雨淋式加砂器

在模样放入砂箱内紧实之前，砂箱的底部要填入一定厚度的型砂作为放置模样的砂床(砂床的厚度一般约为 100mm)，然后放入模样，再边加砂、边振动紧实，直至填满砂箱，紧实完毕。为了避免加砂过程中因砂粒的冲击使模样变形，由砂斗向砂箱内加砂常采用柔性管加砂、雨淋式加砂两种方法。前者是用柔性管与砂斗相接，人工移动柔性管陆续向砂箱内各部位加砂，可人为地控制砂粒的落高，避免损坏模样涂层；后者是砂粒通过砂箱上方的筛网或多管孔雨淋式加入。雨淋式加砂均匀、对模样的冲击较小，是生产中常用的加砂方法。

雨淋式加砂器的结构如图 1. 2-47 所示。它由驱动汽缸、振动电机、多孔闸板和雨淋式加砂管等组成。

4. 真空负压系统

干砂振动紧实后，铸型浇注通常在抽真空的负压下进行。抽真空的目的与作用是：

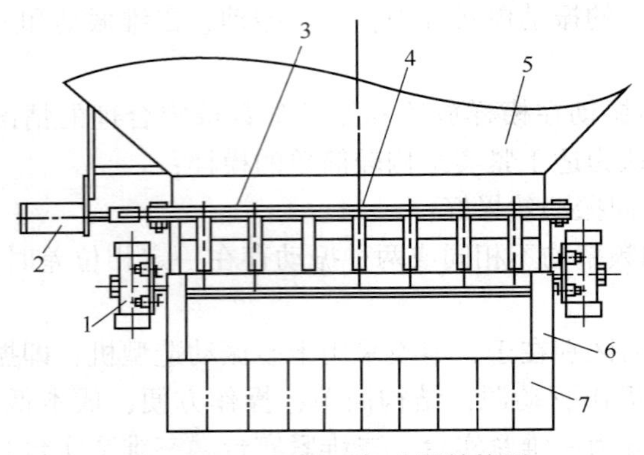

图 1.2-47　雨淋式加砂器结构图

1—气缸；2—振动电机；3—闸板；4—雨淋式加砂管；5—砂斗；6—除尘器；7—橡胶幕

将砂箱内砂粒间的空气抽走，使密封的砂箱内部处于负压状态，因此，砂箱内部与外部产生一定的压差，在此压差的作用下，砂箱内松散流动的干砂粒可变成紧实坚硬的铸型，具有足够高的抵抗液态金属的抗压、抗剪强度。抽真空的另一个作用是，可以强化金属液浇注时泡沫塑料模气化后气体的排出，避免或减少铸件的气孔和夹渣等缺陷。

熔模铸造中的一个完整的真空抽气系统如图 1.2-48 所示，它主要由真空泵、水浴罐、汽水分离器、截止阀、管道系统和贮气罐等组成。

浇注时，为了使砂箱内维持一定的真空度，通常有 3 部分的气体需要被真空泵强行抽走：一是被充分紧实后的铸型，仍有占砂箱总容积 30%左右的空气占据砂粒空隙之间；二是泡沫塑料模型遇高温金属后，迅速气化分解，产生大量的气体；三是浇注时，由直浇口带入砂箱内的气体，以及通过密封塑料薄膜泄漏到砂箱内的气体。因此，真空抽气系统需要有足够的抽气容量。

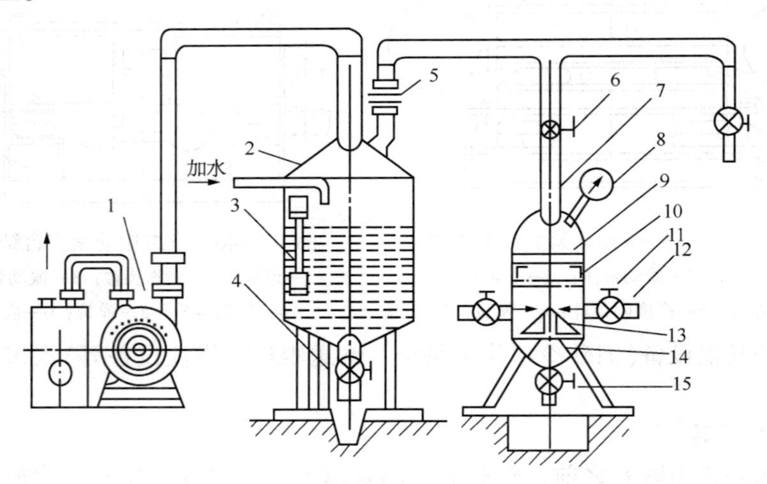

图 1.2-48　熔模铸造中的真空抽气系统

1—真空泵；2—水浴罐；3—液位计；4—排水阀；5—球阀；6—逆流阀；7—管道；8—真空表；9—滤网；10—滤砂与分配罐；11—截止阀；12—进气管；13—挡尘罩；14—支架；15—排尘阀

5. 旧砂冷却设备

熔模铸件落砂后的型砂温度很高，由于是干砂，其冷却速度相对也较慢，对于规模较大的流水生产的熔模铸造车间，型砂的冷却是熔模铸造正常生产的关键之一，型砂的冷却设备是熔模铸造车间砂处理系统的主要设备，砂温过高会使泡沫模样损坏，造成铸件缺陷。

用于熔模铸造旧砂冷却的设备，主要有振动沸腾冷却设备、振动提升冷却设备和砂温调节器等。通常把振动沸腾冷却和振动提升冷却等作为初级冷却，而把砂温调节器作为最终砂温的调定设备，以确保待使用的型砂的温度不高于 50℃。

（1）振动沸腾冷却设备　振动沸腾冷却设备的结构如图 1.2-49 所示。

（2）振动提升冷却设备　振动提升冷却设备的结构如图 1.2-50 所示。

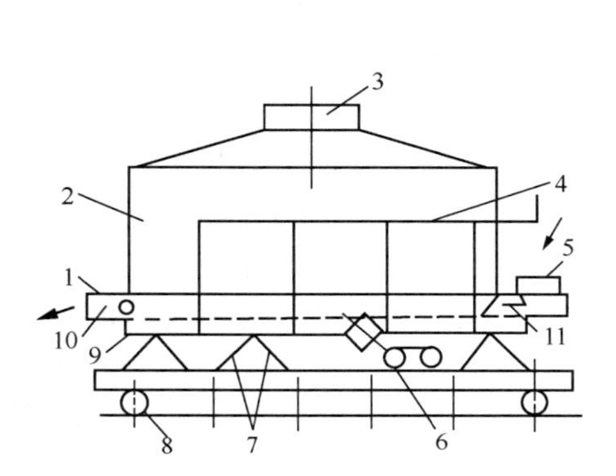

图 1.2-49　振动沸腾冷却设备结构图

1—振动槽；2—沉降室；3—抽风除尘口；4—进风管；5—进砂口；6—激振装置；7—弹簧系统；8—橡胶减振器；9—余砂出口；10—出砂口；11—进砂口

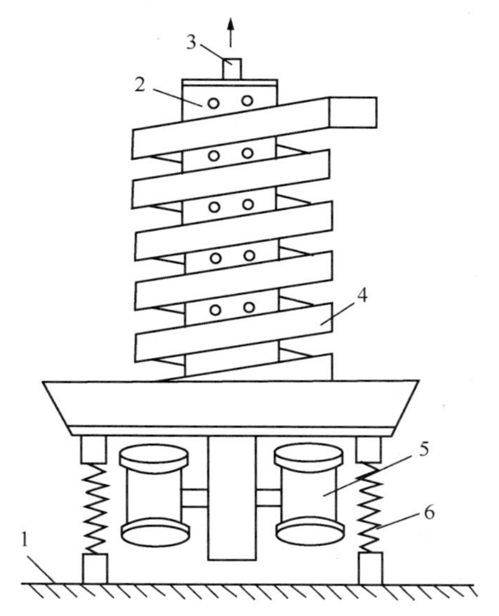

图 1.2-50　振动提升冷却设备结构图

1—机座；2—筒体；3—抽风管；4—螺旋输送槽；5—振动电机；6—隔振弹簧

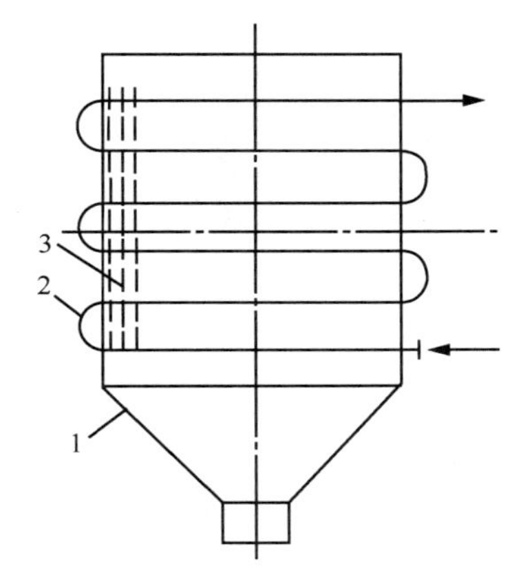

图 1.2-51　砂温调节器结构图

1—壳体；2—调节水管；3—散热片

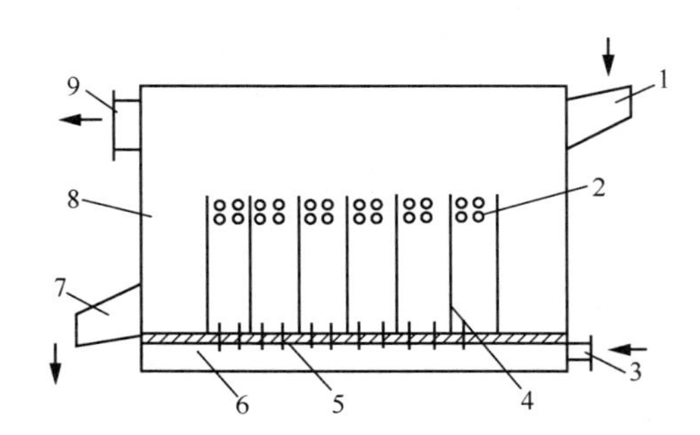

图 1.2-52　卧式水冷沸腾冷却床结构图

1—入料口；2—冷却水管；3—鼓风口；4—隔板；5—气嘴；6—气室；7—出料口；8—壳体；9—抽风口

（3）砂温调节器　砂温调节器的结构如图 1.2-51 所示。

（4）卧式水冷沸腾冷却床　卧式水冷沸腾冷却床的结构如图 1.2-52 所示。

6. 其他熔模铸造设备

浇注后的铸件，经一定时间的自由冷却即翻箱落砂，炽热铸件和散砂在振动输送落砂机或落砂栅格上实现分离，铸件从落砂机（或栅格）前取走，带有涂料和杂质的热砂穿过落砂栅格上的孔进入旧砂处理及回用系统，经过除尘、磁选、筛分和冷却等工序，去除旧砂中的杂质、铁豆、粉尘，并使砂的温度降低到50℃以下，再输送至砂斗内贮放待用。

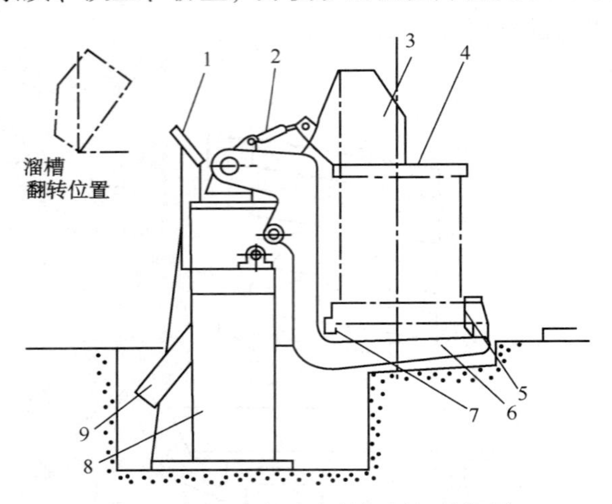

图 1.2-53　底托式翻箱倾倒机结构图

1—挡块；2—小液压缸；3—溜槽；4—砂箱；5—夹紧装置；6—翻转架；7—托辊；8—支座；9—大液压缸

（1）翻箱机　熔模铸造生产流水线上使用的一种底托式翻箱倾倒机，其结构如图 1.2-53 所示。它由翻转架、夹紧装置、液压缸和托辊等组成。落砂时，砂箱进入翻转架上的托辊和夹紧装置的卡口，砂箱被卡紧同时小液压缸驱动溜槽置于砂箱上沿，翻转架连同小液压缸、溜槽在大液压缸的驱动下转动 135°，把砂和铸件倒入振动输送机或振动落砂机上。该形式的翻箱机可使输送辊道与砂箱一同举升翻箱，它适应于辊道输送造型生产线。

（2）落砂机　熔模铸造的特点是采用无黏结剂的干砂造型，由于是干散砂，采用振动输送落砂机完全可以满足“铸件与旧砂分离”的要求。该类设备采用两台振动电机作激振器，结构简单，维修方便，兼有落砂、输送双重功能，目前被广泛采用。双侧激振输送落砂机的结构如图 1.2-54 所示。

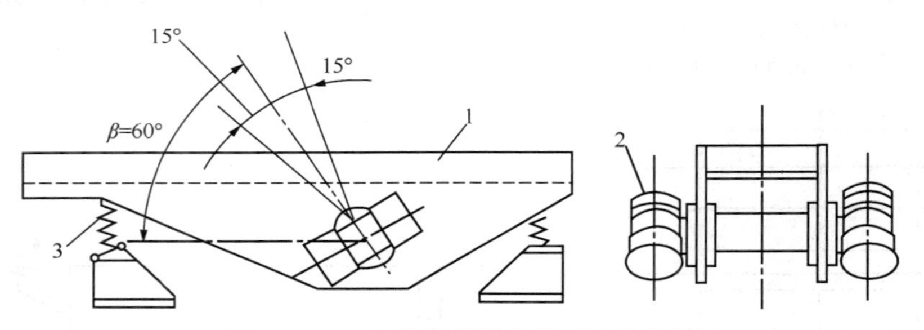

图 1.2-54　双侧激振输送落砂机结构图

1—栅床；2—振动电机；3—隔振弹簧

1.2.6　离心铸造机

离心铸造机主要有水冷金属型离心铸管机、热模法离心铸造机、缸套离心铸造机和轧辊离心铸造机等。

1. 水冷金属型离心铸管机

水冷金属型离心铸管机分为三工位和二工位两种机型。

水冷金属型离心铸管机主要由机座、浇注系统、离心机、拔管机、运管小车、桥架、液压站和控制系统等 8 个部分组成，其结构如图 1.2-55 所示。

（1）离心机主体　水冷金属型离心机主体由旋转装置、上芯装置、机身、冷却系统和电动机固定座等 5 个部分组成，其结构如图 1.2-56 所示。

① 旋转装置是带动管模旋转的机构，它具备三个功能，即支承功能、旋转功能和密封

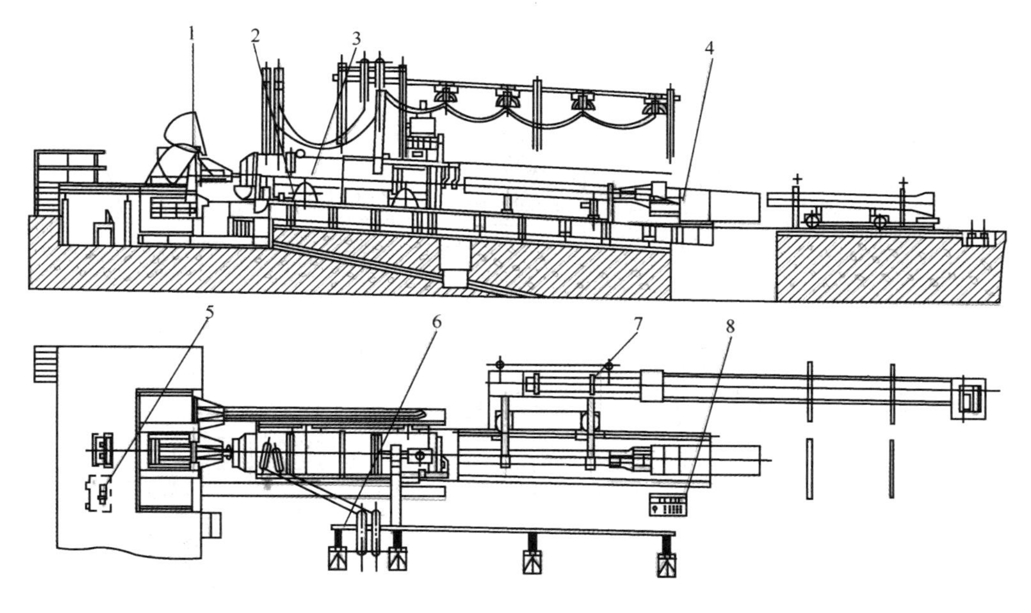

图 1.2-55　水冷离心铸管机结构图

1—浇注系统；2—机座；3—离心机；4—拔管机；5—液压站；6—桥架；7—运管小车；8—控制系统

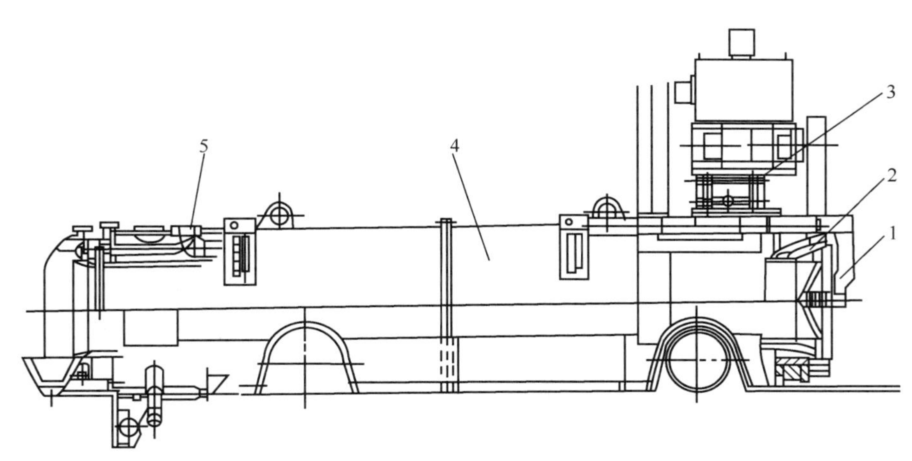

图 1.2-56　离心机主体结构图

1—上芯装置；2—旋转装置；3—电动机固定座；4—机身；5—冷却系统

功能，其结构如图 1.2-57 所示。

② 上芯装置在浇铸前，必须将承口砂芯装入管模的承口处，并通过定位的机械手压紧，上芯装置由转动机构、压紧机构和砂芯支承机构 3 部分组成。

③ 机身即离心机的主体结构，如图 1.2-58 所示。机身由机壳、车轮、电动机固定座、V 形托辊和插口等组成。

(2) 离心机浇注装置　离心机浇注装置主要包括浇注框架、扇形包、落槽和流槽、模粉输送、随流孕育装置和浇铸车横移机构等，其结构如图 1.2-59 所示。

扇形包外形和翻转机构的结构分别如图 1.2-60 和图 1.2-61 所示，它是离心机浇注系

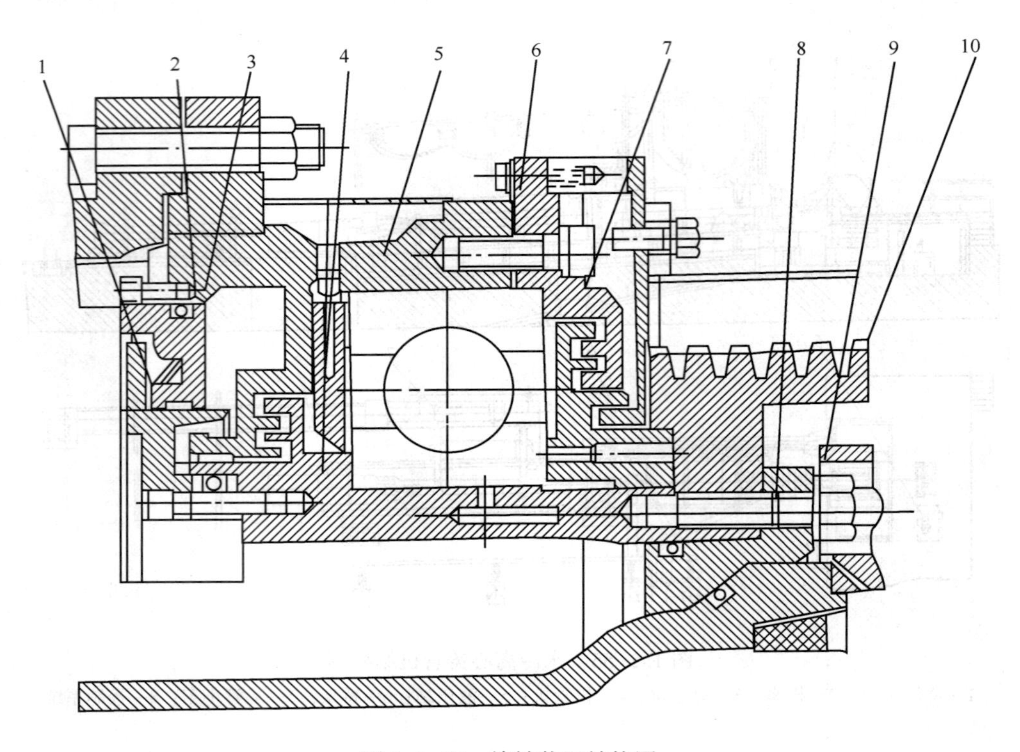

图 1.2-57　旋转装置结构图

1—挡水环；2—迷宫式密封；3—封水环；4—旋转密封盘；5—轴承座；
6—轴承；7—轴承密封板；8—管模对中环；9—管模；10—皮带轮

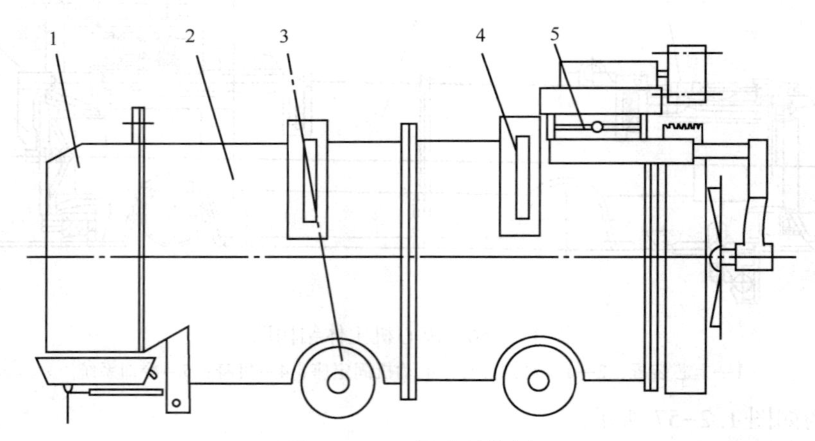

图 1.2-58　机身结构图

1—插口；2—机壳；3—车轮；4—V 形托辊；5—电动机固定座

统的重要组成部分。

落槽和流槽是铁液在浇注过程中的导流装置。中小型离心机上的横移小车装有左右两个流槽，流槽的结构如图 1.2-62 所示。

流槽翻转机构的结构如图 1.2-63 所示。

（3）拔管及运管装置　同一型号的离心机可生产不同规格的铸管，这就要求拔管装置也

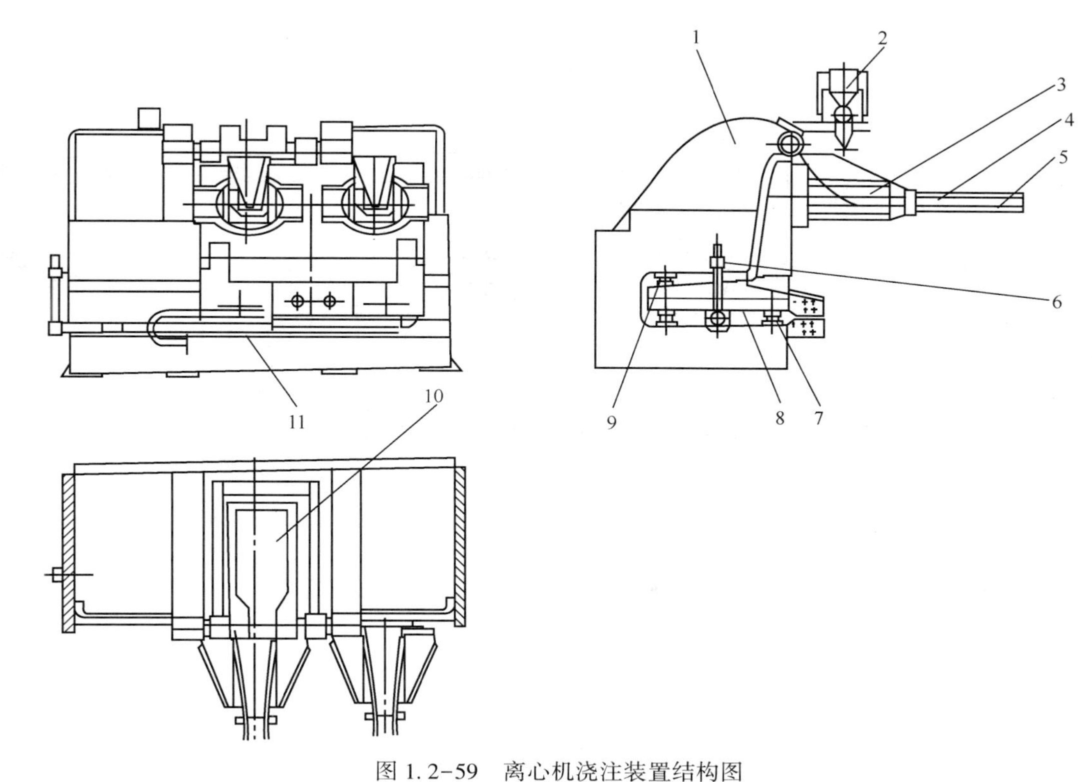

图 1.2-59　离心机浇注装置结构图

1—浇注框架；2—随流孕育装置；3—落槽；4—流槽；5—喷粉管；6—小车位置调整装置；7—山形轨道；8—横移机构；9—平行轨道；10—扇形包；11—小车横移液压缸

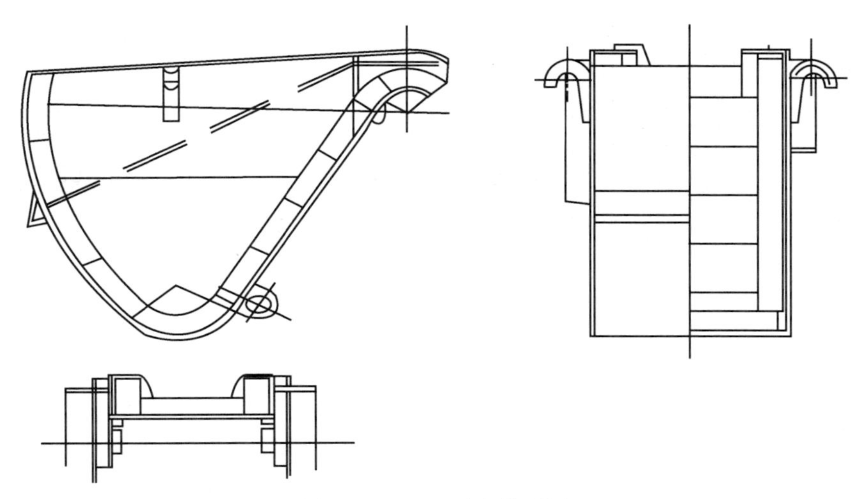

图 1.2-60　扇形包外形图

要有相应的调整功能，离心机越大，生产的铸管越重，所要求的拔管力与铸管之间的摩擦力也越大。

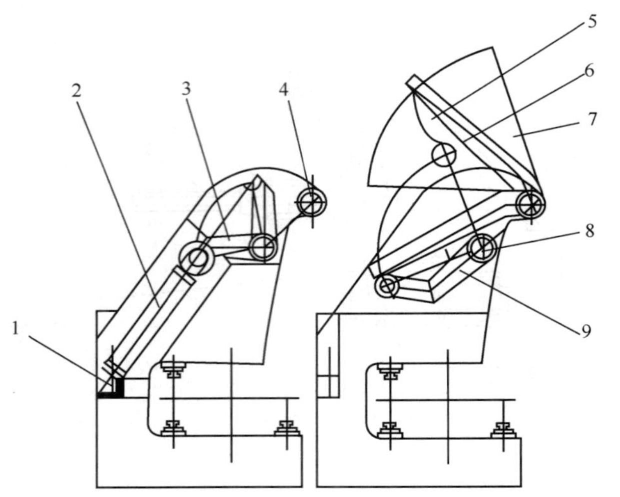

图 1.2-61　扇形包翻转机构结构图

1—液压缸支座；2—液压缸；3—转臂；4—回转轴；
5—调速板；6—扇形包支架；7—扇形包；
8—转臂回转轴；9—托臂

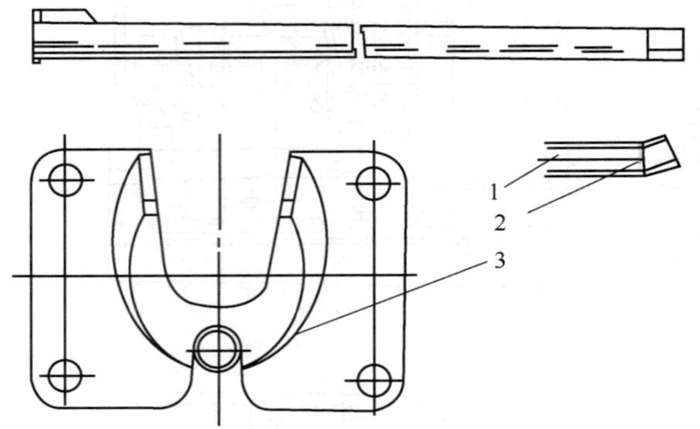

图 1.2-62　流槽结构图

1—流槽中部；2—流槽出口；3—模粉管

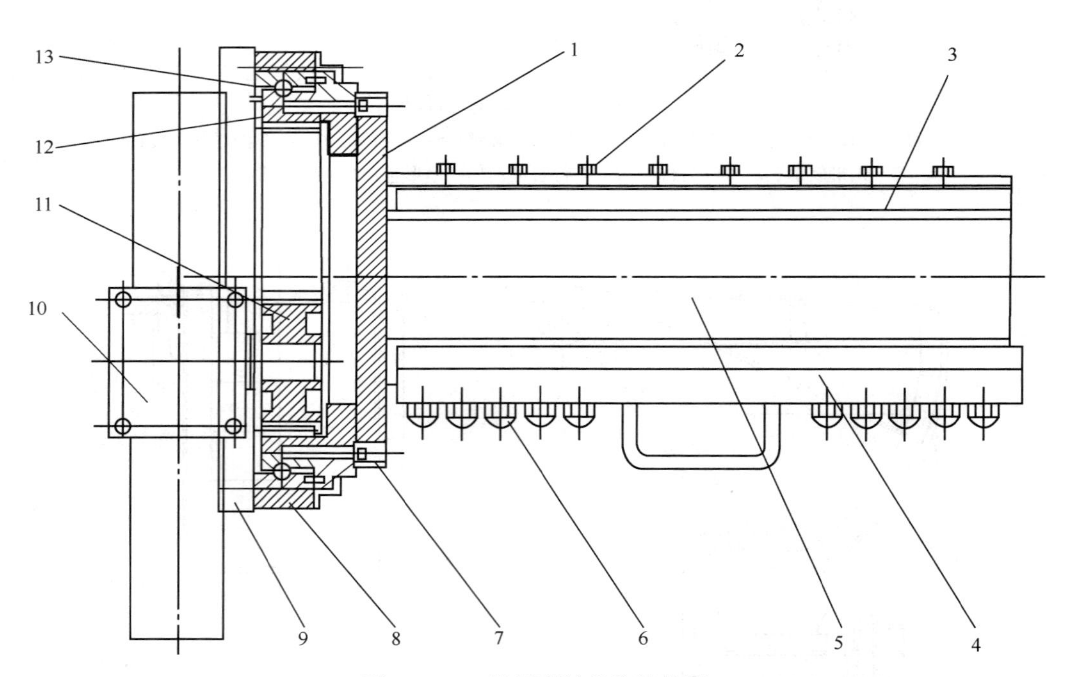

图 1.2-63　流槽翻转机构结构图

1—连接底板；2、6、7—螺钉；3—上斜楔板；4—下斜楔板；5、9—连接板；
8—轴承外圈；10—齿条液压缸；11—小齿轮；12—齿轮内圈；13—轴承

图 1.2-64 所示是水冷离心铸管机上拔管装置的结构图。拔管装置由拔管钳 4、张紧液压缸 3、拔管主液压缸 2 和导向装置 1、离心机 5、主液压缸 6 和机座 7 等组成。离心铸管机的拔管钳结构如图 1.2-65 所示。

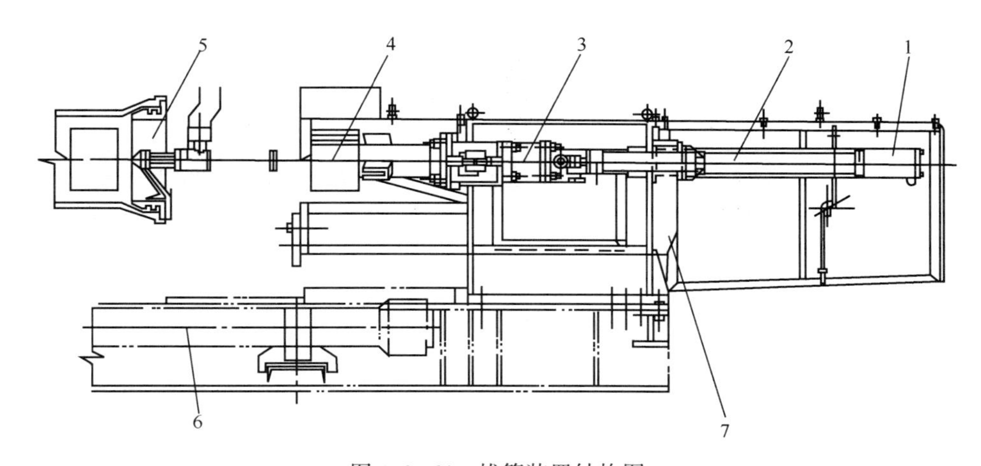

图 1.2-64　拔管装置结构图

1—拔管导向装置；2—拔管主液压缸；3—张紧液压缸；4—拔管钳；5—离心机；6—离心机主液压缸；7—机座

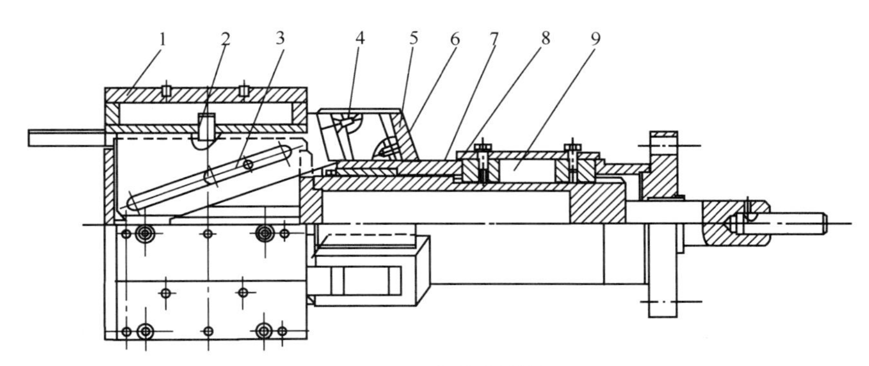

图 1.2-65　拔管钳结构图

1—钳块；2—定位销；3—滑块；4—导向块；5—张开板；6—滑套；7—导向套筒；8—钳芯；9—导向键

2. 离心铸管机

1）单工位热模离心铸管机

卧式热模离心铸管机的铸型不直接与驱动主轴相连，是因为铸型重量大必须用两组托轮来支撑，同时，铸型的旋转也从直接驱动变为电动机带动托轮转动，靠托轮与铸型之间的摩擦力带动铸型转动，即为间接驱动。直径大于或等于 1000mm 大口径球墨铸铁管的生产采用卧式热模离心铸管机，在一台离心主机前后配上浇注、喷敷涂料直至取件等各种辅机，从而组成一台完整的单工位热模离心铸管机。

（1）离心主机　离心主机结构如图 1.2-66 所示，包括金属铸型管模、托轮组、托轮驱动装置和挡轮等。

（2）浇注车与扇形包　大口径离心铸管机由于管模和传动装置结构庞大，应采用浇注车移动。为保证铁液分布均匀，采用长流槽浇铸，浇注车的结构如图 1.2-67 所示。扇形包为铁液定量及浇注设备，浇注翻转机构的结构如图 1.2-68 所示。

（3）拔(推)管机构　从管模中出管的方法有两种：①推管；②拔管。

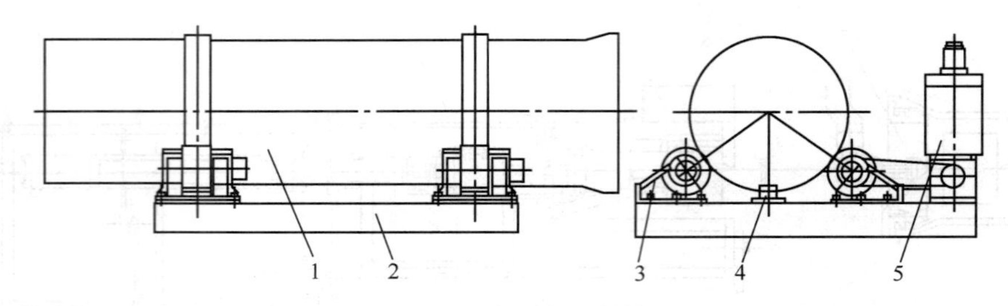

图 1.2-66　离心主机结构图

1—管模；2—底座；3—托轮组；4—挡轮；5—驱动装置

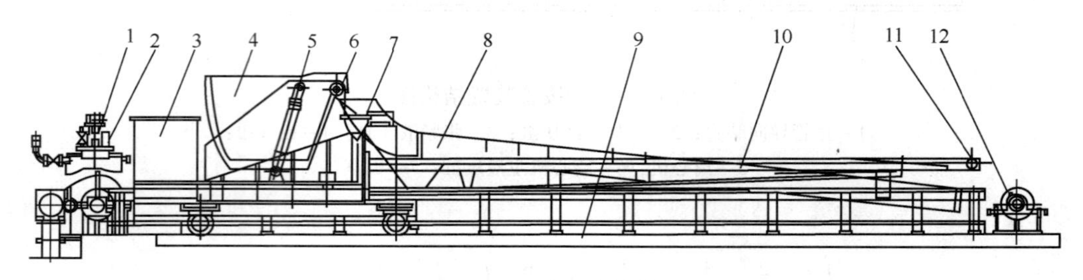

图 1.2-67　浇注车结构图

1—驱动机构；2—涂料系统；3—液压系统；4—扇形包；5—扇形包翻转机构；6—浇注小车；7—落槽；8—流槽；9—轨道；10—支撑架；11—清理刷；12—链条张紧轮

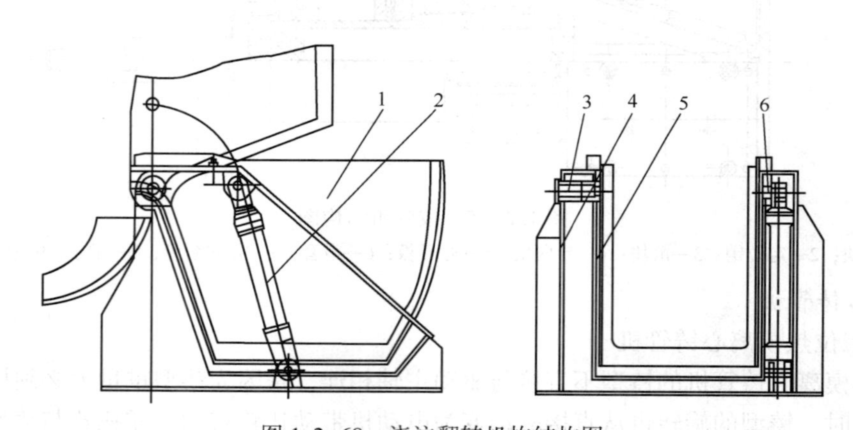

图 1.2-68　浇注翻转机构结构图

1—扇形包；2—举升液压缸；3—浇包转轴；4—浇包底座；5—浇包支架；6—举升转轴

拔管系统由拔管车、拔管钳、摆臂机构、主动托管车、被动托管车、传动机构、张紧机构和伸缩平台等 8 个部分组成，如图 1.2-69 所示。

(4) 旋转吊具　由于刚从离心机管模中拔出的铸管温度仍在 700~800℃，管体的强度不高，容易使大于或等于 *DN* 1000mm 以上的大口径铸管产生变形。因此，需要在铸管的吊运过程中不停地使铸管沿轴向旋转，防止铸管在冷却过程中受本身重力作用发生变形。同时，尽快使铸管离开拔管工位，进入退火炉，提高工作效率，充分利用余热节省能源。旋转吊具由抱管、自锁、起升和行走等 4 部分机构组成，旋转吊具的结构如图 1.2-70 所示。

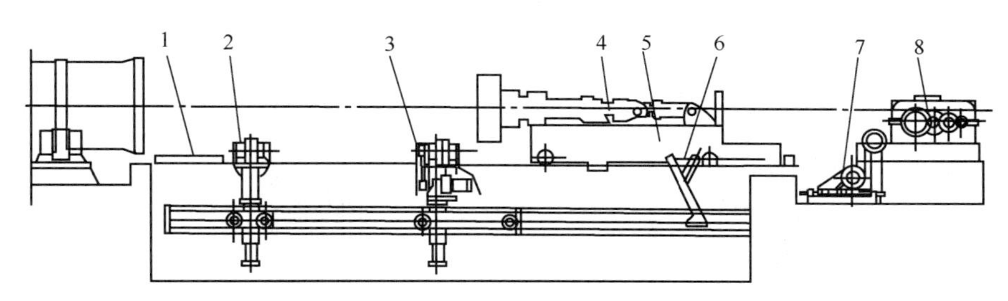

图 1. 2-69　拔管系统的组成

1—伸缩平台；2—被动拖管车；3—主动拖管车；4—拔管钳；5—拔管车；6—摆臂机构；7—张紧机构；8—传动机构

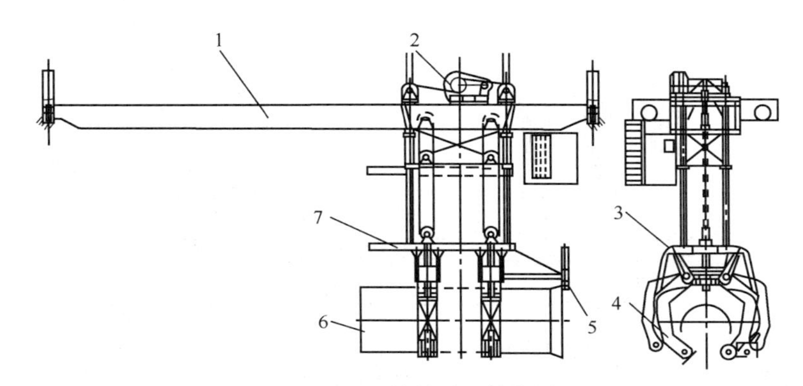

图 1. 2-70　旋转吊具结构图

1—行走机构；2—起升机构；3—自锁机构；4—爪臂；5—定位轮；6—铸管；7—机架

2）多工位热模离心铸管机

用滚筒离心主机为主体的各种离心铸管机，仅用一组滚胎就可以完成铸型准备、浇注、拔管和内壁清理等各项工作，但生产率太低，故仅用于特大口径铸管的生产中。对于中小口径铸管，如小于或等于 *DN* 600mm 的煤气管和输水管，则采用多个滚胎工位，组成多工位热模离心铸管机。

六工位离心铸管机的结构如图 1. 2-71 所示，它分为清理、喷涂、上芯、浇注、冷却和拔管等 6 个工位。

浇注工位的结构如图 1. 2-72 所示。

3. 缸套离心铸造机

目前，世界上约 90%发动机缸套的材质为离心铸造灰铸铁。

（1）卧式悬臂离心铸造机　以中小功率内燃机气缸套为代表的套筒类铸件，都使用卧式悬臂离心铸造机铸造。图 1. 2-73 所示是气缸套生产中常用的半自动离心机的结构组成。

（2）多工位离心铸造机　对于气缸套等批量特别大的铸件生产时，很多企业采用多工位离心铸造机。图 1. 2-74 所示是绕水平轴旋转的 20 工位离心铸造机的结构图。

（3）滚筒式离心铸造机　大型气缸套铸造可采用如图 1. 2-75 所示的滚筒式离心铸造机。

4. 轧辊离心铸造机

生产离心铸造轧辊的离心机从离心旋转轴线看，有卧式、立式和倾斜式三种。这三种工艺的基本差别是，轧辊工作层的轴向厚度差不同，卧式的基本无厚度差，立式的厚度差最大，倾斜式厚度差较小。

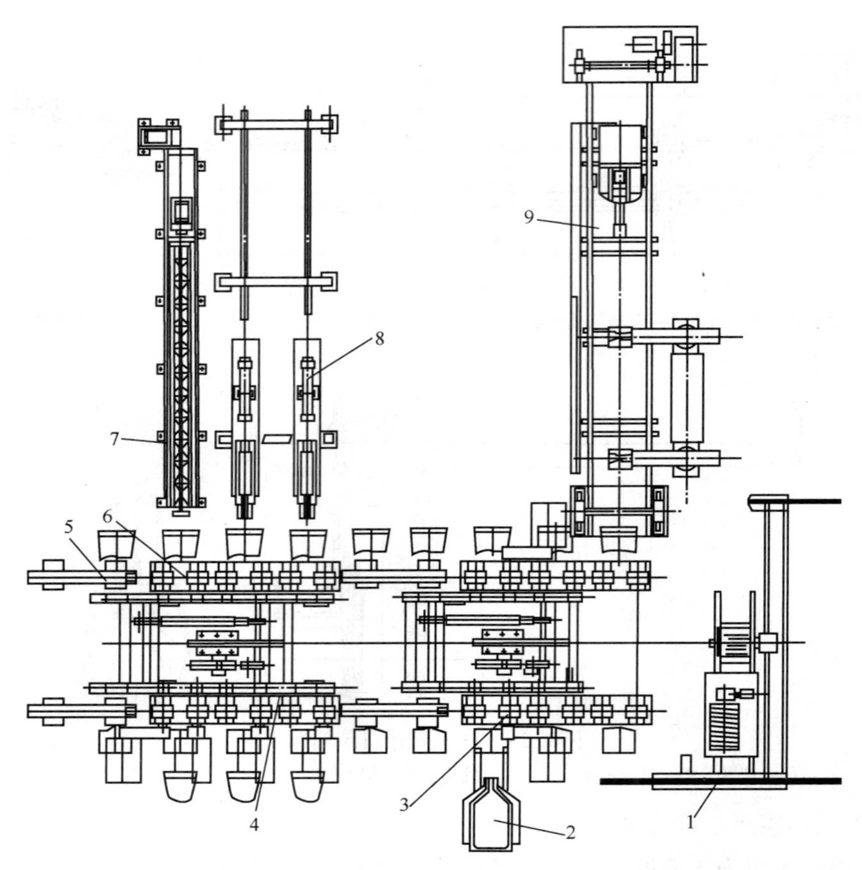

图 1.2-71　六工位离心铸管机结构图

1—专用吊具；2—浇注系统；3、6—拖轮；4—步进机；5—准备工位；7—清理机；8—喷涂机；9—拔管机

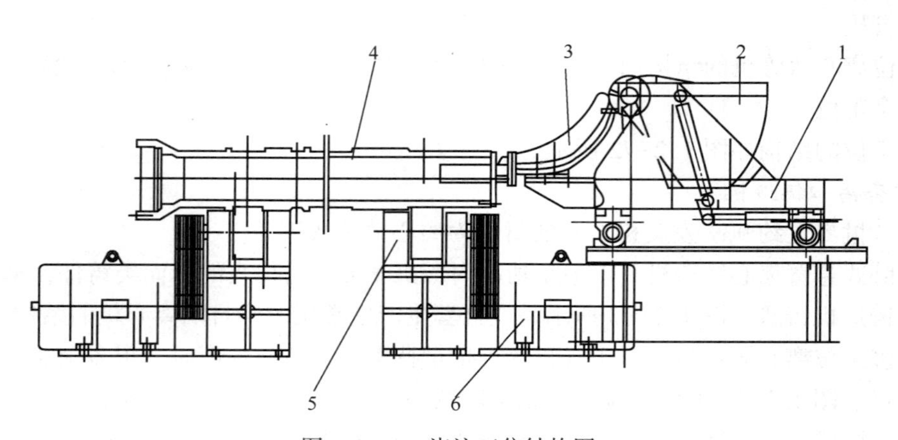

图 1.2-72　浇注工位结构图

1—浇注车；2—扇形包；3—流槽；4—管模；5—拖轮；6—直流电动机

（1）立式轧辊离心铸造机　一般的立式离心机多用于浇注直径大于高度的铸件。而浇注轧辊用的立式离心机是高度大于直径，故可称为高型离心机。图 1.2-76 所示为浇注铸铁轧辊的 LXB100 立式离心铸造机的结构图。

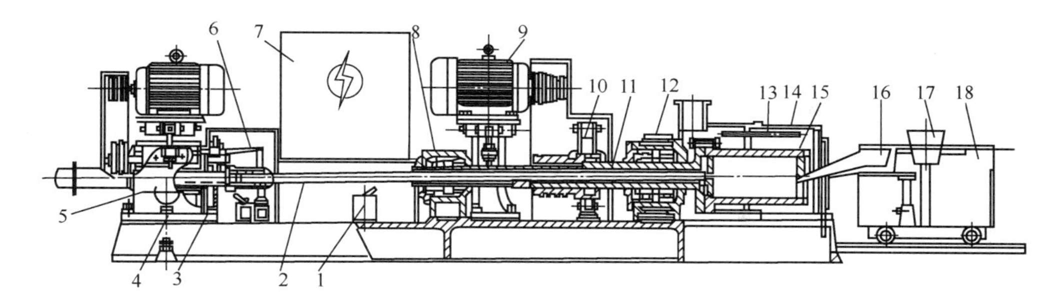

图 1.2-73　半自动卧式悬臂离心铸造机结构图

1—限位开关；2—顶杆；3—机座；4—齿条；5—变速器；6—顶杆制动器；7—电器箱；8—后轴承座；9—电动机；10—主轴制动器；11—主轴；12—前轴承座；13—喷水管；14—防护罩；15—铸型；16—浇注流槽；17—浇包；18—浇注车

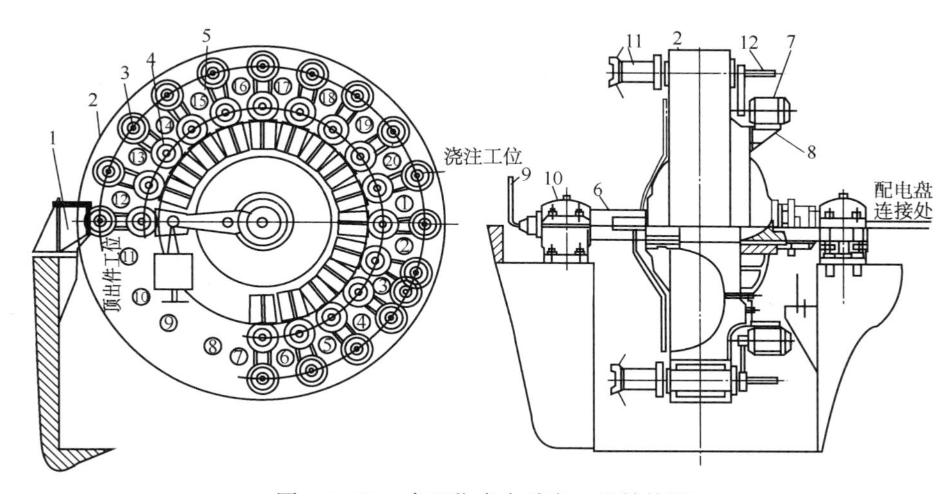

图 1.2-74　多工位半自动离心机结构图

1—制动闸；2—转盘；3—带轮；4—气缸；5—转盘摇臂；6—主轴；7—电动机；8—电动机座；9—冷却管；10—轴承座；11—铸型；12—推杆

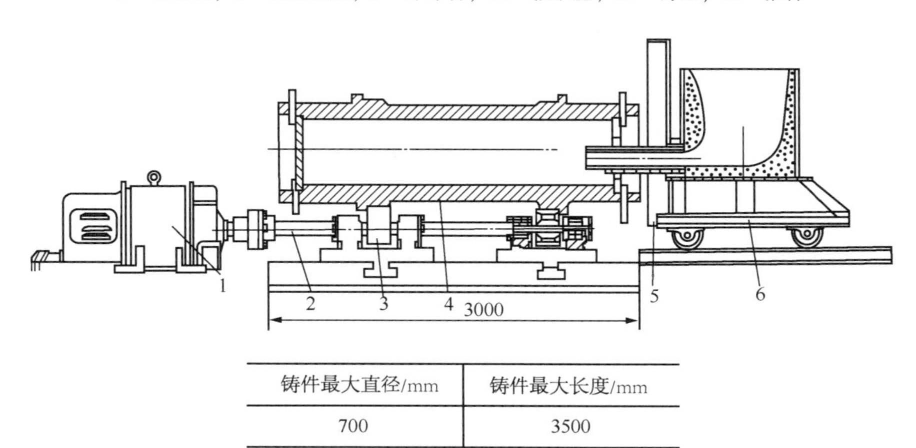

铸件最大直径/mm	铸件最大长度/mm
700	3500

图 1.2-75　滚筒式离心铸造机结构图

1—电动机；2—轴；3—支承轮；4—铸型；5—防护罩；6—浇注小车

（2）卧式轧辊离心铸造机　卧式离心浇注轧辊所用的滚轮式离心机，其特点是铸型直径较大，长度相对较小。由于生产的轧辊规格比较单一，其离心机通常是专用的，托轮轴的纵向和横向距是固定的，这样对设备制造维护较方便。离心机应有较大的变速范围，因为挂涂料时转速要低，而离心浇注时转速要高，所以一般采用无级变速电动机。图 1.2-77 所示为铸铁轧辊卧式离心铸造机的结构图，该机采用压轮，以减少铸型旋转时可能出现的振动。

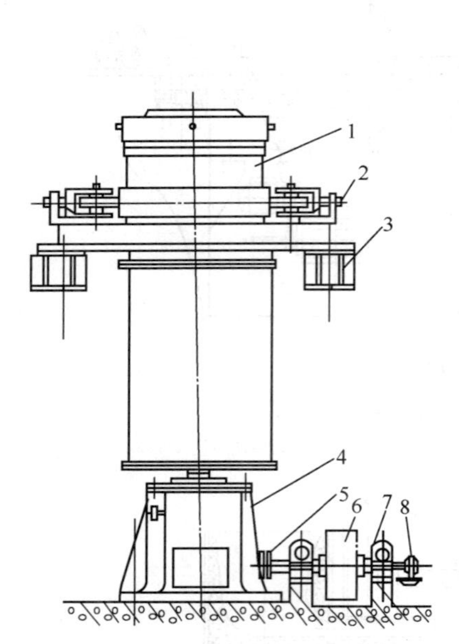

图 1.2-76　立式轧辊离心铸造机结构图

1—型筒；2—支承轮架；3—横梁；4—机座；5—联轴器；6—带轮；7—轴承座；8—光电转速传感器

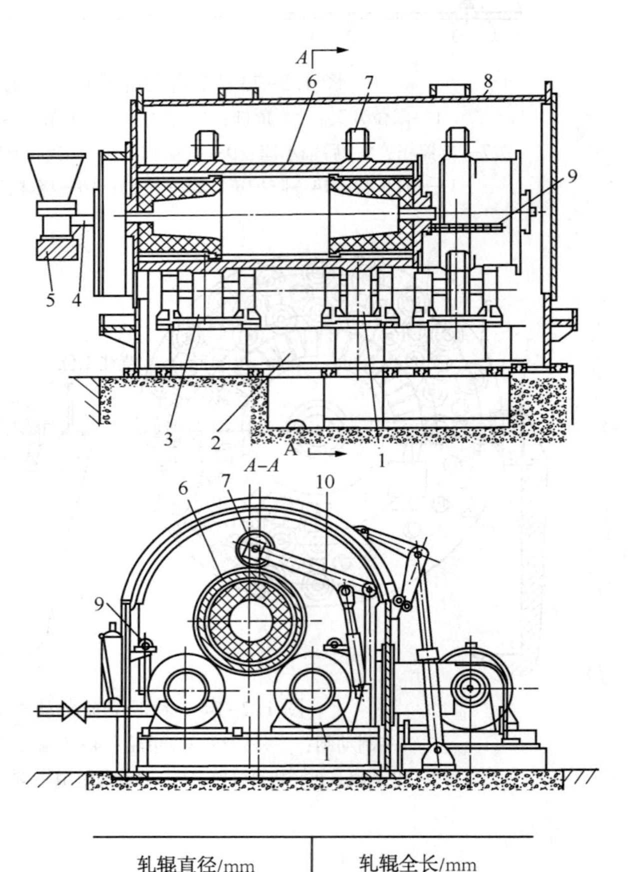

轧辊直径/mm	轧辊全长/mm
200~450	400~2000

图 1.2-77　卧式轧辊离心铸造机结构图

1—支承轮；2—机座；3—主动支承轮；4—浇注口；5—支架；6—铸型；7—压轮；8—机罩；9—冷却水管；10—压轮杆

（3）轧辊倾斜式离心铸造机　图 1.2-78 所示为铸铁轧辊倾斜式离心铸造机的结构图，其倾斜角为 20°~25°。铸铁轧辊在浇注内层铁液时，为防止外层铁液熔入内层之中，可采用多次间断浇注，每浇注一次，把铸型转速降低一级，而后把铸型竖立起来，浇铁液把空心填满。

1.2.7　连续铸管机

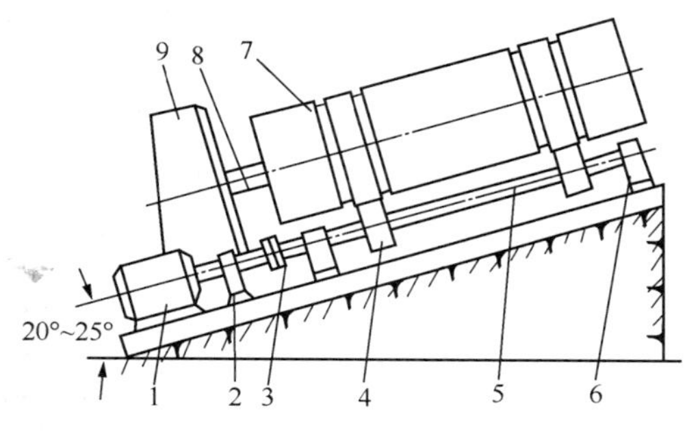

图 1.2-78　轧辊倾斜式离心铸造机结构图

1—电动机；2、6—轴承座；3—联轴器；4—支承轮；5—传动轴；7—铸型；8—弹性隔片；9—止推轴承座

连续铸造是将液体金属连续地注入一种具有冷凝作用的称为结晶器的特制水冷石墨型或金属型中，待铸件形成一定厚度的固态表面后即被按一定的顺序从结晶器的另一端拉出的铸造过程。连续铸造的铸件沿铸件轴线各处截面形状与结晶器中铸型型孔相同，其长度可根据需要而定。如果当铸件达到某种要求时，中断注入液体金属并将铸件移出结晶器，然后再重新开始下一个铸件的生产，这种过程称为半连续铸造。连续铸造与一般砂型铸造方法比较具有如下的优点：冷却迅速，晶粒细化；铸造过程易实现机械化、自动化；生产效率高，劳动强度得到改善。

连续铸管机由机架、升降盘及导向装置、拉管传动设备、结晶器及供排水系统、浇注系统、浇注杯传动装置、结晶器振动装置和抱管机等组成。全钢丝绳拉管连续铸管机的结构如图 1.2-79 所示。

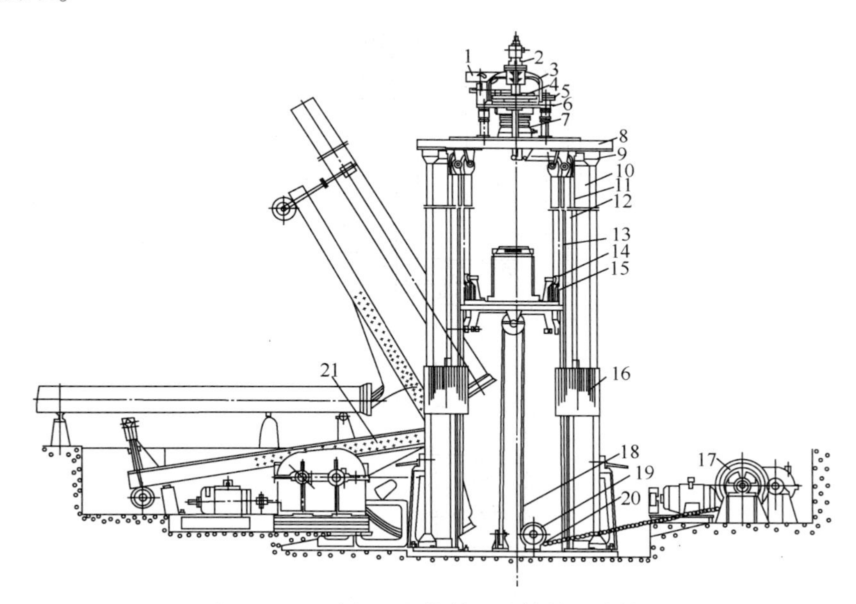

图 1.2-79　全钢丝绳拉管连续铸管机结构图

1—漏斗和流槽；2—内结晶器；3—支架；4—转浇杯；5—转浇杯转动装置；6—外结晶器；7—振动装置；8—上平板；9—上平板绳轮；10—立柱；11—重砣钢绳；12—导轨；13—引管盘座；14—升降盘可调节滚轮；15—升降盘；16—重砣；17—升降盘传动装置；18—钢丝绳；19—下平板绳轮；20—下平板；21—抱管机

连续铸管机有单拉和双拉两种。ϕ400mm 直径以下的管子多采用双拉，产量可提高 1 倍。双拉和单拉铸管机的结构基本相同，只是在振动板上装两套结晶器及转浇杯，在 V 形铁液分流槽上安放一个可拔动的控制漏斗，调节拉管过程中进入两个结晶器内的铁液流量，抱管机的抱头要同时抱下两根管子。除全钢丝绳式连续铸管机外，还有钢丝绳重砣式连续铸

管机和液压连续铸管机等形式。液压连续铸管机的结构如图 1.2−80 所示。

结晶器振动装置的结构如图 1.2−81 所示。

连续铸管机采用浇注车浇注，以提高单机产量。浇注车沿铸管机工作台运行，浇包放在浇注车上的可倾翻的托板上。托板的倾翻机构有液压传动和卷扬钢丝绳传动两种。卷扬钢丝绳传动浇注车如图 1.2−82 所示。

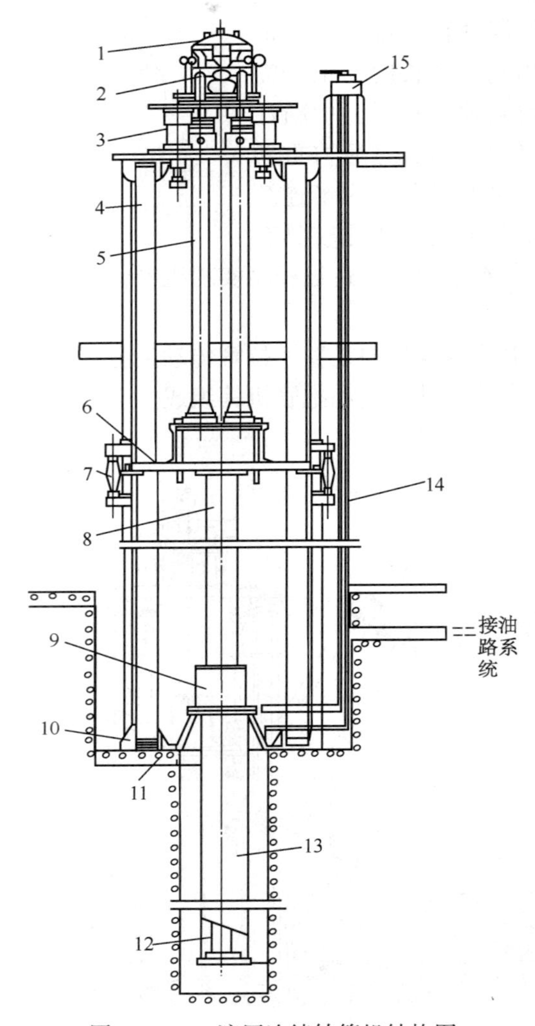

图 1.2−80 液压连续铸管机结构图

1—浇注车；2—浇注系统；3—结晶器；4—导轨；5—铸铁管；6—升降盘；7—导轨滑块；8—活塞杆保护套；9—保护套导座；10—导轨底座；11—液压缸固定座；12—液压缸；13—液压缸固定套；14—油管；15—流量控制阀

连续铸管机拉出的铁管由抱管机抱起放倒，要求抱管速度快、平稳，操作方便，抱力适当，不使管变形。抱管机有专用和共用两种，共用抱管机设置在台车上，几台铸管机共用，又称抱管车。抱管机升降装置的传动形式有齿轮传动、卷扬钢丝绳传动和液压传动等几种，齿轮传动升降抱管机的结构如图 1.2−83 所示，液压传动升降抱管机的结构如图 1.2−84 所示。

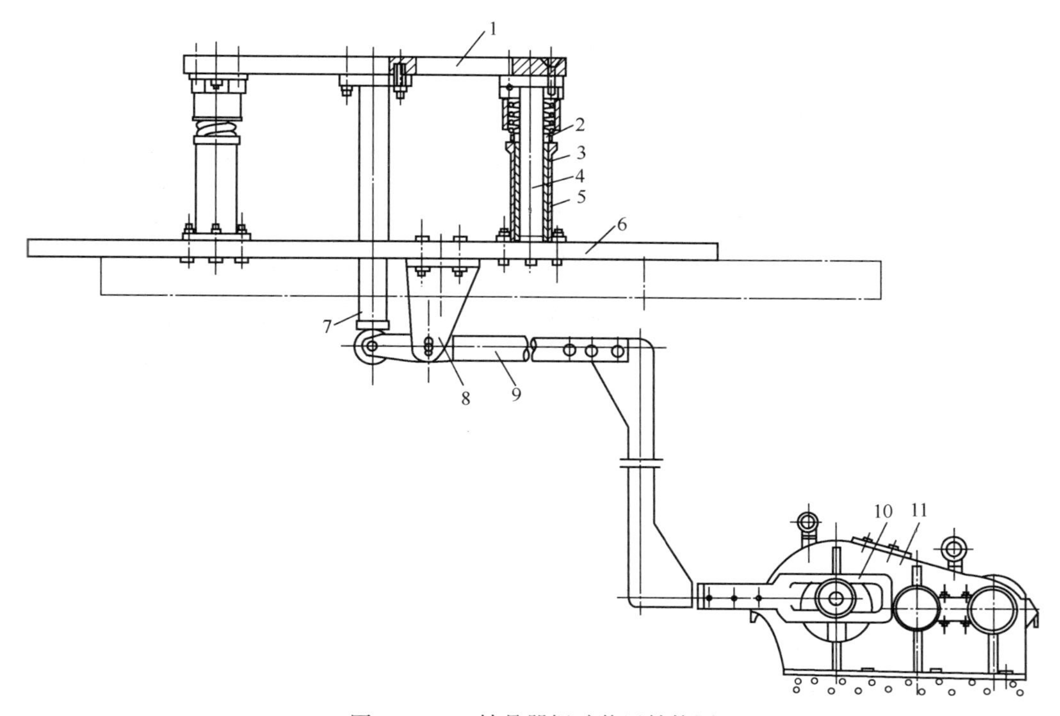

图 1.2-81　结晶器振动装置结构图

1—振动上板；2—弹簧；3—铜套；4—立轴；5—立轴外套；6—振动下板；
7—振动支架；8—支点座；9—杠杆；10—杠杆连杆；11—减速器

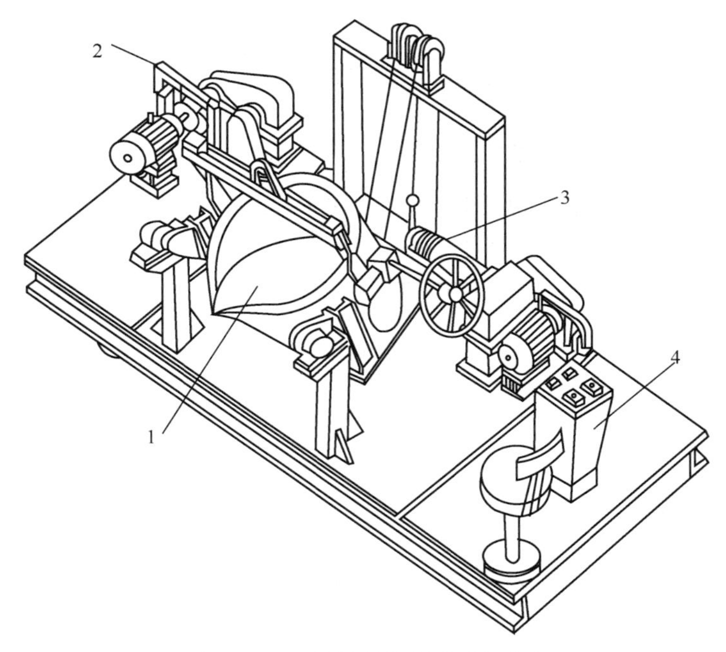

图 1.2-82　卷扬钢丝绳传动浇注车

1—浇包；2—传动机构；3—卷扬机；4—控制柜

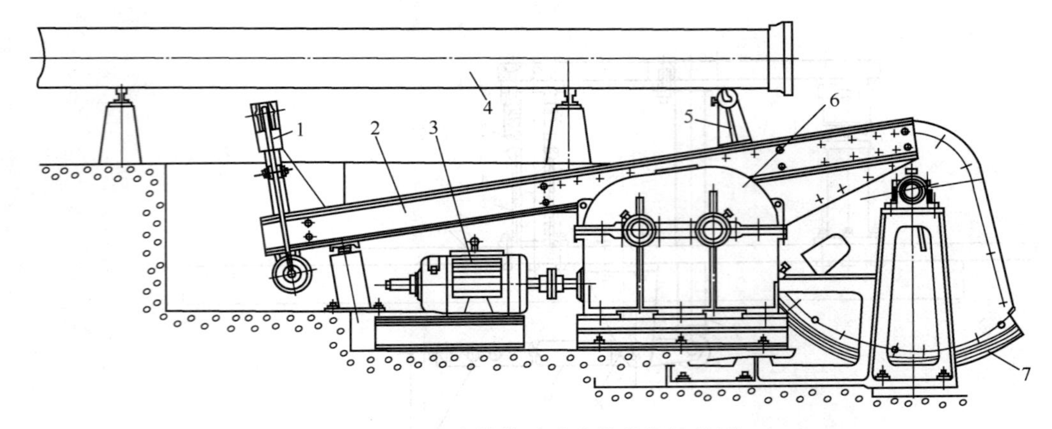

图 1.2-83　齿轮传动升降抱管机结构图

1—抱管机构；2—抱管机架；3—电动机；4—铸铁管；5—托管机构；6—减速器；7—机架传动齿轮

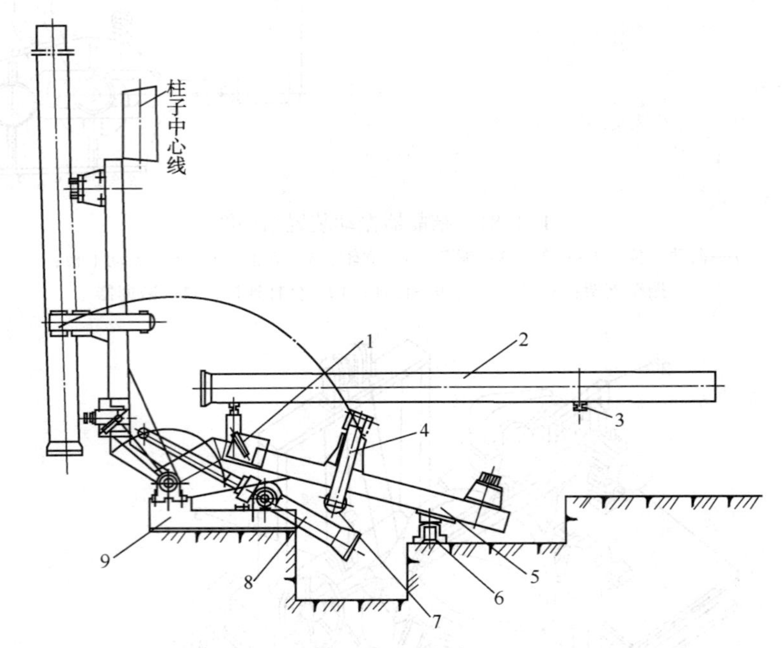

图 1.2-84　液压传动升降抱管机结构图

1—活动管道；2—铸铁管；3—轨道；4—抱管装置；5—抱管机架；6—机架座；7—抱管液压缸；8—升降液压缸；9—抱管机座

复习思考题

1. 压铸机是如何分类的？具体类型有哪几种？
2. 压铸机型号表示法为“J×××”，说明“J”及“×”的含义。
3. 压铸有哪些特点？
4. 简述有背压压射增压机的结构组成。
5. 简述无背压压射增压装置的工作过程。

6. 简述全液压式合模机构的组成。
7. 半固态压铸成形与普通压铸成形相比有哪些优点？
8. 真空压铸有哪些特点？
9. 什么是精速密压铸？它是如何实现压铸的？它有哪些特点？
10. 金属型铸造机是如何分类的？每一类有哪些特点？
11. 简述可倾斜气压传动金属型铸造机的特点。
12. 简述可倾斜液压传动金属型铸造机的结构组成。
13. 简述固定式液压传动金属型铸造机的结构组成。
14. 画图说明压力罐式低压铸造设备的结构。
15. 反重力铸造设备分为哪几类？每一类有哪几种设备？
16. 简述带吸铸室的真空吸铸设备的组成。
17. 挤压铸造机分为哪几种？简述立式/卧式挤压机的结构组成。
18. 熔模铸造与砂型铸造相比有哪些特点？
19. 简述一维振动紧实台的结构和特点。
20. 简述三维振动紧实台的结构和特点。
21. 简述雨淋式加砂器的结构组成和工作过程。
22. 画图说明熔模铸造真空抽气系统的组成。
23. 简述水冷离心铸管机的结构组成。
24. 画图说明拔管装置的结构组成。
25. 缸套离心铸造机有几种类型？简述其中一种类型的结构特点。
26. 生产离心铸造轧辊的离心机有几种类型？简述其中一种类型的结构特点。
27. 什么是连续铸造？它有哪些特点？
28. 简述连续铸管机的结构组成。
29. 简述液压连续铸管机的结构组成。
30. 简述结晶器振动装置的结构及组成。
31. 简述齿轮传动升降抱管机的结构组成。
32. 简述液压传动升降抱管机的结构组成。

第2章　锻压设备

锻压设备主要有液压机、曲柄压力机、螺旋压力机、旋压机和其他锻压设备。

2.1　液压机

液压机是材料成形生产中应用最广的设备之一，液压机在工作中具有广泛的适用性，如板材冲压成形，管、棒、线、型材挤压成形，金属锻造成形，碳极压制成形，粉末冶金、塑料、橡胶制品、胶合板压制与打包，人造金刚石、耐火砖压制，轮轴压装与校直等。

2.1.1　液压机的工作原理

1. 液压机的工作原理

液压机是根据静态下密闭容器中液体压力等值传递的帕斯卡原理制成的，是一种利用液体的压力来传递能量以完成各种成形加工工艺的机器。

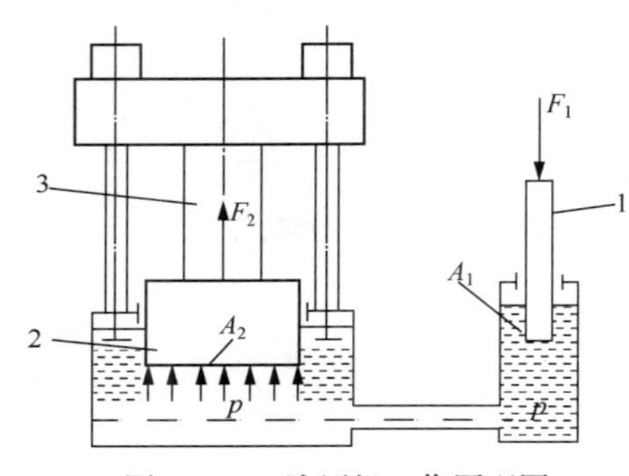

图 2.1-1　液压机工作原理图

1—小柱塞；2—大柱塞；3—毛坯

液压机的工作原理如图 2.1-1 所示。两个充满工作液体的具有柱塞或活塞的容腔由管道连接，小柱塞1相当于泵的柱塞，大柱塞2则相当于液压机的柱塞。小柱塞在外力 F_1 的作用下使容腔内的液体产生压力 $p=F_1/A_1$，A_1为小柱塞的面积，该压力经管道传递到大柱塞的底面上。根据帕斯卡原理，在密闭容器中液体压力在各个方向上处处相等，因此，大柱塞2上将产生向上的作用力 F_2，使毛坯3产生变形，F_2的大小为

$$F_2 = pA_2 = \frac{F_1 A_2}{A_1} \tag{2-1}$$

式中　A_2为大柱塞2的面积。

由于 $A_2 \gg A_1$，则 $F_2 \gg F_1$。也就是说，液压机能利用小柱塞上较小的作用力 F_1在大柱塞上产生很大的力 F_2，由式(2-1)还可看山，液压机能产生的总压力取决于工作柱塞的面积和液体压力的大小。因此，要想获得较大的总压力，只需增大工作柱塞的总面积或提高液体压力即可。

2. 液压机的组成

液压机主要由主机和液压系统两部分组成。主机由上横梁、活动横梁、下横梁、四根立柱所组成，立柱用立柱螺母与上、下横梁紧固地联系在一起，组成一个封闭的框架，该框架叫做机身。工作时，全部的工作载荷都由机身承受。液压机的各部件都安装在机身上，工作缸固定在上横梁的缸孔中，工作缸内装有活塞，活塞的下端与活动横梁相连接，活动横梁通过其四个孔内的导向套导向，沿立柱上下活动。活动横梁的下表面和下横梁的上表面都有“T”形槽，以便安装模具。在下横梁的中间孔内还有顶出缸，供顶出工件或其他用途。在工作时，在工作缸的上腔通入高压液体，在液体压力作用下推动活塞、活动横梁及固定在活动

横梁上的模具向下运动，使工件在上、下模之间成形。回程时，工作缸下腔通入高压液体，推动活塞带着活动横梁向上运动，返回其初始位置。若需顶出工件，则在顶出缸下腔通入高压液体，使顶出活塞上升，将工件顶起，然后向顶出缸上腔通入高压液体，使其回程，这样就完成一个工作循环。

3. 液压系统

液压机的工作循环一般包括：空程向下（充液行程）、工作行程、保压、回程、停止、顶出缸顶出、顶出缸回程等。上述各个行程动作靠液压系统中各种阀的动作来实现。

液压机的液压系统包括各种泵（高、低压泵）、各种容器（油箱、充液罐等）和各种阀及相应的连接管道。最简单的液压系统的结构组成如图 2. 1-2 所示。在该系统中，液压泵将高压液体直接输送到工作缸中，通过 2 个三位四通阀来实现液压机的各种行程动作。

液压机的工作介质主要有两种，采用乳化液的叫水压机，采用油的叫油压机，二者统称为液压机。

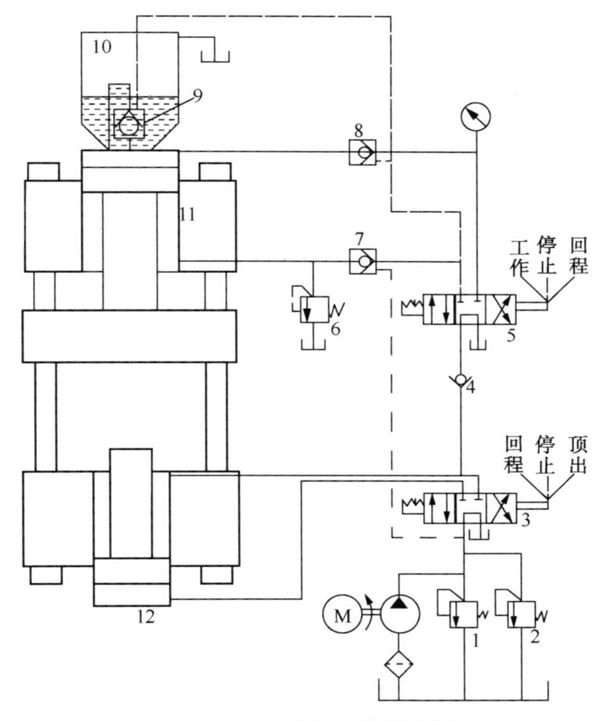

图 2. 1-2　液压系统结构图

1、2、6—溢流阀；3、5—换向阀；4—单向阀；7、8—液控单向阀；9—充液阀；10—充液缸；11—工作缸；12—顶出缸

4. 液压机的分类

液压机归类于锻压机械，锻压机械共分为 8 类，类别代号用汉语字母表示，液压机的类别代号为大写“Y”。按用途不同，液压机又可分为 10 个组别：

（1）手动液压机　小型，用于压制、压装等一般工艺。

（2）锻造液压机　用于自由锻造、钢锭开坯以及有色与黑色金属模锻。

（3）冲压液压机　用于各种薄、厚板材冲压。

(4) 一般用途液压机　各种万能式通用液压机。

(5) 校正压装液压机　用于零件校形及装配。

(6) 层压液压机　用于胶合板、刨花板、纤维板和绝缘材料板的压制。

(7) 挤压液压机　用于挤压各种有色金属及黑色金属的线材、管材、棒材及型材。

(8) 压制液压机　用于各种粉末制品的压制成形，如粉末冶金、人造金刚石压制，耐火砖和碳极等的压制成形。

(9) 打包、压块液压机　用于将金属切屑及废料压块及打包。

(10) 其他液压机　包括轮轴压装、电缆包覆、冲孔拔伸、模具研配等各种其他用途的液压机。

液压机型号表示方法如下：

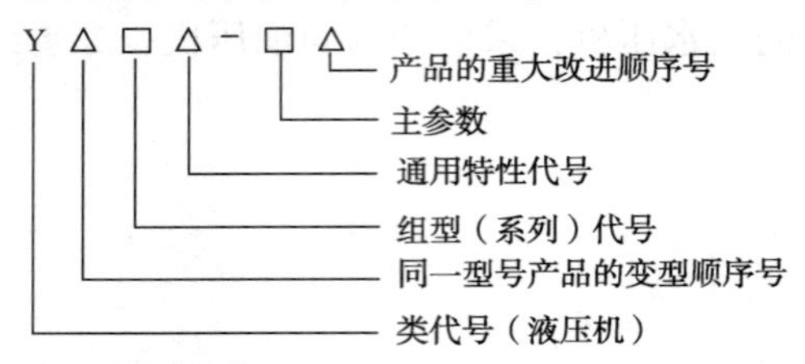

通用特性代号见表 2-1。

表 2-1　通用特性代号

通用特性	自动	半自动	数控	液压	缠绕结构	高速	精密	长行程或长杆	冷挤压	温热挤压
字母代号	Z	B	K	Y	R	G	M	C	L	W

例如，YA32-315 型号的含义是：

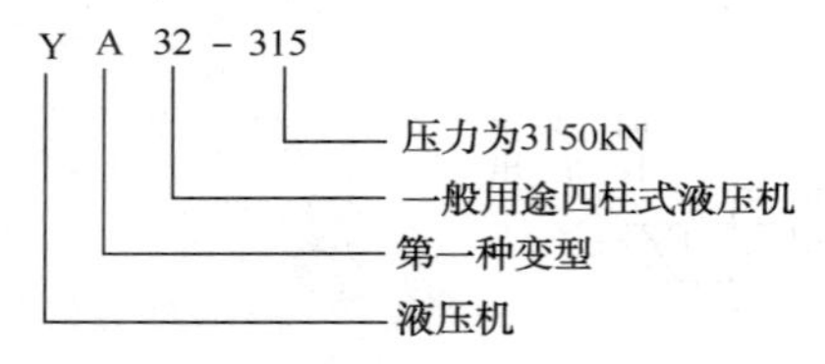

5. 液压机的特点

根据液压机的工作原理，液压机具有如下特点：

① 易于得到较大的总压力及较大的工作空间，这是液压机最突出的优点。基于液压传动的原理，液压机的执行元件结构简单，且动力设备可以分别布置，可以多缸工作，液体压力及活塞(或柱塞)工作面积可以在较大范围内变动。又由于液压机是静压设备，无需很大的地基，因此可以做到很大的吨位。在各类成形设备中，凡需较大压制吨位的多采用液压机，十万千牛级以上的几乎都是液压机。

② 易于得到较大的工作行程，便于压制大尺寸工件，并可在行程的任何位置上产生额定的最大压力，可以进行长时间保压，液压机的这一特性对于一些加工工艺是十分必要的。例如深拉、挤压、塑料成形、超硬材料合成等。

③ 工作平稳，冲击和振动很小，噪声小，这对工人健康、厂房地基、周围环境及设备本身都具有很大好处。

④ 调压、调速方便。液压机利用工作液体的压力传递能量，可以利用调节各种压力控

制阀的方法进行调压和限压，并可以可靠地防止过载，有利于保护模具和设备。活动横梁运动速度的调节范围很大，可以适应不同的工艺过程对工作速度的不同要求。

⑤ 本体结构比较简单，操作方便，制造容易。标准化、系列化、通用化程度较高。

但与其他锻压设备相比，液压机存在如下缺点：液压机在快速性方面不如机械压力机，机械效率不够高；不太适合冲裁、剪切等切断类工艺；液压机的调整、维修比机械压力机困难；另外，由于采用液体作为传动介质，易产生泄漏。

2.1.2　液压机的结构

液压机的主机(本体)和液压系统是液压机的两大组成部分。

主机结构由机架、液压缸、运动部件及其导向装置等组成。

由于液压机的广泛适用性，利用液压机进行加工生产的工艺是多种多样的，因此，液压机的本体结构形式也是多种多样的。从机架形式看，有立式与卧式。从机架组成方式看，有立柱式、单臂式和框架式，立柱式又分为四柱、双柱、三柱和多柱式等。从工作缸的数量看，有单缸、双缸和多缸等。

(1) 梁柱组合式　这是液压机传统的结构形式，广泛应用于各种用途的液压机中，最常见的是三梁四柱式。

(2) 单臂式　这种结构多用于冲压液压机或小型液压机，图 2.1-3 所示是单臂式液压

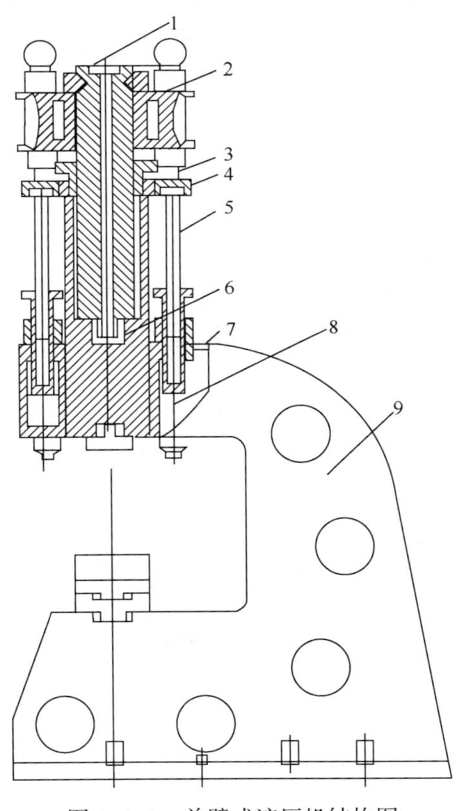

图 2.1-3　单臂式液压机结构图

1—工作柱塞；2—横梁；3—拉杆；4—小横梁；5—回程柱塞；
6—工作缸；7—回程缸；8—导向装置；9—机架

机的结构图。

（3）双柱下拉式　双柱下拉式液压机的稳定性好，在快速锻造时往往被采用，主要适用于中小型锻造。

（4）框架式　框架式结构是液压机本体结构中常用的另一种结构形式，可分为组合框架式和整体框架式两大类，广泛应用于塑料制品、粉末冶金、薄板冲压和挤压液压机中。

图 2. 1-4 所示为框架式液压机的结构图。

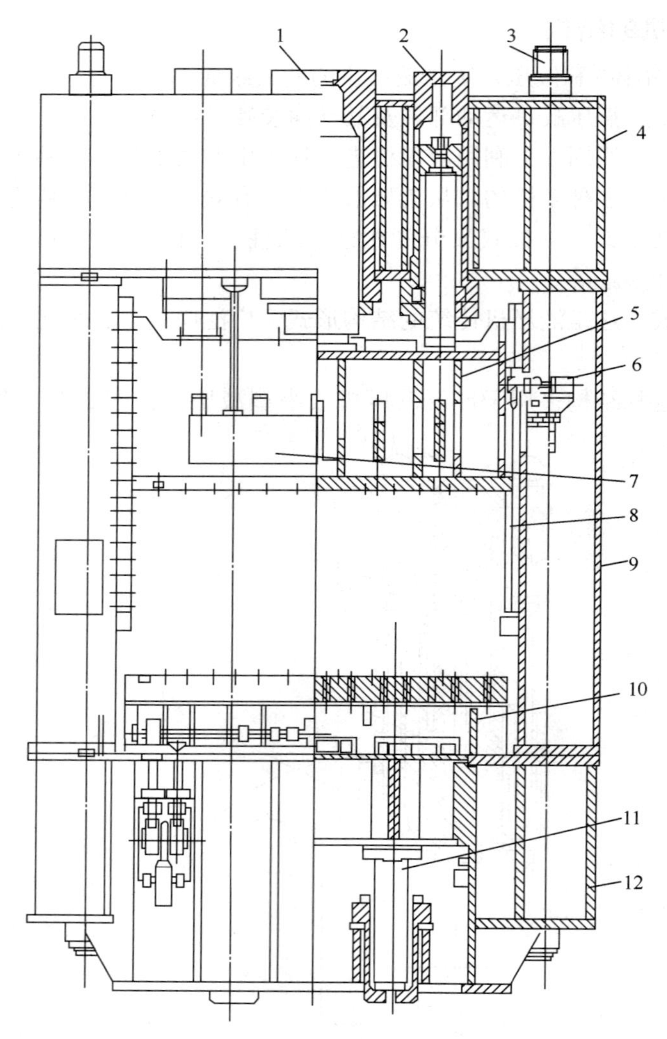

图 2. 1-4　框架式液压机结构图

1—主缸；2—侧缸；3—拉紧螺栓；4—上横梁；5—活动横梁；6—活动横梁保险装置；7—液压打料装置；8—导轨；9—立柱；10—活动工作台；11—顶出装置；12—下横梁

1. 机架

梁柱组合式机架是最常见的机架形式，它由四根立柱通过内外螺母将上、下横梁紧固地连接在一起，组成一个刚性的空间框架，承受液压机的全部工作载荷。下面仅介绍梁柱组合式机架的关键部件：立柱和横梁。

1）立柱

在梁柱式结构中，立柱是机架的重要支撑件和主要受力件，又是活动横梁运动的导向件，因此，对立柱有较高的强度、刚度和精度要求。

整个机架的刚度，在很大程度上取决于立柱与上、下横梁的连接形式，连接形式可分为三类：双螺母式、锥台式和锥套式，如图 2. 1-5 所示。

立柱的预紧方式主要有加热预紧、液压预紧和超压预紧。

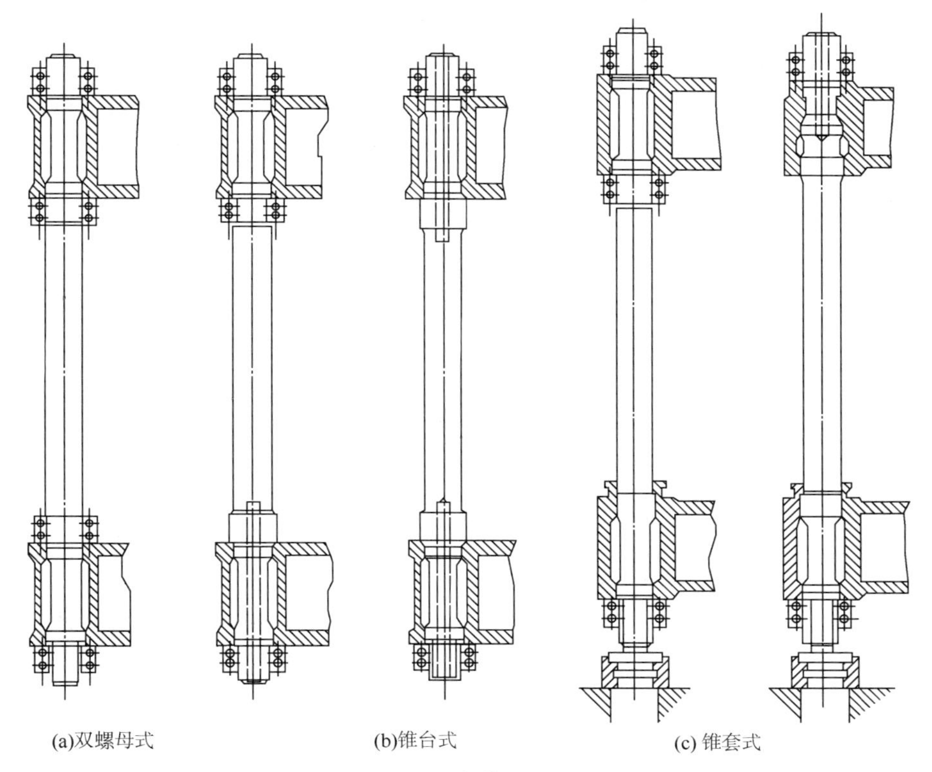

(a)双螺母式　(b)锥台式　(c) 锥套式

图 2. 1-5　立柱与横梁的连接形式

活动横梁和立柱配合处装有导套，是液压机运动部分的导向装置，导套的结构和间隙是否合理直接影响立柱和整个机架的受力情况。

导套的结构主要有圆柱面和球面两种，如图 2. 1-6 所示。

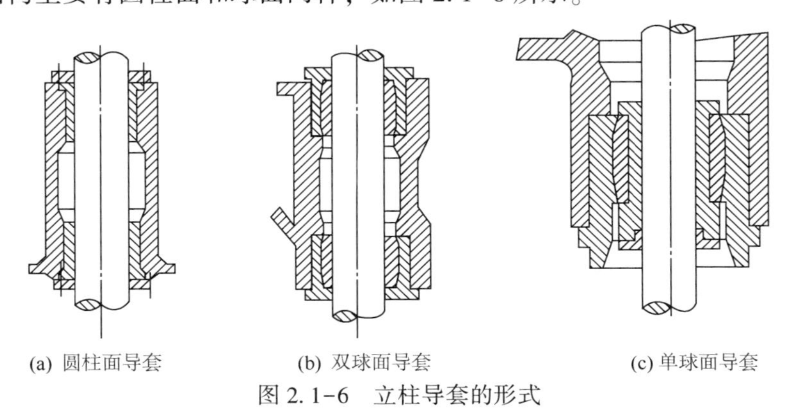

(a) 圆柱面导套　(b) 双球面导套　(c) 单球面导套

图 2. 1-6　立柱导套的形式

图2.1-6(a)所示为圆柱面导套，在活动横梁与立柱的接触处，装有上、下两个导套，它们由两瓣组成，为了拆装方便，两瓣导套的剖分面最好有3°~5°的斜度，两端装有防尘用的毡圈。

球面导套有双球面和单球面两种，如图2.1-6(b)和图2.1-6(c)所示。当活动横梁与柱塞均为球铰连接时，采用双球面导套；而当中间柱塞与活动横梁为刚性连接时，采用单球面导套。

2）横梁

横梁包括上横梁、活动横梁和下横梁。横梁是液压机的重要部件，其外形尺寸很大，为了节约金属和减轻质量，一般做成空心箱形结构，中间加设肋板，在安装各种缸、柱塞和立柱的地方做成圆筒形，承载大的地方肋板较密，以提高刚度，降低局部应力，这样可以使横梁质量较轻，又有足够的强度和均匀的刚度，肋板一般按方格形或辐射形布置。

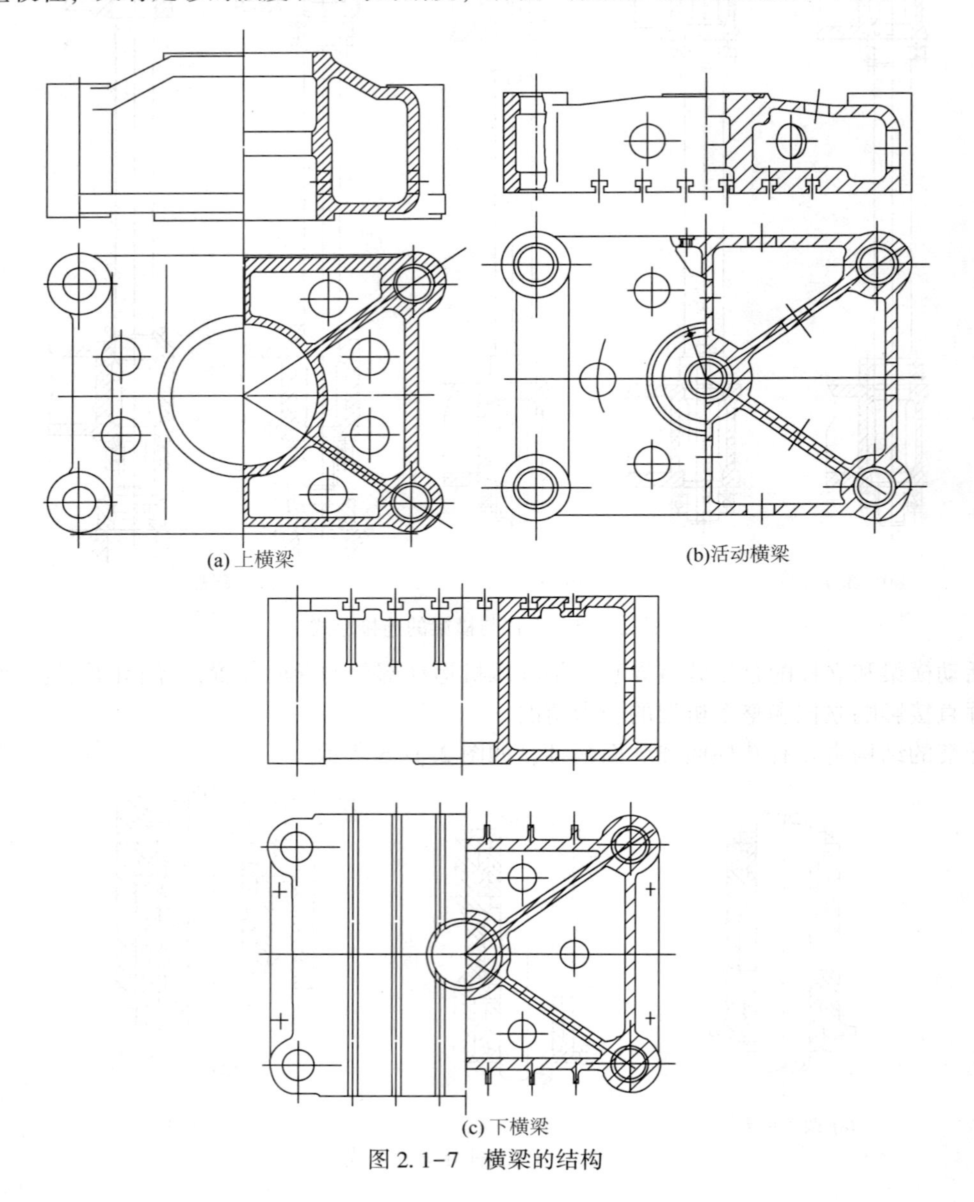

图2.1-7　横梁的结构

横梁结构如图 2. 1-7 所示。上横梁安装工作缸的圆孔一般做成阶梯孔，下孔直径比上孔大 10~20mm，以便于安装。

活动横梁的上部与柱塞(或活塞杆)连接，下部是安装模具的平面，四个角上开有安装导套的立柱孔，立柱从孔中穿过起导向作用。为使柱塞(或活塞杆)的支撑部位有足够的承压能力，柱塞孔多做成圆筒形。活动横梁的下表面开有“T”形槽，模具安装在活动横梁的下表面上。冲压液压机的活动横梁下表面还常开有打料孔，以供安装打料装置。

液压机的下横梁也称底座，它通过支座支撑于基础之上，其上表面开有安装模具用的“T”形槽。有的液压机还设计有顶出孔，其中装有顶出装置。使用时在上表面还装有工作台板，以承受模具的压力，保护工作台表面。

2. 液压缸

液压缸的作用是将液体的压力能转换为机械功。高压液体进入缸体后，作用于柱塞(或活塞)上，经过活动横梁将力传递到工件上，使工件成形。液压缸是液压机主要部件之一，液压缸结构分为柱塞式、活塞式和差动柱塞式三种形式。

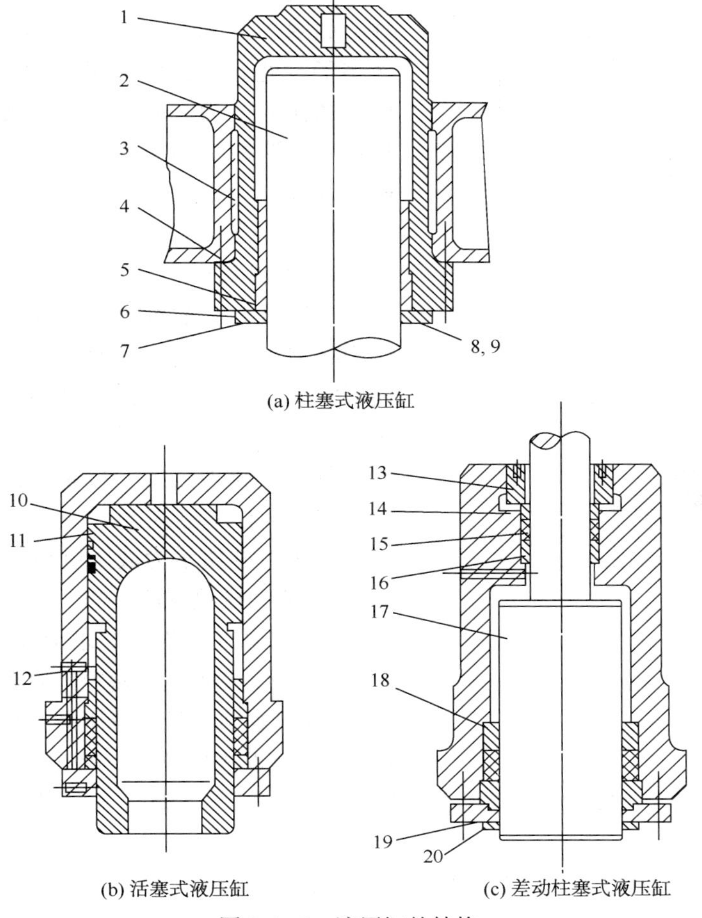

图 2. 1-8　液压缸的结构

1—缸体；2—柱塞；3、16、18—导套；4、15—密封；5、14—压套；6—法兰；7、19—防尘圈；8、9—螺栓和螺母；10—活塞；11—活塞环；12—堵头；13—压盖；17—双头柱塞；20—盖

(1) 柱塞式液压缸　柱塞式液压缸的结构如图 2.1-8(a)所示，这是一种单方向作用液压缸，当高压液体从进油口进入缸体后，在液体压力作用下，推动柱塞向外运动，带动活动横梁及模具工作，此时柱塞 2 在导套 3 内运动，导套起导向作用。4 为密封，用以保持液体压力，防止高压液体的泄漏。密封下有压套 5、法兰 6 及螺栓螺母 8、9 等组成的压盖，它们主要起支撑密封的作用。在压盖的口部还有一道防尘圈 7，防止灰尘进入缸内。

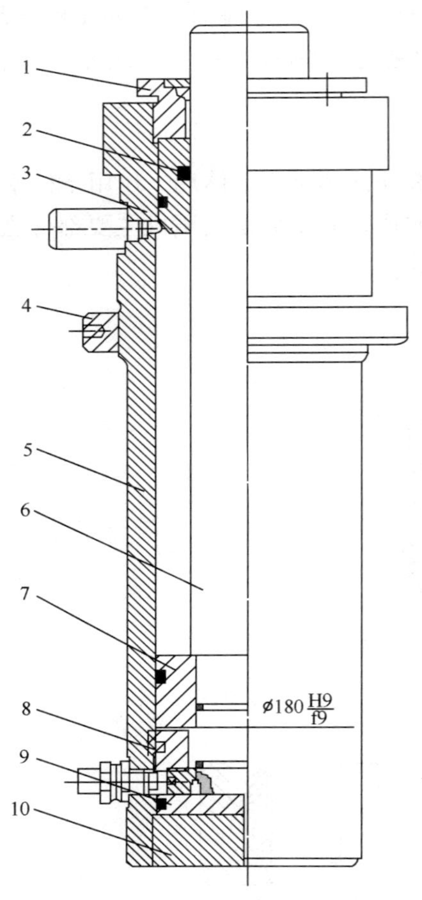

图 2.1-9　顶出缸结构图

1—螺母；2、8—Y 形密封圈；3—导套；
4—锁紧螺母；5—缸壁；6—活塞杆；
7—活塞；9—底板；10—堵头

(2) 活塞式液压缸　图 2.1-8(b)所示为活塞式液压缸的结构，它由缸体、活塞、活塞环、导套等零件组成。活塞式液压缸可以在两个方向上作用，活塞在运动的两个方向上都有密封要求，分别由密封 4 和活塞环 11 完成。这种结构在中小型液压机上应用很普遍。

(3) 差动柱塞式液压缸　这种结构实际上是柱塞式液压缸的一种变形，又叫双头柱塞式液压缸，如图 2.1-8(c)所示。与柱塞式结构相比，缸底多了一处导套，增加了导向长度，提高了承受偏心载荷的能力，同时多了一处密封，增加了密封难度。这种结构多用于卧式液压机或立式液压机回程缸。

3. 附属装置

1）顶出装置

液压机上一般都装有顶出装置，顶出装置的作用除顶出工件外，在有些工艺用途的液压机上还可完成浮动压边、浮动压制的功能或动作。按液压机工艺用途和工作台面大小的不同，顶出装置有单缸式和多缸式；按顶出缸的结构不同又有活塞缸式和柱塞缸式。

图 2.1-9 所示为液压机顶出缸的结构图。

2）活动横梁保险装置

在液压机工作时，要求活动横梁可以在任意位置悬停，活动横梁及上模等运动部分的自重由工作缸下腔或回程缸内的液体背压来支撑，此时，若出现密封损坏、管路连接松动、背压阀失灵、活塞杆与活动横梁的连接螺钉脱落等情况，活动横梁会突然下落造成事故。为防止事故的发生，液压机上都装有活动横梁保险装置。

图 2.1-10 所示为冲压液压机活动横梁保险装置结构图。

保险装置的动作必须与活动横梁的运动实现联锁，保险装置的动作不能影响活动横梁的运动。活动横梁工作时，保险装置应缩回，活动横梁停止在上死点位置时，保险装置才能起作用。二者的联锁一般靠液压系统来实现。

3）打料装置

在冲压液压机中，为从上模中顶出工件，常在活动横梁上装有打料装置，多采用液压打料装置，如图 2. 1-11 所示。

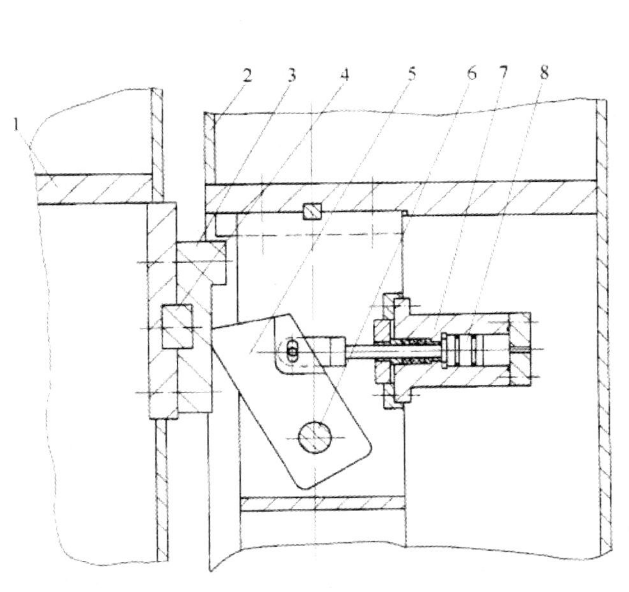

图 2. 1-10 活动横梁保险装置结构图

1—活动横梁；2—立柱；3—挡块；4—键；5—支撑杆；6—销轴；7—液压缸（保险缸）；8—活塞

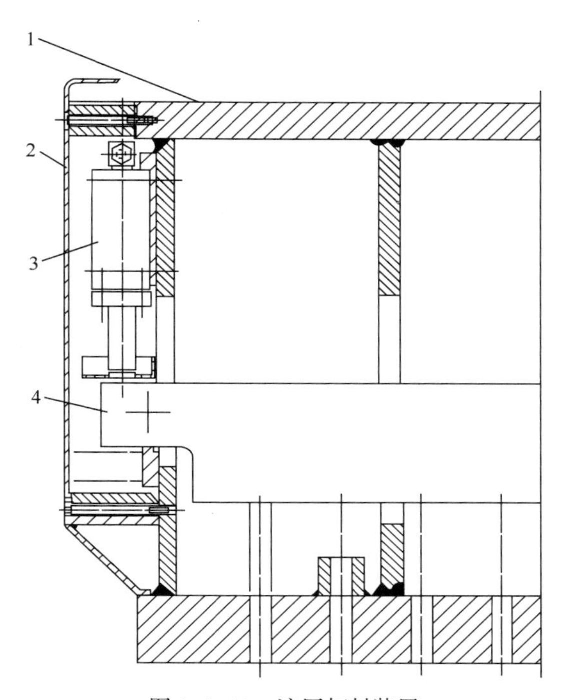

图 2. 1-11 液压打料装置

1—活动横梁；2—外罩；3—打料液压缸；4—打料横杆

4）冲裁缓冲器

液压机在进行落料、冲孔、切边等冲裁时，由于材料断裂变形瞬间变形抗力急剧减小，往往使设备产生很大的冲击振动，导致模具精度降低，寿命缩短，甚至造成模具和设备的损坏，因此，一般不能在液压机上进行这类工艺的生产，因此，缩小了液压机的工艺用途。

在液压机上设置冲裁缓冲器，可以有效地减缓冲断后的弹性能释放，降低设备的振动，以扩大液压机的工艺用途。

图 2. 1-12 为一种冲裁缓冲器的工作原理图。

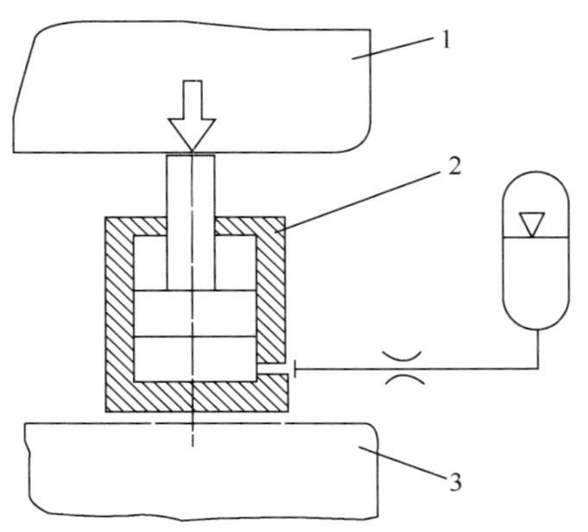

图 2. 1-12 冲裁缓冲器的工作原理图

1—活动横梁；2—缓冲器；3—工作台

2. 1. 3 液压系统

液压系统是液压机的两大组成部分之一，其作用是通过各种液压元件来控制液压机及其辅助机构完成各种行程和动作。

液压机的液压传动系统是以压力变换为主，因此，既要全面准确地满足压制工件的各种工艺要求，又应特别注意提高能量利用率和防止卸压时产生冲击和振动。

液压机根据压制工艺要求主缸应完成快速下行—减速压制—保压延时—卸压回程—停止(任意位置)的基本工作循环，而且压力、速度和保压时间可调节。顶出液压缸主要用来顶出工件，要求能实现顶出、退回和停止的动作。

对液压机的液压系统的要求可归纳如下：

① 在操作特点上，要求能实现对模时的调整动作，可手动操作和半自动操作。

② 在行程速度上，要求能实现空程快速运动和回程快速运动，以节省辅助时间。

③ 在工作液体压力上，一般为20~32MPa。

④ 在工艺特点上，对于小型液压机一般不进行压力分级，对于中型以上的液压机，一般要求具有分级的标称压力，以满足不同工艺的需要。

⑤ 在工作行程结束，回程将要开始之前，一般要求对主缸预卸压，以减少回程时的冲击和振动等。

1. 液压元件

液压元件是组成液压系统的基本要素，由动力元件、执行元件、控制元件和辅助元件四部分组成。

动力元件即液压泵，液压泵在液压系统中属于能量转换装置，将电动机输出的机械能转换为液体的压力能，其作用是为系统提供一定流量和压力的油液，是动力的来源。

执行元件即液压缸或液压马达，其作用是在压力油的推动下，完成对外做功，驱动工作部件，它是将油液的液压能转变为机械能的能量转换元件，所不同的是，液压马达实现连续的回转运动，而液压缸实现直线往复运功或摆动。

控制元件包括各种控制阀，其作用是控制液压系统油液的压力、流量和液流方向，以满足执行元件对力、速度和运动方向的要求。根据用途不同，阀可分为方向控制阀、压力控制阀和流量控制阀三大类；依据操纵动力，可分为手动、机动、液动、气动和电-液动等；按连接方式分为管式、板式、法兰连接式和集成块式等。

阀在液压系统中起着神经中枢的作用，阀的好坏直接影响液压系统工作的性能。控制阀应动作灵敏、准确可靠，工作平稳，冲击和振动小；密封性好，油损失少，压力损失小；结构紧凑，工艺性好，使用维修方便，通用性好。

辅助元件包括油箱、油管、管接头、滤油器、蓄能器、压力表等，分别起储油、输油、连接、过滤、储存压力能和测量压力等作用，是液压系统中不可缺少的重要组成部分。

2. Y32-315型液压机液压系统

Y32-315型液压机属一般通用液压机，其工艺用途广泛，可用于金属板料的冲压工艺，包括弯曲、翻边、拉深、成形、冷挤压等，也可用于金属和非金属粉末制品的压制成形工艺，如粉末冶金、塑料、玻璃钢、绝缘材料、磨料等制品的压制成形，并可用于校正、压装等工艺。

1）液压原理图

一般通用液压机的液压原理如图2.1-13所示，该液压系统的电磁铁动作顺序见表2-2。

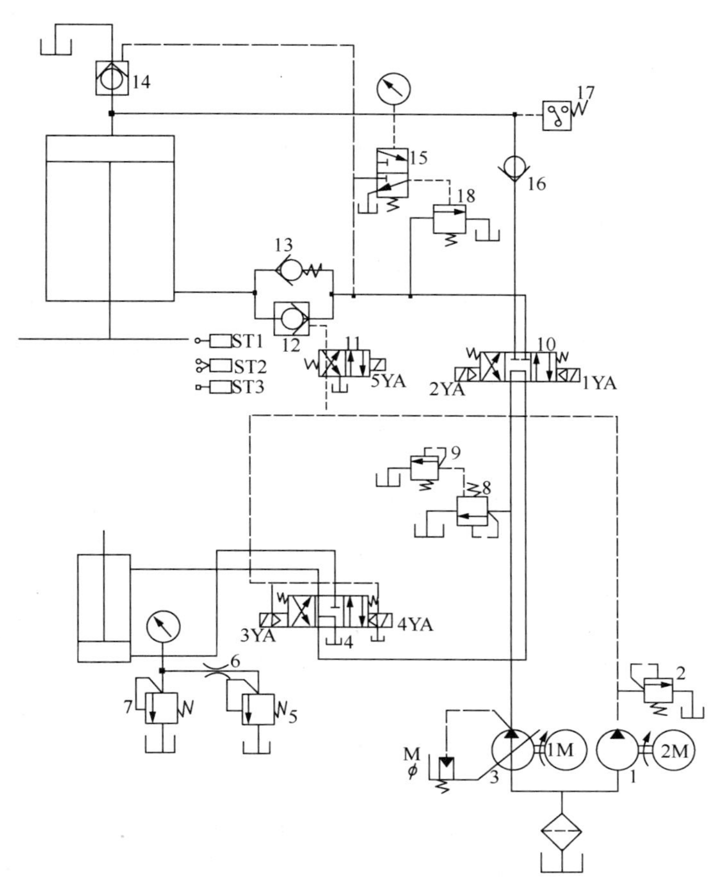

图 2. 1-13　液压机液压原理图

1—控制液压泵；2、5、7、8—溢流阀；3—主液压泵；4、10—电液换向阀；6—节流阀；9—远程调压阀；11—电磁换向阀；12—液控单向阀；13—背压阀；14—充液阀；15—液动滑阀；16—单向阀；17—压力继电器；18—顺序阀

表 2-2　电磁铁动作顺序表

油缸	动作	电磁铁				
		1YA	2YA	3YA	4YA	5YA
主缸	空程快速下降	+				+
	慢速下降及加压	+				
	保压					
	卸压和回程		+			
	停止					
顶出缸	顶出			+		
	顶出活塞退回				+	
	停止					

+——电磁铁通电。

2）液压系统和电磁铁的工作过程

（1）电动机启动　液压泵电动机 lM、2M 启动后驱动液压泵向系统供油，此时全部电磁

铁均处于断电状态，主液压泵3输出的油经三位四通电液换向阀10和4流回油箱，故其处于卸荷状态，控制液压泵1输出的油液经溢流阀2排回油箱，其油压保持恒定不变。

（2）活动横梁快速下降 电磁铁1YA、5YA通电，使阀10和阀11换至右位，控制液压泵1输出的压力油经阀11至液控单向阀12的控制腔将其打开，这样主缸下腔的油液经阀12、阀10和阀4排入油箱，由于失去了活塞下腔的支撑，活动横梁在重力作用下迅速下行，在主缸上腔形成负压，使充液阀14打开，充液罐中的油液经充液阀大量补充到主缸上腔中，同时，主液压泵3输出的油液也经阀10和阀16进入主缸上腔。

（3）活动横梁减速下行 当活动横梁下降到接近工件时，触动行程开关ST2使5YA断电，阀11复位，液控单向阀12关闭，主缸下腔的油液经背压阀13排入油箱。在主缸下腔产生一背压，主缸上腔负压消失，充液阀14关闭，此时活动横梁需靠液压泵输入的压力油推动活塞下行，使活动横梁速度减慢，以防止上、下模之间产生撞击，这时的活动横梁速度取决于泵输出的油量。

（4）加压 此时各电磁铁和阀的状况同前。当上模下行到接触工件后，即开始对工件加压，使主缸上腔压力升高，当压力升高到一定值时，在液体压力作用下，推动液动滑阀15换位(为以后的卸压动作做准备)。

（5）保压 若工艺要求进行保压，则使1YA断电，这时液压泵3输出的油液经阀10和阀4排回油箱，利用单向阀16和充液阀14的密封锥面将主缸上腔的油液封闭，靠缸内油液及机架的弹性进行保压，保压压力由压力继电器17控制：油压低于一定值时，压力继电器动作，使1YA通电，泵向主缸上腔补油升压；当压力高于一定值时，压力继电器再动作，1YA断电，液压泵停止向主缸上腔补油。

（6）卸压回程 2YA通电，阀10换向，主泵输出的压力油经阀10进入充液阀14的控制腔并打开其中的卸荷阀(在主缸上腔的压力作用下，充液阀不能打开)，使主缸压力下降，由于加压使阀15处于上位的动作状态，压力油还可经阀15进入顺序阀18的控制口将其打开，这样泵输出的压力油均经阀10和阀18排回油箱。当主缸上腔的压力降低至一定值后，阀15在弹簧作用下复位，阀18关闭，充液阀14完全打开，泵输出的压力油经阀10并顶开阀12进入主缸下腔，使活动横梁回程，主缸上腔的油液经充液阀14排入充液罐中。

（7）顶出缸顶出 3YA通电，使阀4换至左位，压力油经阀10和阀4进入顶出缸下腔，顶出缸上腔油液经阀4排回油箱，顶出活塞上行顶出工件。

（8）顶出缸回程 4YA通电，使阀4换至右位，压力油经阀10和阀4进入顶出缸上腔，顶出缸下腔油液经阀4排回油箱，顶出活塞退回。

（9）浮动压边 若工艺需用顶出缸进行浮动压边，可在活动横梁下行之前，先给3YA通电，使顶出缸上行到上死点位置后，3YA断电。当活动横梁下行压住下模上的压边圈时，迫使顶出缸活塞与之同步下行，顶出缸下腔的油液经节流阀6和溢流阀5排回油箱。调节溢流阀5的溢流压力即可改变压边力的大小，顶出缸上腔可通过阀4从油箱中吸油。

（10）停止 全部电磁铁断电，泵输出的油经阀10和阀4排入油箱，泵卸荷，主缸下腔油液被单向阀12和背压阀13的锥面密封，使活动横梁悬空。

2.1.4 液压机主要技术参数

液压机的技术参数是根据液压机的工艺用途和结构类型来确定的，反映了液压机的工艺能力和特点及可加工零件的尺寸范围等指标，也反映了液压机的外形轮廓尺寸、本体重量等内容，是选用或选购液压机的主要依据。

不同工艺用途的液压机，技术参数指标往往有较大的不同，但主要技术参数的内容是基本一致的。液压机主要有以下技术参数：

1. 标称压力(公称吨位)

液压机的标称压力是指设备名义上能产生的最大压力，单位为 kN。标称压力在数值上等于液压机液压系统的额定液体压力与工作柱塞(或活塞)总面积的乘积(取整数)，它反映了液压机的主要工作能力，是液压机的主参数。其他技术参数叫基本技术参数。

我国液压机的标称压力标准采用公比为 $\sqrt[10]{10}$ 和 $\sqrt[5]{10}$ 的系列，如 3150kN、4000kN、5000kN、6300kN、8000kN、10000kN 等。为了充分利用设备和节约能源，大、中型液压机中常将标称压力分为 2~3 级，以扩大液压机的工艺范围，对泵直接传动的液压机和小型液压机不进行压力分级。

2. 最大净空距(开口高度)H

最大净空距 H(单位 mm)是指活动横梁停在上限位置时从工作台上表面到活动横梁下表面的距离，如图 2. 1-14 所示。

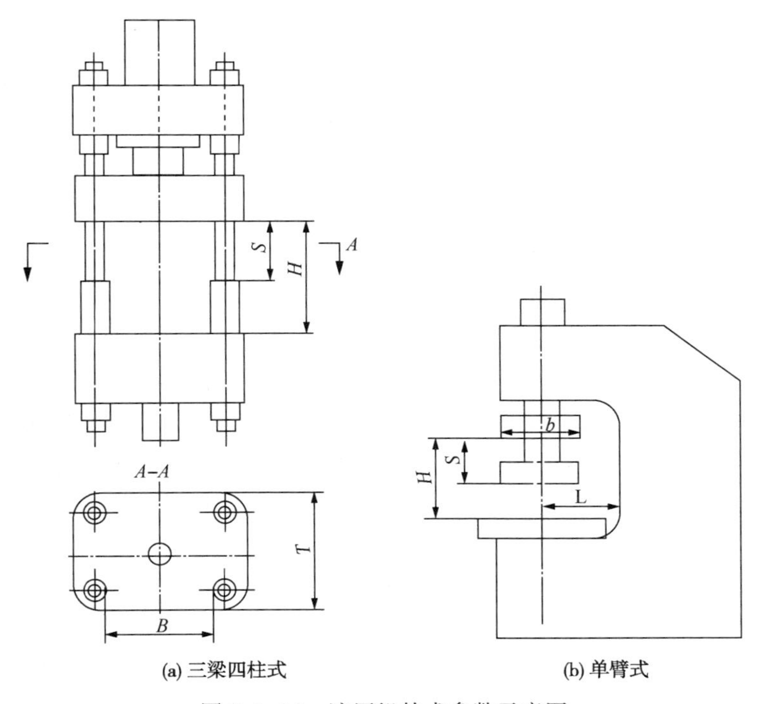

(a) 三梁四柱式　　(b) 单臂式

图 2. 1-14　液压机技术参数示意图

最大净空距反映了液压机在高度方向上工作空间的大小。它应根据模具(工具)及相应垫板的高度、工作行程大小以及放入坯料、取出工件所需空间大小等因素来确定。最大净空距对液压机的总高、立柱长度、液压机稳定性以及安装厂房高度都有很大影响。因此，既要尽可能满足工艺要求，又要尽量减小液压机的高度。

单臂式液压机的最大净空距为工作缸底的下平面至工作台上表面的距离。

3. 最大行程 S

最大行程 S(单位 mm)是指活动横梁能够移动的最大距离，它反映了液压机能加工零件的最大高度，如图 2.1-14 所示。

4. 工作台尺寸 $B\times T$

液压机的工作台一般安装在下横梁上，工作台尺寸 $B\times T$(单位 mm)是指工作台上可利用的有效尺寸，它反映了液压机工作空间的平面尺寸，也反映了液压机的平面轮廓尺寸，有些四柱式液压机以立柱中心距来表示。对单臂式液压机是从压头中心到机架内侧表面(机壁)的距离，即喉深 L。

5. 活动横梁运动速度

活动横梁运动速度分为工作行程速度和空程(充液及回程)速度两种，它的变化范围很大。锻造液压机要求工作速度较高，可达 50~150mm/s，而在有些工艺中，液压机的工作速度甚至低于 1mm/s。

空程速度一般较高，以提高生产效率，但如果速度太快，会在停止或换向时引起冲击和振动。

6. 顶出器标称压力和行程

许多液压机都装有顶出缸供顶出工件或拉深时使用，顶出力的大小往往随液压机的种类不同而不同，可根据工艺要求方便地进行调节。

在选用时，应确保顶出力和顶出行程足够大以满足工艺要求。若利用顶出缸进行浮动压边，则应根据工艺要求通过调节顶出缸远程调压阀来调节其压边力的大小，且拉深行程不得大于顶出缸行程。

2.1.5 液压阀

液压阀是液压系统中的重要元件，用于控制液体的压力、流动方向和流量，使系统能够安全、平稳、协调地工作。按功能液压阀分为压力控制阀、方向控制阀和流量控制阀三大类。压力控制阀中有溢流阀、减压阀和顺序阀等。下面介绍溢流阀和方向控制阀。

1. 溢流阀

溢流阀的基本功用是：当系统的压力达到溢流阀调定的压力时，溢流阀开启，系统中多余的油液从溢流阀溢出，使压力不再升高。若系统需要在恒定压力下工作，即需要溢流阀经常溢流以维持系统的压力不变，这种用途的溢流阀称为定压阀。定压阀在系统正常工作时是经常打开溢流的。若系统在正常工作时，其压力不超过溢流阀的调定值，只在超载时才要求溢流阀打开溢流，以保证系统的安全，这种用途的溢流阀称为安全阀。安全阀在系统正常工作时是关闭的，只有系统压力过载时才打开。

溢流阀可分为直动型和先导型两种，先导型溢流阀与小规格电磁阀组合成的阀称为电磁溢流阀，具有卸荷功能。

1）先导型溢流阀

压力较高、流量较大时，通常采用先导型溢流阀，先导型溢流阀由先导调压阀和主阀两部分组成。

图 2.1-15 所示为三节同心先导型高压溢流阀结构图，其额定工作压力为 320×10^{5} Pa。因其主阀芯上部的小圆柱面、中部大圆柱面和下部锥面必须与相应零件良好配合，这三处的同轴度要求很高，故称三节同心式，这是目前先导型溢流阀中广泛采用的结构。主阀芯上的

孔 a 为阻尼孔。当进油口 P 油压较低，先导阀未溢流时，b 腔和 c 腔的油压相等，但主阀芯在 b 腔中的有效作用面积略大于 c 腔，因此，主阀芯在液压作用力和复位弹簧力的作用下关闭主阀口，阀不溢流。当进口油压升高，使先导阀溢流时，油液经过阻尼孔产生压降，这时 b 腔油压小于 c 腔油压，主阀芯在压力差的作用下克服复位弹簧力抬起，主阀口打开，进口油液经主阀口和回油口 O 流至油箱，即阀溢流。

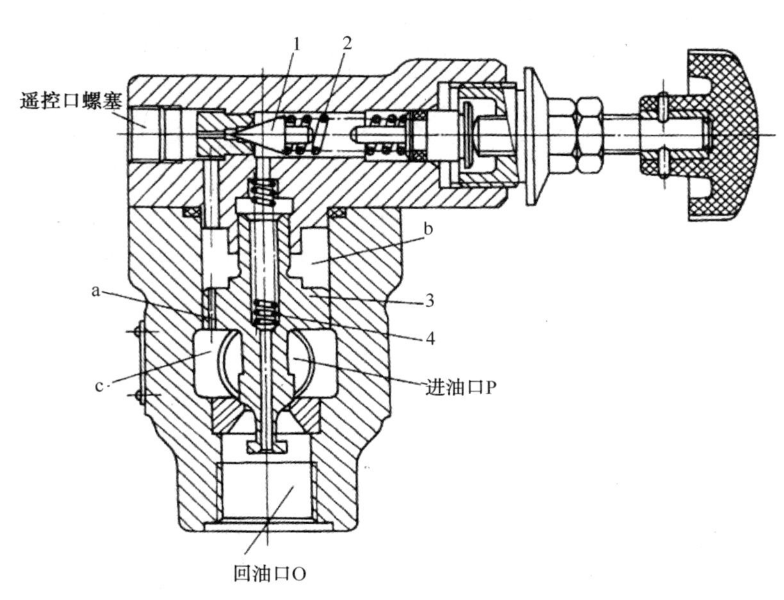

图 2. 1-15 三节同心式先导型高压溢流阀结构图

1—先导阀；2—调压弹簧；3—主阀芯；4—复位弹簧；a—阻尼孔

主阀口采用锥阀封油，密封性好，无搭合量，开启迅速，动作灵敏。遥控口开在先导阀的左端，图中已用螺塞堵住，需要时将螺塞卸下。各油口均车有连接管接头用的螺纹，阀通过管接头直接安装于管路，这样的阀和连接方式称为管式阀和管式连接。

图 2. 1-16 所示为 Y2 型二节同心式先导型溢流阀的结构图。

溢流阀的主要性能包括静态和动态两个方面。静态性能是指阀在稳态工况下，即系统压力没有突变时，阀所控制的压力、流量特性。动态性能是指系统压力发生瞬态变此时，某些参数之间的关系。

2）电磁溢流阀

图 2. 1-17 所示为电磁溢流阀的结构图，它由一个二位二通电磁阀和 Y_2 型溢流阀组成。使用时进油口 P 接系统，回油口 O 接油箱。电磁铁未通电时，阀芯 1 如图示隔断 P_1 至 O_1 的通路，这时系统在溢流阀弹簧调定的压力下工作。电磁铁通电时，阀芯 1 右移，P_1 与 O_1 连通，主阀芯 3 上腔的油液经 P_1、O_1、孔 b 和回油口 O 接通油箱，压力趋近于零，由于阻尼孔 a 的作用，进油口 P 的油液便可以很小的压力顶起主阀芯 3，使油液经回油口 O 流向油箱，使系统卸荷。

如果把装在操纵台上的远程调压阀与先导型溢流阀的遥控口连接，便可以在溢流阀的调定压力范围内实现远程调压。

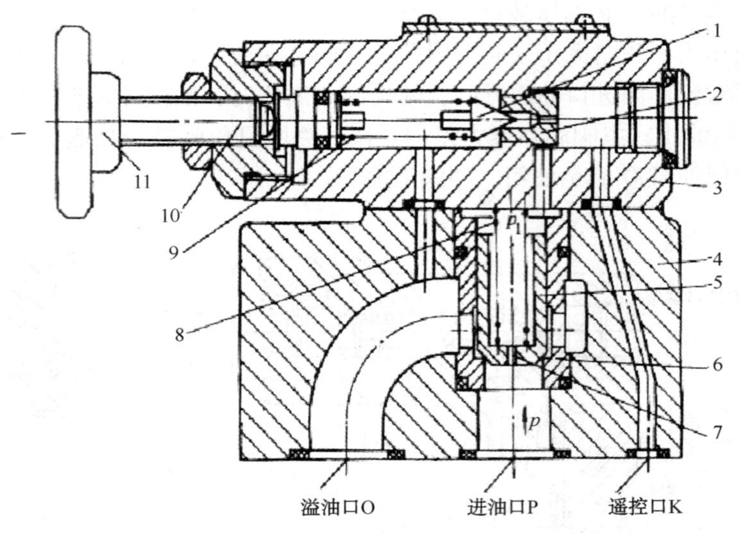

图 2.1-16　Y2 型二节同心式先导型溢流阀结构图

1—锥阀；2—锥阀座；3—阀盖；4—阀体；5—主阀芯；6—阀套；7—阻尼孔；8—主阀弹簧；9—调压弹簧；10—调节螺纹；11—调压手轮

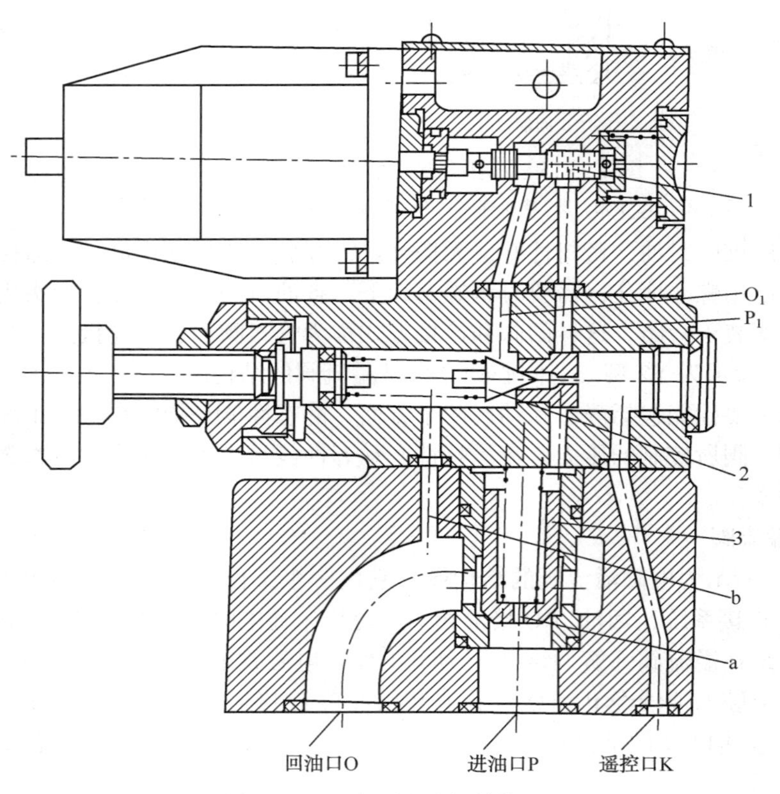

图 2.1-17　电磁溢流阀结构图

1—阀芯；2—调节螺纹；3—主阀芯；a—阻尼孔

2. 方向控制阀

方向控制阀用来控制液压系统中工作液的流动方向，以便使执行元件按规定的要求动作，如启动、停止和换向等。方向控制阀分为止回阀和换向阀两大类。止回阀的作用是使油液只能从一个方向通过，不能反向回流。

1）液控止回阀

液控止回阀是用液压控制的止回阀，在不加控制时，液控止回阀的作用与止回阀相同，加以控制后则油液在正反两个方向都可通过。

图 2. 1-18 为液控止回阀的结构图。当不向控制油口 K 提供控制油时，A 口的油液可以顶开止回阀 1 流向 B 口，从 B 口反流时止回阀关闭，油液不能通过。若从 K 口通进控制油，则控制活塞 3 上升，先顶起卸载阀 2，使止回阀的上腔油液通过它泄出，当卸压到一定程度之后，控制活塞 3 便可顶开止回阀，这时反向的油液也可以通过。

图 2. 1-18　液控止回阀结构图

1—止回阀；2—卸载阀；3—控制活塞

2）电磁换向阀

电磁换向阀简称电磁阀，它是利用电磁铁推动阀芯移动来控制油液流动的方向。电磁铁有交流和直流两种，交流电磁铁常用电压为 220V，直流电磁铁常用电压为 24V 和 36V。

电磁换向阀有多种通、位形式，图 2. 1-19(a)是三位四通电磁换向阀的结构图，它配有

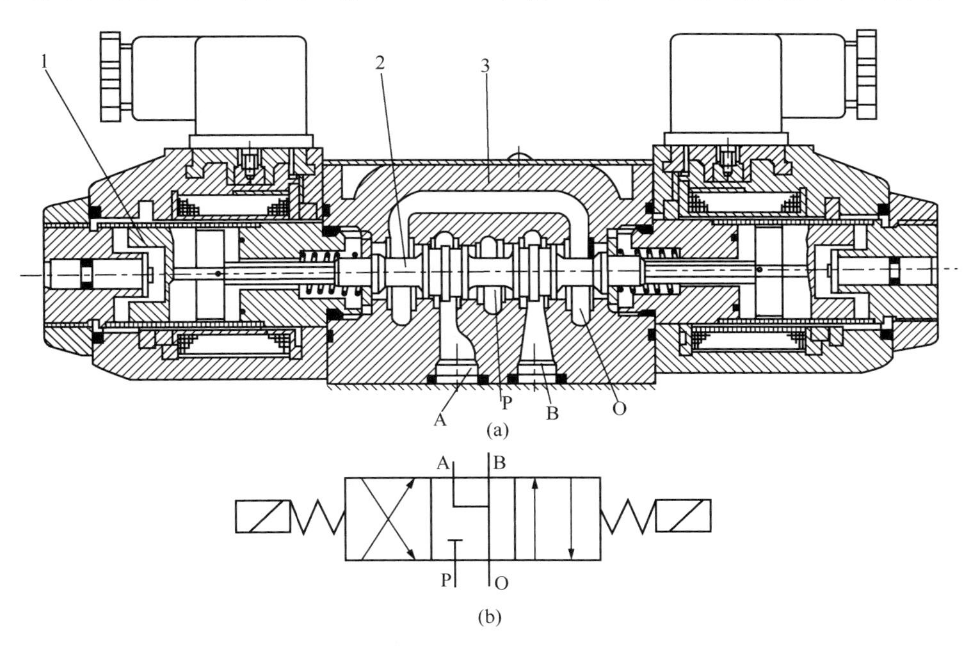

图 2. 1-19　三位四通电磁换向阀的结构和符号

1—电磁铁；2—阀芯；3—阀体；A、P、B—沉割槽；O—回油腔

两个电磁铁，能控制阀芯的三个工作位置。阀体内有三个沉割槽 A、P、B 和回油腔 O。各槽和 O 腔的油口均开在阀体底平面上。两电磁铁都未通电时，弹簧使阀芯限制在图示的中间工作位置，这时油口 O、A、B 在阀内互相连通，P 与 A、B、O 不通。左电磁铁通电时，推动顶杆使阀芯克服弹簧的作用力右移至右边位置，这时 A 与 O 通，B 与 P 通。阀的图形符号如图 2. 1-19(b) 所示。

阀芯在不同工作位置时各油口在阀内的连接关系，称为滑阀机能，改变阀芯的形状可以使阀具有不同的机能。

3）电液动换向阀

电液动换向阀由电磁阀和液控换向阀组成。电磁阀的作用是操纵控制油推动液控换向阀的阀芯换向，其流量较小，称为先导阀。液控换向阀控制主油路油液的流向，称为主阀。同样，电液动换向阀也有多种通、位和结构形式。

图 2. 1-20 为弹簧对中式三位四通电液动换向阀的结构和图形符号。其工作原理为：两

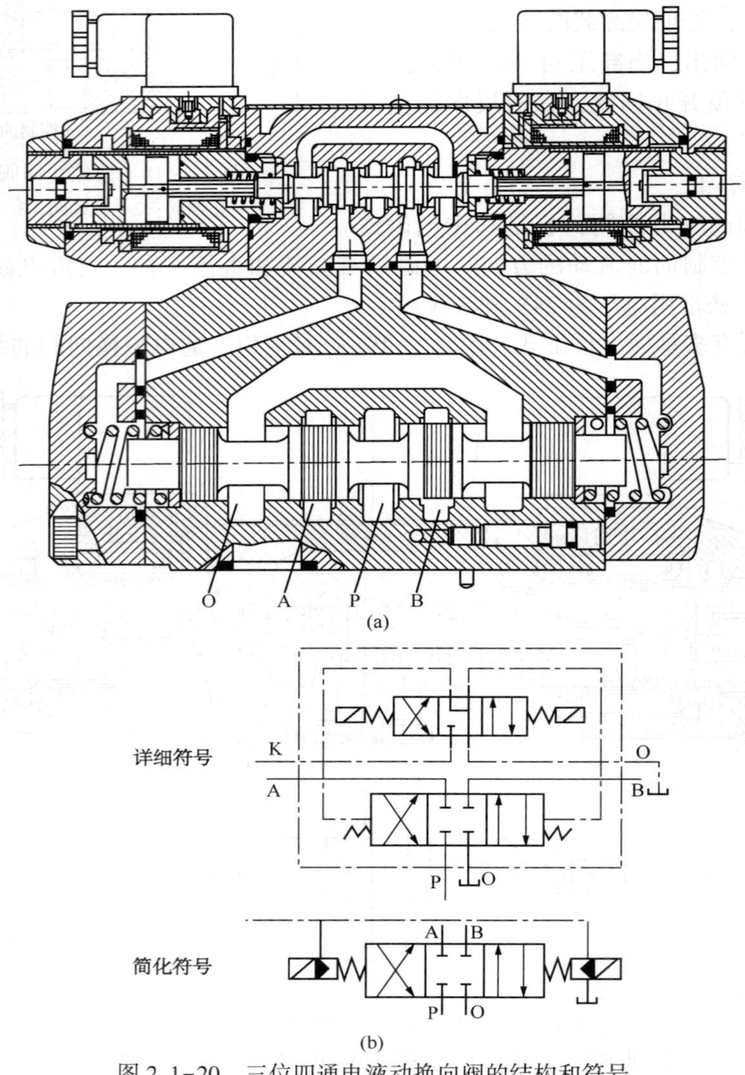

图 2. 1-20　三位四通电液动换向阀的结构和符号

电磁铁都未通电时，主阀芯在图示位置，主阀的 O、A、P、B 口在阀内互不相通。右电磁铁通电时，控制油通至主阀的左油室，使主阀芯移至右端位置，这时 P 与 B 通，A 与 O 通。左电磁铁通电时，控制油通至主阀右油室，主阀芯移至左端位置，这时主油口 P 与 A 通，B 与 O 通。电磁铁断电，先导阀芯在弹簧作用下回复中位，控制油被先导阀截断，主阀芯在复位弹簧的作用下回复中位。主阀芯在回位过程中，容积减小的油室经先导阀排油，容积增大的油室经先导阀补充油，因此，弹簧对中式三位四通电液动换向阀的先导阀必须是 Y 型机能的，才能满足主阀芯回位动作时两端油室的吸、排油要求。

电液动换向阀兼有电磁阀控制方便和液控换向阀通流量大的优点，故应用很广。

复习思考题

1. 画图说明液压机的工作原理。
2. 画图说明液压机的组成。
3. YB32-315 型号的含义是什么？
4. 液压机的结构形式有哪几种？试举一种为例说明其结构组成。
5. 画图说明立柱导套的形式。
6. 画图说明差动柱塞式液压缸的结构组成。
7. 画图说明顶出缸的结构组成。
8. 画图说明冲裁缓冲器的工作原理。
9. 什么是液压元件？液压机由哪些液压元件组成？
10. 简述动力元件的作用。
11. 简述执行元件的作用。
12. 简述辅助元件的组成和作用。
13. 液压机有哪些技术参数？它们各自的含义是什么？
14. 简述溢流阀的基本功用。
15. 简述方向控制阀的功用。
16. 简述液控止回阀的功用。
17. 电液动换向阀由哪两种阀组成？各阀的作用是什么？

2.2　曲柄压力机

曲柄压力机是材料成形中广泛应用的设备，通过曲柄连杆机构获得材料成形时所需的力和直线位移，可进行冲压、挤压、锻造等工艺，广泛用于汽车工业、航空工业、电子仪表工业和五金轻工等领域。

2.2.1　曲柄压力机的工作原理

1. 曲柄压力机的工作原理

曲柄压力机通过曲柄连杆机构将电动机的旋转运动转换为往复直线运动。图 2.2-1 为其工作原理图，电动机 1 通过 V 形带把运动传给大带轮 3，再经过小齿轮 4、大齿轮 5 传给曲柄 7，通过连杆 9 转换为滑块 10 的往复直线运动，若在滑块 10 和工作台 14 上分别安装上、下模，则可完成相应的材料成形工艺。

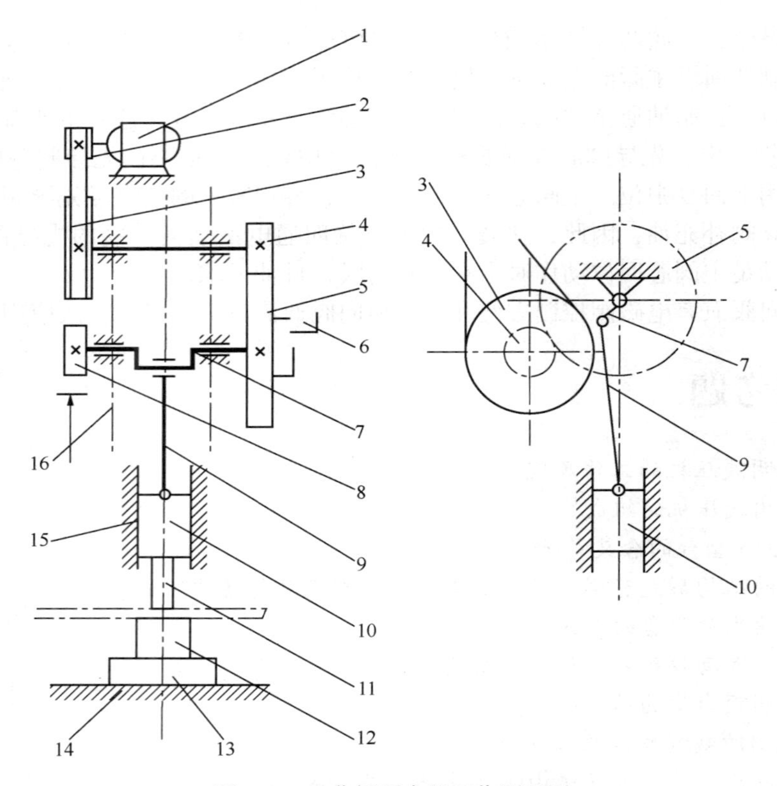

图 2. 2-1　曲柄压力机工作原理图

1—电动机；2—小带轮；3—大带轮；4—小齿轮；5—大齿轮；6—离合器；7—曲柄；8—制动器；
9—连杆；10—滑块；11—上模；12—下模；13—垫板；14—工作台；15—导轨；16—机身

多级的减速一方面可降低滑块的运行频率(滑块行程次数)，另一方面亦增加了滑块工作力。离合器 6 可使机器在开动后间歇性工作，制动器 8 可在离合器分开后对从动部分进行制动以及对滑块进行制动。此外，由于曲柄压力机的负荷特性是在一个工作周期中短时负荷，故常动部分(主要是大齿轮 5)又起飞轮的作用，以达到有效利用能量的目的。

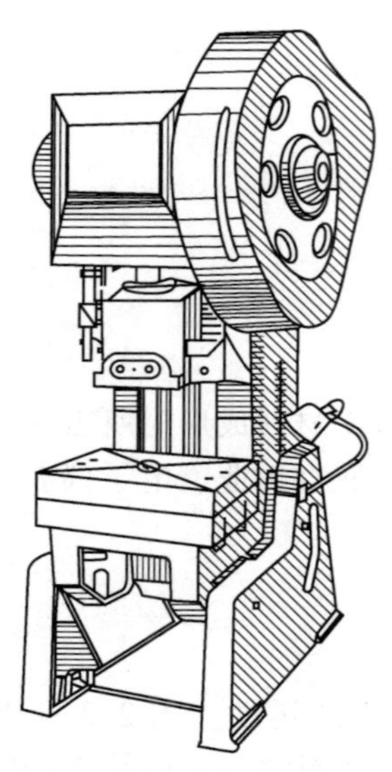

图 2. 2-2　开式曲柄压力机外形图

2. 曲柄压力机的分类

目前曲柄压力机主要依据床身结构来进行分类，分为开式和闭式两种。

(1) 开式曲柄压力机　如图 2. 2-2 所示，开式压力机的床身呈“C”形，机身的前面和左、右面敞开，便于模具安装调整和成形操作，但机身刚度较差，受力变形后影响制件精度和降低模具寿命，适用于小型压力机，常用在 1000kN 以下成形。

(2) 闭式曲柄压力机　如图 2. 2-3 所示，闭式压力机机身为框架结构，机身前后敞开，两侧封闭，在前后两面进行模具安装和成形操作，机身受力变形后产生的垂直变形可以用模具闭合高度调节量消除。对制件精度和模具运行精度不产生影响，适用于中大型曲柄压力机。

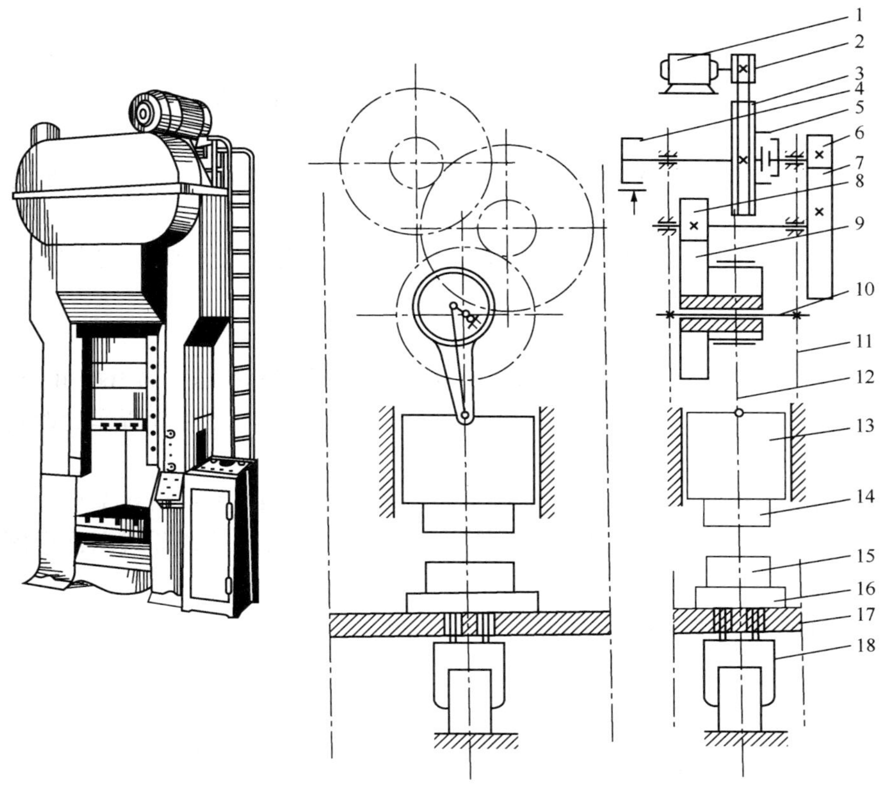

图 2.2-3　闭式压力机外形和结构图

1—电动机；2—小带轮；3—大带轮；4—制动器；5—离合器；6、8—小齿轮；7—大齿轮；9—偏心齿轮；10—芯轴；11—机身；12—连杆；13—滑块；14—上模；15—下模；16—垫板；17—工作台；18—液压气垫

此外还有一些辅助分类方法：

(1) 按工艺用途分类　有通用曲柄压力机、拉深压力机、板冲高速压力机、热模锻压力机和冷挤压力机等。这些压力机对曲柄滑块机构作了改进，使其成形力和运动曲线更符合相应成形工艺要求。

(2) 按滑块数量分类　有单动压力机、双动压力机。单动是指在工作机构中只有一个滑块，双动是指在工作机构中有两个滑块，分内、外滑块，内滑块安装在外滑块内，各种机构分别驱动。双动压力机适合于大型制件的拉深，多用于汽车车身制造。

(3) 按压力机连杆数量分类　有单点压力机、双点压力机和四点压力机。“点”数是指压力机工作机构中连杆的数目，对较大台面的通用压力机，为了提高滑块运动平稳性和抗偏载能力而设置了多个连杆。

(4) 按传动系统所在位置分类　有上传动压力机和下传动压力机。下传动压力机可使设备重心降低，提高设备运行平稳性，如高速压力机、长行程拉深压力机均采用下传动方式。

3. 曲柄压力机的型号

曲柄压力机的型号由汉语拼音、英文字母和数字表示，表示方法如下：

J　(□)　□　□　—　□　(□)

(1)　(2)　(3)　(4)　(5)　(6)　(7)

(1) 位为类代号，以汉语拼音首起字母代替，如 J 表示机械压力机，Y 表示液压机。

(2) 位为变形设计代号，以英文字母表示次要参数在基本型号上所作的改进，依次以 A、B、C 表示。

(3) 位为压力机组别，以数字表示，如 2 组为开式曲柄压力机，3 组为闭式曲柄压力机。

(4) 位为压力机型别，以数字表示，如 1 型为固定台式曲柄压力机，2 型为活动台式曲柄压力机。

(5) 位为分隔符，以横线表示。

(6) 位为设备工作能力，以数字表示，如 160 表示压力机标称压力为 160×10kN＝1600kN。

(7) 位为改进设计代号，以英文字母表示，对设备的结构和性能所作的改进，依次以 A、B、C 表示。

若是标准型号，则(2)位和(7)位无内容，例如，J31-315 表示闭式单点机械压力机标准型，标称压力 3150kN；JB23-63 表示次要参数作了第二次改进的开式双柱可倾曲柄压力机，标称压力为 630kN。

2.2.2　曲柄压力机的结构

图 2.2-4 为 JC31-160 型曲柄压力机结构图。

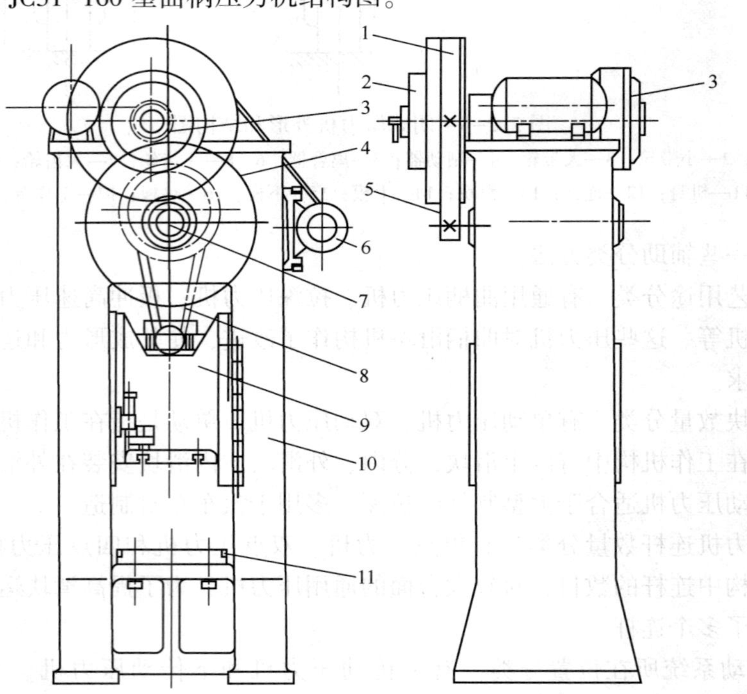

图 2.2-4　JC31-160 型曲柄压力机结构图

1—大带轮；2—离合器；3—制动器；4—偏心齿轮；5—小带轮；6—电动机；7—芯轴；8—连杆；9—滑块；10—机身；11—垫板

（1）工作机构　工作机构是曲柄压力机的工作执行机构，一般为曲柄滑块机构，由曲轴、连杆和滑块等零件组成。

（2）传动系统　传动系统是按一定的要求将电动机的运动和能量传递给工作机构，由带传动和齿轮传动等机构组成。

（3）支承部件主要指机身。支承部件连接和固定所有零部件，保证它们的相对位置和运动关系，工作时机身要承受全部成形力。

（4）能源系统　包括电动机和飞轮。电动机提供动力源，飞轮起着储存和释放能量的作用。

（5）操纵与控制系统　主要包括离合器、制动器和电子电器检测控制装置等。现代化设备上还装备了工业控制计算机。

（6）辅助系统与附属装置　包括气路系统、润滑系统、保护装置、气垫和快速换模装置等。

与其他锻压设备相比，曲柄压力机具有下列特点：

① 曲柄滑块机构是刚性连接的，滑块具有强制运动性质。即曲柄滑块机构的几何尺寸一经确定，滑块运动的上下极限位置(上下止点)、行程大小和封闭高度则确定。

② 工作时，机身组成一个封闭的受力系统，成形力不传给地基，只有少量的惯性冲击振动传给地基，不会引起基础的强烈振动。

③ 利用飞轮储存空载时电动机的能量，在压力机短时高峰负荷的瞬间将部分能量释放。电动机的功率按一个工作周期的平均功率选取。

通用曲柄压力机按连杆的数量分为单点、双点和四点压力机。一般工作台面相对较小的压力机只有一个连杆，连杆与滑块仅有一个连接点，称为单点压力机。大台面的压力机的工作台面大，设置两个或四个连杆，称为双点或四点压力机。多点压力机抗偏载能力增强，可冲制大型冲压件或在工作台上同时安装多套模具。

2.2.3　曲柄压力机主要零部件

1. 曲柄滑块机构

曲柄滑块机构是曲柄压力机的核心组成部件，它将电动机的旋转动作转变为滑块的直线往复动作，提供给模具工作所需要的成形力和位移，同时提供一些辅助功能，如装模高度调节、过载保护等。

1）曲柄滑块机构种类

按曲柄形式划分，曲柄滑块机构主要有如下几种：

（1）曲轴式　曲轴式曲柄滑块机构的结构如图 2.2-5 所示，曲轴两端由床身支承，当曲轴绕支承轴转动时，滑块在导轨的约束下上下运动，上下位置的差值为 $2R$，此结构应用于较大行程的中小压力机上。

（2）偏心齿轮式　偏心齿轮式曲柄滑块机构的结构如图 2.2-6 所示，偏心齿轮安装在芯轴上并绕芯轴转动，与芯轴的偏心距为 R，实现曲柄机构动作，应用于中大型压力机，芯轴仅受弯矩，偏心齿轮受转矩作用，负荷分配合理，加工制造也方便，但偏心轴直径较大，有一定磨损功耗。

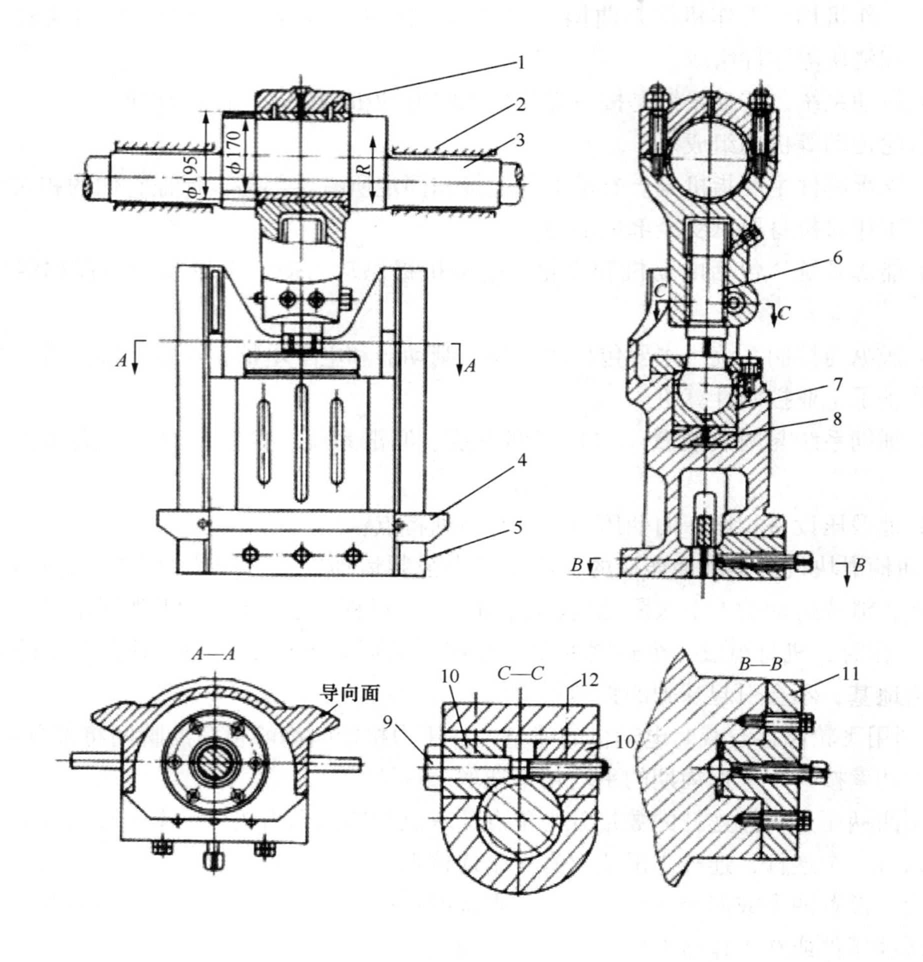

图 2.2-5　曲轴式曲柄滑块机构结构图

1—连杆；2—轴瓦；3—曲柄；4—打料横杆；5—滑块；6—调节螺杆；7—下支承座；8—保护装置；9—锁紧螺钉；10—锁紧块；11—模具夹持块；12—锁紧块导向销

2）装模高度调节方式

为了提高设备的适应能力，压力机的装模高度是可调的，调节方法如下：

（1）调节连杆长度　通过调节连杆长度达到调节滑块下平面与工作台上表面之间的距离，图 2.2-5 和图 2.2-6 均采用此结构。

（2）调节滑块高度　柱销式连杆采用此种结构，如图 2.2-7 所示。

在某些压力机中，采用柱塞导向的连杆，如图 2.2-8 所示。

（3）调节工作台高度　多用于小型压力机。

3）过载保护装置

曲柄压力机工作机构为刚性连接方式，滑块在工作时的上下死点是固定的，若工作中由于操作不当使滑块下行受阻，由于曲柄滑块机构的增力特性，会造成连杆受力上升至超过标称压力 F_g 而过载。造成过载的原因很多，如工艺设计时设备选用不当；模具调试时设备装

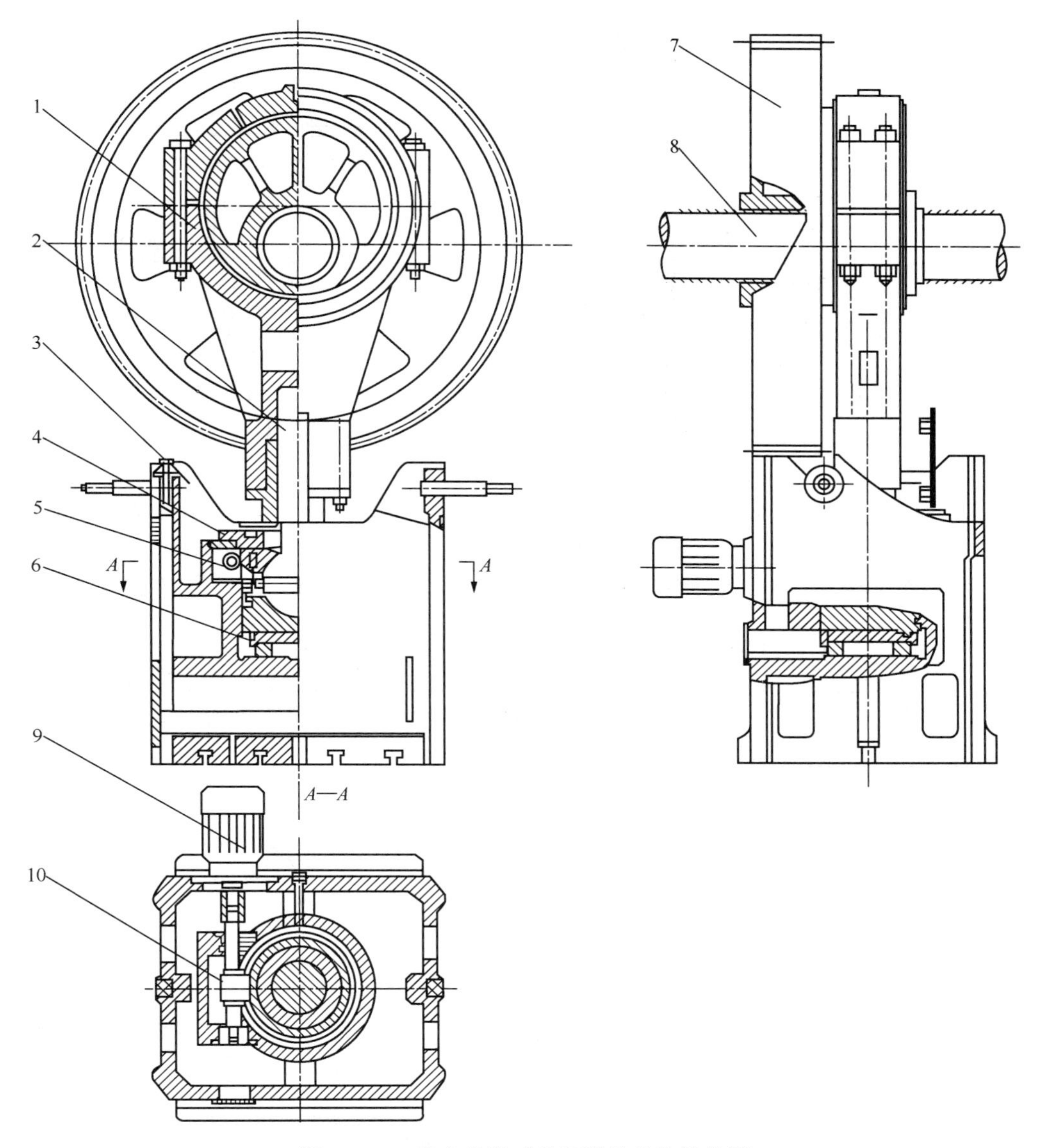

图 2.2-6　偏心齿轮式曲柄滑块机构结构图

1—连杆体；2—调节螺杆；3—滑块；4—拨快；5—蜗轮；6—保护装置；
7—偏心齿轮；8—芯轴；9—电动机；10—蜗杆

模高度小于模具高度；冲压时毛坯放置位置不当；异物夹在模具内等。过载会引起设备或模具损坏，为了防范过载引发的事故，设备上相应设计了过载保护装置，常用的过载保护装置有压塌块式和液压式两类。

（1）压塌块式过载保护装置　在连杆球头座下设置一压塌块，工作原理如图 2.2-9 所示。

（2）液压式过载保护装置　多点和大型压力机多采用液压式过载保护装置，其工作原理如图 2.2-10 所示。

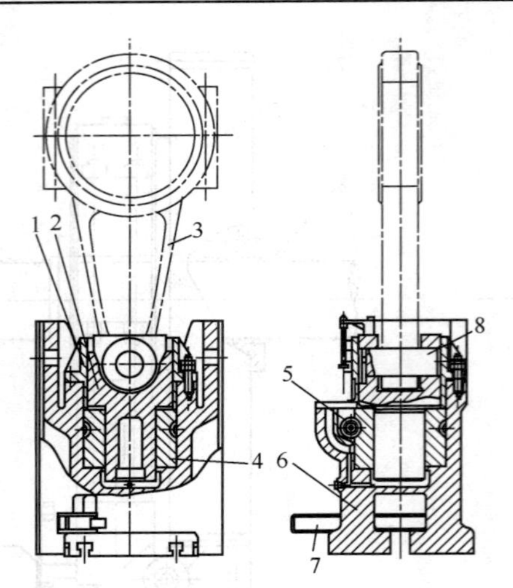

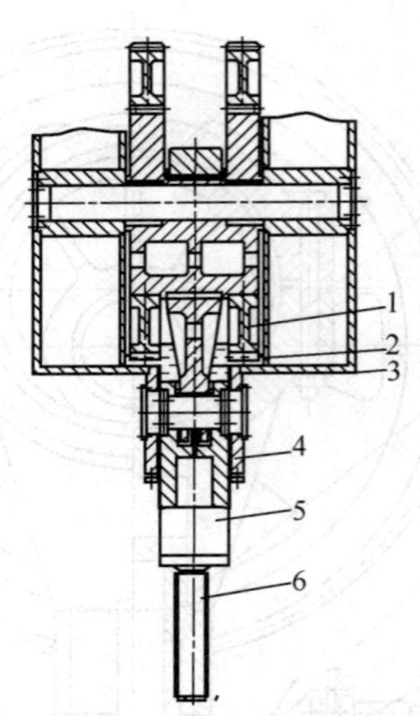

图 2.2-7　连杆及装模高度调节装置

1—导套；2—调节螺杆；3—连杆；4—蜗轮；5—蜗杆；6—滑块；7—顶料杆；8—连杆销

图 2.2-8　柱塞导向连杆结构图

1—偏心齿轮；2—油槽；3—上横梁；4—导向导套；5—导向柱塞；6—调节螺杆

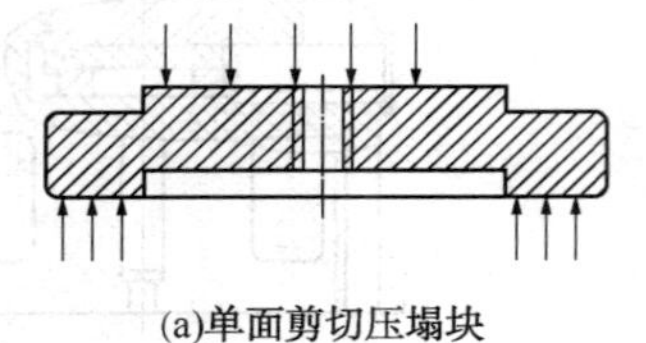

(a)单面剪切压塌块　　(b)双面剪切压塌块

图 2.2-9　压力机压塌块结构

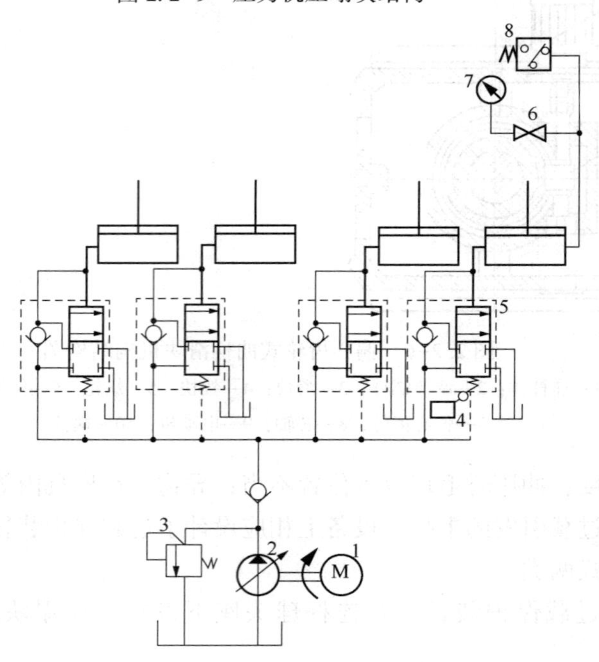

图 2.2-10　液压式过载保护装置原理图

1—电动机；2—高压液压泵；3—溢流阀；4—限位开关；5—卸荷阀；6—压力表开关；7—压力表；8—压力继电器

液压式过载保护的过载临界点可以准确地设定，且过载后设备恢复容易，广泛应用于中大型压力机。

4）打料机构

打料机构或称顶料装置，滑块上的顶料装置有刚性和气动之分。

（1）刚性顶料装置　刚性顶料装置的结构如图 2.2-11 所示。

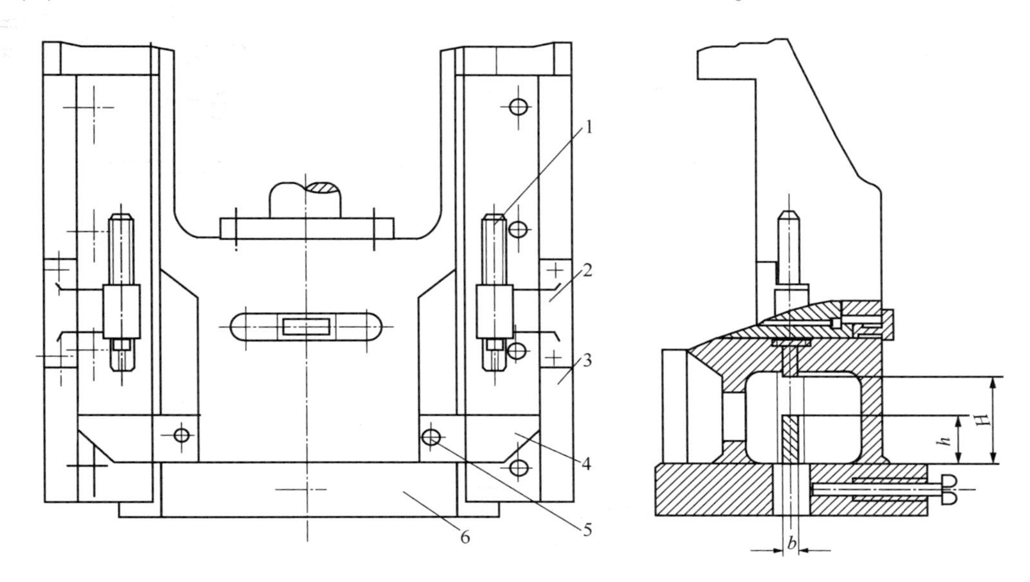

图 2.2-11　压力机刚性顶料装置

1—挡头螺钉；2—挡头座；3—机身；4—顶料杆；5—挡销；6—滑块

（2）气动顶料装置　与刚性顶料不同，气动顶料是由一对气缸替代挡头螺钉，即顶料杆的两头分别铰接在气缸的活塞杆上，气缸则安装在滑块上，需要顶料时气缸进气使顶料杆产生一相对位移，从而将工件从模具内顶出。

2. 机身

机身是设备的六个基本组件之一，作为承载体连接固定所有零部件，保障它们相对位置和运动关系，工作时承受全部变形力，与其他机构形成一封闭力系。强度和刚度是机身设计的重要指标，按结构形式，机身可分为开式和闭式。

常见开式机身的形式如图 2.2-12 所示。

常见闭式机身的形式如图 2.2-13 所示。

3. 离合器与制动器

由于压力机工作的间歇性和从动零件的较大质量，曲柄压力机设有离合器和制动器。离合器分为刚性离合器和摩擦式离合器两大类；制动器多为摩擦式，有盘式和带式之分。

1）刚性离合器

刚性离合器是依靠刚性结合零件使主动部件和从动部件产生连接和分离两种状态，实现曲柄机构的工作或停止。刚性离合器按结合零件的结构分为转键式、滑销式、滚柱式和牙嵌式等几种，常见的是转键式，以下主要介绍转键式离合器。

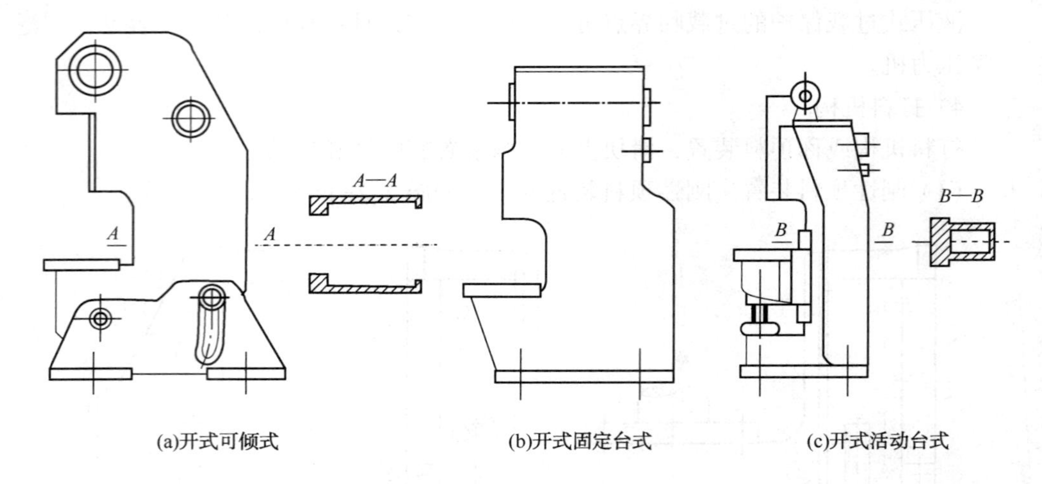

图 2. 2-12　曲柄压力机开式机身

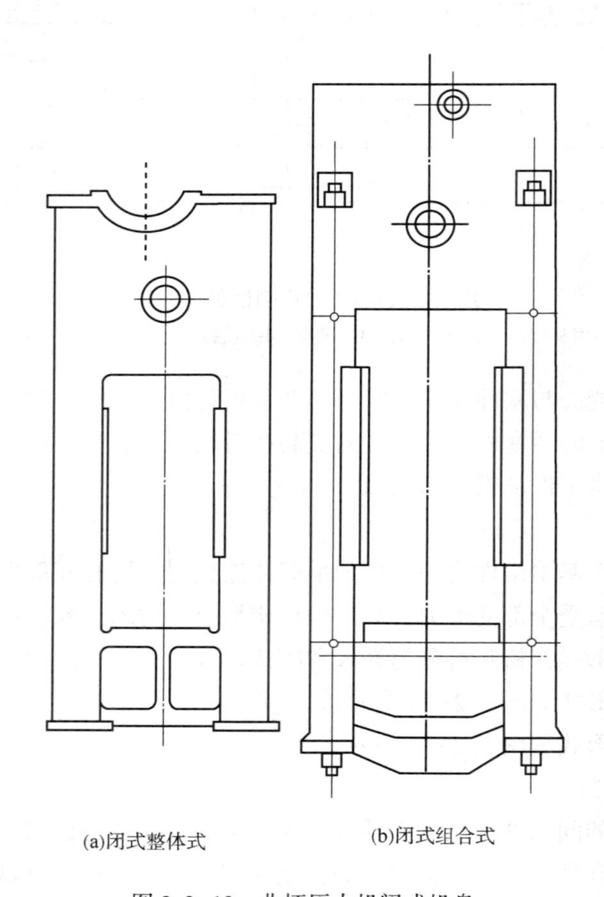

图 2. 2-13　曲柄压力机闭式机身

图 2. 2-14 为半圆形双转键式离合器，主动部分的大齿轮 8 并未直接安装在曲轴 3 上，它靠两个滑动轴承 1、5 支承在与曲轴键连接的内套 2 和外套 6 上，因此，大齿轮可以自由转动而不带动曲轴。

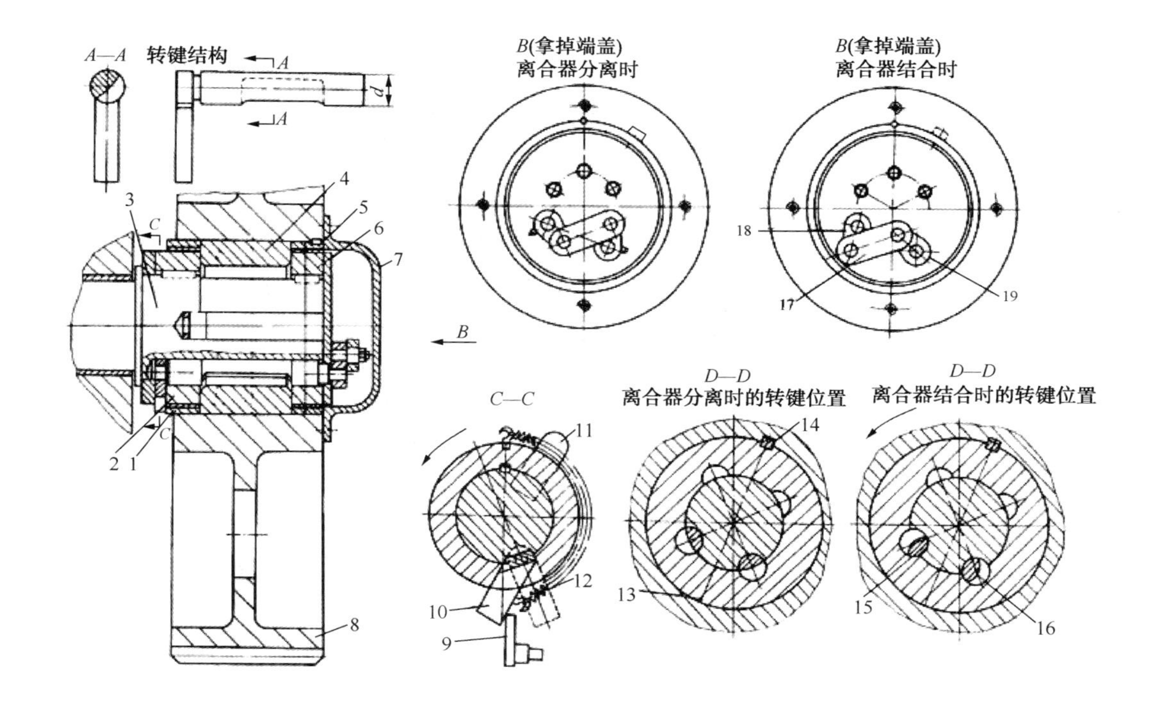

图 2.2-14　半圆形双转键离合器

1、5—滑动轴承；2—内套；3—曲轴(右端)；4—中套；6—外套；7—端盖；8—大齿轮；9—关闭器；10—尾板；11—凸块；12—弹簧；13—润滑棉芯；14—平键；15—转键；16—工作键；17—拉板；18—副键柄；19—工作键柄

离合器设有两个转键，一个称工作键(主键)，另一个为副键，副键的转动通过拉板 17 由主键驱动，其转动方向与主键相反。副键一方面可以防止滑块的“超前”运动，另一方面在需要曲轴反向运动时起主键作用。“超前”是指在下行时由于滑块自重使曲轴转速大于驱动齿轮转速，或在拉深时若采用弹性压边圈或拉深垫压边时，压力机滑块上行时曲轴转速会大于驱动齿轮转速。

图 2.2-15 是电磁控制的操作系统，可以完成单次和连续行程的操作。

2）带式制动器

制动器的作用是吸收从动部分的动能，让滑块及时停止在相应位置上。常见的带式制动器有偏心带式制动器、凸轮带式制动器和气动带式制动器。

(1) 偏心带式制动器　图 2.2-16 为偏心带式制动器的结构图。

(2) 凸轮带式制动器　图 2.2-17(a)为凸轮带式制动器的结构图。

(3) 气动带式制动器　图 2.2-17(b)为气动带式制动器的结构图。

3）摩擦离合器-制动器

摩擦离合器是依靠摩擦力矩来传递转矩，按其工作情况分为干式和湿式两种，干式离合器的摩擦单元暴露在空气中，湿式则浸在油里；按摩擦面的形状，摩擦离合器分为圆盘式和浮动镶嵌式。

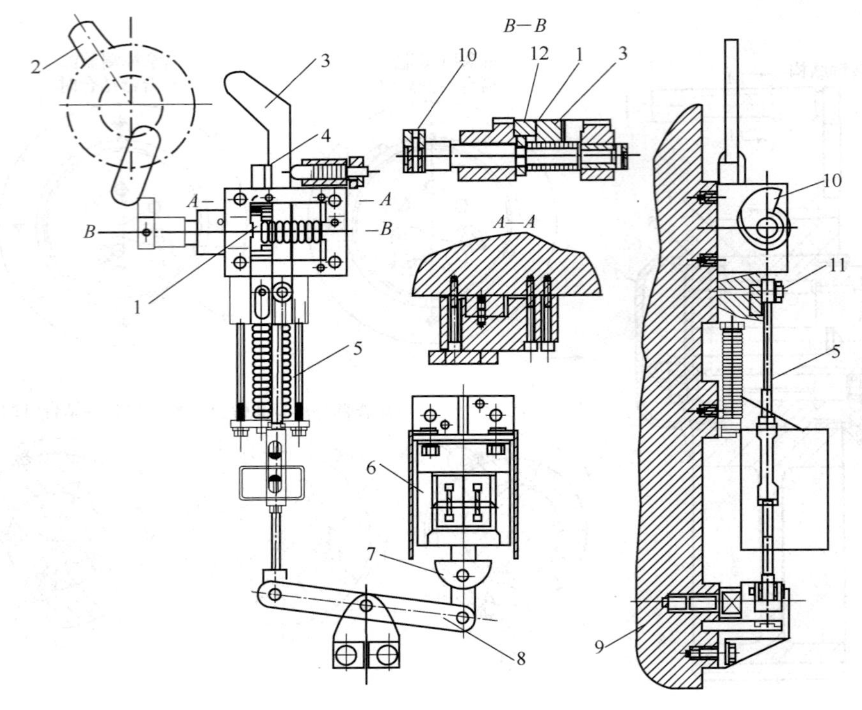

图 2.2-15 电磁控制的操纵机构图

1—齿轮；2—凸块；3—打棒；4—台阶；5—拉杆；6—电磁铁；7—衔铁；8—摆杆；9—机身；10—关闭器；11—销子；12—齿条

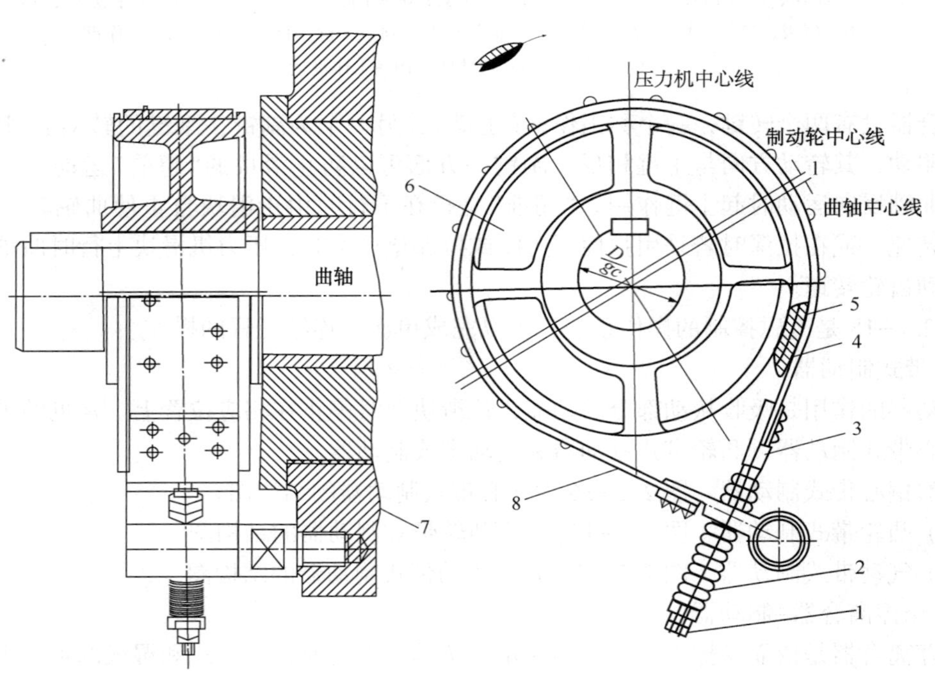

图 2.2-16 偏心带式制动器结构图

1—调节螺钉；2—制动弹簧；3—松边；4—制动带；5—摩擦材料；6—制动轮；7—机身；8—紧边

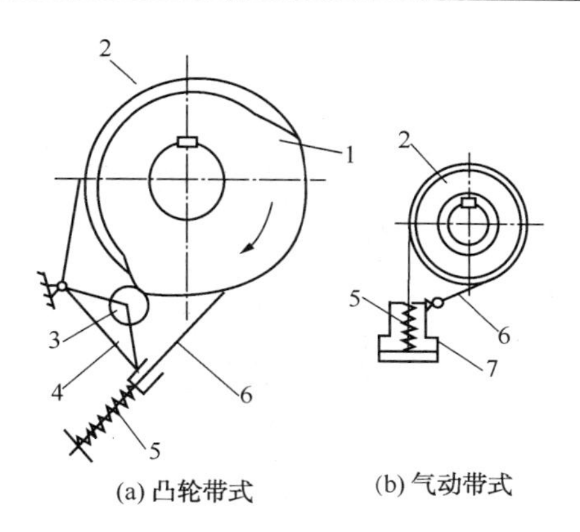

图 2.2-17　凸轮带式和气动带式制动器结构图

1—凸轮；2—制动轮；3—滚轮；4—杠杆；5—制动弹簧；6—制动带；7—气缸

图 2.2-18 所示为摩擦离合器-制动器的工作原理。图 2.2-18(a)为离合器的结构图，图 2.2-18(b)为制动器的结构图。

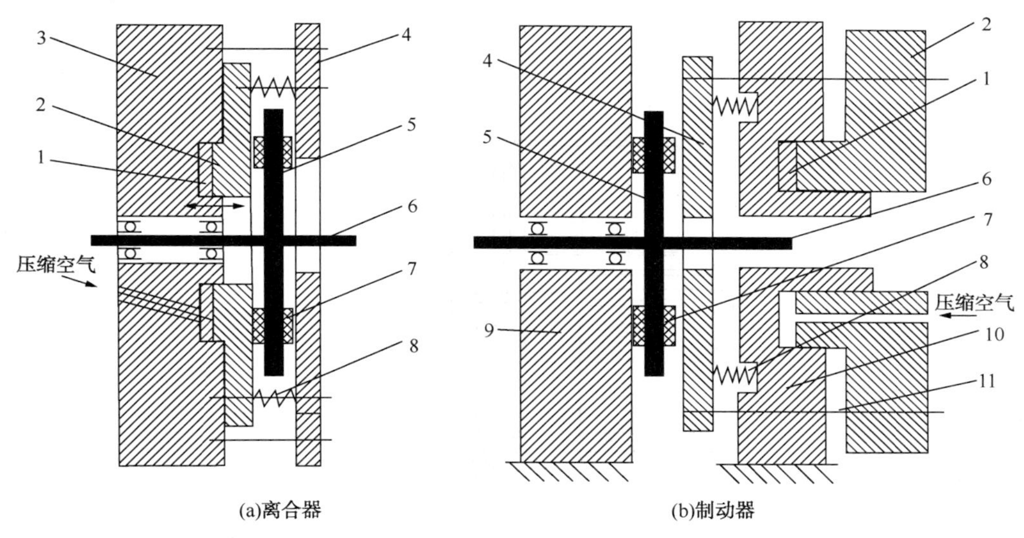

图 2.2-18　摩擦离合器-制动器的工作原理

1—气室；2—活塞；3—飞轮；4—主动摩擦片；5—从动摩擦片；6—主轴；
7—摩擦镶块；8—弹簧；9—固定摩擦盘；10—气缸；11—螺栓

图 2.2-19 是 JA31-160B 型曲柄压力机的盘式摩擦离合器-制动器结构图。左端为离合器，右端为制动器，它们之间用推杆 5 作刚性联动。

2.2.4　曲柄压力机主要技术参数

曲柄压力机主要技术参数反映了一台压力机的工作能力、所能加工零件的尺寸范围，以及有关生产率等指标。掌握曲柄压力机主要参数的定义和数值，是正确选用压力机的基础。正确选用压力机关系到设备与模具的安全、产品质量、模具寿命、生产效率和成本等。

(1) 标称压力 F_g(kN)及标称压力行程 S_g(mm)　曲柄压力机标称压力(或称额定压力)是指滑块距下死点某一特定距离(此距离称标称压力行程 S_g)时滑块上所容许承受的最大作

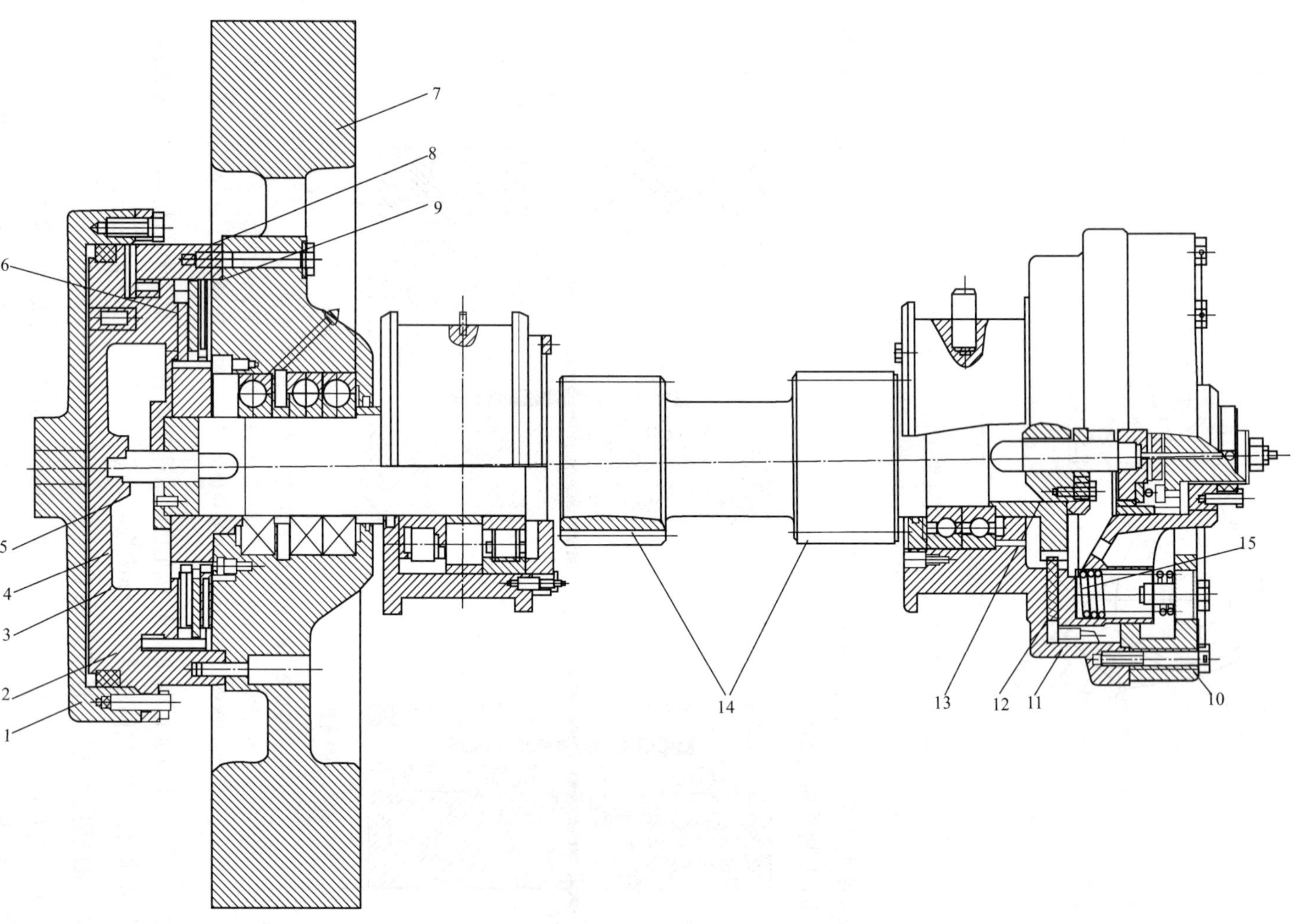

图2.2-19　盘式摩擦离合器-制动器结构图

1—气缸；2—活塞；3—离合器外齿圈；4—空心传动轴；5—推杆；6—从动摩擦片；7—大带轮；8—离合器内齿圈；
9—主动摩擦片；10—制动弹簧；11—制动器内齿圈；12—制动摩擦片；13—制动器外齿圈；14—小齿轮；15—制动压紧块

用力。与标称压力行程对应的曲柄转角 α_g 定义为标称压力角。

（2）滑块行程 S(mm)　它是指滑块从上死点至下死点所经过的距离，其值是曲柄半径的两倍，它随设备的标称压力值的增加而增加。有些压力机的滑块行程是可调的。

（3）滑块行程次数 n(1/min)　指在连续工作方式下滑块每分钟往返的次数，与曲柄转速相对应。通用曲柄压力机越小，滑块行程次数越大。对高速压力机，为实现大批量生产和模具调试，可以实现在试模及模具初始运行阶段低速运行，一切正常后切换至高速运行。

（4）最大装模高度 H(mm)及装模高度调节量 ΔH(mm)　装模高度是指滑块在下死点时滑块下表面到工作台垫板上表面的距离。为了提高设备的适应性，装模高度应是可调节的。最大装模高度是指将滑块调节至最上位置时的装模高度值。

（5）工作台尺寸　工作台尺寸包括工作台平面尺寸和工作台上漏孔尺寸。

（6）模柄孔尺寸　主要针对开式压力机，作模具上模装夹用。

2.2.5　伺服压力机

传统的曲柄压力机均以交流感应电动机为动力，靠飞轮储存和释放能量，离合器控制设备的运行和停止，其最大的缺点是滑块工作特性固定，无法调节，压力不易控制，工作适应性差，缺乏“柔性”，无法满足冲压生产日益提高的加工技术要求。

伺服压力机是在摒弃传统机械压力机的飞轮和离合器等耗能部件的基础上，采用计算机控制的交流伺服电动机直接作为压力机的动力源，通过螺旋、曲柄连杆和肘杆等执行机构将电动机的旋转运动转化为滑块的直线运动，在不改变机械结构的前提下，利用伺服控制技术可任意更改滑块运动特性曲线，对滑块的位移和速度进行全闭环控制，实现滑块运动特性可控，工作性能和工艺适应性大大提高，更好地满足了冲压加工柔性化和智能化的需求。伺服压力机能够提高复杂形状冲压件、高强度钢板及铝合金板成形加工的技术水平，充分体现了锻压机床未来的发展趋势，被称为“第三代智能化压力机”。

由于伺服压力机采用计算机控制交流伺服电动机直接驱动滑块，可对滑块的位置、速度和运行轨迹实现控制，使压力机获得了柔性化和智能化，工作性能和工艺适应性大大提高。

根据伺服电动机驱动方式，伺服压力机主传动系统可分为伺服电动机直接驱动执行机构和伺服电动机通过减速机驱动执行机构两种类型。

直接驱动形式的伺服压力机，采用低速大转矩伺服电动机与执行机构直接连接，无减速机构，传动链短，结构简单，传动效率高，噪声小；但受伺服电动机转矩的限制，仅适用于小吨位伺服压力机。目前，商品化的伺服压力机广泛采用伺服电动机-减速-增力机构的主传动系统，可分为电动机-减速-曲柄连杆、电动机-减速-曲柄-肘杆、电动机-减速-螺旋-肘杆等三种伺服压力机。采用减速机构和增力机构作为伺服压力机主传动系统，可实现高速、小转矩伺服电动机驱动大吨位压力机。

1. 电动机-减速-曲柄连杆驱动伺服压力机

电动机-减速-曲柄连杆驱动伺服压力机的传动原理如图 2.2-20 所示。伺服电动机经一级齿轮传动驱动曲柄-连杆机构。与普通曲柄压力机不同的是，用交流伺服电动机取代了普通的感应电动机，取消了飞轮和离合器。这类伺服驱动曲柄压力机保留了曲柄压力机原有的优点，回程时电动机无需反向，滑块靠近下死点时速度自动降低，增力比较大。

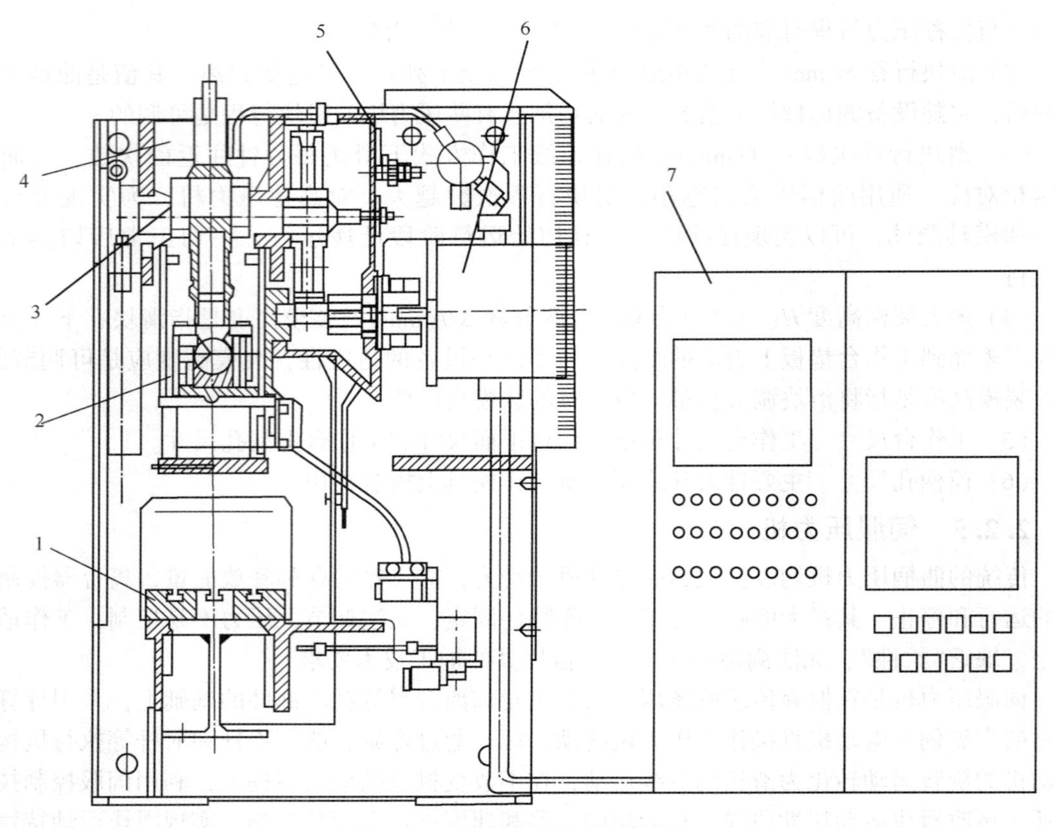

图 2.2-20 伺服压力机的传动原理

1—工作台；2—滑块；3—曲柄连杆机构；4—机身；5—反馈系统；
6—伺服电动机驱动系统；7—计算机控制系统

2. 电动机-减速-曲柄-肘杆传动伺服压力机

采用肘杆机构可以提高增力，减少电动机容量，提高压力机吨位。图 2.2-21 所示为电动机-减速-曲柄-肘杆传动伺服压力机的传动原理，此类压力机最大标称压力可达 25000kN。

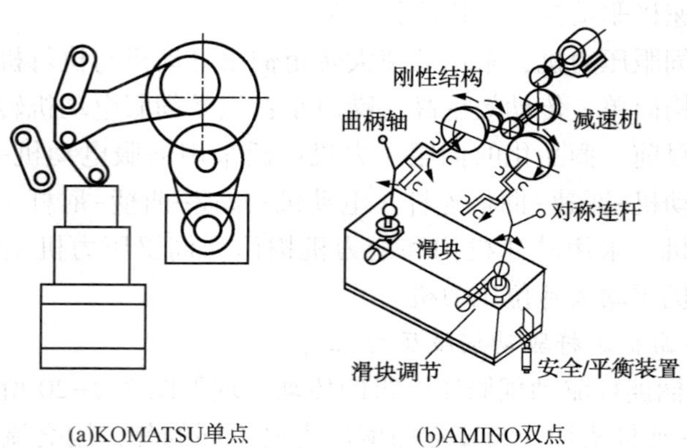

(a)KOMATSU单点　(b)AMINO双点

图 2.2-21 伺服压力机的传动原理

3. 电动机–减速–螺旋–肘杆传动伺服压力机

采用这种传动方式，可以获得更大的增力，制造更大标称压力的压力机；缺点是由于螺旋需要正反转，工作频率不能太高。

图 2. 2–22 所示为这种传动方式伺服压力机的传动原理。两台伺服电动机通过传动带减速，带动滚珠丝杠运动，再通过肘杆机构带动滑块上下运动，无飞轮和离合器，压力机不仅有位移传感器，而且有压力传感器，以反馈压力信号。

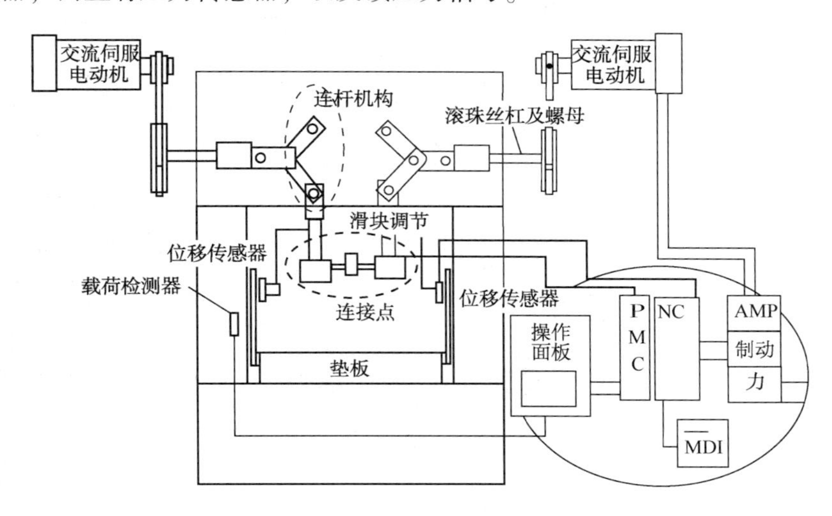

图 2. 2–22　双点伺服压力机的传动原理

2. 2. 6　专用曲柄压力机

1. 拉深压力机

对复杂形状的大型薄板成形件，特别是汽车覆盖件，宜在专用的拉深压力机上进行。一般拉深压力机有两个滑块(称双拉深压力机)，外滑块用于压边，内滑块用于拉深成形。

图 2. 2–23 为 JB46–315 双点双动拉深压力机结构图，电动机通过带轮、离合器、齿轮减速装置、曲柄和多杆机构带动滑块运动，由于采用了多杆机构，内滑块在拉深行程时速度较低。外滑块用 4 个连杆与多杆机构相连，内滑块有两个连杆，内滑块安装在外滑块内，内外滑块均有平衡缸。该设备使用了快换模技术，采用两个工作台双侧移出，当一个工作台工作时，在另一个工作台上可进行模具安装，换模时推入机床后利用滑块上的快速夹紧气缸将上模夹持住，调好装模高度，即可快速投入生产。

为了使滑块运动符合拉深工艺特点，连杆采用了内、外滑块连接杆机构，内、外滑块连接杆机构的工作原理如图 2. 2–24 所示。当主轴 R 以等角速度逆时针方向旋转时，通过 l_1、l_2 与内滑块连接，使内滑块上下运动，又通过 l_3、l_4、l_5、l_6 和 l_7 的多杆机构作用，使内滑块下行时速度慢且稳定，而上行时则较快，一方面满足拉深工艺要求，另一方面又提高了生产效率。外滑块的驱动由 l_4 对 G 轴完成，G 轴[图 2. 2–24(a)]驱动连杆 l_8、l_9、l_{10}、l_{11} 至外滑块，多杆机构的使用是当内滑块进行拉深时，外滑块一直处于下死点不动而压紧毛坯。

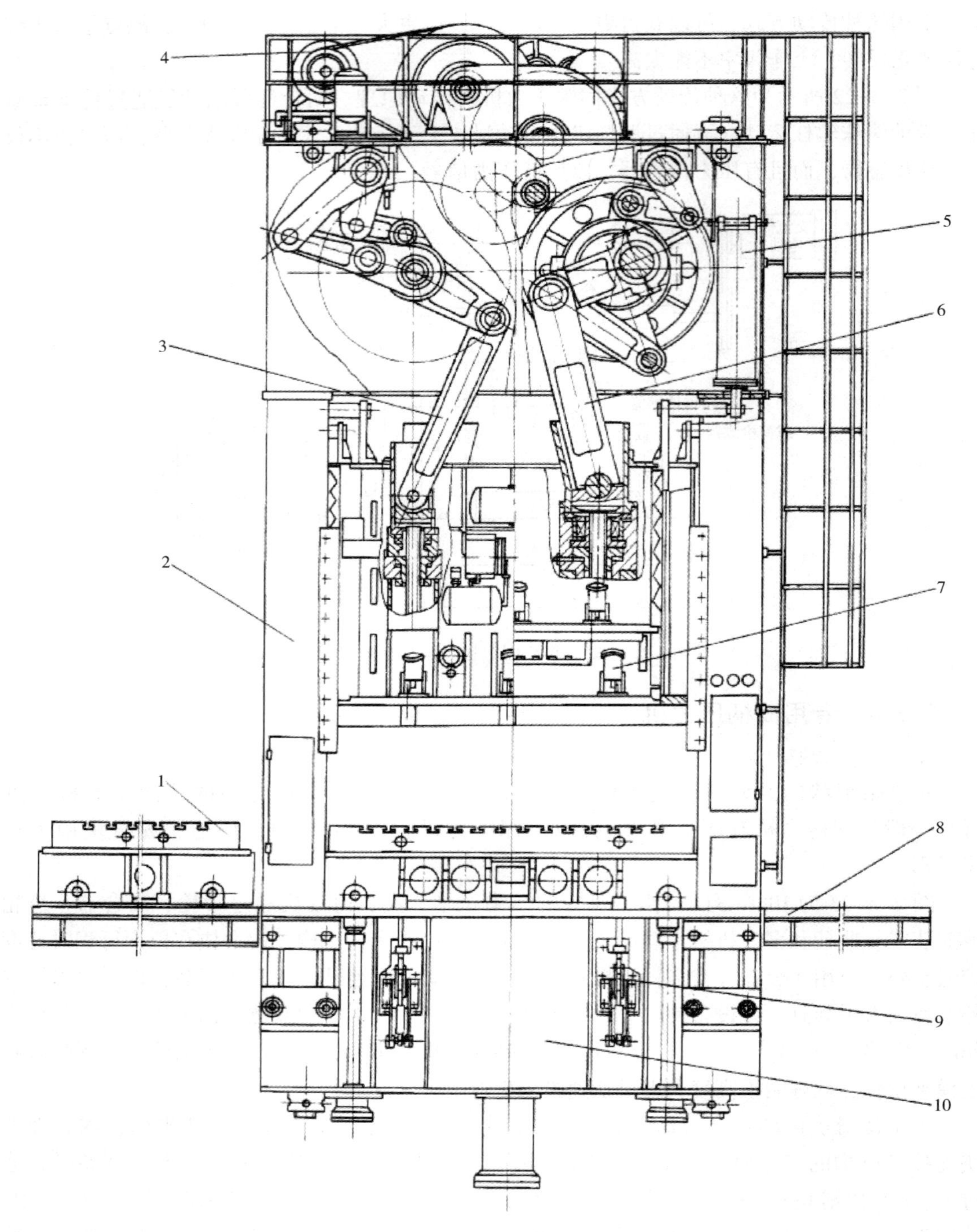

图 2.2-23　JB46-315 双点双动拉深压力机结构图

1—移动工作台；2—床身；3—外滑块机构；4—传动系统；5—滑块平衡缸；6—内滑块机构；7—快速夹紧气缸；8—导轨；9—工作台锁紧机构；10—气垫

连杆与内、外滑块的连接是通过螺旋副完成的，调节螺旋副可实现装模高度的调节。外滑块的压边力是通过调节装模高度来完成的，即将设备装模高度值调至比模具闭合高度稍小，工作时依靠设备的弹性变形而产生压边力，但拉深力同样会使设备产生高度方向的变形量而使压边力减小，影响拉深件质量，为克服上述缺点，在压力机外滑块内加装了液压补偿器。

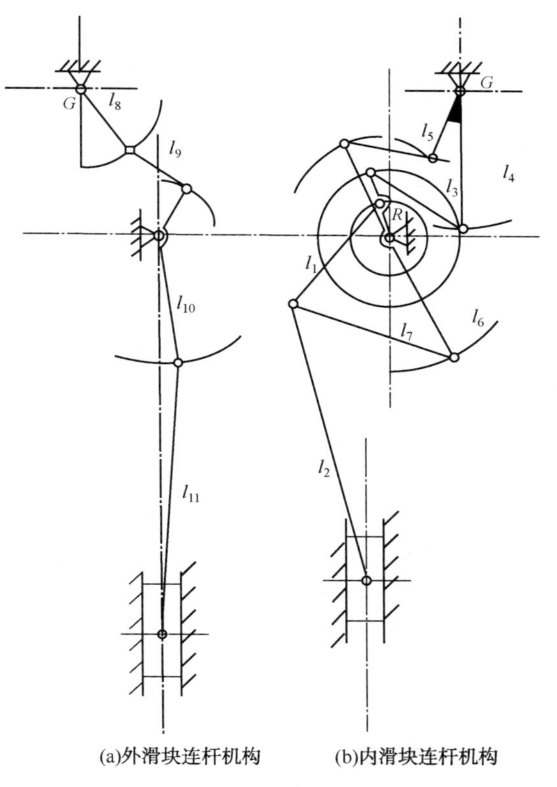

图 2. 2-24　内、外滑块连杆机构工作原理图

2. 冷挤压机

冷挤压是一种先进的材料成形工艺，近年来发展非常迅速，特别是随着新的模具材料出现，使得用冷挤压成形加工更多的有色与黑色金属成为可能。随着冷温锻造技术的发展，冷挤压机的需求将不断增加。

与热锻相比，冷挤压有着较高的尺寸精度和较低的表面粗糙度；与切削加工相比，有着较高的材料利用率和生产效率。由于冷挤压不切断金属纤维、通过挤压使材料组织更致密以及材料本身的加工硬化，冷挤压件的强度和硬度都比金属切削件有较大提高。有色金属材料的塑性性能好，能挤出形状复杂的零件。

冷压机有以下几种分类方式：

(1) 按工作机构分　可分为曲柄式、肘杆式和拉力肘杆式，如图 2. 2-25 所示。三种不同的机构使挤压机的运行和力能曲线各不同。在挤压同样长度的坯料时，拉力肘杆式的加压时间最长，肘杆式次之，曲柄式最短。工作力上升快的是拉力肘杆式，肘杆式次之，曲柄式较小。

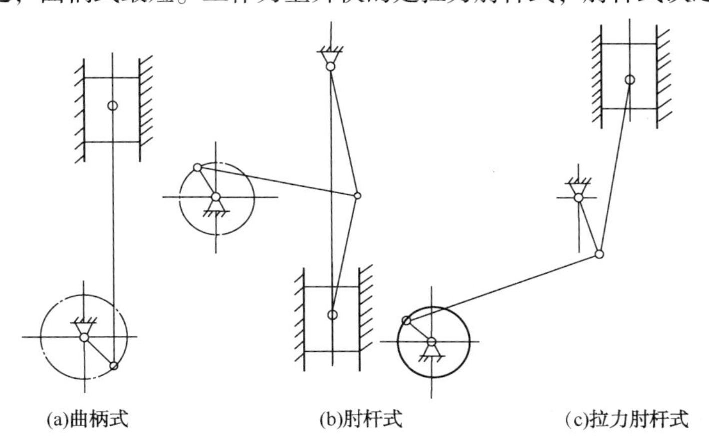

图 2. 2-25　挤压机按工作机构分类

（2）按传动系统位置分　可分为上传动和下传动。下传动挤压机重心低、运动平稳，有利于减少振动和噪声，同时，下传动为增加导轨长度提供了方便。

（3）按机身放置方向分　可分为立式和卧式。立式挤压机作为通用挤压设备，一般单工序使用；卧式挤压机可应用于多工位连续挤压。在立式挤压机中，又可按床身外形分为开式和闭式挤压机。

图 2.2-26 所示为偏心式下传动冷挤压机的外形图。该挤压机适用于黑色金属冷挤压，设有液气缓冲和超载保护装置，可以减小凸模与坯料接触时的撞击，避免压力机零件因过载而损坏；采用了偏心齿轮曲柄连杆机构，使挤压工作时连杆与滑块运动方向的夹角减小，降低了滑块对导轨的侧压力，提高了导向精度，减少了模具磨损，安装有挤压力及装模高度调节指示器，方便操作和调节。

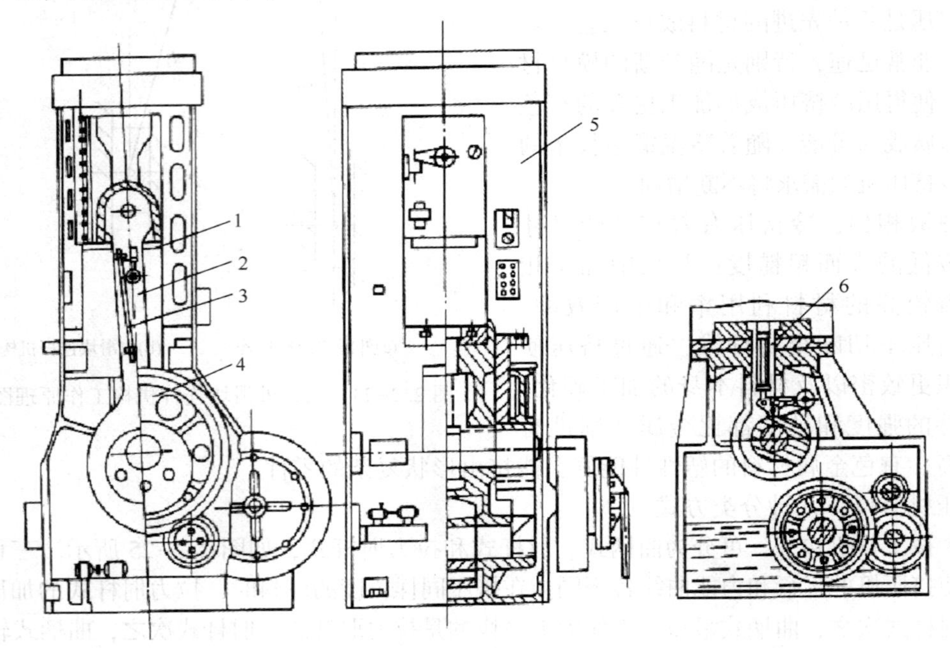

图 2.2-26　偏心式下传动冷挤压机外形图

1—滑块；2—连杆；3—伸长仪；4—偏心齿轮；5—机身；6—下顶料装置

3. 热模锻压力机

热模锻压力机主要用于锻造。近年来，热模锻压力机发展迅速，其标称压力已达到 10 万 kN 以上。

压力机热模锻有着比锤上模锻精度高的优点，节约金属，减少加工量，可实现多模腔锻造，既有利于操作，又便于锻造自动化，生产效率高。但设备投资成本大，且对毛坯下料精度要求严格。

目前，国内外生产的热模锻压力机种类很多，各有特色。若按压力机工作机构的类型，可将其分为连杆式、双滑块式、楔式和双动式等几大类。

（1）连杆式热模锻压力机　连杆式热模锻压力机（又称 Mp 型压力机），采用了与通用曲柄压力机相似的曲柄滑块机构，在热模锻压力机中应用最广。

图 2.2-27 为连杆式热模锻压力机传动系统图，机器采用一级传送带、一级齿轮两级变速传动方式，离合器、制动器分别装在偏心轴左右两端，采用气动联锁，多用盘式摩擦片结构，滑块采用有附加导向的象鼻式结构，采用双楔式楔形工作台完成装模高度的调整。机身分为机架和底座两部分，用四根拉紧螺栓连接成整体。

（2）楔式热模锻压力机　楔式热模锻压力机（又称 Kp 型压力机），其传动方式是在连杆和滑块之间增加了一楔块，如图 2.2-28 所示，滑块 3 不是由连杆 4 直接驱动，而是由楔块驱动滑块完成。在连杆大头装有偏心蜗轮 5，用以调节连杆长度达到调节装模高度的目的。

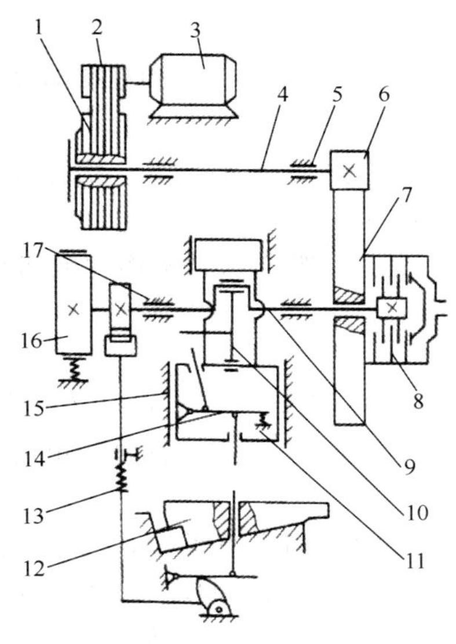

图 2.2-27　连杆式热模锻压力机传动系统图

1—大带轮；2—小带轮；3—电动机；4—传动轴；5、17—轴承；6—小齿轮；7—大齿轮；8—离合器；9—偏心轴；10—连杆；11—滑块；12—楔形工作台；13—下顶件装置；14—上顶件装置；15—导轨；16—制动器；

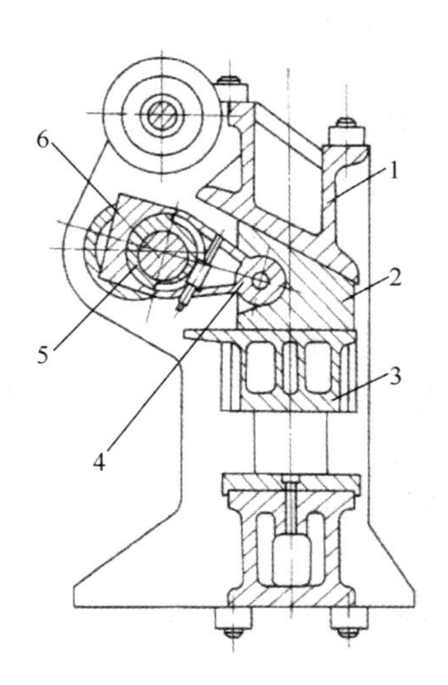

图 2.2-28　楔式热模锻压力机结构图

1—机身；2—传动楔块；3—滑块；4—连杆；5—偏心蜗轮；6—曲轴

2.2.7　冲压附属设备

冲压生产自动化是提高生产效率，保证安全生产的根本途径。众所周知，在通用压力机上采用手工操作，其行程次数的利用率是比较低的，如果采用自动送料装置，可以使压力机的行程利用率提高到 80%～90%。由此可见，在通用压力机上采用自动送料装置，可使冲压生产率提高 2～3 倍以上。目前，在大批量生产冲压件的企业中，自动化生产已经得到了广泛的应用。

冲压生产自动化主要由主机和附属设备完成。主机是指完成冲压工序加工的各类压力机和必要的各类其他加工机床。附属设备是完成自动化各种辅助工作所需要的机械装置和检测装置，其中主要是自动送料装置，这种装置通常可分为两大类型：卷料、条料、板料的自动送料装置和半成品送料装置。送料的形式有钩式、辊式、夹持式、闸门式、转盘式、摆杆式和钳式等。自动控制系统一般分为控制压力机和控制送料装置两部分。

1. 自动送料装置

采用自动送料装置是冲压生产自动化的主要内容。它可以提高压力机的利用率和生产效率，常见的送料装置有：

(1) 钩式送料装置　这种送料装置由送料钩、止回销和驱动机构等组成。

(2) 辊式送料装置　这种送料装置由一对或多对辊轮和驱动装置组成，结构简单，通用性好，是目前使用最为广泛的一种形式，可适应于不同的厚度和步距。

(3) 闸门式半成品送料装置　这种送料装置主要用于片状或块状零件的输送。

(4) 摆杆式送料装置　这种送料装置由摆杆、抓件部分和驱动部分等组成，利用摆杆摆动实现抓件和送料。

(5) 夹钳式送料装置　这种送料装置由夹钳、连杆、滑板、料槽和堆料部分组成，主要用于圆形块材的送料。

(6) 转盘式送料装置　这种送料装置的传动形式有摩擦式、棘轮式、槽轮式、蜗轮式和圆柱凸轮式等。

(7) 多工位送料装置　这种送料装置由夹板、夹钳、纵向送料机构和横向夹紧机构等组成。

1) 辊式送料装置

辊式送料装置是各种送料装置中应用最广泛的一种，它既可用于卷料又可应用于条料。按辊子安装形式，辊式送料有立辊和卧辊之分，卧辊又有单边和双边两种。单边卧辊一般是推式，少数也有拉式；双边卧辊是一推一拉。

图 2.2-29 是单边推式卧辊送料装置的结构图。材料通过上下辊子 6 送进，安装在曲轴端部的可调偏心盘 1，通过拉杆 3 带动棘爪作来回摆动，间歇推动棘轮旋转，棘轮与辊子安装在同一个轴上，产生间歇送料，冲压后的废料由卷筒 7 重新卷起，传送带张力不要太大，以免打滑。

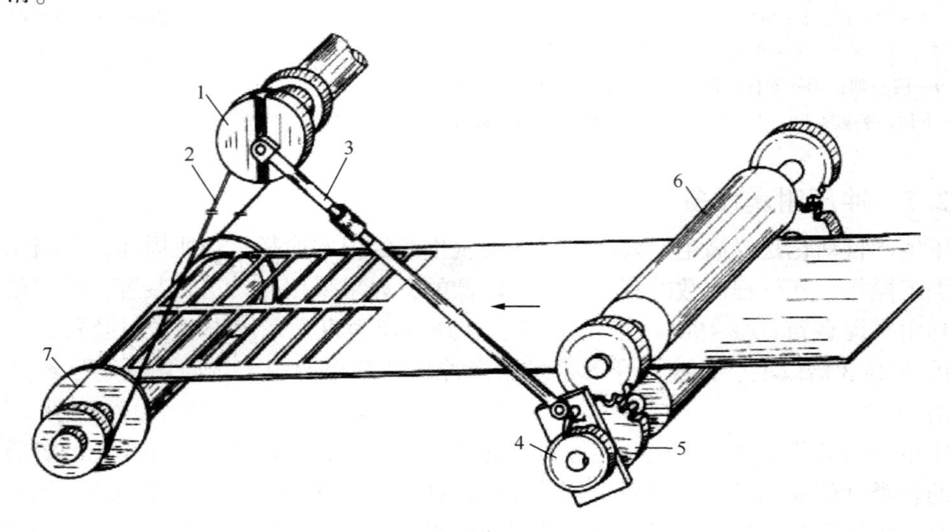

图 2.2-29　单边推式卧辊送料装置结构图

1—偏心盘；2—传送带；3—拉杆；4—棘轮；5—齿轮；6—辊子；7—卷筒

辊式送料装置的驱动方式很多，常见的有铰链四杆机构传动、齿轮齿条传动、螺旋齿轮传动、斜楔传动和链轮传动，另外，还有气动和液压驱动之分。

2）半成品送料装置

半成品的自动送料是冲压自动化生产的重要方面。由于半成品冲压件的形状多样，如有片状和块状零件、无凸缘的和带凸缘的圆筒形零件、旋转体和异形零件等，致使送料装置的形式繁多。但就其组成而言，不外乎是由送料机构、料斗、分配机构、定向机构、料槽、出件机构和理件机构等组成。

（1）闸门式送料机构　此种机构多用于片状或块状零件的输送，由于它结构简单、安全可靠、送料精度高，在生产中得到广泛应用，如图 2. 2-30 所示。

图 2. 2-30　闸门式送料机工作原理图

1—片状或块状零件；2—料匣；

3—推门（闸门）

（2）料斗　料斗的作用是储存一定数量的半成品零件，并逐步地输送给送料机构，送到加工部位进行冲压。其安装部位由送料机构所处的位置确定，通常安装在送料机构的前上方。料斗的形状有多种，如圆筒形、盒形和圆盘形等。

按定向性能，料斗可分为定向料斗和非定向料斗两种。定向料斗在料斗中有定向机构，非定向料斗的定向机构则设在料槽中。按结构和原理特性，料斗可分为顶杆式、水车式、转盘式和振动式等。

图 2. 2-31 所示为顶杆式料斗。

图 2. 2-32 所示为转盘式料斗。

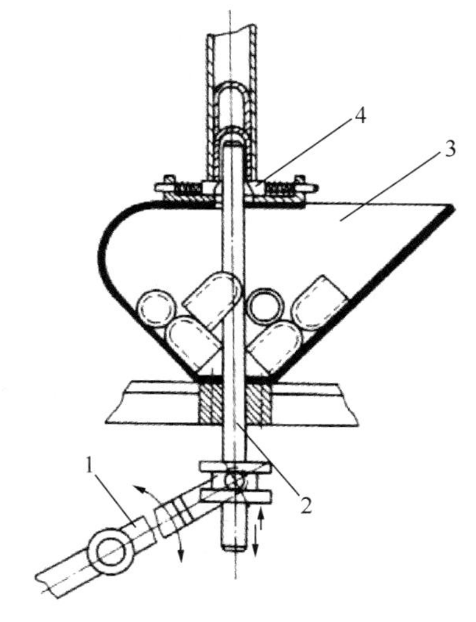

图 2. 2-31　顶杆式料斗

1—拨杆；2—顶杆；

3—料斗；4—止回锁

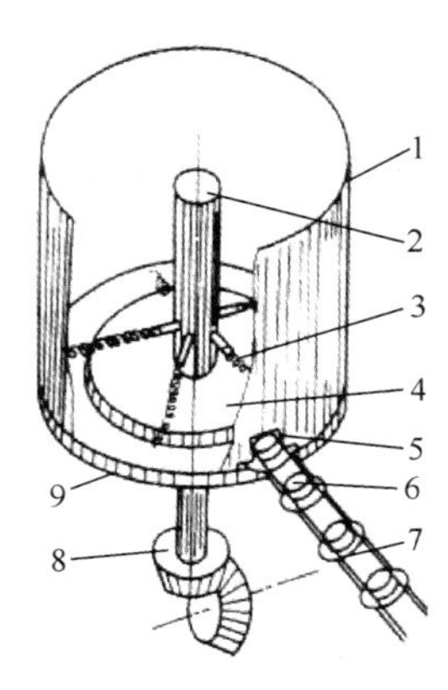

图 2. 2-32　转盘式料斗

1—料斗；2—轴；3—弹簧；4—转盘；

5—出料口；6—工件；7—料槽；

8—锥齿轮；9—料斗底盘

（3）出件机构　出件机构的作用是把冲压下来的工件或废料及时送出，否则它们会在模具的周围堆积起来，影响送料机构的正常工作。当采用了出件机构和送料机构配合后，会大大减轻工人的劳动强度，防止工伤事故。按传动的特点，出件机构有气动式和机械式两种。

图 2.2-33 所示为机械接盘式出件机构，由杆 3、接盘 5 和下摆杆 6 等组成。

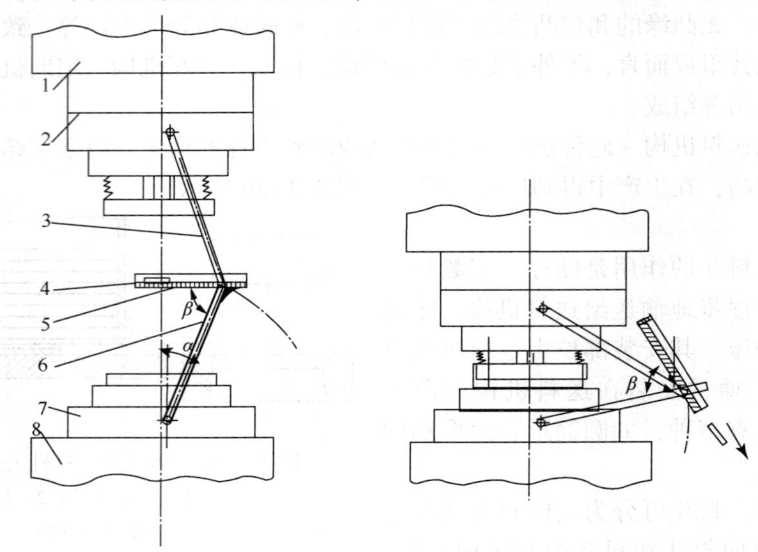

图 2.2-33　机械接盘式出件机构

1—压力机滑块；2—上模；3—杆；4—工件；5—接盘；6—下摆杆；7—下模；8—工作台

2. 冲压机械手

机械手能按照预定程序自动完成几个规定的动作，实现物体的自动夹取和运送。在冲压生产中，它不仅用于一台压力机上完成上下料工作，实现单机自动化，也可以用在由若干台压力机组成的流水生产线上，实现各压力机之间工件的自动传递，形成自动冲压生产线。由于机械手能方便地改变工作程序，因而在经常变换产品品种的中小件冲压生产中，对于实现生产自动化更具有重要意义。

机械手由执行机构、驱动机构和电气控制系统等组成。

机械手的驱动方式有气动、液压、电动和机械式四种。目前，冲压机械手多数为气动或液压驱动。

根据手臂运动形式的不同，机械手可以分为四种形式：直角坐标式、圆柱坐标式、极坐标式和多关节式，如图 2.2-34 所示。

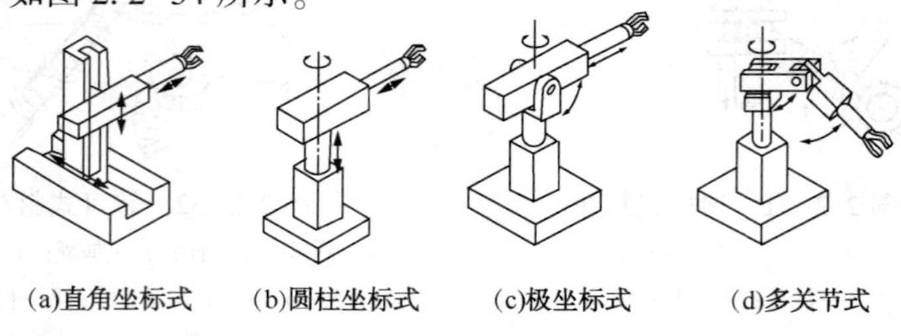

(a)直角坐标式　(b)圆柱坐标式　(c)极坐标式　(d)多关节式

图 2.2-34　机械手的四种坐标形式

图 2.2-35 所示是一台气动式圆柱坐标机械手，用于压力机自动上料。

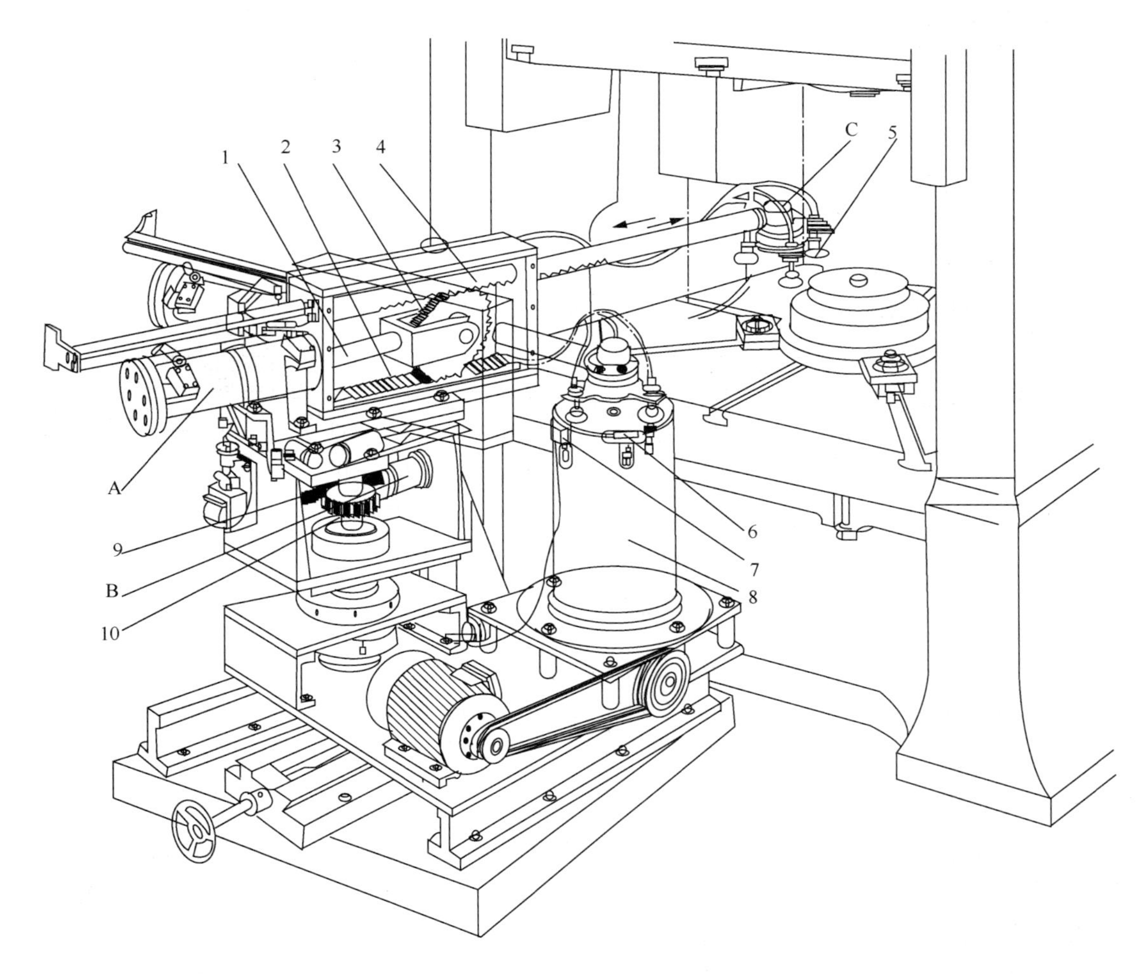

图 2.2-35　气动式圆柱坐标机械手结构图

1—活塞杆；2—固定齿条；3、10—齿轮；4—手臂；5—手指；6—永久磁铁；
7—无触点行程开关；8—贮料筒；9—齿条
A—手臂伸缩缸；B—手臂摆动缸；C—手指升降缸

3. 开卷校平机

在冲压生产自动线中若使用卷料，则生产线应配备开卷机或开卷校平机，将板料开卷校平、纵向剪切或横向剪切，加工成所要求的毛坯形状，如条料、块料和其他形状。

图 2.2-36 为宽卷料开卷落料自动线组成图。宽卷料由装有专用吊钩的起重机吊运到卷料送进装置 1 上，装夹在开卷装置 2、3 上进行开卷。进入多辊校平机 4 校平，经过卷料补偿圈 10 再进入卷料自动拉推送进机构 6、7，至落料压力机 5 内进行落料。剪切的毛坯滑入码料装置。新卷料端头尚未进入卷料自动拉推机构时，装在补偿圈地坑两侧的门式框架 11 立即托起卷料端头，送入自动拉推送料机构。卷料自动拉推送进机构与落料压力机需要同步，并间歇地输送卷料，而开卷与校平机则连续输送卷料。两者之间的运转

速度依靠光电控制系统调节，根据落料采样输出的反馈信号，送入计算机控制系统，控制连续输送的速度，由此构成闭环控制系统。连接开卷机与校平机的卷料，依靠地坑内的补偿圈储存和补偿。

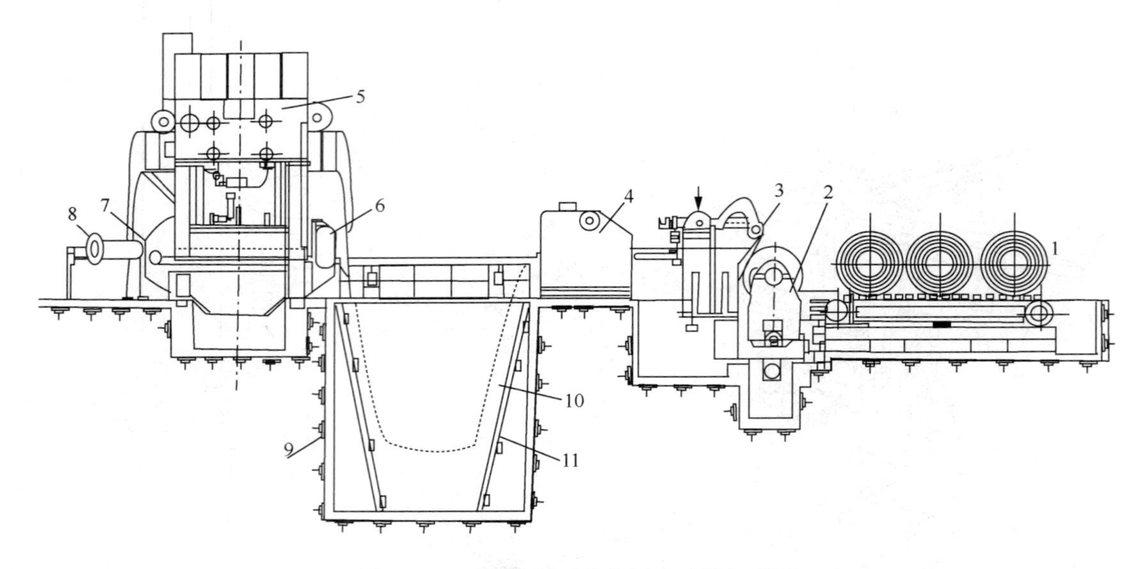

图 2.2-36　宽卷料开卷落料自动线组成图

1—卷料送进装置；2、3—开卷装置；4—多辊校平机；5—落料压力机；6、7—卷料自动拉推送进机构；8—废料剪切装置；9—补偿圈地坑；10—卷料补偿圈；11—门式框架

4. 冲压生产线

冲压机械化、自动化已成为冲压生产的发展方向。冲压机械化、自动化概括起来有三种基本途径：第一，使用带料生产的自动压力机，目前广泛用于小型零件的冲压生产；第二，多工位压力机，由于其进料距离较小(一般小于 500mm)，适用于中小型零件，特别是圆形和方形零件的冲压生产；第三，冲压自动线，它是在原手工操作的冲压流水线的基础上，经半机械化、机械化生产线等阶段逐步发展完善起来的。自动线的适用性较广，可以解决大中型零件的冲压自动化问题。

冲压自动线主要由主机和附属设备组成。主机是指完成冲压工序加工的各类压力机和其他加工机床。

附属设备是完成自动线各种辅助工作所需的机械装置和检测装置。

图 2.2-37 为口杯制坯自动线，它由自动送料、冲压成形、自动剪边卷口、杯环自动焊接等部分组成。

图 2.2-38 所示为汽车纵梁冲压自动线。冲孔工作由一台 60MN 的液压机完成，成形则由另一台 60MN 的压力机完成，工件经两次清洗，两次翻转，通过送料装置将各机器连接成一个整体。

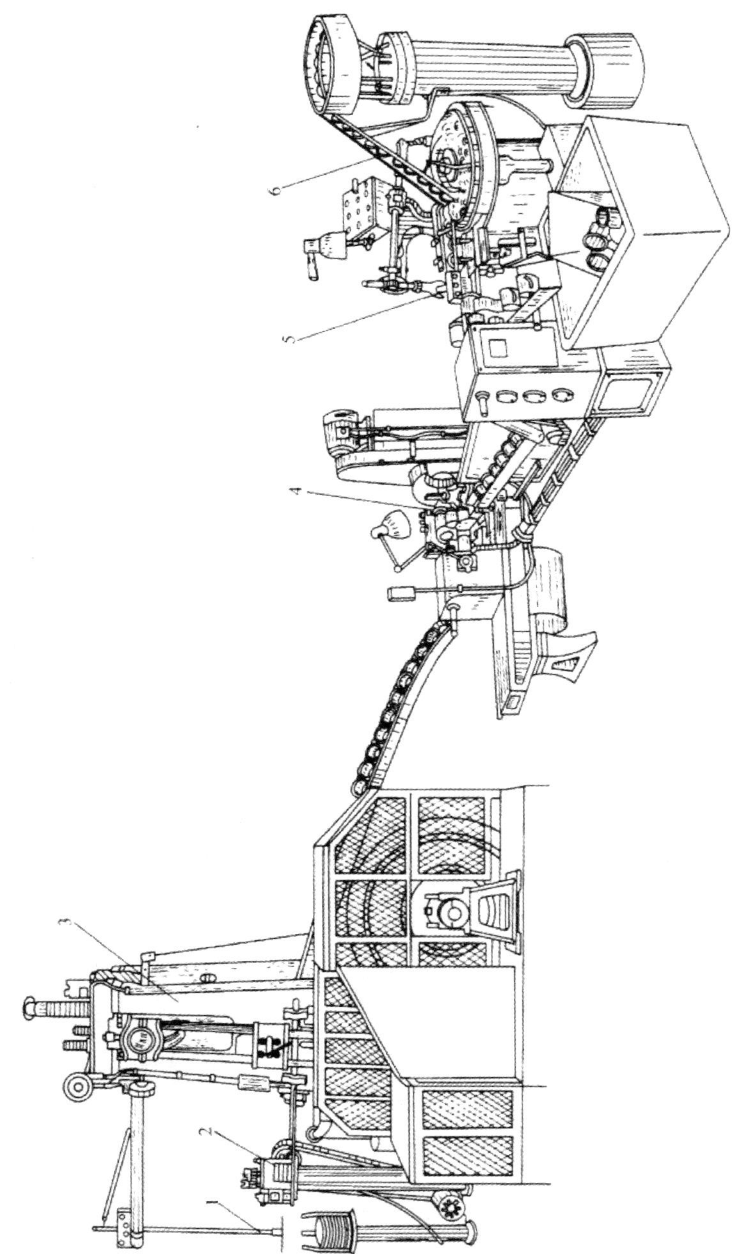

图2.2-37　口杯制坯自动线

1—真空吸附式自动送料装置；2—滚筒加油装置；3—下传动双动压力机；4—自动剪边卷口机；5—杯环自动焊机；6—杯环自动送料装置

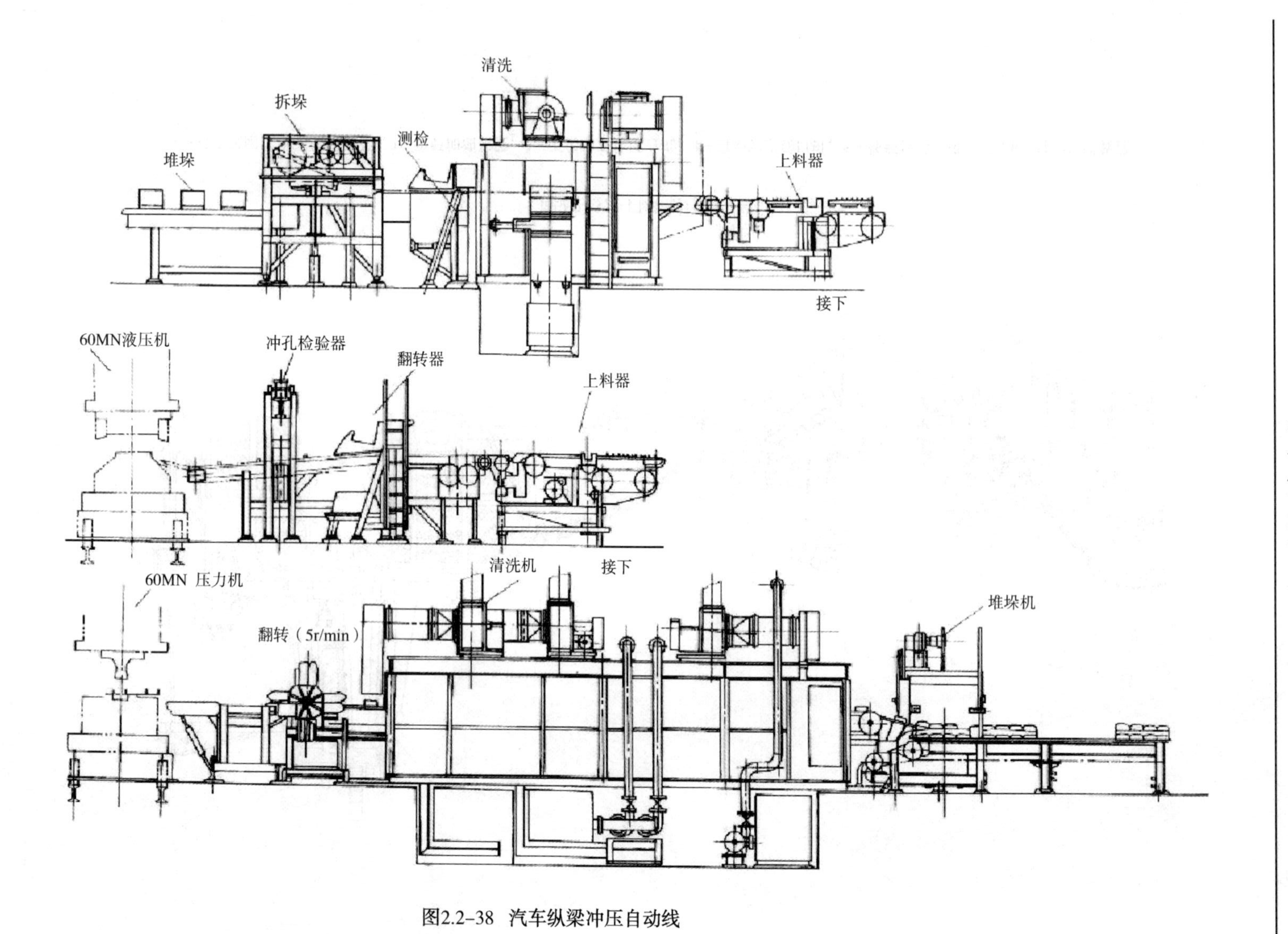

图2.2-38 汽车纵梁冲压自动线

复习思考题

1. 画图说明曲柄压力机的工作原理。
2. 曲柄压力机由哪几部分组成？各部分的功能是什么？
3. 曲柄压力机是如何分类的？
4. 曲柄滑块机构有哪几种？简述其中一种的结构组成。
5. 曲柄压力机有哪些技术参数？它们各自的含义是什么？
6. 与传统压力机相比，伺服压力机有哪些特点？
7. 简述伺服压力机的传动原理。
8. 简述双动拉深压力机的结构组成。
9. 画图说明内、外滑块的工作原理。
10. 冷挤压机是如何分类的？
11. 画图说明连杆式热模锻压的传动系统。
12. 画图说明楔式热模锻压的结构组成。
13. 常用送料装置有哪些？简述它们的结构组成。

2.3　螺旋压力机

螺旋压力机是工艺用途非常广泛的锻压设备，尤其适用于精密模锻工艺。按照驱动方式螺旋压力机分为摩擦压力机、液压螺旋压力机、高能螺旋压力机和电动螺旋压力机四大类。本节仅介绍摩擦压力机和液压螺旋压力机。

2.3.1　螺旋压力机的工作原理

1. 工作原理

以摩擦压力机为例说明螺旋压力机的工作原理。摩擦压力机的结构如图2.3-1所示，其工作原理如下：

主螺杆4的上端与飞轮3固接，下端与滑块6相连，由主螺母5将飞轮-主螺杆的旋转运动转变为滑块的上、下直线运动。电动机经带轮带动摩擦盘1转动，当向下行程开始时，右边的气缸2进气，推动摩擦盘压紧飞轮，搓动飞轮旋转，滑块下行，此时飞轮加速并获得动能，在冲击工件前的瞬间，摩擦盘与飞轮脱离接触，滑块以此时所具有的速度锻压工件，释放能量直至停止。锻压完成后，开始回程，此时，左边的气缸进气，推动左边的摩擦盘压紧飞轮，搓动飞轮反向旋转，滑块迅速提升，至某一位置后，摩擦盘与飞轮脱离接触，滑块继续自由向上滑动，至制动行程处，制动器(图中未表示)动作，滑块减速，直至停止。这样上、下运动一次，即完成了一次工作循环。

滑块的最高点称为上止点，冲击时的最低点称为下止点，其行程-时间关系曲线如图2.3-2所示。

由上述可以看出，此类压力机需由螺旋机构将旋转运动变为直线运动，将运动部分的动

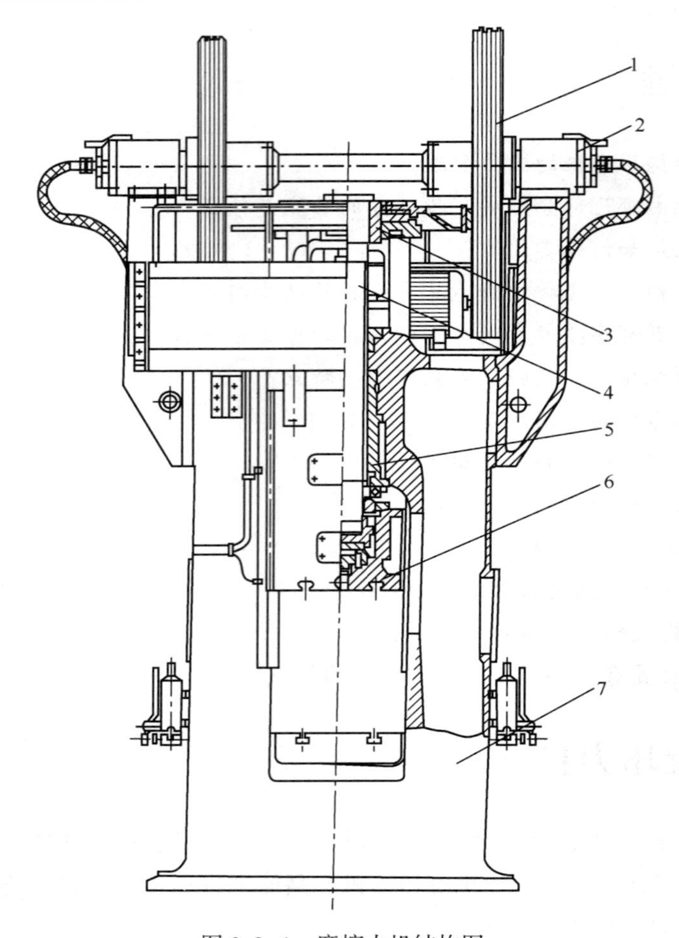

图 2.3-1 摩擦力机结构图

1—摩擦盘；2—操作气缸；3—飞轮；4—主螺杆；5—主螺母；6—滑块；7—机身

能变为成形能，因此称为螺旋压力机，用摩擦驱动的螺旋压力机称为摩擦压力机。

螺旋压力机是定能量的机器，它的能力的大小是由飞轮等运动部件在接触工件前所具有的最大能量而定，此能量可用下式表示：

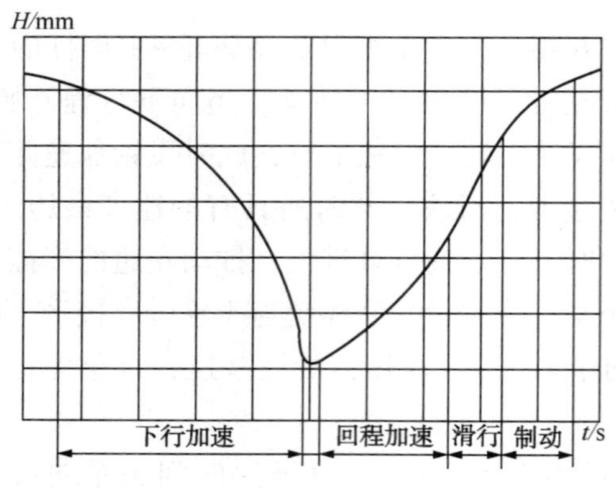

图 2.3-2 滑块行程-时间曲线

$$E_T=\frac{1}{2}I\omega^2+\frac{1}{2}mv^2 \quad (2-2)$$

式中 E_T——机器的额定能量；

I——飞轮等转动部分的转动惯量之和；

ω——飞轮角速度；

m——滑块等运动部件的质量；

v——滑块速度。

由式(2-2)可以看出，其右边第一项为旋转运动动能，第二项为直线运动动能。在螺旋机构中，角速度 ω 与直线速度 v 有如下关系：

$$\frac{\omega}{2\pi}=\frac{v}{h}$$

即

$$v=\frac{h}{2\pi}\omega \tag{2-3}$$

式中 h 为螺杆导程。

于是，式(2-2)为：

$$E_T=\frac{1}{2}I\omega^2\left[1+\frac{m}{I}\left(\frac{h}{2\pi}\right)^2\right] \tag{2-4}$$

由于螺旋压力机滑块速度较低，多为 0.6~0.7m/s 左右。因此，上式括弧中的第二项数值很小，一般只占总能量的 1%~3%，为了计算简单，常将直线运动部分动能忽略，

即

$$E_T=\frac{1}{2}I\omega^2 \tag{2-5}$$

2. 主要零部件

摩擦压力机的机身为一长方形框形整体铸钢件。其左右两侧各有一支臂，以支承横轴和摩擦盘等部件；主螺母安装在机身的横梁内，两立柱的内侧有导轨，机身下横梁(工作台)上安装垫板和放置下模。

飞轮-主螺杆-滑块为主要运动部件，储存能量的飞轮有整体飞轮和打滑飞轮两种形式，打滑飞轮的结构如图 2.3-3 所示。外圈 5 由拉紧螺栓 4 夹紧在内圈 2 上，当冲击载荷超过某一预定值时，外圈相对内圈打滑，消耗能量，降低最大冲击力，达到保护压力机的目的。

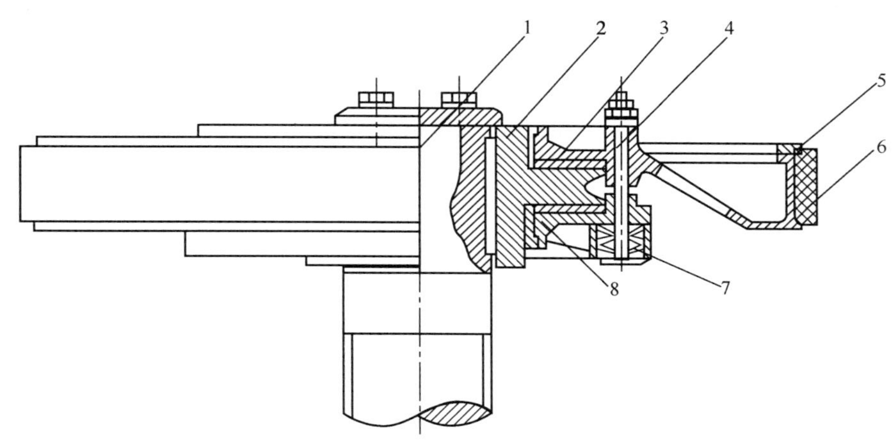

图 2.3-3　打滑飞轮结构图

1—主螺杆；2—内圈；3—摩擦片；4—拉紧螺栓；5—外圈；6—摩擦材料；7—蝶形弹簧；8—压圈

主螺杆为压力机最主要的受力零件，其上端用键和锥面与飞轮内圈固定相连；下端安装在滑块内，可自由转动。铜制主螺母为二台阶形式，用平键和过盈配合与机身上横梁连成一体。

滑块为 U 形，导向长，承受偏心载荷能力强，滑块上部安装有制动器，其结构如图 2.3-4所示。

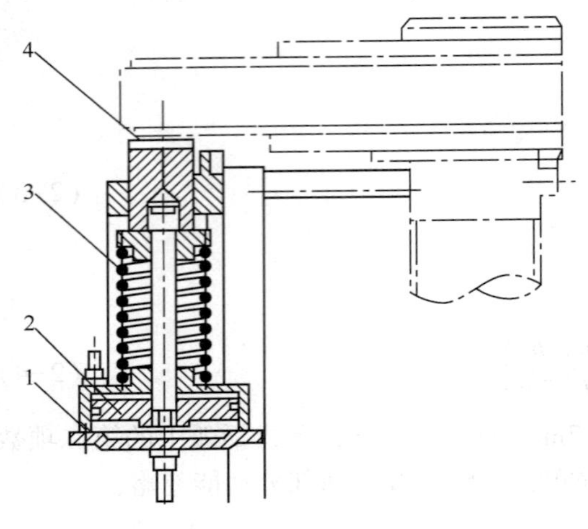

图 2.3-4 制动器结构图
1—气缸；2—活塞；
3—弹簧；4—制动块

3. 螺旋压力机的特点

螺旋压力机不仅适用于机械零件的锻造，而且特别适合精锻工艺。其特点为：

① 工艺适用性好。螺旋压力机可以完成多种工艺，除模锻外，还可作切边、弯曲、精压、校正、板料冲压和挤压等工艺。此外，由于它的行程可变，下止点不固定，调模和操作十分方便，因此，特别适合于模具更换频繁的中小批量生产，它是一种“通用性”很强的设备。

② 锻件精度高。在热模锻(曲柄)压力机上模锻同一批锻件中，如果毛坯尺寸、加热温度等因素变化，其变形和变形抗力将各不相同，这些差别，将使得机身和曲柄连杆机构的弹性变形不同，而且都反映到锻件的高度尺寸上。若在螺旋压力机上模锻，由于滑块没有固定的下止点，机身、螺杆等的弹性变形及热变形可由滑块下移来补偿。所以，螺旋压力机的刚度不会影响锻件的厚度公差。另外，螺旋压力机滑块的导向精度好，安装顶出器后，锻件的起模斜度小，这些优点使得螺旋压力机在精密锻造中，尤其是叶片的精锻中得到广泛应用，并被认为是目前最适宜于精密锻造的设备。

③ 设备结构简单，制造成本低。螺旋压力机与模锻锤相比，它没有沉重而庞大的砧座，也不需要蒸汽锅炉和大型空气压缩机等辅助设备；与热模锻(曲柄)压力机相比，制造成本便宜得多，维修也简便得多。因此，在基建投资、动力消耗和维修费用等三方面，螺旋压力机是上述三种设备中最低的。

④ 滑块速度适中，机器的有效能量大。螺旋压力机锻击时滑块速度一般为 0.7m/s 左右，它比热模锻压力机滑块速度大，但比模锻锤的锤头速度小，尤其在航空工业中，一些对变形速度非常敏感的合金锻件特别适合在螺旋压力机上成形。与能力相当的热模锻压力机、模锻锤比较，螺旋压力机给予锻件的有效变形能最大。如锻造直径为 500mm、质量为 130kg 的滚珠轴承圈毛坯时，在 32t 模锻锤上需要锻击 15~18 次，而在 56000kN 液压螺旋压力机上仅需一次成形。

⑤ 劳动条件好，对环境危害小。螺旋压力机的机身是封闭系统，锻击时的振动、噪声大大低于模锻锤，操作方便省力，劳动强度较小。

螺旋压力机也有不足之处，它与模锻锤相比，行程次数低，只适用于单模槽模锻，制坯不便，往往需要另行配备制坯设备，它与热模锻压力机相比，生产率要低。另外，螺旋压力机还有着特殊的力能关系，存在着多余能量问题。即当飞轮提供的有效能量大于锻件实际需要的变形能时，这部分能量将转化为机器载荷，加剧机器的磨损，缩短主要受力零部件的寿命，严重的还会造成设备损坏，这一点是特别需要注意的。配置能量预选控制系统后，可以解决多余能量问题。

4. 螺旋压力机的主要参数

螺旋压力机的主要参数是选用或设计螺旋压力机的最基本数据。摩擦螺旋压力机的主要参数系列如表 2-3 所示。

螺旋压力机是介于机械压力机和锻锤之间的锻压设备，由于它的滑块速度与机械压力机较接近，工艺力也是通过机身成封闭力系，所以它具有机械压力机的特点。但是，它又是由飞轮释放能量，经滑块的冲击作用使工件成形，因此又具有锻锤的特点。螺旋压力机是定能量的机器，应当以其所具有的能量来标志螺旋压力机的能力。但是，由于历史的原因，人们已习惯用压力机压力的大小来描绘它。迄今为止，虽然国外已改用主螺杆直径为主要参数，并由此规定螺旋压力机的型号，但是，在我国还是以公称压力 F_g 作为它的最主要的参数。

表 2-3　摩擦螺旋压力机主要参数系列

基本参数		主参数系列									
		63	100	160	250	400	630	1000	1600	2500	4000
公称压力/kN		630	1000	1600	2500	4000	6300	10000	16000	25000	40000
运动部分能量/kJ		2.2	4.5	9	18	36	72	140	280	500	1000
滑块行程/mm		200	250	300	350	400	500	600	700	800	900
滑块行程次数/(1/min)		35	30	27	24	20	16	13	11	9	7
最小封闭高度/mm		315	355	400	450	530	630	710	800	1000	1250
垫板厚度/mm		80	90	100	120	150	180	200	220	250	280
工作台尺寸/mm	左右	250	315	400	500	600	720	800	1050	1250	1400
	前后	315	400	500	600	720	800	1050	1250	1500	1800

2.3.2　螺旋压力机的结构

1. 摩擦压力机

采用摩擦传动的螺旋压力机称摩擦螺旋压力机，图 2.3-5 是双盘摩擦压力机的结构图。整个传动链由电动机经一级 V 形带传动和摩擦盘与飞轮构成的正交摩擦传动机构组成。横轴上装有两个摩擦盘，总朝一个方向旋转。飞轮边缘覆盖有耐摩擦材料，通过左右摩擦盘交替压紧飞轮，可改变飞轮的旋转方向，起到驱动、离合和换向等多重作用。螺旋副通常采用右旋螺纹。当操作传动盘向右移动左盘压紧飞轮时，通过传动盘与飞轮之间摩擦作用使飞轮从静止开始加速转动。由于受到螺旋副的约束，飞轮和螺杆产生螺旋运动，其直线运动分量驱使滑块产生向下行程。在向下运动过程中，当运动部分积累的能量达到规定值时，操纵系统使摩擦盘与飞轮脱开，运动部分靠惯性继续下行。当上模与毛坯接触时开始冲击。冲击过程结束后操纵系统换向，飞轮带动滑块回程，一次往复行程组成一个工作循环。

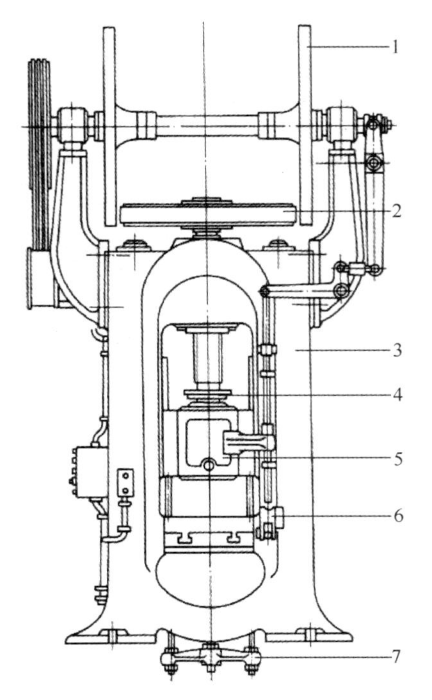

图 2.3-5　双盘摩擦压力机结构图
1—摩擦盘；2—飞轮；3—机身；4—制动器；5—电气系统；6—控制系统；7—顶出器

这种正交圆盘传动机构常用作无级变速机构。传动中存在宏观滑动和几何滑动，影响传动效率。飞轮在最上位置时，飞轮与摩擦盘的接触半径较小，线速度较小。飞轮启动后随滑块行程量的增加，接触半径增大，线速度增加，宏观滑动较小，这种接触特性刚好满足加速飞轮的需要。回程的接触从最大半径开始，伴有剧烈的打滑损失，摩擦螺旋压力机常有回程困难的现象，因此，大型摩擦螺旋压力机多配备平衡缸。

2. 电动螺旋压力机

电动螺旋压力机是利用可逆式电动机不断作正反方向的换向转动，带动飞轮和螺杆旋转，使滑块作上下运动。按其传动特征分为两类。

1）电动机直接传动式

这种电动螺旋压力机没有单独的电动机，电动机的转子就是压力机的飞轮或飞轮的一部分，利用定子的旋转磁场，在转子（飞轮）外缘表面产生感应电动势和电流，由此产生电磁力矩，驱动飞轮、螺杆转动。这种电动螺旋压力机传动环节少，结构简单，冲击能量恒定，操作维修方便。

2）电动机机械传动式

特殊电动机造价高，当电动螺旋压力机公称压力大于 40MN 后，采用电动机-齿轮传动，由一台或几台异步电动机通过小齿轮带动有大齿圈的飞轮旋转，飞轮只起传动和蓄能作用，飞轮和螺杆只作旋转运动，通过装在滑块上的螺母，使滑块作上下直线运动。

图 2.3-6 为电动螺旋压力机结构图。

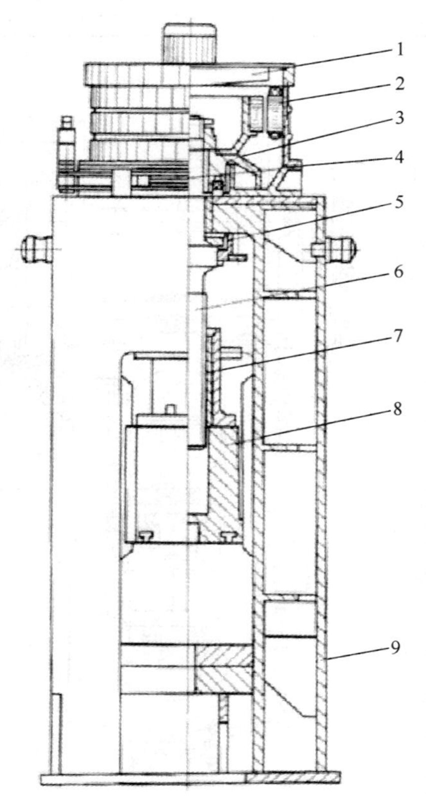

图 2.3-6 电动螺旋压力机结构图

1—风扇；2—电动机；3—飞轮；4—制动器；5—踵块；6—主螺杆；7—主螺母；8—滑块；9—机身

为使特殊设计的多极低速电动机具有高启动性能，转子采用双笼型结构，启动时转子的电阻较大，启动电流小，并增大了最初启动转矩，因而，启动速度快，转子只旋转 1.5~2 转即达到额定速度，能满足电动机在非稳定状态下工作的性能要求。当滑块空程上下时，飞轮、螺旋副、滑块以其自重悬挂支承在机身顶部的推力滚动轴承上；当滑块接触锻件时，锻击力推动螺杆向上，使螺杆中段的环形轴肩上的支承面与踵块接触，在其间产生高比压的相对摩擦滑动，并将锻击力传至机身的上横梁。为了使电动机能良好地通风和散热。在转子、飞轮上加工出多种形式的通风孔，组成合理的风道，并设置抽风式冷却风扇，使电动机温升保持在允许的范围内。

3. 液压螺旋压力机

由于采用液压传动，液压螺旋压力机具有高效节能的特点，又因液压部件是由很多标准的液压元件构成，有利于设备工作能力的大型化。随着航空和电力工业的发展，大型叶片等零件的精锻，要求发展大规格的螺旋压力机，因而使液压螺旋压力机在公称压力 40~140MN 的范围内得到了广泛的发展。

液压螺旋压力机分为两大类：

（1）液压马达式液压螺旋压力机　液压马达的转子直接和螺杆连接，也可通过齿轮传动机构和螺杆连接。

（2）缸推式液压螺旋压力机　液压轴向推力直接作用于螺旋副接触面，结构简单。

4. 离合器式螺旋压力机

这种螺旋压力机与惯性螺旋压力机的区别在于飞轮的工作方式不同，图 2.3-7 为离合器式螺旋压力机结构图。主电动机通过 V 形带驱动飞轮 3，使它单向自由旋转。工作时由液压推动离合器活塞 2，使与螺杆连成一体的离合器从动盘与飞轮 3 结合，带动螺杆作旋转运动，通过固定连接在滑块上的螺母，使滑块向下运动，并进行锻击。飞轮的转速降低到一定数值时，控制离合器系统的脱开机构将起作用，通过控制顶杆顶开液压控制阀使离合器脱开，飞轮继续沿原方向旋转，恢复速度。与此同时，利用固定在机身上的液压回程缸 5，使滑块上行，完成一个工作循环。

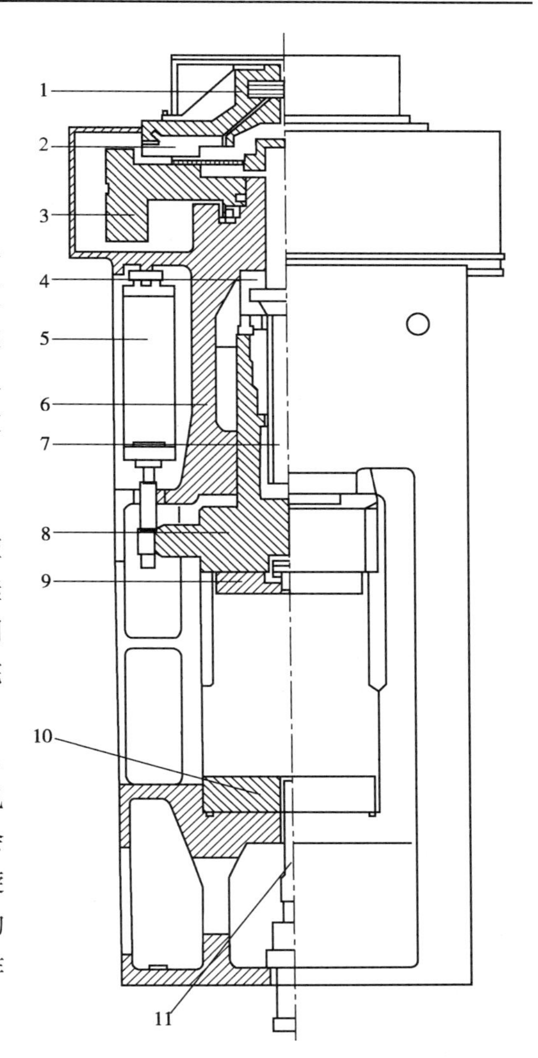

图 2.3-7　离合器式螺旋压力机结构图

1—离合器液压缸；2—离合器活塞；3—飞轮；4—推力轴承；5—回程缸；6—机身；7—主螺杆；8—滑块；9—滑块垫板；10—台面垫板；11—下模顶出器

离合器式螺旋压力机属于压力限定型设备，一次冲击能量不是飞轮的全部动能，通常为飞轮降速 12.5%时所释放的能量，在冷击时不会产生惯性螺旋压力机那样的冷击力。这种螺旋压力机具有高的冲击能量，保证在任意位置的能量发挥，具有焖模时间短、节能、基础工作条件好等特点。

2.3.3　螺旋压力机主要技术参数

螺旋压力机的基本参数和主要尺寸表示该种型号设备的力能特性、操作尺寸和生产效率等特征。主要技术参数有：

1. 公称压力

公称压力是螺旋压力机的名义压力，它是在允许过载的条件下螺杆允许承受的压力。惯性螺旋压力机的冲击力是不固定的，冲击力的大小与飞轮有无打滑及锻击状态有关。现代螺旋压力机的公称压力范围为 0.4～140MN。

2. 运动部分能量

运动部分能量包括飞轮、螺杆、滑块的总动能。大、中型压力机有时也考虑上模的质量。在螺旋压力机上完成较薄锻件的压印和精压工序时，这种工序要求很大的力，但要求的能量较小。完成厚锻件的镦粗工序，需要消耗很大的能量。在公称压力相同时，压印-精压、镦粗和体积模锻的能量之比为 1∶2∶3。

3. 滑块行程

滑块行程是指滑块从上死点至下死点所经过的距离。

4. 滑块行程次数

螺旋压力机滑块每分钟行程次数对压力机生产率、模具寿命和传动功率有重要影响。

现代螺旋压力机公称压力为0.4~140MN，生产的锻件质量从几十克到150kg。锻件投影面积达到5000cm²，螺旋压力机大多数结构允许以1.25~1.6倍公称压力下长期工作，允许以2倍公称压力短期工作。在公称压力使用时，有效能量不低于60%，在工作能力方面已超过热模锻压力机。由于螺旋压力机行程次数低，不适于作拔长和滚挤，利用工作台的中间孔和可倾式工作台，可锻长杆零件，例如汽车半轴。

在螺旋压力机上模锻，模具打靠是唯一的正确方法。在表面粗糙度相同的情况下，用模具打靠的方法容易得到比模锻锤高2~3级精度、比热模锻压力机高1~2级精度的锻件。

螺旋压力机不适合于预锻工序，预锻工序可以在其他设备上进行。为了提高精度，在螺旋压力机上也可以进行热切边后的锻件热精整。高精度模锻时，精度由嵌入模具中的撞块来保证。为排除滑块导轨间隙和机身角变形对模具错移的影响，可采用导柱和设在模具周边的导向锁扣。

2.3.4 液压螺旋压力机

液压螺旋压力机与摩擦螺旋压力机不同之处是用液压驱动代替摩擦驱动，它特别适合大型螺旋压力机。用大型液压螺旋压力机精锻叶片和航空锻件，经济效果十分显著。

1. 液压马达-齿轮式液压螺旋压力机

图2.3-8为液压螺旋压力机结构图，其公称压力达140000kN，用于生产航空、宇航和原子能设备的模锻件。该机由5个带小齿轮的液压马达驱动大齿轮正转或反转，带动滑块上、下运动完成工作循环。大齿轮就是飞轮外围，高度为小齿轮厚度加上滑块行程。飞轮装有由碟簧、拉杆等组成的打滑装置。高压油由5台轴向柱塞泵组成的液压泵-蓄能器供给。

压力机可通过控制滑块的行程和速度预选能量，并且配有微处理机，能根据不同的工艺要求自动预选1~3次冲击能量；能自动控制每次的行程、液压系统工作情况、制动和加速时间等。还装有显示屏幕，能显示出每次冲击的能量、压力、滑块速度、滑块开始和结束的位置，上、下行程运行的时间和锻件的数量等。这种控制不但操作方便，而且保护了设备和模具，保证了锻件的质量。

2. 副螺杆式液压螺旋压力机

副螺杆式液压螺旋压力机单次冲击周期仅为摩擦螺杆压力机的1/2，有利于提高模具寿命和班产量，副螺杆传动部件结构如图2.3-9所示。

当高压油进入液压缸上腔时，推动活塞1、副螺杆2下行并作螺旋运动，副螺杆与飞轮5用联轴器连接，导程与主螺杆6相同，因此主、副螺杆同步运动。高压油推动活塞做功，使飞轮旋转并获得能量。当上腔排油、下腔进油时，推动主、副螺杆反向作螺旋运动，于是滑块提升回程。

此机的机身为预紧式组合结构，刚度好，滑块导向长，承受偏心载荷的能力强，制动器安装在滑块顶部，双边制动飞轮，动作灵敏可靠。

此机有以下显著特点：

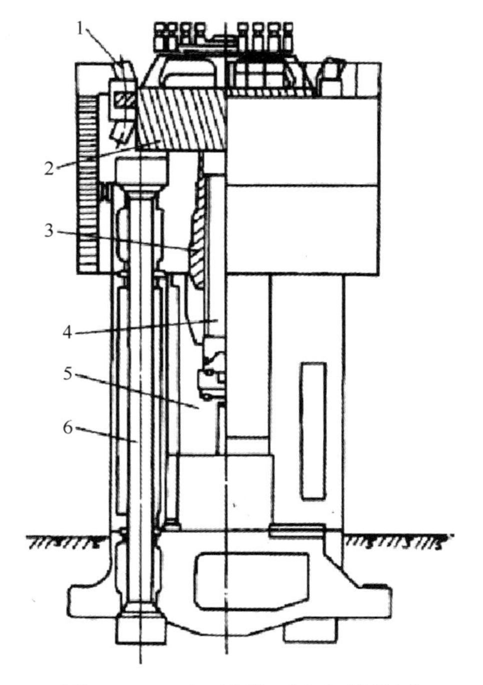

图 2. 3-8　液压螺旋压力机结构图
1—液压马达与小齿轮；2—大齿轮；
3—主螺母；4—主螺杆；5—滑块；6—拉杆

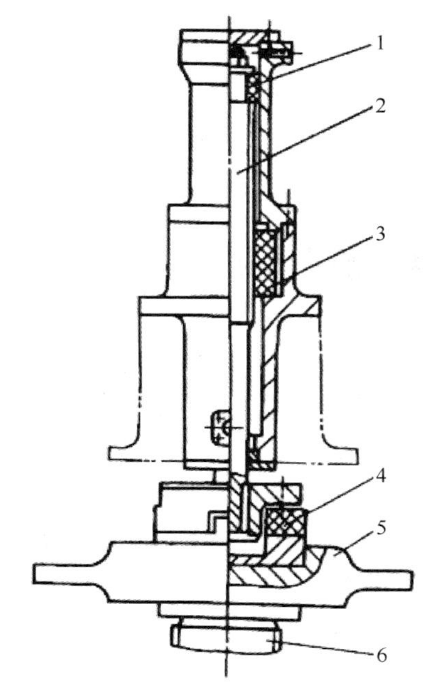

图 2. 3-9　副螺杆传动部件结构图
1—活塞；2—副螺杆；3—副螺母；
4—联轴器；5—飞轮；6—主螺杆

① 采用了传动效率很高的副螺母结构。副螺母用非金属材料制成，摩擦系数小，因此，副螺旋副的传动效率高达 95%以上。

② 采用非金属扇形块式联轴器，重量轻，并具有很好的缓冲性能。

③ 液压系统主分配器采用可控止回阀，动作灵敏，实现了一阀多功能。同时，采用了集成度高的组合结构，整个系统紧凑、管道少；另外，在进、排油时，采取了预增压和预卸压措施，大大减轻了液压冲击；在滑块回程上升时，还能回收飞轮能量，使其排出的液压油转换为高压油，存贮到蓄能器中。

④ 可以预选滑块冲击能量和回程高度。

⑤ 为航空叶片等薄壁零件设计有焖模锻校正动作。

复习思考题

1. 画图说明螺旋压力机的工作原理。
2. 螺旋压力机的能量是由什么决定的？此能量如何用公式表达？
3. 打滑飞轮的作用是什么？画图说明打滑飞轮的结构。
4. 简述螺旋压力机的特点。
5. 什么是摩擦压力机？简述其结构组成。
6. 简述摩擦压力机的工作过程。
7. 电动螺旋压力机分为哪两种？画图说明其中一种的结构组成。

8. 螺旋压力机有哪些技术参数？它们的含义是什么？
9. 画图说明离合式螺旋压力机的工作过程。
10. 画图说明离合式螺旋压力机的结构组成。
11. 画图说明液压螺旋压力机的结构组成。
12. 画图说明副螺杆传动部件的结构组成。

2.4 旋压机

2.4.1 旋压成形方法

旋压成形分为普通旋压成形、强力旋压成形和其他旋压成形。

1. 普通旋压成形

在旋制各类薄壁产品时，主要以改变板坯的形状为主，而板坯的厚度变化较小，称这一类旋压方式为普通旋压。普通旋压成形的基本方式主要有：拉深旋压(拉旋)、缩径旋压(缩旋)和扩径旋压(扩旋)三种。

1）拉深旋压

拉深旋压是以径向拉深为主体而使毛坯(板材或预制件)直径减小的成形工艺。也可以说它与拉深成形相类似，但不用冲头而用芯模，不用冲模而用旋轮。它是普通旋压中最主要和应用最广泛的成形方法。毛坯弯曲塑性变形是它主要的变形方式。

由于是靠旋轮的运动旋制工件，所以与拉深相比其加工条件的自由度更大，能制出很复杂的回转对称体。在旋制过程中，对旋轮运动轨迹有较高的要求。因此，把拉深旋压成形技术说成是掌握旋轮运动的规律并不算过分。对于成形中旋轮运动轨迹的控制，主要有①手动；②机械仿形；③液压仿形；④数控(NC 或 CNC)；⑤录返系统(或称再学习系统)。

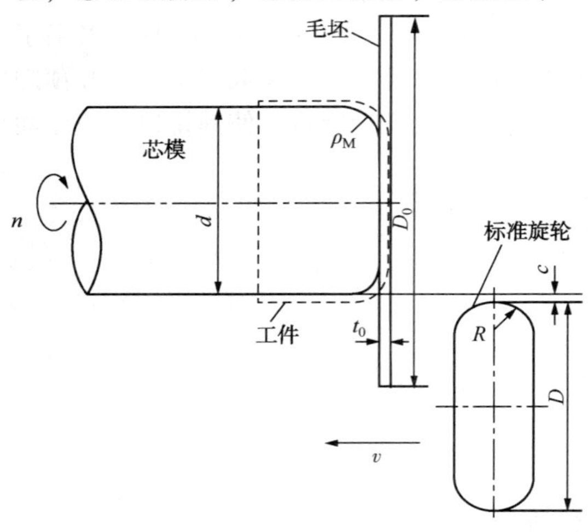

图 2.4-1 简单拉深旋压和标准旋轮

(1) 简单拉深旋压 图 2.4-1 所示是用直径为 D_0、厚度为 t_0 的板坯制出内径为 d(与芯模的直径相同)的圆筒形旋压件。当 D_0 小时只能制出短圆筒件，但是成形非常容易，只需采用简单拉深旋压即可。D_0/d 称为拉深比，其值小时旋轮只需沿芯模移动一次即进行一道次拉深旋压就能成形。为区别于多道次拉深旋压而称它为简单拉深旋压。旋轮应沿芯模运动以保证它与芯模的间隙 c。在实际成形时还需考虑下面几个问题。

① 旋轮的形状。通常选用直径为 D、顶端圆角半径为 R 的圆弧状旋轮，将如图 2.4-1 中所示的旋轮称为标准旋轮。

② 旋轮进给速度。通常用拖板运动的速度 v_0(m/min)表示，由于在判断成形的效果时还要考虑毛坯的转速，因此，毛坯每转的旋轮移动量 v(mm/r)的大小是极为重要的参数，称其为旋轮进给量。例如，在进给速度 v_0 不变的条件下，如果毛坯转速增加了一倍，则旋轮

相对毛坯的运动距离变为原来的 1/2，这样瞬间成形量就变小了。

③ 芯模形状。在图 2.4-1 所示的情况下，芯模是圆柱形，其直径为 d，端部拐角处的圆角半径为 ρ_M。芯模的形状随旋压件的形状而异。

④ 毛坯转速。要判定所采用的转速 n 能否完成加工，要与旋轮的进给速度联系起来考虑。如②中所述，可以在旋轮进给速度不变的条件下改变转速，或者在转速不变的条件下改变旋轮的进给速度。

⑤ 毛坯尺寸和性质。拉深比 D_0/d 或板坯的相对厚度 t_0/d 是拉探旋压能否顺利进行的重要参数. 对于拉深旋压，毛坯材料主要是低碳钢、低合金钢等具有很好塑性性能的材料。

（2）多道次拉深旋压　简单拉深旋压的极限拉深比小，所以其应用范围有限。对于拉深比大的深圆筒件或其他形状复杂的工件，需要采用多道次拉深旋压。

图 2.4-2 所示为多道次拉深旋压工作原理图。通过旋轮的多循环移动将毛坯逐次旋成成品，而旋轮借靠模仿形装置按指定方式自动往复运动直到旋出零件。旋轮的控制是由仿型装置来实现的，这种装置一般采用液压伺服阀或电液伺服方式。与简单拉深旋压相比，其加工行程加长，成形时间也相应地延长，但是，成形过程的重复性好，而且成形稳定。多道次成形的关键是旋轮移动行程的构成及与此相关连的旋轮移动的原则。

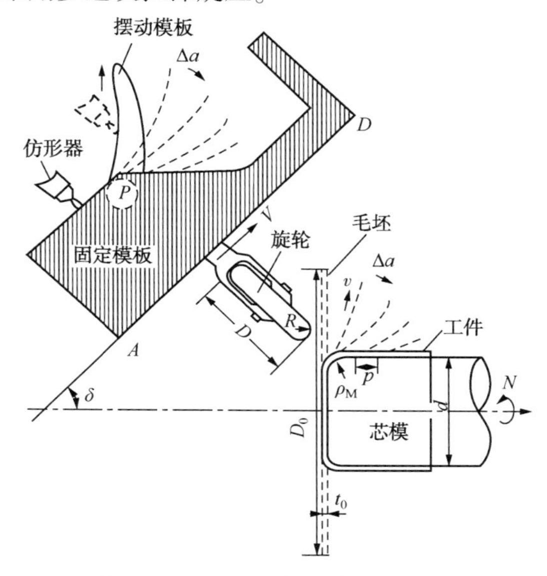

图 2.4-2　多道次拉深旋压工作原理

旋轮的运动是通过仿形装置的上下两块靠模板来实现的。上面的固定模板的仿形型面与芯模的形状相同，下面的摆动模板绕支点 P 转动。仿形器先沿摆动模板运动，最后沿固定模板运动。仿形器将仿形动作传递给旋轮，使其进行逐次拉深旋压。确定板坯逐次拉深旋压的方式需要考虑工件的形状、尺寸和成形时间，并要注意以下五个重要因素：

① 毛坯的尺寸和性能(直径 D_0、板厚 t_0和材料的力学性能)；

② 旋轮的形状(圆角半径 R)；

③ 模板的形状；

④ 模板的移动间距 p；

⑤ 旋轮的进给速度 V。

2）缩径旋压

利用旋压工具使回转体空心件或管状毛坯进行径向局部旋转压缩以减小其直径的成形方法称为缩径旋压，如图 2.4-3 所示。

缩旋过程就是将毛坯同心地夹在适当的芯模(如实芯的、组合的或无芯模的)中，将需要成形的那部分露出装卡具的外面，当主轴带动毛坯旋转时，依据所采用的控制方式，使旋轮按规定的形状轨迹作往复运动，逐步地使毛坯缩径，进而得到带有腰鼓形状或封闭球形的零件。

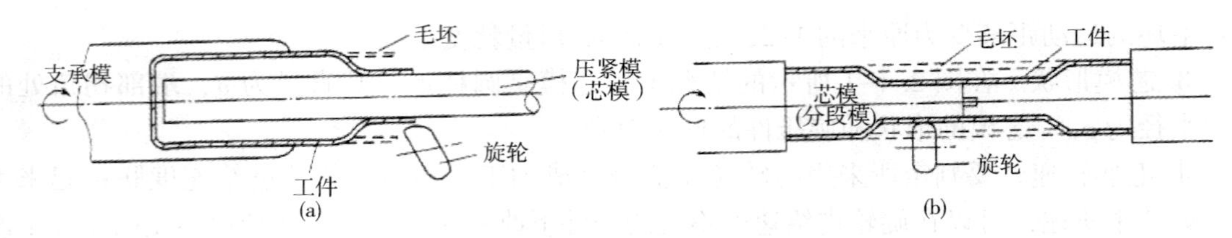

图 2.4-3　缩径旋压

缩旋时，为了避免工件产生起皱和破裂，根据成形前后直径之比，将过程分成若干道次或工序进行，即旋轮要作多次往复运动，依据缩径比，确定每道次的进给量。对于不同材料、不同形状的成形件，有时还需要更换几次芯模和进行中间热处理等。必要时应在加热条件下缩旋。

工件缩径区的壁厚通常可出现三种情况：壁厚不变、壁厚变薄和壁厚增加。

壁厚的变化主要与缩径程度和材料性质有关。对于空心工件的开口端进行缩旋时，也会出现上述三种情况。

根据工件的形状、材料和质量要求不同，可采用不同的缩径方法。

(1) 无芯模(又称空气模)缩旋　主要制成开口端直径很小、缩径量很大及端部封闭的旋压件。典型的产品如气瓶的缩径和封口成形。

(2) 内芯模缩旋　针对筒形毛坯一端收口而另一端尺寸不变，或者对有一定长度的管材进行中间缩径时，可采用内芯模方法，保证成形件的尺寸要求。芯模设计时根据需要，可制成整体芯模也可制成组合芯模。

(3) 滚动模缩旋　对于工件尺寸很大的旋压件的缩径，由于有足够的空间，可以用滚动模进行收缩旋压，滚动模在筒形毛坯的内侧起芯模的作用，要求有很好的刚度，结构上保证成形尺寸和进退调整方便。

3) 扩径旋压

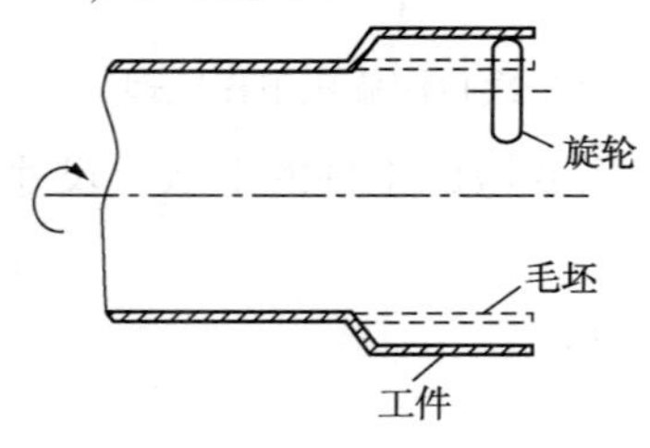

图 2.4-4　扩径旋压

扩径旋压是利用旋压工具使空心回转体容器或管状毛坯进行局部(中部或端部)直径增大的旋压成形方法，如图 2.4-4 所示。

根据工件扩径程度的大小，可分为若干道次完成。扩径道次的确定原则是：依据工件的材料性能，使得其在扩径中产生的应力小于材料的抗拉强度。如果材料有加工硬化趋向，道次要少，且每道次扩径量尽可能大，否则由于硬化严重而无法成形，或者进行中间热处理后再成形。

假设扩径时，壁厚无明显变化，则最大扩径量可由材料的延伸率来计算。一般相对扩径率可按式(2-6)计算。

$$\varepsilon=\frac{D_f-D_0}{D_0}\times 100\% \tag{2-6}$$

式中　D_0——扩径前毛坯直径；

　　D_f——扩径后毛坯直径；

根据芯模形式，常见有以下两种扩旋方法。

(1) 外芯模扩旋法　此种旋压法的芯模设计成空心，其底部(非扩径成形的部位)与毛坯未扩口的形状和尺寸相适应，以便支承和夹紧毛坯。要扩径的部位芯模形状和尺寸是按工件要求设计的。这种外芯模适用于回转体空心件、管形件等的扩径成形。

（2）支承滚轮扩径法　此种方法是用工作型面与需扩径的工件形状相同的支承辊代替外芯模。其特点是工具成本较低，在形状相同时，可用一套工具生产出不同直径尺寸的工件。

4）普通旋压中的辅助成形

普通旋压除了上述基本成形方式外，还包括翻边、卷边、压筋、擀光和剪切等局部成形或辅助成形方法。

（1）翻边(弯边)成形　根据成形件的形状和尺寸，用旋轮在管端旋出凸缘的方法称为翻边成形，图 2.4-5 所示为外翻边(也可按工件要求进行内翻边)。采用的旋轮一般是由圆弧形和圆柱形组合的翻边轮。旋制时先通过圆弧段向工件边缘推近，使其翻转成弧形，然后再用圆柱段使其贴模且平整为法兰形凸缘。

（2）卷边成形　将旋压件的端部卷圆以增强工件的刚度，有时也可作为修饰用，美化工件的外形。卷边是用有圆弧槽的卷边旋轮推压旋压件的边缘而成形的。依据边缘卷曲的形状不同，可用相应的卷边轮进行加工(图 2.4-6)。

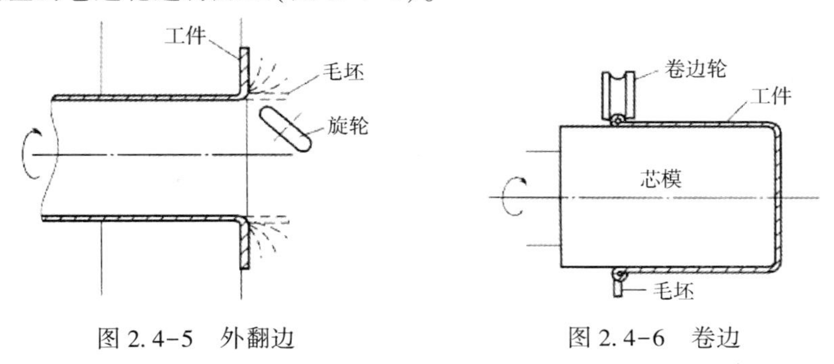

图 2.4-5　外翻边　　　　图 2.4-6　卷边

（3）压沟和滚筋成形　压沟和滚筋成形是为制件增加刚度和其他用途。实际上是旋轮沿着管类件径向进给的缩径或扩径的过程，如图 2.4-7 和图 2.4-8 所示。

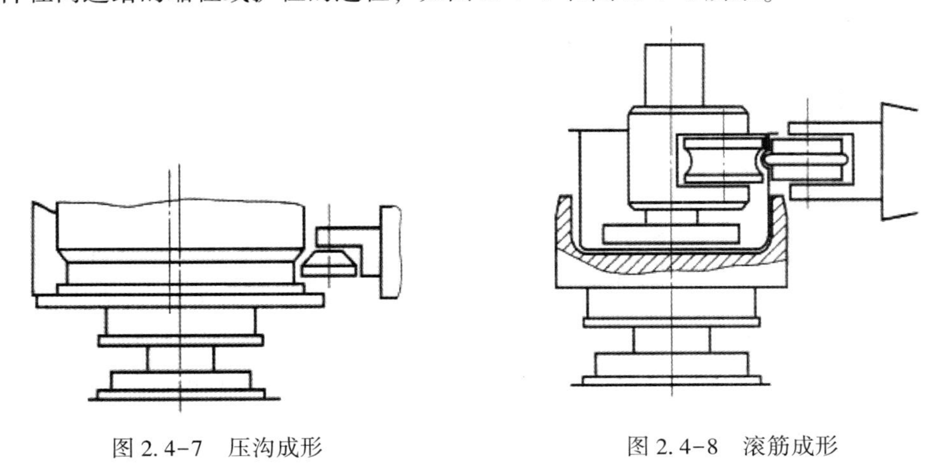

图 2.4-7　压沟成形　　　　图 2.4-8　滚筋成形

（4）擀光成形　采用大圆角半径旋轮，在主轴高转速和旋轮慢进给以及使用良好润滑剂情况下进行成形，以得到较光整的工件表面(图 2.4-9)。

（5）剪切加工　当毛坯旋压成形制件后，其边缘处很不平整，需要修边，对于薄壁件可采取剪切的方法进行修整加工。图 2.4-10(a)、图 2.4-10(b)所示为用切割轮加工；图 2.4-10(c)所示为用车刀进行加工，主要用在制件壁比较厚的场合。

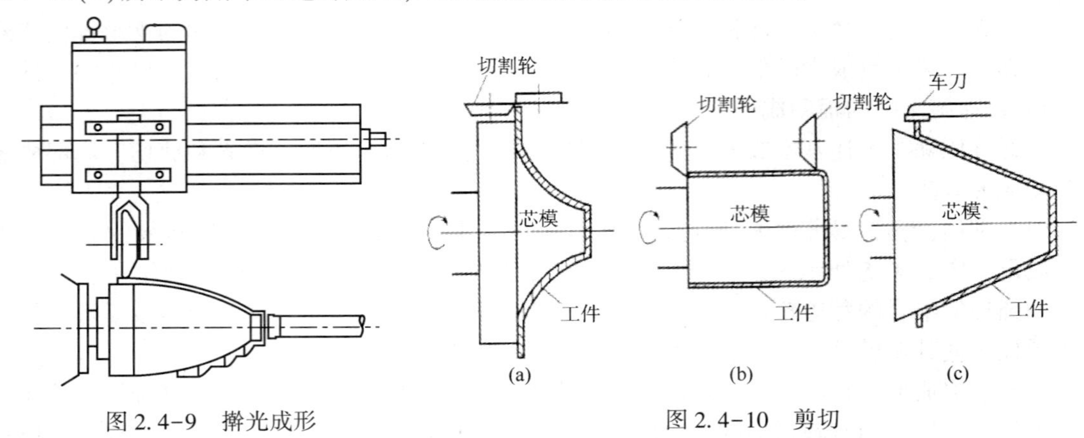

图 2.4-9　擀光成形

图 2.4-10　剪切

2. 强力旋压成形

在旋压过程中，不但改变毛坯的形状，而且显著地改变(减薄)其壁厚的成形方法，称为强力旋压(又称变薄旋压)。

根据旋压件的类型和金属变形机理的差异，强力旋压分为锥形件强力旋压(或称为剪切旋压)和筒形件强力旋压(或称为流动旋压)两种，前者用于加工锥形、抛物线形和半球形等异形件，而后者则用于筒形件和管形件的加工。有时这两种方法联合运用，加工各种复杂形状零件。

1）剪切旋压

锥形件(或其他的异形件)在剪切旋压中，工件壁厚遵循正弦定律，即

$$t_f = t_0 \sin \alpha \tag{2-7}$$

由图 2.4-11 可见，材料发生轴向位移，毛坯的单元矩形面积 $abcd$(或者单元体积)与成形后的平行四边形面积 $a'b'c'd'$ 是相等的，它们在旋转轴线方向和相同径向位置上的厚度尺寸也是相等的，因此有时也称为投影旋转法。

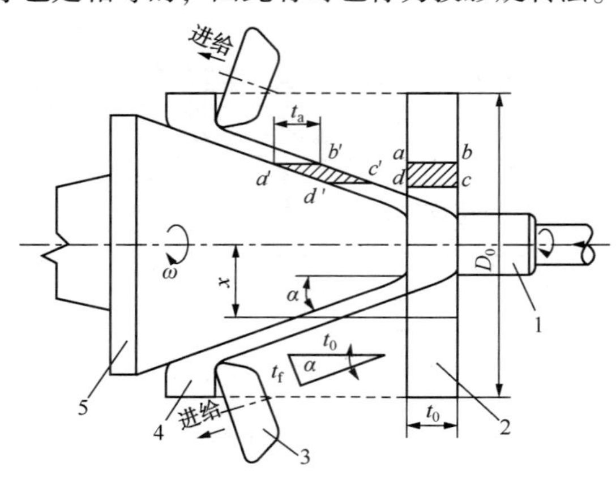

图 2.4-11　锥形件剪切旋压基本过程

1—尾顶块；2—毛坯；3—旋轮；4—工件及其凸缘；5—芯模

对于锥形件的剪切旋压，在毛坯设计与设备调整(主要是旋轮与芯模的间隙调整)中，只有很好地遵循正弦定律，才能获得满意的结果。

实践表明，在锥形件的剪切旋压中，一次旋压获得工件的最小锥角，一般不小于12°(铝为 10°，不锈钢为 15°)。但为了获得更小锥角的工件，必须进行二次以上的剪切旋压，或者采用预成形毛坯。此时工件和预成形毛坯之间有如下关系(图 2.4-12)：

$$\sin\alpha = \frac{t_2}{x},\ \sin\beta = \frac{t_1}{x}$$

所以
$$\frac{t_2}{\sin\alpha}=\frac{t_1}{\sin\beta} \tag{2-8}$$

则
$$t_2=t_1\frac{\sin\alpha}{\sin\beta} \text{或} \sin\beta=\frac{t_1}{t_2}\sin\alpha$$

式中　t_1——预成形坯的壁厚；

t_2——旋压工件的壁厚；

α——旋压后工件的半锥角；

β——预成形坯的半锥角。

对于曲母线形件的壁厚变化，由于零件母线上各点的正切值(或正弦值)随着形状不断变化，使得旋压后所得到的工件壁厚是变壁厚的，此时，各点的壁厚变化可用$\triangle t=t_0\sin(\alpha/2)$进行计算。对于等壁厚的曲母线零件，可先制成满足旋压件各对应点的半锥角和壁厚所要求的毛坯件，然后旋制成等壁厚的曲母线形零件。

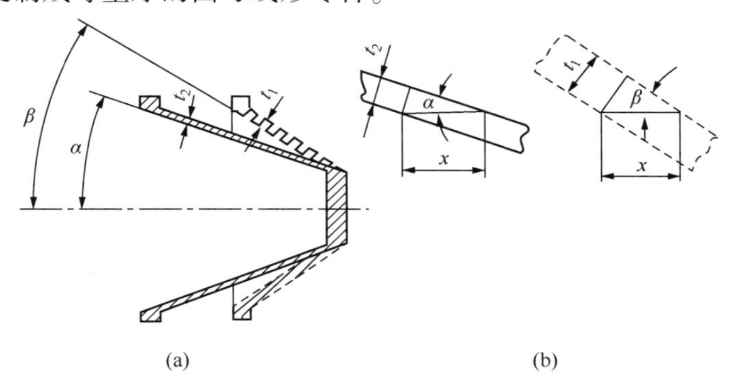

图 2. 4-12　小锥角等壁厚锥形件的剪切旋压

在进行旋制前，确定旋轮道次和运动轨迹、旋轮与芯模的间隙、主轴转速和旋轮纵向进给速度等参数是十分重要的。

2）流动旋压

将短而厚的筒形毛坯套在芯棒上，在旋转过程中，通过旋轮的运动施加较大的外力并作用于很小的区域，使之产生塑性变形。由于被旋压的金属圆周方向流动阻力较大，因此，沿着阻力最小的轴向流动，累积成形为薄壁长筒件，因此，称其为筒形件变薄旋压(流动旋压)，如图 2. 4-13 所示。

按照旋压时金属流动的方向与旋轮运动方向一致与否，分为正旋压和反旋压两种。前者指方向一致，后者则方向相反。在实际筒形件变薄旋压中，两种方法都得到了很好的运用，有时也可联合使用。

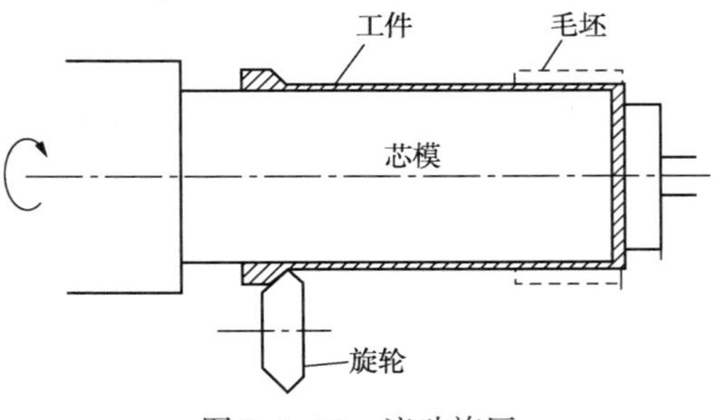

图 2. 4-13　流动旋压

3. 其他旋压法

1）内旋压法

相对于通常把芯模置于毛坯里面，旋轮从毛坯外面进行旋压成形而言，所谓内旋压法则是将芯模与旋轮两者的位置倒过来，即旋轮放在管坯的里侧而芯模则被与需成形件的形状和尺寸相一致的空心模所取代。

这种旋压法具有如下特点：

① 可解决一般传统外旋压法共有的一个难于制造、成本较高的内芯模问题，尤其旋制大口径零件时，选用内旋压芯模(空心模)加工较简单，成本也较低。

② 由于内旋压变形的特点，可避免一般旋压法中出现工件直径增大的问题，从而提高了制件的几何尺寸(直径和壁厚)精度，例如，旋压直径 3960mm、壁厚 10~19mm、长度 6090mm 的管形件，其壁厚公差可达 0.0076~0.038mm，所以说，精确的尺寸控制是内旋压法的另一个特点。

③ 内旋压法较适用于高强度材料的冷加工，而且具有减薄率大的特点，例如 321 型不锈钢，经过一次中间退火，能使其壁厚减薄率达到 88%；GH141 材料，减薄率达 80%，弥散硬化不锈钢减薄率达 82%等。有时最大减薄率可达 98%。此时，金属的原始晶粒组织拉长到 50 倍。

④ 内旋压法可获得内表面硬度较高和表面光洁的制件。例如，当上述材料减薄率为 30%时，材料硬度由 HRC41 增至 HRC55；由内旋压法获得工件表面粗糙度可达 1.6~0.4μm。

⑤ 内旋压所用的毛坯除了无缝环形坯(用环轧机轧制得来)外，还可采用焊接环形坯，而且经旋压后焊缝组织与母体组织基本相同。

⑥ 由于大口径筒形件内旋压时工件和芯模不回转，不能均匀加热，故不便进行加热旋压。

内旋压法的旋轮轴线通常与工件(或芯模)轴线平行，有时为了增进旋压时金属的轴向流动，将两者的轴线设置成某一交错角——送进角，这种旋压法是内旋压法与斜轧旋压法的联合。还可采用毛坯的内外成对配置旋轮(一般配置 3~4 对旋轮)，用于大直径筒形的成形，这种方法也称为对轮旋压。

此外，内旋压法还可以用来加工带有内筋的零件(图 2.4-14)，只要使旋轮在一定位置缩回，让管坯与旋轮相对移动一定距离后再行压下，这样内筋便形成了。如果外模内表面带凹环形槽，且芯模是可分离的，则内旋压法也可旋出带外筋的或既带内筋又带外筋的零件。

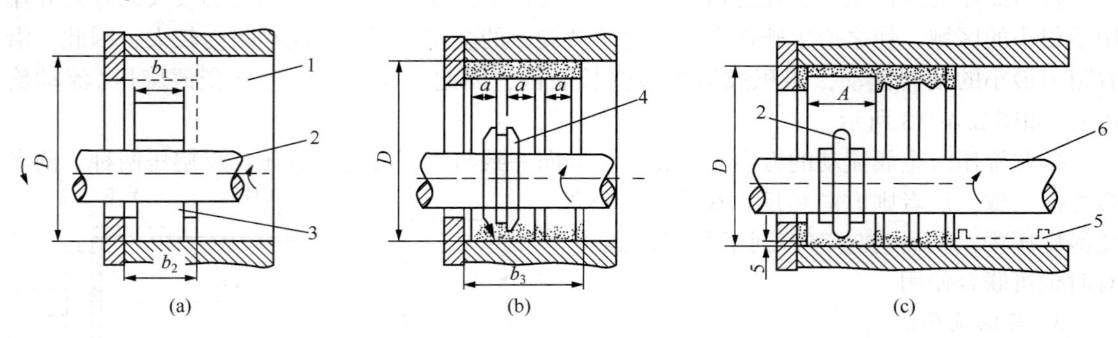

图 2.4-14　带内筋的空芯壳体旋压原理图

1—环形模；2—异形旋轮；3—环形坯料；4—带凹槽的异形旋轮；5—空心件；6—轴

总之，内旋压法为加工大口径筒形件和管形件的强力旋压机向着大型化、高精度方向发展提供了一个新途径。

2）斜轧旋压法

当把旋轮和芯模轴线设置成一个交错角——送进角 φ，便成为斜轧旋压法（图 2.4-15）。如果送进角 φ 和工件回转方向选择恰当，则旋压时产生一个有助于金属轴向流动的张力（拉力），也可以说，它有牵引毛坯通过旋轮和芯模间隙的趋向。由于斜轧旋压法在工件壁上产生张力，因而，在一定程度上可减轻或消除金属堆积和扩径现象，同时也减少摩擦阻力和管壁中的残余应力。

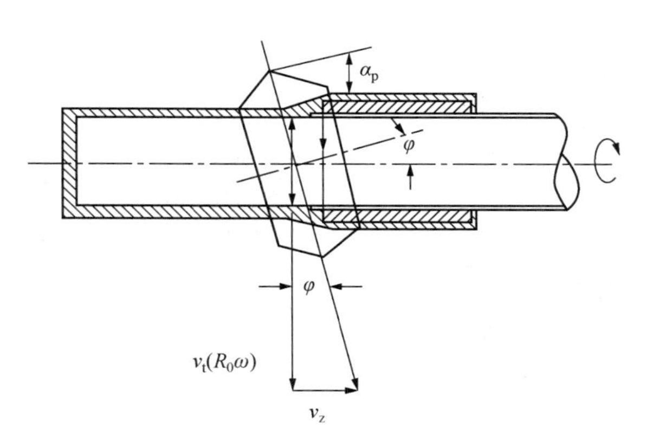

图 2.4-15　斜轧旋压法

3）张力旋压法

在强力旋压过程中，对被旋压的工件端部施加以轴向力——恒定的张力（拉力），称为张力旋压法。此张力引起的拉应力应低于材料的屈服极限，一般为 $(0.2\sim0.5)\sigma_s$。几种张力旋压方法如图 2.4-16 所示。张力旋压法是用来生产一定规格的高精度和高表面质量管材的加工方法，因此，具有很好的应用空间。

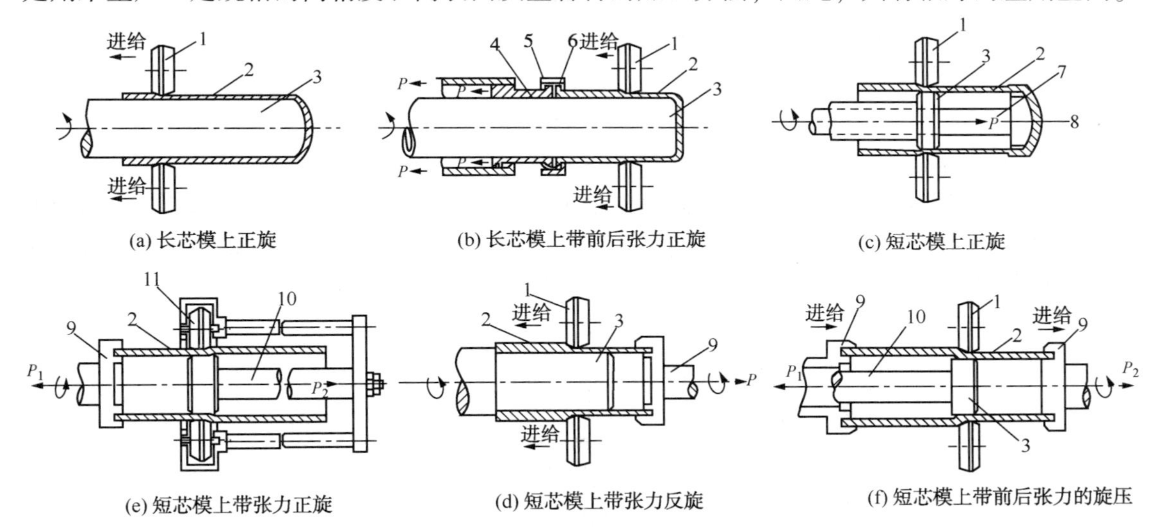

图 2.4-16　几种张力旋压法

1—旋轮；2—工件；3—芯模；4—伸缩拉力油缸；5—半卡环；6—环；7—顶杆；8—顶块；9—卡头；10—芯模杆；11—旋轮架

4）多旋轮的错距旋压法

采用两个旋轮或三个旋轮并使其布置于不同的平面内，即沿着轴向旋轮彼此相隔一定距离，即产生轴向错距 C，同时，在径向彼此间距为一定值，即径向错距 Δt，并使各个旋轮承担各自规定的旋压工作量，这就是多旋轮错距旋压法（图 2.4-17）。根据不同加工条件，各个旋轮还可作进给量的调整。

这种旋压法成为常用设备的一个突破，它具有多道次旋压在一次进给中完成的特点，效率较高，另外，驱动功率较小，工件精度也高。因此，适于变形大的和精密的零件旋压，也是筒形旋压机发展的一种新方向。

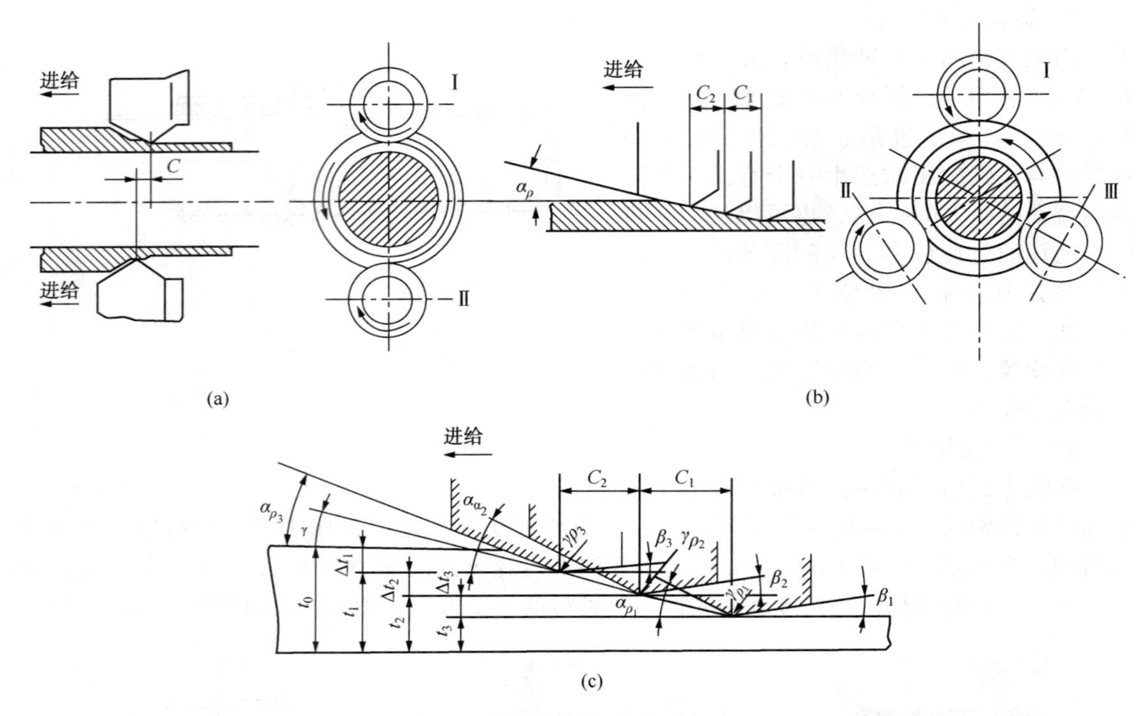

图 2.4-17　多旋轮的错距旋压法

5）劈开旋压法

利用具有硬质尖角的轮子，对旋转着圆形毛坯的矩形截面边缘作径向进给挤入，使之劈开成为“Y”形的两个部分，然后再使用 1~3 个成形旋轮对其进行成形和整形旋压，得到所需的形状和尺寸零件，这种成形方法称为劈开旋压法，如图 2.4-18 所示。

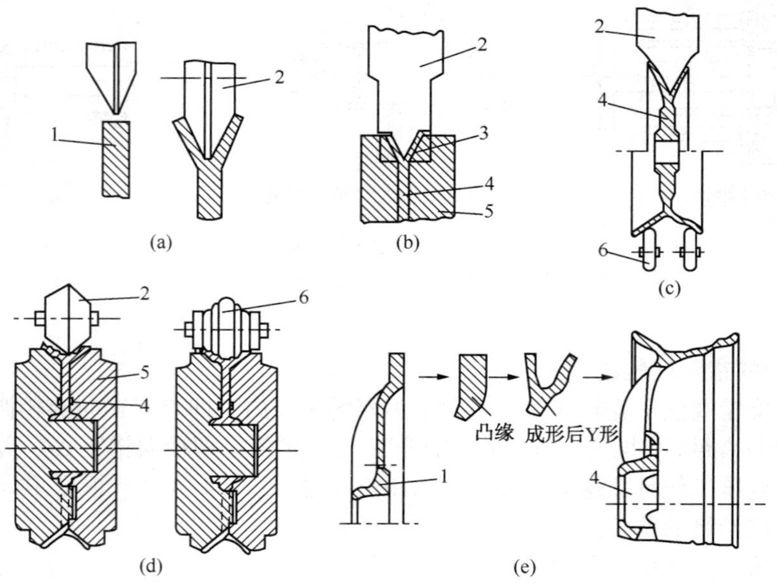

图 2.4-18　劈开旋压法

1—毛坯；2—尖角轮；3—硬橡胶；4—工件；5—压紧块；6—旋轮

此法可用于成形铝合金和软钢(加热条件下)，以及成形整体 V 形槽皮带轮和各种轻型整体车轮，可用于汽车、拖拉机、洗衣机以及其他机械制造中此类零件的加工，且可进行成批生产。

6) 钢球旋压法

为制造特薄壁回转体空心件，可采用钢球为变形工具的钢球旋压法。钢球旋压时，金属材料的塑性变形是在变形工具——钢球与工件的滚动摩擦条件下实现的，它们之间的变形区接触面积较一般旋轮旋压要小得多，因此，每个钢球承受的变形力很小，有利于特薄零件的旋压成形(图 2.4-19)。

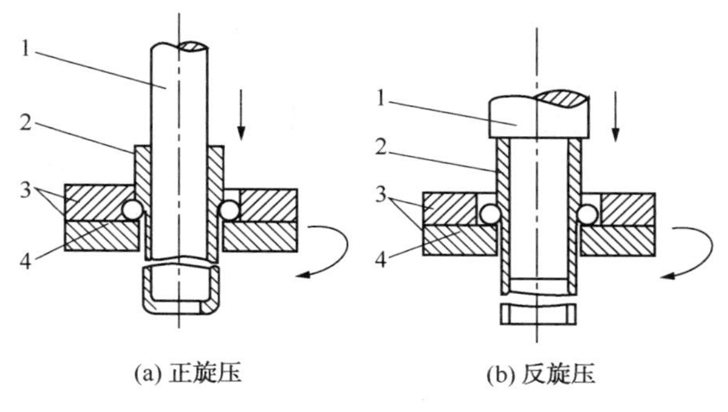

(a) 正旋压　(b) 反旋压

图 2.4-19　钢球旋压法

1—芯模；2—管坯；3—模环；4—钢球

钢球旋压法具有如下特点：

① 具有特别小的变形区，被成形的毛坯材料处于多向不均匀的受压状态，有利于塑性变形，并可获得较大的变形率。

② 由于变形工具为多个钢球，能更有效地限制变形区材料的周向流动，减小管子的扩径，使得成形后的工件有较高的尺寸精度和表面光洁度。

③ 设备结构简单、重量轻、操作方便和易于调整等。

④ 钢球的寿命较短，必须使钢球在变形区中能够得到充分的冷却和润滑。

7) 加热旋压法

加热旋压的作用，一方面是为了降低对旋压机动力和刚度的要求，另一方面能够旋压厚壁毛坯并加大旋压量。由于被加工材料加热到较高的温度(但必须低于该金属的再结晶温度)，其变形抗力显著降低，塑性大为提高，这样就可在相同设备上加工较大厚度的毛坯，并可缩短旋压作业时间，提高其生产率以及降低旋压件的制造成本。

对于一些常温塑性差的难熔金属，如钛、钨、钼、铌等金属及其合金，还有镁钍金属 HR-3l-0、HM-278、HK331 等材料，能在加热条件下顺利地进行旋压，并收到了良好的效果。

为了实现加热旋压，需要在旋压设备上设置一套毛坯加热装置，芯模和旋轮预热装置(它们可共用)，还有温度调节和测量装置等。同时，对直接受热传导和热辐射的设备零部件，如主轴、床身导轨、旋轮头、旋轮座以及金属顶套等需加以冷却和采取隔热等防护措施。

2.4.2 旋压机的结构

一般来说，轻型的旋压机(包括普通旋压机和强力旋压机)都具有与普通车床相类似的结构特点。然而，为了满足旋压工艺的要求，对于大型旋压机，尤其是大型强力旋压机，通常具有一些独特的特点。

① 旋压机的床身、主轴及传动系统、旋轮架、尾座等各部分应具有足够的刚度，还具有较笨重的工作台、较粗大的导轨、厚壁的承力支架和箱体等。

② 旋轮架的横向、纵向进给机构多采用液压传动或机械与液压联合驱动，使其产生足够的旋压力，并能进行平稳的无级调速，满足工艺要求。

③ 普通旋压机较多用一个旋轮，但辅助成形轮(如翻边轮、卷边轮等)则为多个。强力旋压机的旋轮或旋轮架数目多采用2~3个(通用型的为2个，筒形件旋压机多为2~3个)，并相对主轴轴线成对称配置，以平衡旋压时的径向力，减小主轴、芯模的弯曲挠度、偏摆和振动，为提高旋压件的精度提供条件。这就要求旋轮具有较高的横向(如筒形件专用旋压机)或纵向(如通用型旋压机)同步进给精度。但是，对轻型强力旋压机则采用一个旋轮。

④ 主轴具有足够的传动扭矩和功率的功能，根据具体工艺要求，满足恒扭矩或恒功率调节。此外，最好使主轴转速和旋轮纵向进给速度为无级调速，一方面可满足旋压工艺参数的任意选用要求；另一方面可实现旋压过程中保持芯模表面旋转线速度和每转进给量不变的可能性。

⑤ 主轴采用重型滚动轴承，以承受在旋压时由于旋轮和尾座油缸产生较大的工作力，并对主轴及其轴承进行良好的冷却与润滑。在加热旋压时，具有对主轴、旋轮头和尾顶套等直接受热影响的零部件进行强迫冷却和隔热的设施。

⑥ 尾座油缸应使顶紧块产生足够的顶紧力，以保证工作中夹紧毛坯，同时也有助于提高主轴等转动部分的刚度。

⑦ 旋轮的横向进给多采用电液伺服系统的数字控制，主要用于加工任意形状的回转体空心件。

⑧ 采用半自动或全自动工作循环。半自动旋压机除了工件的装、卸外，全部运动由终点开关和挡块控制，自动完成整个工作循环。全自动旋压机则使工件装料和卸料自动化，实现工作循环周而复始，有节奏地连续进行。

⑨ 对于重型旋压机的各部件间相对位置的调节多采用各种机构，例如采用液压锁紧机构，这样，既可提高机械化、自动化程度，又可使工作可靠和减轻工人劳动强度。

⑩ 对普通旋压和异形件的强力旋压，都要求旋轮能作转角——攻角调节，以利于金属走向或单位时间流量不变、稳定旋压过程和提高工件质量以及能使结构紧凑。

⑪ 在设备上，除了主要工艺装备外，通常还备有各种辅助工艺装备，如毛坯装夹的对中装置、成品的卸料装置、芯模和毛坯的加热装置(加热旋压时用)、芯模车削、磨削和抛光装置、旋轮与芯模的间隙调整和测量显示装置、零件尺寸和质量的检测装置以及零件的平整、擀光和边缘的剪切、翻边、卷边装置等。对于大型现代化旋压机，有时还要设置闭式回路工业电视监控装置等。

一般来说，旋压机的结构形式和类型是由其适用性、所加工零件的形状尺寸、生产率以及所使用的场所等因素确定的。

旋压机形式按如下几种情况区分。

(1) 按其主轴所处空间位置　分为卧式和立式两种。一般来说，重型旋压机以立式为主，中型旋压机以卧式为主，而轻型旋压机则两者皆有。

(2) 按其工作力大小　旋压机分为轻型、中型和重型三种。

轻型旋压机是指一个旋轮所能产生的旋压力在10t以下者，一般只适用于加工小型、薄壁和软质材料的零件。

中型旋压机是指一个旋轮所能产生的旋压力在10~40t，适用于加工中小型各种形状的零件和长的管材。

重型旋压机是指一个旋轮所能产生的旋压力为40~120t，甚至更大者，适用于加工大型零件。

（3）按旋轮的数目多少　分为单旋轮、双旋轮和多旋轮（即三个以上）几种。

由于单旋轮工作时受力情况不好，尤其主轴受力后弯曲挠度较大，故只用于轻型和个别的中型设备上。另外，这种形式旋压机开敞性好，旋轮调整灵活、简便，适合粗短的任意母线零件加工及较小吨位的旋压机，普通旋压机均采用单旋轮结构形式。

双旋轮有两种结构形式。一种是将两个旋轮分别装在单独的旋轮架上单独驱动或通过电气和液压联合控制使它们同步工作。这样，即可实现单旋轮单独工作和双旋轮的同步工作。可见，这种形式的旋压机具有适用性广、机动灵活、应用广泛等特点。另一种形式是将两个旋轮装在一个龙门式框架中，彼此水平相对，它们的横向进给可采用单独的机械机构进行预调整，或由油缸和通过液压仿形装置分别控制，也可以采取一个旋轮由油缸的活塞杆连接和驱动，另一旋轮装在与该油缸体相连接的横向拖板上。这样，两者形成了“浮动”形式，这种浮动结构可达到自动调心的作用，适合于旋压细长的管材。

多旋轮是指旋轮数目在 3 个以上者，但最常见为 3 个旋轮，偶见有 4 个旋轮。

（4）按旋轮（架）相对主轴位置　又有如下几种情况（图 2.4-20）。

① 对称布置。多数卧式旋压机的旋轮（架）都是对主轴轴线呈前后对称配置，立式的几乎都是对称或均布的，很显然，这种配置方式不论主轴受力情况，还是工件成形质量都是最好的，也是最常用的形式。

② 非对称布置。如上述单旋轮和如图 2.4-20（d）所示三旋轮不对称布置形式，其受力情况显然不如前一种的好。径向力不平衡，芯模和主轴受有侧向力，这是由于位于芯模一侧的两个旋轮对工件水平作用力之和大于另一侧对工件水平作用力之和的缘故。

（5）按旋轮位于工件周壁内外位置　可分为外旋压和内旋压两种。外旋压是把旋轮置于工件和芯模的外部，并向着芯模中心方向施压，这是最常见的形式。

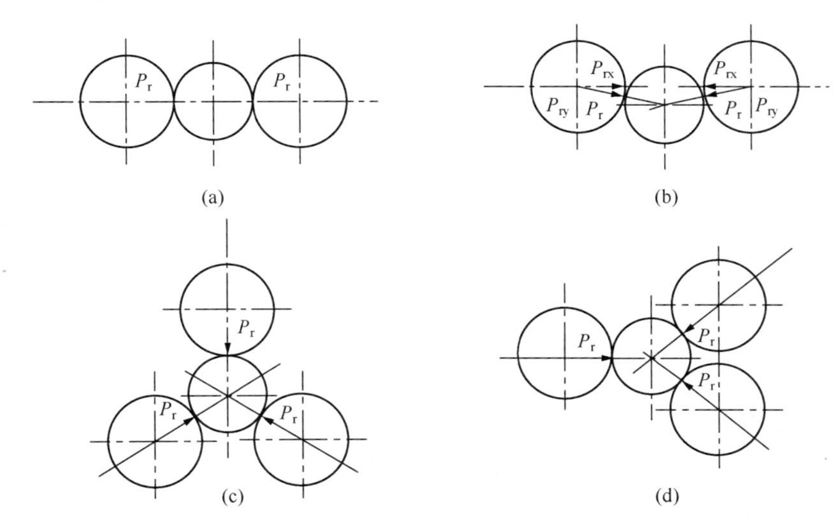

图 2.4-20　双旋轮和三旋轮的布置情况

（6）按旋轮的轴向进给方式　可分为两种：第一种是不论卧式还是立式的大多数情况都采取主轴轴向固定，只作周向旋转，此时旋轮相对主轴作轴向进给，来实现旋压过程；第二种是将旋轮及其旋轮架设计成固定的，使主轴连同工件作边回转和边轴向进给方式进行旋压，但后一种较少见。

2.4.3 几种类型旋压机

1. 卧式旋压机

通常使用的旋压机是卧式旋压机(图 2.4-21)。卧式旋压机类似于卧式车床，故又称为机床型旋压机。卧式旋压机主要由装卡芯模的主轴箱、安装旋轮的旋轮架、顶紧板料的尾座和床身等组成。由于旋压力远大于金属切削力，所以，传动功率和各部分的结构强度要大于车床。特别是加大了旋轮对芯模的顶压力和纵向进给力，加大了旋轮架的滑动面，提高了机床的刚度，使其成为具有重型机械结构的金属压力加工设备。

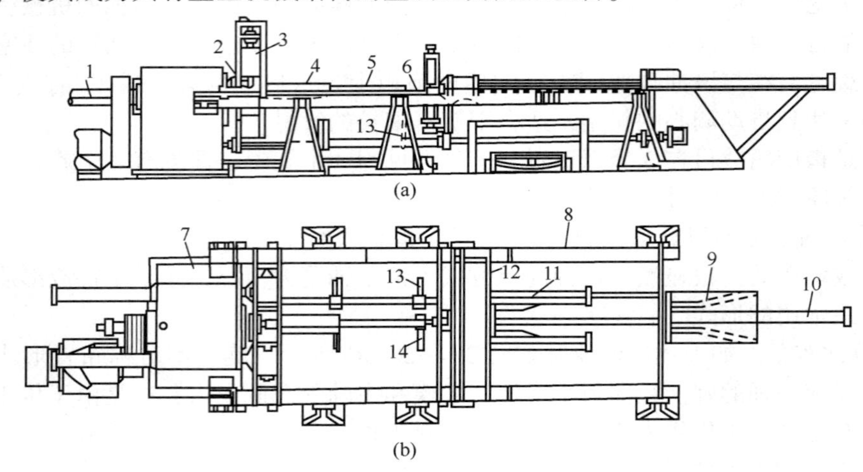

图 2.4-21 卧式旋压机结构图

1、10、11—油缸；2—卡盘；3—旋轮架；4—管坯；5—芯棒；6、14—定心机构；7—主油箱；8—床身；9—尾座；12—横向支架；13—上料臂

2. 立式旋压机

立式旋压机(图 2.4-22)的功能与卧式旋压机的功能基本相同，其结构与压力机类似，故又称为压力机型旋压机。立式旋压机的高度大，敞开性好，便于大型工件和工具的装卡和卸下。由于主轴安装位置的限制，主轴的驱动功率和承载能力不能太大，所以，普通立式旋压机多用来加工轻薄的工件，也可以对冲压件、薄壁管件进行再加工。立式旋压机的操作空间比较大，可以安装两个或三个旋压头和仿形装置。这样使板料的变形较为均匀，生产效率也较高。在立式强力旋压机中，还有一种是设计成龙门式结构。除了同样将设备设计成对称外，还把其机架制成闭式框架结构，因而具有刚度大的特点。

3. 专用自动旋压机

常用的专用自动旋压机主要有轻型板料成形旋压机、筒形件变薄专用旋压机、管端成形专用旋压机和封头成形专用旋压机。

1）筒形件变薄专用旋压机

筒形件的应用十分广泛，各种直径的变截面的管件都可以用旋压的方法进行加工，与机加工工艺相配合，可以制造各种机械零件。对于轻型的筒形件可以使用通用旋压机，但是，对于较大的筒形件，由于尺寸大、管壁厚，有时还必须进行热旋压，所以采用大型专用旋压机更为合适。此类旋压机装有刚性很大的三角框架式鞍座，用于安装旋轮架，鞍座能相对主轴中心线平移，以进行筒形件的正旋压和反旋压。

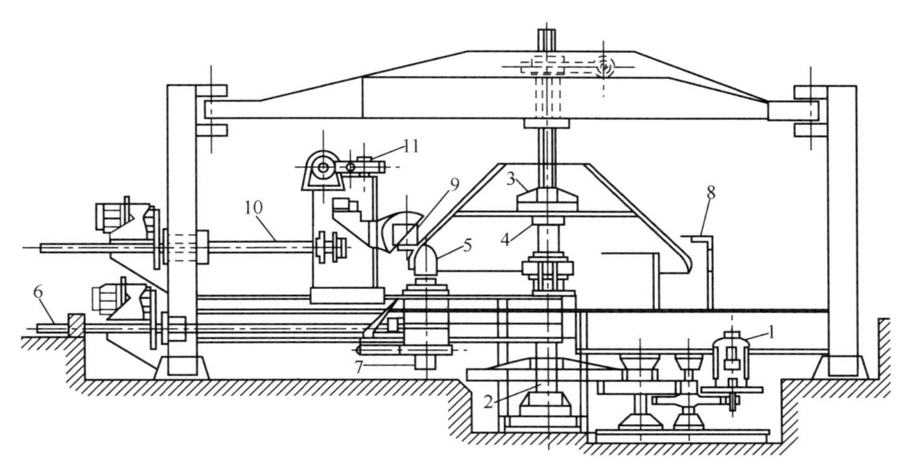

图 2.4-22　立式旋压机结构图

1—主电机；2—主轴；3—上辊筒；4—下辊筒；5—内辊；6—内辊水平轴；7—内辊垂直轴；8—炉壁；9—外辊；10—外辊水平轴；11—外辊垂直轴

2）管端成形专用旋压机

管端加工是管材使用中重要的加工工序之一，缩径、增厚以及封底等是管端加工的主要内容，为此，可以采用专用的管端旋压机来生产相应的产品。成形是通过旋轮在水平面内的转动使管端逐渐收缩，经过多道次的拉伸旋压完成的。该旋压机主要用于热成形以管材作为毛坯的高压容器、蓄能器、弹体头部等类似零件的封底、缩颈、曲母线弧段的收口等，适用于加工碳素钢、合金钢、不锈钢、有色金属、难熔金属和难成形材料等。该旋压机的特点是采用数控技术，机床的主轴是装有弹簧夹头的空心轴，将管坯插入空心轴内并夹紧，由火焰喷枪(电感应加热或炉内加热)将管坯加热到 1100℃左右，然后进行热旋压。

3）封头成形专用旋压机

封头的尺寸规格很多，采用冲压成形是很不经济的，旋压成形可以方便地改变产品规格，所以，大多数封头都是采用旋压方法生产的。常用的封头生产设备是封头成形旋压机(图 2.4-23)，工作时将预制好的盘形半成品装卡在两个旋轮之间，利用内辊(成形辊)旋压

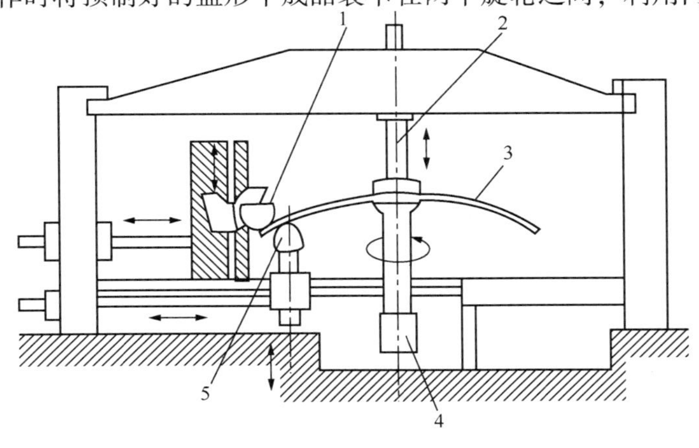

图 2.4-23　封头旋压机结构图

1—外旋轮；2—毛坯的支承轴；3—工件；4—主轴；5—内旋轮

加工成曲面封头。该设备可以进行冷旋压或热旋压，将坯料的一侧加热，而在另一侧做旋压加工。如果在热状态下对厚板料的边部进行径向热深切，然后再用成形辊做扩展旋压，可以生产滑轮类零件。

4. 数控自动旋压机

随着板金属加工量的增加，旋压机的应用越来越广泛，旋压机的装备水平也不断发展，数控自动旋压机成为旋压机的主要形式。

1）数控自动旋压机的控制系统

数控自动旋压机的控制系统是其核心部分，图 2.4-24 所示表示了各种控制方式和受控元件的组合，其特点是将旋压道次和其他加工条件进行数值化，在此基础上，利用各种受控执行元件对工件进行旋压加工。

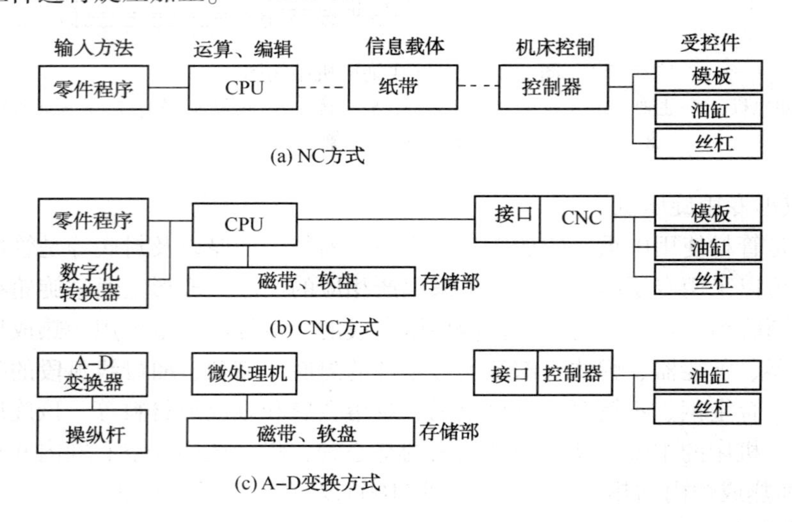

图 2.4-24　旋压控制方式

（1）交/直流伺服电机拖动、编码器反馈的半闭环控制系统　半闭环系统检测元件安装在中间传动件上，间接测量执行部件的位置。它只能补偿系统环路内部部分元件的误差，因此，它的精度比闭环系统的精度低，但是，它的结构与调试都较闭环系统简单。比如西门子的 1FT5、1FT6 交流伺服电机，稳定可靠，伺服性能好。

（2）异步电机或直流电机拖动、光栅测量反馈的闭环控制系统　该系统与开环系统的区别是：由光栅等位置检测装置测得的实际位置反馈信号，随时与给定值进行比较，将两者的差值放大和变换，驱动执行机构。闭环进给系统在结构上比开环进给系统复杂，成本也高，设计和调试都比开环系统难，但是，可以获得比开环进给系统更高的精度，以及驱动功率更大的特性指标。

（3）伺服阀/伺服油缸、光栅测量反馈的闭环控制系统　在行程较短、旋压力要求大的场合，由伺服阀、伺服油缸组成的闭环控制系统是一个很好的选择。

2）数控自动旋压机的结构

与普通自动旋压机相比，数控自动旋压机的结构发生了很大变化，最明显的是控制坐标数的增加。很多自动旋压机能够进行 4~7 个坐标控制，甚至可达更多坐标的控制。图 2.4-

25 所示的是 7 坐标控制的自动旋压机，其中有 6 个坐标联动。辅助工具架是随着主工具架受控的，可以进行反压轮成形。此外，该装置能够连续调整旋轮相对于工件表面的倾角，从而获得均匀光整的工件表面。两个工具架还作为工具安装架使用，通过对 A、B 两个坐标的控制能够迅速更换工具。有的自动旋压机的工具安装架类似于加工中心所采用的转塔式工具安装架，同时安装 8~10 个旋压工具，极大地提高了工作效率。

现有的数控旋压机都较多地采用步进电机和丝杠来驱动控制轴，从而能够精确而简便地测定旋轮的位置和速度，以提高重复加工精度。将位置和速度的实测值与计算机内的程序数据进行比较，并经过校准后进而监控数据控制加工的过程。即将外设的各种传感器与计算机技术结合起来，实现复杂的自适应控制。例如，利用旋压力的变动幅度与皱折的高度大致成正比的规律，对成形力进行连续测量并根据变化幅度的大小来修正旋轮的运动，对材料及批号不同而导致的破裂和起皱的条件变化自动捕捉，有效地保证旋制工作顺利进行。

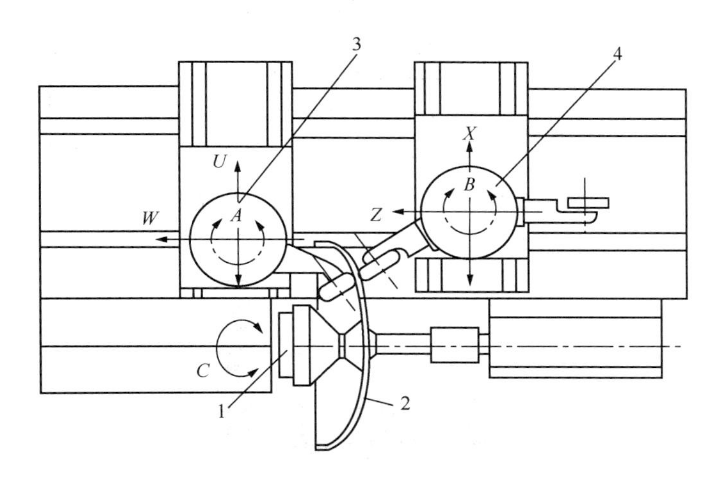

图 2.4-25　7 坐标控制的自动旋压机

1—主轴；2—工件；3—辅助工具架；4—主工具架

3）数控自动旋压机的数据输入

数控系统中加工数据的输入是重要的环节。CNC 方式的旋压控制系统的数据输入如图 2.4-26 所示。

CAD-CAM 绘图编程功能如图 2.4-27 所示。

在旋压机上应用数控技术能收到以下的效果，即缩短准备时间和加工时间，能适应加工条件的变化，提高重复加工精度并能防患事故于未然等。此外，自动旋压机不管采取哪一种控制方式，旋轮道次的确定和输入在很大程度上都要靠操作者的熟练技巧。因此，数控自动编程技术将是今后一个重要的研究课题，应做到只按一定的例行程序输入工件的形状、尺寸及旋轮的形状，就能够确定和输入旋轮道次并能旋出合格的产品。因此，要系统地积累和分析各种加工经验，分析熟练操作者确定的旋轮道次形状，以及使旋轮道次通用化和理论化。

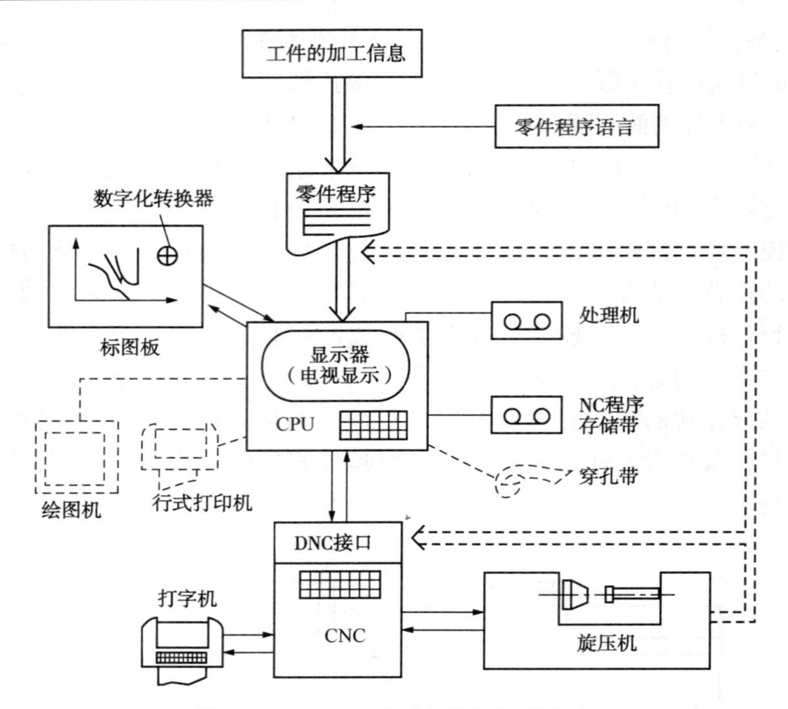

图 2.4-26　CNC 方式的旋压控制系统

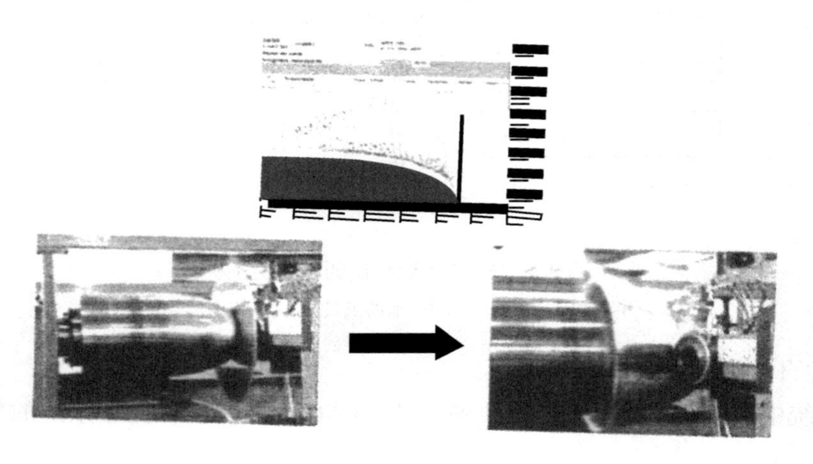

图 2.4-27　CAD-CAM 绘图编程功能

复习思考题

1. 普通旋压成形有哪几种？
2. 什么是拉深旋压？对成形中旋转运动轨迹的控制有哪几种？
3. 什么是缩径旋压？有哪几种不同的缩径方法？
4. 什么是扩径旋压？相对扩径率如何计算？
5. 在普通旋压中，辅助成形方法有哪几种？各种方法的作用是什么？

6. 什么是强力旋压？强力旋压分为哪几种？
7. 画图说明什么是筒形变薄旋压？什么是正旋压？什么是反旋压？
8. 什么是内旋压法？它有哪些特点？
9. 什么是张力旋压法？张力旋压法有哪几种？
10. 什么是劈开旋压法？画图说明其成形过程。
11. 简述旋压机的结构特点？
12. 简述卧式旋压机的结构组成。
13. 简述立式旋压机的结构组成。
14. 常用的专用自动旋压机有哪几种？

2.5　其他锻压设备

2.5.1　高速压力机

随着冲压件的形状和尺寸不断趋于标准化、系列化，在高速压力机上进行级进冲压已成为加工大批量冲压件的发展方向，可以提高生产率和降低生产成本。

同普通压力机相比，高速压力机有如下特点：

（1）高精度　高速压力机的精度分为动态精度和静态精度两部分。动态精度是指冲压过程中滑块相对工作台面在纵向、横向和垂直方向的位移；静态精度取决于制造精度。

（2）滑块行程次数高　普通压力机的滑块行程次数一般在200次/min以内，而高速压力机的滑块行程次数远高于200次/min，最高达到3000次/min以上。

（3）高刚度　高速压力机按连杆数目分为单点、双点和四点等，按床身结构分为开式、闭式和四柱式三种，就刚性而言，闭式双点为最佳结构。

（4）运动件间的摩擦系数小　高速压力机运动速度高，若摩擦系数较大将会加快零件的磨损，产生大量热量，恶化机床的精度，降低机床使用寿命。

（5）振动和噪声小　由于高速压力机的滑块行程次数很高，如果回转部件和往复运动部件不能达到动态平衡要求，就会引起剧烈振动，轻者影响机床的精度和模具的寿命，重者使机床无法正常工作。

（6）制动性能好　高速压力机的制动性能至关重要，不但可以保障人身安全，而且可以减少废品。

（7）检测和控制系统完备　采用PLC控制器和CNC技术对机床的电参数、气动元件和液压元件各参数进行检测和设定，从而控制机床的滑块行程次数、高低速运转时上下死点的制动角和位置、曲轴转角、封闭角度、离合制动器、气动平衡器、气液锁紧装置和间隔润滑等功能，保证高速压力机在受控状态下正常工作。

（8）辅助机械配备齐全　高速压力机需要配备开卷校平机、送料机和废料剪切机等辅助机械才能实现自动化生产。

目前，高速压力机正向数控化和柔性自动化方向发展。由于CNC技术在高速压力机上的应用，冲压过程能自动完成上料、冲压、成品计数、自动更换成品箱、自动停机、自动更换另一种产品模具并重新进行生产。

图 2.5-1 是一种高速自动压力机的结构图，其曲柄滑块机构如图 2.5-2 所示。

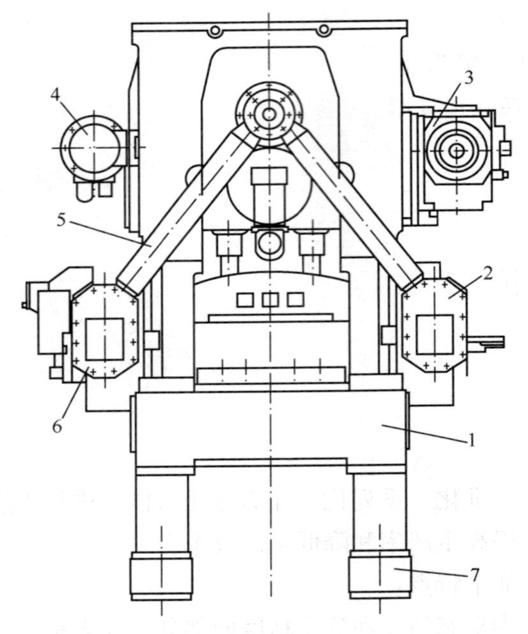

图 2.5-1　高速压力机结构图

1—机身；2—(右)辊式送料装置；3—变速电动机；
4—储气筒；5—链传动；6—(左)辊式送料装置；7—减振器

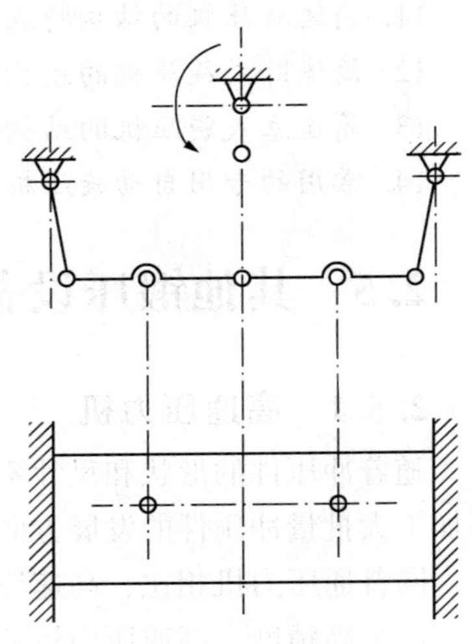

图 2.5-2　高速压力机的曲柄滑块机构

1. 机身

高速压力机在工作时，床身部件要承受全部变形力，床身如果发生弹性变形，会直接影响加工零件的质量。

按结构形式高速压力机床身可分为整体框架结构和组合式(也称分离式)床身两种。整体框架结构又分为普通框架结构和预应力框架结构两种。整体框架式床身的铸造和加工都比较复杂，因此，在 1000kN 以上大型高速压力机上较少使用。但考虑到这种床身具有良好的抗振、吸振性能，因而在中小型高速压力机，特别是超高速压力机上使用得较多。

组合式床身是应用最为普遍的床身结构，床身主要由横梁、左右立柱、工作台和底座组成。横梁、左右立柱和工作台通过四根拉紧螺栓拉紧构成一个整体。为了防止各部分之间相互错移和保证精确定位，上、下部分用圆形或方形定位键进行定位。随着工艺及技术水平的不断提高，一些生产厂家直接利用在加工过程中加工出的定位孔来定位，但这种定位方法对加工精度的要求特别高。

2. 滑块导向装置

在高速压力机中，滑块导向装置使用最多的是八面直角导向装置。因滑块在水平面内各个方向的位移均受到导轨的约束，使导向精度提高，而且，滑块所产生的侧向力直接由导轨传递给床身，导向系统具有很高的刚度。

使用滚动导轨可以使滑块在前后、左右两个方向上的水平位移量比较小。

在高速压力机上使用的滚动导向装置分为平面滚动导轨、柱式滚动导轨和静压导轨三类。

图 2.5-3 是一种以楔块调节导轨过盈量的八面直角预应力滚动导轨的结构图，滚动导轨为往复式，这种结构的导轨和床身之间为平面接触，接触面积大，导轨和床身系统的刚性好，是目前使用最为普遍的一种导向结构。

柱式滚动导向装置是高速压力机另一种最主要的导向方式，有两柱、三柱和四柱三种结构，其中使用最普遍的是四柱式导向结构。

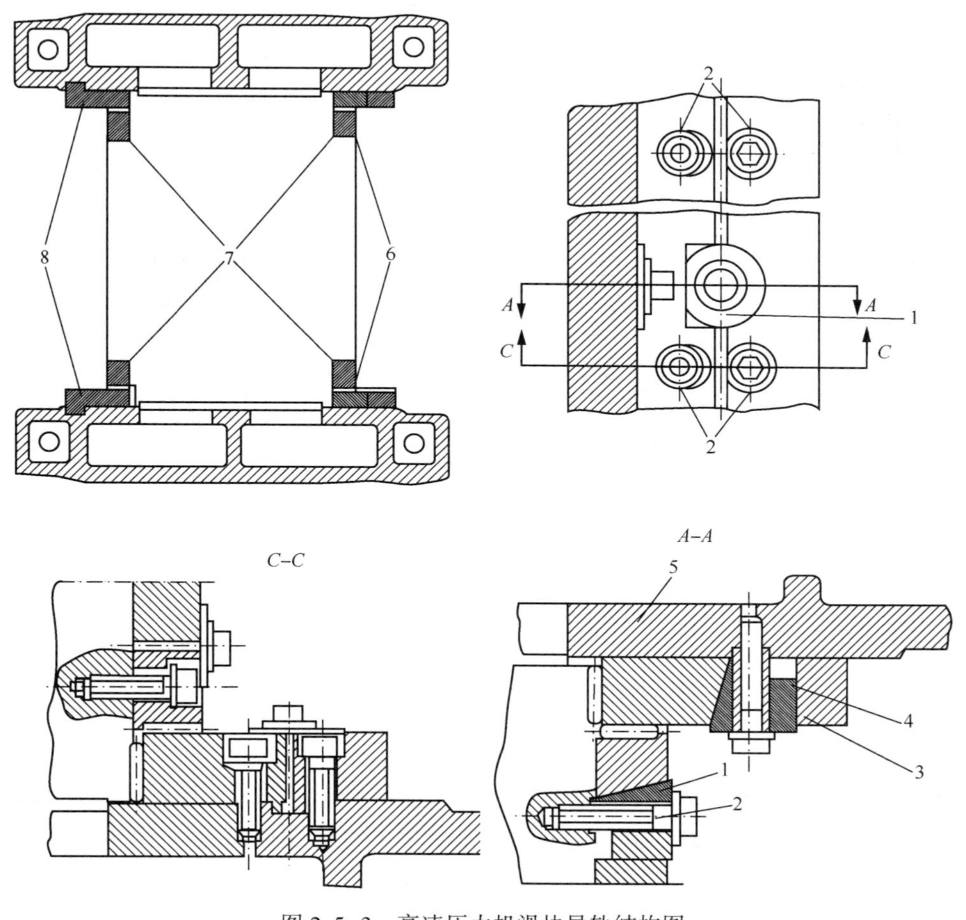

图 2.5-3　高速压力机滑块导轨结构图

1—调整楔；2—螺钉；3—导轨支承板；4—螺套；5—滚柱；
6—可调导轨板；7—滑块导轨板；8—固定导轨板

图 2.5-4 是一种静压导向装置的结构图，每个导柱上的静压轴承都开有两个相对布置的静压油腔，在与静压油腔成直角的方向上开有排油沟，导柱和静压轴承之间有可自由运动的细微间隙，在静压油腔进油口安装有调节阀，安装时应注意静压腔内油压的高低，它们对负荷大小反应很灵敏。静压轴承在静压腔油压范围内承受滑块横向载荷时有很高的刚度。

3. 传动系统

高速压力机按传动布置方式分为上传动和下传动两种。在高速压力机行程次数还不是很高时，下传动形式曾处于主导地位。同上传动相比，下传动高速压力机的体积要小得多，重心低，稳定性能好，传动系统水平分力也比较小，而且不会使润滑油滴到工件上，是理想的高速压力机传动形式。但是，下传动压力机的往复运动部分除连杆、滑块本身质量外，还增加了传动轴以下部分即横梁和导柱的质量，由于往复运动部件质量的增加，当提高压力机的行程次数时，往复部件质量所产生的巨大惯性力不仅使机床在地基上的安装出现问题，而且还严重影响机床的正常运转和滑块下死点的动态精度。高速压力机滑块行程次数的大幅度提高，不断推动着高速压力机向上传动形式发展，并逐步占主导地位。

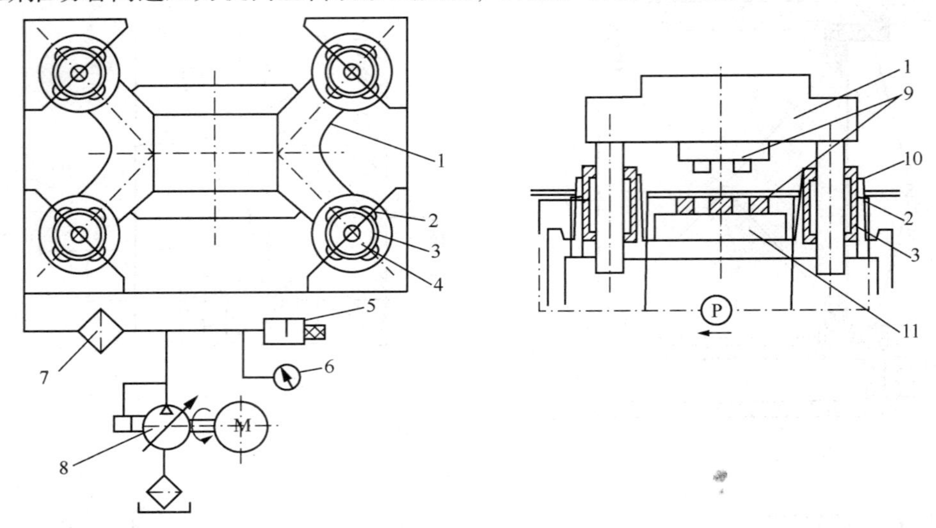

图 2.5-4　静压导向装置结构图

1—滑块；2—调节阀；3—静压油腔；4—排油沟；5—压力开关；6—压力表；7—滤清器；8—变量泵；9—模具；10—静压轴承；11—模座

4. 操纵系统

高速压力机的操纵系统主要包含离合器和制动器。目前，经常使用的是组合式摩擦离合器-制动器，按驱动形式分为气动摩擦离合器-制动器和液压摩擦离合器-制动器两种；按摩擦面形状分为盘式、浮动镶块式和圆锥式等多种；按结构形式分为干式和湿式两种。

图 2.5-5 是一种组合式锥形摩擦离合器-制动器，刚性联锁，动作安全可靠，离合器主动部分为飞轮 2，从动部分由端盖 7、轴承套 8、曲轴 6、活塞 5、滑销 4 和气缸 3 等组成，结合件是气缸 3、飞轮 2 和制动锥套 11。

气缸进气，气缸 3 向右移动，压缩橡胶弹簧 9，气缸 3 左侧锥面与制动锥套 11 脱开，气缸 3 右侧锥面压向飞轮 2 上的锥面，离合器结合飞轮 2 带动从动部件旋转。气缸排气，在制动弹簧作用下，气缸 3 向左移动，离合器脱开，制动器制动，从动部件停止运转。

5. 动平衡装置

高速压力机高速运转时，其行程长度虽然比较小，但其往复件质量所产生的惯性力仍然很大，可达到滑块重量的数倍甚至十多倍。这个力将作用在支承轴承和滑块的导轨上，如果在结构上不采取必要措施，此力还会作用于基础上，使压力机基础不稳，而回转部分由不平衡质量产生的周期性变化的水平惯性分力还将引起机床的强烈振动和摆动，严重影响压力机的正常运转和动态性能，降低模具寿命。因此，动平衡装置是高速压力机，特别是超高速压力机必不可少的部件。

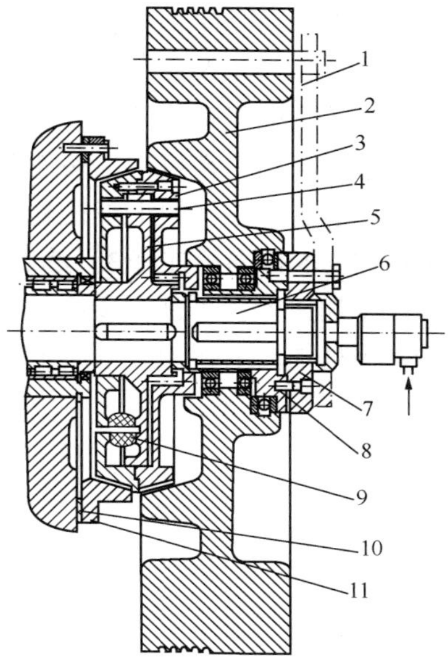

动平衡装置的平衡功能是平衡滑块、上模连杆、曲轴等运动部件在高速运动过程中所产生的惯性力，有不完全动平衡和完全动平衡两种结构形式。

不完全动平衡有平衡块式、副滑块平衡机构等；完全动平衡包括多杆配重动平衡机构和多连杆动平衡机构等。

（1）平衡块式　平衡块式(图 2.5-6)是一种最简单的不完全动平衡装置，平衡块用螺钉固定在曲轴偏心相反的方向上，这种动平衡结构只能平衡偏心轴质量所生产的惯性力，而不能平衡滑块、上模和连杆等运动部分所产生的惯性力。

图 2.5-5　高速压力机离合器-制动器结构

1—盘车板；2—飞轮；3—气缸；4—滑销；5—活塞；6—曲轴；7—端盖；8—轴承套；9—橡胶弹簧；10—调整垫；11—制动锥套

（2）副滑块平衡机构　副滑块平衡机构是一种较理想的不完全动平衡机构(图 2.5-7)，其平衡原理是在主滑块对称的方向上增加一个平衡副滑块，以抵消主滑块所产生的惯性力，同时在曲轴上配上平衡块以取得更好的平衡效果。在这种动平衡装置中，虽然平衡滑块比主滑块要小得多，但因其行程长度比主滑块行程长度要大，所以加速度也大，因此能很好地起到平衡作用。这种动平衡装置比较简单，应用得比较多。

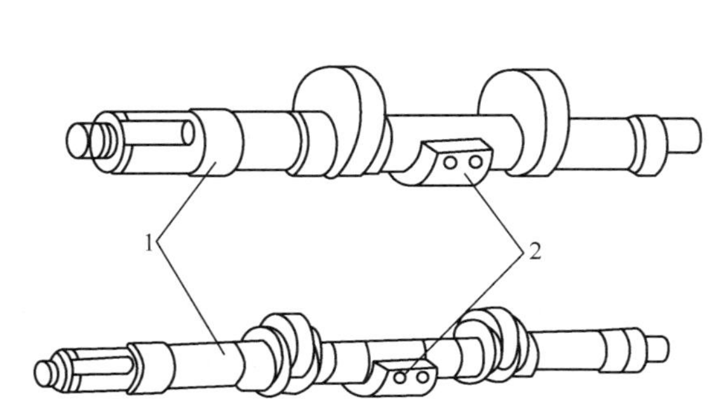

图 2.5-6　平衡块式动平衡装置

1—曲轴；2—平衡块

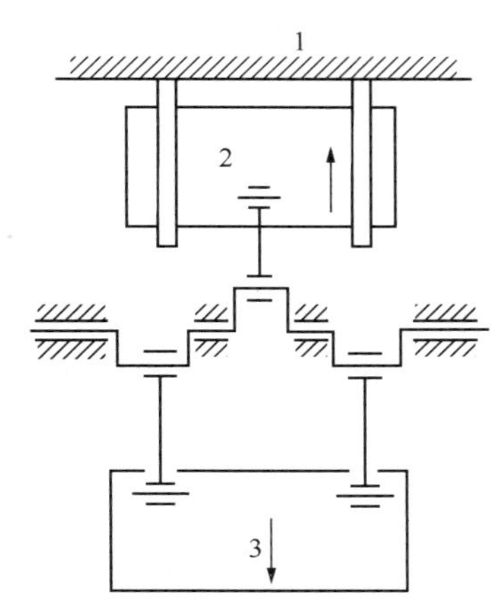

图 2.5-7　副滑块动平衡机构

1—上横梁；2—平衡块；3—滑块

（3）多杆配重动平衡机构　多杆配重动平衡机构（图 2.5-8）可以产生和滑块相反的运动，因而能平衡滑块及曲柄连杆机构所产生的水平及垂直惯性力。但模具质量发生变化时，需相应对配重块质量进行调整，以达到完全动平衡的目的。

（4）多连杆动平衡机构　多连杆动平衡机构（图 2.5-9）是一种上传动高速压力机所采用的完全平衡装置。在滑块上下往复运动过程中，当滑块向下运动时，偏心轴 9 所产生的力经连杆 8 和杠杆 5 传递给连杆 3，然后，此力传递到滑块 2 上。由于这些运动都是非匀速运动，所以会产生加速度，于是在该系统中会产生一个向上的惯性力，同时，平衡重块 10 经过导杆 6 和平衡杆 7 向上运动，也产生一个惯性力，从而抵消和平衡滑块所产生的惯性力。

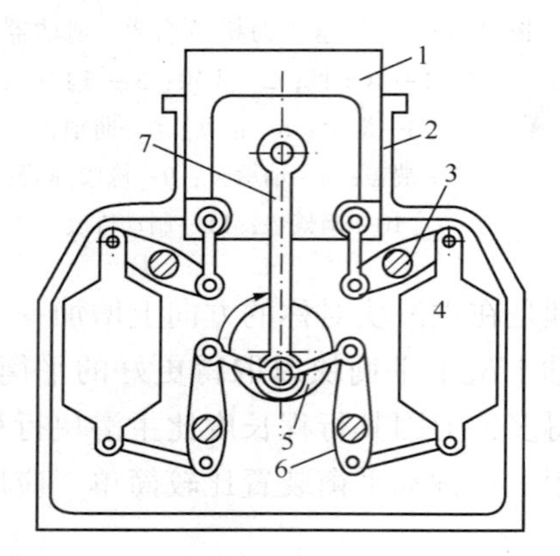

图 2.5-8　多杆配重动平衡机构

1—导向柱塞；2—箱体；3—连杆；4—封闭高度调节螺杆；5—杠杆；6—导杆；7—平衡杆

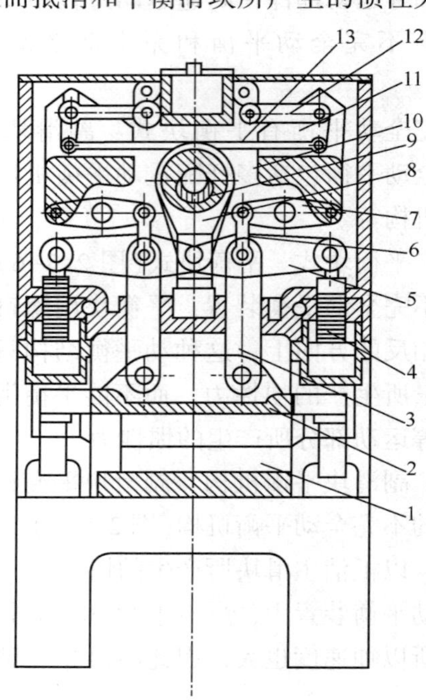

图 2.5-9　双连杆完全动平衡装置

1—工作台；2—滑块；3、8—连杆；4—封闭高度调节螺杆；5、11—杠杆；6、12、13—导杆；7—平衡杆；9—偏心轴；10—平衡重块

以上几种完全动平衡装置是比较复杂的，目前主要应用在超高速压力机上。

2.5.2　数控冲模回转头压力机

数控冲模回转头压力机是一种应用数控技术对板材进行冲孔和步冲的设备，在设备滑块与工作台之间，有一对可以存放若干套模具的回转头（即转盘），把待加工的板材夹持在夹钳上，使板材在上、下转盘之间相对滑块中心沿 X、Y 轴方向移动定位，按规定的程序选择所需要的模具，并由滑块冲击模具，从而冲出所需尺寸和形状的孔来，这些孔可以是圆孔、方孔、异形孔、直线或圆弧排孔等，是一种通用、高效、精密的锻压机械，也是板材加工中的主要设备。

在回转头压力机上只要装夹一次，就能把一块板上所有的孔全部冲完。当一种孔冲好后需要换模时，回转头把另一副模具转至滑块下，工作台带动板材移至需要位置，就可冲另一种孔。

与数控步冲压力机比较，二者在结构上主要有以下区别：数控步冲压力机的滑块与工作台之间在垂直方向上只能容纳一套模具，而数控冲模回转头压力机的滑块与工作台之间有一个能安装若干套模具的转盘装置(即回转头)，其功能是一个既可贮存模具又能自动换模的模具库，在换模方面比数控步冲压力机要优越。

1. 工作原理

图 2.5-10 为冲模回转头压力机的工作原理图。主电动机通过 V 形带传动带动飞轮转动，再通过离合器-制动器和偏心轴使滑块上下往复运动，冲击上转盘上所选定的凸模，即上模对板材进行冲孔。上、下转盘上配置有若干副模具，这些模具在转盘上多圈布置或单圈布置。有些机器配置有自动分度模具，它使装夹在滑块上的模具具有旋转功能。依靠转模机构可以使模具在 0°~359.99°的范围内同步旋转，精度可达到 0.01°。其余模具按直径大小和形状不同分为若干组，图 2.5-11 为其模具配置情况。上、下转盘由直流或交流伺服电动机驱动，经过齿形带传动或链传动，两转盘同时同向旋转，以选择所需模位。为使上、下转盘定位准确，在转盘侧面设有锥形定位套，由气缸推动锥形销插入定位套内。板料的移动可由活动拖架(*Y* 轴方向)和滑动夹钳(*X* 轴方向)来完成，*X* 轴方向和 *Y* 轴方向的运动由交流或直流伺服电动机、滚珠丝杠副等的驱动实现，机器的所有动作均是按照预先编好的程序来执行。

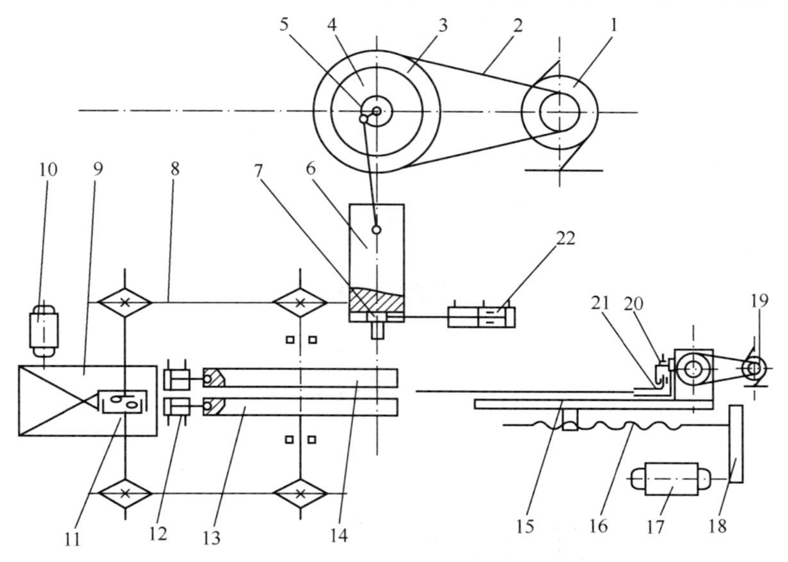

图 2.5-10　冲模回转头压力机的工作原理图

1—电动机；2—V 带；3—飞轮；4—离合器—制动器；5—偏心轴；6—滑块；7—打击器；8—链传动；9—转盘减速器；10—转盘伺服电动机；11—转盘离合器；12—转盘定位气缸；13—下转盘；14—上转盘；15—移动工作台；16—滚珠丝杠副；17—*Y* 轴伺服电动机；18—齿形带；19—*X* 轴伺服电动机；20—夹钳气缸；21—夹钳；22—气缸

2. 主要零部件

1) 机身

冲模回转头压力机的机身多为钢板焊接结构，可分为开式(即“C”形机身)和闭式(即

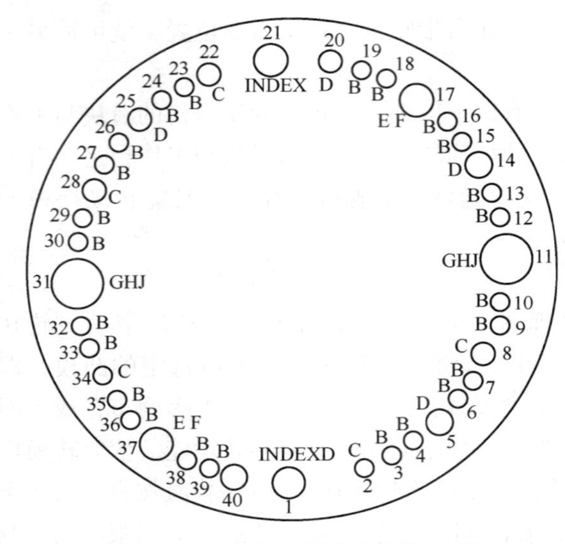

图 2.5-11　回转头压力机的模具配置

“O”形机身)两种。闭式机身的优点是机身的刚性好，弹性变形小，在工作过程中对模具有利。冲模回转头压力机多采用开式的“C”形机身，并将装有夹钳的横梁放置在机身喉口的内侧，这种布置方式结构紧凑，减少了设备的占地面积，但是，这种结构形式的机身会使喉口的深度增大，容易产生刚度角变形。为了减小开式机身的变形，就必须采取一些加强机身刚度和抗扭强度的措施，比如把安装在模具的上、下两个转盘装在副机架上，副机架只起支承和导向作用，而压力机传动机构和工作机构装在主机架上。工作时冲孔力由外机架承受。主机架在受力状态下变形，但对副机架无影响，上、下模具能精确对准，因而可提高模具寿命和冲孔精度。

2）工作台

工作台为焊接结构，它由本体、活动拖架(即活动工作台)和滑动夹钳等几部分组成。活动拖架(Y轴)通过安装在本体上的伺服电动机、滚珠丝杠副来驱动，图 2.5-12 为一种工作台的结构图。

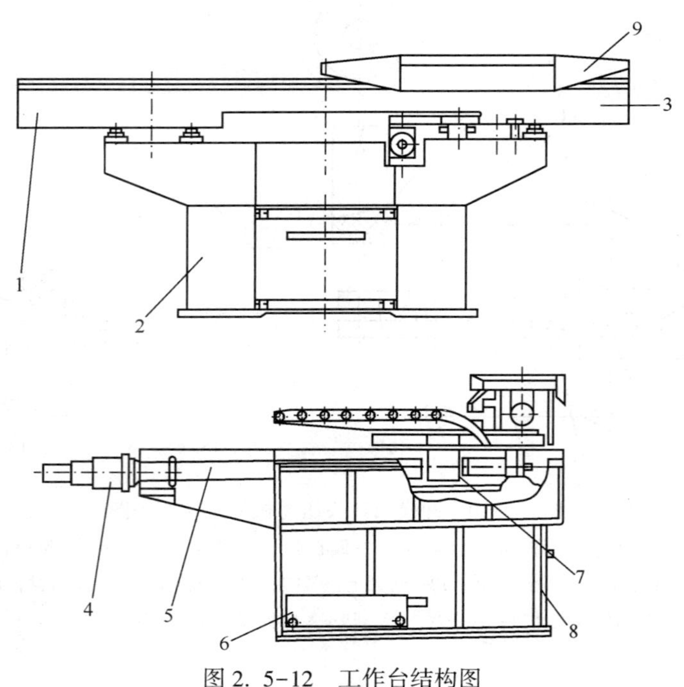

图 2.5-12　工作台结构图

1—纵向送料机构；2—底座；3—台面；4—电液脉冲马达；5—滚珠丝杠；6—料斗；7—滚珠螺母；8—检修门；9—横向送料机构

3）传动系统

传动系统如图 2. 5-13 所示，主电动机 10 通过带轮和蜗轮蜗杆，带动曲轴、连杆、肘杆动作，使滑块 3 作上下往复运动，进行冲裁。冲模回转头 12 支承和悬挂在床身上，电液脉冲电动机 11 通过两级锥齿轮和一级正齿轮的传动，使上、下转盘同步回转，以选择模具，并用液动定位销 6 使转盘最终定位，以保持上、下模同心。被加工板料用夹钳 13 夹紧，放置在工作台 2 上。两个电液脉冲电动机通过滚珠丝杠和滚珠螺母传动，使工作台纵、横向送进，从而选择工件冲孔的坐标。

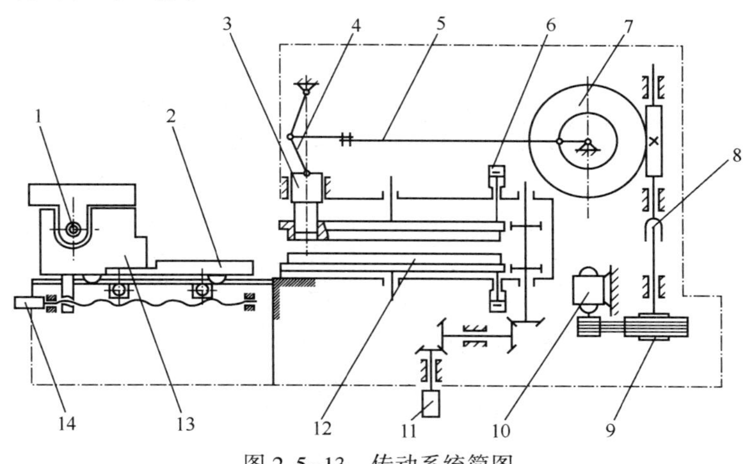

图 2. 5-13　传动系统简图

1—滚珠丝杠；2—工作台；3—滑块；4—肘杆；5—连杆；6—液动定位销；7—蜗轮；8—联轴节；9—电磁离合器-制动器；10—主电动机；11、14—电液脉冲电动机；12—冲模回转头；13—夹钳

4）离合器-制动器

数控冲模回转头压力机多采用组合式液压离合器-制动器（图 2. 5-14），这种形式的离合器-制动器工作可靠，结合平稳，磨损小，结合时噪声低。压力油经油管接头引入到轴中后，进入密封腔内，完成结合动作。这种结构能在较小的空间、很小的转动惯量下产生很大的转矩，具有很高的接合次数，制动角度小，可满足滑块所需的极小超程量。

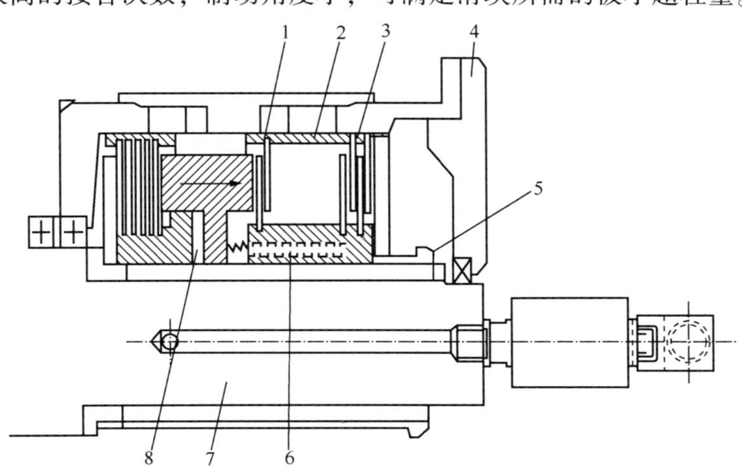

图 2. 5-14　液压离合器-制动器

1—摩擦盘；2—托架；3—摩擦片；4—圆盘；5—键；6—弹簧；7—曲轴；8—液压缸

图 2.5-15 是一种电磁离合器-制动器结构图。

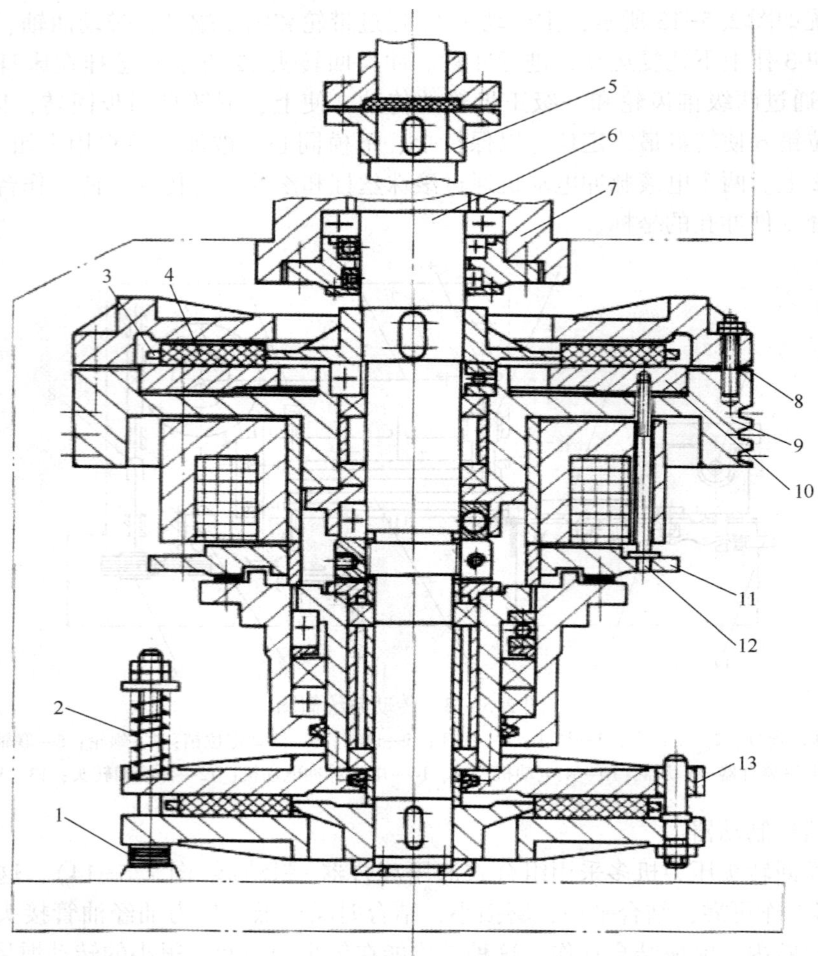

图 2.5-15 电磁离合器-制动器结构图

1、8—调整垫片；2—弹簧；3—摩擦盘；4—摩擦片；5—联轴器；6—传动轴；
7—轴承座；9—飞轮；10—压板；11—衔铁；12—顶杆；13—制动盘

5）冲模回转头

冲模回转头压力机有上、下两个转盘，模具均装在转盘上，可以单排布置，也可以三排布置。为了使上、下转盘准确定位，在其外周上有锥形定位销孔，锥销插入就可以保证定位准确。冲模回转头的结构如图 2.5-16 所示，上、下转盘 1、9 通过上、下中心轴 3、7 支承在机身上，转盘可在轴上回转。在上转盘的上平面和下转盘的下平面各有 20 个定位孔 5、6，以使转盘最终定位。20 副上、下模通过上、下模座 2、8 分别安装在上、下转盘上，通过调节模具吊环 4 的高低位置，调节上模的位置。上模结构如图 2.5-17 所示，图 2.5-17(a)为非圆形冲头，冲头 1 用螺钉与上模座 2 固紧，并采用方槽定位。对于直径小于 8mm 的圆形冲头，则增加过渡套 3，如图 2.5-17(b)所示。上模通过 T 形头与滑块 T 形槽连接。下模结构如图 2.5-18 所示，在模具调整正确后，下模座用三个螺钉紧固，并用压板压紧，以防止向上窜动。

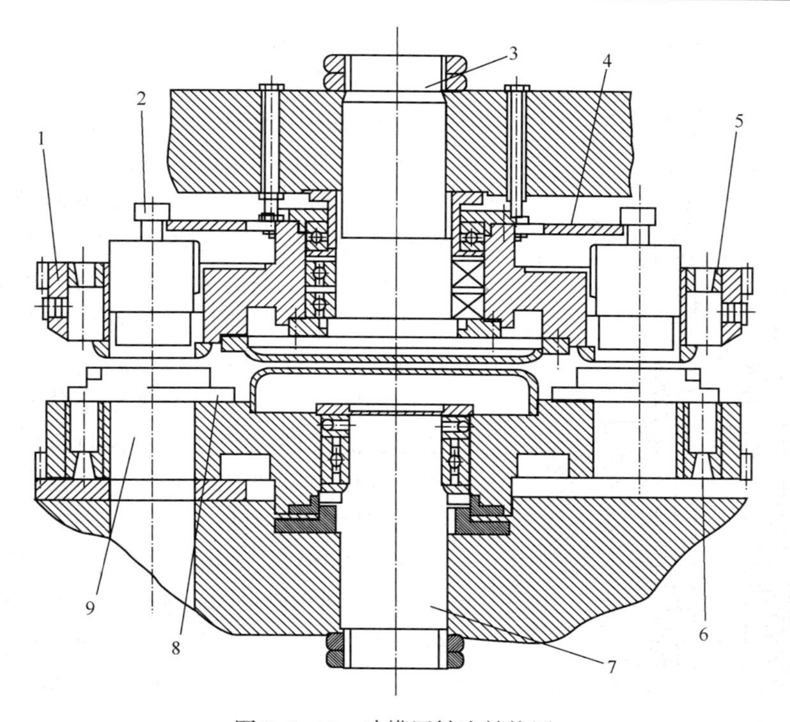

图 2.5-16　冲模回转头结构图

1—上转盘；2—上模座；3—上中心轴；4—吊环；5—上定位孔；
6—下定位孔；7—下中心轴；8—下模座；9—下转盘

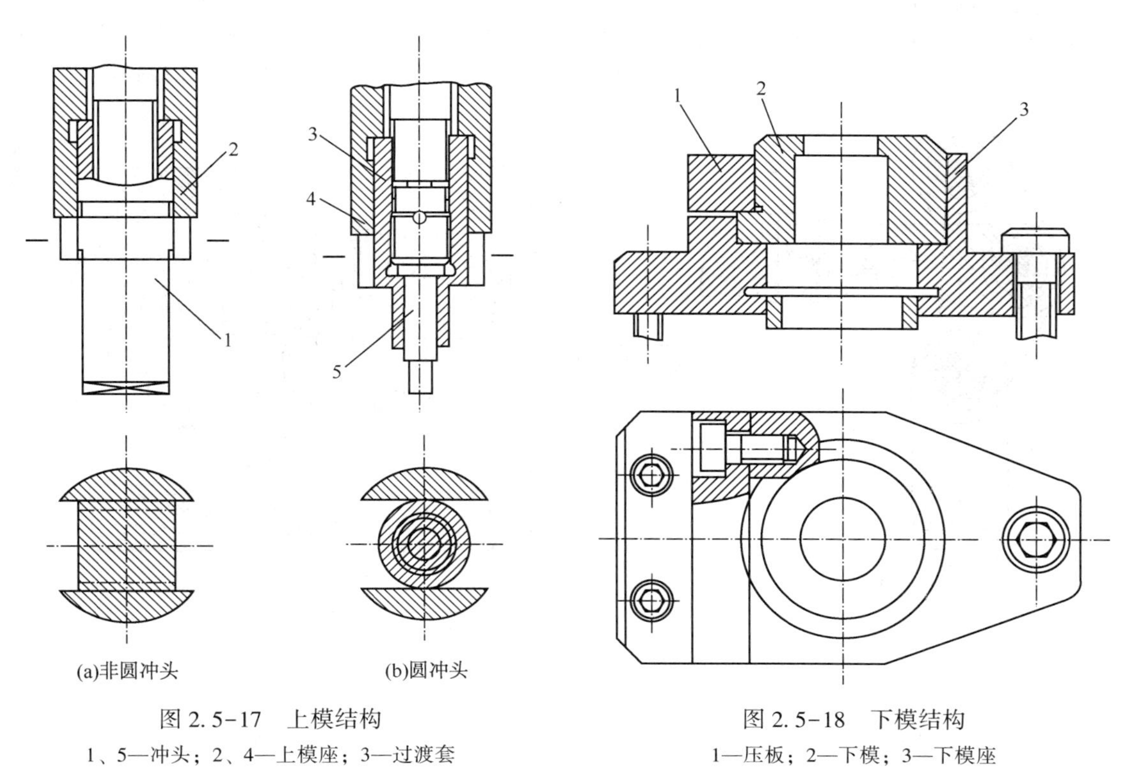

图 2.5-17　上模结构

1、5—冲头；2、4—上模座；3—过渡套

图 2.5-18　下模结构

1—压板；2—下模；3—下模座

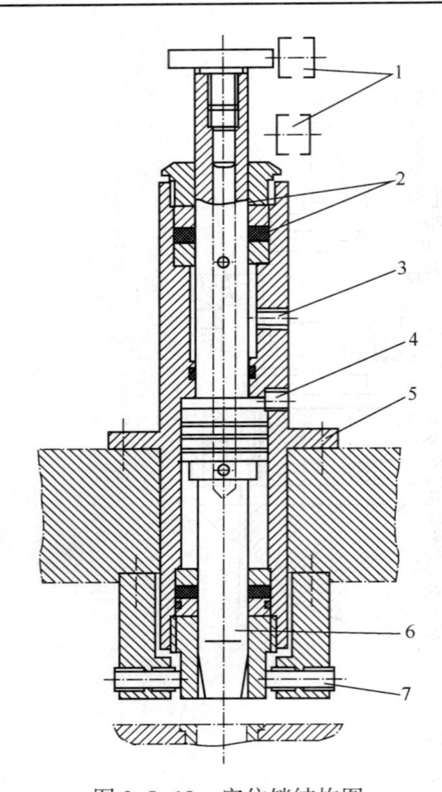

图 2.5-19　定位销结构图

1—无触头行程开关；2—密封圈；

3、4—通道；5—液压缸；6—定位销；7—螺钉

定位销的结构如图 2.5-19 所示。

6）转模机构

转模机构即模具分度机构，是用来使转盘上某些模具沿本身轴线旋转的机构，其转动是由伺服电动机带动主动轴，并通过同步齿形带、气缸上的齿形带轮和传动蜗杆，由蜗轮-蜗杆机构带动分度模具转动，在不分度时，要保证模具分度为零。如果正在工作过程中，机器出于某种报警而停机时，应保证使分度模具置于零位。

使用转模机构后会带来如下优点：①可以冲切复杂形状的板件；②可减少模具，因而可降低模具费用；③可缩短加工时间。

7）肘杆传动机构

图 2.5-20 所示为曲柄-连杆-肘杆传动机构的结构及其工作原理图，这种形式的结构对深喉口的机床较为有利。整个部件通过两根圆销 11 与机身连接。飞轮的旋转运动经离合器、联轴器传给蜗轮，而蜗轮端面上有牙嵌离合器 4，离合器的另一半与曲轴 6 以键连接，因此，蜗轮可带动曲轴 6、连杆 3、肘杆 1 运动，并使滑块 12 产生上下往复运动。连杆由两部分组成，在连接部分有超载保险装置，当超载时，齿形部分首先破坏，随之螺钉 2 被拉断。

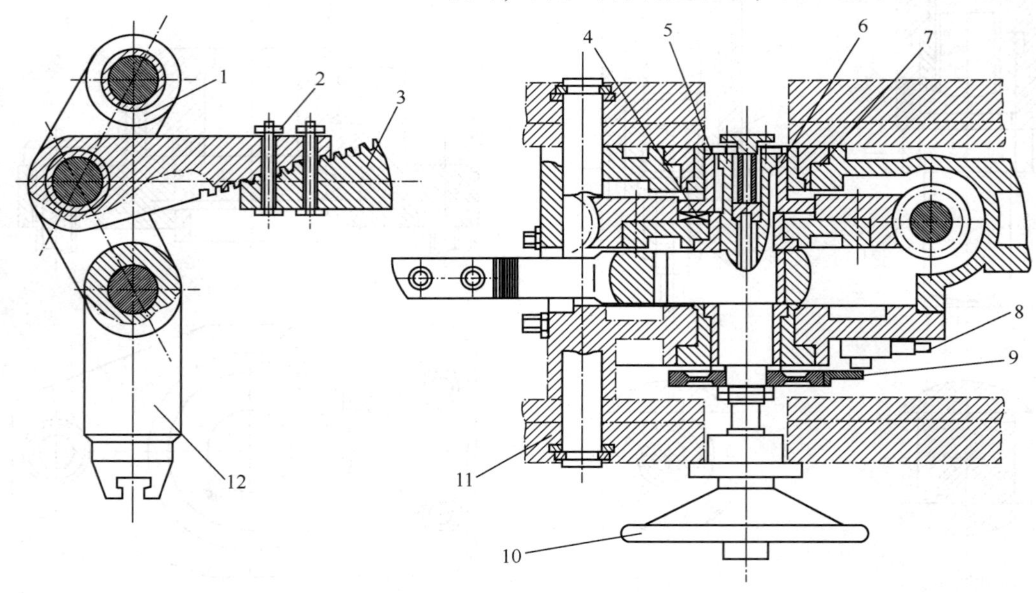

图 2.5-20　肘杆传动机构工作原理图

1—肘杆；2—螺钉；3—连杆；4—牙嵌离合器；5—离合器的一端；6—曲轴；

7—顶杆；8—行程开关；9—发迅块；10—手轮；11—圆销；12—滑块

为了便于调整模具，通过转动手轮10使螺杆产生轴向位移，并由顶杆7使牙嵌离合器脱开，再转动手轮便可使曲轴连杆-滑块动作。调整完毕后将手轮倒旋即可。

在曲轴上装有发讯块9，与无触点行程开关8及电气部分配合，以控制滑块的单次行程并使其准确停在上死点处。

8）夹钳

夹钳安装在工作台的横向滑座上，视被加工板料的长短可在滑座上调整其安装位置，其结构如图2.5-21所示。扳动手柄3，上钳体1便绕轴2回转，以便夹紧及松开板料。调整螺钉4可改变被夹紧板料的厚度。

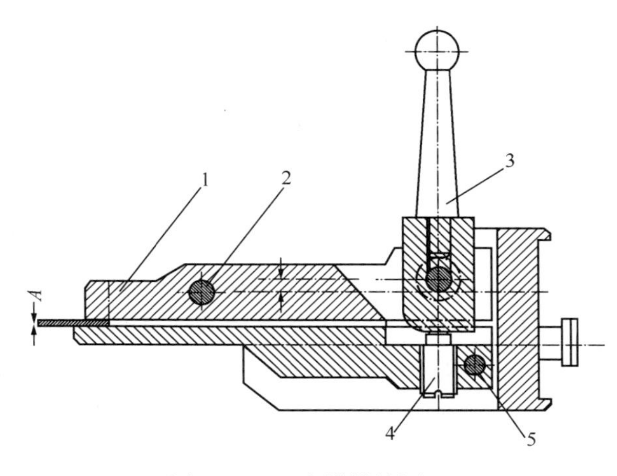

图2.5-21 夹钳结构图

1—上钳体；2—轴；3—手柄；4—螺钉；5—轴

2.5.3 多点成形压力机

多点成形是将柔性成形技术和计算机技术结合为一体的先进成形技术。该技术利用多点成形装备的柔性与数字化制造特点，无需换模就可实现不同曲面的成形，从而实现无模、快速和低成本生产。

多点成形的基本原理是由一系列规则排列的基本体点阵代替整体式冲压模具，通过调整基本体单元高度形成所需要的成形面，实现板料的无模、快速和柔性化成形。图2.5-22所示为模具成形与多点成形的比较。在模具成形中，板件由模具的型面来成形；而多点成形则是由基本体单元的包络面(或称成形曲面)来完成。

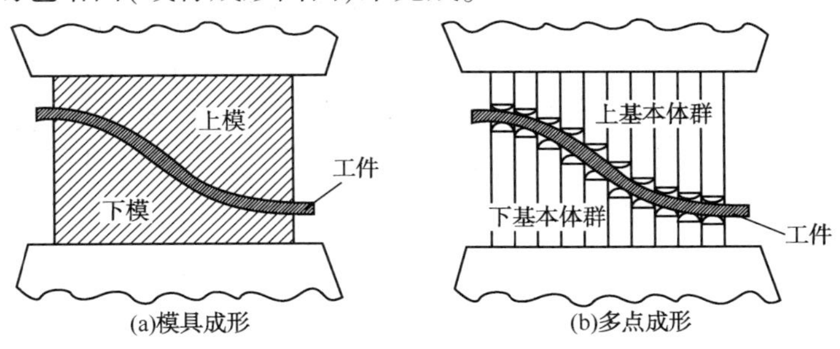

图2.5-22 模具成形与多点成形比较

多点成形方法与传统模具成形方法的主要区别就是它具有“柔性”特点，即各基本体单元的高度可控可调，利用这个特点，既可以在成形前，也可在成形过程中改变基本体的相对位移状态，从而不仅可以实现无模成形，还可以改变被成形件的变形路径及受力状态，达到不同的成形结果。多点成形设备的这种柔性加工特点，比传统模具成形能为工件提供更多的变形路径，从而能够实现如分段成形、多道成形和闭环成形等诸多特色加工工艺。

多点成形压力机是以计算机辅助设计、制造和测试(CAD/CAM/CAT)技术为一体的板料数字化快速成形新装备。以位置可调控的基本体群为核心，板类件的设计、规划、成形和测试都由计算机辅助完成，从而快速地实现三维曲面成形。

无模多点成形设备主要由三部分组成，即CAD/CAM软件系统、计算机控制系统和多点成形主机。其中，多点成形主机是多点成形系统的核心。

1. CAD/CAM 软件系统

多点成形主要是对各种三维曲面进行成形，变形的效果、成形质量的评价、后续成形型面的调整计算等，都需要在对多点成形后的板件进行快速、准确的检测和分析的基础上进行，这些工作也是通过计算机来完成的。因此，为了保证多点成形顺利进行，必须具有一套相应的软件系统来完成上述工作。

CAD/CAM 软件系统的作用是根据成形件的目标形状进行几何造型及成形工艺计算，并通过计算机控制系统调整冲头(基本体)的高度位置，构造成形面，然后控制加载机构，成形出所需的零件。并可结合成形结果的测量技术，实现闭环成形，进一步提高产品精度。

在多点成形压力机中，采用计算机辅助技术，对于所需要成形的曲面，只需将已知的设计信息输入计算机，由程序按照曲面造型法自动生成曲面，计算加工点的坐标，并进行一系列的工艺计算与判断，就可以由计算机控制多点成形设备完成基本体位置的调整、工件的压制以及成形件形状测量和修整等工作。

图 2.5-23 所示为多点成形软件系统的组成与功能之间的关系。

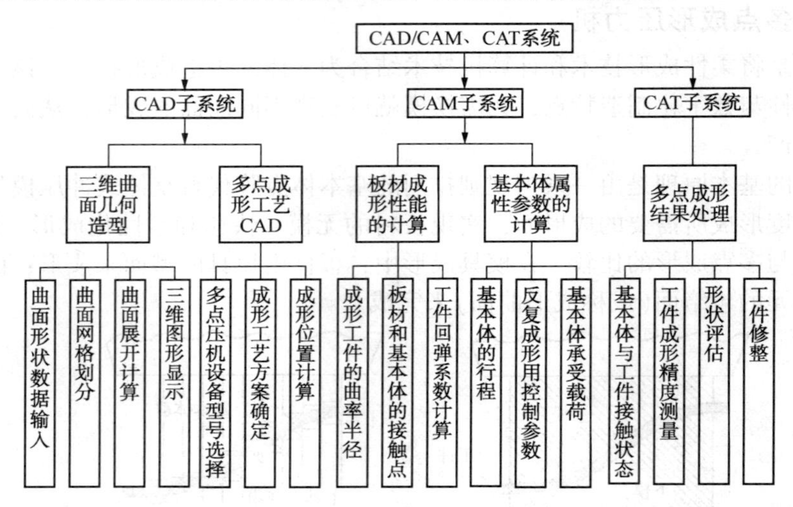

图 2.5-23　多点成形软件系统的组成与功能

多点成形软件系统总体上可以分为 CAD/CAM、CAT 子系统。

(1) CAD 子系统　CAD 子系统按功能可以划分为三维曲面几何造型和多点成形工艺计算两个主要部分。

(2) CAM 子系统　CAM 子系统主要是对 CAD 子系统传送来的数据进行仿真，并对成形过程进行多种检验，如检查冲头与工件的配合情况、冲头行程是否超出行程范围、接触点位置和不良接触情况等。

当数据检验合格后，计算机将根据成形数据自动编码控制指令，通过输入输出接口向压力机控制系统发出控制指令并接收反馈信息。控制系统根据收到的指令调整各基本体行程，以控制压力机成形工件，实现工件成形效果检测和闭环形状控制等。

(3) CAT 子系统　CAT 子系统主要是对成形板料进行几何测量，并将测量结果反馈给计算机控制系统，从而进一步调整基本体群的构型，对成形效果进行回弹修整、补充成形、闭环成形等，以提高成形质量、获得无误差精密成形。

2. 多点成形主机

多点成形设备的主机是实现多点成形的硬件核心，也是多点成形技术中最为关键的部分之一。硬件部分主要包括机身、上下基本体群、基本体调整机构和液压控制系统等。

（1）多点成形压力机机身　图 2.5-24 所示为 630kN 多点成形压力机的结构图。可以看到，多点成形压力机采用了与普通液压机相类似的梁柱式机身结构，这样能够简化机身的结构设计和制造工作。

（2）基本体　基本体是多点成形中最基本的单元，是构成成形型面并对板材加载成形的执行机构，为保证成形过程的柔性化，要求设备能自动、快速、准确地调整其基本体，形成所需的成形型面，并保证各基本体在成形过程中能保持各自的位置，同时，在完成成形后和成形下一种板件前，要能够从上一次的构型中准确复原，消除因调形机构误差造成的误差累积。

多点成形压力机的调形过程由机械手工位调整与基本体高度调整两种动作交替执行实现。

多点成形压力机中基本体数量一般都在数百个以上，图 2.5-25 给出了多轴齿轮式并行调形机构的工作原理。调形时，电动机的转动由动力输入齿轮 1 输入，经两级变速后传递到丝杠 5 进行调整，动力输入齿轮 1 同步驱动其四角布置的 4 个相同的串联齿轮 8，每个串联齿轮 8 也用同样的方法驱动 4 个第二级分流齿轮，同时，使电磁铁 2 得电，推动推杆 4 使离合器 7 啮合，在每个离合器的输出端都安装有一个简易编码器，用以测量丝杠 5 转动的角度（即方体 6 移动的距离），这样，当电动机动力经齿轮 1 输入时，16 个第二级分流齿轮被驱动，以同样转速同方向带动丝杠 5 旋转，当编码器检测到某个方体移动达到要求的调整距离后，对应的电磁铁 2 失电，使对应的离合器脱开，该丝杠即停止转动，而其他丝杠仍在继续工作，直到所有基本体都调整到位。

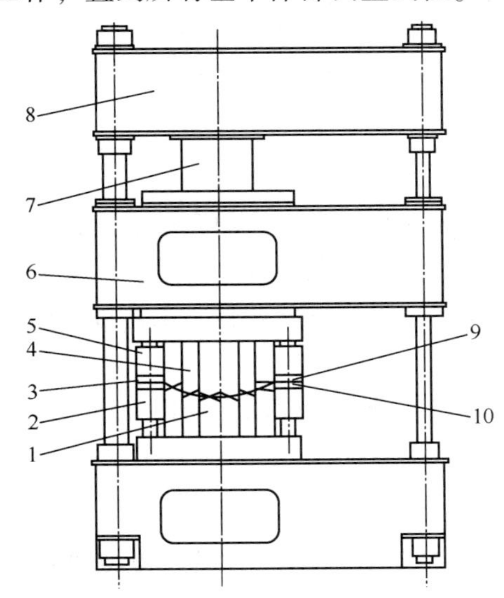

图 2.5-24　多点成形压力机结构图

1—下基本体群；2—下压边缸；3—工件；4—上基本体群；5—上压边缸；6—活动横梁；7—柱塞；8—上横梁；9—上压边圈；10—下压边圈

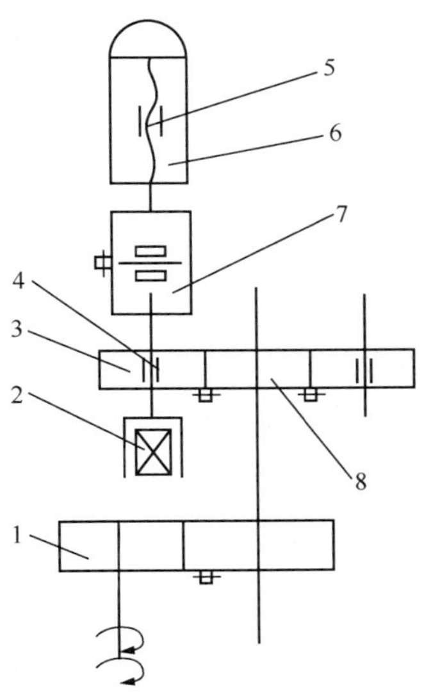

图 2.5-25　多轴齿轮式并行调形机构的工作原理

1—动力输入齿轮；2—电磁铁；3—第二级分流齿轮；4—推杆；5—丝杠；6—方体；7—离合器；8—串联齿轮

显然，这种并行式调形机构仅用一台小型电动机即可同时控制 16 个(4×4)基本体的调形动作，大幅度提高了基本体调形的速度和效率。

(3) 液压系统　图 2.5-26 所示为 630kN 多点成形压力机的液压系统工作原理图。

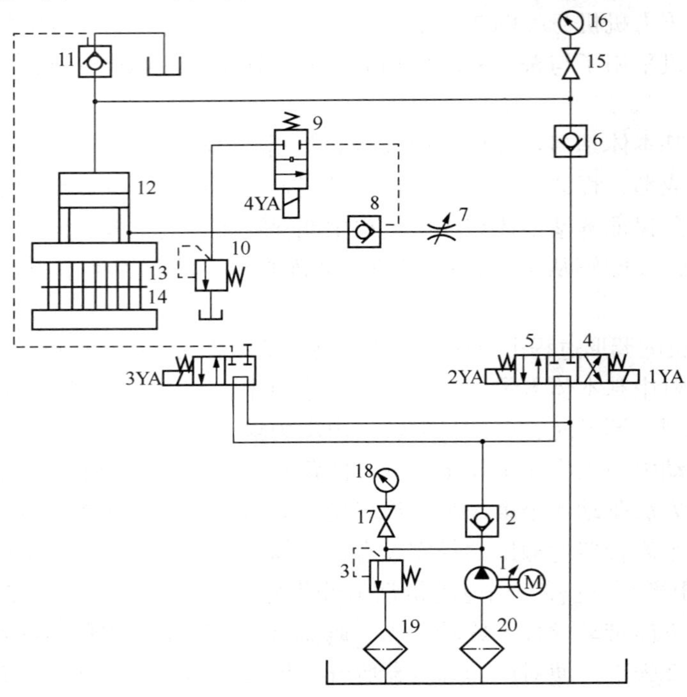

图 2.5-26　多点成形压力机液压系统工作原理图

1—液压泵电动机组；2、6—单向阀；3、10—溢流阀；4、5—电磁换向阀；7—节流阀；8—液控单向阀；9—二位二通电磁换向阀；11—充液阀；12—压制液压缸；13—上基本体群；14—下基本体群；15、17—截止阀；16、18—压力表；19、20—滤油器

3. 计算机控制系统

板材多点成形设备的控制系统是集控制功能和 CAD/CAM 技术于一体的完整系统，是实现整个多点成形过程自动化的核心。其内容涵盖了板材多点成形工艺的各个步骤，可实现工件的几何参数与材料参数输入、目标形状三维造型、基本体成形面形状调整、工艺过程设计与工艺参数优化、工件成形控制以及误差检测的全部过程。

控制系统的主要功能有：数据通信、基本体形状调整、工件成形控制和保护等。

2.5.4　锻锤

1. 锻锤的工作原理

锻锤是各种锻压机器的先驱，锻锤具有结构简单、制造容易、操纵方便、设备投资少(仅为热模锻压力机的 1/5～1/3)，而且能进行多膛模锻、不必配备预锻设备、万能性强等优点，至今仍然起着重要作用。锻锤与液压机和机械压力机的工作原理不同，压力机靠压力一次加压成形，如果压力机压力小于锻件变形力，则不能成形。而锻锤是靠落下时动能的瞬时释放而使锻件成形，完成锻件变形的能力受最大有效能量的限制，如果锻锤的有效能量小于锻件变形所需的能量，仍可通过多次打击，完成锻件变形任务。

锻锤利用蒸汽或液压等传动机构使落下部分[活塞、锤杆、锤头、上砧(模块)]产生运动并积累动能，并将此动能施加到锻件上，使锻件获得塑性变形能，以完成各种锻压工艺，其工作原理如图 2.5-27 所示。图 2.5-27(a)为砧座固定的有砧座锤，这种锻锤利用压力为 0.7~0.9MPa 的蒸汽或 0.5~0.7MPa 的压缩空气作为工作介质，经过管路送至锻锤本体的进气管，再经过气阀进入气缸的上腔或下腔，驱动落下部分下降以进行打击或向上回程。图 2.5-27(b)为上下锤头对击的对击锤。对击锤的主要特点是没有固定的砧座，上下锤头通过联动机构相互联动。上锤头在气缸上腔气体的压力作用下向下加速运动的同时，由于联动机构的带动，下锤头向上作加速运动，使两个锤头对击。回程时，气体进入气缸下腔，推动上锤头上升，而下锤头则靠自重下落。锻锤以很大的砧座或可动的下锤头作为打击的支承面。在工作行程时，锤头的打击速度瞬时(千分之几秒)下降至零，工作是冲击性的，能产生很大的冲击力，通常引起很大的振动和噪声。

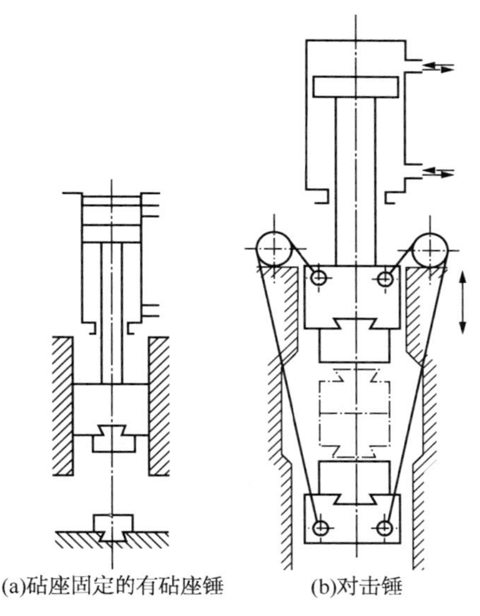
(a)砧座固定的有砧座锤　(b)对击锤

图 2.5-27　锻锤工作原理

锻锤按打击特性分为对击锤和有砧座锤；按工艺用途分为自由锻锤、模锻锤和板料冲压锤；按驱动形式分为蒸汽-空气锤、空气锤、蒸汽-空气对击锤和液压锤等。

2. 锻锤的结构

1) 空气锤

空气锤用于自由锻和胎模锻，是中小型锻压车间使用最广泛的设备。常用的规格有 65kg、150kg、250kg、400kg、560kg 和 750kg。

图 2.5-28 为自由锻空气锤的结构图。左边是工作缸，右方是压缩缸，两缸之间由旋阀连通。工作介质压缩空气起柔性连接作用，由电动机通过减速机构带动曲柄旋转，驱动压缩活塞上下运动，使被压缩的空气进入工作缸上腔或下腔，驱动落下部分上下运动进行打击或回程。曲柄旋转一周，压缩活塞往复运动一次，则锤头打击一次。

空气锤工作循环有四种：

(1) 空行程　使两缸上、下腔与大气相通。锤头在自重的作用下下落，并在下砧面保持不动。

(2) 悬空　两缸上腔通大气，压缩缸下腔的气体进入工作缸的下腔，在压缩空气的作用下，锤头被提起至行程的上方，直至工作活塞进入顶部的缓冲腔，在缓冲腔气压作用下达到平衡为止。悬空时锤头在行程上方往复摆动，此时可放置工具或锻件。

(3) 压紧　压缩缸上腔及工作缸下腔与大气相通，压缩缸下腔的气体进入工作缸的上腔，则上砧在落下部分重量及工作缸上腔气体压力的作用下压紧工件，此时可对工件进行弯曲或扭转等操作。

(4) 打击　两缸上、下腔分别连通，则连续打击。当锤头打击一次后立即把手柄移至“悬空”位置，锤头不再下落，就可得到单次打击。打击的轻重是靠操纵手柄来实现的，手拉的角度越大，则两缸上下通道的开口越大，打击就越重；反之，打击就较轻。

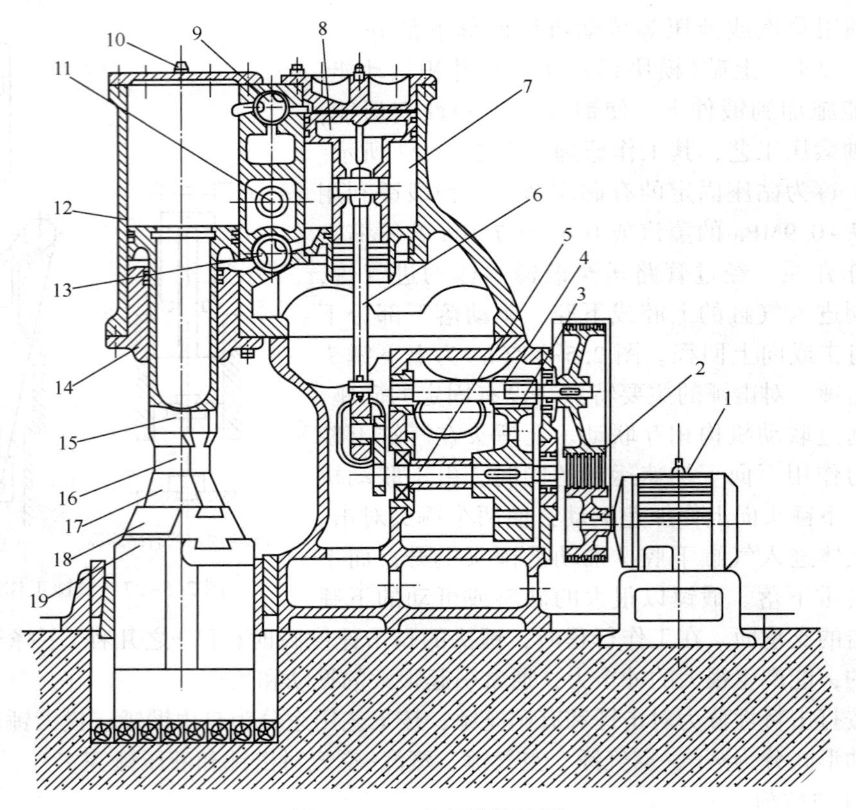

图 2.5-28　空气锤结构图

1—电动机；2—带轮；3—大齿轮；4—小齿轮；5—曲柄轴；6—连杆；7—压缩缸；8—活塞；9—上旋阀；10—顶盖；11—中旋阀；12—工作缸；13—下旋阀；14—锤杆导套；15—锤杆；16—锤头(上砧)；17—下砧；18—砧垫；19—砧座

2）蒸汽-空气锤

蒸汽-空气自由锻锤是生产中小型自由锻件的主要设备，它的落下部分质量一般为 5~50kN(0.5~5t)。按结构形式，蒸汽-空气自由锻锤分为单柱式、双柱式和桥式自由锻锤。常用的为双柱拱式蒸汽-空气锤，锤身两个立柱组成拱形形状，刚性好，在锻造中的应用非常普遍，吨位 1~5t。

蒸汽-空气模锻锤是常用的模锻设备之一，图 2.5-29 为蒸汽-空气模锻锤结构图，与自由锻锤相比有以下特点：

① 立柱直接安放在砧座上，用 8 根带弹簧的强力拉紧螺栓连接在一起，与气缸底板构成一个封闭框架，保证上下模对中，提高了锻锤的刚性。

② 为了提高打击刚性，模锻锤砧座重量为落下部分重量的 20~30 倍。

③ 模锻锤立柱采用较长的导轨，以提高锤头运动的导向精度。

④ 用脚踏板进行操纵，为操作协调，由模锻工一个人操纵。

⑤ 在工作循环中以摆动循环代替悬空，松开脚踏板时，锤头就在行程上方往复摆动。模锻时，踩下踏板即可。模锻锤的打击轻重和快慢可由锤头提升高度和踏板的压下量来控制。

3）对击模锻锤

对击模锻锤的工作特点是以活动的下锤头代替固定的砧座，按上、下锤头质量比或行程比分成两类：上、下锤头行程相等的对击锤和下锤头小行程的对击锤。对击锤不需要很大的砧座，总重量仅为相同能力的有砧座模锻锤的 1/3~1/2，基础体积仅为有砧座模锻锤的 1/8~1/3。

图 2.5-30 为液压联动式对击模锻锤的结构图。液压联动缸体 13 装在锤的下部，缸体内设有三个彼此连通的液压缸，中间缸中有柱塞 12，通过短连杆 8、缓冲垫 7 与下锤头 5 相连；两个侧缸中有侧柱塞 10，通过长连杆 9、缓冲垫 4 与上锤头 3 相连。连杆用球面支承在柱塞上，并留有侧向间隙，借以消除侧向作用力，减少密封的磨损。

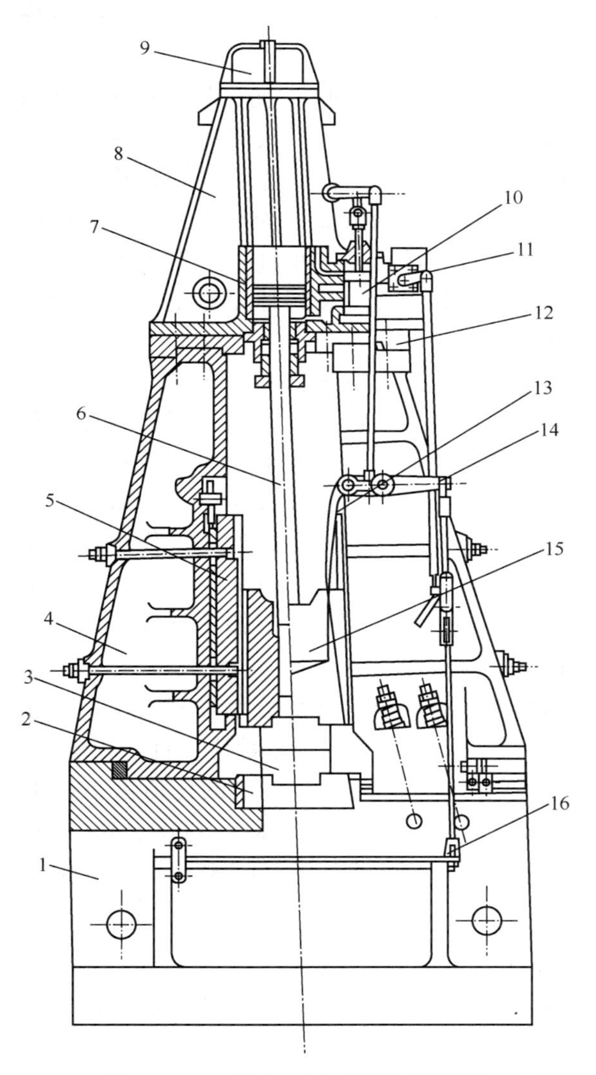

图 2.5-29　蒸汽-空气模锻锤结构图

1—砧座；2—模座；3—下模；4—立柱；5—导轨；6—锤杆；7—活塞；8—气缸；9—保险缸；10—滑阀；11—节气阀；12—气缸底板；13—曲杆；14—杠杆；15—锤头；16—踏板

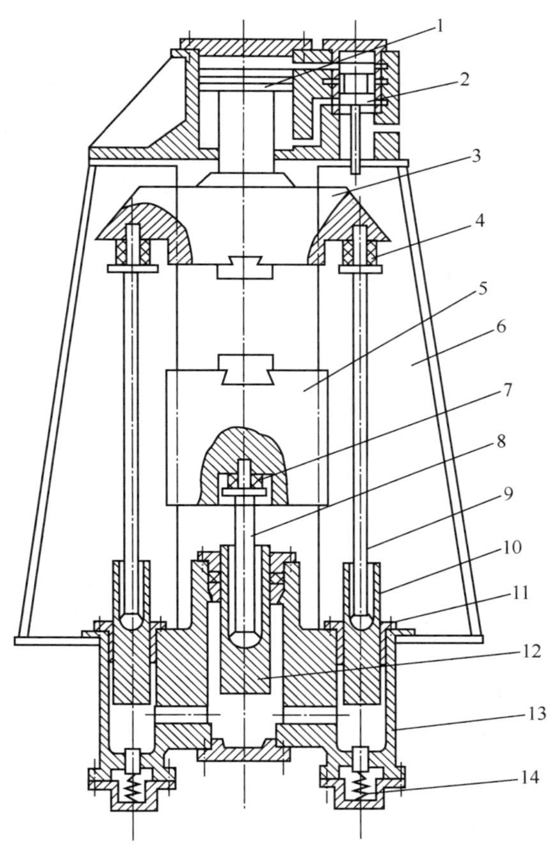

图 2.5-30　蒸汽-空气对击模锻锤结构图

1—活塞；2—滑阀；3—上锤头；4、7—缓冲垫；5—下锤头；6—立柱；8—短连杆；9—长连杆；10—侧柱塞；11—球形面；12—柱塞；13—缸体；14—弹簧补偿器

锤头向下运动时，侧柱塞下移，推动中间柱塞和下锤头向上运动，直至两锤头对击。若两侧柱塞面积之和等于中间柱塞的面积，则上、下锤头的行程和打击速度相等。为了减轻液压系统的冲击，在两侧缸底部装有弹簧补偿器14，这种结构主要用于大、中型对击模锻，最大规格达1000kJ。

4）高速锤

高速锤是以打击速度高命名的，常用的最大相对打击速度为18~20m/s。由于打击速度高，打击能量大，金属变形热效应高，大大提高了金属的塑性变形性能，适用于强度高、塑性低、锻造温度范围窄（如镍合金、钛合金、耐热钢以及钼、钨、钽等金属）、形状复杂的金属零件的精锻。高速锤的重量仅为相同打击能量的有砧座模锻锤的1/20~1/10。高速锤分为悬挂式和快放油式两类。

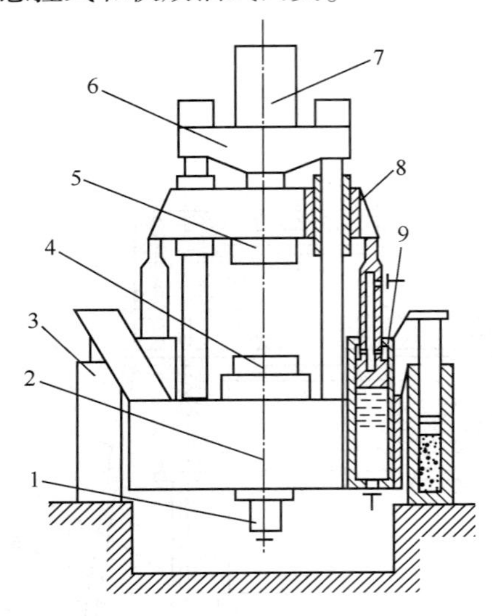

图2.5-31　300kJ三梁二柱高速锤结构图
1—顶出缸；2—下梁；3—支承缸；
4—下模；5—上模；6—上梁；
7—高压缸；8—动梁；9—回程缸

图2.5-31所示为300kJ三梁二柱高速锤的结构图。高压气缸与上梁相连，充入高压空气或高压氮气作为驱动力。动梁（上锤头）上部与锤杆连接，下部固定上模。动梁以两根立柱为导向，下梁上部固定下模，两旁有支承缸。支承缸中事先充入高压气体，与锤体重量相平衡，使锤体呈悬空状态。回程缸固定在下梁。

高速锤用事先充入高压缸的高压氮气或压缩空气（高达140×10^{5}Pa）在极短的时间内膨胀做功来驱动，然后用液压泵输出的高压油，通过回程缸把膨胀了的气体压回到高压缸，完成储能。当高压气体驱动上锤头（动梁）向下运动的同时，也作用在高压缸的缸底，使整个锤身框架（下锤头）向上运动，所以高速锤也是对击锤，其上、下锤头行程与各自质量成正比，下锤头行程小。

锻锤的规格通常以落下部分重量来表示，但它是限能性设备，其确切的性能参数应是打击能量。

一般认为，蒸汽-空气模锻锤的最大打击力（kN）与落下部分质量（t）的比值为10000，实际上该比值随锤的吨位而变化，1~3t模锻锤可取13000~12000，5t锤取10000，10t、16t锤取8000。自由锻锤在计算零件强度时，可按落下部分每一吨重力等于6000kN考虑。但从工艺方面看，5t自由锻锤相当于50000kN水压机。

2.5.5　板料折弯机

板料折弯机是用最简单的通用模具对板料进行各种角度的直线弯曲，是使用很广泛的一种弯曲设备。

折弯机的品种规格繁多，结构形式多样，功能不断增加，精度日益提高，已经发展成为一种精密的金属成形机床。按驱动方式分，常用的折弯机有机械板料折弯机、液压板料折弯机和气动折弯机三种类型。

1. 机械板料折弯机

机械板料折弯机的结构特征及工作原理与机械压力机相同，也是采用曲柄连杆机构将电动机的旋转运动变为滑块的往复运动。

机械折弯机机构庞大，制造成本较高，常用于中、小件的折弯。

机械折弯机的优点是滑块与工作台的平行精度高，能承受偏载。但是，随着液压折弯机的发展，这些优点已不明显。

机械折弯机的缺点是：①行程和速度不能调整；②压力不能控制，设备在滑块行程周期的大部分时间达不到额定压力；③操作难度大，运行前要对机器的封闭高度进行仔细调整；④机器的结构布局难以实现数控化和自动化操作。

由于机械折弯机的滑块速度不能调节，折弯速度高会给操作者带来危险，容易造成人身事故。折弯大的薄板时，板料会产生惯性弯曲，从而影响零件成形和精度。随着液压技术和液压折弯机的迅速发展，液压折弯机已成为板料折弯设备的主流，机械折弯机正逐步退出折弯机械领域。

2. 液压板料折弯机

液压板料析弯机是采用液压直接驱动，液压系统能在整个行程中对板料施加压力，过载能自动保护，易实现自动控制，图 2.5-32 所示是一种液压板料折弯机的结构图。它设有上模 3、下模 2 和后挡料机构 8，分成若干段的上模 3 经液压垫与滑块 4 相连，折弯板料时，液压垫内的油在压力作用下可挤出部分，上模相对滑块作少量的回缩运动；滑块回程时，液压系统向液压垫补油，上模相对滑块复位，所以工件的弯曲角不取决于滑块的下死点位置，因而也不必对滑块的行程作精确地控制。同时，液压垫能保证沿工作台全长对工件均匀加压，使其不受滑块及工作台挠度的影响。

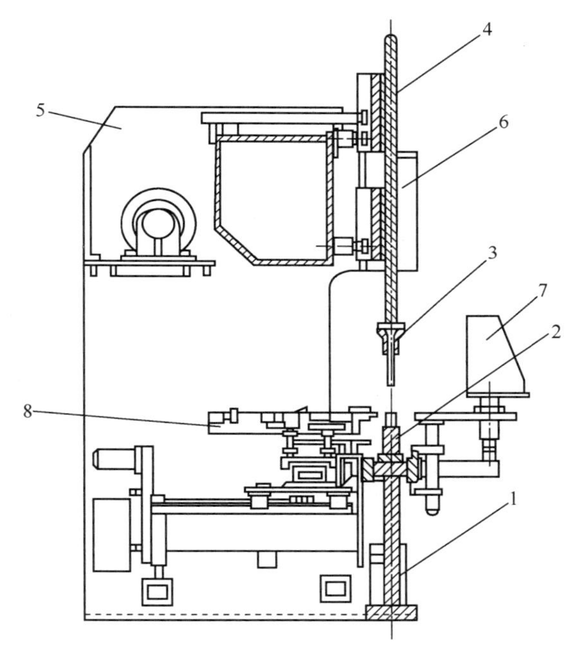

图 2.5-32　液压板料折弯机结构图
1—下横梁；2—下模；3—上模；
4—滑块；5—左、右立柱；6—液压缸；
7—控制柜；8—后挡料机构

下模调整机构如图 2.5-33 所示。

图 2.5-34 是下模定位机构。

液压板料折弯机与机械板料折弯机相比具有明显的优点：①具有过载保护，不会损坏模具和机器；②容易实现数控，调节行程、压力、速度简单方便；③在行程的任何一点都可产生最大压力；④容易实现快速趋近、慢速折弯，可任意调整转换点。

3. 气动折弯机

气动折弯机是用压缩空气为动力源，一般用于小型薄板材料的折弯。

按照是否装有数控系统，可将折弯机分为普通折弯机和数控折弯机。

研究表明，板料折弯机采用数控后可节约调整时间 20% ~ 70%、节省板料操作时间 20% ~ 50%、节省工件检查时间 30% ~ 45%，减少劳动力 20% ~ 30%，缩短生产周期 20% ~ 75%，并提高了加工质量，减少了废料损失。

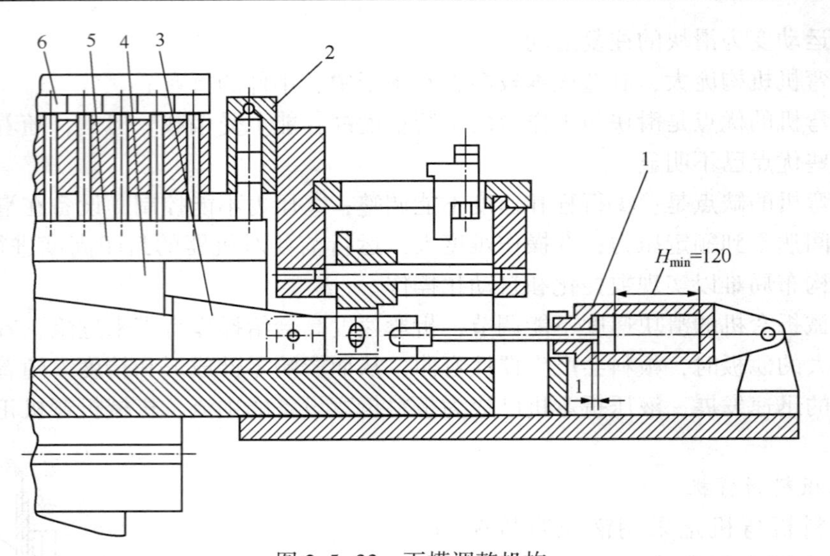

图 2.5-33　下模调整机构

1—气缸；2—小气缸；3—下楔块；4—上楔块；5—垫块；6—凹模底板

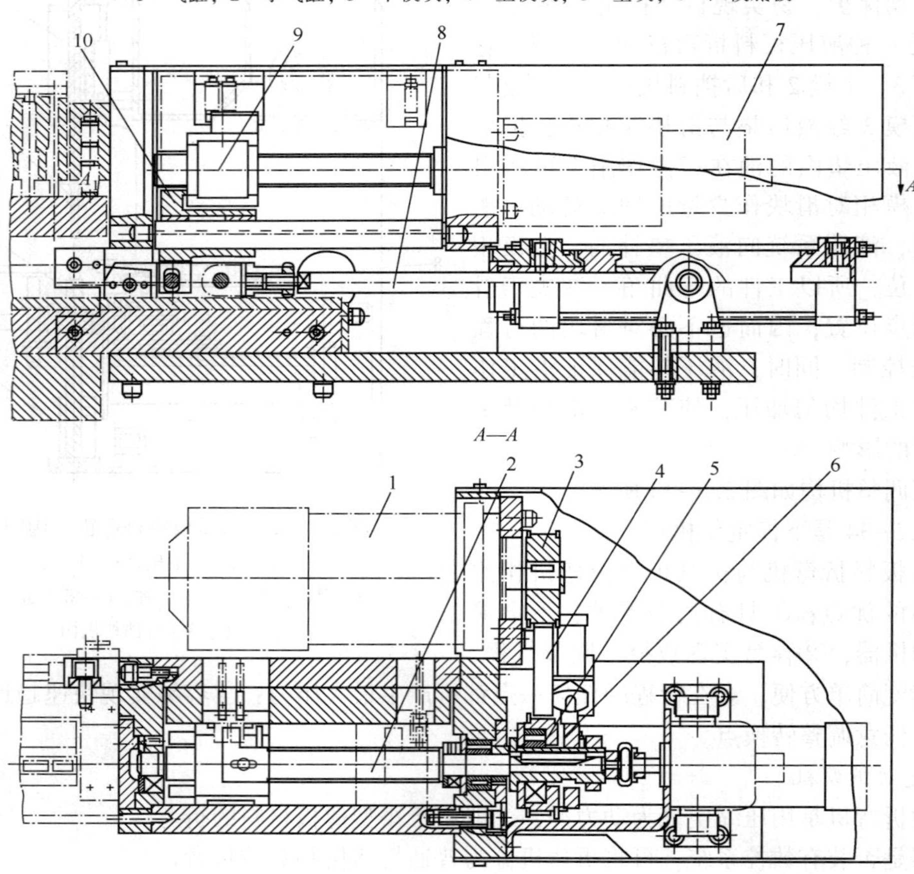

图 2.5-34　下模定位机构

1—伺服电动机；2—丝杠；3、5—齿形带轮；4—同步传送带；
6—摩擦离合器；7—数码盘；8—活塞杆；9—螺母；10—撞块

同普通折弯机相比，数控折弯机具有以下优点：①零件的折弯精度比普通折弯机高，而且整批零件的精度一致；②减少半成品的堆放面积和堆放时间，也相应减少了半成品的搬运堆放工作量；③数控折弯机一般都有折弯角度直接编程的功能，只要输入几个数据，经过一次试折和修正，即可完成调整工作，不需要技术熟练的工人。

复习思考题

1. 高速压力机与普通压力机相比有哪些特点?
2. 简述高速压力机的结构组成。
3. 简述高速压力机离合器-制动器的结构组成。
4. 高速压力机为什么设置动平衡装置? 动平衡的功能是由哪些零部件完成的?
5. 画图说明副滑块动平衡机构的原理。
6. 画图说明多杆配重动平衡机构的原理。
7. 画图说明双连杆完全动平衡机构的原理。
8. 画图说明冲模回转头压力机的工作原理。
9. 画图说明冲模回转头的结构组成。
10. 简述多点成形技术的基本原理和特点。
11. 简述多点成形压力机的结构组成。
12. 画图说明锻锤的工作原理。
13. 简述空气锤的结构组成。
14. 简述高速锤的结构组成。
15. 常用板料折弯机有哪几种类型? 试比较它们的优缺点。

第3章 焊接设备

焊接作为一种实现材料永久性连接的方法，被广泛地应用于机械制造、石油化工、桥梁、船舶、建筑、动力工程、交通车辆、航空和航天等各个工业部门，已成为现代机械制造工业中不可缺少的加工工艺方法。而且，随着国民经济的发展，其应用领域还将不断地被拓宽。

焊接方法发展到今天，我们可以从不同的角度对其进行分类，例如，按照电极焊接时是否熔化，可以分为熔化极焊接和非熔化极焊接；按照自动化程度可分为手工焊、半自动焊和自动焊等；另外，还有族系法、一元坐标法、二元坐标法等分类。其中，最常用的是族系法，它是按照焊接工艺特征来进行分类，即按照焊接过程中母材是否熔化以及对母材是否施加压力进行分类。按照这种分类方法，可以把焊接方法分为熔焊、压焊和钎焊三大类，如图3.0-1所示。

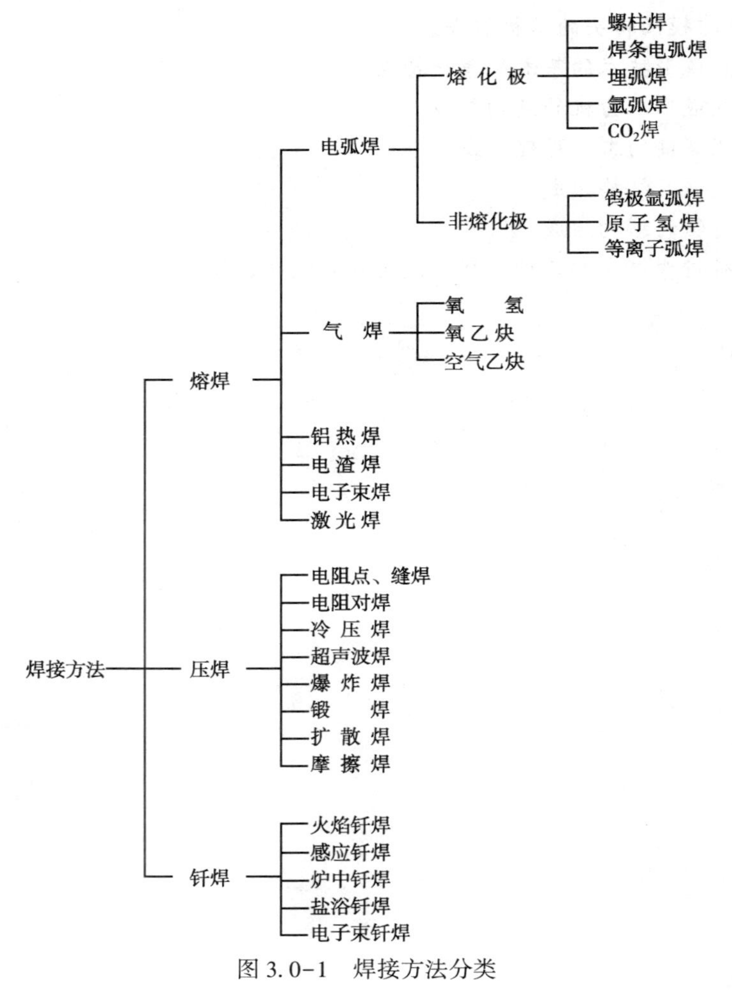

图3.0-1　焊接方法分类

（1）熔焊　熔焊是在不施加压力的情况下，将待焊处的母材加热熔化以形成焊缝的焊接方法。焊接时母材熔化而不施加压力是其基本特征。根据焊接热源的不同，熔焊方法又分为：以电弧作为主要热源的电弧焊，包括焊条电弧焊、埋弧焊、钨极惰性气体保护焊、熔化极氩弧焊、CO_2气体保护弧焊和等离子弧焊等；以化学热作为热源的气焊；以熔渣电阻热作为热源的电渣焊；以高能束作为热源的电子束焊和激光焊等。

（2）压焊　压焊是焊接过程中必须对焊件施加压力才能完成焊接的方法。焊接时施加压力是其基本特征。这类方法有两种形式：一种是将被焊材料与电极接触的部分加热至塑性状态或局部熔化状态，然后施加一定的压力，使其形成牢固的焊接接头，如电阻焊、摩擦焊、气压焊、扩散焊和锻焊等；第二种是不加热，仅在被焊材料的接触面上施加足够大的压力，使接触面产生塑性变形而形成牢固的焊接接头，如冷压焊、爆炸焊和超声波焊等。

（3）钎焊　钎焊是焊接时采用比母材熔点低的钎料，将焊件和钎料加热到高于钎料熔点，但低于母材熔点的温度，利用液态钎料润湿母材，填充接头间隙，并与母材相互扩散而实现连接的方法。其特征是焊接时母材不发生熔化，仅钎料发生熔化。根据使用钎料的熔点，钎焊方法又可分为硬钎焊和软钎焊，其中硬钎焊使用的钎料熔点高于 450℃，软钎焊使用的钎料熔点低于 450℃。另外，根据钎焊的热源和保护条件的不同也可分为：火焰钎焊、感应钎焊、炉中钎焊和盐浴钎焊等。

3.1　电弧焊设备

3.1.1　埋弧焊设备

埋弧焊是电弧在焊剂下燃烧进行焊接的熔焊方法。按照机械化程度，可以分为自动焊和半自动焊两种。两者的区别是：前者焊丝送进和电弧相对移动都是自动的，而后者仅焊丝送进是自动的，电弧移动是手动的。由于自动焊的应用远比半自动焊广泛，因此，通常所说的埋弧焊一般指的是自动埋弧焊。

1. 埋弧焊原理

1）埋弧焊的工作原理

埋弧焊的工作原理如图 3.1-1 所示，焊接电源的两极分别接至导电嘴和焊件。焊接时，颗粒状焊剂经漏斗、软管均匀地堆敷到焊件的待焊处，焊丝由焊丝盘经送丝机构和导电嘴送入焊接区，电弧在焊剂下面的焊丝与母材之间燃烧。电弧热使焊丝、焊剂和母材局部熔化和部分蒸发。金属蒸气、焊剂蒸气和冶金过程析出的气体在电弧的周围形成一个空腔，熔化的焊剂在空腔上部形成一层熔渣膜。这层熔渣膜如同一个屏障，使电弧、液体金属与空气隔离，而且能将弧光遮蔽在空腔中。在空腔的下部，母材局部熔化形成熔池；空腔的上部，焊丝熔化形成熔滴，并以渣壁过渡的形式向熔池中过渡，只有少数熔滴采

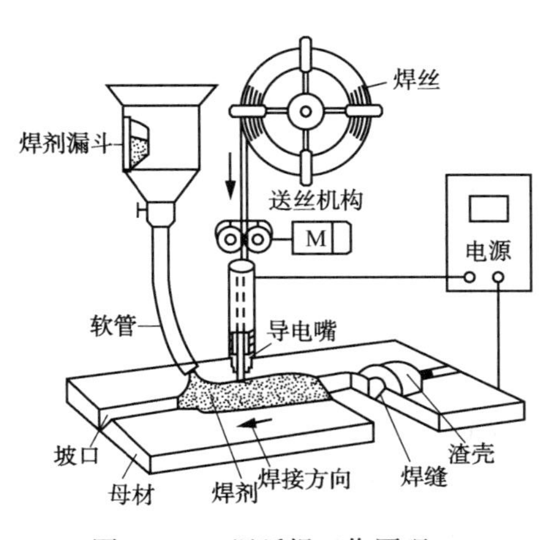

图 3.1-1　埋弧焊工作原理

取自由过渡(图 3. 1-2)。随着电弧向前移动，电弧力将液态金属推向后方并逐渐冷却凝固成焊缝，熔渣则凝固成渣壳覆盖在焊缝表面。

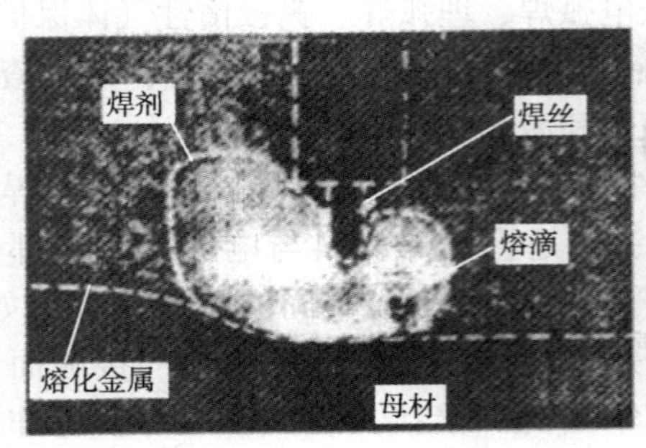

(a)焊丝接正，自由过渡

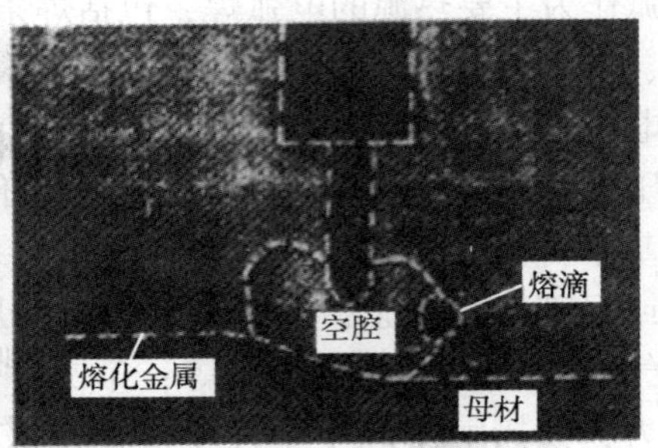

(b)焊丝接负，渣壁过渡

图 3. 1-2　埋弧焊电弧空腔与熔滴过渡(X 光透视)

在焊接过程中，焊剂不仅起着保护焊接金属的作用，而且起着冶金处理的作用，即通过冶金反应清除有害的杂质和过渡有益的合金元素。

2）埋弧焊的特点

埋弧焊有以下优点：

(1) 生产效率高　埋弧焊所用的焊接电流可大到 1000A 以上，比焊条电弧焊高 5~7 倍，因而电弧的熔深能力和焊丝熔敷效率都比较大，这也使得焊接速度可以大大提高。以板厚为 8~10mm 的钢板对接焊为例，焊条电弧焊的焊接速度一般不超过 6~8m/h，而单丝埋弧焊速度可达 30~50m/h，如果采用双丝或多丝埋弧焊，速度还可提高 1 倍以上。

(2) 焊接质量好　一方面是由于埋弧焊的焊接参数可通过电弧自动调节系统的调节能够保持稳定，对焊工操作技术要求不高，因而焊缝成形好、成分稳定；另一方面是形成的熔渣隔离空气的效果好。据资料介绍，在焊条电弧焊时，焊缝中氮的质量分数为 0. 02%~0. 03%，而使用 HJ431 焊剂进行埋弧焊时，焊缝中氮的质量分数仅为 0. 002%，这可以使焊缝的力学性能显著提高。

(3) 劳动条件好　埋弧焊时，没有刺眼的弧光，也不需要焊工手工操作，这既能改善作业环境，也能减轻劳动强度。

(4) 节约金属及电能　对于 20~25mm 厚的焊件可以不开坡口焊接，这既可节省由于加工坡口而损失的金属，也可使焊缝中焊丝的填充量大大减少。同时，由于焊剂的保护，金属的烧损和飞溅也大大减少。由于埋弧焊的电弧热量能得到充分的利用，单位长度焊缝上所消耗的电能也大大降低。

埋弧焊有以下缺点：

(1) 焊接位置受到限制　由于采用颗粒状的焊剂进行焊接，因此，一般只适用于平焊位置的焊接，如平焊位置的对接接头、角接接头和堆焊等。

(2) 焊接厚度受到限制　这主要是由于当焊接电流小于 100A 时，电弧的稳定性通常变差，因此，不适于焊接厚度小于 1mm 的薄板。

(3) 对焊件坡口加工与装配要求较严　这是因为埋弧焊时不能直接观察电弧与坡口的相对位置，故必须保证坡口的加工和装配精度，或者采用焊缝自动跟踪装置才能保证不焊偏。

2. 埋弧焊设备

1）埋弧焊设备的分类与组成

（1）埋弧焊设备的分类

① 按用途分类　可分为通用焊接设备和专用焊接设备两种。前者适于焊接各种焊接结构的对接接头、角接接头的直缝和环缝等，后者只用于某些特定的焊缝或结构，如堆焊焊缝、T 形梁、工字梁和螺旋焊管等。

② 按电源类型分类　可分为交流和直流两种。交流设备多用于焊接电流比较大或采用直流时产生严重磁偏吹的场合。直流设备多用于对焊接参数的稳定性有较高要求，或焊剂的稳弧性较差，或电流比较小、快速引弧、短焊缝和高速焊的场合。

③ 按行走机构形式分类　可分为焊车式、悬挂式、车床式、悬臂式和门架式等，如图 3. 1-3 所示。

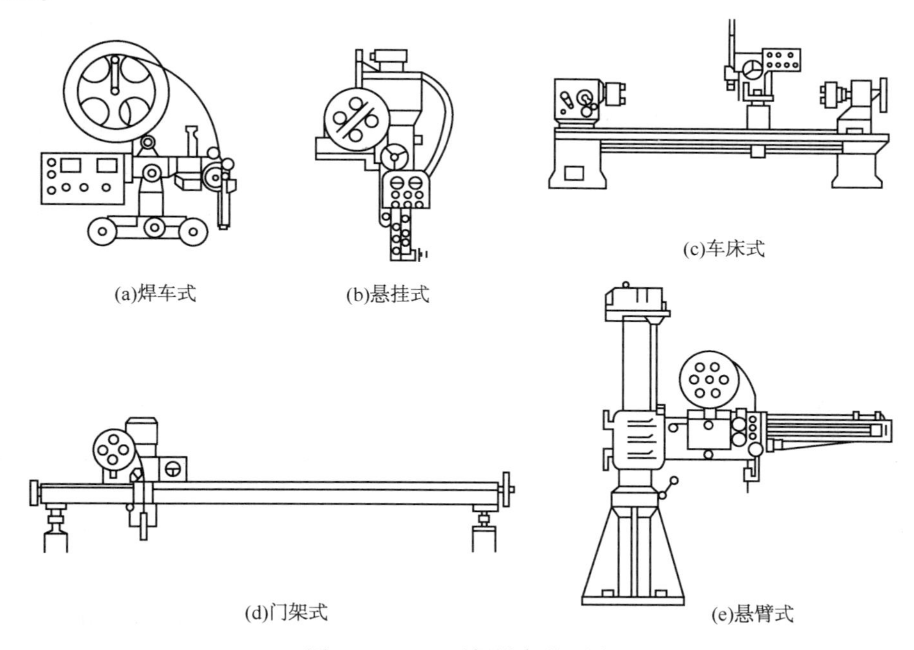

图 3. 1-3　埋弧焊设备的形式

④ 按送丝方式分类　可分为等速送丝式和变速送丝式两种。前者具有电弧自身调节特性，适于细焊丝、大电流密度的情况；后者一般只有电弧电压反馈调节特性，适于粗焊丝、小电流密度的情况。

⑤ 按焊丝数量和截面形状分类　可分为单丝、双丝、多丝和带状电极等设备。其中单丝设备用得最多。双丝、多丝设备的应用逐渐增多，带状电极设备主要用于大面积堆焊。

（2）埋弧焊设备的组成

埋弧焊设备包括埋弧焊机和各种辅助设备。其中，埋弧焊机是核心部分，由机械系统、焊接电源和控制系统三部分组成。机械系统的作用是焊接时使焊丝不断地向电弧区给送，使焊接电弧沿焊缝移动，以及在电弧的前方不断地铺撒焊剂等；焊接电源的作用是向焊接电弧提供电能，以及提供埋弧焊工艺所需要的电气特性，如外特性、动特性等，同时参与焊接参数的调节；控制系统的作用是实现包括引弧、送丝、移动电弧、停止移动电弧、熄弧等在内的程序自动控制，并进行焊接参数调节和保持在焊接过程中稳定，使电弧稳定燃烧。表 3-1 是国产埋弧焊机的主要技术数据。

表 3-1 国产埋弧焊机主要技术数据

技术参数＼型号	NZA-1000	MZ-1000	MZ1-1000	MZ2-1500	MZ3-500	MZ6-2×500	MU-2×300	MU1-1000
送丝方式	变速送丝	变速送丝	等速送丝	等速送丝	等速送丝	等速送丝	等速送丝	变速送丝
焊机结构特点	埋弧、明弧两用焊车	焊车	焊车	悬挂式自动机头	电磁爬行小车	焊车	堆焊专用焊机	堆焊专用焊机
焊接电流/A	200~1200	400~1200	200~1000	400~1500	180~600	200~600	160~300	400~1000
焊丝直径/mm	3~5	3~6	1.6~5	3~6	1.6~2	1.6~2	1.6~2	焊带 宽 30~80 厚 0.5~1
送丝速度/$cm \cdot min^{-1}$	50~600（弧压反馈控制）	50~200（弧压 35V）	87~672	47.5~375	180~700	250~1000	160~540	25~100
焊接速度/$cm \cdot min^{-1}$	35~130	25~117	26.7~210	22.5~187	16.7~108	13.3~100	32.5~58.3	12.5~58.3
焊接电流种类	直流	直流或交流	直流	直流或交流	直流或交流	交流	直流	直流
送丝速度调整方法	用电位器无级调速（用改变晶闸管导通角来改变电动机转速）	用电位器调整直流电动机转速	调换齿轮	调换齿轮	用自耦变压器无级调节直流电动机转速	用自耦变压器无级调节直流电动机转速	调换齿轮	用电位器无级调节直流电动机转速

2）机械系统

埋弧焊机的机械系统包括送丝机构、焊车行走机构、机头调节机构、导电嘴、焊剂漏斗和焊丝盘等部件，通常焊机上还装有控制盒等。

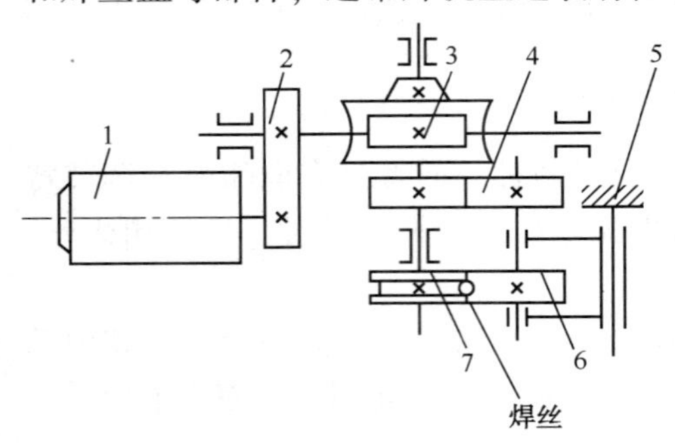

图 3.1-4 直流电动机拖动的送丝机构
1—电动机；2、4—齿轮；3—蜗轮蜗杆；5—摇杆；6、7—送丝滚轮

（1）送丝机构 送丝机构一般包括送丝电动机、传动系统、送丝滚轮、矫直滚轮等。拖动方式有直流电动机拖动和交流电动机拖动两种，图 3.1-4 和图 3.1-5 是两个实例。焊丝靠送丝滚轮夹紧和转动送入导电嘴。直流电动机拖动是靠改变直流电动机电枢的输入电压来改变送丝速度；交流电动机拖动是靠更换可换齿轮来改变送丝速度。

（2）焊车行走机构 焊车行走机构由电动机、传动机构、行走轮、离合器和车架等组成。交流电动机拖动的焊车行走机构如图 3.1-5 所示，它与送丝机构合用一台电动机；直流电动机拖动的焊车行走机构如图 3.1-6 所示。行走轮一般采用橡胶绝缘轮，目的是避免焊接电流流经车轮而短路。当离合器合上时，焊车由电动机拖动行走，当离合器脱离时焊车可用手推动。

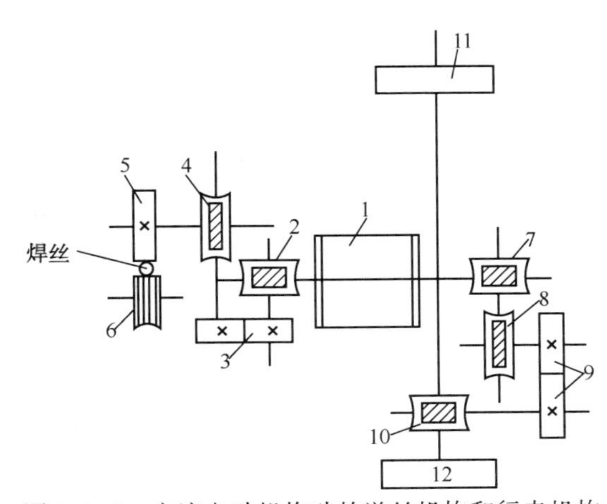

图 3.1-5 交流电动机拖动的送丝机构和行走机构
1—电动机；2、4、7、8、10—蜗轮蜗杆；
3、9—可换齿轮；5、6—送丝滚轮；11、12—行走轮

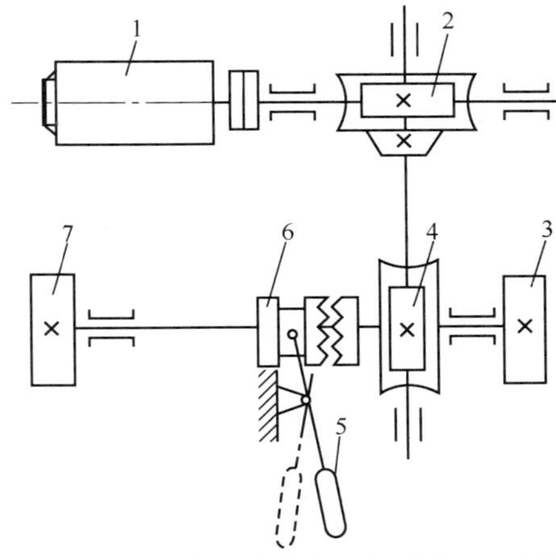

图 3.1-6 直流电动机拖动的焊车行走机构
1—电动机；2、4—蜗轮蜗杆；3、7—行走轮；
5—手柄；6—离合器

(3) 机头调节机构　机头调节机构的作用是使焊机能适应各种不同类型焊缝的焊接，并使焊丝对准焊缝，因此，送丝机头应有足够的调节自由度。例如，MZ-1000 型埋弧焊机的机头有 X、Y 两个方向的移动调节，调节行程分别为 60mm 和 80mm，还有 α、β、γ 三个方向的手工转动角度调节，如图 3.1-7 所示。

(4) 导电嘴　图 3.1-8 是常用的三种导电嘴形式，其中滚轮式和夹瓦式导电嘴均用螺钉压紧弹簧，使导电嘴与焊丝之间有良好的接触，适用于 ϕ3mm 以上粗焊丝的焊接。夹瓦式导电嘴在有效地导引焊丝方向和允许有较大的磨损方面优点比较突出。偏心式导电嘴亦称为管式导电嘴，适用于 ϕ2mm 以下的细焊丝焊接，其导电嘴和导电杆不在一个同心度上，因此，可以利用焊丝进入导电嘴前的弯曲而产生必要的接触压力来确保导电接触。三种导电嘴中的滚轮、导电嘴和衬瓦均应采用耐磨铬铜合金制成。

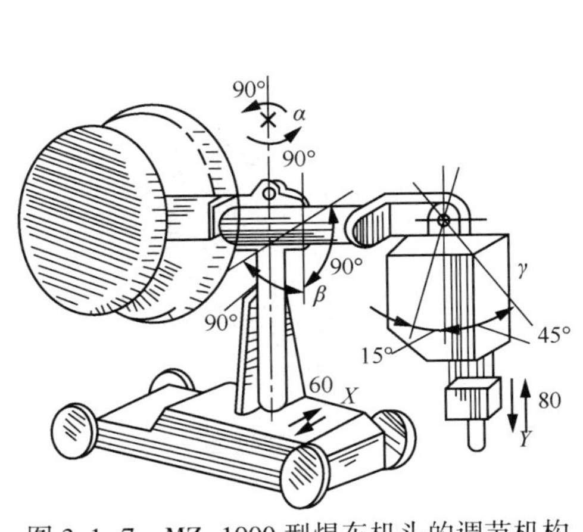

图 3.1-7 MZ-1000 型焊车机头的调节机构

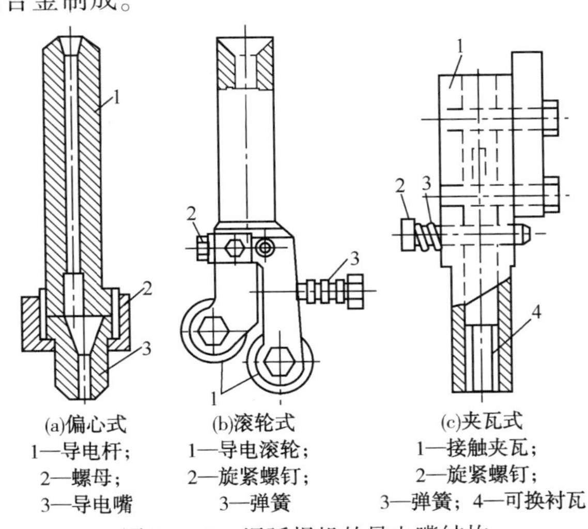

图 3.1-8 埋弧焊机的导电嘴结构

3) 焊接电源

埋弧焊电源按照电流种类可以分为交流电源和直流电源两种。交流电源有弧焊变压器

(如BX2-1000型、BX1-1000型)、矩形波交流电源(如SQW-1000型)、弧焊逆变器等；直流电源有磁放大器式弧焊整流器(如ZXG-1000R型、ZXG-1000型)、晶闸管式弧焊整流器(如ZX5-1000型)和直流弧焊发电机(如AX1-500)等。

按照输出的外特性，电源可以分为垂降特性、陡降特性、平特性、缓降特性电源和多特性电源。其中多特性电源可以根据需要，提供上升、平、缓降、陡降或垂降等多种外特性输出。

埋弧焊通常是在高负载持续率、大电流下的焊接过程，因此，一般埋弧焊电源都具有大电流、100%负载持续率的输出能力。

4）控制系统

常用的埋弧焊机的控制系统包括焊接电源控制、送丝拖动控制、焊车行走拖动控制、引弧和熄弧控制等。悬臂式、门架式等埋弧焊机的控制系统还要增加悬臂伸缩、悬臂升降、立柱旋转和焊件变位机运转等控制环节。

5）MZ-1000型埋弧焊机

目前，MZ-1000型埋弧焊机是国内拥有量最多、使用最广泛的埋弧焊机。它是根据电弧电压反馈调节原理设计的变速送丝式焊机，有交流和直流两种，适合于焊接水平位置或与水平面倾斜不大于15°的开坡口和不开坡口的平板对接、角接和搭接的焊缝，借助于转胎或滚轮架等辅助设备也可以焊接圆筒件的内、外环缝，适用的焊丝直径为3~6mm。

MZ-1000型埋弧焊机主要由焊车、焊接电源和控制箱三部分组成，相互之间由焊接电缆和控制电缆连接在一起。

焊机配用的是MZT-1000型焊车，焊机机械系统的各个组成部分都集中在焊车上，如图3.1-9所示。

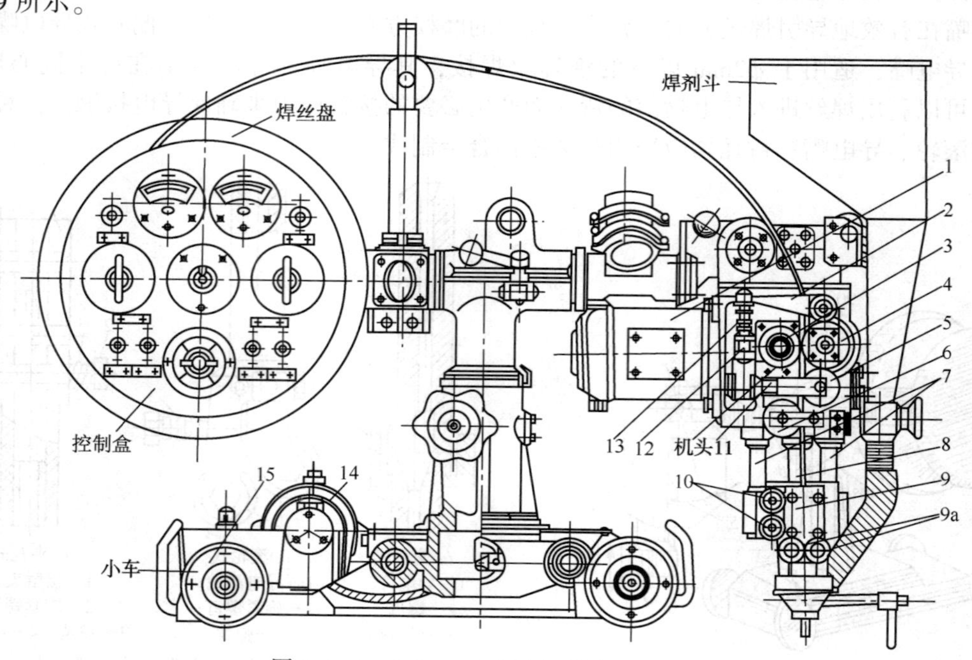

图3.1-9　MZ-1000型埋弧焊机焊接小车

1—送丝电动机；2—摇杆；3、4—送丝轮；5、6—矫直滚轮；7—圆柱导轨；8—螺杆；9—导电嘴；9a—螺钉(压紧导电块用)；10—螺钉(接电极用)；11—螺钉；12—调节螺母；13—弹簧；14—小车电动机；15—小车车轮

MZ-1000 型埋弧焊机可配用交流电源，也可配用直流电源。配用交流电源时，一般用 BX2-1000 型弧焊变压器，空载电压分为 69V 和 78V 两档，可根据网压的实际情况和焊接参数的要求选用，工作电流调节范围为 400~1200A，额定负载持续率为 60%；配用直流电源时，常用 ZXG-1000 型弧焊整流器，空载电压为 95V，工作电流调节范围为 250~1200A，额定负载持续率为 60%。上述电源的输出特性均为陡降外特性。

3.1.2 钨极惰性气体保护焊设备

钨极隋性气体保护焊是使用纯钨或活化钨(如钍钨、铈钨等)作为非熔化电极，采用惰性气体(如氩气、氦气等)作为保护气体的电弧焊方法，简称 TIG 焊。当采用氩气作为保护气体时，钨极惰性气体保护焊称为钨极氩弧焊。

1. TIG 焊原理

1）TIG 焊的工作原理

TIC 焊工作原理如图 3.1-10 所示。钨极被夹持在电极夹上，从 TIC 焊焊枪的喷嘴中伸出一定长度，在伸出的钨极端部与焊件之间产生电弧，对焊件进行加热。与此同时，惰性气体进入枪体，从钨极的周围通过喷嘴喷向焊接区，以保护钨极、电弧和熔池，使其免受大气的侵害。当焊接薄板时，一般不需加填充焊丝，可以利用焊件被焊部位自身熔化形成焊缝。当焊接厚板和开有坡口的焊件时，可以从电弧的前方把填充金属以手动或自动的方式，按一定的速度向电弧中送进。填充金属熔化后进入熔池，与母材熔化金属一起冷却凝固形成焊缝。

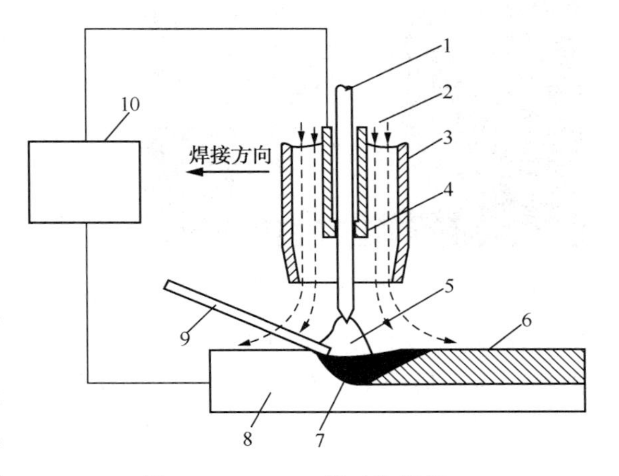

图 3.1-10 TIG 焊工作原理

1—钨极；2—惰性气体；3—喷嘴；4—电极夹；5—电弧；6—焊缝；7—熔池；8—母材；9—填充焊丝；10—焊接电源

钨的熔点高达 3653K，与其他金属相比，具有难熔化、可长时间在高温状态下工作的性质。TIC 焊正是利用了钨的这一性质，在圆棒状的钨极与母材间产生电弧进行焊接。在电弧燃烧过程中，钨极是不熔化的，故易于维持恒定的电弧长度，保持焊接电流不变，使焊接过程稳定。

惰性气体也称作非活性气体，泛指氩、氦、氖等气体，具有不与其他物质发生化学反应和不溶于金属的性质，利用这一性质，TIC 焊使用惰性气体完全覆盖电弧和熔化金属，使电弧不受周围空气的影响和避免熔化金属与周围的氧、氮等发生反应，从而起到保护作用。在惰性气体中，由于氩气是由空气中分馏获得，资源丰富，成本较低，因此是用得比较多的一种气体。

2）TIG 焊的特点

TIC 焊的优点：

① 能够实现高品质焊接，得到优良的焊缝。这是由于电弧在惰性气氛中极为稳定，保护气体对电弧和熔池的保护很可靠，能有效地排除氧、氮、氢等气体对焊接金属的侵害。

② 焊接过程中钨电极是不熔化的，易于保持恒定的电弧长度、不变的焊接电流和稳定的焊接过程，使焊缝美观、平滑、均匀。

③ 焊接电流的使用范围很宽，通常为5～500A。即使电流小于10A，仍能正常焊接，因此，特别适合于薄板焊接。如果采用脉冲电流焊接，可以更方便地对焊接热输入进行调节控制。

④ 在薄板焊接时无需填充焊丝。在厚板焊接时，由于填充焊丝不通过焊接电流，所以，不会因熔滴过渡引起电弧电压和电流变化而产生的飞溅现象，为获得光滑的焊缝表面提供了良好条件。

图3.1-11　钨极氩弧焊时的电弧形态

⑤ 钨极氩弧焊时的电弧是各种电弧焊方法中稳定性最好的电弧之一。电弧呈典型的钟罩形形态（图3.1-11），焊接熔池可见性好，焊接操作容易进行，因此应用比较普遍。

⑥ 可以焊接各种金属材料，如钢、铝、钛和镁等。

⑦ TIG焊可靠性高，所以可以焊接重要构件，可用于核电站和航空、航天工业。

TIG焊的缺点：

① 焊接效率低于其他方法。由于钨极承载电流能力有限，且电弧较易扩展而不集中，所以，TIG焊的功率密度受到制约，致使焊缝熔深浅，熔敷速度小，焊接速度不高和生产率低。

② 氩气没有脱氧或去氢作用，所以，焊前对焊件的除油、去锈、去水等准备工作要求严格，否则易产生气孔，影响焊缝的质量。

③ 焊接时钨极有少量的熔化蒸发，钨微粒如果进入熔池会造成夹钨，影响焊缝质量，电流过大时尤为明显。

④ 由于生产效率较低和惰性气体的价格较高，生产成本比焊条电弧焊、埋弧焊和CO_2气体保护焊都要高。

TIC焊的应用很广泛，它可以用于几乎所有金属和合金的焊接，比如钢铁材料、有色金属及其合金，以及金属基复合材料等。特别对铝、镁、钛、铜等有色金属及其合金、不锈钢、耐热钢、高温合金和钼、铌、锆等难熔金属的焊接最具优势。

钨极氩弧焊通常被用于焊接厚度为6mm以下的焊件。如果采用脉冲钨极氩弧焊，焊接厚度可以降到0.8mm以下。对于大厚度的重要结构（如压力容器、管道等），TIG焊也有广泛的应用，但一般只是用于打底焊，即在坡口根部先用TIG焊焊接第一层，然后，再用其他焊接方法焊满整个焊缝，这样可以确保底层焊缝的质量。

2. TIG焊设备

1）TIG焊设备的组成

（1）手工TIG焊设备　包括焊接电源、控制系统、引弧装置、稳弧装置（交流焊接设备用）、焊枪、供气系统和供水系统等。其中，控制系统包括两部分：一部分是为了保证焊接电源实现TIG焊所要求的垂降外特性和电流调节特性等设置的；另一部分是为了协调气体与电源之间先后顺序而设置的。现在生产的新型直流TIG焊设备和方波交流TIG焊设备，控制系统已经和焊接电源合为一体，如图3.1-12所示。在普通的交流TIG焊设备中，仍将控制系统、引弧装置和稳弧装置等单独安装在一个控制箱内。表3-2是国内TIG焊机的主要技术数据。

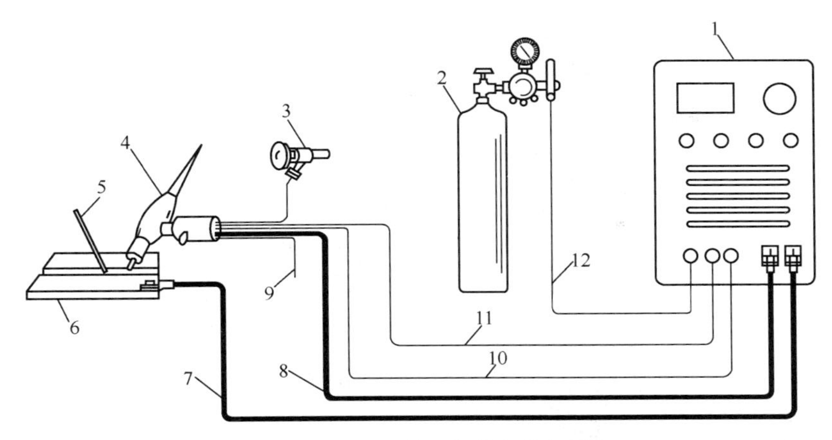

图 3.1-12　手工钨极气体保护焊设备

1—焊接电源及控制系统；2—气瓶；3—供水系统；4—焊枪；5—焊丝；6—工件；7—工件电缆；8—焊枪电缆；9—出水管；10—开关线；11—焊枪气管；12—供气气管

表 3-2　国内 TIG 焊机的主要技术数据

类　　别	直流氩弧焊机	交流氩弧焊机	交直流两用氩弧焊机		脉冲氩弧焊机
型　　号	WS-160	WSJ-500	WSE-315	WSE-315	WSM-200
电流调节范围/A	5~160	50~500	30~315	20~315	10~200
额定焊接电流/A	160	500	315	315	200
额定负载持续率/%	35	60	60	60	60
脉冲频率/Hz	—	—	—	0.5~20	0.5~25
正负半波宽度比/%	—	—	30~70	20~80	—
空载电压/V	70	80、88	80	90	70
引弧方式	高频	高压脉冲	高频	高频	高频
电源类型	MOSFET 逆变	弧焊变压器	晶闸管电抗器	IGBT 逆变	IGBT 逆变
质量/kg	13	—	210	35	18

（2）自动 TIG 焊设备　比手工 TIG 焊设备多了焊枪移动装置。如果需要填充焊丝，还包括一个送丝机构。通常，将焊枪和送丝机构共同安装在一台可行走的焊接小车上，图 3.1-13 为焊枪与导丝嘴在焊接小车上相互的位置。专用自动 TIG 焊机机头是根据用途和产品结构而设计的，如管子—管板孔口环缝自动 TIG 焊机、管子对接内环缝或外环缝自动 TIG 焊机等。

当然，在多品种小批量焊件生产中，也可以采用弧焊机器人进行 TIG 焊，可以实现柔性自动化程度更高的焊接。

2）焊接电源

TIG 焊焊接电源分为交流电源和直流电源。焊接时选择电源和选定直流电源时极性接法是十分重要的，应该根据被焊材料来选择。

（1）直流电源

直流 TIG 焊时，电流不发生极性变化，但电极接正极还是接负极，对电弧的性质和母材的熔化都有很大影响。

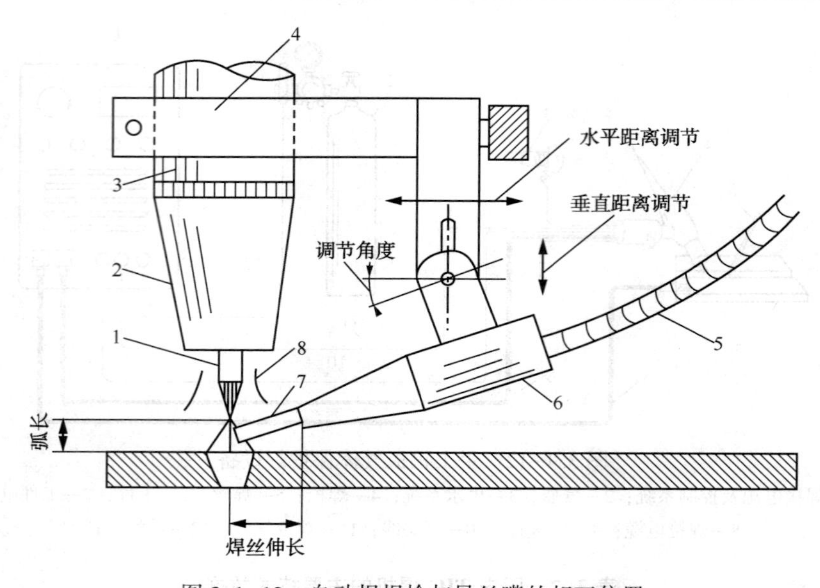

图 3.1-13　自动焊焊枪与导丝嘴的相互位置

1—钨极；2—喷嘴；3—焊枪；4—焊枪夹；5—焊丝软管；6—导丝嘴；7—焊丝；8—保护气流

① 直流反接　当焊件接在直流电源的负端，而钨极接在直流电源的正端时，称为直流反接。直流反接时电弧对母材表面的氧化膜只有“阴极清理”作用，这种作用也被称为“阴极破碎”或“阴极雾化”作用。产生这种作用的原因是：反接时，母材作为阴极承担发射电子的任务，由于表面有氧化物的地方电子逸出功小，容易发射出电子，因此，电弧有自动寻找金属氧化物的性质，在氧化膜上容易形成阴极斑点；与此同时，阴极斑点受到质量较大的正离子的撞击，因此，能使该区域内的氧化膜被清理掉。

但是，反接时钨极是电弧的阳极，不具有发射电子的作用，而是接受大量电子及其携带的大量能量，因而钨极易产生过热，甚至熔化，所以，钨极为阳极时的许用电流仅为阴极时的 1/10 左右，钨极端头形状都是圆球状。另一方面，焊件为阴极，阴极斑点寻找氧化膜而不断游动，使得电弧分散，加热不集中，因而得到浅而宽的焊缝(图 3.1-14)，生产率低。由于上述原因，TIG 焊直流反接用得较少，只用于厚度约 3mm 以下的铝、镁及其合金焊接。

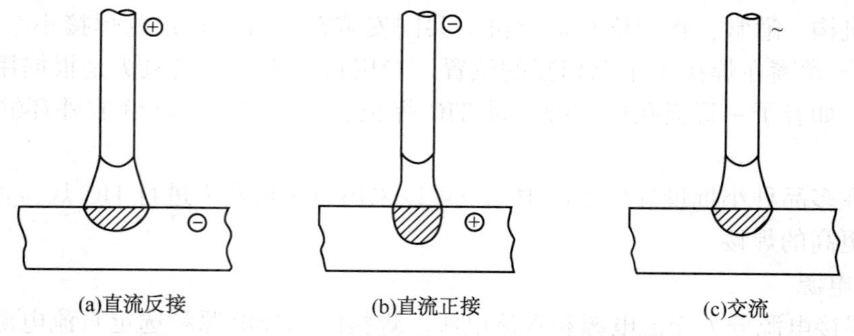

图 3.1-14　TIG 焊电流种类与极性对焊缝形状的影响

② 直流正接　当焊件接在直流电源的正端，钨极接在直流电源的负端时，称为直流正接。直流正接的 TIG 焊是所有电弧焊方法中电弧过程最为稳定的焊接方法之一。直流正接时没有阴极清理作用，它适用于除焊接铝、镁及其合金以外的其他金属材料焊接。

（2）交流电源

在生产中，焊接铝、镁及其合金时一般都采用交流电源。这是因为在工件为阴极的半周里有去除工件表面氧化膜的作用，在钨极为阴极的半周里钨极可以得到冷却，并能发射足够的电子以利于电弧稳定。实践证明，采用交流电源能够两者兼顾，对于焊接铝、镁合金是很适合的。

但是，交流电源也产生如下问题：一是能产生有害的直流分量，必须予以消除；二是在50Hz 频率下交流电流每秒钟经过零点 100 次，必须采取稳弧措施。

在普通交流电弧的情况下，由于电极和母材的电性能、热物理性能和几何尺寸等方面存在的差异，造成交流电在两半周中的弧柱导电率、电场强度和电弧电压不对称，致使电弧电流也不对称。在钨极为阴极的半周，由于阴极电子发射能力强，弧柱的电导率高，电场强度小，电弧电压低而电流大；在母材为阴极的正半周，则恰恰相反，电弧电压高而电流小。由于在两半周中电流不对称，可以认为交流电弧的电流由两部分组成：一部分是交流电流，另一部分是叠加在交流电流上的直流电流，后者称为直流分量，如图 3. 1-15 所示。

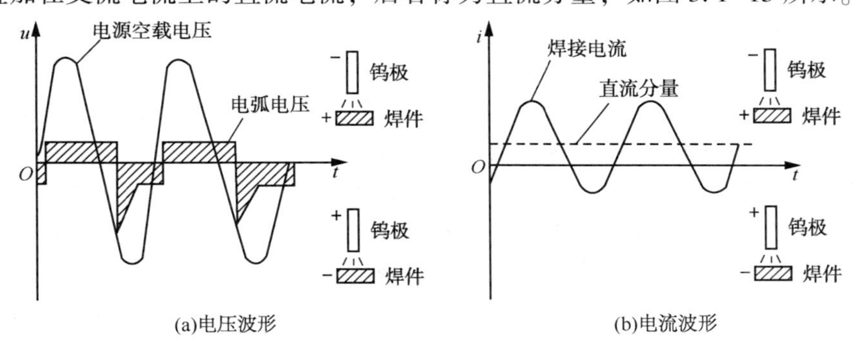

图 3. 1-15　交流 TIG 焊时电弧电压、电流波形和直流分量

这种在交流电弧中产生直流分量的现象，不仅在用交流 TIG 焊焊铝时存在，凡两种电极材料的物理性能差别较大时都会出现。母材与电极的性能相差越远，上述不对称现象越严重，直流分量也越大。用交流 TIG 焊焊接铜、镁等合金时，同样有这个问题。即使是同种材料交流焊接时，由于电极与焊件几何形状和散热条件的差异，也会有直流分量，只是其直流分量数值很小，不会影响设备正常工作而已。

由于直流分量的存在，首先会使阴极清理作用减弱，其次会使焊接变压器铁芯相应产生直流磁通，可使变压器达到磁饱和状态，从而导致变压器励磁电流大大增加。这样，一方面变压器的铁损和铜损增加，效率降低，温升提高，甚至烧毁变压器；另一方面会使焊接电流波形严重畸变，降低功率因数。这些都会给电弧的稳定燃烧带来不利影响。有必要采取措施来消除直流分量。

必须指出，由于交流电弧不如直流电弧稳定，实际应用的交流 TIG 焊机还需配备引弧装置和稳弧装置。

（3）方波(矩形波)交流电源

普通交流 TIG 焊的波形为正弦波，存在电弧稳定性差的缺点。为了提高交流 TIG 焊电弧稳定性，同时也为了保证在铝、镁合金焊接时既有满意的阴极清理作用，又可获得较为合理的两极热量分配，发展了方波交流弧焊电源。

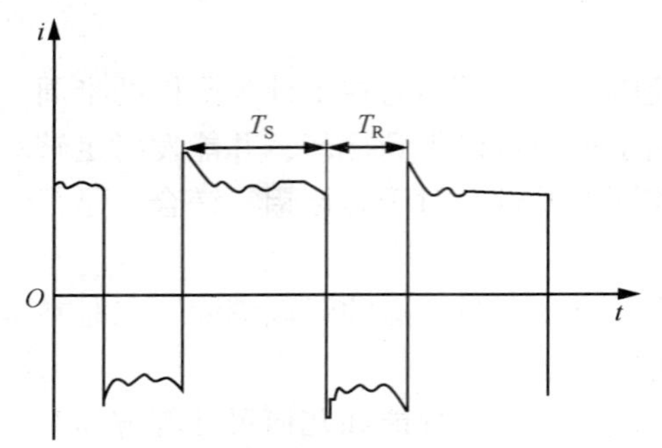

图 3.1-16　方波电源焊接电流波形图

方波电源焊接电流的波形如图 3.1-16 所示，图中 T_R为周期中负极性半周时间；T_S为周期中正极性半周时间。

与普通正弦波交流电源相比，方波电源的优点是：

① 方波电流过零后增长快，再引燃容易，大大提高了稳弧性能。加果空载电压在 70V 以上，不需再加稳弧装置，可使 10A 以上的电弧稳定燃烧。

② 可以根据焊接条件选择最小而必要的 T_R，使其既能满足清除氧化膜的需要，又能获得最小的钨极损耗和可能的最大熔深。

③ 由于采用电子电路控制，正、负半周电流幅值可调，焊接铝、镁及其合合时，无需另加消除直流分量装置。

要实现交流方波焊接，根据电源种类的不同，可以采用晶闸管电抗器式矩形波电源，也可以采用逆变式矩形波电源。

3）引弧装置和稳弧装置

为了避免钨极对焊缝的污染，TIG 焊时宜采用非接触式引弧，因而需要使用辅助引弧装置。对于普通交流 TIG 焊，引弧后还需要采用稳弧措施，这是因为焊接电流在正、负半周交替时要过零点，电弧空间发生消电离过程，而且，当电弧由焊件接正转向接负的瞬间，需要重新引燃电弧的电压很高，而焊接电源往往不能提供这样高的电压，因此，就需要有能使电弧重新引燃的稳弧装置。当然，提高交流电源空载电压也可以起到稳弧作用，但会增大变压器的容量，功率因数也会降低，成本高，不经济且不安全。目前，应用最多的是高频高压式和高压脉冲式引弧和稳弧装置。

（1）高频高压引弧和稳弧装置　采用高频振荡器产生高频高压电，击穿钨极与工件之间的气隙(约 3mm)，是引燃电弧常用的方法。通常需要产生的高频高压大约为 3000V，这时，电源的空载电压只要 65V 左右就可以了。

（2）高压脉冲引弧和稳弧装置　高压脉冲发生器引弧和稳弧的高压脉冲引弧方式是在钨极与工件之间加一高压脉冲，加强阴极发射电子及两极间气体介质电离而实现引弧。在交流 TIG 焊时，既可用它来引弧，又可用它来稳弧。

4）焊枪

焊枪的作用是夹持钨极、传导焊接电流和输送并喷出保护气体。

焊枪分气冷式和水冷式两种。前者用于小电流(一般≤150A)焊接，其冷却作用主要是由保护气体的流动来完成，其质量轻、尺寸小、结构紧凑、价格比较便宜；后者用于大电流(≥150A)焊接，其冷却作用主要通过流过焊枪内导电部分和焊接电缆的循环水来实现，结构比较复杂，比气冷式重而贵。使用时两种焊枪均应注意避免超载工作，以延长焊枪寿命。图 3.1-17 是手工 TIG 焊用的水冷式焊枪的结构图。

自动 TIG 焊用的是水冷、笔式焊枪，往往是在大电流条件下连续工作，其内部结构与手工 TIG 焊焊枪相似。当必须在非常局限的位置上焊接时，可自行设计专用的焊枪。

喷嘴的形状尺寸对气流的保护性能影响很大。当喷嘴出口处获得较厚的层流层时，保护效果良好，因此，有时在气流通道中加设多层铜丝网或多孔隔板(称气筛)以限制气体横向运动，以利于形成层流。在喷嘴的下部为圆柱形通道，通道越长保护效果越好；通道直径越大，保护范围越宽，但可达到性变差，且影响视线。

试验证明，圆柱形喷嘴保护效果最好，收敛形喷嘴(其内径向出口方向逐渐减小)次之。

5）供气系统与水冷系统

(1) 供气系统　一般钨极氩弧焊时，供气系统由气源(高压气瓶)、气体减压阀、气体流量汁、电磁气阀和软管等组成，如图3.1-18所示。气体减压阀将高压气瓶中的气体压力降至焊接所要求的压力，气体流量计用来调节和标示气体流量大小，电磁气阀用以控制保护气流的通断。

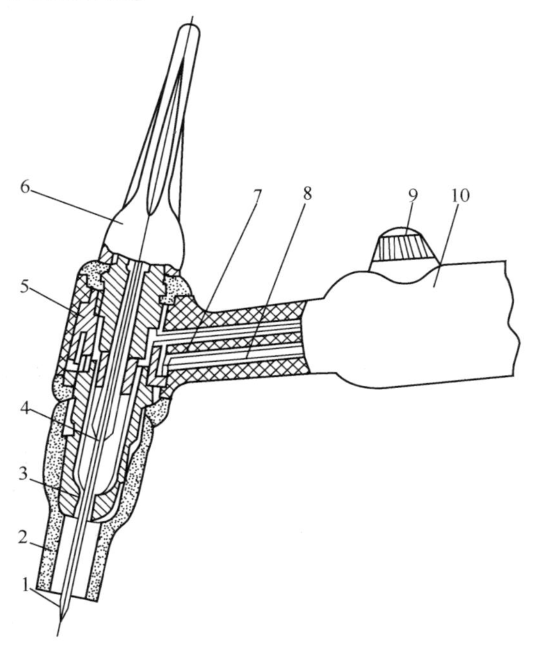

图3.1-17　水冷式TIG焊焊枪结构图

1—钨电极；2—陶瓷喷嘴；3—导气套管；4—电极夹头；5—枪体；6—电极帽；7—进气管；8—冷却水管；9—控制开关；10—焊枪手柄

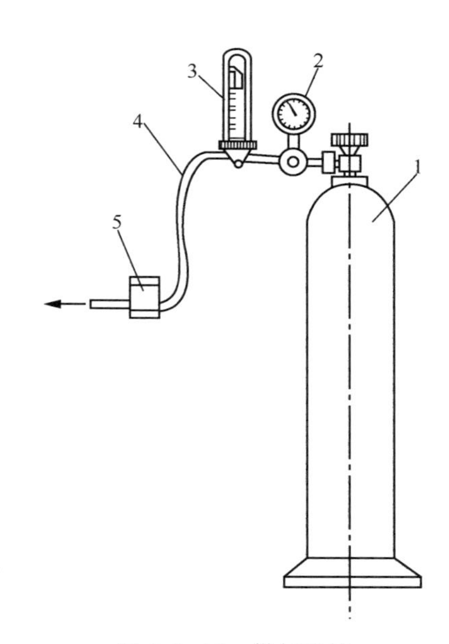

图3.1-18　供气系统

1—高压气瓶；2—气体减压阀；3—气体流量计；4—软管；5—电磁气阀

(2) 水冷系统　水冷系统主要用来冷却焊接电缆、焊枪和钨棒。当焊接电流小于150A时不需要水冷；当焊接电流大于150A时需要使用水冷式焊枪。对于手工水冷式焊枪，通常将焊接电缆装入通水的软管中做成水冷电缆，这样可大大提高电流密度、减轻电缆质量，使焊枪更轻便。每种型号的焊枪都有安全使用电流值，它是指水冷条件下的许用电流值。

6）程序控制系统

TIG焊焊接过程涉及送气、引弧、电源输出、焊丝送进和焊车行走等，为了获得优质焊缝，无论是手工TIG焊还是自动TIG焊都必须有序地进行。通常对TIG焊程序控制系统的要求如下：

① 起弧前，必须由焊枪向起始焊点提前1.5~4s送气，以排除气管内和焊接区的空气。灭弧后应滞后5~15s停气，以保护尚未冷却的钨极与熔池。焊枪须等待停气后才能离开终焊处，以保证焊缝末端的质量。

② 焊接时，在接通焊接电源的同时就起动引弧装置，应自动控制引弧器、稳弧器的启动和停止。

③ 焊接开始时，为了防止大电流对焊件熔池的冲击，可以使电流从较小的引弧电流逐渐上升到焊接电流。焊接即将结束时，焊接电流应能自动地衰减，直至电弧熄灭，以消除和防止产生弧坑及弧坑裂纹。

④电弧引燃后即进入焊接，焊枪的移动和焊丝的送进应同时协调地进行。

⑤ 用水冷式焊枪时，送水与送气应同步进行。

图 3.1-19(a)、(b)分别为手工和自动 TIG 焊的程序控制图。

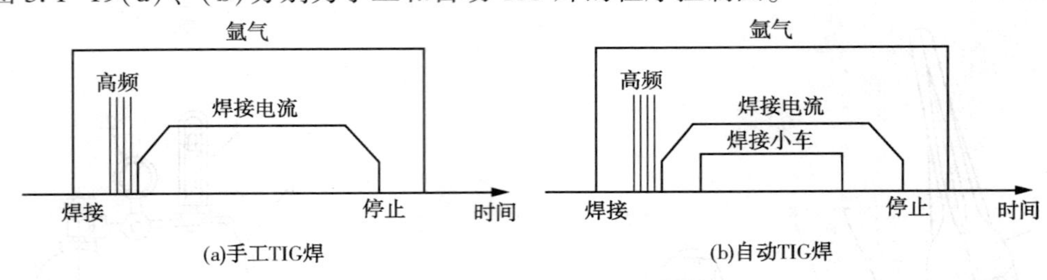

图 3.1-19　TIG 焊的程序控制图

7）WSJ-500 型手工交流 TIG 焊机

国产 TIG 焊机类型很多，各有特点，其中 WSJ-500 型手工交流 TIG 焊机是比较典型的 TIG 焊机，在焊接生产中应用比较普遍。

WSJ-500 型焊机主要由焊接电源、控制箱、焊枪、供气系统和供水系统等部分组成。焊接电源采用 BX3-1-500 型动圈式弧焊变压器，额定焊接电流为 500A，具有陡降外特性，其大电流档空载电压为 60V，小电流档为 88V。该机配备 PQ1-150、PQ1-350 和 PQ1-500 等型号焊枪。控制箱内装有程序控制电路、高压脉冲引弧和稳弧器、消除直流分量的电容器组、气路的电磁气阀和水路的水压开关等。控制箱上部还装有电流表、电源与水流指示灯、电源转换开关、气流检测开关和粗调气体延时开关等元件。

WSJ-500 型焊机电气原理如图 3.1-20 所示。它由焊接主电路、脉冲引弧电路、脉冲稳弧电路和程序控制电路等组成。

3.1.3　熔化极氩弧焊设备

熔化极氩弧焊是使用焊丝作为熔化电极，采用氩气或富氩混合气作为保护气体的电弧焊方法。当保护气体是惰性气体 Ar 或 Ar+He 时，通常称作熔化极隋性气体保护电弧焊，简称 MIG 焊；当保护气体以 Ar 为主，加入少量活性气体如 O_2、CO_2或 CO_2+O_2等，通常称作熔化极活性气体保护电弧焊，简称 MAG 焊。由于 MAG 焊电弧也呈氩弧特征，因此也归入熔化极氩弧焊。

1. 熔化极氩弧焊原理

1）熔化极氩弧焊的工作原理

熔化极氩弧焊的工作原理如图 3.1-21 所示。焊接时，氩气或富氩混合气体从焊枪喷嘴中喷出，保护焊接电弧和焊接区；焊丝由送丝机构向待焊处送进；焊接电弧在焊丝与焊件之间燃烧，焊丝被电弧加热熔化形成熔滴过渡到熔池中。冷却时，由焊丝和母材金属共同组成的熔池凝固结晶，形成焊缝。

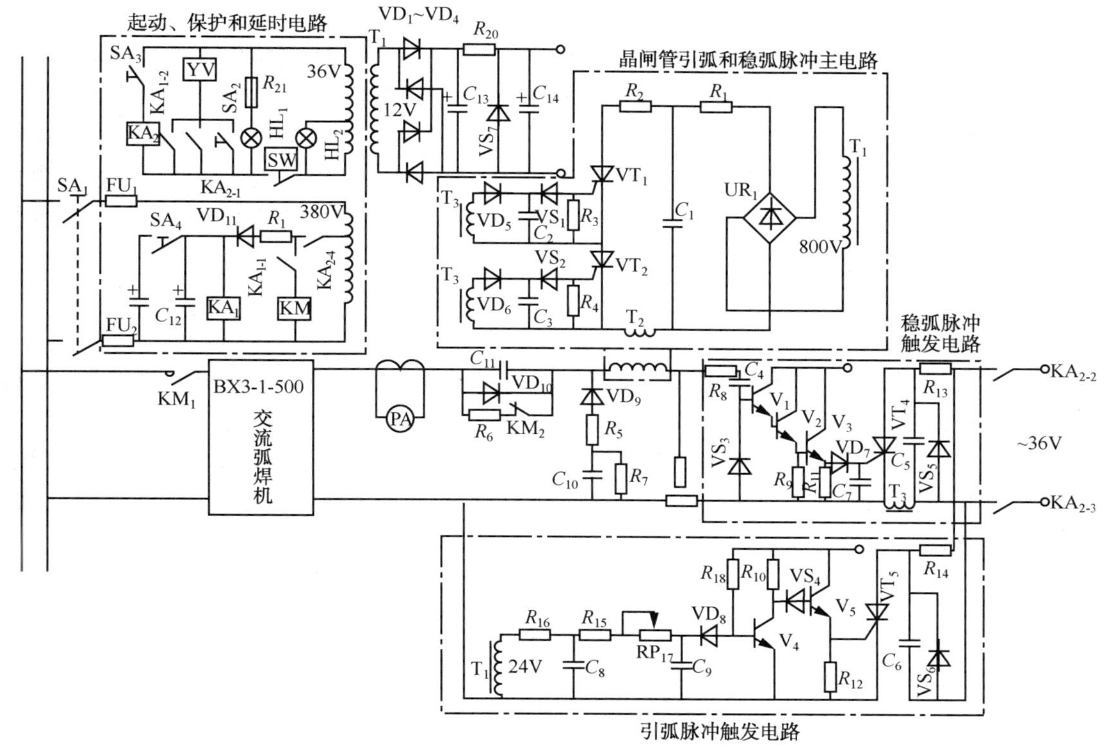

图 3.1-20　WSJ-500 型手工交流 TIG 焊机电气原理图

MIG 焊时，采用 Ar 或 Ar+He 作为保护气体，可以利用气体对金属的非活性和不溶性有效地保护焊接区的熔化金属；MAG 焊时，在 Ar 气中加入少量 O_2、CO_2或CO_2+O_2等气体，其目的是增加气氛的氧化性，能克服使用单一的 Ar 气焊接钢铁材料时产生的阴极漂移和焊缝成形不良等缺点。

2）熔化极氩弧焊的特点

熔化极氩弧焊与其他焊接方法相比较具有以下特点：

① MIG 焊的保护气体是没有氧化性的纯惰性气体，电弧空间无氧化性，能避免氧化，焊接中不产生熔渣，在焊丝中不需要加入脱氧剂，可以使用与母材同等成分的焊丝进行焊接；MAG 焊的保护气体虽然具有氧化性，但相对较弱。

② 与 CO_2气保电弧焊相比较，熔化极氩弧焊电弧稳定，熔滴过渡稳定，焊接飞溅少，焊缝成形美观。

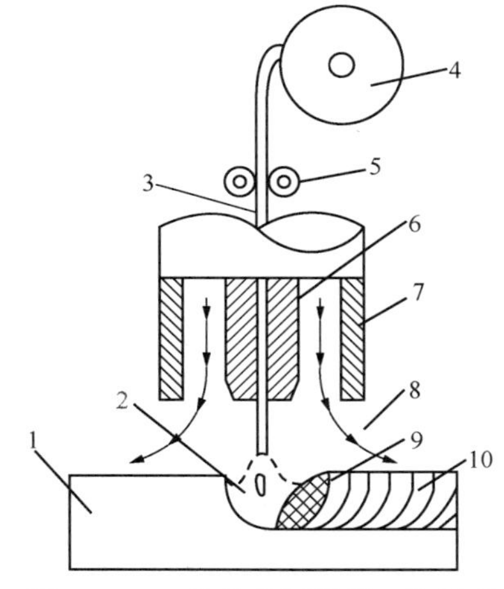

图 3.1-21　熔化极氩弧焊工作原理

1—焊件；2—电弧；3—焊丝；4—焊丝盘；5—送丝滚轮；6—导电嘴；7—保护罩；8—保护气体；9—熔池；10—焊缝

③ 与 TIG 焊相比较，熔化极氩弧焊由于采用焊丝作电极，焊丝和电弧的电流密度大，焊丝熔化速度快，熔敷效率高，母材熔深大，焊接变形小，焊接生产率高。

④ MIG 焊采用焊丝为正接直流电弧来焊接铝和铝合金时，对母材表面的氧化膜有良好的阴极清理作用。

熔化极氩弧焊也有如下不足：

① 氩气和混合气体均比 CO_2气体的售价高，故焊接成本比 CO_2气体保焊的焊接成本高。

② MIG 焊对工件、焊丝的焊前清理要求较高，即焊接过程对油、锈等污染比较敏感。

MIG 焊几乎可以焊接所有的金属材料，既可以焊接碳钢、合金钢、不锈钢等金属材料，也可以焊接铝、镁、铜、钛及其合金等容易氧化的金属材料。在焊接碳钢和低合金钢等黑色金属时，更多地采用富氩混合气体的 MAG 焊；而 MIG 焊主要用于焊接铝、镁、铜、钛及其含金，以及不锈钢等金属材料。

2. 熔化极氩弧焊设备

1）熔化极氩弧焊设备的组成

熔化极氩弧焊设备，按机械化程度分有自动焊和半自动焊两类。半自动焊设备不包括行走台车，焊枪的移动由人工操作；自动焊设备的焊枪固定在行走台车上进行焊接。

熔化极氩弧焊设备主要由弧焊电源、送丝系统、焊枪、行走台车(自动焊)、供气系统、水冷系统和控制系统等部分组成，图 3. 1-22 是半自动熔化极氩弧焊设备组成图，图 3. 1-23 是自动熔化极氩弧焊设备组成图。

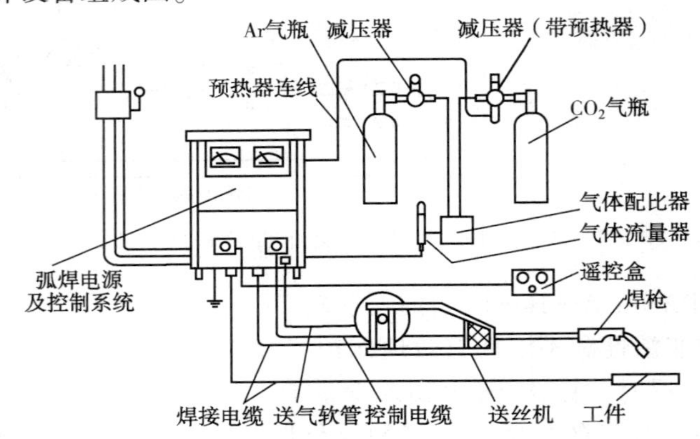

图 3. 1-22　半自动熔化极氩弧焊设备组成

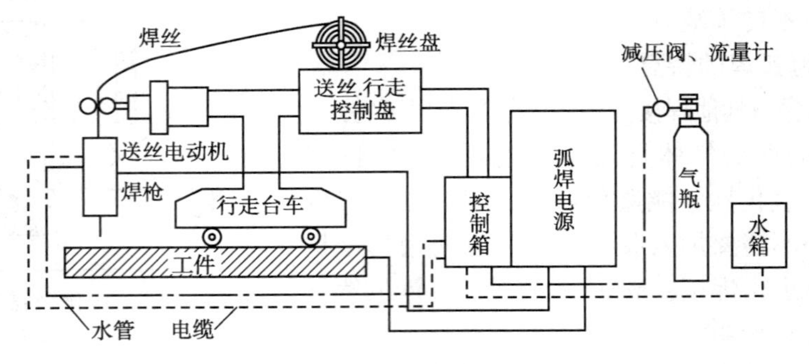

图 3. 1-23　自动熔化极氩弧焊设备组成

2）焊接电源

熔化极氩弧焊通常采用直流弧焊电源，电源分为变压器抽头二极管整流式、晶闸管可控整流式和逆变式等几种。

熔化极氩弧焊通常使用的焊丝较细，直径为 0. 8 ~ 2. 4mm，因此，一般采用等速送丝与平外特性或略微下降外特性焊接电源相配合，利用电弧自身调节作用来调节弧长。铝合金 MIG 焊时，也常采用电弧自调节作用来调节弧长，但需配合以等速送丝方式和陡降外特性或垂降外特性焊接电源。当焊丝直径大于 3mm 时，由于焊丝直径较粗，则需采用电弧电压反馈自动调节作用来调节弧长，应配合以变速送丝方式和下降外特性弧焊电源。

3）送丝系统

送丝系统直接影响焊接过程的稳定性，送丝系统通常由送丝机构（包括电动机、减速器、矫直轮、送丝轮）、送丝软管（导丝管）和焊丝盘等组成。送丝系统有三种基本送丝方式。

（1）推丝式　推丝式是应用最广泛的一种送丝方式，其特点是焊枪结构简单轻便，操作和维修比较方便，焊丝被送丝机构推出后经过一段较长的导丝管进入焊枪。导丝管增加了送丝阻力，随着导丝管加长，送丝稳定性将变差，所以导丝管不能太长，一般钢焊丝的导丝管在 2~5m 之间，铝焊丝的导丝管在 3m 以内，如图 3.1-24(a)所示。

（2）拉丝式　拉丝式送丝方式又分为两种形式，一种是将焊丝盘和焊枪手把分开，两者间用导丝管连接[图 3.1-24(b)]，另一种是焊丝盘与焊枪构成一体[图 3.1-24(c)]。后者由于去掉了导丝管，减小了送丝阻力，提高了送丝的稳定性，但是，这种一体结构质量较大，加重了焊工的劳动强度。

（3）推拉丝式　如图 3.1-24(d)所示，在推丝式送丝的同时，焊枪上安装微型电动机提供拉丝动力。焊丝前进时既靠推力，又靠拉力，利用两个力的合力来克服导丝管中的阻力，此种送丝方式的导丝管可以加长到 15m 左右，扩大了半自动焊的操作距离。一般在推拉丝式送丝方式中，推丝电动机是主要的送丝动力，它保证等速送进焊丝，拉丝电动机只起到随时将焊丝拉直的作用。推拉丝式两个动力在调试过程中要有一定配合，尽量做到同步，在焊丝送进过程中始终保持焊丝在软管中处于拉直状态。

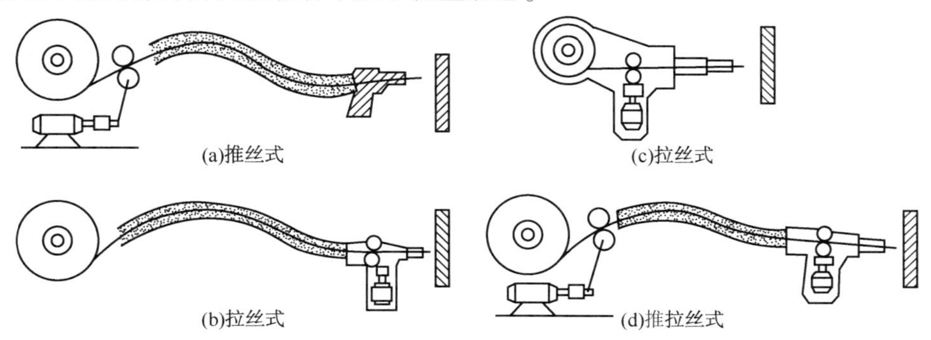

图 3.1-24　熔化极氩弧焊机送丝方式

4）焊枪和导丝管

熔化极氩弧焊焊枪按其应用方式分为半自动焊枪（手工操作）和自动焊枪（安装在行走台车上）。

（1）半自动焊枪

半自动焊枪按结构分为鹅颈式和手枪式两种，按冷却方式分为气冷式和水冷式两种。气冷式焊枪利用保护气体流过焊枪起到冷却作用，水冷式焊枪利用循环水进行冷却。若负载持续率为 100%，当焊接电流小于 200A 时，焊枪通常采用气冷；焊接电流大于 200A 时，焊枪采用水冷。

图 3.13-25 为上述两种推丝式半自动焊枪的结构图。其组成如下：

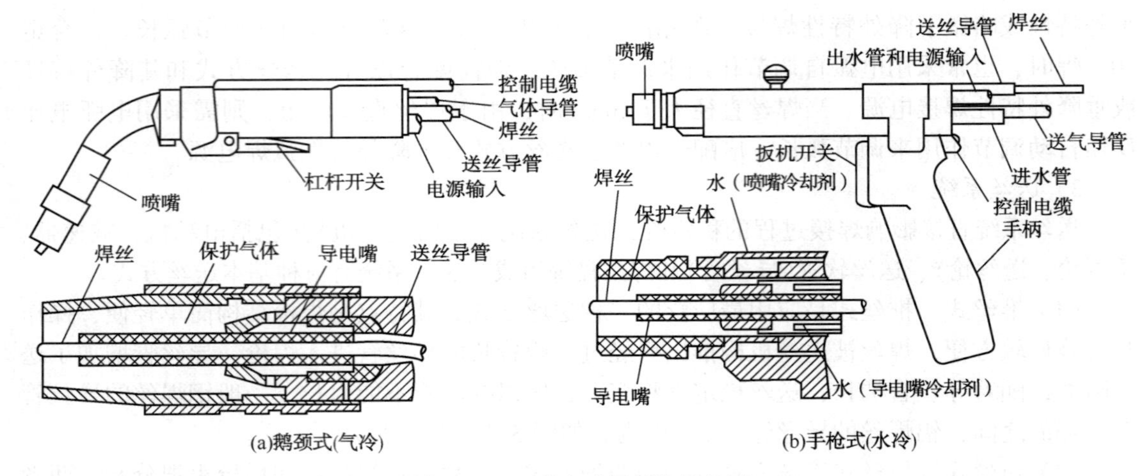

图 3.1-25　半自动焊焊枪结构图

① 导电部分　从焊接电源来的电缆线，在焊枪后部由螺杆与焊枪连接，电流通过导电杆、导电嘴导入焊丝。导电嘴是一个较重要的零件，要求导电嘴材料的导电性好，耐磨性好，熔点高，通常采用纯铜，最好是锆铜。

② 导气部分　保护气体从焊枪导管进入焊枪以后先进入气室，这时气流处于紊流状态。为了使保护气体形成流动方向和速度趋于一致的层流，在气室接近出口处设有分流环，当气体通过这种具有网状密集小孔的分流环从喷嘴流出时，能够得到具有一定挺度的保护气流。

保护气体流经的最后部分是焊枪的喷嘴部分，喷嘴按材质分有陶瓷喷嘴和金属喷嘴。金属喷嘴必须与焊枪的导电部分绝缘。陶瓷喷嘴易破碎，且长时间连续使用后喷嘴端都会变得粗糙和凹凸不平，扰乱气流，破坏保护气对焊接电弧及熔池金属的保护效果。在允许条件下，应尽可能采用小尺寸喷嘴，这样焊工便于观察熔池情况；但大尺寸喷嘴对熔池金属的保护效果较好，所以，在焊接对周围大气污染敏感的金属(如钛合金)时，应采用大尺寸喷嘴。

③ 导丝部分　焊丝从焊丝盘进入导丝管，在导丝管出口端进入焊枪，焊丝经过导丝管和焊枪枪体的阻力越小越好。尤其对于鹅颈式焊枪，要求鹅颈角度适合，鹅颈过弯时阻力大，不易送丝，鹅颈过直时操作不方便。焊丝经过导丝管内部和焊枪枪体的各接头处时，一定要圆滑过渡，使焊丝容易通过。

若焊丝是硬度较高、刚性较大的钢焊丝，通常用弹簧钢丝绕成的螺旋管做导丝管。若焊丝是硬度较低、刚性较小的铝焊丝，导丝管必须用摩擦阻力小的材料做成，通常采用聚四氟乙烯或尼龙等材料。

图 3.1-26 是拉丝式焊枪的结构图，主要用于细焊丝(焊丝直径为 0.4~0.8mm)焊接。

拉丝式焊枪在结构上与推丝式焊枪有很大区别，拉丝式焊枪除送电和送气是从外部输入外，送丝部分都安装在枪体上。送丝部分包括微电机、减速器、送丝轮和焊丝盘等，还有的把电磁气阀也安装在枪体上。这样一来必然使枪体过重，不便操作。因此，焊枪的设计原则是尽量减轻枪体重量和增强灵活性。从实际使用的拉丝式焊枪来看，其结构特点为：一般均做成手枪式，结构紧凑，组成部件小，引入焊枪的管线少，焊接电缆较细，尤其是其中设有送丝软管，管线柔软，操作灵活。由于拉丝式焊枪只用于细丝，焊接电流较小，所以不需要水冷。

图 3.1-27(a)是拉丝式焊枪外形图，图 3.1-27(b)是推丝式焊枪外形图。

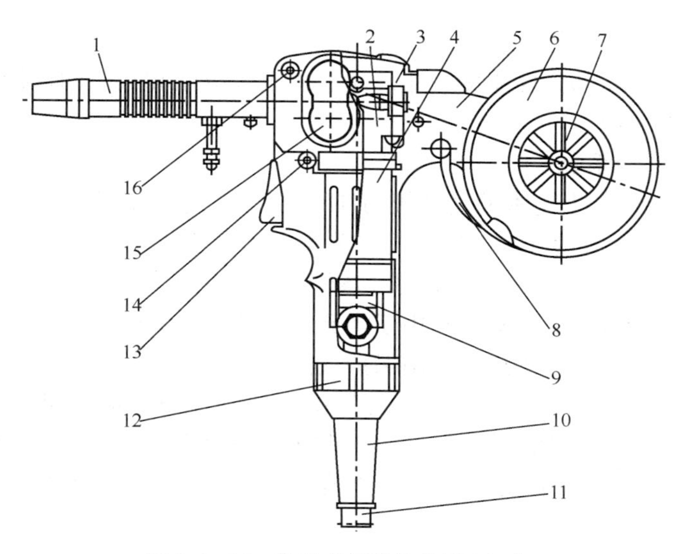

图 3.1-26　拉丝式焊枪结构图(空冷)

1—枪筒；2—减速器；3—压臂；4—电动机；5—枪壳；6—焊丝盘；7—丝盘轴；8—护板；9—导电板；10—胶套；11—电缆；12—螺盖；13—开关；14—螺钉；15—透明罩；16—自攻螺钉

（2）自动焊焊枪

自动焊焊枪的主要结构与半自动焊焊枪相同，图 3.1-28 所示的是一种自动熔化极氩弧焊焊枪的结构图，采用双层气流保护。

(a)拉丝式焊枪

(b)推丝式焊枪

图 3.1-27　半自动熔化极氩弧焊焊枪外形图

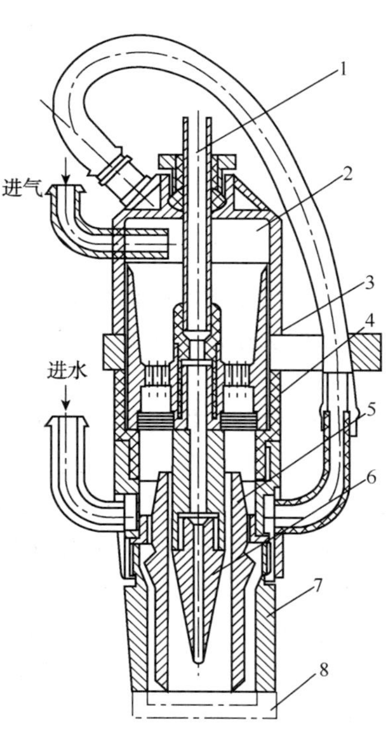

图 3.1-28　自动熔化极氩弧焊焊枪结构图

1—钢管；2—镇静室；3—导流体；4—铜筛网；5—分流套；6—导电嘴；7—喷嘴；8—帽盖

自动焊焊枪固定在焊机机头或焊接行走机构上，经常在大电流情况下使用，除要求其导电部分、导气部分和导丝部分性能良好外，为了适应大电流和长时间使用需要，焊枪枪体、喷嘴和导电嘴均需要水冷。

5）供气系统和水冷系统

（1）供气系统　纯惰性气体供气系统与 TIG 焊的供气系统相同，也是由气源（高压气瓶）、气体减压阀、气体流量计、电磁气阀和送气软管等组成。

气源的压力比较高，压力随气源中的气体储量下降而下降。实际应用的气体压力比较低，而且要求平稳，所以，气体减压阀用于降低气源输出压力和调节气体压力，流量计用于调节保护气体的流量，电磁气阀用于控制保护气体的通断。

富氩混合气体的供气方式有两种：一种是由气体制造公司提供混合好的气源（高压气瓶）；另一种是用户现场配制的惰性气体氩气与 CO_2 气体的混合气体，供气系统构成如图 3.1-29 所示。供气系统中需要安装气体配比器，另外，CO_2 供气气路中需要安装预热器、高压干燥器和低压干燥器等。

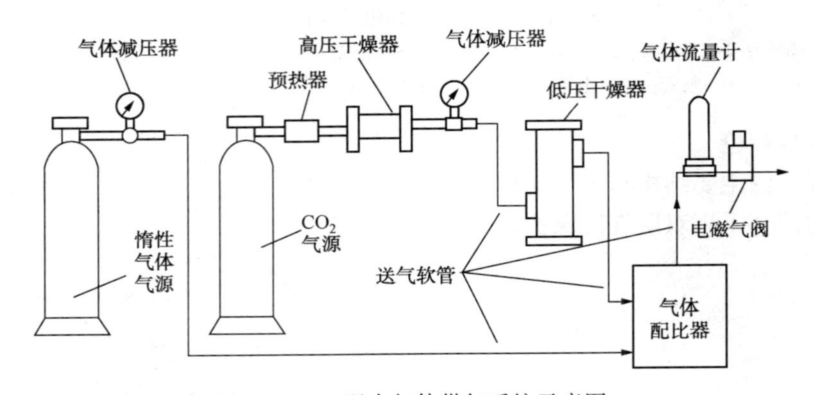

图 3.1-29　混合气体供气系统示意图

（2）水冷系统　水冷式焊枪的水冷系统由水箱、水泵、水管和水流开关等组成，由水泵打压循环流动，实现冷却水的循环应用。当水泵工作时，水流开关合上，在此条件下可以启动焊接电弧；当水泵停止工作时，水流开关断开，不能启动焊接电弧。

6）控制系统

熔化极氩弧焊设备的控制系统包括焊接过程程序控制电路、送丝驱动电路等。其中焊接过程程序控制可以采用两步控制方式，也可以采用四步控制方式。

焊接过程程序控制是由焊接过程控制电路来实现的，两步控制方式和四步控制方式是依据控制电路的焊接启动开关的动作次数来命名的。图 3.1-30 是熔化极氩弧焊两步控制时序图。图 3.1-30(a) 是启动开关（半自动焊时，启动开关安装在焊枪的手把上；自动焊时，启动开关安装在控制操作面板上）的动作时序，“ON”时刻合上启动开关，启动焊接过程，而且在焊接过程中要保持启动开关的闭合状态；“OFF”时刻打开启动开关，停止焊接。从中可以看出，启动开关合上——开始焊接，启动开关打开——停止焊接，焊接过程是由启动开关的两个动作进行控制的，所以称为两步控制方式。根据启动开关的控制动作，控制系统按照图 3.1-30(b)～(e) 的时序分别控制送保护气［图 3.1-30(b)］、送焊丝［图 3.1-30(c)］、弧焊电源输出电压［图 3.1-30(d)］和弧焊电源输出电流［图 3.1-30(e)］。

在图 3.1-30(b)中，送保护气时间区间为 $t_1 \sim t_5$，t_1称作提前送气时间，t_5称作滞后停气时间。在图 3.1-30(c)中，在时间 t_2区间慢送丝，此时焊丝没有接触到工件，弧焊电源输出空载电压，弧焊电源输出电流为零；当焊丝接触到工件时，短路引燃电弧，引燃电弧后送丝速度上升到正常焊接的送丝速度，焊接电流上升到正常焊接电流值，正常焊接时间为 t_3。在打开启动开关之后立即停止送丝，在此之后、熄弧之前的较短的 t_4时间内，弧焊电源输出电压降低，焊接电流衰减，从焊枪导电嘴送出的焊丝端被回烧，使熄弧之后从焊枪导电嘴送出的焊丝长度不至于过长。

图 3.1-31 是熔化极氩弧焊四步控制时序图。图 3.1-31(a)是启动开关的动作时序，当启动开关第一次闭合(第一个“ON”)时，启动焊接过程；当焊接电弧稳定燃烧之后，就可以打开启动开关(第一个“OFF”)，此后保持电弧继续燃烧，即继续进行焊接；当再次按下启动开关(第二个“ON”)时，降低送丝速度，降低焊接电压和焊接电流，进行填弧坑，此时的焊接电压、焊接电流称为填弧坑电压、填弧坑电流，其时间区间称为填弧坑时间；当弧坑填满之后打开启动开关(第二个“OFF”)，回烧焊丝端，停止焊接。在此焊接过程中，由焊枪启动开关的四个动作来进行控制，所以称为四步控制方式。

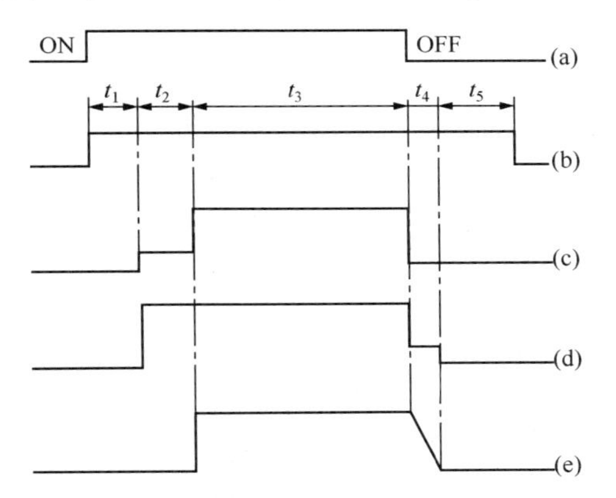

图 3.1-30　熔化极氩弧焊两步控制时序图

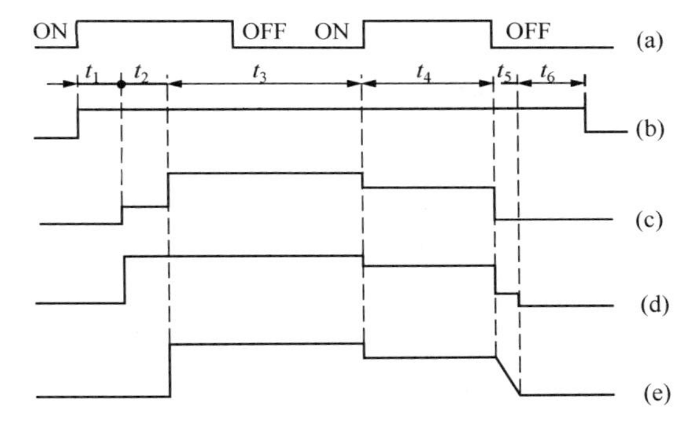

图 3.1-31　熔化极氩弧焊四步控制时序图

控制系统根据启动开关的动作，按照图 3.1-31(b)～(e)的时序分别控制送保护气[图 3.1-31(b)的 $t_1 \sim t_6$区间]、送焊丝[图 3.1-31(c)的 $t_2 \sim t_5$区间]、弧焊电源输出电压[图3.1-31(d)的 $t_2 \sim t_5$区间]和弧焊电源输出电流[图 3.1-31(e)的 $t_3 \sim t_5$区间]。

上述表明，两步控制方式没有填弧坑的过程，四步控制方式有填弧坑过程，实际焊接时根据需要选择使用。

7）NB-400 型半自动熔化极氩弧焊机

NB-400 型半自动熔化极氩弧焊机是比较典型的 MIG/MAG 焊机，其主要特点是：采用 IGBT 逆变技术，单片机控制，具有焊接参数自动锁存和存储调用功能，实现稳定的一脉一滴无飞溅过渡方式。焊机具有一元化调节功能，可以方便调节焊接参数，具有送丝速度、焊接电流、焊接电压预设功能，适应全位置焊接和重要结构件焊接。另外，它既可以焊接铝、镁及其合金，也可以焊接碳钢、不锈钢等金属材料。

图 3.1-32 是该焊机的基本构成框图，主要由焊接电源、送丝驱动系统、气阀驱动电路和控制系统等部分构成，图 3.1-33 是焊机的设备组成图。

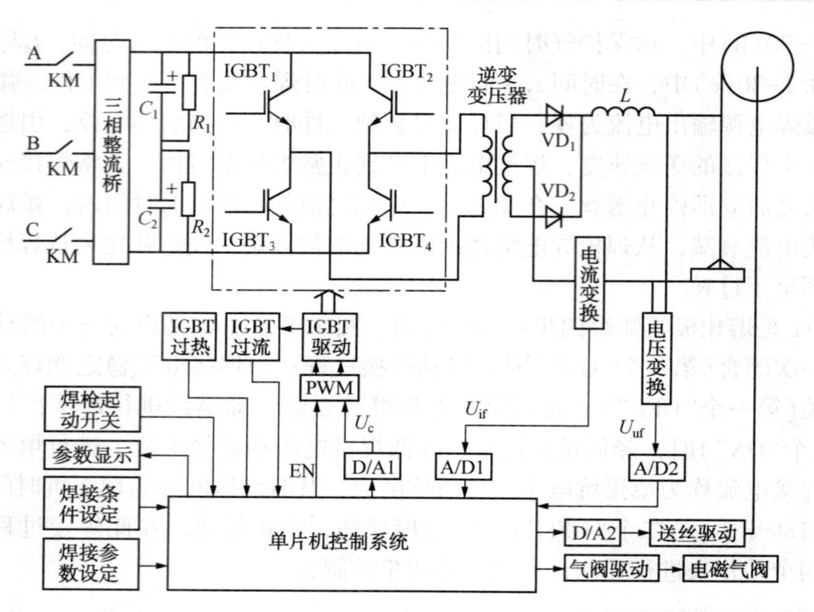

图 3.1-32　NB-400 型半自动熔化极氩弧焊机的基本构成框图

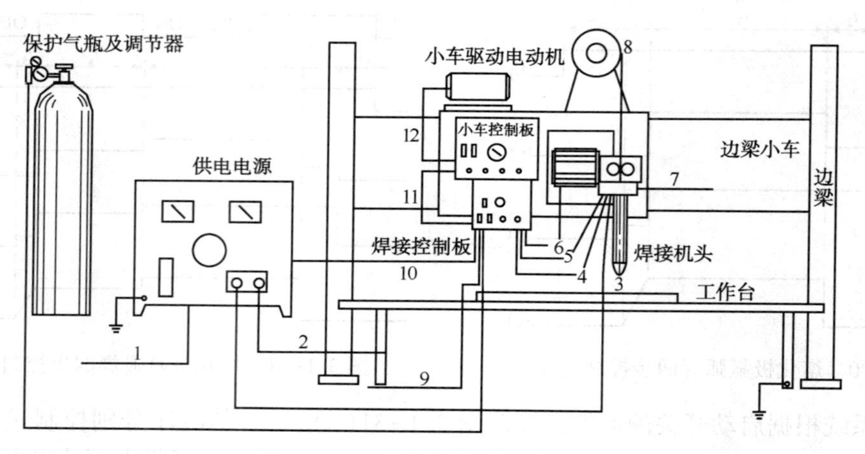

图 3.1-33　氩弧焊机的设备组成

1——一次电源输入；2—工件插头及连接；3—供电电缆；4—保护气输入；5—冷却水输入；
6—送丝控制输入；7—冷却水输出；8—送丝盘；9—输入到焊接控制箱的冷却水；
10—输入到焊接控制箱的 220V 交流；11—输入到小车控制箱的 220V 交流；12—小车电动机控制输入

（1）焊接电源　焊接电源电路主要由接触器 KM、三相整流桥、滤波电容（C_1、C_2）、均压电阻（R_1、R_2）、全桥逆变电路（由 $IGBT_1 \sim IGBT_4$构成）、逆变变压器、带变压器中心抽头的整流电路（由 VD_1、VD_2构成）、滤波电感 L、电流变换电路、电压变换电路等构成。三相 380V 交流电经接触器 KM 送入三相整流桥整流，其整流输出电压经滤波电容（C_1、C_2）滤波以后形成 540V 直流电压，该电压就是全桥逆变电路的直流电源。均压电阻 R_1与 C_1并联、R_2与 C_2并联，这样使得 C_1、C_2上的电压均等。全桥逆变电路逆变输出的交流电加到逆变变压器的输入端，经逆变变压器降压后输出的交流电经整流电路整流及电感滤波，之后输出到电弧负载。焊接电源输出的电流经电压变换电路获得电流反馈信号 U_{if}，焊接电源输出的电压经电压变换电路获得电压反馈信号 U_{uf}。

（2）控制系统　控制系统主要由 IGBT 驱动电路、IGBT 过流保护电路、IGBT 过热保护电路、PWM 脉宽调制电路、单片机控制系统、焊接条件设定电路、焊接参数设定电路、显示电路、模数转换电路 A/D1 及 A/D2、数模转换电路 D/A1 及 D/A2 和启动信号等构成。

IGBT 驱动电路采用 EXB841。当 IGBT 运行过程中出现过电流现象时，IGBT 过流保护电路发出信号，IGBT 被立即关断；当 IGBT 运行过程中出现过热现象时，IGBT 过热保护电路发出信号，IGBT 亦被立即关断，从而保护 IGBT 不被损坏。

焊接条件设定包括设定焊丝直径、两步控制时序或四步控制时序。焊接参数设定包括设定送丝速度、焊接电压。显示电路显示设定的焊接条件和焊接参数，并且显示实际的焊接参数。

电流反馈信号 U_{if}经 A/D1 输入单片机控制系统，电压反馈信号 U_{uf}经 A/D2 输入单片机控制系统。单片机控制系统输出数字量，经 D/A1 输出模拟电压 U_c去控制 PWM 的脉冲宽度，单片机控制系统输出数字量经 D/A2 输出模拟电压去控制送丝速度。

焊枪启动开关用于启动或停止焊接过程。

（3）送丝驱动系统及气阀驱动电路　送丝驱动系统由驱动送丝电动机旋转送丝，图 3.1-34 是送丝驱动电路原理图。送丝电动机的电枢电压 U_d通过闭环负反馈控制，实现控制送丝速度稳定。在 D/A2 输出电压 U_{wr}一定的情况下，若 U_{wr}大于电枢电压反馈值 U_{df}，则运算放大器输出的送丝速度控制电压 U_{wc}增加，其控制脉宽调制电路，使其输出的脉宽增加，在开关电路的开通周期时间内，其开通时间增加将导致电枢电压 U_d增加；反之亦然。这样，通过控制送丝电动机的电枢电压就可以实现控制送丝速度。D/A2 的输出电压 U_{wr}增加，送丝速度增加，反之亦然。这样通过调节 U_{wr}可实现调节送丝速度。

气阀驱动电路为电磁气阀提供直流 24V 的驱动电压。当单片机控制系统发出的数字信号为高电平时，经气阀驱动电路输出直流 24V 电压，驱动电磁气阀动作，气路被开通，焊接保护气体被送到电弧区域；当单片机控制系统发出的数字信号为低电平时，经气阀驱动电路输出的电压为零，电磁气阀复位，焊接保护气路被关断。

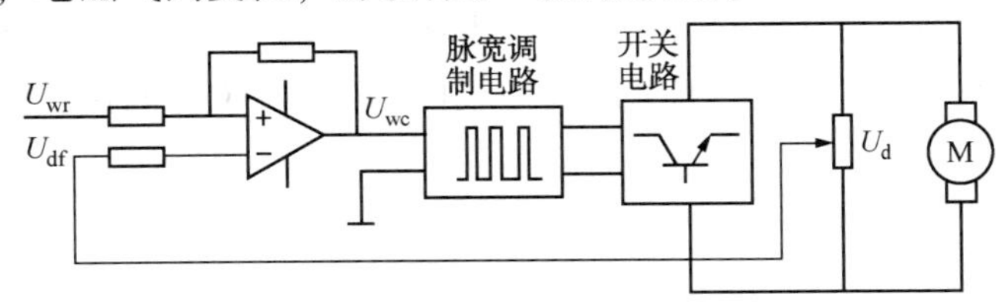

图 3.1-34　送丝驱动电路原理图

U_{wr}—D/A2 输出电压；U_d—送丝电动机的电枢电压；

U_{df}—电枢电压反馈值；U_{wc}—送丝速度控制电压

3.1.4　CO_2气体保护焊设备

CO_2气体保护焊是利用 CO_2气体作为保护气体，使用焊丝作熔化电极的电弧焊方法。

1. CO_2气体保护焊原理

1）CO_2气体保护焊的工作原理

CO_2气体保护焊（以下简称 CO_2焊）的工作原理如图 3.1-35 所示。焊接时，在焊丝与焊件之间产生电弧；焊丝自动送进，被电弧熔化形成熔滴并进入熔池；CO_2气体经喷嘴喷出，包围电弧和熔池，起着隔离空气和保护焊接金属的作用。同时，CO_2气还参与冶金反应，在高温下的氧化性有助于减少焊缝中的氢。当然，其高温下的氧化性也有不利之处。

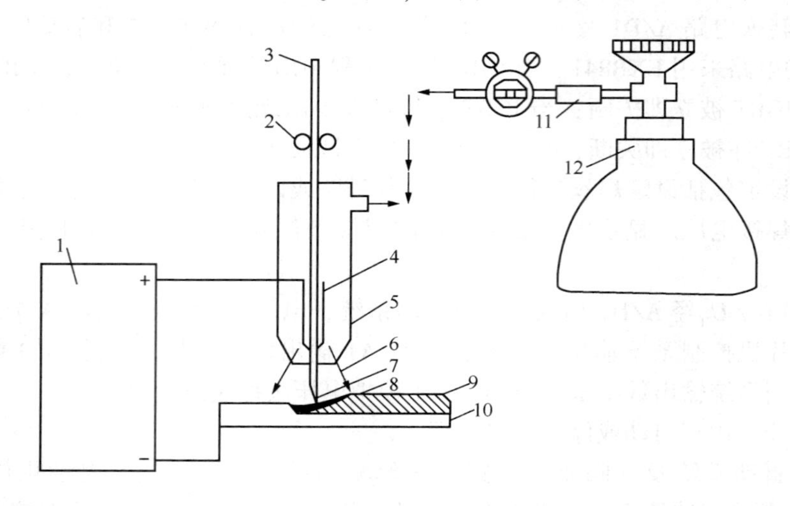

图 3.1-35　CO_2气体保护焊工作原理

1—焊接电源；2—送丝滚轮；3—焊丝；4—导电嘴；5—喷嘴；6—CO_2气体；7—电弧；8—熔池；9—焊缝；10—焊件；11—预热干燥器；12—CO_2气瓶

CO_2焊通常是按采用的焊丝直径来分类。当焊丝直径小于 1.6mm 时，称为细丝 CO_2焊，主要用短路过渡形式来焊接薄板材料；当焊丝直径大于或等于 1.6mm 时，称为粗丝 CO_2焊，一般采用大的焊接电流和高的电弧电压来焊接中厚板。

CO_2焊按操作方式分为自动焊和半自动焊两种。对于较长的直线焊缝和规则的曲线焊缝，可采用自动焊；而对于不规则的或较短的焊缝，通常采用半自动焊，半自动焊是生产中用得最多的形式。

为了适应现代工业某些特殊应用的需要，目前，在生产中还派生出 CO_2电弧点焊、CO_2气体保护立焊、CO_2保护窄间隙焊、CO_2加其他气体（如 CO_2+O_2）的保护焊以及 CO_2气体与焊渣联合保护焊等。

2）CO_2气体保护焊的特点

CO_2焊的优点：

① CO_2焊是一种高效节能的焊接方法。例如，水平对接焊 10mm 厚的低碳钢板时，CO_2焊的耗电量比焊条电弧焊低 2/3 左右，就是与埋弧焊相比也略低些。同时，考虑到高生产率和焊接材料价格低廉等特点，CO_2焊的经济效益是很高的。

② 用粗丝（焊丝直径≥1.6mm）焊接时可以使用较大的电流，实现射滴过渡。电流密度可高达 100~300A/mm^2，所以焊丝的熔化系数大，可达 15~26g/（A·h）。焊件的熔深很大，可以不开或开小坡口。另外，该方法基本上没有熔渣，焊后不需要清渣，节省了许多工时，可以较大地提高焊接生产率。其中，ϕ1.6mm 焊丝大量用于焊接厚大钢板，电流可达 500A 左右。

③ 用细丝（焊丝直径<1.6mm）焊接时可以使用较小的电流，实现短路过渡方式。这时

电弧对焊件是间断加热，电弧稳定，热量集中，焊接热输入小，适合于焊接薄板，焊接变形小，甚至不需要焊后矫正。

④ CO_2焊是一种低氢型焊接方法，焊缝的含氢量极低，抗锈蚀能力强，焊接低合金钢时不易产生冷裂纹，也不易产生氢气孔。

⑤ CO_2焊所使用的气体和焊丝价格便宜，焊接设备在国内已定型生产，为该方法的应用创造了十分有利的条件。

⑥ CO_2焊是一种明弧焊接方法，焊接时便于监视和控制电弧和熔池，有利于实现焊接过程的机械化和自动化，用半自动焊焊接曲线焊缝和空间位置焊缝十分方便。

CO_2焊的不足：

① 焊接过程中金属飞溅较多，焊缝外形较为粗糙，特别是当焊接参数匹配不当时飞溅更严重。

② 不能焊接易氧化的金属材料，也不适于在有风的地方施焊。

③ 焊接过程弧光较强，尤其是采用大电流焊接时电弧的辐射较强，要特别重视操作人员的劳动保护。

④ 设备比较复杂，需要有专业队伍负责维修。

目前，CO_2气体保护焊除不适于焊接容易氧化的有色金属及其合金外，可以焊接碳钢和合金结构钢构件，甚至可用于焊接不锈钢。

2. CO_2气体保护焊设备

1）CO_2气体保护焊设备的组成

CO_2半自动焊设备由以下几部分组成：焊接电源、控制系统、送丝系统、焊枪和供气系统等，如图 3. 1-36 所示。半自动焊工作的主要特点是自动送进焊丝，而焊枪的移动靠手工操作。如果焊枪(机头)移动是由焊接小车或相应的操作机完成，则成为 CO_2自动焊，即在半自动焊设备的基础上增加焊接行走机构(加小车、吊梁式小车、操作机、转胎或弧焊机器人等)就构成了 CO_2自动焊设备，如图 3. 1-37 所示。焊接行走机构除完成行走功能外，在其上可载有焊枪、送丝系统和控制系统等。在实际生产中，CO_2焊设备以半自动焊为主，常用的国产 CO_2半自动焊机的技术参数见表 3-3。

CO_2气体保护电弧焊设备在许多方面与熔化极氩弧焊设备相同，以下主要介绍不同之处。

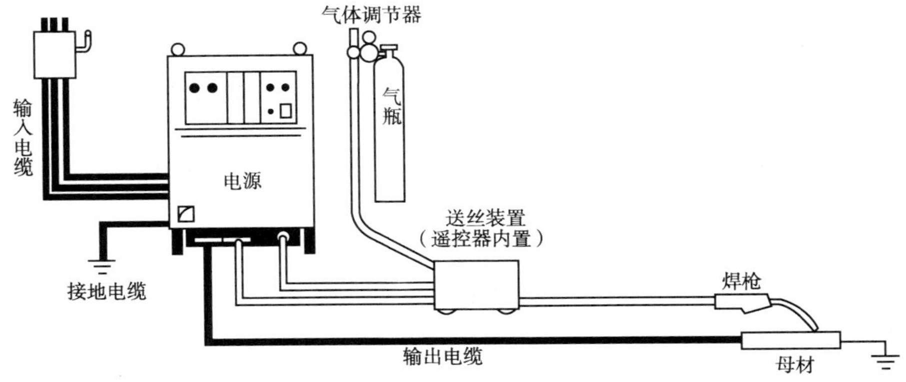

图 3. 1-36 半自动 CO_2焊设备的组成

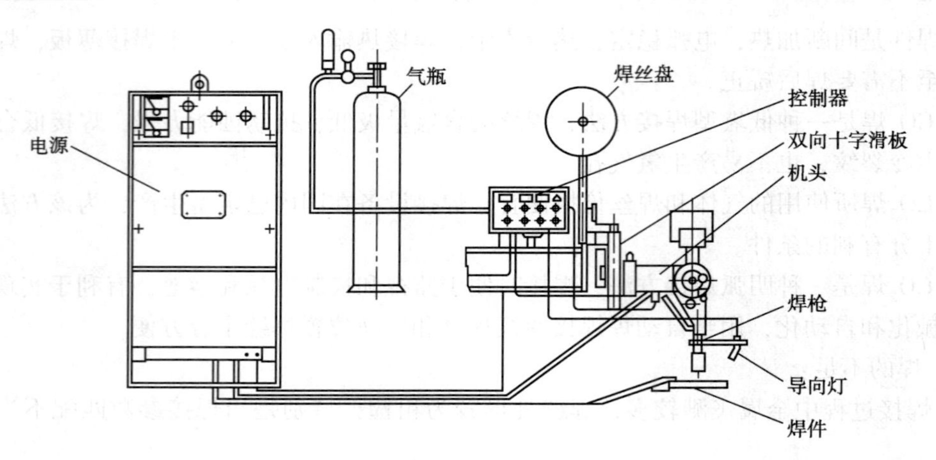

图 3.1-37　自动 CO_2 焊设备的组成

表 3-3　常用的国产 CO_2 半自动焊机技术参数

项　目	单　位	基本参数			
		NBC-160	NBC-250	NBC-400	NBC7-250
一次电压	V	380	380	380	380
相数		3	3	3	3
频率	Hz	50	50	50	50
额定输入容量	kV·A	4.2	8.1	17.0	8.0
额定工作电流	A	160	250	400	250
额定负载持续率		60%	60%	60%	60%
电流调节范围	A	32~160	50~250	80~400	40~250
电压调节范围	V	16~22	17~27	18~34	14~36
空载电压范围	V	17~29	18~36	20~50	17~40
冷却方式		自冷	自冷	风冷	风冷

2）焊接电源

CO_2焊一般采用直流反接，因直流反接时，使用各种焊接电流值都能获得比较稳定的电弧，熔滴过渡平稳、飞溅小、焊缝成形好。

直流正接时焊丝的熔化速度比直流反接时要高，但电弧变得很不稳定，所以很少采用。当采用直流正接时，应同时采用"潜弧"或短路过渡，所获得的熔深比采用直流反接时要浅。

CO_2焊通常不使用交流电源，有两个原因：

① 在每半个周期中，随着焊接电流减少到零，电弧熄灭，如果阴极充分地冷却，则电弧再复燃困难。

② 交流电弧的热惯性作用会使电弧不稳定。

硅整流电源、晶闸管整流电源、晶体管整流电源、逆变整流电源和直流弧焊发电机等均可作为 CO_2焊的焊接电源。

3）控制系统

CO_2焊设备的控制系统应具备以下功能：

① 空载时，可手工调节下列参数：焊接电流、电弧电压、焊接速度(自动焊设备)、保护气体流量和焊丝的送进与回抽等。

② 焊接时，实现程序自动控制，即：提前送气、滞后停气；自动送进焊丝进行引弧与焊接；焊接结束时，先停丝后断电。

CO_2焊的程序循环如图 3.1-38 所示。

4）送丝系统

（1）送丝系统的组成　送丝系统分为半自动焊送丝系统和自动焊送丝系统两种，半自动焊送丝类型较多。送丝系统与熔化极氩弧焊基本相同，以半自动焊送丝系统为例，也是由送丝机构、送丝软管(导丝管)和焊丝盘等组成。其中，送丝机构是由电动机、减速器、矫直机构和送丝滚轮等组成，如图 3.1-39 所示。根据送丝方式不同，半自动焊的送丝系统也包括推式、拉式和推拉式三种基本送丝方式。这几种送丝系统的共同特点是借助于一对或几对送丝滚轮压紧焊丝，将电动机的扭矩转换成送丝的轴向力。

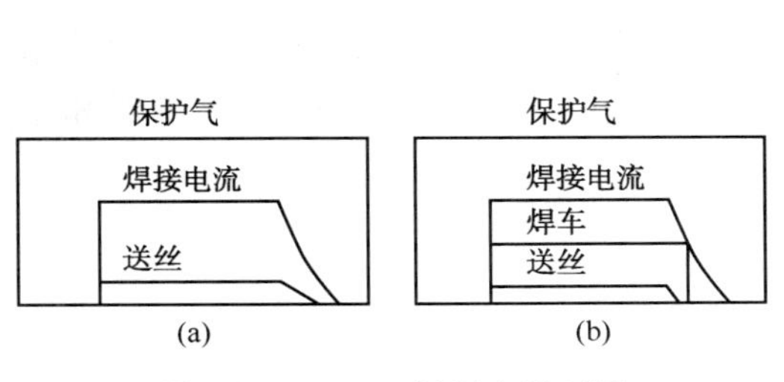

图 3.1-38　CO_2焊程序循环图

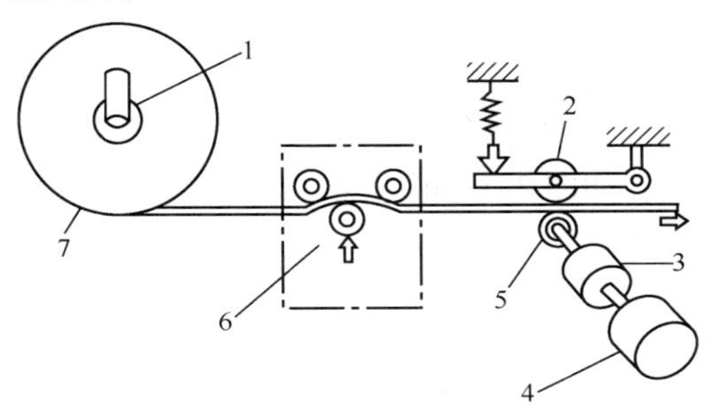

图 3.1-39　送丝机构组成

1—焊丝盘转轴；2—送丝滚轮(压紧轮)；3—减速器；4—电动机；5—送丝滚轮(主动轮)；6—焊丝矫直机构；7—焊丝盘

（2）送丝系统的稳定性　送丝稳定性是指当电动机输入功率或送丝阻力发生变化时，能保持送丝速度恒定不变的性能。送丝稳定性一方面与送丝电动机的机械特性及拖动控制电路的控制精度有关；另一方面又与焊丝送进过程中的阻力、送丝滚轮结构和送丝滚轮对焊丝的驱动方式等有关。

焊丝是由送丝滚轮驱动的，因而送丝滚轮的结构和驱动焊丝的方式对送丝稳定性起着关键性的作用。

送丝滚轮的结构通常有平面式、三滚轮行星式和双曲面滚轮行星式三种不同的类型。

送丝滚轮与焊丝的接触面可制成 V 形或 U 形沟槽，表面可轧花，轧花的沟槽能有效地防止焊丝打滑和增加送丝力，但应防止压伤焊丝表面。

送丝软管的内径对送丝阻力影响很大。焊丝直径一定，如果软管内径较大，焊丝在软管中就容易弯曲。

反之，如果软管内径过小，则焊丝与软管内壁的接触面积增大，必须相应地增加送丝力方可使送丝稳定。因此，应合理地选定软管的内径尺寸，一般要求焊丝直径和软管之间的间隙小于焊丝直径的 20%。另外，操作中应尽可能减小软管的弯曲。

导电嘴的孔径和长度不仅关系到送丝的稳定性，而且还与焊丝导电的稳定性密切相关。

如果焊丝直径与导电嘴结构尺寸匹配得当，则导电嘴还能对焊丝起一定的矫直和定向作用，使焊丝挺直送进。

此外，焊丝弯曲度对送丝的稳定性也有影响，焊丝曲率半径过小，将造成送丝阻力急剧增加。所以，焊丝在绕入焊丝盘之前，或在进入送丝软管之前，最好通过矫直机构或导丝管加以矫直。为保证送丝通畅，焊丝盘的外径不能过小。

5）焊枪与软管

（1）焊枪　CO_2焊焊枪与熔化极氩弧焊焊枪基本相同，半自动CO_2焊推丝式焊枪有鹅颈式和手枪式两种。由于CO_2焊多采用细丝焊，故焊枪多采用空冷式。

（2）送丝软管　送丝软管应有良好的使用性能，一是软管应具有一定的刚度，也就是送焊丝时软管本身应具有一定的抗拉强度，受力时不被拉长，以保证焊丝平稳输送；二是软管应具有较好的柔性，以便于焊工操作；另外，送丝软管应内壁光滑，保证均匀送丝，应具有足够的弹性，能承受较大的弯曲，而不产生永久变形。目前，最常用的送丝软管为送丝、送气和输电三者合一的一线式软管。

6）供气系统

CO_2焊供气系统由CO_2气瓶、预热器、干燥器、减压器、气体流量计和电磁气阀等组成，如图3.1-40所示。它与熔化极氩弧焊不同之处是气路中一般都要接入预热器和干燥器。

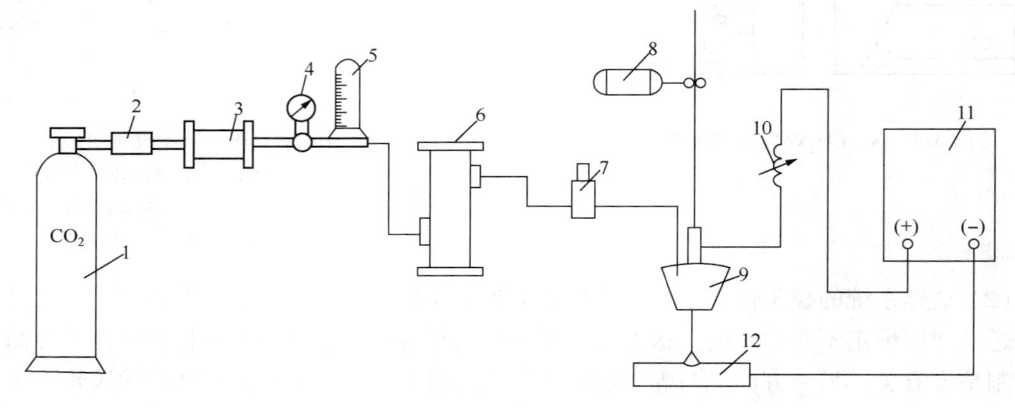

图3.1-40　CO_2气体保护半自动焊的供气系统

1—CO_2气瓶；2—预热器；3—高压干燥器；4—气体减压阀；5—气体流量计；6—低压干燥器；7—气阀；8—送丝机构；9—焊枪；10—可调电感；11—焊接电源；12—焊件

（1）预热器　焊接过程中钢瓶内的液态CO_2不断地汽化成CO_2气体，汽化过程要吸收大量的热量。另外，钢瓶中的CO_2气体是高压的，约为$(50\sim60)\times10^5$Pa，经减压阀减压后气体体积膨胀会使气体温度下降。为了防止CO_2气体中的水分在钢瓶出口处和减压表中结冰，使气路堵塞，在减压之前要将CO_2气体通过预热器进行预热。显然，预热器应尽量装在靠近钢瓶的出气口附近。

预热器的结构比较简单，一般采用电热式，用电阻丝加热（图3.1-41），将套有绝缘瓷管的电阻丝绕在蛇形纯铜管的外围即可，采用36V交流电供电，功率在100~150W之间。

供气系统的温度降低程度和CO_2气体的消耗量有关。气体流量越大，供气系统温度降得越低。长时间、大流量地消耗气体，甚至可使钢瓶内的液态CO_2冻结成固态。相反，若气体流量比较小(如 10L/min 以下)，虽然供气系统的温度有所降低，但不会降低到 0℃以下，这时气路中就可不设预热器。

（2）干燥器　干燥器的主要作用是吸收 CO_2 气体中的水分和杂质，以避免焊缝出现气孔。干燥器分为高压和低压两种，其结构如图 3.1-42 所示。高压干燥器是气体在未经减压之前进行干燥的装置；低压干燥器是气体经减压后再进行干燥的装置。在一般情况下，气路中只接高压干燥器，而无须接低压下燥器。如果对焊缝质量要求不太高或者 CO_2 气体中含水分较少时，这两种干燥器均可不加。

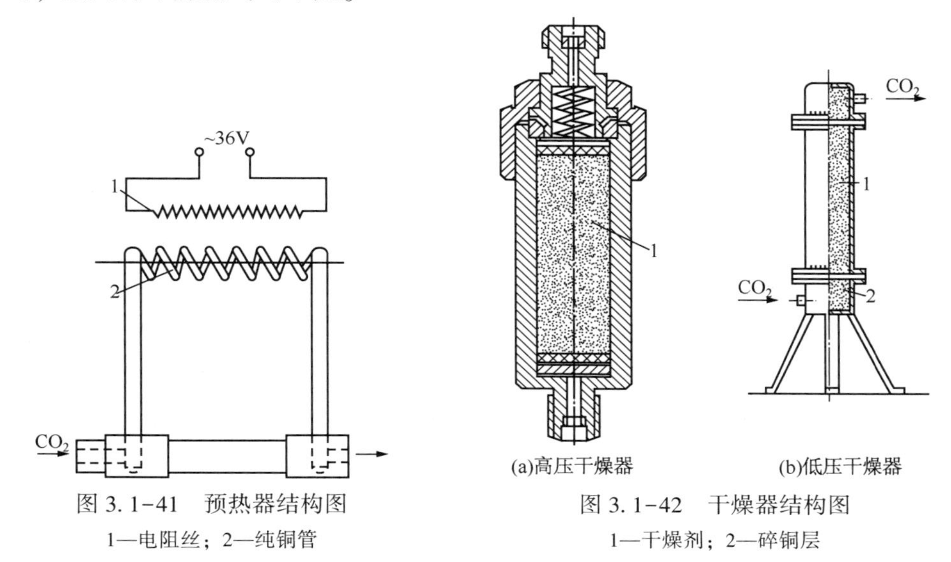

图 3.1-41　预热器结构图
1—电阻丝；2—纯铜管

图 3.1-42　干燥器结构图
1—干燥剂；2—碎铜层

7）NBC7-250(IGBT)型逆变式 CO_2 焊机

NBC7-250(IGBT)型逆变式 CO_2 焊机是一种比较典型的 CO_2 气体保护焊机，主要由电源控制箱、送丝机构、焊枪和供气系统等部分组成。由于送丝机构可以单独整体移动，并接 3~4m 长的送丝软管与焊枪相连接，采用推丝式送丝，使用时比较灵活方便。该焊机主要用来对低碳钢和低台金钢等材料进行全位置半自动对接、搭接和角接等焊缝的焊接。

NBC7-250(IGBT)型焊机的逆变电源输出平特性，其电路结构如图 3.1-43 所示。焊接电源主电路采用半桥逆变式结构，焊接电源控制电路以脉宽调制芯片为核心，辅以单片机控制，实现对电源输出特性和焊接程序控制。

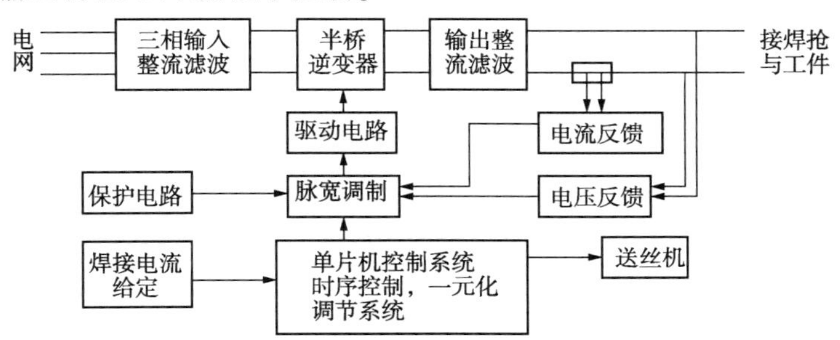

图 3.1-43　NBC7-250 型焊机电路构成图

该逆变式弧焊电源的主要技术性能：额定输出电流 250A，额定负载持续率 60%，电弧电压调节范围 14~36V，电流调节范围 40~250A。

3.1.5 等离子弧焊接设备

等离子弧焊接是利用等离子弧作焊接热源的熔焊方法。

1. 等离子弧的特性和发生器

等离子弧是在钨极氩弧基础上发展起来的，钨极氩弧是在常压状态下的自由电弧，而通常所说的等离子弧是借助水冷喷嘴等外部拘束条件使弧柱受到压缩的电弧等离子体，又称为压缩电弧。二者在物理本质上没有区别，仅是弧柱电离程度不同，等离子弧电离程度更大，能量密度更集中，温度更高。

1）等离子弧的特性

（1）等离子弧的形成

等离子弧是一种受到约束的非自由电弧，它是借助于以下三种压缩效应形成的。

① 机械压缩效应　也称为壁压缩效应。当弧柱电流增大时，一般电弧的横截面也会随之增大，使其能量密度和温度难以进一步提高。如果使电弧通过一个喷嘴孔道，则弧柱受到孔道尺寸的限制，将无法任意扩张，使通过喷嘴孔道的弧柱的直径总是小于孔道直径，这样就提高了弧柱的能量密度。这种利用喷嘴来限制弧柱直径，提高能量密度的效应称为机械压缩效应。

② 热压缩效应　也称为流体压缩效应。对喷嘴进行水冷使沿喷嘴壁流过的气体不易被电离，形成一个套层。该层内主要是导电性和导热性均较差的中性气体，使电弧的扩张受到限制。该气体层的存在使喷嘴中流过的等离子体具有更大的径向温度梯度，并使带电粒子进一步向电离度较高的喷嘴中心集中，取得压缩电弧的效果。流体压缩的另一种方法是直接用水流对电弧进行压缩，其压缩效果更为强烈，可以得到具有极高温度和能量密度的等离子弧。这种利用气流或水流的冷却作用使电弧得到压缩的效应称为热压缩效应。

图 3.1-44 给出了几种常用的等离子弧热压缩方式。图 3.1-44(a)是单纯采用壁压缩的情况，这种压缩方式只采用少量气体来输送热能，主要用于要求能量密度不高的场合。图 3.1-44(b)表示了利用旋转气流冷却和稳弧的方法，气体经过切向孔引入到电极室，从小孔喷出并被迫沿着壁的曲面流动，以高速沿着电极旋转，进入喷嘴后气流仍继续旋转，较冷的高速流动的气体将电弧向中心轴线压缩。图 3.1-44(c)是采用大气流量沿轴向送入的情况，高速送入的气流被喷嘴收敛后沿喷嘴的表面形成冷气层，使电弧受到压缩。图 3.1-44(d)是水流旋转压缩的情况，在稳定室 2 中由高速引入的水流形成旋涡，并通过铜喷嘴 1 和 3 分别流向两边，流出稳定室的水流继续旋转，形成沿着壁面的水膜，起到冷却和保护效果。通过控制喷嘴 1、3 的孔径，可以分别控制水向两侧的流量。

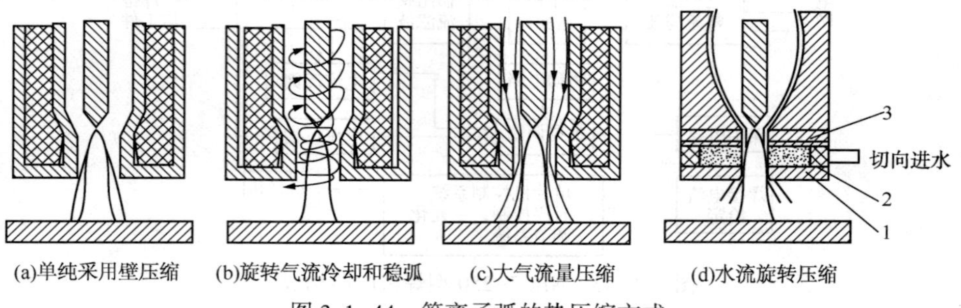

图 3.1-44　等离子弧的热压缩方式

1、3—铜喷嘴；2—稳定室

③ 磁压缩效应　这种压缩效应来自于弧柱自身的磁场。众所周知，当两根平行的载流导线中流过方向相同的电流时，它们之间就会产生相互吸引力(洛伦兹力)。如果将通过喷嘴的弧柱看作是许多载流导线束，由于电流同向，因此会彼此吸引，形成一个指向弧柱中心的力场，这种效应称为磁压缩效应。通过喷嘴的电弧电流越大，磁压缩作用就越强。

自由电弧经上述三种压缩效应后就形成了等离子弧，其温度、能量密度和等离子流速都得到显著增大。其中喷嘴的机械压缩是前提条件，而热压缩是最本质的原因。

(2) 等离子弧的分类

等离子弧按电源供电方式不同分为三种形式。

① 非转移型等离于弧　如图3.1-45(a)所示，电极接电源的负极，喷嘴接电源正极，电弧在电极与喷嘴之间产生，工件不接电。非转移型等离子弧又称为等离子焰，其温度和能量密度都较低，常用于喷涂、焊接、切割薄的金属以及对非导电材料进行加热等。

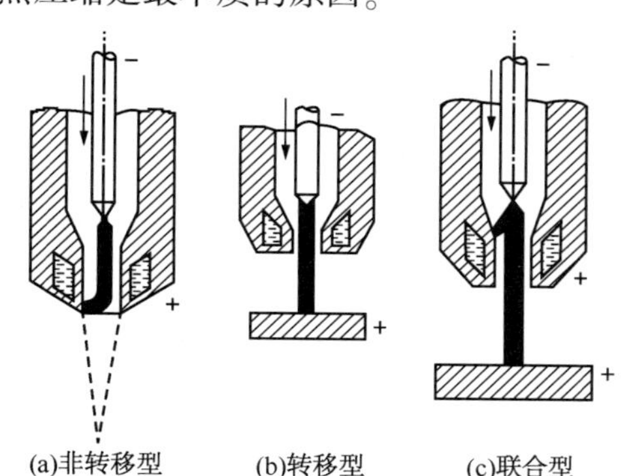

图3.1-45　等离子弧的分类

② 转移型等离子弧　如图3.1-45(b)所示，电极接电源的负极，工件接电源的正极，等离子弧在电极与工件之间燃烧。转移型等离子弧很难直接形成，需要先引燃非转移型等离子弧，然后使电弧从喷嘴转移到工件上，转移型等离子弧也因此得名。这种等离子弧温度和能量密度较高，常用于切割、焊接和堆焊。

③ 联合型(又称为混合型)等离子弧　如图3.1-45(c)所示，转移型电弧和非转移型电弧同时存在，这时需要两个独立电源供电。它主要用于小电流、微束等离子弧焊接和粉末堆焊。

(3) 等离子弧特性

① 静态特性　等离子弧的静态特性是指一定弧长的等离子弧处于稳定的工作状态时，电弧电压 U_f 与弧电流 I_f 的关系，即

$$U_f=f(I_f)$$

这个关系又称为等离子弧的静态伏安特性，简称为静特性。

等离子弧是一种非线性负载，其静态特性呈U形(图3.1-46)。

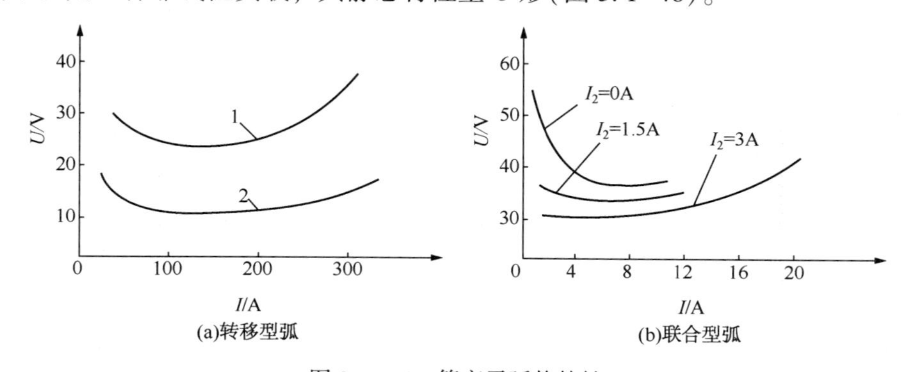

图3.1-46　等离子弧静特性

1—等离子弧；2—钨极氩弧；I_2—非转移型电弧电流

② 热源特性

a）温度和能量密度。普通钨极氩弧的最高温度为10000～24000K，能量密度小于10^4W/cm^2。等离子弧的温度高达24000～500000K，能量密度可达10^5～10^6W/cm^2，两者温度分布比较如图3.1-47(a)所示。

b）等离子弧的挺度。等离子弧温度和能量密度的显著提高，使等离子弧的稳定性和挺度得以改善，对母材的穿透力增大(表3-4)。自由电弧的扩散角是45°，等离子弧约为5°，如图3.1-47(b)所示。这是因为压缩后从喷嘴喷出的等离子弧带电质点运动速度明显提高所致，带电质点最高速度可达300m/s。

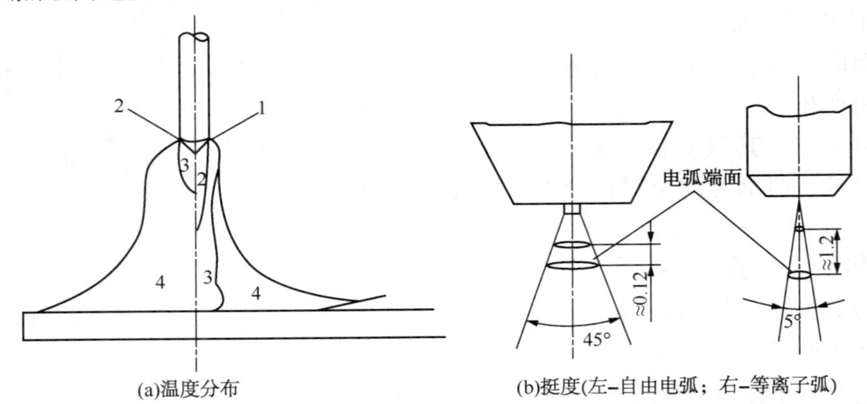

图3.1-47　自由电弧和等离子弧的对比

1—24000～500000K；2—18000～24000K；3—14000～18000K；4—10000～14000K

自由电弧200A，15V，40×28L/h；等离子弧200A，30V，40×28L/h，压缩孔径ϕ2.4mm

表3-4　等离子弧一次焊透的材料厚度

材　　质	不锈钢	钛及钛合金	镍及镍合金	低合金钢	低碳钢
板材厚度/mm	≤8	≤12	≤6	≤7	≤8

③ 热源组成　在普通钨极氩弧中，加热焊件的热量最主要来源于阳极斑点的产热，弧柱辐射和热传导仅起辅助作用，电弧的总电压降在阳极区、弧柱区和阴极区大致平均分配。在等离子弧中，情况则有了变化，最大电压降是弧柱区，弧柱高速等离子体通过接触传导和辐射带给工件的热量明显增加，弧柱成为加热工件的主要热源，而阳极产热降为次要地位。

2）等离子弧发生器

等离子弧发生器用于形成等离子弧，按用途不同常被称为等离子弧焊枪、等离子弧切割枪、等离子弧喷(涂)枪。它们在结构上有很多相似之处，但各自又有不同的特点。

(1) 等离子弧焊枪　图3.1-48是两种实用焊枪的结构图，其中图3.1-48(a)的电流容量为300A；图3.1-48(b)的电流容量为16A，两者的区别在于图3.1-48(a)为直接水冷，图3.1-48(b)为间接水冷。在图3.1-48(a)所示枪体中，冷却水从下枪体5进入，经上枪体9流出。上下枪体之间由绝缘柱7和绝缘套8隔开，进出水口也是水冷电缆的接口。电极夹在电极夹头10中，通过螺母12锁紧，电极夹头从上冷却套(上枪体)插入，并借绝缘套压紧螺母12锁紧。离子气和保护气分两路进入下枪体。在图3.1-48(b)所示焊枪的电极夹头中还有一个压紧弹簧，按下电极夹头顶部可实现接触短路回抽引弧。

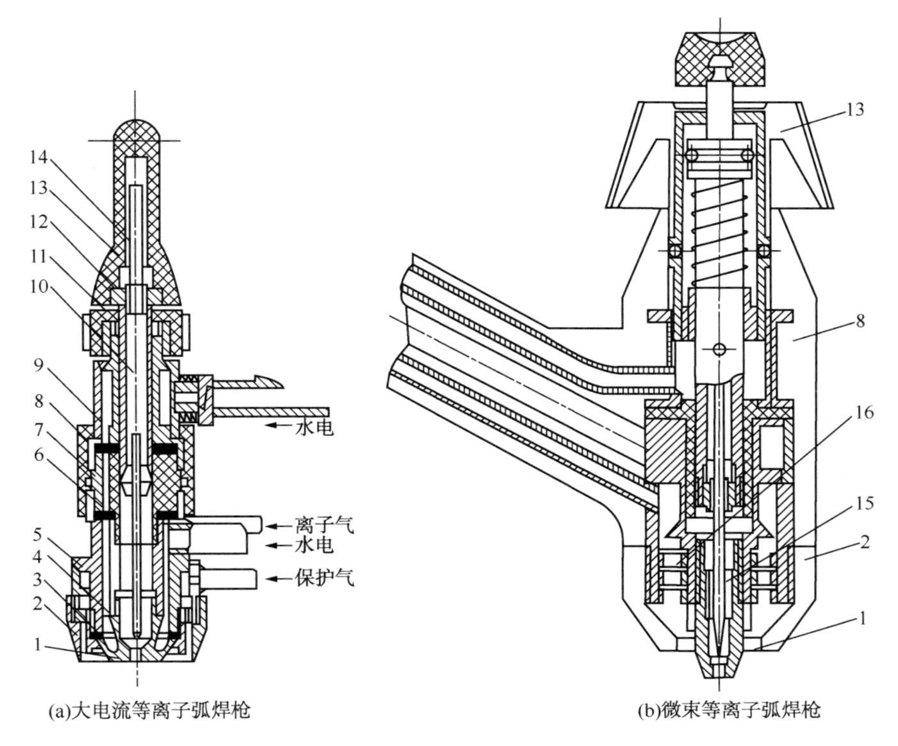

(a)大电流等离子弧焊枪
(b)微束等离子弧焊枪

图 3.1-48　等离子弧焊枪结构图

1—喷嘴；2—保护套外环；3、4、6—密封圈；5—下枪体；7—绝缘柱；8—绝缘套；9—上枪体；10—电极夹头；11—套管；12—螺母；13—胶木套；14—钨极；15—瓷对中块；16—透气网

(2) 等离子弧切割枪　图 3.1-49 为容量 500A 的等离子弧切割枪的结构图，除了无保护气通道和保护喷嘴外，其他结构均类似于上述焊枪。

(3) 等离子弧堆焊枪　图 3.1-50 所示为粉末等离子弧堆焊枪的结构图，它的特点是采用直接水冷式结构，并带有送粉通道。

喷嘴是等离子弧发生器中的关键部件，其结构和尺寸对保证等离子弧能量参数和工作稳定性有决定性作用，在设计中应给予高度重视。

喷嘴的结构如图 3.1-51 所示。

常用电极材料有钍钨、铈钨和锆钨等合金材料，其中铈钨极和锆钨极在工程上应用广泛。电极也需要进行冷却，当电极流过大电流时，一般采取镶嵌式水冷结构，如图 3.1-52 所示。

为了方便引弧和增加电弧稳定性，电极端部常加工成一定形状。当电流小、电极直径细时，可磨成尖锥形，锥角可以小一些；电流大、电极直径粗时，可磨成圆台形、锥球形和球形，以减缓电极烧损。

2. 等离子弧焊接

1) 等离子弧焊接原理

(1) 等离子弧焊接的工作原理

等离子弧焊接是使用惰性气体作为工作气和保护气，利用等离子弧作为热源来加热并熔化母材金属，使之形成焊接接头的熔焊方法。按照焊透母材的方式，等离子弧焊分为两种，即穿透型等离子弧焊接和熔透型等离子弧焊接。

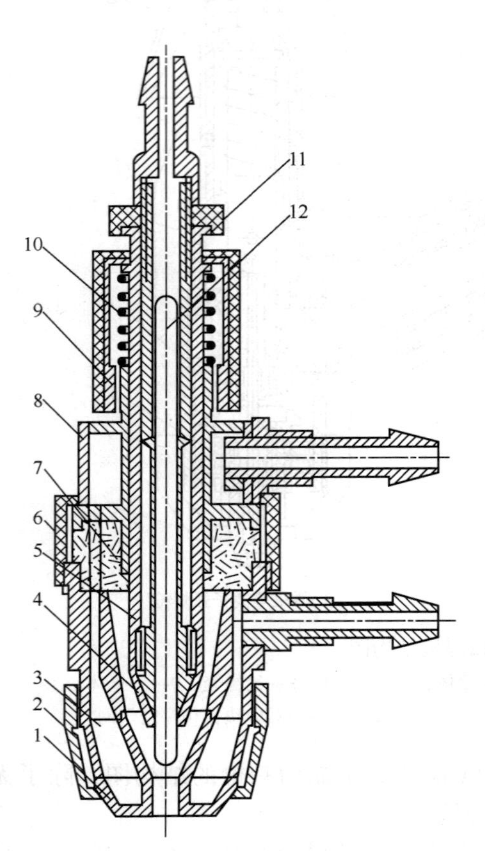

图 3.1-49　等离子弧切割枪结构图

1—喷嘴；2—喷嘴压盖；3—下枪体；4—导电夹头；5—电极杆外套；6—绝缘螺母；7—绝缘柱；8—上枪体；9—水冷电极杆；10—弹簧；11—调整螺母；12—电极

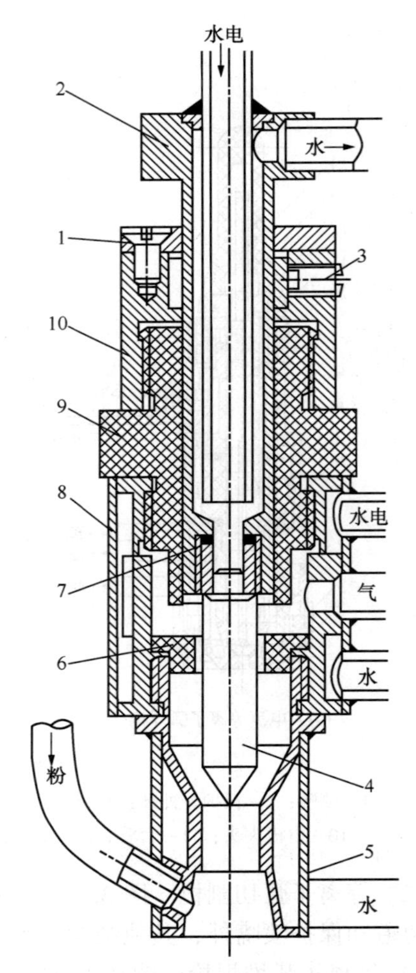

图 3.1-50　粉末等离子弧堆焊枪

1—封盖；2—上枪体；3—螺钉(钨极对中)；4—钨极；5—喷嘴；6—隔热环；7—密封圈；8—下枪体；9—绝缘柱；10—调节螺母

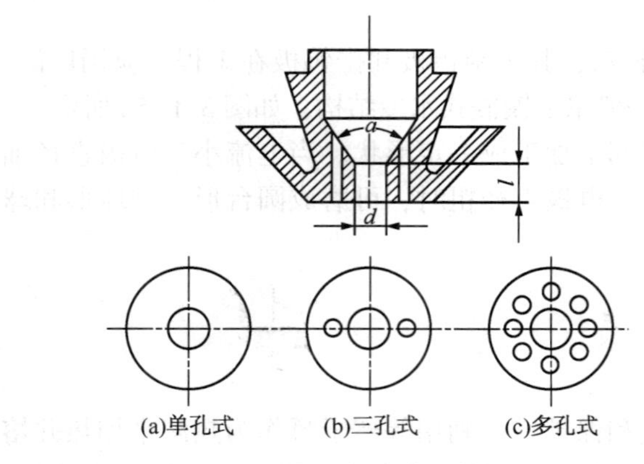

图 3.1-51　喷嘴的结构

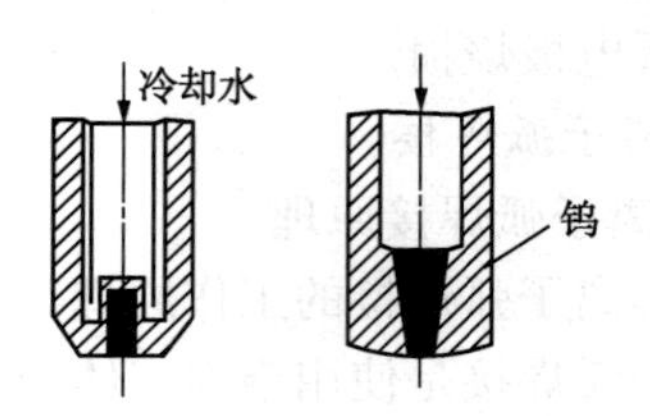

图 3.1-52　镶嵌式水冷电极

① 穿透型等离子弧焊接　穿透型等离子弧焊接也称为小孔型等离子弧焊接，如图 3.1-53 所示，其特点是弧柱压缩程度较强，等离子射流喷出速度较大。焊接时，等离子弧把焊件的整个厚度完全穿透，在熔池中形成上下贯穿的小孔，并从焊件背面喷出部分电弧(亦称尾焰)。随着等离子弧沿焊接方向的移动，熔化金属依靠其表面张力的承托，沿着小孔两侧的固体壁面向后方流动，熔池后方的金属不断封填小孔，并冷却凝固形成焊缝。焊缝的断面为酒杯状。

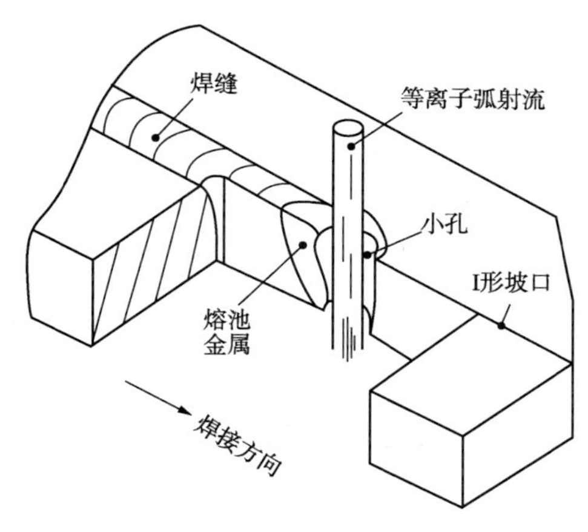

图 3.1-53　穿透型等离子弧焊接

② 熔透型等离子弧焊接　熔透型等离子弧焊接分为普通熔透型等离子弧焊接和微束等离子弧焊接。

a) 普通熔透型等离子弧焊接。其工作原理如图 3.1-54 所示。其特点是弧柱压缩程度较弱，等离子气流喷出速度较小。由于电弧的穿透力相对较小，因此在焊接熔池中形不成小孔，焊件背面无尾焰，液态金属熔池在等离子弧的下面，靠熔池金属的热传导作用来熔透母材，实现焊接，焊缝的断面呈碗状。与穿透型等离子弧焊接比较，具有焊接参数较软(即焊接电流和离子气流量较小、电弧穿透能力较弱)、焊接参数波动对焊缝成形的影响较小、焊接过程的稳定性较高、焊缝形状系数较大(主要是由于熔宽增加)、热影响区较宽和焊接变形较大等特点。

b) 微束等离子弧焊接。焊接电流在 30A 以下的熔透型等离子弧焊接，通常称为微束等离子弧焊接，其工作原理如图 3.1-55 所示。焊接时采用小孔径压缩喷嘴(ϕ0.6～ϕ1.2mm)和联合型等离子弧。通常利用两个独立的焊接电源供电：一个是向钨极与喷嘴之间供电，产生非转移弧(称维弧)，电流一般为 2～5A，电源空载电压一般大于 90V，以便引弧；另一个是向钨极与焊件之间供电，产生转移弧(称主弧)。该方法可以得到针状的、细小的等离子弧，因此适宜焊接非常薄的焊件。

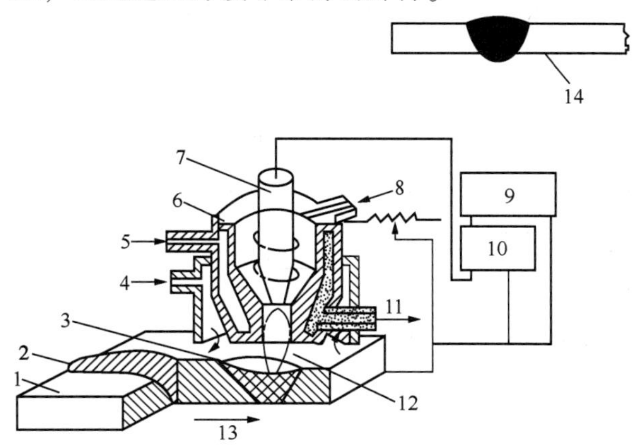

图 3.1-54　普通熔透型等离子弧焊接工作原理图

1—母材；2—焊缝；3—液态熔池；4—保护气；5—冷却水入口；6—喷嘴；7—钨极；8—等离子气；9—焊接电源；10—高频发生器；11—冷却水出口；12—等离子弧；13—焊接方向；14—接头断面

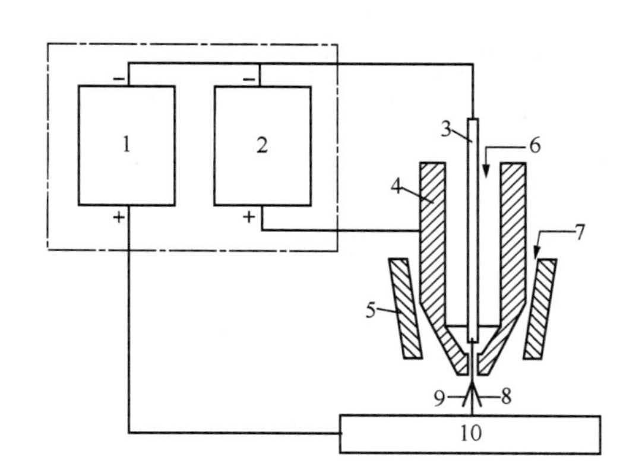

图 3.1-55　微束等离子弧焊接工作原理图

1—等离子弧电源；2—维弧电源；3—钨极；4—喷嘴；5—保护罩；6—等离子气；7—保护气；8—等离子弧；9—维弧；10—焊件

(2) 等离子弧焊接的特点

与钨极氩弧焊相比，等离子弧焊接有以下优点：

① 电弧能量集中，焊缝深宽比大，截面积小；焊接速度快，特别是厚度大于3.2mm的材料尤其显著；薄板焊接变形小；焊厚板时热影响区窄。

② 电弧挺度好，以焊接电流10A为例，等离子弧喷嘴高度(喷嘴到焊件表面的距离)达6.4mm，弧柱仍较挺直，而钨极氩弧焊的弧长仅为0.6mm。

③ 电弧稳定性好，微束等离子弧焊接的电流小至0.1A时仍能稳定燃烧。

④ 由于钨极内缩在喷嘴之内，不与焊件接触，因此没有焊缝夹钨问题。

等离子弧焊接有以下缺点：

① 由于需要两股气流，因而使过程的控制和焊枪的构造复杂化。

② 由于电弧的直径小，要求焊枪喷嘴轴线更准确地对准焊缝。

直流正接等离子弧焊接，可用于焊接碳钢、合金钢、耐热钢、不锈钢、铜及铜合金、钛及钛合金、镍及镍合金等材料。交流等离子弧焊接，主要用于铝及铝合金、镁及镁合金、铍青铜、铝青铜等材料的焊接。

穿透型等离子弧焊接多用于厚度1~9mm的材料焊接，最适宜焊接的板厚和极限焊接板厚见表3-5。

表3-5　穿透型焊接适用的板材厚度 mm

材　质	不锈钢	钛及钛合金	镍及镍合金	低合金钢	低碳钢
适宜焊接板厚	3~8	2~10	3~6	2~7	4~7
极限焊接板厚	13~18	13~18	18	18	10~18

普通熔透型等离子弧焊接与穿透型等离子弧焊接相比，焊接电流和离子气流量均较小，穿透能力较弱，因此，多用于厚度小于或等于3mm的材料焊接，适用于薄板、角焊缝和多层焊的填充及盖面焊接。

微束等离子弧焊接可以焊接超薄焊件，例如，焊接厚度为0.2mm的不锈钢片，该方法已成为焊接金属薄箔和波纹管等超薄件的首选方法。

2) 等离子弧焊接设备

等离子弧焊接设备主要包括焊接电源、控制系统、焊枪、气路系统和水路系统，如图3.1-56所示。根据不同的需要有时还包括送丝系统、机械旋转系统、行走系统和装夹系统等。

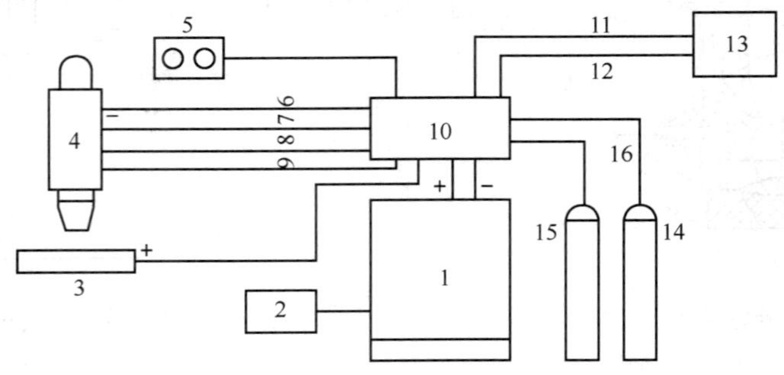

图3.1-56　等离子弧焊接设备组成

1—焊接电源；2—控制箱；3—工件；4—等离子弧焊枪；5—启动开关；
6—水冷导线(接焊接电源负极)；7—等离子气入口管；8—水冷导线(接焊接电源正极)；
9—保护气入口管；10—控制系统；11—冷却水入口；12—冷却水出口；13—水泵；14、15—气瓶；16—气管

(1) 焊接电源

等离子弧的静特性曲线呈略上升状，因此，等离子弧焊接电源应具有下降或垂降的外特性。也就是说，下降或垂降特性的整流电源均可作为等离子弧焊接电源。用氩作离子气时，空载电压为 60~80V；用氩、氧混合气时，空载电压需要 10~120V。微束等离子弧焊接电源空载电压为 100~130V。等离子弧一般均采用直流正接(电极接负极)。为了焊接铝及其合金等有色金属，可采用方波交流电源或变极性等离子弧电源。

目前，等离子弧焊接电源主要有磁放大器式弧焊整流器、晶闸管式弧焊整流器、场效应管逆变式弧焊整流器和 IGBT 逆变式弧焊整流器。ZXG 系列磁放大器式弧焊整流器、ZDK 系列和 ZX 系列晶闸管式弧焊整流器、WSM、WSE 系列晶闸管式钨极氩弧焊机的焊接电源，亦可作等离子弧焊接电源使用。

(2) 控制系统

等离子弧焊机的控制系统包括引弧电路、程序控制电路、水和气体控制电路、送丝和行走或转动控制与调节电路等。

① 引弧电路　等离子弧的引燃过程是在钨极与喷嘴之间加一电压约为 2500V 或更高、频率为 100kHz 的高频电压，使预先送入的氩气电离，与此同时，把焊接电源的空载电压加在钨极与喷嘴之间，便建立起非转移弧。然后把工件接到焊接电源的一极上(与喷嘴同极性)，喷出喷嘴孔外的非转移弧使钨极与工件之间的气隙电离，从而使钨极与工件之间的转移孤引燃。转移弧一旦建立起来，立刻切断高频电压和非转移弧，利用建立的转移弧进行焊接。

② 焊接电流递增和衰减(递减)电路　在穿透型焊接时，通常要求等离子弧焊接电流在起焊阶段随等离子气体流量一起递增，在收弧阶段两者同步衰减。起焊时，等离子弧在初始电流值下引燃，然后缓升至工作电流值。收弧时由工作电流值缓降至停弧电流值后熄弧。这样做可以避免在起焊段焊缝中产生气孔。

③ 气流控制电路　等离子弧焊接一般使用两路气体，即等离子气和保护气。气体从气瓶→减压器→电磁气阀→流量计→焊枪所经过的回路构成气路，如图 3.1-57 所示。

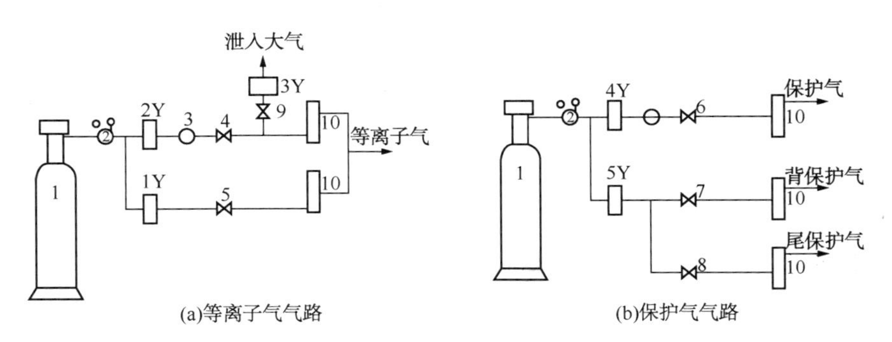

图 3.1-57　气流控制回路

1—气瓶；2—减压器；3—储气筒；4、5、6、7、8、9—调节阀；10—流量计；1Y、2Y、3Y、4Y、5Y—电磁气阀

④ 冷却水控制电路　在焊接过程中，等离子弧焊枪要求水冷，以带走钨极和喷嘴上的热量。冷却水路为水泵→水冷导线→焊枪下枪体→喷嘴→焊枪上枪体→水冷导线→水流开

关→水箱。水路中的水冷导线由塑料管或者胶管内穿多芯软铜线组成，管内通水时，导线同时得到冷却。

⑤ 送丝、行走或转动调速电路　等离子弧自动焊接纵缝或环缝时，焊枪或焊件作直线或旋转运动。当焊件间隙大、要求有余高或进行坡口焊接，还要向熔池自动送进焊丝，这些运动的驱动电机多为直流电动机，电动机的转速可以调整。

⑥ 程序控制电路　程序控制电路可把上述各部分线路有机地结合在一起构成程序控制系统，以便按照时间顺序完成从送气引弧（开始焊接）到收弧停气（结束焊接）的全部程序动作。

图 3.1-58 是等离子弧焊机的程序循环图。主要完成提前送气、高频引弧、切断高频、转移弧形成、等离子气流递增和行走（送丝）等动作的控制。收弧时完成焊接电流衰减、等离子气流递减、停丝、熄弧和延迟停气等动作。

3.1.6　焊条电弧焊

焊条电弧焊是用手工操纵焊条进行焊接的电弧焊方法。焊条电弧焊时，在焊条末端和工件之间燃烧的电弧所产生的高温使焊条药皮、焊芯和工件熔化，熔化的焊芯端部迅速地形成细小的金属熔滴，通过弧柱过渡到局部熔化的工件表面，融合一起形成熔池。药皮熔化过程中产生的气体和熔渣，不仅使熔池和电弧周围的空气隔绝，而且和熔化了的焊芯、母材发生一系列冶金反应，保证所形成焊缝的性能。随着电弧以适当的弧长和速度在工件上不断地前移，熔池液态金属逐步冷却结晶，形成焊缝。焊条电弧焊的过程如图 3.1-59 所示。

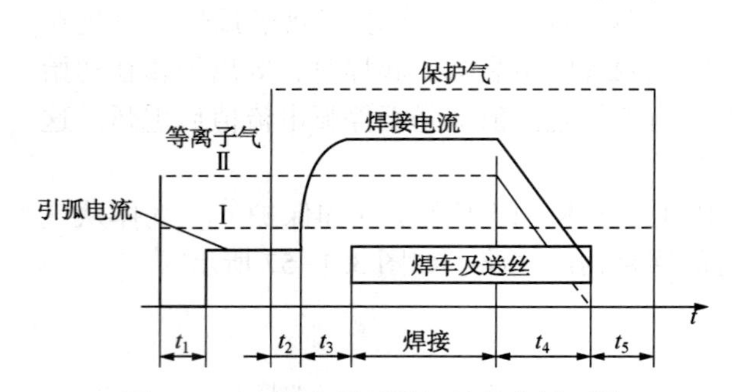

图 3.1-58　等离子弧焊机的程序循环图

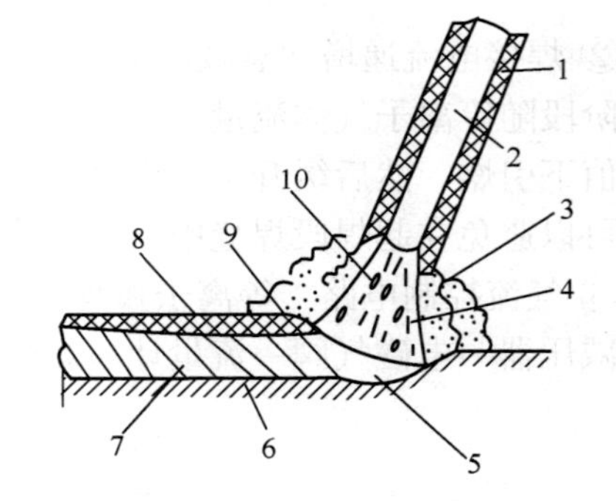

图 3.1-59　焊条电弧焊

1—药皮；2—焊芯；3—保护气；4—电弧；5—熔池；6—母材；7—焊缝；8—渣壳；9—熔渣；10—熔滴

焊条电弧焊具有以下优点：

① 使用的设备比较简单，价格相对便宜，并且轻便。焊条电弧焊使用的交流和直流焊机都比较简单，焊接操作时不需要复杂的辅助设备，只需配备简单的辅助工具。因此，购置设备的投资少，而且维护方便，这是它广泛应用的原因之一。

② 不需要辅助气体防护。焊条不但能提供填充金属，而且，在焊接过程中能够产生保护熔池和焊接处避免氧化的保护气体，并且具有较强的抗风能力。

③ 操作灵活，适应性强。焊条电弧焊适用于焊接单件或小批量的产品，短的和不规则的、空间任意位置的和其他不易实现机械化焊接的焊缝。凡焊条能够达到的地方都能进行焊接。

④ 应用范围广，适用于大多数工业用的金属和合金的焊接。焊条电弧焊选用合适的焊条不仅可以焊接碳素钢、低合金钢，而且还可以焊接高合金钢及有色金属，不仅可以焊接同种金属，而且可以焊接异种金属，还可以进行铸铁补焊和各种金属材料的堆焊等。

但是，焊条电弧焊有以下的缺点：

① 对焊工操作技术要求高，焊工培训费用大。焊条电弧焊的焊接质量，除靠选用合适的焊条、焊接工艺参数和焊接设备外，主要靠焊工的操作技术和经验保证，即焊条电弧焊的焊接质量在一定程度上决定于焊工的操作技术。因此，必须经常进行焊工培训，所需要的培训费用很大。

② 劳动条件差。焊条电弧焊主要靠焊工的手工操作和眼睛观察完成焊接全过程，焊工的劳动强度大，并且始终处于高温烘烤和有毒的烟尘环境中，劳动条件比较差，因此要加强劳动保护。

③ 生产效率低。焊条电弧焊主要靠手工操作，并且焊接工艺参数选择范围较小，另外，焊接时要经常更换焊条，并要经常进行焊道熔渣的清理，与自动焊相比，焊接生产率低。

④ 不适于特殊金属以及薄板的焊接。对于活泼金属(如 Ti、Nb、Zr 等)和难熔金属(如 Ta、Mo 等)，由于这些金属对氧的污染非常敏感，焊条的保护作用不足以防止这些金属氧化，保护效果不够好，焊接质量达不到要求，所以不能采用焊条电弧焊；对于低熔点金属如 Pb、Sn、Zn 及其合金等，由于电弧的温度对其来讲太高，所以也不能采用焊条电弧焊焊接。另外，焊条电弧焊的焊接工件厚度一般在 1.5mm 以上，1mm 以下的薄板不适于焊条电弧焊。

由于焊条电弧焊具有设备简单、操作方便、适应性强，能在空间任意位置焊接的特点，是被广泛采用的焊接方法之一。

1. 基本焊接电路

图 3.1-60 是焊条电弧焊的基本电路。它由交流或直流弧焊电源、焊钳、电缆、焊条、电弧、工件及地线等组成。

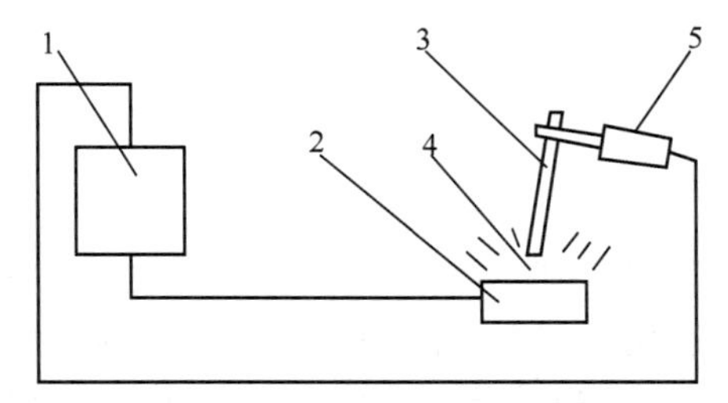

图 3.1-60　焊条电弧焊基本焊接电路

1—弧焊电源；2—工件；3—焊条；4—电弧；5—焊钳

用直流电源焊接时，工件和焊条与电源输出端正、负极的接法，称极性。工件接直流电源正极，焊条接负极时，称正接或正极性；工件接负极，焊条接正极时，称反接或反极性。无论采用正接还是反接，主要从电弧稳定燃烧的条件来考虑。不同类型的焊条要求不同的接法，一般在焊条说明书上都有规定。用交流弧焊电源焊接时，极性在不断变化，所以不用考虑极性接法。

2. 弧焊电源

焊条电弧焊采用的焊接电流既可以是交流也可以是直流，所以，焊条电弧焊电源既有交流电源也有直流电源。目前，我国焊条电弧焊用的电源有三大类：交流弧焊变压器、直流弧焊发电机和弧焊整流器(包括逆变弧焊电源)，前一种属于交流电源。交、直流弧焊电源的特点比较见表 3-6。

表 3-6　交、直流弧焊电源的特点比较

项　目	交　流	直　流	项　目	交　流	直　流
电弧稳定性	低	高	构造和维修	较简	较繁
极性可换性	无	有	噪声	不大	发电机大，整流器小
磁偏吹影响	很小	较大	成本	低	高
空载电压	较高	较低	供电	一般单相	一般三相
触电危险	较大	较小	重量	较轻	较重　逆变电源较轻

3. 常用工具和辅具

焊条电弧焊常用工具和辅具有焊钳、焊接电缆、面罩、防护服、敲渣锤、钢丝刷和焊条保温筒等。

(1) 焊钳　焊钳是用以夹持焊条进行焊接的工具。主要作用是使焊工能夹住和控制焊条，同时也起着从焊接电缆向焊条传送焊接电流的作用。焊钳应具有良好的导电性、不易发热、重量轻、夹持焊条牢固及装换焊条方便等特性。焊钳的构造如图 3.1-61 所示，主要是由上下钳口、弯臂、弹簧、直柄、胶木手柄和固定销等组成。

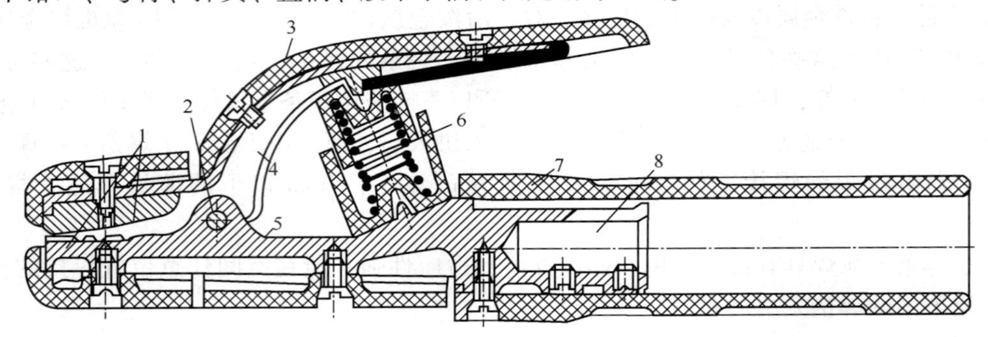

图 3.1-61　焊钳的结构图

1—钳口；2—固定销；3—弯臂罩壳；4—弯臂；5—直柄；6—弹簧；7—胶木手柄；8—焊接电缆固定处

(2) 焊接电缆快速接头、快速连接器　它是一种快速方便地连接焊接电缆与焊接电源的装置。其主体采用导电性好并具有一定强度的黄铜加工而成，外套采用氯丁橡胶，具有轻便适用、接触电阻小、无局部过热、操作简单、连接快、拆卸方便等特点。

(3) 接地夹钳　接地夹钳是将焊接导线或接地电缆接到工件上的一种器具。接地夹钳必须能形成牢固的连接，又能快速且容易地夹到工件上。对于低负载率来说，弹簧夹钳比较合适。使用大电流时，需要螺纹夹钳，以使夹钳不过热并形成良好的连接。

(4) 焊接电缆　利用焊接电缆将焊钳和接地夹钳接到电源上。焊接电缆是焊接回路的一部分，除要求应具有足够的导电截面以免过热而引起导线绝缘破坏外，还必须耐磨和耐擦伤，应柔软易弯曲，具有大的挠度，以便焊工容易操作，减轻劳动强度。

(5) 面罩及护目玻璃　面罩及护目玻璃是为防止焊接时的飞溅物、强烈弧光及其他辐射对焊工面部及颈部灼伤的一种遮蔽工具，有手持式和头盔式两种。护目玻璃安装在面罩正面，用来减弱弧光强度，吸收由电弧发射的红外线、紫外线和大多数可见光线。焊接时，焊工通过护目玻璃观察熔池情况，正确掌握和控制焊接过程，避免眼睛受弧光灼伤。

(6) 焊条保温筒　焊工焊接操作现场必备的辅具，携带方便。将已烘干的焊条放在保温筒内供现场使用，起到防粘泥土、防潮、防雨淋等作用，能够避免焊接过程中焊条药皮的含水率上升。

（7）防护服　为了防止焊接时触电及被弧光和金属飞溅物灼伤，焊工焊接时，必须戴皮革手套、工作帽，穿好白帆布工作服、脚盖、绝缘鞋等。焊工在敲渣时，应戴有平光眼镜。

（8）其他辅具　焊接中的清理工作很重要，必须清除掉工件和前层熔敷的焊缝金属表面上的油垢、溶渣和对焊接有害的任何其他杂质。为此，焊工应备有角向磨光机、钢丝刷、清渣锤、扁铲和锉刀等辅具。另外，在排烟情况不好的场所焊接作业时，应配有电焊烟雾吸尘器或排风扇等辅助器具。

3.1.7　其他电弧焊设备

1. 高频焊

高频焊是用流经工件连接面的高频电流所产生的电阻热加热，并在施加(或不施加)顶锻力的情况下，使工件金属间实现相互连接的一类焊接方法。它类似普通电阻焊，但存在着许多重要差别。

高频焊时，焊接电流仅在工件上平行于接头连接面流动，而不像普通电阻焊那样，垂直于接头界面流动。高频电流穿透工件的深度，取决于电流频率、工件的电阻率及磁导率。频率增加时，电流穿透的深度减小。通常高频焊采用的频率范围为 300~450kHz，有时也使用低至 10kHz 频率，但都远高于普通电阻焊所使用的 50Hz 频率，由于高频焊接时，电流集中分布于工件表面很浅很窄的区域内，所以，就能使用比普通电阻焊小得多的电流使焊接区达到焊接温度，从而可使用比较小的电极触头和触头压力，并能极大地提高焊接速度和焊接效率。

要成功地进行高频焊，还必须考虑其他一些因素，如金属种类和厚度等。连接表面处过高的热传导，会削弱焊缝的质量，所以，焊接高热传导材料的速度要比焊接低热传导的高。高频焊时，除焊接某些黄铜件外，一般都不使用焊剂。

高频焊法的基础就在于利用高频电流的两大效应：集肤效应和邻近效应。高频电流的集肤效应可使高频电能量集中于工件的表层，而利用邻近效应又可控制高频电流流动路线的位置和范围。当要求高频电流集中在工件的某一部位时，只要将导体与工件构成电的回路并靠近这一部位，使之构成邻近导体，就能实现这个要求，如图 3.1-62 所示。

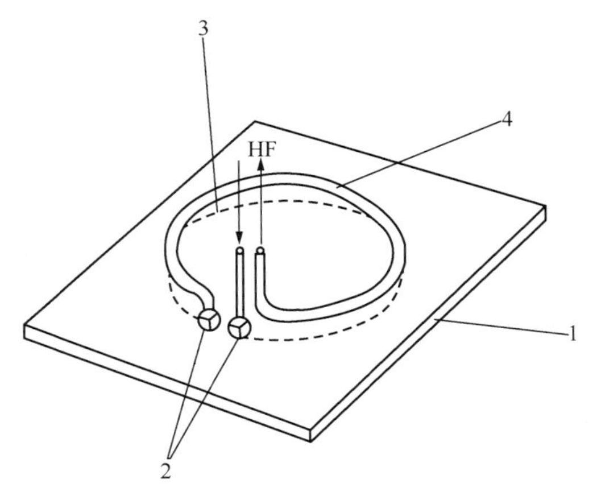

图 3.1-62　用邻近导体控制高频电流流动的路线

HF—高频电源；1—工件；2—触头接触位置；3—电流路线；4—邻近导体

高频焊就是根据工件结构的特殊形式，运用集肤效应和邻近效应以及由它们带来的上述一些特性，使工件待连接处表层金属得以快速地加热，从而实现相互连接的。例如，欲焊接长度较小的两个零件，就要在相邻的两边间留有小间隙，并将两边与高频电源相连，使之组成电的往复回路，在集肤效应与邻近效应的作用下，相邻两边金属端部便会迅速地被加热到熔化或焊接温度，然后在外加压力作用下，两零件就可牢固地焊成一体，如图 3.1-63 所示。

如果被焊件是很长的工件，就要采用连续高频焊。为有效地利用高频电流的集肤效应和邻近效应，此时，必须使焊接接头形成 V 形张角，此张角亦称会合角。典型的应用实例就是各种型材和管材的高频焊，如图 3.1-64 所示。

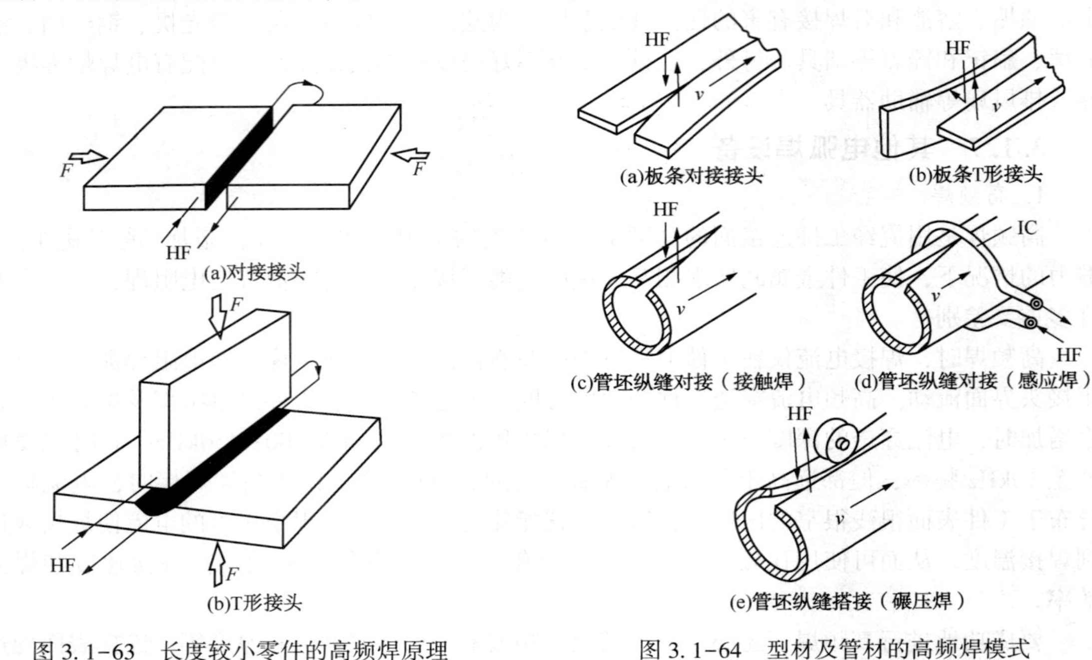

图 3.1-63　长度较小零件的高频焊原理

HF—高频电源；*F*—压力

图 3.1-64　型材及管材的高频焊模式

高频焊接与其他焊接方法相比具有一系列优点：

（1）焊接速度高　由于电流能高度集中于焊接区，加热速度极快，而且，在高速焊接时不产生“跳焊”现象，焊速可高达 150m/min，甚至 200m/min。

（2）热影响区小　因为焊速高，工件自冷作用强，不仅热影响区小，而且还不易发生氧化，从而可获得具有良好组织和性能的焊缝。

（3）焊前可不清除工件待焊处表面氧化膜及污物　对热轧母材表面的氧化膜、污物等，高频电流是能够导通的，因而可省掉焊前清理工序。

（4）能焊的金属种类广，产品的形状规格多　不但能焊碳钢、合金钢，而且还能焊通常难以焊接的不锈钢、铝及铝合金、铜及铜合金，以及镍、钛、锆等金属。用高频焊制作时，型材和管材的尺寸规格远比普通轧制或挤压法的为多，且可制造出异种材料的结构件。

高频焊的缺点主要在于电源回路的高压部分对人身与设备的安全有威胁，因而对绝缘有较高的要求；另外，回路中振荡管等元件的工作寿命较短，维修费用也较高。

高频焊在管材制造方面获得了广泛应用。除能制造各种材料的有缝管、异形管、散热片管、螺旋散热片管和电缆套管等管材外，还能生产各种断面的型材或双金属板和一些机械产品，如汽车轮圈、汽车车箱板、工具钢与碳钢组成的锯条等。

高频焊制管设备是个机组，如图 3.1-65 所示，它由水平导向辊、高频发生器及其输出装置、挤压辊、外毛刺清除器、磨光辊和一些辅助机构、工具等组成。其中与焊管质量和生产效率最有关系的是高频发生器及一些焊接辅助装置。

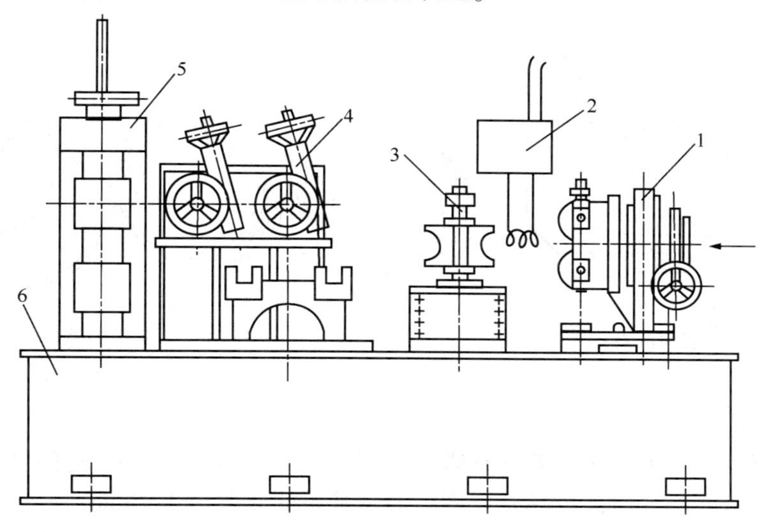

图 3.1-65　高频焊制管机组组成图

1—水平导向辊；2—高频发生器及输出变压器；3—挤压辊；4—外毛刺清除器；5—磨光辊；6—底座

1）高频发生器

制管用的高频发生器有三种，即频率为 10kHz 的电动机-发电机组、固体变频器和频率高达 100~500kHz 的电子管高频振荡器，而以后者应用为最广。最常用的高频振荡器功率范围是 60~400kW。

调整高频振荡器输出功率的方法有自耦变压器法、闸流管法、晶闸管法和饱和电抗器法等四种。而其中晶闸管法有如下一些优点：

① 电压调整范围广，为 5%~100%。

② 调节精度高，在+1%以下。

③ 反应速度快，在 1s 以下。

④ 易于实现电压和输出功率的自动控制。

此法的缺点是整流电压波形脉动大，尤其在输出电压低时更加严重，这种波形脉动，将导致接缝两边加热宽度沿长度方向的不均匀和出现所谓“跳焊”现象，严重时甚至可能在加热最窄处产生未焊透或裂纹缺陷。为此，需要在高压整流器的输出端加设滤波器装置，以保证电压脉动系数小于 1%。

2）管坯馈电装置

（1）电极触头　电极触头要在高温下和与管壁发生滑动摩擦的条件下传导高频电流，故应具有高的导电性、导热性和耐磨性，即应有足够的高温强度和硬度。它通常是由铜合金或在铜或银的基体上镶加硬且耐热的合金质点，如铜钨、银钨和锆钨等合金制成。除使用普通电阻点焊电极用的铜合金做成条状触头外，为节省贵重金属，一般可做成如图 3.1-66 所示的结构，即触头由触头座和触头块两部分组成，触头块材料用贵金属，然后用银钎焊将其焊到由铜或钢制的触头座上。

（2）感应圈　感应圈是感应高频焊制管机的重要组件。其结构形式及尺寸大小对能量转换和效率影响很大。常用感应圈的结构，如图 3. 1-67 所示。它一般是由紫铜圆管或方管或紫铜板制成的单匝或 2~4 匝金属环(内部通水冷却)。

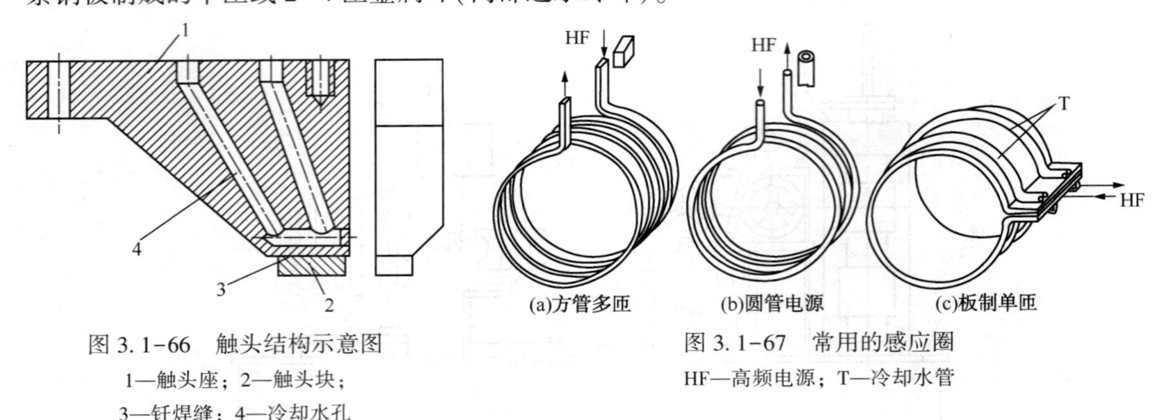

图 3. 1-66　触头结构示意图

1—触头座；2—触头块；
3—钎焊缝；4—冷却水孔

图 3. 1-67　常用的感应圈

HF—高频电源；T—冷却水管

感应圈与管间的间隙大小对效率有影响。间隙过大，则效率急剧下降；间隙过小，又易于造成管坯与感应圈间放电或撞坏感应圈。通常采用的间隙是 3~5mm。

感应圈的宽度一般是根据所焊管的外径 D 来选取，过大、过小都要降低效率。通常单匝时取宽度 $b=1\sim1.5D$；而 2~4 匝时，因其效率较高，故可适当小些。

3）阻抗器

阻抗器的主要元件是磁芯，其作用是增加管壁背面的感抗，以减少无效电流，增加焊接有效电流，提高焊接速度。磁芯采用的铁氧体材料，除应具有高的磁导率外，还应有高的居里点。居里点温度高，就可放置得距焊缝近些，在水冷却条件下易于保持其导磁性，可显著提高效率，并且还不易破碎。国内一般应用的铁氧体的型号是 M-XO 或 N-XO 型，其居里点温度不低于 310℃。

阻抗器的结构，如图 3. 1-68 所示。

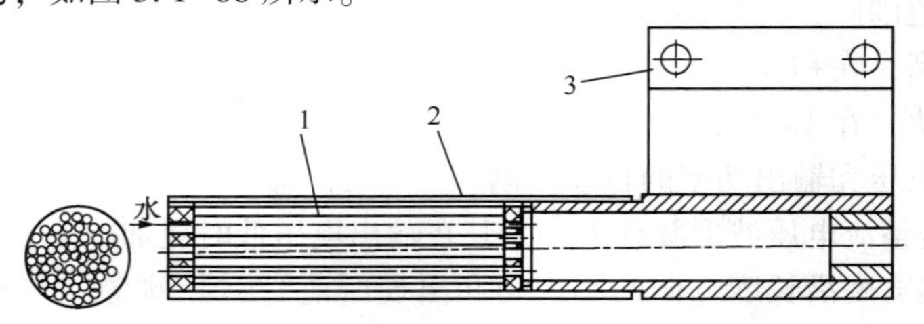

图 3. 1-68　圆形断面阻抗器结构图

1—磁棒；2—外壳；3—固定板

2. 药芯焊丝电弧焊

药芯焊丝是继焊条、实芯焊丝之后广泛应用的又一类焊接材料，它是由金属外皮和芯部药粉两部分构成的。使用药芯焊丝作为填充金属的各种电弧焊方法统称为药芯焊丝电弧焊。

1）药芯焊丝的分类

（1）按横截面形状分　药芯焊丝的横截面形状可分为简单 O 形截面和复杂截面两大类(见图 3. 1-69)。

（2）按保护方式分　根据焊接过程中外加的保护方式，药芯焊丝可分为气体保护焊、埋弧焊和自保护焊。

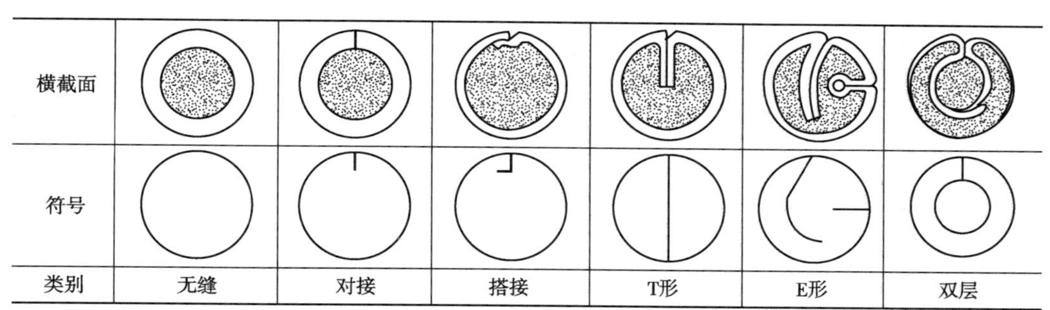

图 3.1-69　药芯焊丝截面形状图

气体保护焊用药芯焊丝根据保护气体的种类可细分为：CO_2气体保护焊(见图 3.1-70)、熔化极惰性气体保护焊、混合气体保护焊和钨极氩弧焊用药芯焊丝。其中 CO_2气体保护焊药芯焊丝主要用于结构件的焊接制造，其用量大大超过其他种类气体保护焊用药芯焊丝。由于不同种类的保护气体在焊接冶金反应过程中的表现行为是不同的，为此，药芯焊丝在药芯中所采用的冶金处理方式以及程度也不相同。因此，尽管被焊金属相同，不同种类气体保护焊用药芯焊丝原则上讲是不能相互代用的。

埋弧焊用药芯焊丝主要应用于表面堆焊。由于药芯焊丝制造工艺比实芯焊丝复杂、生产成本较高，因此，普通结构除特殊需求外一般不采用药芯焊丝埋弧焊。但是，高强钢药芯焊丝与实芯焊丝生产成本较接近，合金含量较高的药芯焊丝生产成本甚至低于实芯焊丝。埋弧焊用药芯焊丝多数情况下不需要配合选用专用焊剂，普通熔化焊剂即可满足一般使用要求。焊接金属中合金元素的过渡、化学成分的调整可方便地通过调整药芯配方来实现。另一方面，尽管成分上无特殊要求，但药芯焊丝也可小批量生产供货。药芯焊丝的上述优点在表面堆焊应用中显得十分突出。

在自保护药芯焊丝焊接(见图 3.1-71)中，通过焊丝芯部药粉中造渣剂、造气剂在电弧高温作用下产生的气、渣对熔滴和熔池进行保护。与气保护药芯焊丝比较，其突出的特点是在施焊过程中，该类焊丝有较强的抗风能力，特别适合于远离中心城市、交通运输较困难的野外工程。随着科学技术的不断进步，特别是近几年，高韧性自保护药芯焊丝的出现，对于一般结构甚至一些较为重要的结构，自保护药芯焊丝已完全可以满足结构对焊接材料的要求。另外，该类焊丝在焊接过程中会产生大量的烟尘，一般不适用于室内施焊，户外应用时也应注意通风。

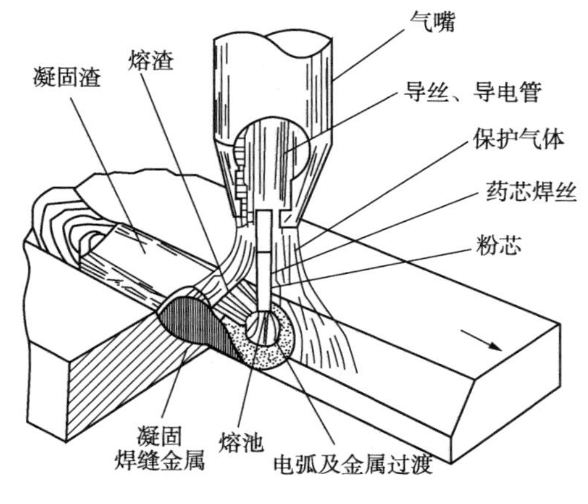

图 3.1-70　药芯焊丝 CO_2 气体保护焊接

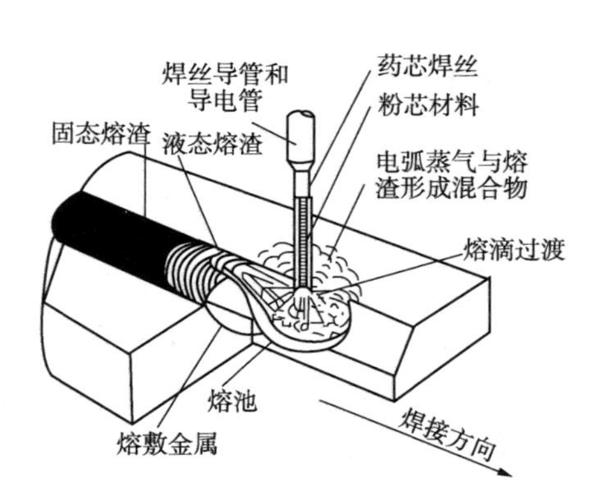

图 3.1-71　自保护药芯焊丝焊接

(3) 按金属外皮所用材料分　药芯焊丝金属外皮所用材料有低碳钢、不锈钢以及镍。低碳钢的加工性能优良，是药芯焊丝首选外皮材料。目前，药芯焊丝产品中大部分都采用低碳钢外皮。即便是不锈钢系列药芯焊丝，某些产品也选用低碳钢外皮，通过粉芯加入铬、镍等合金元素，经焊接过程中的冶金反应最后形成不锈钢焊缝。

(4) 按芯部药粉类型分　药芯焊丝可分为有渣型和无渣型。无渣型又称为金属粉芯焊丝，主要用于埋弧焊，CO_2气体保护焊药芯焊丝也多为金属粉芯。有渣型药芯焊丝按熔渣的碱度分为酸性渣和碱性渣两类。目前用量较大的 CO_2气体保护焊药芯焊丝多为钛型(酸性)渣系，自保护药芯焊丝多采用高氟化物，为弱碱性渣系。

应当指出，酸、碱性渣系药芯焊丝熔敷金属含氢量远小于酸、碱性焊条，酸性渣系药芯焊丝熔敷金属含氢量可以达到低氢型(碱性)焊条标准(<8mL/100g)。钛型渣系药芯焊丝熔敷金属不仅含氢量可以达到低氢，而且其力学性能也可以达到高韧性。近年来，国内外某些重要焊接结构(如球罐)工程中，就选用钛型渣系 CO_2气体保护焊药芯焊丝作为焊接材料。当然，碱性渣系药芯焊丝在熔敷金属含氢量方面仍占有一定的优势，可以达到超低氢焊条的水平(<3mL/100g)，但其在焊接工艺性能方面仍与钛型渣系药芯焊丝有较大的差距。由于药芯焊丝与焊条的加工工艺差别较大，粉芯与焊条药皮配方设计、原材料的选择也有很大差别，因此，建立在焊条熔渣理论基础上的某些经验，不能简单地套用在药芯焊丝的选择原则中。

药芯焊丝还可以按被焊钢种分类、按被焊结构类型分类和按焊接方法分类等。

药芯焊丝是在结合焊条的优良工艺性能和实芯焊丝的高效率自动焊的基础上产生的新型焊接材料，其优点如下：

(1) 焊接工艺性能好　在电弧高温作用下，芯部各种物质产生造气、造渣以及一系列冶金反应，对熔滴过渡形态、熔渣表面张力等物理性能产生影响，明显地改善了焊接工艺性能。

(2) 熔敷速度快、生产效率高　药芯焊丝可进行连续地自动、半自动焊接。生产效率约为焊条电弧焊的3~4倍。

(3) 合金系统调整方便　药芯焊丝可以通过金属外皮和药芯两种途径调整熔敷金属的化学成分。特别是通过改变药芯焊丝中的填充成分，可获得各种不同渣系、合金系的药芯焊丝以满足各种需求。

(4) 能耗低　在电弧焊过程中，连续地生产使得焊机空载损耗大为减少，较大的电流密度，增加了电阻热，提高了热源利用率。这两者使药芯焊丝能源有效利用率提高，可节能20%~30%。

(5) 综合成本低　单位长度焊缝的综合成本明显低于焊条，且略低于实芯焊丝。

药芯焊丝是一种高效节能的新型焊接材料，但也有其制造设备复杂、制造工艺技术要求高和成品药芯焊丝保管要求高等不足。

2) 焊接设备

药芯焊丝是一类新型的焊接材料，适用于多种焊接方法。大多数使用实芯焊丝的焊接设备也可以使用药芯焊丝。一些标有实芯、药芯焊丝两用的焊机，只是在使用实芯焊丝焊机的基础上添加了某些功能，以便更有效地发挥药芯焊丝的优势，这些功能并不是使用药芯焊丝的必要条件。也就是说，使用实芯焊丝的焊接设备完全可以使用药芯焊丝。

(1) 焊接电源

实芯、药芯焊丝两用的焊机，是在使用实芯焊丝焊机的基础上添加了下面所列功能中的一种或多种。

① 极性转换 直流正接/直流反接转换装置。

② 电源外特性微调 在平特性的基础上，微调外特性。

③ 电弧挺度调节 通过调节电弧挺度，可实现对熔滴过渡形态的调节，以减少飞溅；并可改善全位置焊接性能。

埋弧焊、钨极氩弧焊机不用添加上述功能就可以使用药芯焊丝。

CO_2焊机在增加了极性转换装置后可以使用自保护药芯焊丝。

(2) 送丝机

实芯焊丝送丝机可以正常使用加粉系数较小的药芯焊丝，如用量较大的低碳钢 CO_2气体保护用药芯焊丝。但要正常使用加粉系数较大的药芯焊丝，则最好选用药芯焊丝专用送丝机，如图 3. 1-72 所示。药芯焊丝专用送丝机与一般实芯焊丝送丝机的差别如下：

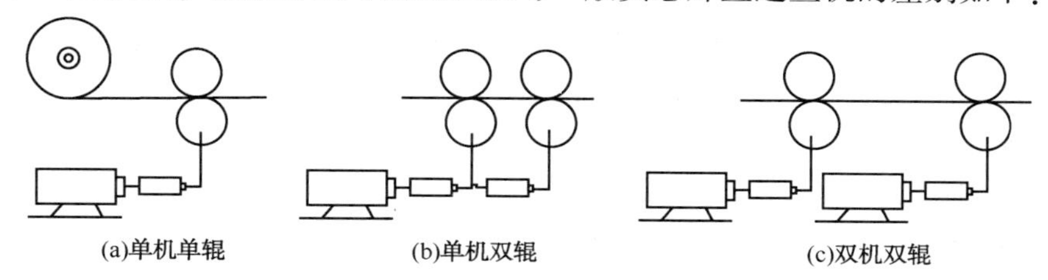

图 3. 1-72 送丝机结构示意图

① 两对主动轮送丝 一般实芯焊丝送丝机采用单电动机启动一只主动轮送丝。药芯焊丝专用送丝机则采用单电动机两对主动轮送丝或双电动机两对主动轮送丝。这样在送丝推力不变的情况下，可以减小施加在药芯焊丝上的压力，以减少药芯焊丝截面形状的变化，提高送丝的稳定性。

② 上下轮均开 V 形槽 一般实芯焊丝送丝机的上送丝轮不开槽、而药芯焊丝专用送丝机的送丝轮上下轮均开 V 形槽，变三点受力为四点对称受力，以减少焊丝截面变形。

③ 槽内压花 药芯焊丝专用送丝机焊丝直径在 1. 6mm(或 1. 4mm)以上的送丝轮，V 形槽内采用压花处理。处理后的送丝轮，通过提高送丝轮的摩擦系数以提高送丝推力，不仅提高了送丝的稳定性，同时，也改善了药芯焊丝通过导电嘴时的导电性能。

药芯焊丝专用送丝机通过上述处理措施，提高了送丝的稳定性，特别是在大电流高速焊接时，效果更加明显。

3) 焊枪

埋弧焊、钨极氩弧焊、CO_2气体保护焊等方法的药芯焊枪与实芯焊丝的焊枪相同。

自保护焊药芯焊丝焊接时，可以使用专用焊枪或 CO_2气体保护焊枪。两者在结构上的差别为：专用焊枪是在 CO_2气体保护焊枪基础上去掉气罩，并在导电嘴外侧加绝缘护套以满足某些自保护药芯焊丝在伸出长度方面的特殊要求，同时可以减少飞溅的影响；某些专用焊枪附加有负压吸尘装置，使自保护药芯焊丝可以在室内使用。图 3. 1-73 为自保护药芯焊丝专用焊枪结构图。

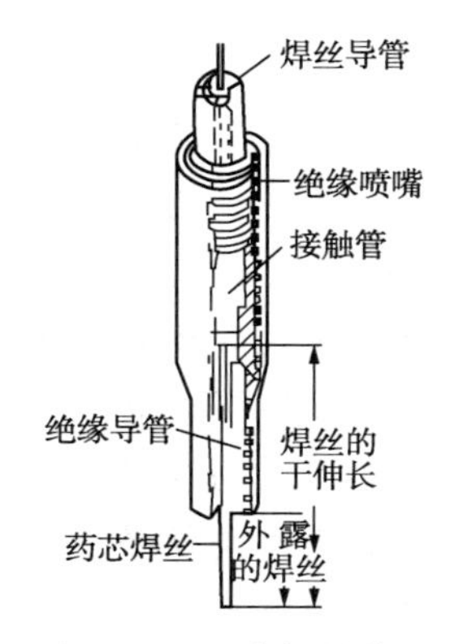

图 3. 1-73 自保护药芯焊丝专用焊枪结构图

复习思考题

1. 画图说明埋弧焊的工作原理。
2. 简述埋弧焊的特点。
3. 简述埋弧焊设备的组成。
4. 简述TIG焊的工作原理。
5. 简述TIG焊的特点。
6. 简述TIG焊设备的组成。
7. 什么是阴极清理/阴极破碎？其产生原因是什么？
8. 使用交流电源时，直流分量的存在有哪些副作用？如何清除直流分量？
9. TIG焊为什么要采用引弧和稳弧装置？常采用哪两种引弧和稳弧装置？
10. 画图说明熔化极氩弧焊的工作原理。
11. 简述熔化极氩弧焊的特点。
12. 简述熔化极氩弧焊设备的组成。
13. 简述拉丝式焊枪的结构组成与推丝式焊枪的区别。
14. 画图说明CO_2气体保护焊的工作原理。
15. 简述CO_2气体保护焊的特点。
16. 画图说明CO_2气体保护焊设备的组成。
17. 为什么CO_2气体保护焊不使用交流电源？
18. 画图说明CO_2气体保护焊送丝机构的结构组成。
19. 简述影响CO_2气体保护焊送丝机构稳定性的因素。
20. 画图说明CO_2气体保护焊供气系统的组成。
21. 简述等离子弧是怎样形成的？
22. 简述等离子弧的分类。
23. 画图说明穿透型等离子弧焊接的工作原理。
24. 画图说明普通熔透型等离子弧焊接的工作原理。
25. 画图说明微束等离子弧焊接的工作原理。
26. 简述等离子弧焊接的特点。
27. 画图说明等离子弧焊接设备的组成。
28. 画图说明焊条电弧焊的焊接过程。
29. 简述焊条电弧焊的焊接特点。
30. 简述焊条电弧焊的常用工具和辅具。
31. 简述高频焊接过程和实质。
32. 简述高频焊接过程的特点。
33. 简述高频焊制管设备的组成。
34. 简述药芯焊丝的分类。
35. 简述药芯焊丝电弧焊的特点。

3.2　电阻焊设备

电阻焊是将被焊工件压紧于两电极之间，通以电流，利用电流流经工件接触面及邻近区域产生的电阻热将其加热到熔化或塑性状态，使之形成金属结合的一种方法。

电阻焊方法主要有 4 种，即点焊、缝焊、凸焊和对焊，如图 3.2-1 所示。

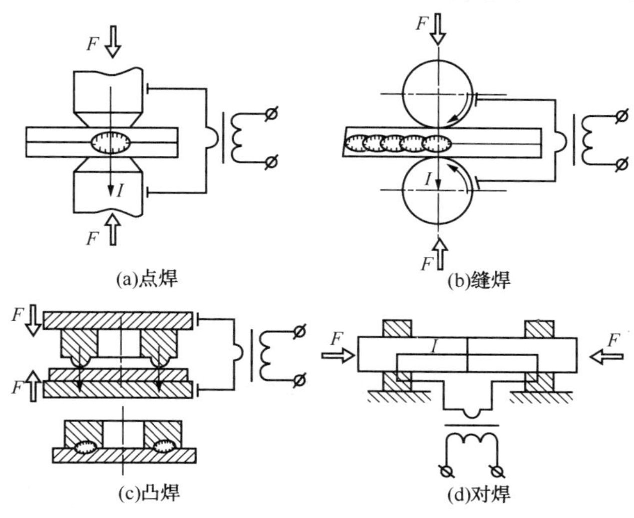

图 3.2-1　电阻焊方法

点焊时，工件只在有限的接触面上，即所谓“点”上被焊接起来，并形成扁球形的熔核。点焊又可分为单点焊和多点焊，多点焊时，使用两对以上的电极，在同一工序内形成多个熔核。

缝焊类似点焊，缝焊时，工件在两个旋转的滚轮电极间通过后，形成一条焊点前后搭接的连续焊缝。

凸焊是点焊的一种变形，在一个工件上有预制的凸点，凸焊时，一次可在接头处形成一个或多个熔核。

对焊时，两工件端面相触，经过电阻加热和加压使整个接触面被焊接起来。

电阻焊有下列优点：

① 熔核形成时，始终被塑性环包围，熔化金属与空气隔绝，冶金过程简单。

② 加热时间短、热量集中，热影响区小，变形和焊接残余应力也小，通常在焊后不必进行校正和热处理。

③ 不需要焊丝、焊条等填充金属，焊接成本低。

④ 操作简单，易于实现机械化和自动化，改善了劳动条件。

⑤ 生产率高，且无噪声及有害气体，在大批量生产中，可以和其他制造工序一起编到组装线上。

电阻焊的缺点：

① 目前还缺乏可靠的无损检测方法，焊接质量只能靠工艺试样和工件的破坏性试验来检查，以及靠各种监控技术来保证。

② 点、缝焊的搭接接头不仅增加了构件的重量，且因在两板间熔核周围形成尖角，致

使接头的抗拉强度和疲劳强度均较低。

③ 设备功率大，机械化、自动化程度较高，使设备成本较高、维修较困难，并且，常用的大功率单相交流焊机不利于电网的正常运行。

随着航空、航天、电子、汽车、家用电器等工业的发展，电阻焊越来越受到社会的重视，同时，对电阻焊的质量也提出了更高的要求。可喜的是，我国微电子技术的发展和大功率晶闸管、整流管的开发，给电阻焊技术的提高提供了条件，将有利于提高电阻焊质量和自动化程度，并扩大其应用领域。

3.2.1 电阻焊基本原理

1. 焊接热的产生

电阻焊时产生的热量由下式决定：

$$Q=I^2Rt \tag{3-1}$$

式中 Q——产生的热量，J；

I——焊接电流，A；

R——电极间电阻，Ω；

t——焊接时间，s。

（1）电阻 R 的影响　式(3-1)中的电极间电阻包括工件本身电阻 R_w、两工件间接触电阻 R_c、电极与工件间接触电阻 R_{ew}(图 3.2-2)。

$$R=2R_w+R_c+2R_{ew}$$

当工件和电极已选定时，工件的电阻取决于它的电阻率。因此，电阻率是被焊材料的重要性能。电阻率高的金属其导热性差(如不锈钢)，电阻率低的金属其导热性好(如铝合金)。因此，点焊不锈钢时产热易而散热难，点焊铝合金时产热难而散热易。点焊时，前者可以用较小电流(几千安培)，后者就必须用很大电流(几万安培)。

电阻率不仅取决于金属种类，还与金属的热处理状态和加工方式有关。通常金属中含合金元素越多，电阻率就越高，淬火状态比退火状态的电阻率高。

各种金属的电阻率还与温度有关，由图 3.2-3 可见，随着温度的升高电阻率增高，并且金属熔化时的电阻率比熔化前高 1~2 倍。

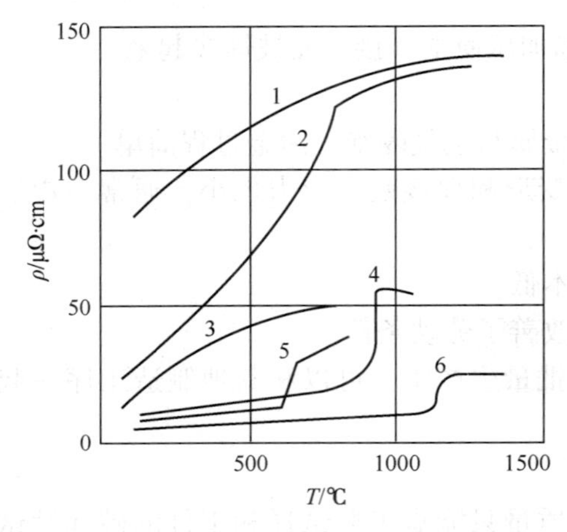

图 3.2-2　各种金属高温时的电阻率

1—不锈钢；2—低碳钢；3—镍；4—黄铜；5—铝；6—铜

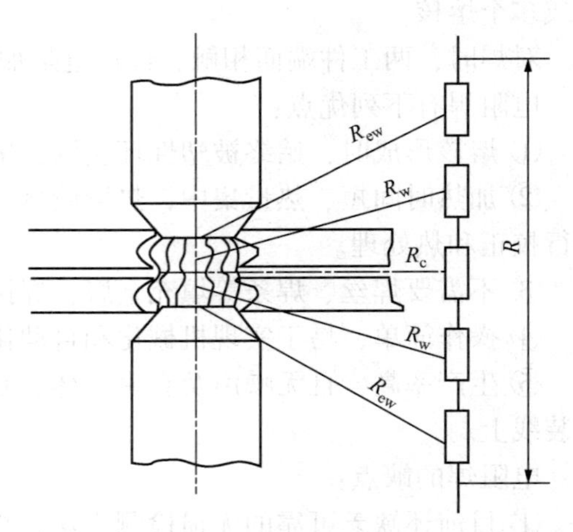

图 3.2-3　电阻焊时的电阻分布

随着温度升高，除电阻率增高使工件电阻增大外，同时金属的抗压强度降低，使工件与工件、工件与电极间的接触面增大，因而引起工件电阻减小。点焊低碳钢时，在两种矛盾着的因素影响下，加热开始时工件电阻逐渐增高，熔核形成时又逐渐降低。

电极压力变化将改变工件与工件、工件与电极间的接触面积，从而也将影响电流线的分布。随着电极压力的增大，电流线的分布将较分散，因而工件电阻将减小。

熔核开始形成时，由于熔化区的电阻增大，将迫使更大部分电流从其周围的压接区(塑性焊接环)流过，使该区陆续熔化，熔核不断扩展，但熔核直径受电极端面直径的制约，一般不超过电极端面直径的 20%，熔核过分扩展，将使塑性焊接环因失压而难以形成，而导致熔化金属的溅出喷溅。

（2）焊接电流的影响　从式(3-1)可见，电流对产热的影响比电阻和时间两者都大。因而，在点焊过程中，它是一个必须严格控制的参数。引起电流变化的重要原因是电网电压波动和交流焊机二次回路阻抗变化。阻抗变化是因回路的几何形状变化或因在二次回路中引入了不同量的磁性金属。对于直流焊机，二次回路阻抗变化对电流无明显影响。

除焊接电流总量外，电流密度对焊接热也有显著影响。通过已焊成焊点的分流，以及增大电极接触面积或凸焊时的凸点尺寸，都会降低电流密度和焊接热，从而使接头强度显著下降。

（3）焊接时间的影响　为了保证熔核尺寸和焊点强度，焊接时间与焊接电流在一定范围内可以互为补充。为了获得一定强度的焊点，可以采用大电流和短时间(强条件，又称强规范)，也可以采用小电流和长时间(弱条件，又称弱规范)。选用强条件还是弱条件，取决于金属的性能、厚度和所用焊机的功率。但对于不同性能和厚度的金属所需的电流和时间，仍有一个上、下限，超过此限，将无法形成合格的熔核。

（4）电极压力的影响　电极压力对两电极间总电阻 R 有显著影响，随着电极压力的增大，R 显著减小。此时焊接电流虽略有增大，但不能弥补因 R 减小而引起的产热的减少。因此，焊点强度总是随着电极压力的增大而降低，如图 3.2-4 所示。在增大电极压力的同时，增大焊接电流或延长焊接时间，以弥补电阻减小的影响，可以保持焊点强度不变。采用这种焊接条件有利于提高焊点强度的稳定性。电极压力过小，将引起喷溅，也会使焊点强度降低。

（5）电极形状和材料性能的影响　由于电极的接触面积决定着电流密度，电极材料的电阻率和导热性关系着热量的产生和散失，因而电极的形状和材料性能对熔核的形成都有显著影响，随着电极端头的变形和磨损，接触面积将增大，焊点强度将降低。

（6）工件表面状况的影响　工件表面上的氧化物、污垢、油和其他杂质增大了接触电阻，过厚的氧化物层甚至会使电流不能通过。局部的导通，由于电流密度过大，则会产生喷溅和表面烧损。氧化物层的不均匀性还会影响各个焊点加热的不一致性，引起焊接质量的波动。因此，彻底清理工件表面是保证获得优质接头的必要条件。

2. 热平衡及温度分布

点焊时，产生的热量 Q 只有较小部分用于形成熔核，较大部分将因向邻近物质的传导和辐射而损失掉。其热平衡方程式如下：

$$Q = Q_1 + Q_2 \tag{3-2}$$

式中　Q_1——形成熔核的热量；

Q_2——损失的热量。

焊接区的温度分布是产热与散热的综合结果。点焊加热终了时的温度分布如图 3.2-5 所示。最高温度总是处于焊接区中心，超过被焊金属熔点 T_m 的部分形成熔化核心。核内温度可能大大超过 T_m，但在电磁力的强烈搅动下，进一步升高是困难的。

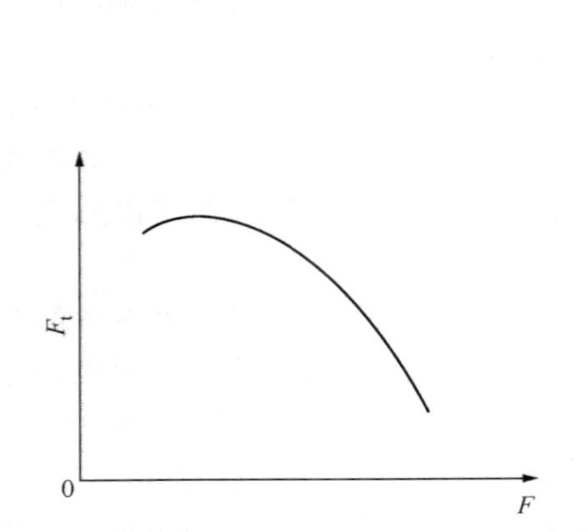

图 3.2-4　电极压力 F 对焊点抗剪强度 F_t 的影响

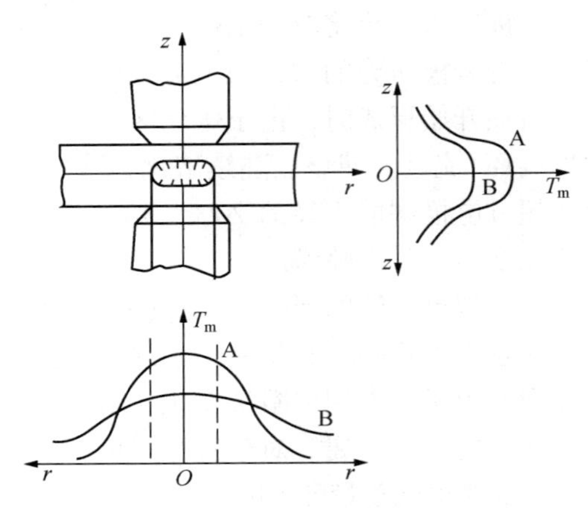

图 3.2-5　点焊时的温度分布

A—焊钢时；B—焊铝时

由于电极的强烈散热，温度从核界到工件外表面降低得很快。外表面上的温度通常不超过(0.4~0.6) T_m。

温度在径向内也随着离开核界的距离而较迅速地降低。被焊金属的导热性越好，所用条件越软，这种降低就越平缓，温度梯度也越小。

缝焊时，由于熔核不断形成，对已焊部位起到后热作用，未焊部位起到预热作用，故缝焊的温度分布比点焊时平坦，又因已焊部位有分流加热，以及由于滚盘离开后散热条件变坏的影响，因此，温度分布沿工件前进方向前后不对称，刚从滚盘下离开的金属温度较高，如图 3.2-6 所示，焊接速度越大，则散热条件越差，温度分布不对称的现象越明显。

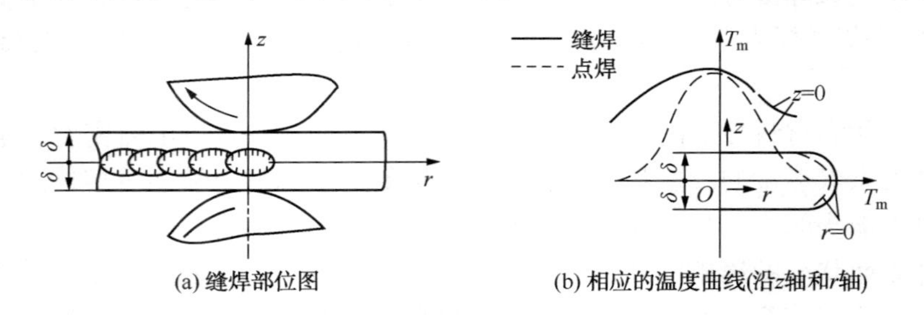

图 3.2-6　缝焊时的温度分布

3. 焊接循环

点焊和凸焊的焊接循环由 4 个基本阶段构成，如图 3.2-7 所示。

(1) 预压时间　由电极开始下降到焊接电流开始接通的时间。这一时间是为了确保在通电之前电极压紧工件，使工件间有适当的压力。

(2) 焊接时间　焊接电流通过工件并产生熔核的时间。

(3) 维持时间　焊接电流切断后，电极压力继续保持的时间，在此时间内，熔核凝固并冷却至具有足够强度。

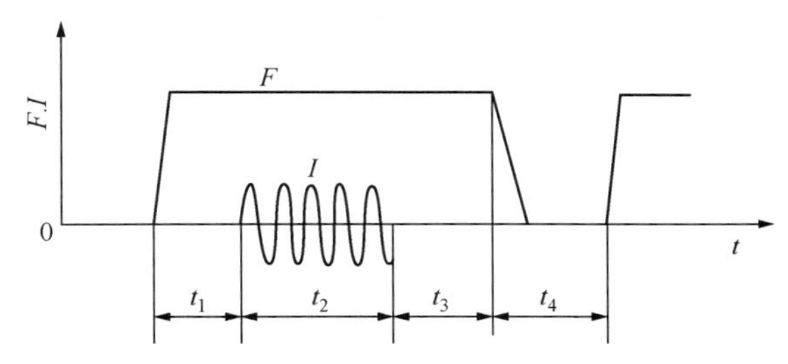

图3.2-7　点焊和凸焊的焊接循环

F—电极压力；I—焊接电流；t_1—预压时间；t_2—焊接时间；t_3—维持时间；t_4—休止时间

(4) 休止时间　由电极开始提起到电极再次开始下降，准备在下一个待焊点压紧工件的时间。休止时间只适用于焊接循环重复进行的场合。

通电焊接必须在电极压力达到满值后进行，否则可能因压力过低而喷溅，或因压力不一致影响加热，造成焊点强度的波动。

电极提起必须在电流全部切断之后，否则电极工件间将引起火花，甚至烧穿工件。这一点在直流脉冲焊机上尤为重要。

为了改善接头的性能，有时需要将下列各项中的一个或多个加于基本循环。

① 加大预压力以消除厚工件间的间隙，使之紧密贴合。

② 用预热脉冲提高金属的塑性，使工件易于紧密贴合，防止喷溅；凸焊时这样做可使多个凸点在通电焊接前与平板均匀接触，以保证各点加热的一致。

③ 加大锻压力以压实熔核，防止产生裂纹和缩孔。

④ 用回火或缓冲脉冲消除合金钢的淬火组织，提高接头的力学性能。

4. 焊接电流的种类

交流电和直流电都可以用来进行点焊、缝焊和凸焊。

(1) 交流电　通常是单相50Hz交流电，由焊机的变压器供给。常用的电压范围为1~25V，电流为1~50kA。

交流电可以通过调幅使电流缓升、缓降，以达到预热和缓冷的目的，这对于铝合金的焊接是十分有利的。

交流电还可用于多脉冲点焊，即在两个或多个脉冲之间留有冷却时间，以控制加热速度，这种方法主要用于厚钢板的焊接。

(2) 直流电　用于需要大电流的场合，因为直流焊机都由三相电源供电，可以避免单相交流焊机所造成的三相负荷不平衡。但中、小功率的直流焊机也有采用单相电源供电的。

随着大功率整流管的开发和应用，用于铝合金焊接的大功率直流焊机(三相二次整流)已在国内获得广泛应用。

5. 金属电阻焊时的焊接性

(1) 材料的导电性和导热性　电阻率小而热导率大的金属需使用大功率焊机，其焊接性较差。

(2) 材料的高温强度　高温($0.5 \sim 0.7T_m$)屈服强度大的金属，点焊时易产生喷溅、缩孔、裂纹等缺陷，需使用大的电极压力，有时还需在断电后施加大的锻压力，故其焊接性较差。

(3) 材料的塑性温度范围　塑性温度范围较窄的金属(如铝合金)，对焊接工艺参数的波动非常敏感，要求使用能精确控制工艺参数的焊机，并要求电极的随动性好，因此其焊接性较差。

(4) 材料对热循环的敏感性　在焊接热循环的影响下，有淬火倾向的金属易产生淬硬组织和冷裂纹，易于形成低熔点共晶物的合金，易产生热裂纹，经冷作强化的金属易产生软化区。为防止这些缺陷，必须采取相应的工艺措施。因此，凡对热循环敏感性大的金属，其焊接性较差。

此外，熔点高、线膨胀系数大、易形成致密的氧化膜的金属，其焊接性也较差。

3.2.2　电阻焊设备

电阻焊设备是指采用电阻加热原理进行焊接操作的设备，包括点焊机、缝焊机、凸焊机和对焊机。有些场合还包括与这些焊机配套的控制箱。一般的电阻焊设备由 3 个主要部分组成：

① 以阻焊变压器为主，包括电极及二次回路组成的焊接回路。

② 由机架和有关夹持工件及施加焊接压力的传动机构组成的机械装置。

③ 能按要求接通电源，并可控制焊接程序中各段时间及调节焊接电流的控制电路。

电阻焊设备的型号是按 GB/T 10249—1988 规定，各种电阻焊设备的代号含义见表 3-7。

举例说明 DN-63 型点焊机的含义：

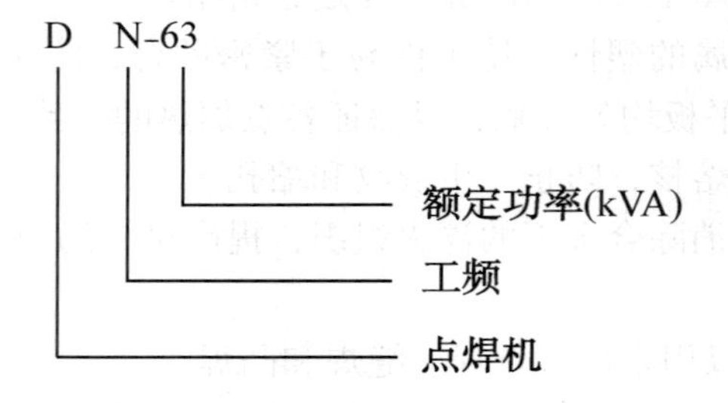

表 3-7　电阻焊设备代号

第 1 字位		第 2 字位		第 3 字位		第 4 字位		第 5 字位	
代表字母	大类名称	代表字母	小类名称	代表字母	附注特征	数字序号	系列序号	单位	基本规格
D	点焊机	N	工频	省略	一般点焊	省略	垂直运动	kVA	额定功率
		J	直流冲击波	K	快速点焊	1	圆弧运动		
		Z	二次整流	W	网状点焊	2	手提式		
		D	低频	—	—	3	悬挂式		
		B	变频	—	—	6	焊接机器人		
		R	电容储能	—	—	—	—	J	最大储能量
T	凸焊机	N	工频	—	—	省略	垂直运动	kVA	额定功率
		J	直流冲击波	—	—	—	—		
		Z	二次整流	—	—	—	—		
		D	低频	—	—	—	—		
		B	变频	—	—	—	—		
		R	电容储能	—	—	—	—	J	最大储能量

续表

<table>
<tr><th colspan="2">第 1 字位</th><th colspan="2">第 2 字位</th><th colspan="2">第 3 字位</th><th colspan="2">第 4 字位</th><th colspan="2">第 5 字位</th></tr>
<tr><th>代表字母</th><th>大类名称</th><th>代表字母</th><th>小类名称</th><th>代表字母</th><th>附注特征</th><th>数字序号</th><th>系列序号</th><th>单位</th><th>基本规格</th></tr>
<tr><td rowspan="6">F</td><td rowspan="6">缝焊机</td><td>N</td><td>工频</td><td>省略</td><td>一般缝焊</td><td>省略</td><td>垂直运动</td><td rowspan="5">kVA</td><td rowspan="5">额定功率</td></tr>
<tr><td>J</td><td>直流冲击波</td><td>Y</td><td>挤压缝焊</td><td>1</td><td>圆弧运动</td></tr>
<tr><td>Z</td><td>二次整流</td><td>P</td><td>垫片缝焊</td><td>2</td><td>手提式</td></tr>
<tr><td>D</td><td>低频</td><td>—</td><td>—</td><td>3</td><td>悬挂式</td></tr>
<tr><td>B</td><td>变频</td><td>—</td><td>—</td><td>—</td><td>—</td></tr>
<tr><td>R</td><td>电容储能</td><td>—</td><td>—</td><td>—</td><td>—</td><td>J</td><td>最大储能量</td></tr>
<tr><td rowspan="6">U</td><td rowspan="6">对焊机</td><td>N</td><td>工频</td><td>省略</td><td>一般对焊</td><td>省略</td><td>固定式</td><td rowspan="5">kVA</td><td rowspan="5">额定功率</td></tr>
<tr><td>J</td><td>直流冲击波</td><td>B</td><td>薄板对焊</td><td>1</td><td>弹簧加压</td></tr>
<tr><td>Z</td><td>二次整流</td><td>Y</td><td>异型截面对焊</td><td>2</td><td>杠杆加压</td></tr>
<tr><td>D</td><td>低频</td><td>C</td><td>轮圈对焊</td><td>3</td><td>悬挂式</td></tr>
<tr><td>B</td><td>变频</td><td>T</td><td>链环对焊</td><td>6</td><td>—</td></tr>
<tr><td>R</td><td>电容储能</td><td>—</td><td>—</td><td>—</td><td>—</td><td>J</td><td>最大储能量</td></tr>
<tr><td rowspan="4">K</td><td rowspan="4">控制器</td><td>D</td><td>点焊</td><td>省略</td><td>同步控制</td><td>1</td><td>分立元件</td><td rowspan="4">A</td><td rowspan="4">额定电流</td></tr>
<tr><td>F</td><td>缝焊</td><td>F</td><td>非同步控制</td><td>2</td><td>集成电路</td></tr>
<tr><td>T</td><td>凸焊</td><td>Z</td><td>质量控制</td><td>3</td><td>微机</td></tr>
<tr><td>U</td><td>对焊</td><td>—</td><td>—</td><td>—</td><td>—</td></tr>
</table>

1. 点焊机和凸焊机

1）摇臂式焊机

最简单和最通用的点焊机是摇臂式点焊机。这种点焊机是利用杠杆原理，通过上电极臂施加电极压力。上、下电极臂为伸长的圆柱形构件，既传递电极压力，也传递焊接电流。

摇臂式焊机的上电极可绕电极臂支承轴作圆弧运动，当上电极和下电极与工件接触加压时，上电极臂和下电极臂必须处于平行位置。只有这样，才能获得良好的加压状态，如果电极臂的刚度不够，可能发生电极滑移。

有 3 种操作方法：气动；脚踏；电动机-凸轮。图 3.2-8 是 S0432-5A 型气动摇臂式点焊机外形图。这种焊机的臂伸长度调节范围是 250~500mm。在气动操作中，焊接程序由控制设备自动操纵，焊机能快速运动，并按工件形状和尺寸进行适当地调节。

在脚踏和电动机-凸轮操作的焊机中，弹簧力代替活塞力，弹簧被脚踏推动的杠杆或被电动机驱动的凸轮压缩，电极压力与弹簧的压缩量成正比。

脚踏操作的点焊机适用于焊接要求不高的小批量工件。电动机-凸轮驱动的焊机用于压缩空气不易得到的场合。

摇臂式焊机不论如何操作，随着臂伸长度的增加，焊接电流和电极压力都会降低。

2）直压式焊机

直压式焊机适用于点焊及凸焊。这类焊机的上电极在导向构件的控制下作直线运动，电极压力由气缸或液压缸直接控制。

图 3.2-9 是 DN-63 型直压式点焊机外形图，图 3.2-10 是 TN-63 型凸焊机外形图。

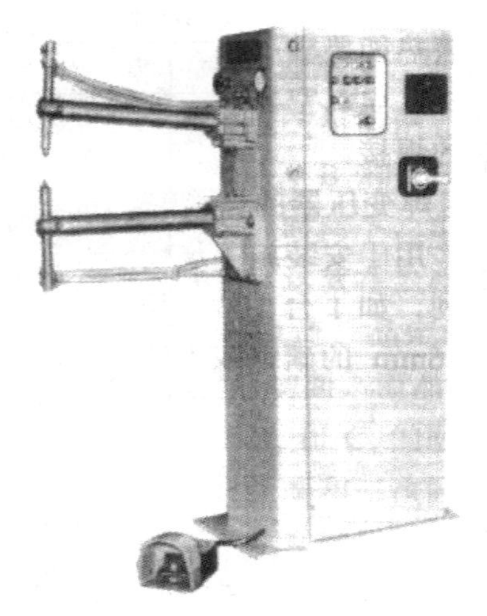

图 3.2-8　S0432-5A 型点焊机

图 3.2-9　DN-63 型点焊机

图 3.2-10　TN-63 型凸焊机

点焊机的臂伸长度是指电极中心线与机架平面之间的距离。凸焊机的臂伸长度是指气缸中心线与机架平面之间的距离。凸焊机的刚性要求高，故臂伸长较小，点焊机的臂伸长度一般较大。

3）移动式焊机

移动式焊机分为两类：悬挂式焊机和便携式焊机。图 3.2-11 是 C130S-A 型悬挂式点焊机外形图。图 3.2-12 是 KT826N4-A 型悬挂式点焊机外形图。C130S-A 型点焊机的阻焊变压器与焊钳是分离的，要通过水冷电缆传递焊接电流。由于阻焊变压器与焊钳之间的电缆增加了二次回路的阻抗，所以这种悬挂式焊机阻焊变压器的二次空载电压较固定式焊机高 2~4 倍。KT826N4-A 型悬挂式点焊机的阻焊变压器与焊钳是连成一体的，故与固定式焊机性能相似。

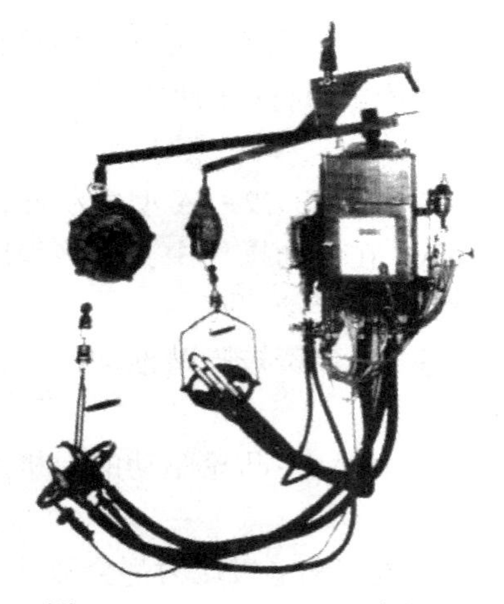

图 3.2-11　C130S-A 型点焊机

图 3.2-12　KT826N4-A 型悬挂式点焊机

移动式焊机的控制箱可与阻焊变压器安装在一起悬挂在一定的空间位置，也可单独放置在地面，以便于调节。

便携式焊机(图 3. 2-13) 用于维修工作，为达到简便、轻巧的使用目的，阻焊变压器采用空气自然冷却的形式，这样额定功率很小(2. 5kVA)，负载持续率非常低(仅能每分钟使用 1 次)，但瞬时焊接电流仍可达 7000~10000A。

4) 多点焊机

多点焊机(图 3. 2-14)是大批量生产中的专用设备，例如，汽车生产线上针对具体冲压-焊接件而专门设计制造的焊机。

图 3. 2-13　KT218 型便携式点焊机

图 3. 2-14　多点焊机(DN13-6×100 型)

多点焊机根据工件形状分布一般采用多个阻焊变压器和多把焊枪。电极压力由安装在焊枪上的气缸或液压缸控制，为了达到较小的焊点间距，焊枪外形和尺寸受到限制，有时需要采用液压缸才能满足要求。

2. 缝焊机

缝焊机除电极和驱动机构外，其他部分与点焊机基本相同。缝焊机的电极驱动机构由电动机通过调速器和万向轴带动电极转动。

有 3 种类型的缝焊机：

1) 横向缝焊机

在焊接操作时，形成的缝焊接头与焊机的电极臂相垂直的称横向缝焊机，这种焊机用于焊接水平工件的长焊缝以及圆周环形焊缝，图 3. 2-15 是横向缝焊机外形图。

2) 纵向缝焊机

在焊接操作时，形成的缝焊接头与焊机的电极臂相平行的称纵向缝焊机，这种焊机用于焊接水平工件的短焊缝以及圆筒形容器的纵向直缝，图 3. 2-16 是纵向缝焊机外形图。

3) 通用缝焊机

通用缝焊机是一种纵横两用缝焊机，上电机可作 90°旋转，而下电极臂和下电极有两套，一套用于横向，另一套用于纵向，可根据需要进行互换。

缝焊机的传动机构可以是单由上电极或单由下电极作主动，或者上下电极均是主动，但通用缝焊机都是上电极作主动。大多数缝焊机的电极转动是连续性的，对于较厚工件或者铝合金工件，缝焊时需采用间隙驱动(步进)施焊，以保证焊核在冷却结晶时有充分的电极压力和施加锻压压力。

图 3.2-15　横向缝焊机

图 3.2-16　纵向缝焊机

多数连续驱动的传动机构是由交流电动机和减速-调速器组成的。

缝焊机的导电轴既要旋转又要导电，转动时要求轻快，摩擦阻力尽量小，导电时要求接触紧密。为满足这样的要求，应在导电轴与轴座的间隙中加入特制润滑油脂。

3. 对焊机

1 台标准的闪光对焊机包括机架、静夹具、动夹具、闪光和顶锻机构、阻焊变压器和级数调节组以及配套的电气控制箱。通常静夹具是固定安装在机架上并与机架在电气上绝缘。大多数焊机中还有活动调节部件，以保证电极和工件焊接时对准中心线。动夹具则安装在活动导轨上并与闪光和顶锻机构相连接，夹具座由于承受很大的钳口夹紧力，通常都用铸件或焊接结构件，两个夹具上的导电钳口分别与阻焊变压器的二次输出端连接，钳口一方面夹持工件，另一方面还要向工件传递焊接电流。

对焊机的阻焊变压器实质上和其他类型电阻焊机的阻焊变压器相同，阻焊变压器的一次线圈与级数调节组通过电磁接触器或由晶闸管组成的电子断续器的电网接通。当采用电子断续器时，还可配合热量控制器以便为预热和焊后热处理提供较小的电功率。

1）闪光对焊机

用于闪光和顶锻的机构类型取决于焊机的大小和使用的要求，有用电动机驱动的凸轮机构，凸轮是按特定的曲线制成的，凸轮的旋转速度决定着闪光时间，动夹具可由凸轮直接驱动或者通过杠杆机构推动。

中等功率的闪光焊机多采用气压-液压联合闪光和顶锻机构，如图 3.2-17 所示。这种机构的优点是闪光速度可随意调节，顶锻速度快，顶锻力大。由于采用了行程控制放大装置，故控制准确，稳定性好。

大功率闪光对焊机一般采用液压传动机构，液压伺服系统控制闪光和顶锻时动夹具的运动程序。伺服系统可由凸轮控制，也可同时由二次电压或一次电流发出的电信号进行控制。

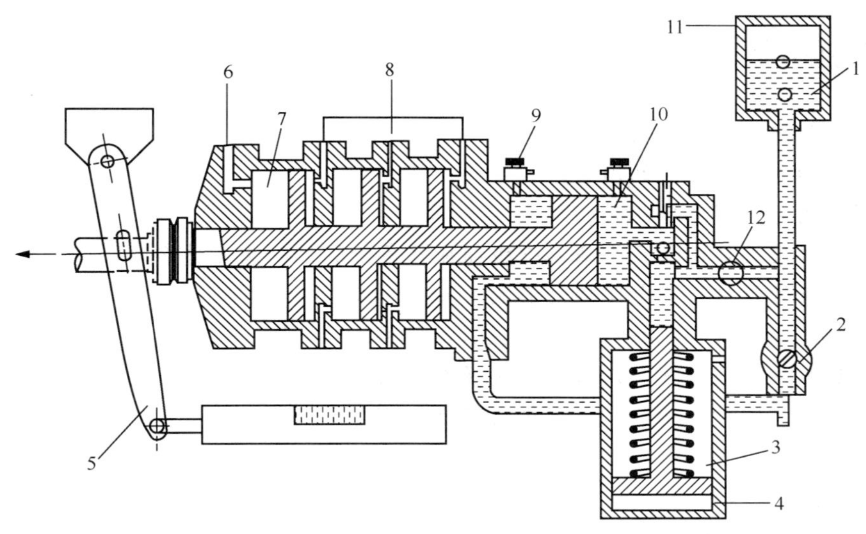

图 3. 2-17　气压-液压联合闪光顶锻机构

1—油箱；2—调节阀；3—增压气缸；4—顶锻气压；5—行程放大杠杆；6—后退气压；7—三层气缸；8—前进气压；9—放气阀；10—阻尼油缸；11—油面气压；12—旁路阀

电动机驱动的闪光凸轮机构可与气功或液压的顶锻机构联用。联用后可对于顶锻速度、顶锻距离和顶锻压力进行独立调节。通常，采用行程开关使动夹具的机械运动能适应焊接过程的需要。

在焊接大截面的工件或者没有预热而一开始便要求连续闪光的一些新结构焊机中，为使闪光过程保持稳定，防止可能产生的瞬间短路现象，采用了振动闪光过程，这就使动夹具在前进过程中以一定的振幅和频率作前后振动。

图 3. 2-18 和图 3. 2-19 是这种类型对焊机的外形图。

图 3. 2-18　UN17-150-1 型对焊机

图 3. 2-19　UN-40 型对焊机

2）电阻对焊机

电阻对焊机除了没有闪光过程外，其原理与闪光对焊机相同，典型电阻对焊机包括一个容纳阻焊变压器及级数调节组的主机架、夹持工件并传递焊接电流的电极钳口和顶锻机构。

最简单的电阻对焊机是手工操作的。自动电阻对焊机可以采用弹簧或气缸提供压力，这样得到的压力稳定，适合焊接塑性范围很窄的有色金属。

复习思考题

1. 简述电阻焊的特点。
2. 简述影响电阻焊接热的因素。
3. 画图说明电阻焊有哪几种?
4. 点焊的焊接循环由哪几个基本阶级组成? 各阶级的含义是什么?
5. 简述金属的焊接性对电阻焊的影响。
6. 电阻焊设备包括哪几种? 举一例说明其功用。
7. 试说明 FN-63 型点焊机中的 F、N 及 63 的意义。
8. 简述点焊机的种类和各种点焊机的特点。
9. 简述缝焊机的种类和各种缝焊机的特点。
10. 简述对焊机的结构组成。
11. 简述对焊机的种类和各种对焊机的特点。

3.3 高能束焊设备

高能束焊又称高能焊、高能密度焊，它是利用高能密度的束流，诸如电子束、等离子弧和激光束等作为焊接热源。高能束焊的功率密度比通常的钨极氩弧焊或熔化极气体保护焊的功率密度要高一个数量级以上，其功率密度通常高于 5×10^5W/cm^2。

1. 高能束的获取

为了获得能满足焊接需要的高能的电子束和激光束，主要采取三方面的措施，一是提高束流的输出功率，二是提高束流的聚束性，三是采用适当的聚焦方法。

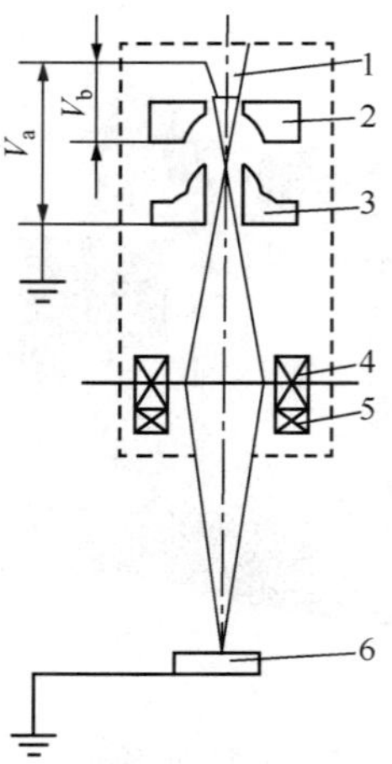

(1) 高能电子束的获取　图 3.3-1 是真空电子束焊接原理图。通过采用特殊形状的阴极和阳极形成会聚的锥形电子束并在阳极附近形成交叉点，电子束穿越阳极之后逐渐发散，然后通过电磁透镜(聚焦线圈)的再次聚焦，使电子束的聚焦斑点落在工件表面附近，偏压电极主要用于控制电子束流的强度，阴极与阳极之间通常加有 15~150kV 的加速电压。

V_a V_b 1 2 3 4 5 6

图 3.3-1　真空电子束焊接原理图

1—阴极；2—聚束极；3—阳极；4—聚焦线圈(磁透镜)；5—偏转线圈；6—工件；V_a—加速电压；V_b—偏压

电子经 100kV 的电压加速后，其运动速度约达到光速的 60%。

当加速电压为 100kV，聚焦束斑直径为 5mm，电子束流为 20mA 时，聚焦束斑点处的功率密度可达到 10^6W/cm^2。

(2) 高能激光束的获取　在激光器里通过谐振腔的方向选择、频率选择以及谐振腔和工作物质共同形成的反馈放大作用，使输出的激光方向性好、单色性好、亮度高。

光源的亮度
$$B = \frac{P}{A\Omega} \tag{3-3}$$

式中　A——光源发光面积；

Ω——法线方向上立体发散角；

P——在立体角为 Ω 的空间内发射的功率。

激光束的方向性用光束发射张角一半来表示，称为发散角，可表示为

$$\theta = \frac{4}{\pi}\frac{\lambda}{D} \tag{3-4}$$

式中　λ——激光波长；

D——光束直径。

经聚焦的激光束在焦平面处的束斑直径

$$d = f \times \frac{4}{\pi} \times \frac{\lambda}{D} = f\theta \tag{3-5}$$

式中　f——聚焦镜焦距。

目前，大功率连续波激光的功率达几千瓦、几十千瓦，甚至上百千瓦，相应的光束直径仅为几十毫米、上百毫米，立体角可达到 10^{-6}sr；脉冲固体激光器的光脉冲持续时间可压缩至 10^{-12}s，甚至更短；因此，激光具有极高的亮度，加之激光的方向性好，发散角 θ 小，有良好的聚焦性，在聚焦平面处可获得大于 10^6W/cm^2 的功率密度。

2. 高能束焊的特点

① 既可进行热传导焊接，也可进行深熔焊接。聚焦后束斑焦点处的功率密度可大于 10^5W/cm^2，焊接时，实际作用于工件表面的功率密度可通过改变输出功率和焊接速度等加以调整。当工件表面束流作用处的功率密度大于 10^5W/cm^2 时，为深熔焊接，小于 10^5W/cm^2 时，为热传导焊接。

在热传导焊接时，束流与工件相互作用产生的热经热传导进入工件内部，使材料被加热而熔化，熔池温度低，几乎没有蒸发，焊缝宽而浅，焊缝截面近似为半圆形，该焊接过程类似于非熔化极电弧焊。

② 深熔焊时有“小孔效应”，能形成深宽比大的焊缝。当作用在工件表面的功率密度在 10^6W/cm^2 附近时，熔化钢材的温度可达到 1900℃，金属蒸发而形成的蒸汽压力约为 300Pa。在金属蒸气压力、蒸气反作用力、液体金属静压力和表面张力等的共同作用下，可形成深约 3mm 的小孔。

如果功率密度大于 10^9W/cm^2，蒸气压力、蒸气反作用力和蒸发速率都很大，以至于熔化金属几乎全部被蒸发或被蒸气流冲出腔外，这种情况主要用于打孔。

图 3.3-2 是功率密度对焊缝熔深影响的关系曲线，由图可以看出，随着功率密度的增加，焊缝变窄，深度比变大，焊缝边线接近直线。图 3.3-2 是在高真空条件下通过电子束焊接得到的结果。然而，不难判断，在真空条件下进行激光焊接，由于不存在等离子屏蔽等负面影响，因而，有充足的理由认为所得到的焊缝形貌主要是受功率密度的影响。

③ 可焊材料范围广。高能束焊不仅适宜于普通金属，而且还特别适宜于难熔金属、热敏感性强的金属、钛合金、高温合金、热物理性能悬殊的异种材质以及厚度、尺寸差别大的构件间的焊接。

④ 加热集中，热输入少，变形小。

⑤ 焊缝质量高，在许多情况下，焊缝强度与母材接近或相当。

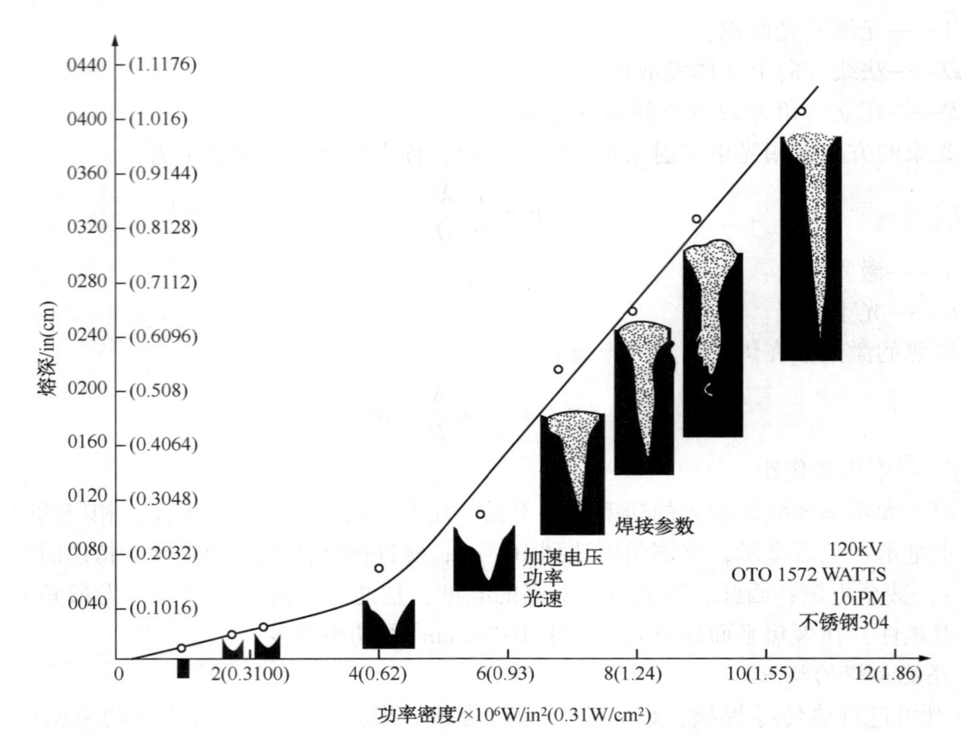

图 3.3-2　功率密度对焊缝熔深影响的关系曲线

⑥ 完成焊接所需的有效时间短，大批量生产时成本低。

⑦ 不足之处是设备价格高，无论真空电子束焊或是激光焊，设备的一次性投资大，维护费用也较高。

3. 真空电子束焊与激光焊的比较

① 真空电子束焊可获得比激光焊更高的功率密度。

② 真空电子束焊一次焊透的深度以及焊缝的深度比都比激光焊大。加速电压为 150kV 的电子束焊机焊不锈钢，熔深可达 80mm，深宽比可达 50:1。

③ 真空电子束焊特别适宜于活泼金属和铝合金、铜合金等的焊接。高真空中没有气体污染，并能使析出的气体迅速从焊缝中逸出，提高了焊缝金属的纯度，提高了焊接接头的质量。

④ 真空电子束焊的不足之处是，被焊金属工件的大小受真空室尺寸的限制，需要抽真空，效率低。

⑤ 激光焊接时，不需进行 X 射线屏蔽，不需要真空室，观察和焊缝对中方便。

⑥ 脉冲激光焊接在微细零件的点焊、缝焊方面具有特别的优势。

⑦ 激光焊接可通过透明介质对密闭容器内的工件进行焊接；YAG 激光可用光纤传输，可达性好。

⑧ 激光束不受磁场影响，特别适宜于磁性材料的焊接。

⑨ 激光焊的不足之处是，焊接导电性好的材料，如铝、铜等对其反射率高，施焊比较困难。

3.3.1　电子束焊设备

1. 电子束焊的原理

1）电子束焊的原理

电子束经聚焦后的束流密度的分布形态与加速电压、束流大小、聚焦镜焦距、所处的真空环境等密切相关。图 3.3-3 为不同压强下电子束斑点的束流密度。由图可以看出，高真空(如 10^{-2}Pa)时，束流的截面积最小；真空度为 4Pa 时，束流密度最大值与高真空(10^{-2}Pa)时相差很小，但束流截面变大；如真空度为 7Pa 时，束流密度最大值和束流截面与 10^{-2}Pa 时相比，分别有明显的降低和增加；当真空度为 15Pa 时，由于散射的影响，束流密度显著下降。

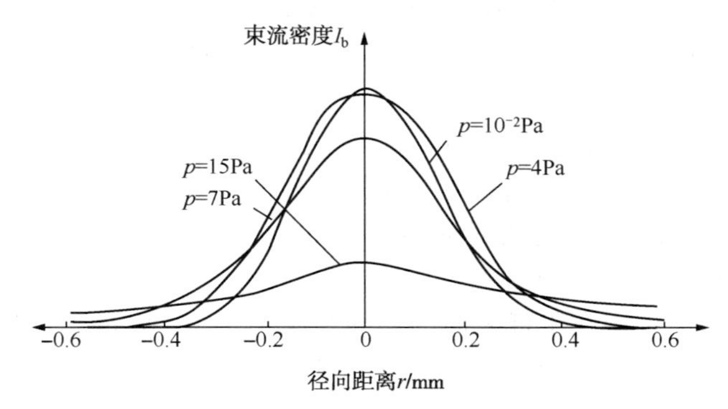

图 3.3-3　不同压强下电子束斑点的束流密度分布

实验条件：$U_b = 60$kV；$I_b = 90$mA；$Z_b = 525$mm(Z_b 为电子枪的工作距离)

作用在工件表面的电子束功率密度除与束流密度有关外，还与焊接速度等相关。电子束焊接时，依据作用在工件表面的电子束功率密度的不同，表现出不同的加热机制。低功率密度时表现为热传导机制，高功率密度时，表现为熔深机制。

2）电子束焊的特点

与其他熔焊方法相比较，电子束焊的特点是：

① 加热功率密度大，焦点处的功率密度可达 $10^6 \sim 10^8$W/cm²，比电弧高 100～1000 倍。

② 加热集中，热效率高，焊接接头需要的热输入量小，适宜于难熔金属及热敏感性强的金属材料，焊后变形小。

③ 焊缝深宽比大，深宽比可达 50:1 以上。

④ 熔池周围气氛纯度高，焊接室的真空度一般为 10^{-2}Pa 数量级，几乎不存在焊缝金属的污染问题，特别适宜于活性强、纯度高和极易被大气污染的金属焊接。

⑤ 参数调节范围广、适应性强。电子束焊接的参数能各自单独进行调节，调节范围很宽。电子束流可从几毫安到几百毫安；加速电压可从几十千伏到几百千伏；焊接的工件厚度可从小于 0.1mm 一直到超过 100mm；可以实现复杂焊缝的自动焊接，可通过电子束扫描熔池来抑制缺陷等。

3）电子束焊的类型

(1) 按被焊工件所处环境的真空度分

① 高真空电子束焊接　是指在 $10^{-4} \sim 10^{-1}$Pa 的压强下进行的焊接，电子散射小，作用

在工件上的功率密度高，穿透深度大，焊缝深宽比大，可有效防止金属的氧化，适宜于活性金属、难熔金属和质量要求高的工件的焊接。

② 低真空电子束焊接　是指在 10^{-1} ~ 10Pa 压强下进行的焊接。由于只需抽至低真空，省掉了扩散泵，缩短了抽真空时间，可提高生产率，降低成本。

③ 非真空电子束焊接　是指在大气压强下进行的焊接。这时，在高真空条件下产生的电子束通过一组光阑、气阻通道和若干级预真空室后，入射到大气压强下的工件上。散射会引起功率密度显著下降，深宽比也大为减小。但其最大特点是不需真空室，可焊大尺寸的工件，生产效率高。

（2）按电子枪加速电压分

① 高压电子束焊接　电子枪的加速电压在 120kV 以上，易于获得直径小、功率密度大的束斑和深宽比大的焊缝。加速电压为 600kV、功率为 300kW 时，一次可焊透 200mm 厚的不锈钢。

② 中压电子束焊接　加速电压在 40 ~ 100kV 之间，电子枪可做成固定式或移动式。

③ 低压电子束焊接　加速电压低于 40kV，在相同功率的条件下，束流会聚困难，功率密度小，适用于薄板焊接，电子枪可做成小型移动式的。

（3）按电子束对材料的加热机制分

① 热传导焊接　当作用在工件表面的功率密度小于 10^5W/cm^2 时，电子束能量在工件表面转化的热能是通过热传导使工件熔化的，熔化金属不产生显著的蒸发。

② 深熔焊接　作用在工件表面的功率密度大于 10^5W/cm^2 时，金属被熔化并伴随有强烈的蒸发，会形成熔池小孔，电子束流穿入小孔内部并与金属直接作用，焊缝深宽比大。

2. 真空电子束焊接设备

1）真空电子束焊接设备的组成

图 3.3-4 为真空电子束焊机的组成图，主要由四个部分组成：

（1）主机　由电子枪、真空室、工作传动系统和操作台组成。

（2）高压电源　由阳极高压电源、阴极加热电源和束流控制高压电源组成。

（3）控制系统　由高压电源控制装置、电子枪阴极加热电源控制系统、束流控制装置、聚焦电源控制以及束流偏转发生器等组成。

（4）真空抽气系统　由电子枪抽气系统、工作室抽气系统和真空控制及监测装置等组成。

此外，真空电子束焊机还有一些辅助设备，例如，用于冷却电子枪、扩散泵以及机械泵的冷却系统，冷却水的净化过滤及软化装置，压缩空气供气系统以及净化装置等。

2）电子枪

电子枪主要作用是发射电子，使电子从阴极向阳极运动，加速并形成束流；用磁透镜对电子束聚焦，使电子束流产生偏转并使束流以给定的函数作扫描。图 3.3-5 为电子枪结构图，包括静电和电磁两部分。

（1）静电部分　由阴极、聚束极和阳极（又称加速极）组成，通常称为静电透镜。聚束极又称控制极，相对于阴极可接负偏压，用来控制通过阳极孔的电子束流强度。这样的电子枪称为三极枪。当聚束极与阴极接成等电位时，聚束极就失去了控制束流强度的能力，这样的电子枪称为二极枪。

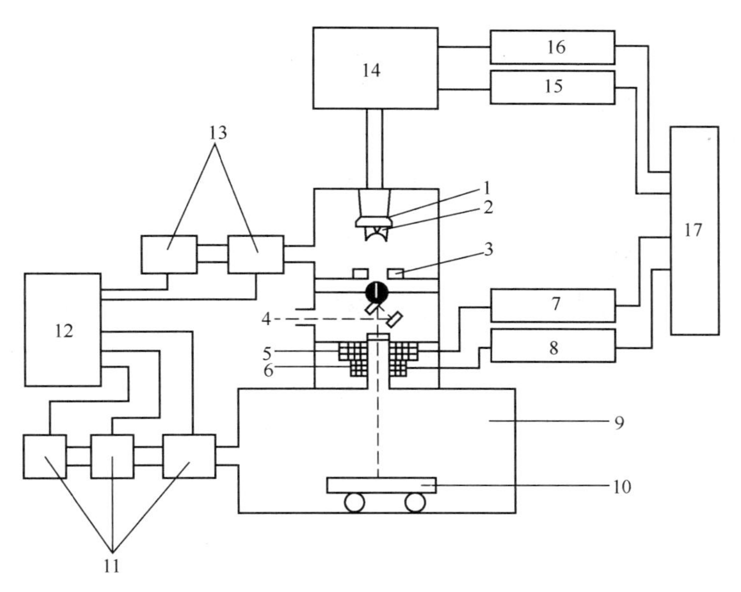

图 3.3-4　真空电子束焊机组成图

1—阴极；2—聚束极；3—阳极；4—光学观察系统；5—聚焦线圈；6—偏转线圈；7—聚焦电源；8—偏转电源；9—真空工作室；10—工作台及传动系统；11—真空系统；12—真空控制及监测系统；13—电子枪真空系统；14—高压电源；15—束流控制器；16—阴极加热控制器；17—电气控制系统

(2) 电磁部分　主要由磁透镜和偏转线圈组成。由静电透镜会聚的电子束经历一段路程后会发散，经过磁透镜可重新聚焦，这样既增加了电子束焊接的工作距离，又易于对其控制和调节，所以，所有的电子枪至少有一级磁透镜。

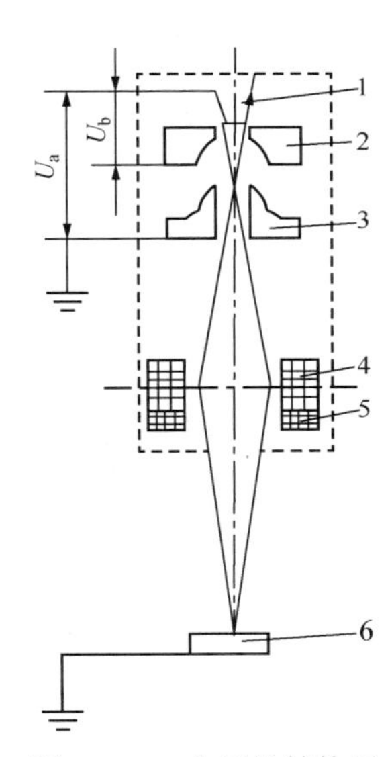

图 3.3-5　电子枪结构图

1—阴极；2—聚束极；3—阳极；4—磁透镜聚焦线圈；5—偏转线圈；6—工件；U_a—加速电压；U_b—偏压

3) 电子枪供电系统

二极电子枪的供电系统包括加速电压电源、阴极加热电源、磁透镜电源和偏转线圈电源等。

(1) 加速电压电源　加速电压电源通常由升压、整流、调压三个部分组成。升压部分一般采用工频三相油浸式高压变压器，为改善整流电压的纹波系数，有的采用中频三相高压发生器；整流部分要尽量减小纹波系数；调压部分常通过调节变压器的一次电压来实现。当采用中频高压变压器时，可通过改变发电机的励磁电压来调节变压器的输入电压。

(2) 阴极(灯丝)加热电源　采用直热式阴极时，要尽量消除网压波动的影响。有的阴极灯丝加热电源配有束流控制器，其作用主要是抑制电子束流的脉动；对变化复杂的电子束流进行精确的控制；控制电子束流的斜坡上升和下降时间；控制束流接通时间和脉冲焊接时用于产生脉冲束流等。

(3) 磁透镜电源　要求其励磁电流稳定度≤0.1%，为提高其稳定度，必须进行闭环控制。

(4) 偏转线圈电源　无论是静偏转或动偏转，都要求偏转线圈的电流稳定度小于0.1%。

静偏转电源可采用闭环控制线路，动偏转电源可采用函数发生器。

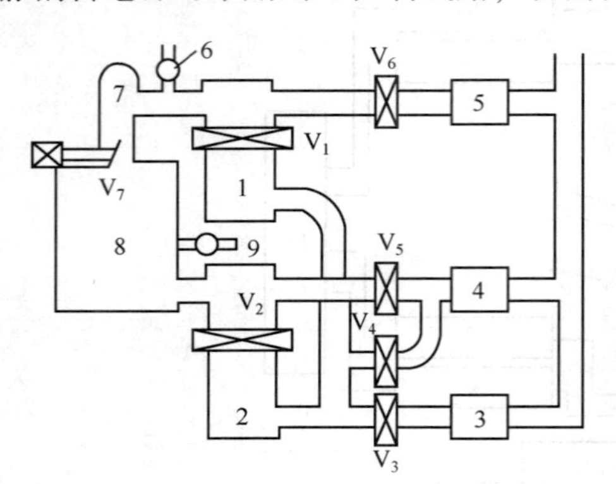

图 3.3-6 真空电子束焊机抽气系统的组成

1、2—扩散泵；3、4、5—机械泵；6、9—放气阀；7—电子枪室；8—真空室；$V_1 \sim V_7$—各种阀门

4）真空系统

电子束焊机的真空系统内包括抽气机(或称真空泵)、真空阀门、真空管道、连接法兰、真空计和真空工作室等。真空电子束焊机的真空系统属动态系统，真空度是靠抽气机(真空泵)连续工作来维持的。图 3.3-6 给出了一种通用型真空电子束焊机抽气系统的组成。电子枪和真空室使用机械泵 4、5 和扩散泵 1、2 抽真空。为了减少扩散泵的油蒸气对电子枪的污染，应在扩散泵的抽气口处装置水冷折流板(亦称冷阱)。对于高压电子枪(150kV)可采用涡轮分子泵抽真空来消除油蒸气的污染。涡轮分子泵工作时不需要预热，可缩短电子枪的抽真空时间，但涡轮分子泵价格较贵且易损坏。装在电子枪室与工作室之间的阀门 V_7 可使两者隔离，关闭此阀门，可以在更换工件或阴极时使电子枪或工作室单独处于真空状态。

5）典型的真空电子束焊机

ESW1000 型高压电子束焊机由西德生产，其功率有 7.5kW、15kW 和 25kW 三种。焊机由电子枪、工作室、真空、高压电源和电控柜等部分组成，如图 3.3-7 所示。

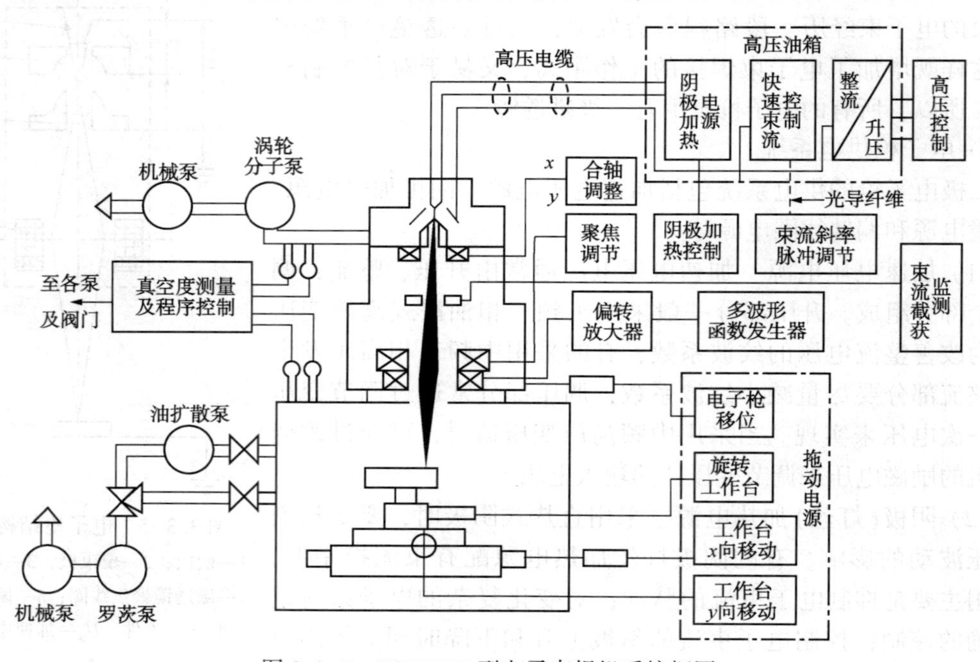

图 3.3-7 ESW1000 型电子束焊机系统框图

焊机的主要技术参数是：①电子枪加速电压：150kV，稳定度+0.5%，纹波系数≤1%；②电子束流：50、100、170mA 三种，稳定度+0.5%；③脉冲束流的频率范围：0.1～1.1kHz；④磁透镜聚焦电流稳定度：±0.1%；⑤工作距离适应范围(焊缝至工作室顶面)50～

1000mm；⑥束流偏转范围：150kV 时为±3°；100kV 时为±4°。⑦工作室容积：1400mm×1150mm×900mm（长×宽×高）；⑧直缝焊接工作台行程：横向 650mm，纵向 400mm，速度范围 100～3000mm/min；⑨回转工作台转速范围：0.17～15r/min；⑩真空度及抽真空时间：电子枪 5×10^{-2}Pa，工作室 1×10^{-1}Pa；抽真空时间（油扩散泵处于热态）<9min；⑪焊接能力：最大熔深（对不锈钢）——7.5kW 时为 40mm，15kW 时为 80mm；最佳深宽比——连续束流焊时为 20∶1，脉冲束流焊时为 50∶1；⑫X 射线泄漏量：<0.5mr/h。

3.3.2　激光焊接设备

激光对金属材料的焊接，本质上是激光与非透明物质相互作用的过程。这个过程极其复杂，微观上是一个量子过程，宏观上则表现为反射、吸收、熔化和汽化等现象。激光焊接与一般的焊接方法相比，有如下特点：

① 聚焦后的功率密度可达 10^5～10^7W/cm²，加热集中，完成单位长度、单位厚度工件焊接所需的热输入低，因而工件产生的变形极小，热影响区很窄，特别适宜于精密焊接和微细焊接。

② 可获得深宽比大的焊缝，焊接厚件时可不开坡口一次成形。激光焊缝的深宽比目前已达到 12∶1，不开坡口单道焊接钢板的厚度已达 50mm。

③ 适宜于难熔金属、热敏感性强的金属以及热物理性能差异悬殊工件间的焊接。

④ 可穿过透明介质对密闭容器内的工件进行焊接。

⑤ 可借助反射镜使光束达到一般焊接方法无法施焊的部位，YAG 激光（波长 1.06μm）还可用光纤传输，可达性好。

⑥ 激光束不受电磁干扰，无磁偏吹现象存在，适宜于磁性材料焊接。

⑦ 不需真空室，不产生 X 射线，观察和对中方便。

激光焊的不足之处是设备的一次性投资大，对高反射率的金属直接进行焊接比较困难。

目前，用于焊接的激光器主要有两大类，气体激光器和固体激光器，前者以 CO_2 激光器为代表，后者以 YAG 激光器为代表。根据激光的作用方式激光焊接分为连续激光焊和脉冲激光焊。

1. 激光焊接设备的组成

激光焊接设备主要由激光器、光学系统、激光加工机、辐射参数传感器、工艺介质输送系统、工艺参数传感器、控制系统以及准直用 He-Ne 激光器等组成。图 3.3-8 为激光焊接设备组成框图。

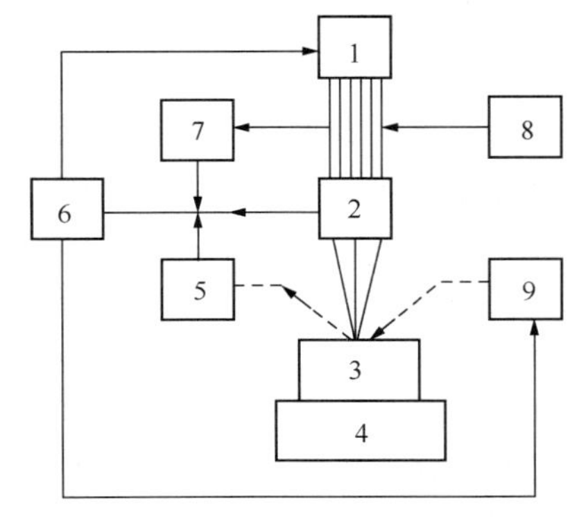

图 3.3-8　激光焊接设备的组成

1—激光器；2—光学系统；3—工件；4—激光加工机；5—工艺参数传感器；6—控制系统；7—辐射参数传感器；8—准直用 He-Ne 激光器；9—工艺介质输送系统

（1）激光器　激光器是激光焊接设备中最重要部分，提供加工所需的光能。对激光器的要求是稳定、可靠，能长期正常运行。激光的横模最好为低阶模或基模，输出功率（连续激光器）或输出能量（脉冲激光器）能根据加工要求进行精密调节。

（2）光学系统　光学系统用以进行光束的传输和聚焦，在小功率系统中，聚焦多采用透镜，在大功率系统中一般采用反射聚焦镜。对于波长为 1.06μm 的激光，还可采用光纤传输。

(3) 激光加工机　用以产生工件与光束间的相对运动。激光加工机的精度对焊接或切割的精度影响很大。根据光束与工件的相对运动，加工机可分为二维、三维、四维、五维等。

(4) 辐射参数传感器　主要用于检测激光器的输出功率或输出能量，进而通过控制系统对功率或能量进行控制。

(5) 工艺介质输送系统　焊接时，该系统的主要功能有三：一是输送惰性气体，保护焊缝；二是抑制熔池上方等离子体的负面效应；三是输送适当的混合气以增加熔深。

(6) 工艺参数传感器　主要用于检测加工区域的温度、工件的表面状况和等离子体的特性等，以便通过控制系统进行必要的调整。

(7) 控制系统　其主要作用是输入参数、实时显示、控制、保护和报警等。

(8) 准直用 He-Ne 激光器　一般采用小功率的 He-Ne 激光器，进行光路的调整和工件的对中。

2. 气体激光器

(1) 气体激光器的分类　气体激光器是以气体或蒸汽为工作物质的激光器。根据工作气体的性质，可将气体激光器分为三类：①原子激光器，这类激光器是利用原子的跃迁产生激光振荡，输出光的波长处在电磁波波谱图的可见和红外区段。He-Ne 激光器是其典型代表。波长为 0.6328μm，输出功率为 mW 级。②分子激光器，它是利用分子振动或转动状态的变化产生辐射，输出激光是分子的振转光谱，输出光的波长大多在近红外区段。CO_2 激光器是这一类的代表，激光波长 10.6μm。③离子激光器，这类激光器的工作物质是离子气体(也包括金属蒸气离子)，输出光的波长大多处在可见和紫外区段。氩离子激光器的激光波长为 0.448μm(蓝光)和 0.5145μm(绿光)。

(2) CO_2 气体激光器工作原理　CO_2 分子是线性对称排列的三原子分子，它的三原子排成直线，中间是碳原子，两端是氧原子[图 3.3-9(a)]。由分子的结构理论知：分子里的电子运动决定了分子的电子能态；分子里的原子振动(即原子围绕其平衡位置不断地性作周期的振动)决定了分子的振动能态；分子转动(分子作为一个整体在空间不断旋转)决定了分子的转动能态。通过对 CO_2 发射激光过程的研究发现，CO_2 的电子能态并不发生改变。CO_2 有三种振动方式，即对称振动、弯曲振动和非对称运动，如图 3.3-9 所示。对这三种振动能级常用三位数字表示：对称振动能级记为 100、200、300 等；弯曲振动能级记为 010、020 等；非对称振动能级记为 001、002 等。

对称振动是指两个氧原子以碳原子为中心沿分子连线作方向相反的振动[图 3.3-9(b)]；弯曲振动是指三个原子垂直于对称轴的振动，且碳原子的振动方向与两个氧原子的振动方向相反[图 3.3-9(c)]；非对称振动则是指三个原子沿分子连线的振动，且碳原子的运动方向与两个氧原子的运动方向相反[图 3.3-9(d)]。

实际上分子在振动的同时还进行着转动，转动的能量同样是量子化的，于是，振动能级则因转动而分裂成一系列子能级。

在 CO_2 激光器中，为了提高激光器的效率和输出功率，气体中通常还加有氮气，这主要是由于电子激发氮分子的几率很大，受激的氮分子能通过共振能量转移使处于基态的 CO_2 分子受激，增加 CO_2 分子的激发速率。图 3.3-10 是 CO_2-N_2 的激光能级图，其中的 $E=1$ 对应于 N_2 的第一激发态。

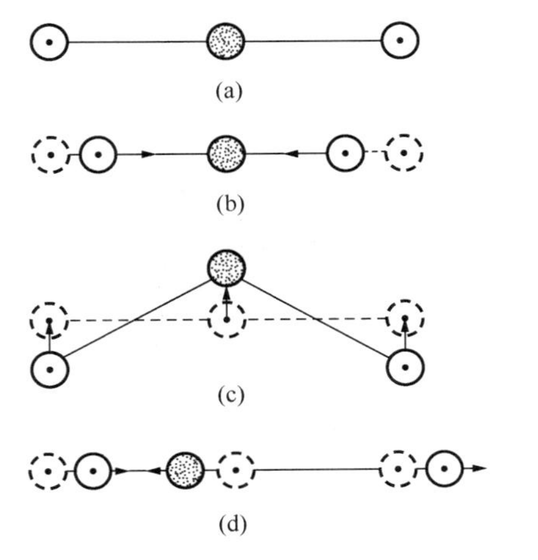

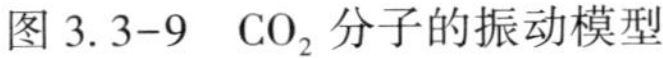

图 3.3-9 CO_2 分子的振动模型

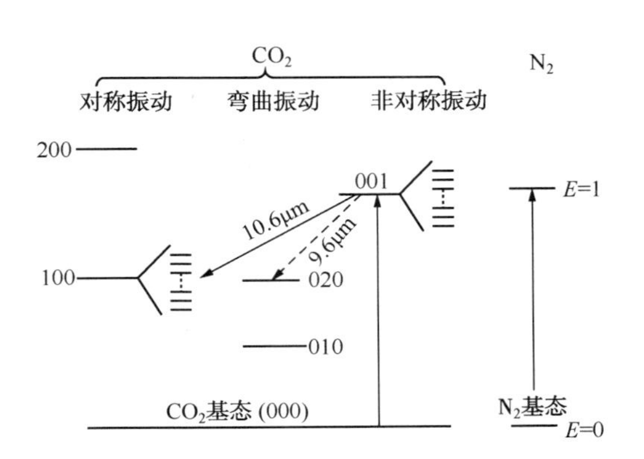

图 3.3-10 CO_2—N_2 激光能级图

在 CO_2 激光器中，除使用辅助气体 N_2 之外，还使用 He 气，He 可使 CO_2 激光器的输出功率明显提高。这是因为 He 的热导率比 CO_2 和 N_2 高一个数量级，加入 He 能提高热量向外传递的速率。通常，CO_2 激光器的转换效率为 15%~20%，大部分放电电能转换为热能，因而引起工作气体温度升高，增益系数下降。加入 He 后，从宏观上看降低了工作气体的温度，从微观本质上看，对抽空低能级十分有利。在 CO_2 激光器中，CO_2 分子的(100)、(020)、(001) 这几种能级相互作用很强烈，能量交换频繁，粒子在这些能级上的分布基本符合波耳兹曼定律，可近似地用气体温度来表征它们的分布情况。气体温度下降使(100)和(020)能级上的粒子数相对减少，但是，气体温度下降却很少影响能级(001) 上的粒子分布，可见，He 能起增加粒子数反转的作用。

(3) CO_2 激光器分类　根据气体流动的特点，CO_2 激光器分为密封式、轴流式、横流式和板条式四种。目前，工业上广泛应用的主要是轴流式和横流式。

①轴流式 CO_2 激光器。这类激光器的主要特点是气体流动方向、放电方向和激光的输出方向三者一致。根据气流速度的大小，又分为慢速轴流和快速轴流两种。图 3.3-11 是快速轴流 CO_2 激光器结构图，它由放电管、谐振腔(包括后腔镜和输出镜)、高速风机以及热交换器等组成。这类激光器的输出模式为 TEM_{00} 模和 TEM_{01} 模，这种模式特别适宜于焊接和切割。

②横流式 CO_2 激光器。其结构如图 3.3-12 所示。它由密封外壳、谐振腔(包括后腔镜、折叠镜、输出镜)、高速风机、热交换器以及放电电极等组成。它的光束、气流和放电的三个方向相互垂直，气体激光介质用高速风机连续循环地送入谐振腔，气体直接与热交换器进行热交换。这类激光器的每米放电管的输出功率可达 2~3kW。

3. 固体激光器

焊接领域使用的固体激光器的激光工作物质主要是掺钕钇铝石榴石。在钇铝石榴石单晶里掺入适量的三价钕离子(Nd^{3+})便构成了掺钕钇铝石榴石晶体，常表示为 Nd^{3+}：YAG。钇铝石榴石的化学式为 $Y_3Al_5O_{12}$，它是由 Y_2O_3 和 Al_2O_3 按物质的量的比为 3∶5 化合生成的。Nd^{3+}：YAG 的主要优点是易于实现粒子数反转，所需的最小激励光强比红宝石小得多。同时，掺钕钇铝石榴石晶体具有良好的导热性，热膨胀系数小，适宜在脉冲、连续和高重复率三种状态下工作，是目前在室温下唯一能连续工作的固体激光工作物质。它的泵浦灯可采用氙灯或氪灯，连续工作时常用氪灯泵浦。

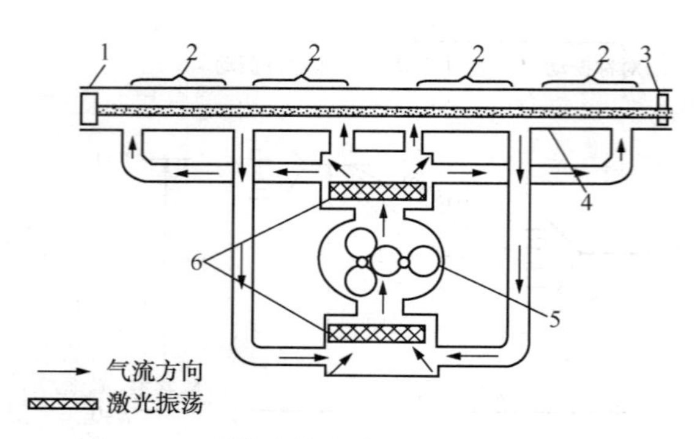

图 3.3-11　快速轴流式 CO_2 激光器结构图

1—后腔镜；2—高压放电区；3—输出镜；4—放电管；5—高速风机；6—热交换器

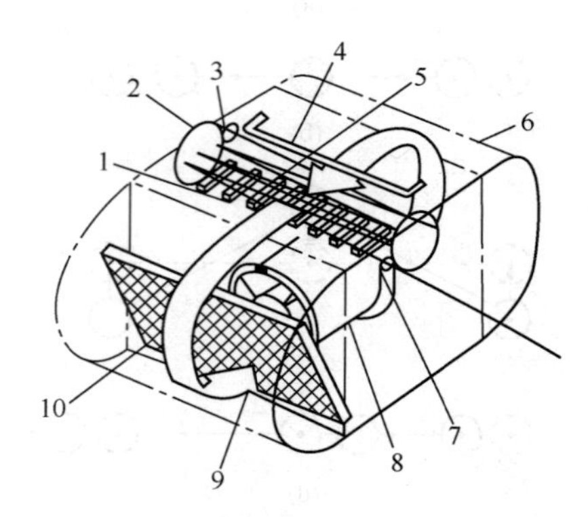

图 3.3-12　横流式 CO_2 激光器结构图

1—平板式阳极；2—折叠镜；3—后腔镜；4—阴极；5—放电管；6—密封壳体；7—输出反射镜；8—高速风机；9—气流方向；10—热交换器

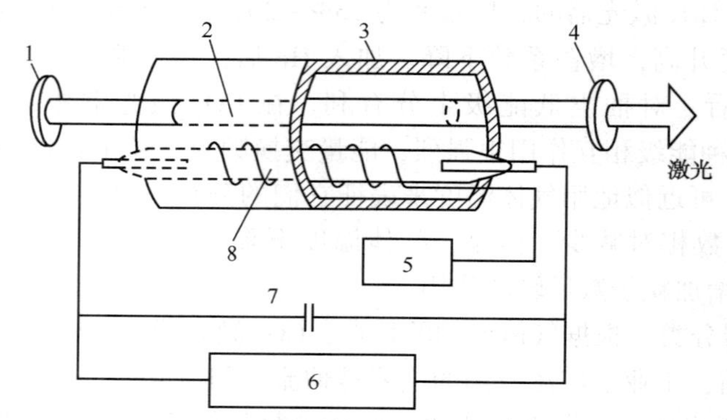

图 3.3-13　固体激光器的结构图

1—全反射镜；2—激光工作物质(激光棒)；3—聚光腔；4—部分反射镜；5—触发电路；6—高压充电电源；7—电容器组；8—泵浦灯

(1) 固体激光器的基本结构　图 3.3-13 是固体激光器的结构图。激光工作物质 2(又称激光棒)是激光器的核心，全反射镜 1 和部分反射镜 4 组成谐振腔，8 为泵浦灯，固体激光器一般都采用光泵抽运，可用氙灯或氪灯。聚光腔 3 将泵浦源发出的光通过反射，尽量多地照射到激光棒上，以提高效率。理想的聚光腔为椭圆形，泵浦灯和激光棒分别放在两个焦点上，聚光腔反射面镀有金膜或银膜并进行抛光，以提高反射率。高压充电电源 6 用以对电容器组 7 充电。触发电路发出触发脉冲后，已充电的电容器组通过泵浦灯放电，电能部分转换为光能。

(2) 调 Q 技术　固体激光器一般以脉冲方式工作，在脉冲氙灯闪光后约 0.5ms，激光工作物质内即实现粒子数反转并开始发出激光。一旦发光开始，上能级储存的粒子数就被大量消耗，粒子数反转密度很快就小于 $\Delta n_{阈}$，激光振荡停止，这样的过程持续约 1μs。但由于光泵继续抽运，高能级的粒子数又迅速增加，实现粒子数反转并再次超过 $\Delta n_{阈}$，激光振荡又重新开始，如此反复进行，直到光泵停止工作时才结束，这样．在氙灯 1ms 闪光时间内，激光输出是一个随时间展开的尖峰脉冲序列，如图 3.3-14 所示。由于每个激光脉冲都是在阈值附近产生的，所以输出脉冲的峰值功率较低，同时输出脉冲的时间特性差，能量在时间上也不够集中。

为了得到高的峰值功率和窄的单个脉冲，可采取调 Q 技术。Q 的定义是

$$Q = 2\pi\nu_0 \frac{\text{腔内储存的激光能量}}{\text{每秒消耗的激光能量}}$$

式中，ν_0 为激光的中心频率。

调 Q 的基本原理是通过某种方法使谐振腔的损耗(或 Q 值)按规定的程序变化，在光泵激励开始时，先使聚光腔具有高损耗，激光器由于阈值高而不能产生激光振荡，于是亚稳态上的粒子数便可以积累到较高的水平。然后在适当的时刻，使腔的损耗突然降低，阈值也随之突然降低，此时反转粒子数大大超过阈值，受激辐射极为迅速地增强，于是在极短时间内上能级储存的大部分粒子的能量转变为激光能量，输出一个极强的激光脉冲，如图 3.3-15 所示。采用调 Q 技术很容易获得峰值功率高于兆瓦、脉宽为几十毫微秒的激光巨脉冲。

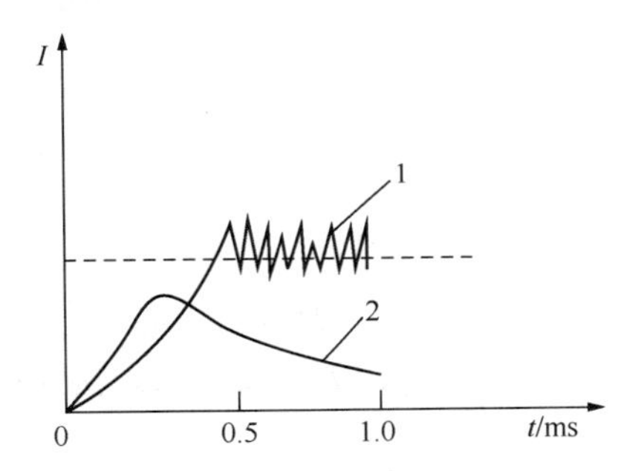

图 3.3-14　脉冲氙气灯光强和激光光强随时间的变化

1—激光光强；2—氙灯光强

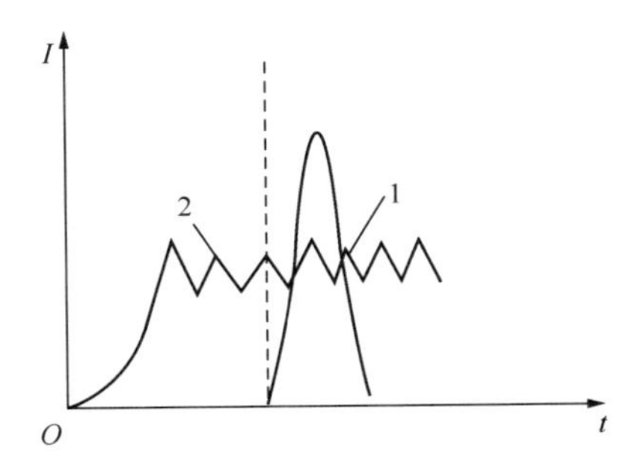

图 3.3-15　激光脉冲

1—调 Q 后；2—调 Q 前

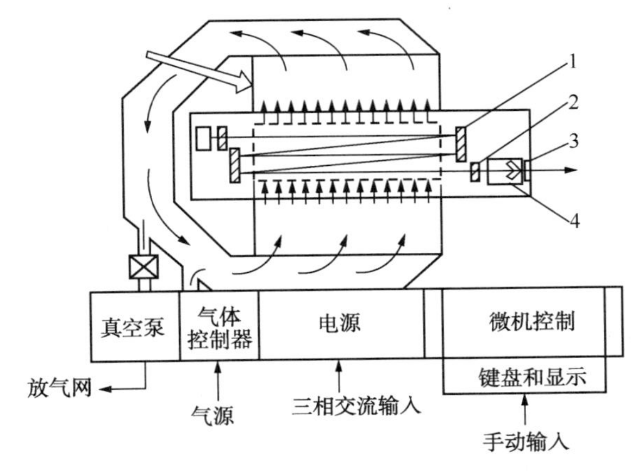

图 3.3-16　RS850 型 CO_2 激光器组成图

1—后腔镜；2—输出镜；3—输出窗；4—光闸

4. 典型的激光焊机

(1) RS850 型 CO_2 激光器　RS850 型 CO_2 激光器属于横流式，它是德国西门子公司所属的罗芬-西纳尔(Rofin-Sinar)子公司的产品。

图3.3-16是其简化的组成示意图。它由激光头、真空系统、气体控制器、电源和微机控制系统等组成。

（2）YAG固体激光焊机

图3.3-17是典型的YAG激光焊机光路系统。系统由三大部分组成：A—激光振荡部分；B—能量检测及扩束部分；C—观察及聚焦部分。

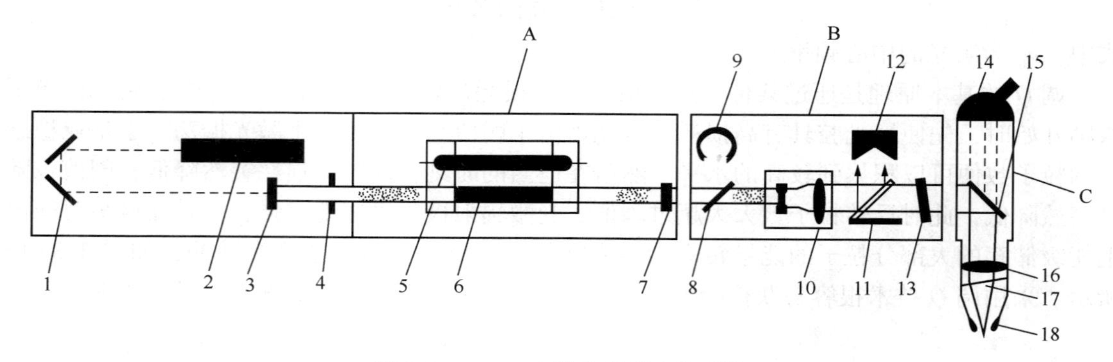

图3.3-17　YAG激光焊机光路系统

1、15—反射镜；2—准直用He—Ne激光器；3—尾镜；4—光阑；5—泵浦灯；6—YAG棒；7—输出镜；8—分光镜；9—能量探测器；10—扩束器；11—光闸；12—光能吸收器；13—调节器；14—观察镜；16—聚焦镜；17—保护玻璃；18—喷嘴

调节光脉冲能量时，光闸11闭合，光能被吸收器12吸收。很少量的光能经分光镜8反射后，被能量探测器9接收，进而显示出能量的大小。保护玻璃17用以遮挡焊接时的飞溅，以免聚焦镜16被损坏。

复习思考题

1. 画图说明高能电子束是如何获得的？
2. 高能激光束是如何获得的？
3. 简述高能束焊的特点。
4. 什么是深熔焊的“小孔效应”？
5. 简述电子束焊的原理。
6. 简述电子束焊的特点。
7. 简述电子束焊的类型。
8. 简述真空电子束焊的设备组成。
9. 画图说明电子枪的结构。
10. 画图说明真空电子束焊机抽气系统的组成。
11. 画图说明激光焊设备的组成。
12. 简述 CO_2 气体激光器的工作原理。
13. 画图说明固体激光器的结构组成。

3.4　其他焊接设备

3.4.1　电渣焊设备

电渣焊是利用电流通过液体熔渣产生的电阻热做为热源，将工件和填充金属熔合成焊缝的垂直位置的焊接方法(见图 3.4-1)。渣池保护金属熔池不被空气污染，水冷成形滑块与工件端面构成空腔挡住熔池和渣池，保证熔池金属凝固成形。

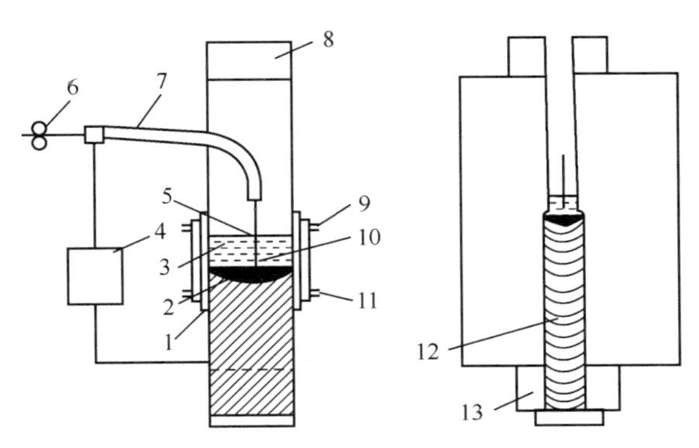

图 3.4-1　电渣焊过程图

1—水冷成形滑块；2—金属熔池；3—渣池；4—焊接电源；5—焊丝；6—送丝轮；7—导电杆；8—引出板；9—出水管；10—金属熔滴；11—进水管；12—焊缝；13—起焊槽

电渣焊过程可分为三个阶段：

(1) 引弧造渣阶段　开始电渣焊时，在电极和起焊槽之间引出电弧，将不断加入的固体焊剂熔化，在起焊槽，水冷成形滑块之间形成液体渣池，当渣池达到一定深度后，使电弧熄灭，转入电渣过程。在引弧造渣阶段，电渣过程不够稳定，渣池温度不高，焊缝金属和母材熔合不好，因此焊后应将起焊部分割除。

(2) 正常焊接阶段　当电渣过程稳定后，焊接电流通过渣池产生的热使渣池温度达到1600~1000℃。渣池将电极和被焊工件熔化，形成的钢水汇集在渣池下部，成为金属熔池。随着电极不断向渣池送进，金属熔池和其上的渣池逐渐上升，金属熔池的下部远离热源的液体金属逐渐凝固形成焊缝。

(3) 引出阶段　在被焊工件上部装有引出板，以便将渣池和在停止焊接时往往易于产生缩孔和裂纹的那部分焊缝金属引出工件。在引出阶段，应逐步降低电流和电压，以减少缩孔和裂纹。焊后应将引出部分割除。

电渣焊和其他熔化焊方法相比，有如下特点：

(1) 宜在垂直位置焊接　当焊缝中心线处于垂直位置时，电渣焊形成熔池及焊缝成形条件最好，故适合于垂直位置焊缝的焊接。也可用于倾斜焊缝(与地面垂直线的夹角小于 30°)的焊接，焊缝金属中不易产生气孔和夹渣。

(2) 厚件能一次焊成　由于整个渣池均处于高温下，热源体积大，故不论工件厚度多大都可以不开坡口，只要有一定装配间隙便可一次焊接成形。生产率高，与开坡口的焊接方法(如埋弧焊)比，焊接材料消耗较少。

(3) 焊缝成形系数调节范围大　通过调节焊接电流和电压，可以在较大范围内调节焊缝成形系数，防止产生焊缝热裂纹。

（4）渣池对被焊工件有较好的预热作用　焊接碳当量较高的金属不易出现淬硬组织，冷裂倾向较小，焊接中碳钢、低合金钢时均可不预热。

（5）焊缝和热影响区晶粒粗大　焊缝和热影响区在高温停留时间长，易产生晶粒粗大和过热组织，焊接接头冲击韧性较低，一般焊后应进行正火和回火热处理。

根据采用电极的形状，电渣焊方法主要有丝极电渣焊、熔嘴电渣焊(包括管极电渣焊)和板极电渣焊。

（1）丝极电渣焊(图 3.4-2)　丝极电渣焊使用焊丝为电极，焊丝通过不熔化的导电嘴送入渣池，安装导电嘴的焊接机头随金属溶池的上升而向上移动，焊接较厚的工件时可以采用 2 根、3 根或多根焊丝，还可使焊丝在接头间隙中往复摆动，以获得较均匀的熔宽和熔深。这种焊接方法由于焊丝在接头间隙中的位置和焊接参数都容易调节，从而熔宽及熔深易于控制，故适合于高碳钢、合金钢对接以及丁字接头的焊接。

但这种焊接方法的设备及操作较复杂，由于焊机位于焊缝一侧，只能在焊缝另一侧安装控制变形的定位铁，以致焊后会产生角变形，故在一般对接焊缝和丁字焊缝中较少采用。

（2）熔嘴电渣焊(图 3.4-3)　熔嘴电渣焊的电极为固定在接头间隙中的熔嘴(由钢板和钢管点焊而成)和由送丝机构不断向熔池中送进的焊丝构成，随焊接厚度的不同，熔嘴可以是单个的也可以是多个的，根据工件形状，熔嘴电极的形状可以是不规则的或规则的。

熔嘴电渣焊的设备简单，操作方便，目前已成为对接焊缝和丁字形焊缝的主要焊接方法。此外，焊机体积小，焊接时焊机位于焊缝上方，故适合于梁体等复杂结构的焊接。由于可采用多个熔嘴且熔嘴固定于接头间隙中，不易产生短路等故障，所以，很适合于大截面结构的焊接。熔嘴可以做成各种曲线或曲面形状，以适合于曲线及曲面焊缝的焊接。

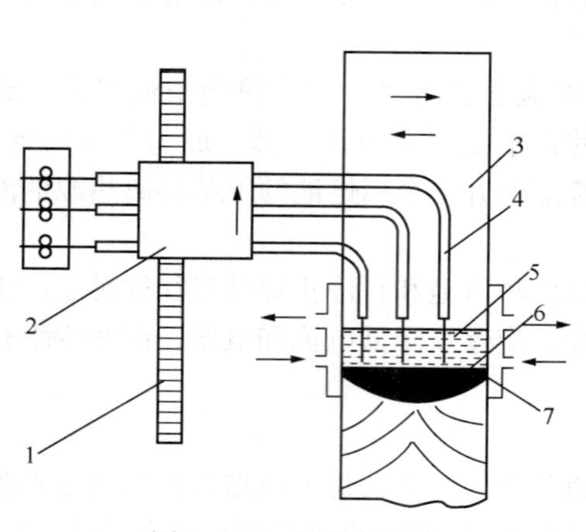

图 3.4-2　丝极电渣焊

1—导轨；2—焊机机头；3—工件；4—导电杆；5—渣池；6—金属熔池；7—水冷成形滑块

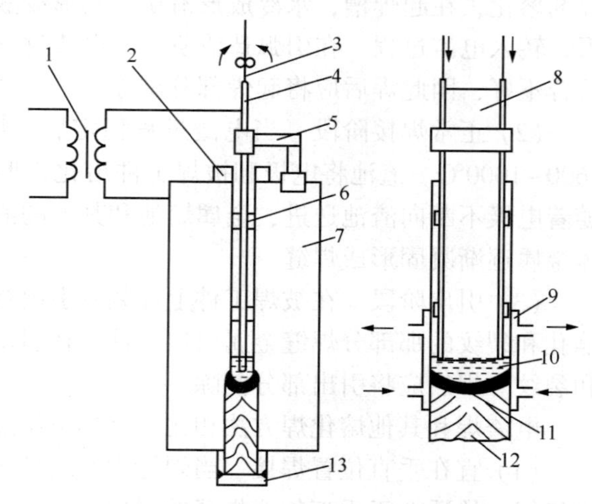

图 3.4-3　熔嘴电渣焊

1—电源；2—引出板；3—焊丝；4—熔嘴钢管；5—熔嘴夹持架；6—绝缘块；7—工件；8—熔嘴钢板；9—水冷成形滑块；10—渣池；11—金属熔池；12—焊缝；13—起焊槽

当被焊工件较薄时，熔嘴可简化为一根或两根管子，而在其外涂上涂料，因此也可称为管极电渣焊(图 3.4-4)，它是熔嘴电渣焊的一个特例。

管极电渣焊的电极为固定在接头间隙中的涂料钢管和不断向渣池中送进的焊丝。

因涂料有绝缘作用，故管极不会和工件短路，装配间隙可缩小，因而管极电渣焊可节省焊接材料和提高焊接生产率。由于薄板焊接可只采用一根管极，操作方便，管极易于弯成各种曲线形状，故管极电渣焊多用于薄板和曲线焊缝的焊接。

此外，还可通过管极上的涂料适当地向焊缝中渗合金，这对细化焊缝晶粒有一定作用。

(3) 板极电渣焊(图 3.4-5)　板极电渣焊的电极为板状，通过送进机构将板极不断向熔池中送进。

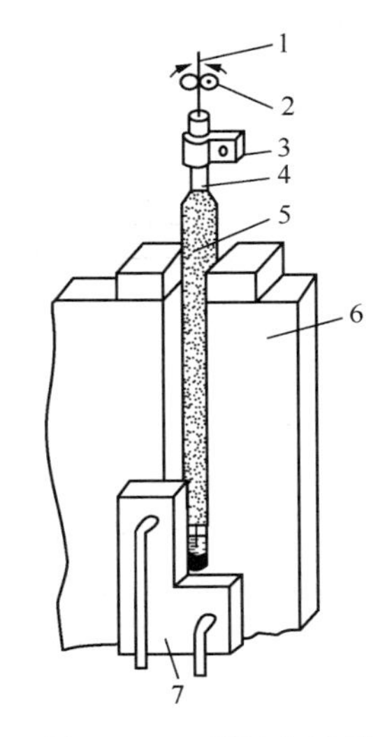

图 3.4-4　管极电渣焊

1—焊丝；2—送丝滚轮；3—管极夹持机构；4—管极钢管；5—管极涂料；6—工件；7—水冷成形滑块

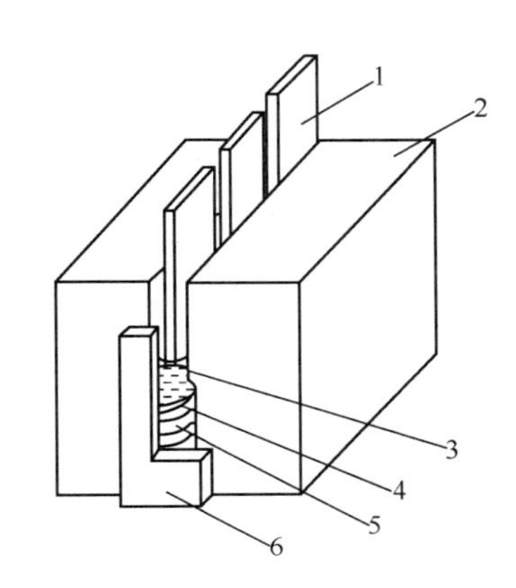

图 3.4-5　板极电渣焊

1—板极；2—工件；3—渣池；4—金属熔池；5—焊缝；6—水冷成形滑块

板极可以是铸造的也可以是锻造的，板极电渣焊适于不宜拉成焊丝的合金钢材料的焊接和堆焊，目前多用于模具钢的堆焊和轧辊的堆焊等。

板极电渣焊的板极一般为焊缝宽度的 4~5 倍，因此送进设备高大，焊接过程中板极在接头间隙中晃动，易于和工件短路，操作较复杂，因此，一般不用于普通材料的焊接。

电渣焊适用于焊接厚度较大的焊缝，难于采用自动埋弧焊或气电焊的某些曲线或曲面焊缝，由于现场施工或起重设备的限制，必须在垂直位置焊接的焊缝和某些焊接性差的金属(如高碳铜、铸铁)的焊接等。

1. 电渣焊设备

1) 丝极电渣焊设备

从经济方面考虑，电渣焊多采用交流电源。为保持稳定的电渣过程和减小网路电压波动的影响，电渣焊电源应保证避免出现电弧放电过程或电渣-电弧的混合过程，否则将破坏正常的电渣过程。因此，电渣焊电源必须是空载电压低、感抗小(不带电抗器)的平特性电源。另外，电渣焊变压器必须是三相供电，其二次电压应具有较大的调节范围。由于电渣焊焊接时间长，中间无停顿，因此，电渣焊焊接电源应按负载率 100%考虑。

目前，国内常用的电渣焊电源有 BP1-3×1000 和 BP1-3×3000 电渣焊变压器。

2）熔嘴电渣焊设备

熔嘴电渣焊设备由电源、送丝机构、熔嘴夹持机构和机架等组成，其电源为一般电渣焊电源。

送丝机构的结构如图 3. 4-6 所示。

单个熔嘴夹持机构的结构如图 3. 4-7 所示。

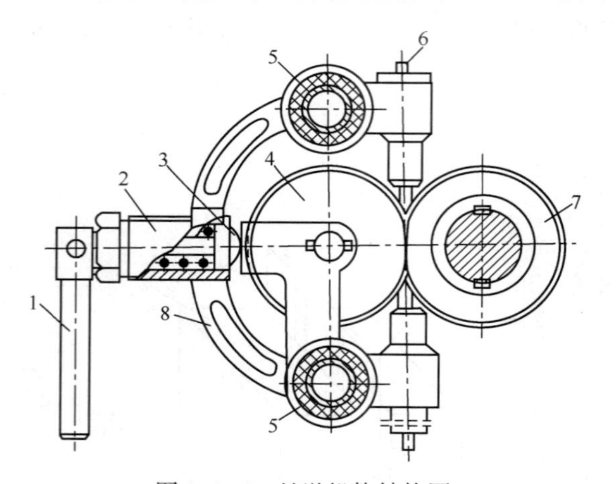

图 3. 4-6　丝送机构结构图

1—手柄；2—环形套；3—顶杆；4—压紧轮；5—支架滑动轴；6—焊丝；7—主动轮；8—弓形支架

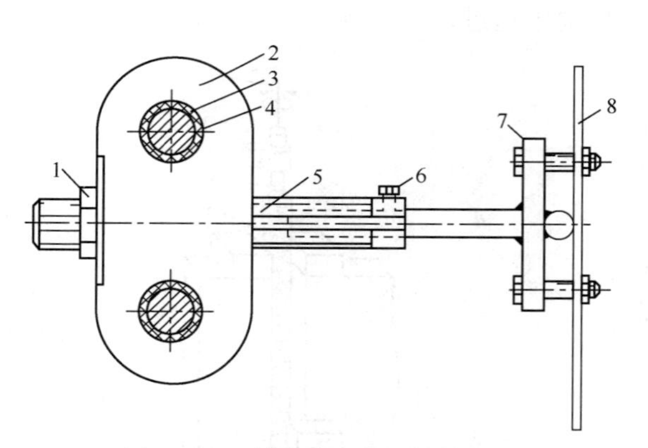

图 3. 4-7　单熔嘴夹持机构结构图

1—调节左右位置螺母；2—滑动支架；3—绝缘圈；4—支架滑动轴；5—螺杆；6—固定螺钉；7—夹持板；8—熔嘴板

2. 电渣压力焊设备

电渣压力焊主要用于钢筋混凝土建筑工程中竖向钢筋的连接。

钢筋电渣压力焊是将两钢筋安放在竖向对接形式，利用焊接电流通过端面间隙，在焊剂层下形成电弧过程和电渣过程，产生电弧热和电阻热，熔化钢筋端部，加压完成连接的一种焊接方法。

钢筋电渣压力焊具有电弧焊、电渣焊和压力焊的特点。焊接过程包括引弧、电弧、电渣和顶压 4 个阶段(见图 3. 4-8)，各个阶段的焊接电压与焊接电流波形变化(各取 0. 1s)，如图 3. 4-9 所示。

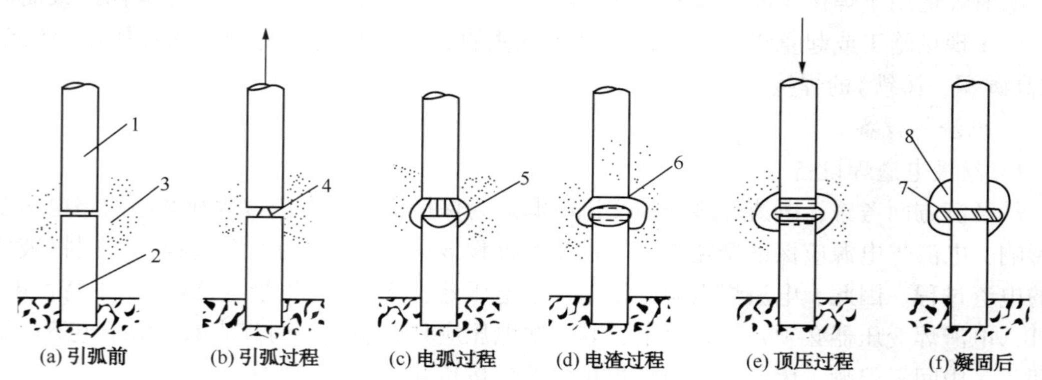

图 3. 4-8　钢筋电渣压力焊接过程图

1—上钢筋；2—下钢筋；3—焊剂；4—电弧；5—熔池；6—熔渣(渣池)；7—焊包；8—渣壳

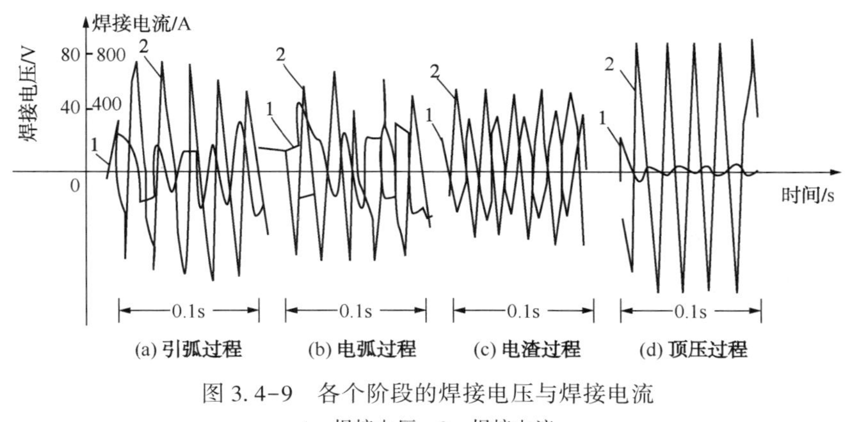

图 3.4-9　各个阶段的焊接电压与焊接电流

1—焊接电压；2—焊接电流

图 3.4-10 所示为钢筋电渣压力焊接接头外形图。

在钢筋电渣压力焊过程中，进行着一系列的冶金过程和热过程。熔化的液态金属与熔渣进行着氧化、还原、掺合金、脱氧等化学冶金反应，两钢筋端部经受电弧过程和电渣过程的热循环作用，焊缝呈柱状树枝晶，这是熔化焊的特征。最后，液态金属被挤出，使焊缝区很窄，这是压力焊的特征。

钢筋电渣压力焊机操作方便、效率高，适用于现场浇混凝土结构竖向或斜向(倾斜度在 4∶1 范围内)钢筋的连接，钢筋的级别为 Ⅰ、Ⅱ 级，直径为 14～40mm。

钢筋电渣压力焊机按整机组合方式可分为同体式和分体式两类。

分体式焊机主要包括：焊接电源(即电弧焊机)、焊接夹具、控制箱 3 部分。焊机电气监控装置的元件部分装于焊接夹具上，称为监控器或监控仪表；另一部分装于控制箱内。

同体式焊机是将控制箱的电气元件组装于焊接电源的机壳内，另加焊接夹具和电缆等附件。

(a) 未去渣壳前　　(b) 打掉渣壳后

图 3.4-10　钢筋电渣压力焊接头外形

两种类型的焊机各有优点，分体式焊机便于施工单位充分利用现有的电弧焊机，可节省一次性投资；也可同时购置电弧焊机，这样比较灵活。同体式焊机便于建筑施工单位一次投资就位，购入即可使用。

钢筋电渣压力焊机按操作方式可分成手动式和自动式两种。

常见的电渣压力焊机电气原理，如图 3.4-11 所示。

几种钢筋电渣压力焊机外形，如图 3.4-12 所示。

3.4.2　摩擦焊设备

摩擦焊是在压力作用下，通过待焊界面的摩擦使界面及其附近温度升高，材料的变形抗力降低、塑性提高、界面的氧化膜破碎，伴随着材料产生塑性变形与流动，通过界面上的扩散及再结晶冶金反应而实现连结的固态焊接方法。

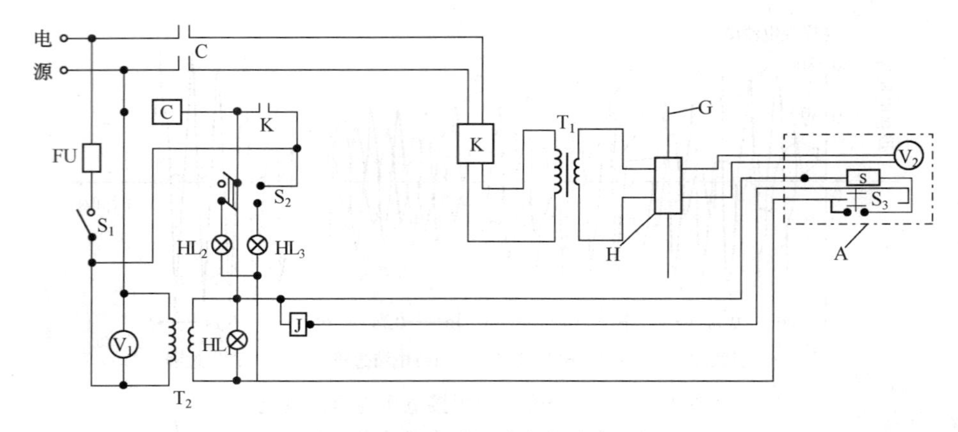

图 3.4-11　电渣压力焊机电气原理

S_1—电流粗调开关；S_2—电源开关；S_3—转换开关；T_1—弧焊变压器；T_2—控制变压器；
K—通用继电器；HL_1—电源指示灯；HL_2—电渣压力焊指示灯；HL_3—焊条电弧焊指示灯；V_1——次电压表；
V_2—二次电压表；S—时间显示器；H—焊接夹具；C—交流接触器；FU—熔断器；G—钢筋；A—监控器

(a) LDZ-32型，杠杆加压同体式　(b) MH-36型，摇臂加压分体式　(c) MZH-36-1型电动丝杆加压分体式

图 3.4-12　几种钢筋电渣压力焊机外形

1. 摩擦焊接原理

1）摩擦焊接原理

在压力作用下，被焊接界面通过相对运动进行摩擦时，机械能转变为热能，所产生的摩擦热功率

$$N = \mu kPv \tag{3-6}$$

式中　μ——摩擦系数；

k——系数；

P——摩擦压力；

v——摩擦相对运动速度。

对于给定的材料，在足够的摩擦压力和足够的运动速度条件下，被焊材质温度不断上升，伴随着摩擦过程的进行，工件亦产生一定的变形量，在适当的时刻，停止工件间的相对运动，同时施加较大的顶锻力并维持一定的时间（称为维持时间），即可实现材质间的固相连接。摩擦焊接过程可分为如下 6 个阶段：

（1）初始摩擦阶段　焊接表面总是凸凹不平，加之存在有氧化膜、锈、油、灰尘以及吸附的气体等，所以，显示出的摩擦系数很小，随着摩擦压力的逐渐增加，摩擦热功率也逐渐增加。

（2）不稳定摩擦阶段　摩擦破坏了待焊面的原始状态，未受污染的材质相接触，真实的接触面积增大，材质的塑性、韧性有较大提高，摩擦系数增大、摩擦热功率提高，达到峰值后，由于界面区温度的进一步升高，塑性增高而强度下降。在这个阶段中，摩擦变形量开始增大，并以飞边的形式出现。

（3）稳定摩擦阶段　在这个阶段，材料的粘结现象减少，分子作用增强，摩擦系数很小，摩擦热功率稳定在较低的水平。变形层在力的作用下，不断从摩擦表面挤出，摩擦变形量不断增大，飞边也增大，与此同时，又被附近高温区的材料所补充而处于动态平衡之中。

（4）停车阶段　在这个阶段，伴随工件间相对运动的减慢和停止，摩擦扭矩增大，界面附近的高温材料被大量挤出，变形量亦随之增大，具有顶锻的特点，为了得到牢固的结合，刹车时间要严格控制。

（5）纯顶锻阶段　指从工件停止相对运动到顶锻力上升到最大值所对应的阶段。顶锻压力、顶锻速度和顶锻变形量对焊接质量具有关键性的影响。

（6）顶锻维持阶段　指顶锻压力达到最大值到压力开始撤除所对应的阶段。

从停车阶段开始到顶锻维持阶段结束，变形层和高温区的部分金属被不断地挤出，焊缝金属产生变形、扩散以及再结晶，最终形成了结合牢固的接头。

2）摩擦焊的特点

摩擦焊的优点：

（1）接头质量高　摩擦焊属固态焊接。在正常情况下，接合面不发生熔化，焊合区金属为锻造组织，不产生与熔化和凝固相关的焊接缺陷。压力与扭矩的力学冶金效应使得晶粒细化、组织致密、夹杂物弥散分布，不仅接头质量高，而且性能好。

（2）适合异种材质的焊接　对于通常认为不可组合的金属材料，诸如铝-钢、铝-铜、钛-铜等都可进行焊接。一般来说，凡是可以进行锻造的金属材料都可以进行摩擦焊接。

（3）生产效率高　双头自动摩擦焊机生产的发动机排气门的生产率可达800~1200件/h。对于外径ϕ127mm、内径ϕ95mm的石油钻杆与接头的焊接，连续驱动摩擦焊仅需十几秒，如采用惯性摩擦焊，所需时间还要短。

（4）尺寸精度高　用摩擦焊生产的柴油发动机预燃烧室，全长误差为±0.1mm；专用机可保证焊后的长度公差为±0.2mm，偏心度为0.2mm。

（5）设备易于机械化、自动化，操作简单。

（6）环境清洁　工作时不产生烟雾、弧光和有害气体等。

（7）节能省电　与闪光焊相比，电能节约5~10倍。

摩擦焊的缺点与局限性：

（1）对非圆形截面焊接较困难，所需设备复杂；对盘状薄零件和薄壁管件，由于不易夹固，施焊也很困难。

（2）焊机的一次性投资较大，大批量生产才能降低生产成本。

摩擦焊根据焊件的相对运动和工艺特点进行的分类，如图3.4-13所示。

2. 普通型连续驱动摩擦焊机

图3.4-14所示是普通型连续驱动摩擦焊机的结构组成图，主要由主轴系统、加压系

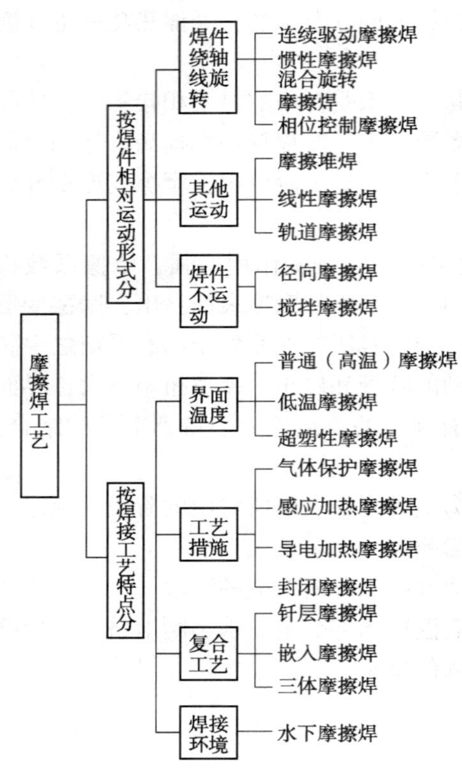

图 3.4-13　摩擦焊分类

统、机身、夹头、检测与控制系统以及辅助装置等 6 部分组成。

3. 惯性摩擦焊机

图 3.4-15 是惯性摩擦焊机工作原理图。它由电动机、主轴、飞轮、夹盘、移动夹具和液压缸等组成。工作时，飞轮、主轴、夹盘和工件都被加速到与给定能量相应的转速时，停止驱动，工件和飞轮自由旋转，然后，使两工件接触并施加一定的轴向压力，通过摩擦使飞轮的动能转换为摩擦界面的热能，飞轮转速逐渐降低，当变为零时，焊接过程结束。

4. 相位控制摩擦焊机

相位控制摩擦焊机用于六方钢、八方钢、汽车操纵杆等相对位置有要求的工件的焊接，要求工件棱边对齐、方向对正或相位满足要求。实际应用的主要有 3 种类型：机械同步相位摩擦焊、插销配合摩擦焊和同步驱动摩擦焊。

图 3.4-16 是机械同步相位摩擦焊的工作原理图。

图 3.4-17 是插销配合摩擦焊的工作原理图。

图 3.4-18 是同步驱动摩擦焊的工作原理图。

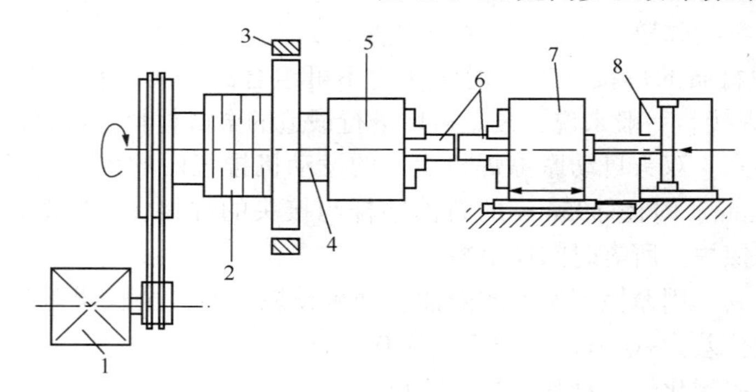

图 3.4-14　普通型连续驱动摩擦焊机的结构组成

1—电动机；2—离合器；3—制动器；4—主轴；5—旋转夹头；6—工件；7—驱动夹头；8—轴向加压缸

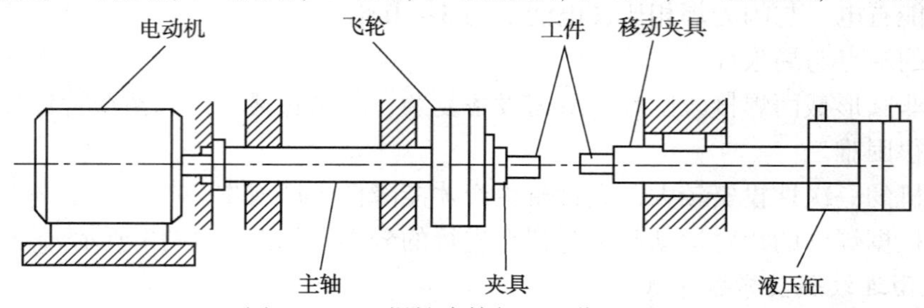

图 3.4-15　惯性摩擦焊机工作原理图

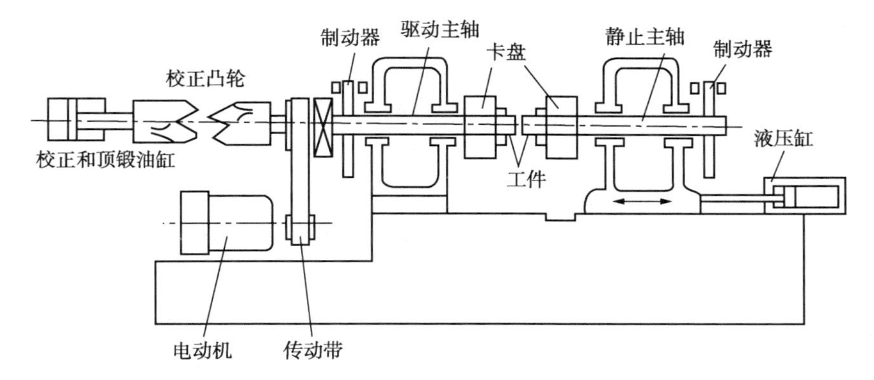

图 3.4-16　机械同步相位摩擦焊工作原理图

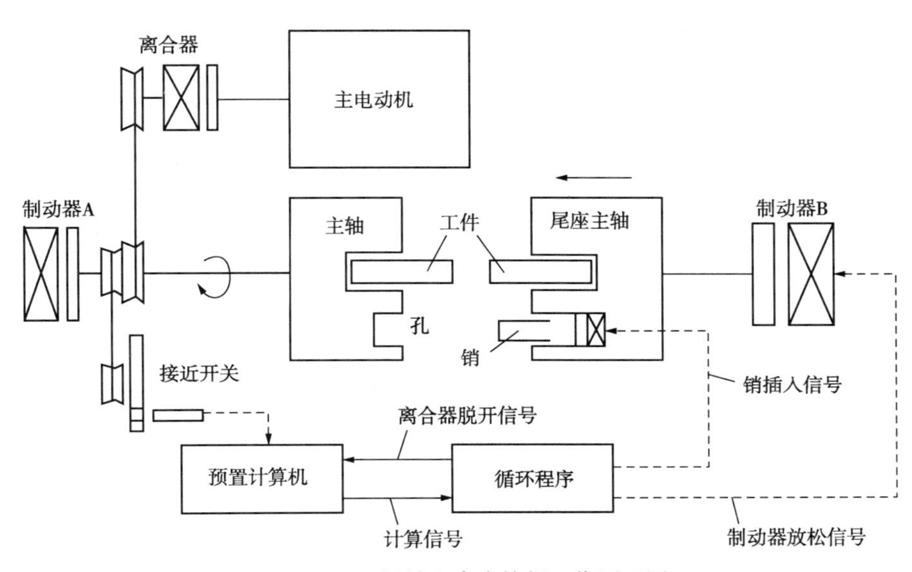

图 3.4-17　插销配合摩擦焊工作原理图

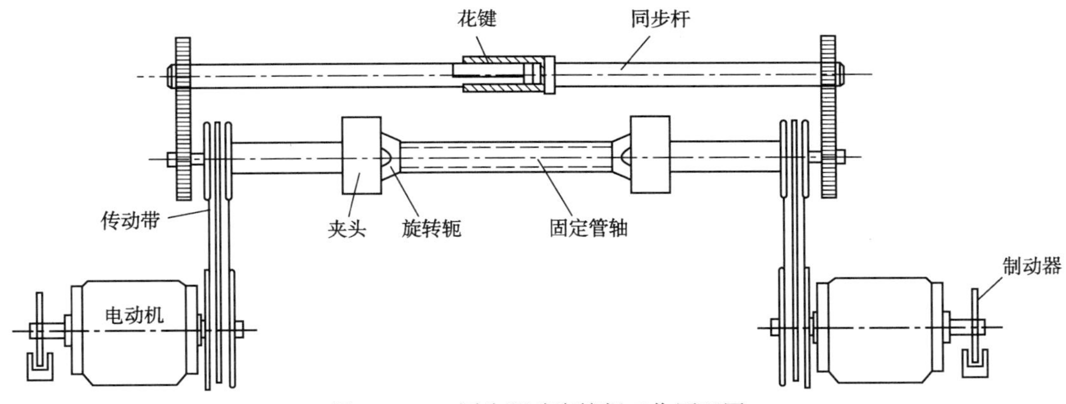

图 3.4-18　同步驱动摩擦焊工作原理图

3.4.3　超声波焊设备

超声波焊是利用超声频率(超过 16kHz)的机械振动能量和静压力的共同作用，连接同种或异种金属、半导体、塑料及金属陶瓷等的特殊焊接方法。

金属超声波焊接时，既不向工件输送电流，也不向工件引入高温热源，只是在静压力下将弹性振动能量转变为工件间的摩擦功、形变能和随后有限的温升实现焊接。接头间的冶金结合是在母材不发生熔化的情况下实现的，是一种固态焊接。

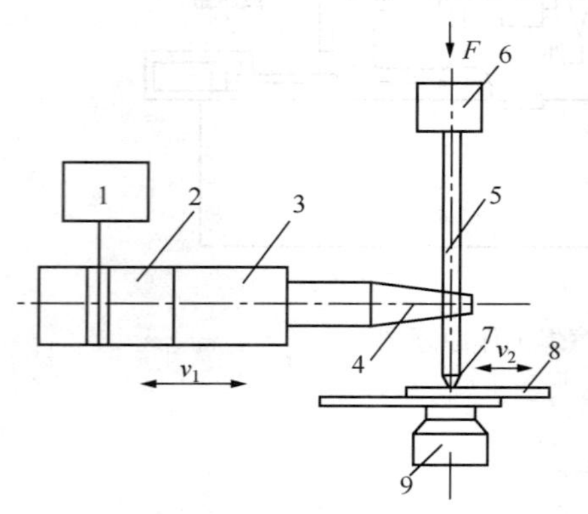

图 3.4-19　超声波焊工作原理图

1—发生器；2—换能器；3—传振杆；4—聚能器；5—耦合杆；6—静载；7—上声极；8—工件；9—下声极

F—静压力；v_1—纵向振动方向；v_2—弯曲振动方向

1. 超声波焊工作原理

超声波焊的工作原理如图 3.4-19 所示。

由上声极传输的弹性振动能量是经过一系列的能量转换及传递环节产生的，在这些环节中，超声波发生器是一个变频装置，它将工频电流转变为超声波频率(15～60kHz)的振荡电流。换能器则利用逆压电效应转换成弹性机械振动能。传振杆、聚能器用来放大振幅，并通过耦合杆、上声极传递到工件。换能器、传振杆、聚能器、耦合杆和上声极构成一个整体，称之为声学系统。声学系统中各个组元的自振颗率，将按同一个频率设计。当发生器的振荡电流频率与声学系统的自振频率一致时，系统即产生了谐振(共振)，并向工件输出弹性振动能。

常见的金属超声波焊可分为点焊、环焊、缝焊和线焊。

(1) 点焊　点焊可根据上声极的振动状况分为纵向振动系统(轻型结构)，弯曲振动系统(重型结构)，以及介于两者之间的轻型弯曲振动等几种，见图 3.4-20。

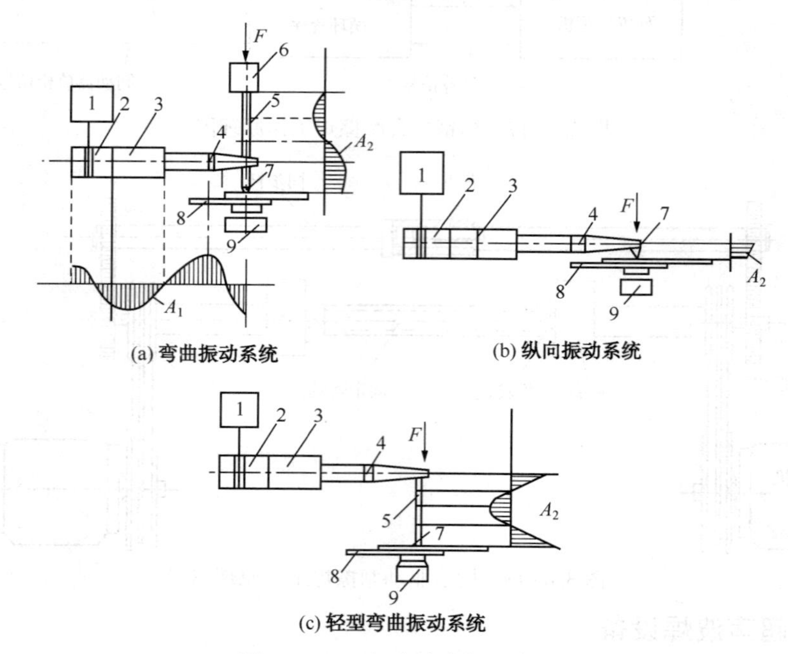

图 3.4-20　超声波点焊的类型

1—发生器；2—换能器；3—传振杆；4—聚能器；5—耦合杆；6—静载；7—上声极；8—工件；9—下声极

A_1—纵向振动振幅分布；A_2—弯曲振动振幅分布

轻型结构适用于功率小于 500W 的小功率焊机，重型结构适用于千瓦级大功率焊机，轻型弯曲振动系统适用于中小功率焊机，它兼有两种振动系统的诸多优点。

（2）环焊　用环焊方法可以一次形成封闭环形焊缝，超声波环焊的工作原理如图 3.4-21 所示。

焊接时，耦合杆带动上声级作扭转振动，振幅相对于声极轴线呈对称分布，轴心区振幅为零，边缘位置振幅最大。显然，环焊最适合于微电子器件的封装工艺。有时环焊也用于对气密要求特别高的直线焊缝的场合，用来替代缝焊。

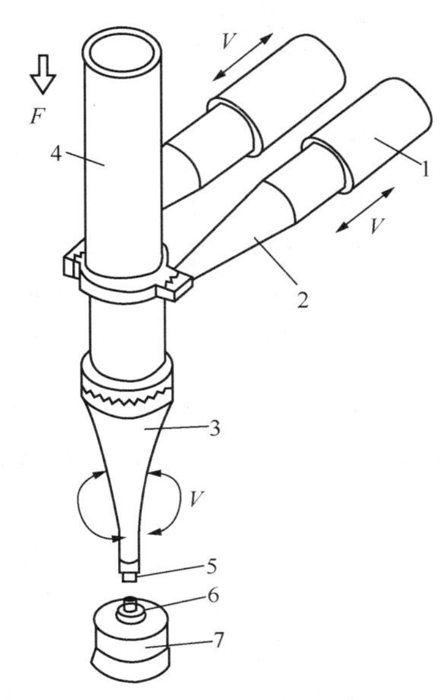

图 3.4-21　超声波环焊的工作原理

1—换能器；2、3—聚能器；4—耦合杆；5—上声极；6—工件；7—下声器；F—静压力；V—振动方向

由于环焊的一次焊缝的面积较大，需要有较大的功率输入，因此，常采用多个换能器的反向同步驱动方式。

（3）缝焊　缝焊机的振动系统按其焊盘的振动状态分为纵向振动、弯曲振动和扭转振动等 3 种形式，见图 3.4-22。

其中最常见的是纵向振动形式。

缝焊可以获得密封的连续焊缝，通常工件被夹持在上下焊盘之间，在特殊情况下可采用平板式下声极。

（4）线焊　线焊可以看成是点焊方法的一种延伸，现在已经可以通过线状上声极一次获得 150mm 长的线状焊缝，这种方法最适用于金属薄箔的线状封口，如图 3.4-23 所示。

超声波焊焊缝的形成主要由振动剪切力、静压力

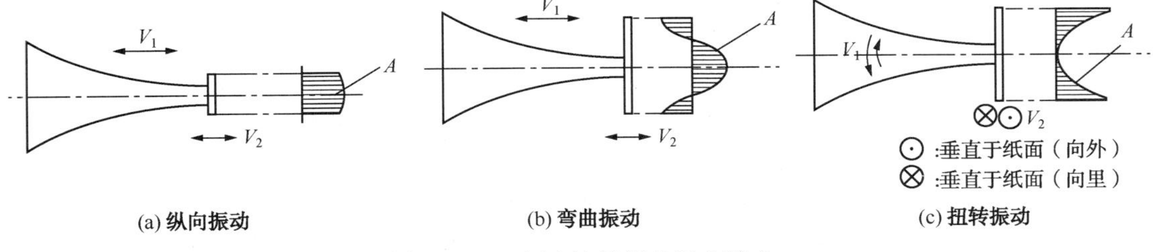

图 3.4-22　超声波缝焊的振动形式

A—焊盘振幅分布；V_1—聚能器振动方向；V_2—焊点的振动方向

和焊区的温升三个因素所决定。综观焊接过程，超声波焊经历了如下 3 个阶段。

（1）摩擦　超声波焊的第一个过程主要是摩擦过程，其相对摩擦速度与摩擦焊相近，只是振幅仅仅为几十微米。这一过程的主要作用是排除工件表面的油污、氧化物等杂质，使纯净的金属表面暴露出来。

（2）应力和应变过程　从光弹应力模型中可以看到，剪切应力的方向每秒将变化几千次，这种应力的存在也是造成摩擦过程的起因，只是在工件间发生局部连接后，这种振动的应力和应变将形成金属间实现冶金结合的条件。

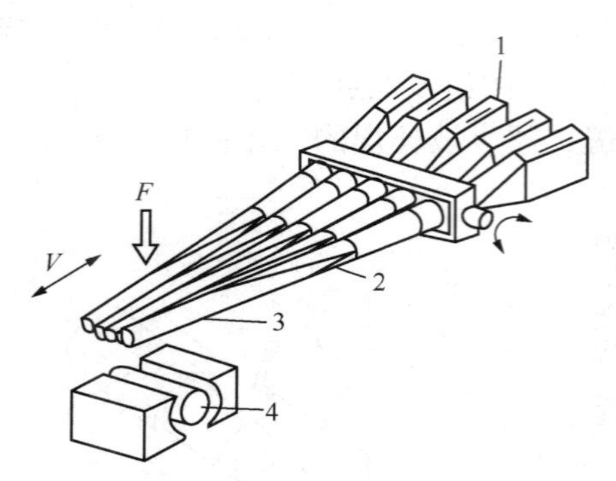

图 3.4-23　超声波线焊

1—换能器；2—聚能器；3—125mm 长焊接声极头；4—周围绕放罐形坯料的心轴

在上述两个步骤中，由于弹性滞后，局部表面滑移和塑性变形的综合结果，使焊区的局部温度升高。经过测定，焊区的温度约为金属熔点的 35%～50%。

（3）固相焊接　用光学显微镜和电子显微镜对焊缝截面进行的检验表明，焊接过程发生了相变、再结晶、扩散以及金属间的键合等冶金现象，是一种固相焊接过程。

由于固态焊接不受冶金焊接性的约束，没有气、液相污染，不需其他热输入(电流)，几乎所有塑性材料均可以焊接，还特别适合于物理性能差异较大、厚度相差较大的异种材料的焊接，对于高热导率、高电导率材料(如金、银、铜、铝等)是超声波焊最易于焊接的材料。由于超声波焊所需功率随工件厚度和硬度的提高呈指数剧增。因此，超声波焊接多用于片、箔、丝等微型、精密、薄件的搭接接头的焊接。

2. 焊接设备

超声波点焊机的典型结构组成如图 3.4-24 所示，由超声波发生器(A)、声学系统(B)、加压机构(C)和程控装置(D)等 4 部分组成。

1）超声波发生器

超声波发生器用来将工频(50Hz)电流变换成超声频率(15～60kHz)的振荡电流，并通过输出变压器与换能器相匹配。

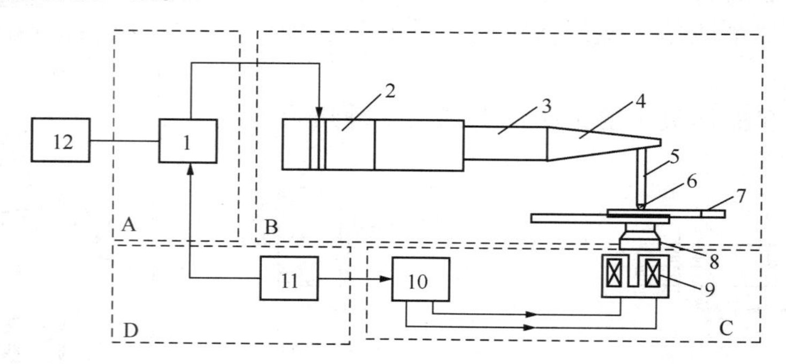

图 3.4-24　超声波点焊机的结构组成

1—超声波发生器；2—换能器；3—传振杆；4—聚能器；5—耦合杆；6—上声极；7—工件；8—下声极；9—电磁加压装置；10—控制加压电源；11—程控器；12—电源

目前有电子管放大式、晶体管放大式、晶闸管逆变式及晶体管逆变式等多种电路形式。其中电子管式效率低，仅为 30%～45%，已经被晶体管放大式等所替代。目前应用最广的是晶体管放大式发生器，在超声波发生器作为焊接应用时，频率的自动跟踪是一个必备的性能。由于焊接过程随时会发生负载的改变以及声学系统自振频率的变化，为确保焊接质量的稳定，利用取自负载的反馈信号，构成发生器的自激状态，以确保自动跟踪和最优的负载匹配。

有些发生器还装有恒幅控制器，以确保声学系统的机械振幅保持恒定。这时选择合适的振幅传感器将成为技术关键。最近几年出现的晶体管逆变式发生器使超声波发生器的效率提高到95%以上，而设备的体积大幅度减小。

2）声学系统

（1）换能器　换能器用来将超声波发生器的电磁振荡转换成相同频率的机械振动。常用的换能器有压电式和磁致伸缩式两种。

压电换能器的最主要优点是效率高和使用方便，一般效率可达80%~90%，它是基于逆压电效应。

石英、锆酸铅、锆钛酸铅等压电晶体，在一定的结晶面受到压力或拉力时将会出现电荷，称之为压电效应，反之，当在压电轴方向馈入变电场时，晶体就会沿着一定方向发生同步的伸缩现象，即逆压电效应。压电换能器的缺点是比较脆弱，使用寿命较短。

磁致伸缩换能器是依靠磁致伸缩效应工作。当将镍或铁铝合金等材料置于磁场中时，作为单元铁磁体的磁畴将发生有序化运动，并引起材料在长度上的伸缩现象，即磁致伸缩现象。

磁致伸缩换能器是一种半永久性器件，工作稳定可靠，但由于效率低(仅为20%~40%)，除了特大功率的换能器以及连续工作的大功率缝焊机外，已经被压电式换能器所取代。

（2）传振杆　超声波焊机的传振杆主要是用来调整输出负载，是与压电式换能器配套的声学主件。传振杆通常选择放大倍数0.8、1、1.25等几种半波长阶梯型杆，由于传振杆主要用来传递振动能量，一般可以选择由45#钢或30CrMnSi低合金钢或超硬铝合金制成。

（3）聚能器　聚能器又称变幅杆，在声学系统中起着放大换能器输出的振幅并耦合传输到工件的作用。

各种锥形杆都可以作为聚能器，设计各种聚能器的共同目标是使聚能器的自振频率能与换能器的推动频率谐振，并在结构上考虑合适的放大倍数、低的传输损耗以及自身足够的机械强度。

指数锥聚能器由于可使用较高的放大系数，工作稳定，结构强度高，因而常常优先选择。此外，聚能器作为声学系统的一个组件，最终要被固定在某一装置上，以便实现加压和运转等，从实用上考虑，在磁致伸缩型的声学系统中，往往将固定整个声学系统的位置设计在聚能器的波节点上。

聚能器工作在疲劳条件下，设计时应重点考虑结构的强度，特别是声学系统各个组元的连接部位，更需要特别注意。材料的抗疲劳强度及减少振动时的内耗是选择聚能器材料的主要依据，目前常用的材料有45#钢、30CrMnSi、超硬铝合金、蒙乃尔合金以及钛合金等。

（4）耦合杆　耦合杆用来改变振动形式，一般是将聚能器输出的纵向振动改变为弯曲振动，当声学系统含有耦合杆时，振动能量的传输及耦合功能就都由耦合杆来承担。除了应根据谐振条件来设计耦合杆的自振频率外，还可以通过波长数的选择来调整振动振幅的分布，以获得最优的工艺效果。

耦合杆在结构上非常简单，通常是一个圆柱杆，但其工作状态较为复杂，设计时需要考虑弯曲振动时的自身转动惯量及其剪切变形的影响，而且约束条件也很复杂，因而实际设计时要比聚能器复杂。一般选择与聚能器相当的材料制作耦合杆，两者用钎焊的方法连接起来。

（5）声极　超声波焊机中直接与工件接触的声学部件称为上、下声极。对于点焊机来说，可以用各种方法与聚能器或耦合杆相连接，而缝焊机的上下声极可能就是一对滚盘，至于塑料用焊机的上声极，其形状更是随零件形状而改变。但是，无论是哪一种声极，在设计中的基本问题仍然是自振频率的设计，显然，上声极有可能成为最复杂的一个声学元件。

通用点焊机的上声极是最简单的，一般都将上声极的端部制成一个简单的球面，其曲率半径约为焊件厚度的50~100倍。例如，对于厚1mm焊件的点焊机，其上声极端面的曲率半径可选75mm。

缝焊机的滚盘按其工作状态进行设计。例如，选择弯曲振动状态时，滚盘的自振频率应设计成与换能器频率相一致。

下声极(有时称为铁砧)与上声极相反，在设计时应选择反谐振状态，从而使谐振能可在下声极表面反射，以减少能量的损失。有时为了简化设计或受工作条件限制也可选择大质量的下声极。

超声波焊机的声学系统是整机的心脏，而声学系统的设计关键在于按照选定的频率计算每个声学组元的自振频率。

3）加压机构

向工件施加静压力的加压机构是形成焊接接头的必要条件，目前主要有液压、气压、电磁加压及自重加压等几种。其中液压方式冲击力小，主要用于大功率焊机，小功率焊机多采用电磁加压或自重加压方式，这种方式可以匹配较快的控制程序。在实际使用中，加压机构还可能包括工件的夹持机构(见图3.4-25)，对超声波焊接时防止焊件滑动和更有效地传输振动能量往往是十分重要的。

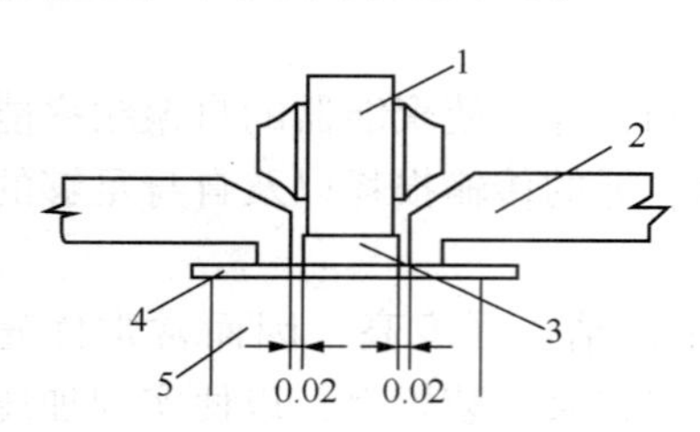

图3.4-25　工件夹持机构结构图

1—声学头；2—夹紧头；3—丝(焊件之一)；4—工件；5—下声极

3.4.4　扩散焊设备

扩散焊是在一定的温度和压力下使待焊表面相互接触，通过微观塑性变形或通过在待焊表面上产生的微量液相而扩大待焊表面的物理接触，然后，经较长时间的原子相互扩散来实现结合的一种焊接方法。

扩散焊与其他焊接方法相比较，有以下一些优点：

(1) 接头质量好　扩散焊接头的显微组织和性能与母材接头接近或相同。扩散焊主要工艺参数易于控制，批量生产时接头质量较稳定。

(2) 零部件变形小　因扩散焊时所加压力较低，宏观塑性变形小，工件多数是整体加热，随炉冷却，故零部件变形小，焊后一般无需进行机加工。

(3) 可一次焊接多个接头　扩散焊可作为部件的最后组装连接工艺。

(4) 可焊接大断面接头　在大断面接头焊接时所需设备的吨位不高，易于实现。采用气体压力加压扩散焊时，很容易对两板材实施叠合扩散焊。

(5) 可焊接其他焊接方法难于焊接的工件和材料　对于塑性差或熔点高的同种材料，对于相互不溶解或在熔焊时会产生脆性金属间化合物的异种材料，对于厚度相差很大的工件和结构很复杂的工件，扩散焊是一种优先选择的方法。

(6) 与其他热加工、热处理工艺结合可获得较大的技术经济效益　例如，将钛合金的扩散焊与超塑成形技术结合，可以在一个工序中制造出刚度大、重量轻的整体钛结构件。

扩散焊的缺点是：

（1）零件待焊表面的制备和装配要求较高。

（2）焊接热循环时间长，生产率低。

（3）设备一次性投资较大，而且焊接工件的尺寸受到设备的限制。

（4）接头连接质量的无损检测手段尚不完善。

目前扩散焊有两种分类法，如表 3-8 所示。

表 3-8　扩散焊分类

分类法	划分依据	类别名称	
第一种	按被焊材料的组合形式	无中间层扩散焊	同种材料扩散焊
			异种材料扩散焊
		加中间层扩散焊	
第二种	按焊接过程中接头区材料是否出现过液相	固相扩散焊	
		液相扩散焊	

每种扩散焊的特点如下：

（1）同种材料扩散焊　同种材料扩散焊通常指不加中间层的两同种金属直接接触的扩散焊，这种类型的扩散焊，一般要求待焊表面制备质量较高，焊接时要求施加较大的压力，焊后接头的成分、组织与母材基本一致。钛、铜、锆、钽等最易焊接；铝及其合金、含铝、铬、钛的铁基及钴基合金等，因氧化物不易去除难于焊接。

（2）异种材料扩散焊　异种材料扩散焊是指异种金属或金属与陶瓷、石墨等非金属的扩散焊。进行这种类型的扩散焊时，可能出现下列现象：

① 由于膨胀系数不同而在结合面上出现热应力；

② 在结合面上由于冶金反应而产生低熔点共晶组织或者形成脆性金属间化合物；

③ 由于扩散系数不同而在接头中形成扩散孔洞；

④ 由于两种金属电化学性能不同，接头易出现电化学腐蚀。

（3）加中间层扩散焊　当用上述两种方法难以焊接或焊接效果较差时，可在被焊材料之间加入一层金属或合金（称为中间层），这样就可以焊接很多难焊的或冶金上不相容的异种材料，可以焊接熔点很高的同种材料。

（4）固相扩散焊　固相扩散焊指焊接过程中母材和中间层均不发生熔化或产生液相的扩散焊方法，是经典的扩散焊方法。

（5）液相扩散焊　液相扩散焊是指在扩散焊过程中接缝区短时出现微量液相的扩散焊方法。短时出现的液相有助于改善扩散表面接触情况，允许使用较低的扩散焊压力。此微量液相在焊接过程中、后期经等温凝固、均匀化扩散过程，接头重熔温度将提高，最终形成了其成分接近母材的接头。获得微量液相的方法主要有两种：

① 利用共晶反应　对于某些异种金属扩散焊，可利用它们之间可能形成低熔点共晶的特点进行液相扩散焊（称为共晶反应扩散焊）。这种方法要求一旦液相形成之后应立即降温使之凝固，以免继续生成过量液相，所以要严格控制温度，实际上应用较少。

将共晶反应扩散焊原理应用于加中间层扩散焊时，液相总量就可通过中间层厚度来控制，这种方法称为瞬间液相扩散焊（或过渡液相扩散焊）。

② 添加特殊钎料　此种获得液相方法是吸取了钎焊特点而发展形成的，特殊钎料是采用与母材成分接近，但含有少量既能降低熔点又能在母材中快速扩散的元素(如 B、Si、Be 等)，用此钎料作为中间层，以箔或涂层方式加入。与普通钎焊比较，此钎料层厚度较薄。

1. 扩散焊原理

在金属不熔化的情况下，要形成焊接接头就必须使两待焊表面紧密接触，使之距离达到 (1~5) $\times10^{-8}$cm 以内，在这种条件下，金属原子间的引力才开始起作用，才可能形成金属键，获得有一定强度的接头。

实际上，金属表面无论经什么样的精密加工，在微观上总还是起伏不平的(图 3.4-26)。经微细磨削加工的金属表面，其轮廓算术平均偏差为(0.8~1.6) $\times10^{-4}$cm。在零压力下接触时，其实际接触点只占全部表面积的百万分之一，在施加一般压力时，实际紧密接触面积仅占全部表面积的 1%左右，其余表面之间距离均大于原子引力起作用的范围。

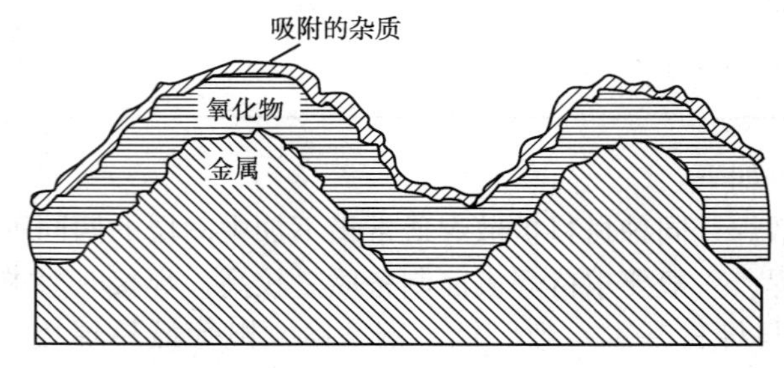

图 3.4-26　金属真实表面示意图

即使少数接触点形成了金属键连接，其连接强度在宏观上也是微不足道的。此外，实际表面上还存在着氧化膜、污物和表面吸附层，均会影响接触点上金属原子之间形成金属键。所以，扩散焊时必须采取适当工艺措施来解决上述问题。

此类扩散焊过程可用图 3.4-27 所示的三阶段模型来形象地描述。图 3.4-27(a)是接触表面初始情况。第一阶段，变形和交界面的形成。在温度和压力的作用下，粗糙表面的微观凸起部位首先接触，由于最初接触点少，每个接触点上压应力很高，接触点很快产生塑性变形。在变形中表面吸附层被挤开，氧化膜被挤碎，表面上微观凸起点被挤平，从而达到紧密接触的程度，形成金属键连接；随着变形的继续，这个接触点区逐渐扩大，接触点数目也逐渐增多，达到宏观上大部分表面形成晶粒之间的连接[图 3.4-27(b)]；其余未接触部分形成“孔洞”，残留在界面上；在变形的同时，由于相变、位错等因素，使表面上产生“微凸”，出现新的无污染的表面，这些“微凸”作为形成金属键的“活化中心”而起作用，在表面进一步压紧变形时，这些点首先形成金属链连接。第二阶段，晶界迁移和微孔收缩消除。通过原子扩散(主要是孔洞表面或界面原子扩散)和再结晶，使界面晶界发生迁移，界面上第一阶段留下的孔洞逐渐变小，继而大部分孔洞在界面上消失，形成了焊缝[图 3.4-27(c)]。第三阶段，体积扩散，微孔消除和界面消失。在这个阶段，原子扩散向纵深发展，即出现所谓“体”扩散，随着体扩散的进行，原始界面完全消失，界面上残留的微孔也消失，在界面处达到冶金连接[图 3.4-27(d)]，接头成分趋向均匀。

在扩散焊过程中，在每一个微小区域内，上述三个阶段依次连续进行，但对整个连接面而言，由于表面不平、塑性变形不均匀等因素，上述各个阶段在接头区同时出现或相互交错出现。

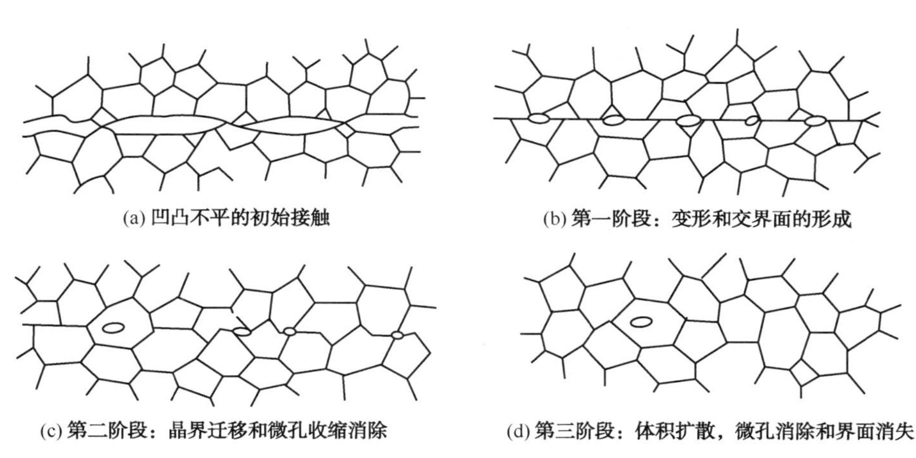

图 3. 4-27　同种金属固相扩散焊模型

液相扩散焊过程可用图 3. 4-28 所示的 5 个阶段来描述。

① 置于两待焊表面之间的中间层在低的压力作用下与待焊表面接触[图 3. 4-28(a)]。

② 中间层与母材之间发生共晶反应或中间层熔化，形成液相并润湿填充接头间隙[图 3. 4-28(b)]。

③ 等温凝固阶段[图 3. 4-28(c)]。工件处于保温阶段，液相层与母材之间发生扩散。起初，母材边缘因液相中低熔点元素扩散进来而熔点下降，直至熔入液相，液相熔点则因高熔点母材元素的熔入和低熔点元素扩散到固相中而相应提高。晶粒从被熔化的基体表面向液相生长，经一段时间扩散之后，液相层变得越来越薄。

④ 等温凝固过程结束，液相层完全消失，接头初步形成[图 3. 4-28(d)]。等温凝固所获得的结晶成分几乎一致，均为此温度下固-液相平衡成分，避免了熔焊或普通钎焊时的不平衡凝固组织。

⑤ 均匀化扩散阶段[图 3. 4-28(e)]，接头成分和组织进一步均匀化，达到使用要求为止。此阶段可与焊后热处理合并进行。

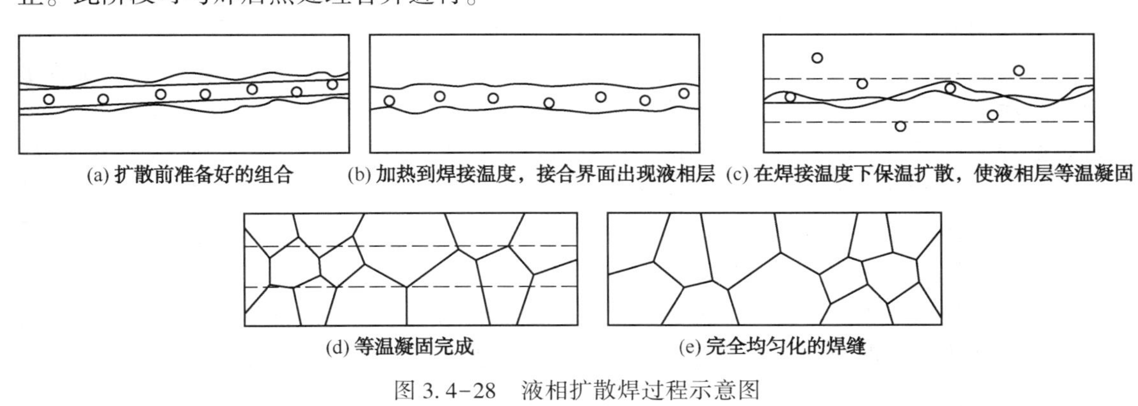

图 3. 4-28　液相扩散焊过程示意图

2. 扩散焊设备

(1) 真空扩散焊设备　真空扩散焊设备是通用性好的常用扩散焊设备，如图 3. 4-29 和图 3. 4-30 所示。主要由真空室、加热器、加压系统、真空系统、温度测控系统、水冷却系统和电源等几大部分组成。加热器可用电阻丝(带)(图 3. 4-29)，也可用高频感应圈(图

3.4-30）。真空扩散焊设备除加压系统以外，其他几个部分都与真空钎焊加热炉相似。扩散焊设备在真空室内的压头或平台要承受高温和一定的压力，因而常用钳或其他耐热、耐压材料制作。加压系统常为液压系统，对小型扩散焊设备也可用机械加压方式，加压系统应保证压力可调且稳定可靠。在设计传力杆时，应使真空室漏气尽可能的小、热量损耗尽量少。所设计的上、下传力杆的不同轴度应小于0.05mm，上压头传力杆中可采用带球面的自动调整垫来传力，以保证上压头加压均匀。

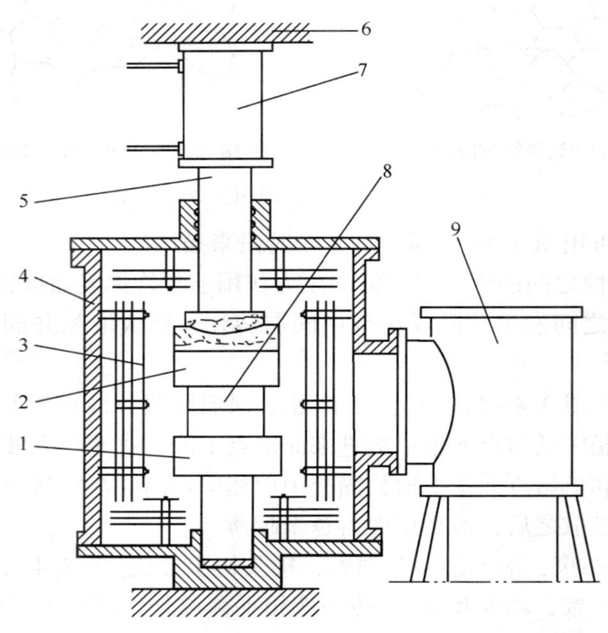

图3.4-29　真空扩散焊（电阻辐射加热）设备结构图

1—下压头；2—上压头；3—加热器；4—真空炉炉体；5—传力杆；6—机架；7—液压系统；8—工件；9—真空系统

（2）超塑成形扩散焊设备　此类设备是由压力机、真空-供气系统、特种加热炉和电源等组成。加热炉中的加热平台应能承受一定压力，由高强度陶瓷（耐火）材料制成，安装于压机的金属台面上。模具和工件置于两平台之间。如采用不锈钢板封焊成软囊式真空容器，而待扩散焊零件密封在该容器内，则该类设备可在真空下扩散焊接较大尺寸的工件（图3.4-31）。真空-供气系统中有机械泵、管路和气阀等。高压氩气经气体调压阀向装有工件的模腔内或袋式毛坯内供气，以获得均匀可调的扩散焊压力和超塑成形压力。中小型工件也可采用金属平台电阻辐射加热的扩散焊设备（图3.4-32）。

（3）热等静压扩散焊设备　热等静压扩散焊是在通用热等静压设备中进行，它由水冷耐高压气罐、加热器、框架、液压系统、冷却系统、温控系统、供气系统和电源等部分组成，图3.4-33为该设备的结构图。

（4）其他扩散焊设备　热胀加压扩散焊可用普通热处理炉，电阻扩散焊可用接触电阻焊机，其他扩散焊方法所使用的设备均应有加热加压功能，目前，扩散焊设备均为自行研制或专门订货。

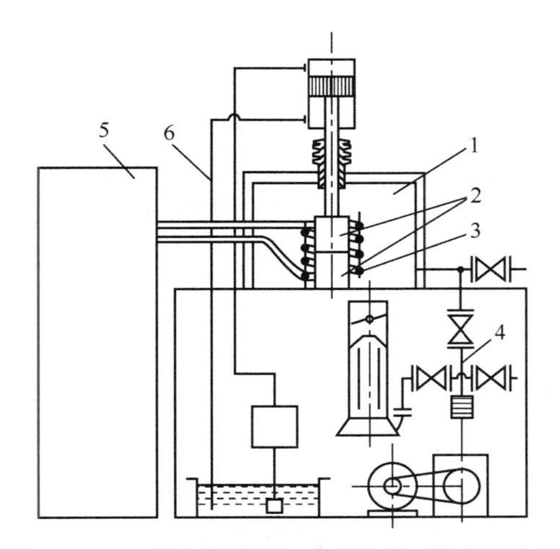

图 3.4-30 真空扩散焊(感应加热)设备结构图
1—真空室；2—被焊零件；3—高频感应加热圈；
4—真空系统；5—高频电源；6—加压系统

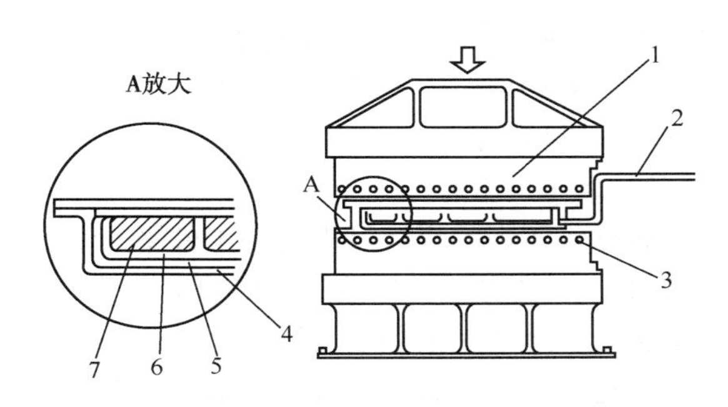

图 3.4-31 超塑成形扩散焊(陶瓷加热平台)设备结构图
1—陶瓷平台；2—真空系统；3—加热元件；
4—不锈钢容器；5—底板；6—被焊零件；7—垫块

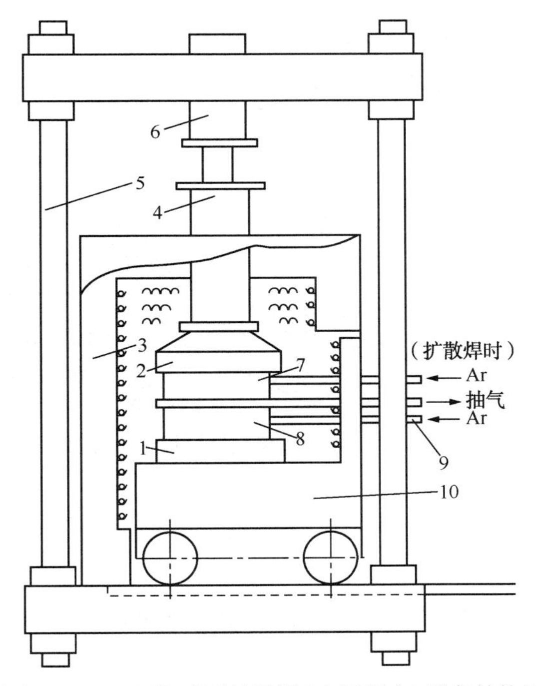

图 3.4-32 超塑成形扩散焊(金属平台)设备结构图
1—下金属平台；2—上金属平台；3—炉壳；4—导筒；
5—立柱；6—油缸；7—上模具；8—下模具；
9—气管；10—活动炉底

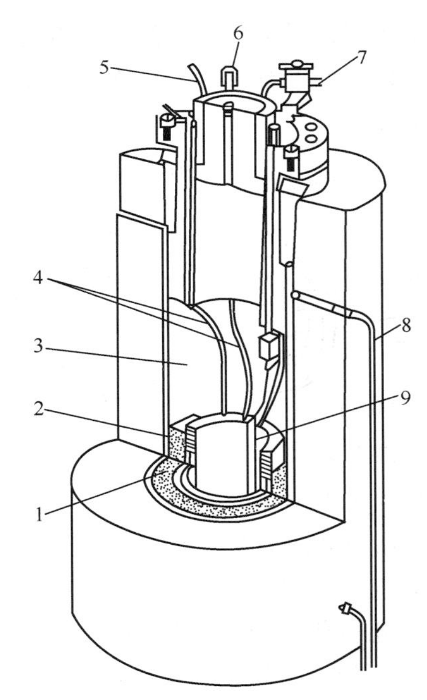

图 3.4-33 热等静压设备结构图
1—电热器；2—炉衬；3—隔热屏；4—电源引线；
5—气体管道；6—安全阀组件；7—真空管道；
8—冷却管；9—热电偶

3.4.5 气压焊设备

气压焊是用气体火焰将待焊金属工件端面整体加热至塑性或熔化状态，同时施加一定压力和顶锻力，使工件焊接在一起的焊接方法。气压焊分为塑性气压焊和熔化气压焊。气压焊可焊接碳素钢、合金钢以及多种有色金属，也可焊接异种金属。气压焊不能焊接铝和镁合金。

1. 气压焊工作原理

1）塑性气压焊

将被焊工件端面对接在一起，为保证紧密接触需维持一定的初始压力。然后使用多点燃烧焊炬(或加热器)对端部及附近金属加热，到达塑性状态后(低碳钢约为1200℃)立即加压，在高温和顶锻力促进下，被焊界面的金属相互扩散、晶粒融合和生长，从而完成焊接，如图3.4-34所示。

2）熔化气压焊

熔化气压焊的焊接过程是将工件平行放置，两个端面之间留有适当的空间，如图3.4-35所示，以便焊炬在焊接过程中可以撤出。在焊接时，火焰直接加热工件端面，当端面完全熔化时，迅速撤出焊炬，然后立即顶锻，完成焊接。加压强度保持在28~34MPa。

熔化气压焊机必须具有更精确的对中性能，并且结构坚固以保证快速顶锻。理想的加热焊炬大多数形状比较窄，并且是多火孔燃烧(图3.4-35)，火焰在工件横截面上均匀分布。加热焊炬对中良好，对减少被焊端面的氧化，获得均匀的加热和均匀的顶锻量是十分重要的。

由于焊接时工件端面都要加热至熔化，因此，用机械方法切成的端面其焊接效果较为理想。工件端面上有较薄的氧化层对焊接质量的影响不大，但如有大量的锈和油等时，应当在焊前清除。

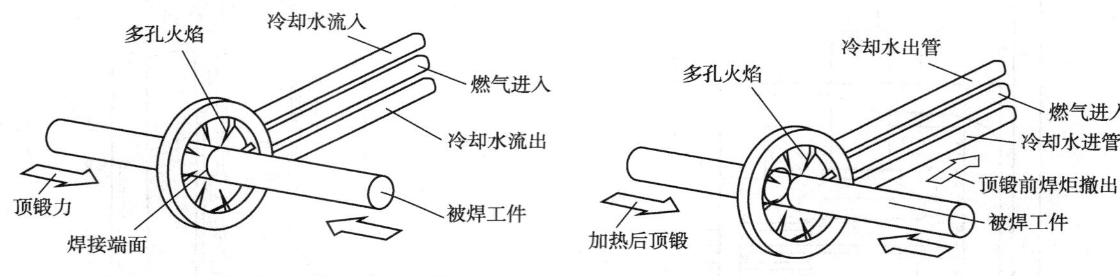

图3.4-34　塑性气压焊工作原理图

图3.4-35　熔化气压焊工作原理图

2. 气压焊设备

气压焊的设备包括：

① 顶锻设备，一般为液压或气动式；

② 加热焊炬(或加热器)，为待焊工件端部区域提供均匀并可控制的热量；

③ 气压、气流量和液压显示、测量及控制装置。

气压焊设备的复杂程度取决于被焊工件的形状、尺寸和焊接的机械化程度，在大多数情况下，采用专用加热焊炬和夹具。供气必须采用大流量设备，并且气体流量和压力的调节和显示装置可在焊接所需要的范围内进行稳定调节和显示。气体流量计和压力表要尽量接近焊炬，以便操作者迅速检查焊接时燃气的气压和流量。

为了冷却焊炬，有时也为了冷却夹特工件的钳口和加压部件，还需大容量的冷却水装置。为了对中和固定，夹具应具有足够的夹紧力。

气压焊最早应用于钢轨焊接和钢筋焊接。

图3.4-36为移动式钢轨气压焊设备示意图，主要包括压接机、加热器、气体控制箱、

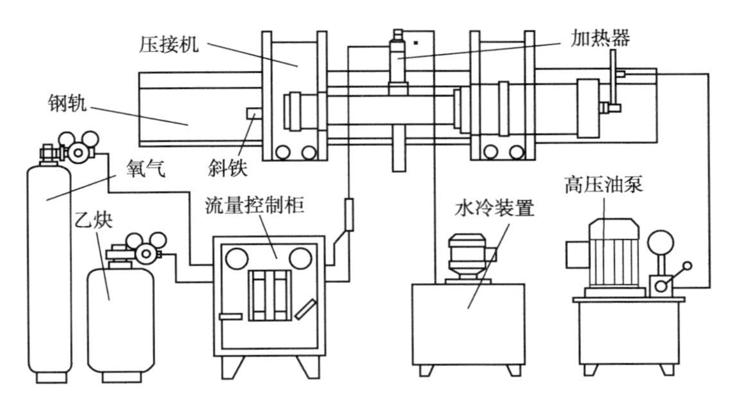

图 3. 4-36　移动式钢轨气压焊设备示意图

高压油泵和水冷装置等。

YJ440T 型压接机的油缸额定推力为 385kN，最大顶锻行程为 155mm，加热器最大摆动距离为 60mm，压接机的重量不大于 140kg，可用于 43~75kg/m 钢轨的焊接、焊瘤的推除和焊后热处理。

加热器按混气方式分为射吸式、等压式和强混式，按结构可以分成对开单(或双)喷射器式和开启单喷射器式。目前，在我国应用较多的是射吸式对开加热器。图 3. 4-37 为射吸式对开加热器(单喷射器)的结构图，它由加热器本体和喷射器组成。加热器本体分成对称并可拆卸的两部分，每侧有燃气和水冷系统；喷射器由射吸室、混气室和配气调节装置组成。加热器工作时，氧气以高压、高速由氧气进口射入射吸室，在射吸室内的喷口附近产生低压区，将乙炔气吸入，氧气和乙炔在射吸室和混气室均匀混合后，通过调节配气阀均匀地进入加热器本体两侧。在加热器本体，燃气通过本体内的喷火孔喷出并燃烧。喷火孔的大小和分布是根据钢轨断面的尺寸形状设计的，以确保钢轨加热均匀。加热器本体在加热时必须强制水冷。

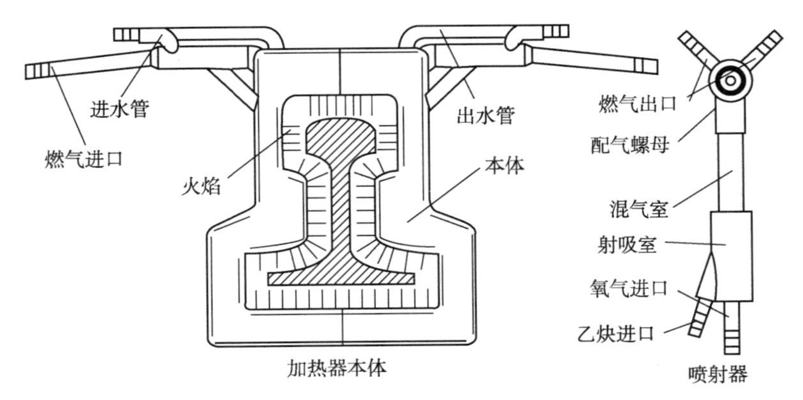

图 3. 4-37　对开式(单喷射器)加热器结构图

钢筋气压焊设备的组成如图 3. 4-38 所示。它由气压焊机、环形加热器、油泵和气源等组成。图 3. 4-39 为钢筋气压焊加热器工作原理图。气压焊用的油缸、夹具和加热器应根据建筑工程中钢筋粗细以及所需顶锻力来设计。由于焊接钢筋是小范围加热，并且需要热量集中、加热快，因此，加热采用乙炔作为可燃气体。

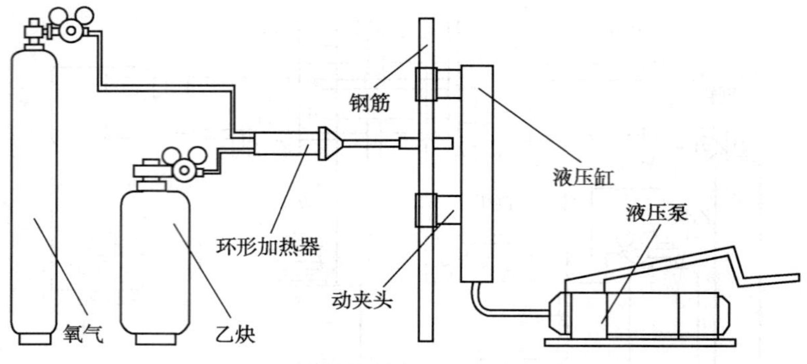

图 3.4-38　钢筋气压焊设备示意图

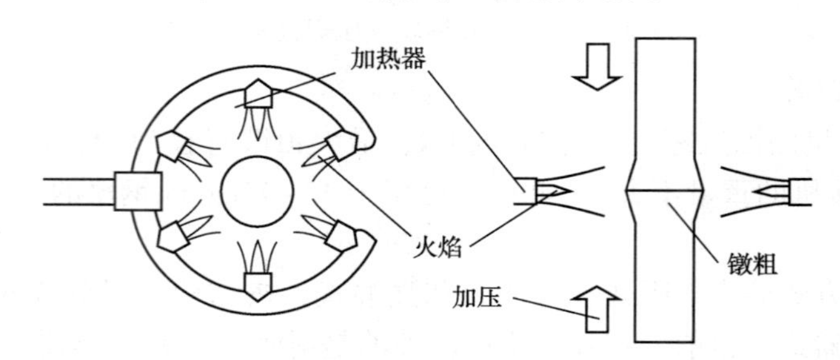

图 3.4-39　钢筋气压焊加热器工作原理图

复习思考题

1. 简述电渣焊的焊接过程。
2. 试述电渣焊的特点。
3. 简述电渣焊的种类和各种电渣焊设备的组成。
4. 简述熔嘴电渣焊设备的组成。
5. 画图说明钢筋电渣压力焊的焊接过程。
6. 简述摩擦焊的工作原理。
7. 简述摩擦焊的特点。
8. 画图说明普通型连续驱动摩擦焊机的结构组成。
9. 画图说明超声波焊的工作原理。
10. 简述超声波焊经历的三个阶段。
11. 画图说明超声波焊机的结构组成。
12. 简述扩散焊的特点。
13. 简述扩散焊的种类。
14. 简述扩散焊的原理。
15. 画图说明液相扩散焊的焊接过程。
16. 简述真空扩散设备(电阻辐射加热/感应加热)的结构组成。
17. 画图说明塑性气压焊的焊接原理。
18. 画图说明熔化气压焊的焊接原理。
19. 简述移动式钢轨气压焊设备的结构组成。

3.5　焊接机器人

工业机器人作为现代制造技术发展的重要标志之一和新兴枝术产业，正对现代高技术产业各领域以至人们的生活产生重要影响。

焊接机器人是应用最广泛的一类工业机器人，在各国机器人应用比例中大约占总数的 40%~60%。

焊接机器人的主要优点如下：

① 易于实现焊接产品质量的稳定和提高，保证其均一性；

② 提高生产率，一天可 24h 连续生产；

③ 改善工人劳动条件，可在有害环境下长期工作；

④ 降低对工人操作技术难度的要求；

⑤ 缩短产品改型换代的准备周期，减少相应的设备投资；

⑥ 可实现小批量产品焊接自动化；

⑦ 为焊接柔性生产线提供技术基础。

3.5.1　焊接机器人的工作原理

1. 焊接机器人的工作原理

焊接机器人的工作原理是示教再现。示数也称导引，即由用户导引机器人，一步步按实际任务操作一遍，机器人在导引过程中自动记忆示教的每个动作的位置、姿态、运动参数和工艺参数等，并自动生成一个连续执行全部操作的程序。完成示教后，只需给机器人一个启动命令，机器人将精确地按示教动作，一步步完成全部操作，这就是示教与再现。

实现上述功能的工作原理简述如下：

一台通用的工业机器人，按其功能划分，一般由 3 个相互关联的部分组成：机械手总成、控制器和示教系统，如图 3.5-1 所示。

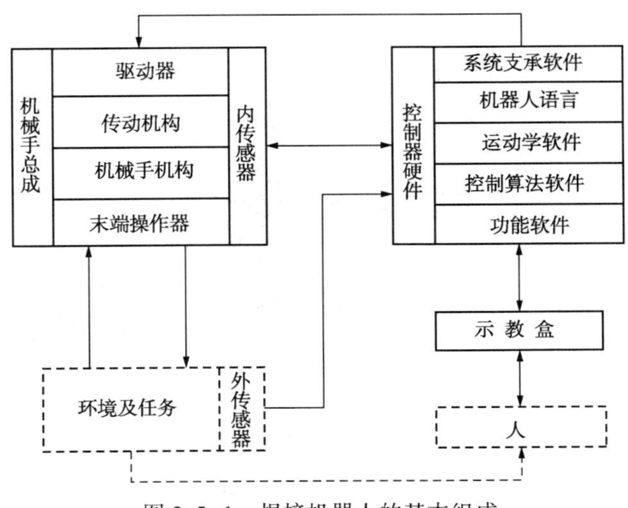

图 3.5-1　焊接机器人的基本组成

机械手总成是机器人的执行机构，它由驱动器、传动机构、机器手机构、末端操作器和内部传感器等组成，它的任务是精确地保证末端操作器所要求的位置、姿态和实现其运动。

控制器是机器人的神经中枢，它由控制器硬件、软件和一些专用电路构成，其软件包括系统支承软件、机器人语言、运动学软件、动力学软件、控制算法软件、功能软件等，它处理机器人工作过程中的全部信息和控制其全部动作。

示教盒是机器人与人的交互接口，在示教过程中它将控制机器人的全部动作，并将其全部信息送入控制器的存储器中，它实质上是一个专用的智能终端。

机器人语言是机器人和用户的软件接口，语言的功能决定了机器人的适应性和给用户的方便性，至今还没有完全公认的机器人语言，每个机器人制造厂都有自己的语言。

实际上，机器人编程与传统的计算机编程不同，机器人操作的对象是各类三维物体，运动在一个复杂的空间环境，还要监视和处理传感器信息。因此，其编程语言主要有两类：面向机器人的编程语言和面向任务的编程语言。

2. 焊接机器人的构成

焊接机器人的基本构成，可参见图 3. 5-2 和图 3. 5-3。图 3. 5-2 为电动机驱动的工业机器人，图 3. 5-3 为液压机驱动的工业机器人。焊接机器人基本上都属于这两类工业机器人，弧焊机器人大多采用电动机驱动的工业机器人，因为焊枪重量不大，一般都在 10kg 以内。点焊机器人由于焊钳重量都超过 35kg，也有采用液压驱动方式的，液压驱动工业机器人抓重能力大，但是，大多数点焊机器人仍采用大功率伺服电动机驱动，因其成本较低，系统紧凑。工业机器人是由机械手、控制器、驱动器和示教盒 4 个基本部分构成。对于电动机驱动工业机器人，控制器和驱动器一般装在一个控制箱内，而液压驱动工业机器人，液压驱动源单独成一个部件。

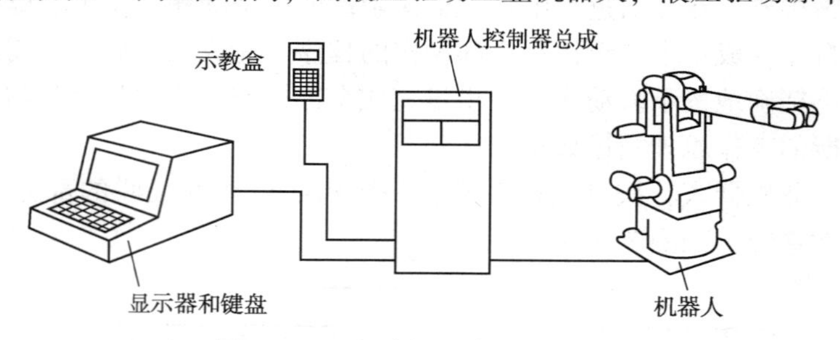

图 3. 5-2　电动机驱动工业机器人

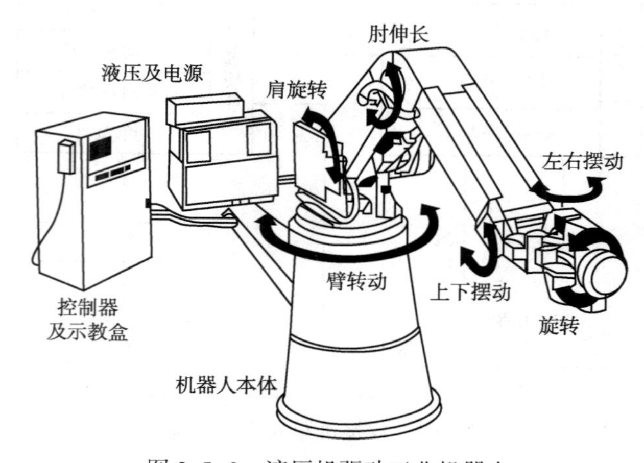

图 3. 5-3　液压机驱动工业机器人

1）机械手

机械手又称操作机，是工业机器人的操作部分，由它直接带动末端操作器(如焊枪、点焊钳)实现各种运动和操作。

工业机器人机械手的主要结构形式有如下 3 种：

(1) 机床式　这种机械手结构类似机床，其达到空间位置的 3 个运动(x、y、z)由直线运动构成，其末端操作器的姿态由旋转运动构成，如图 3.5-4 所示。

(2) 全关节式　这种机械手的结构类似人的腰部和手部，其位置和姿态全部由旋转运动实现，图 3.5-5 为正置式全关节机械手，图 3.5-6 为偏置式全关节机械手。这是工业机器人机械手最普遍的结构形式。目前焊接机器人主要采用全关节式机械手。

(3) 平面关节式　这种机械手的结构特点是上下运动由直线运动构成，其他运动均由旋转运动构成。这种结构在垂直方向刚度大，水平方向又十分灵活，较适合装配作业，所以被装配机器人广泛采用，又称为 SCARA 型机械手，如图 3.5-7 所示。

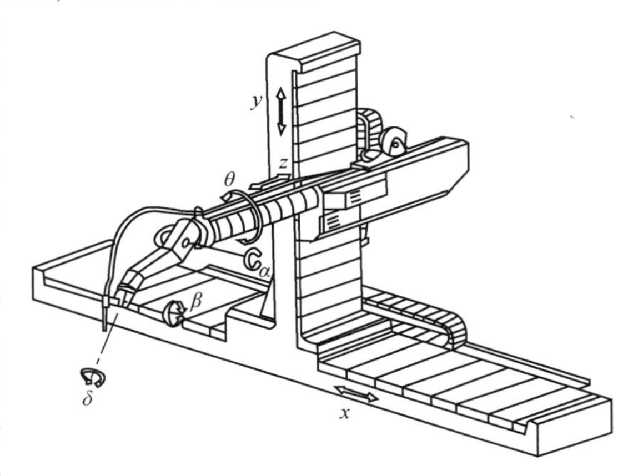

图 3.5-4　机床式机械手

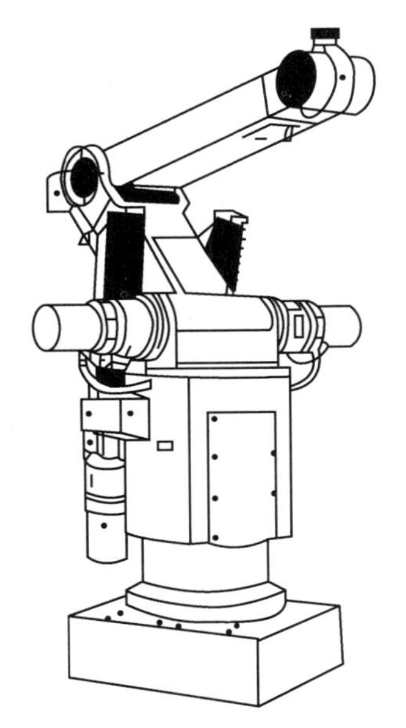
图 3.5-5　正置式全关节机械手

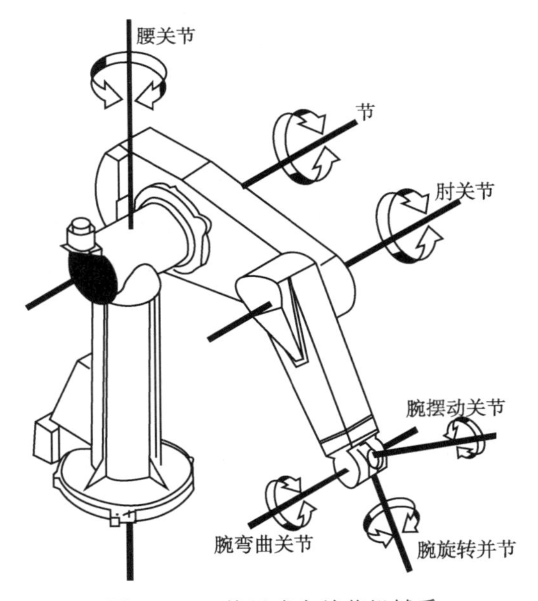

图 3.5-6　偏置式全关节机械手

工业机器人机械手的结构虽然多种多样，但都是由常用的机构组合而成。现以美国 PUMA 机械手为例来简述其内部机构，如图 3.5-8 所示。它是由机座、大臂、小臂、手腕 4 部分构成，机座与大臂、大臂与小臂、小臂与手腕有 3 个旋转关节，以保证达到工作空间的任意位置，手腕中又有 3 个旋转关节：腕转、腕曲、腕摆，以实现末端操作器的任意空间姿态。手腕的端部为一法兰，用以连接末端操作器。

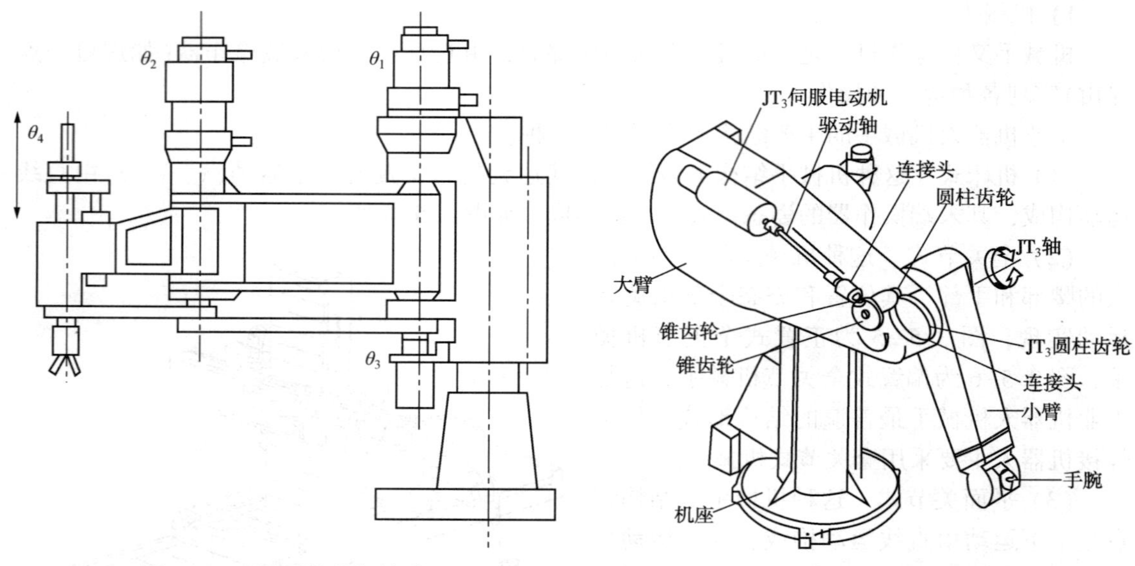

图 3.5-7　平面关节机械手

图 3.5-8　PUMA 机械手机构

每个关节都由一台伺服电动机驱动，PUMA 机械手是采用齿轮减速、杆传动，但不同厂家采用的机构不尽相同，减速机构常用的是 4 种方式：齿轮、谐波减速器、滚珠丝杠和蜗轮蜗杆。传动方式有杆传动、链条传动和齿轮传动等。

2）驱动器

由于焊接机器人大多采用伺服电动机驱动，这里只介绍这类驱动器。工业机器人目前采用的电动机驱动器可分为 4 类：

（1）步进电动机驱动器　它采用步进电动机，由于这类系统一般都是开环控制，因此，大多用于精度较低的经济型工业机器人。

（2）直流电动机伺服驱动器　它采用直流伺服电动机系统，由于它能实现位置、速度和加速度 3 个闭环控制，且精度高、变速范围大和动态性能好，因此，是目前工业机器人的主要驱动方式。

（3）交流电动机伺服驱动器　它采用交流伺服电动机系统，这种系统具有直流伺服系统的全部优点，而且取消了换相炭刷，不需要定期更换炭刷，大大延长了工业机器人的维修周期，因此，正在工业机器人中推广采用。

（4）直接驱动电动机驱动器　这是最新发展的工业机器人驱动器，直接驱动电动机有大于 1 万的调速比，在低速下仍能输出稳定的功率和高的动态品质，在机械手上可直接驱动关节，取消了减速机构，简化了机构又提高了效率，是工业机器人驱动的发展方向。

工业机器人的驱动器布置都采用一个关节一个驱动器。一个驱动器的基本组成为：电源、功率放大板、伺服控制板、电机测角器、测速器和制动器。它的功能不仅能提供足够的功率驱动机械手各关节，而且要实现快速而频繁启停，精确地到位和运动。因此，必须采用位置闭环、速度闭环和加速度闭环。为了保护电动机和电路，还要有电流闭环。为适应工业机器人的频繁启停和高的动态品质要求，一般都采用低惯量电动机，因此，机器人的驱动器是一个要求很高的驱动系统。

为了实现上述 3 个运动闭环，在机械手驱动器中都装有高精度测角、测速传感器。测速传感器一般都采用测速发电机，测角传感器一般都采用精密电位计或光电码盘，尤其是光电码盘。图 3. 5-9 是光电码盘的工作原理图。光电码盘与电动机同轴安装，在电动机旋转时，带有细分刻槽的码盘同速旋转，固定光源射向光电管的光束则时通时断，因而输出电脉冲。实际的码盘是输出两路脉冲，由于在码盘内布置了两对光电管，它们之间有一定角度差，因此，两路脉冲也有固定的相位差，电动机正反转时，其输出脉冲的相位差不同，从而可判断电动机的旋转方向。机器人采用的光电码盘一般都要求每转能输出 1000 个以上脉冲。

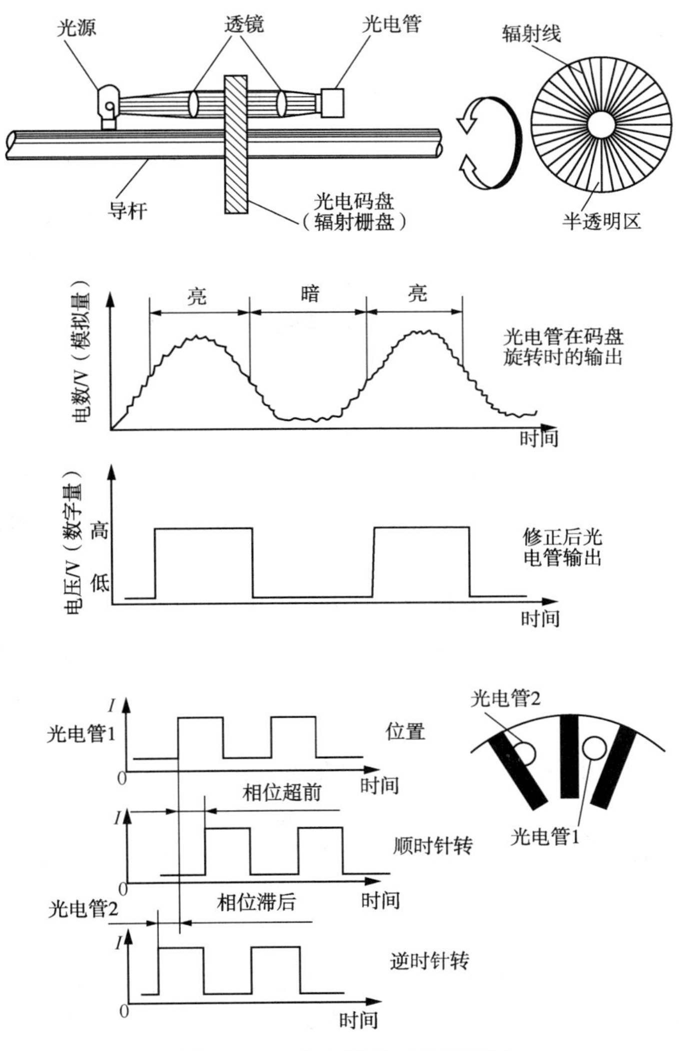

图 3. 5-9　光电码盘工作原理图

3）控制器

机器人控制器是机器人的核心部件，它实施机器人的全部信息处理和对机械手的运动控制，图 3. 5-10 是控制器的工作原理图。工业机器人控制器大多采用二级计算机结构，虚线框内为第一级计算机，它的任务是规划和管理。机器人在示教状态时，接受示教系统送来的各示教点位置和姿态信息、运动参数和工艺参数，并通过计算把各点的示教(关节)坐标值转换成直角坐标值，存入计算机内存。

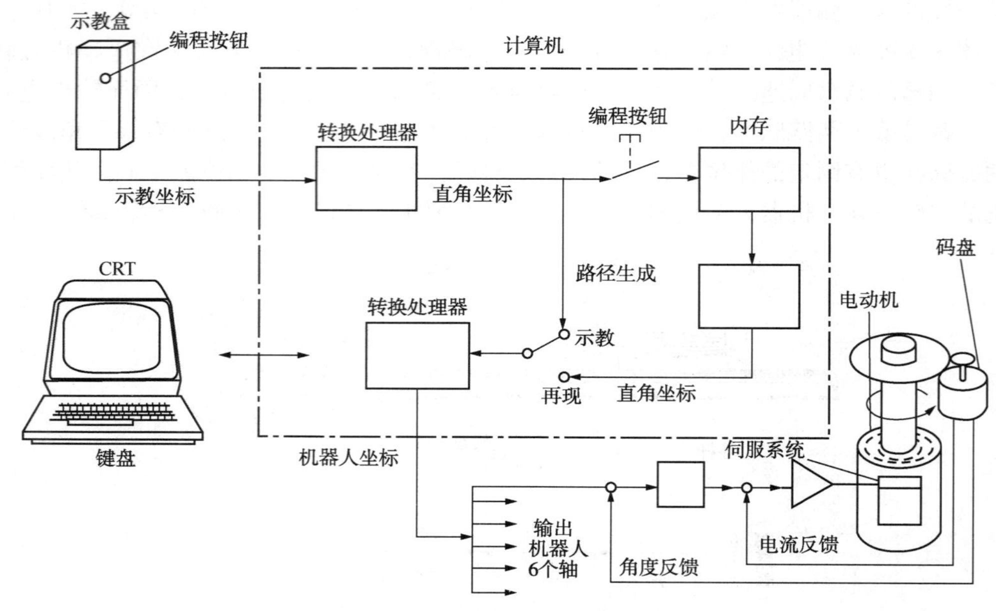

图 3.5-10　控制器工作原理图

机器人在再现状态时，从内存中逐点取出其位置和姿态坐标值，按一定的时间节拍(又称采样周期)对它进行圆弧或直线插补运算，算出各插补点的位置和姿态坐标值，这就是路径规划生成。然后，逐点的把各插补点的位置和姿态坐标值转换成关节坐标值，分送至各个关节，这就是第一级计算机规划的全过程。

第二级计算机是执行计算机，它的任务是进行伺服电动机闭环控制。它接收了第一级计算机送来的各关节下一步预期达到的位置和姿态后，又做一次均匀细分，以求运动轨迹更为平滑。然后将各关节的下一细步期望值逐点送给驱动电动机，同时检测光电码盘信号，直到其准确到位。

以上均为实时过程，上述大量运算都必须在控制过程中完成。以 PUMA 机器人控制器为例，第一级计算机的采样周期为 28ms，即每 28ms 向第二级计算机送一次各关节的下一步位置和姿态的关节坐标，第二级计算机又将各关节值等分 30 细步，每 0.875ms 向各关节送一次关节坐标值。

4）示教盒

示教盒是人对机器人示教的人机交互接口，目前，人对机器人示教有 3 种方式：

(1) 手把手示教　又称全程示教，即由人握住机器人机械臂末端，带动机器人按实际任务操作一遍。在此过程中，机器人控制器的计算机逐点记下各关节的位置和姿态值，而不作坐标转换，再现时，再逐点取出，这种示教方式需要很大的计算机内存，而且由于机构的阻力，示教精度不可能很高。目前只用在喷漆、喷涂机器人上。

(2) 示教盒示教　即由人通过示教盒操纵机器人进行示教，这是最常用的机器人示教方式，目前焊接机器人都采用这种示教方式。

(3) 离线编程示教　即无需人操作机器人进行现场示教，而是根据图样在计算机上进行编程，然后输给机器人控制器。它具有不占机器人工时，便于优化和更为安全的优点，是今后发展的方向。

图 3.5-11 为 ESAB 焊接机器人的示教盒，它通过电缆与控制箱连接，人可以手持示教盒在工件附近最直观的位置进行示教。示教盒本身是一台专用计算机，它不断扫描盒上的功能和数字键、操纵杆，并把信息和命令送给控制器。

示教盒上的按键主要有 3 类：

（1）示教功能键　如示教/再现、存入删除修改、检查、回零、直线插补、圆弧插补等，为示教编程用。

（2）运动功能键　如 x 向动、y 向动、z 向动、正/反向动、1~6 关节转动等，为操纵机器人示教用。

（3）参数设定键　如各轴速度设定、焊接参数设定和摆动参数设定等。

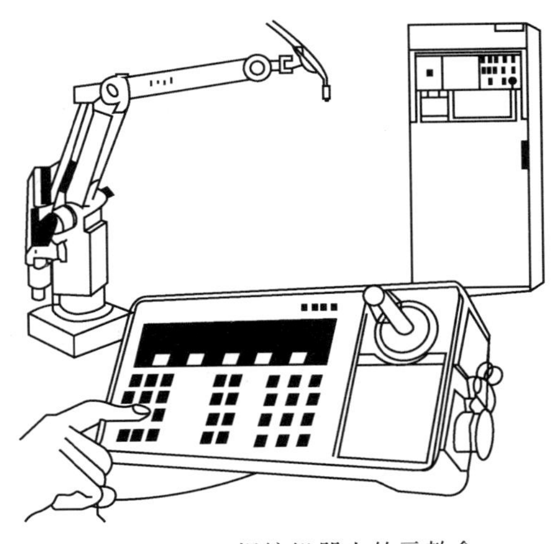

图 3.5-11　焊接机器人的示教盒

3.5.2　点焊机器人

点焊机器人的典型应用领域是汽车工业。一般装配每台汽车车体大约需要完成 3000~4000 个焊点，而其中的 60%是由机器人完成的。在有些大批量汽车生产线上，服役的机器人台数甚至高达 150 台。汽车工业引入机器人已取得了下述明显效益：改善多品种混流生产的柔性；提高焊接质量；提高生产率；把工人从恶劣的作业环境中解放出来。今天，机器人已经成为汽车生产行业的支柱。

表 3-9 列举了生产现场使用的点焊机器人的分类、特点和用途。

表 3-9　点焊机器人的分类、特点和用途

分类	特点	用途
垂直多关节型(落地式)	工作空间/安装面积之比大，持重多数为 1000N 左右，有时还可附加整机移动自由度	主要用于增强焊点作业
垂直多关节型(悬挂式)	工作空间均在机器人的下方	车体的拼接作业
直角坐标型	多数为 3、4、5 轴，适合于连续直线焊缝，价格便宜	
定位焊接用机器人(单向加压)	能承受 500kg 加压反力的高刚度机器人。有些机器人本身带加压作业功能	车身底板的定位焊

1. 点焊机器人的结构形式

点焊机器人虽然有多种结构形式，但大体上都可以分为 3 大组成部分，即机器人本体、点焊焊接系统和控制系统，如图 3.5-12 所示。目前应用较多的点焊机器人，其本体形式为直角坐标简易型及全关节型。前者可具有 1~3 个自由度，焊件及焊点位置受到限制；后者具有 5~6 个自由度，分 DC 伺服和 AC 伺服两种形式，能在可到达的工作区间内任意调整焊钳姿态，以适应多种形式结构的焊接。

点焊机器人控制系统由本体控制部分和焊接控制部分组成。本体控制部分主要是实现示教再现、焊点位置和精度控制；焊接控制部分除了控制电极加压、通电焊接、维持等各程序

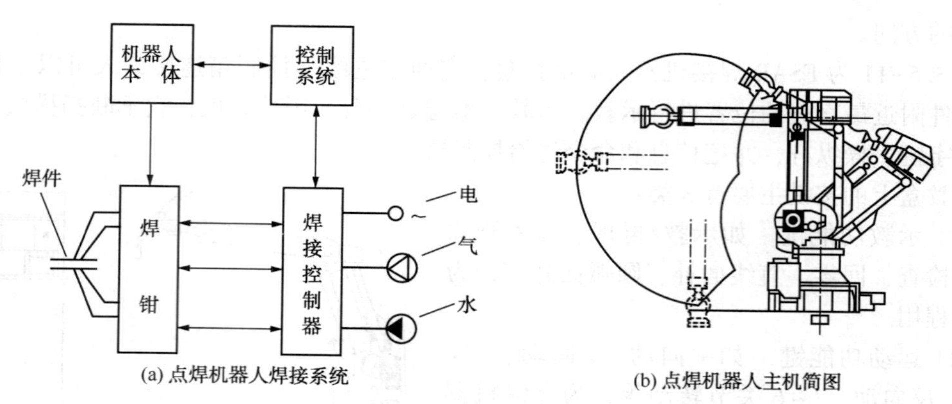

图 3. 5-12　点焊机器人的焊接系统和主机简图

段的时间及程序转换以外，还通过改变主电路晶闸管的导通角实现焊接电流控制。

2. 点焊机器人焊接系统

焊接系统主要由焊接控制器、焊钳(含阻焊变压器)和水、电、气等辅助部分组成，焊接系统的原理如图 3. 5-13 所示。

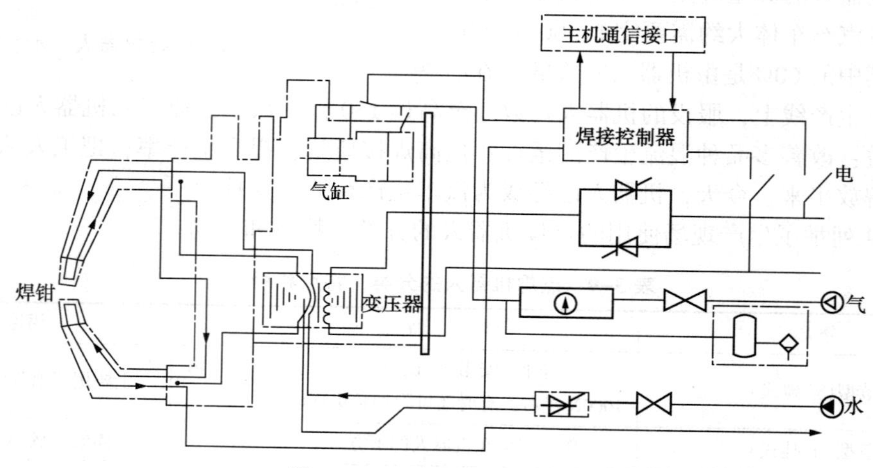

图 3. 5-13　焊接系统原理图

(1) 点焊机器人焊钳　点焊机器人焊钳从用途上可分为 C 形和 X 形两种。C 形焊钳用于点焊垂直及近于垂直位置的焊缝；X 形焊钳则主要用于点焊水平及近于水平位置的焊缝。

从阻焊变压器与焊钳的结构关系上可将焊钳分为分离式、内藏式和一体式 3 种形式。

分离式焊钳如图 3. 5-14 所示。

内藏式焊钳如图 3. 5-15 所示。

一体式焊钳如图 3. 5-16 所示。

(2) 焊接控制器　控制器由 Z80CPU、EPROM 和部分外围接口芯片组成最小控制系统，它可以根据预定的焊接监控程序，完成点焊时的焊接参数输入、点焊程序控制、焊接电流控制及焊接系统故障自诊断，并实现与本体计算机及手控示教盒的通信联系。常用的点焊控制器主要有中央结构型、分散结构型和群控系统 3 种结构形式。

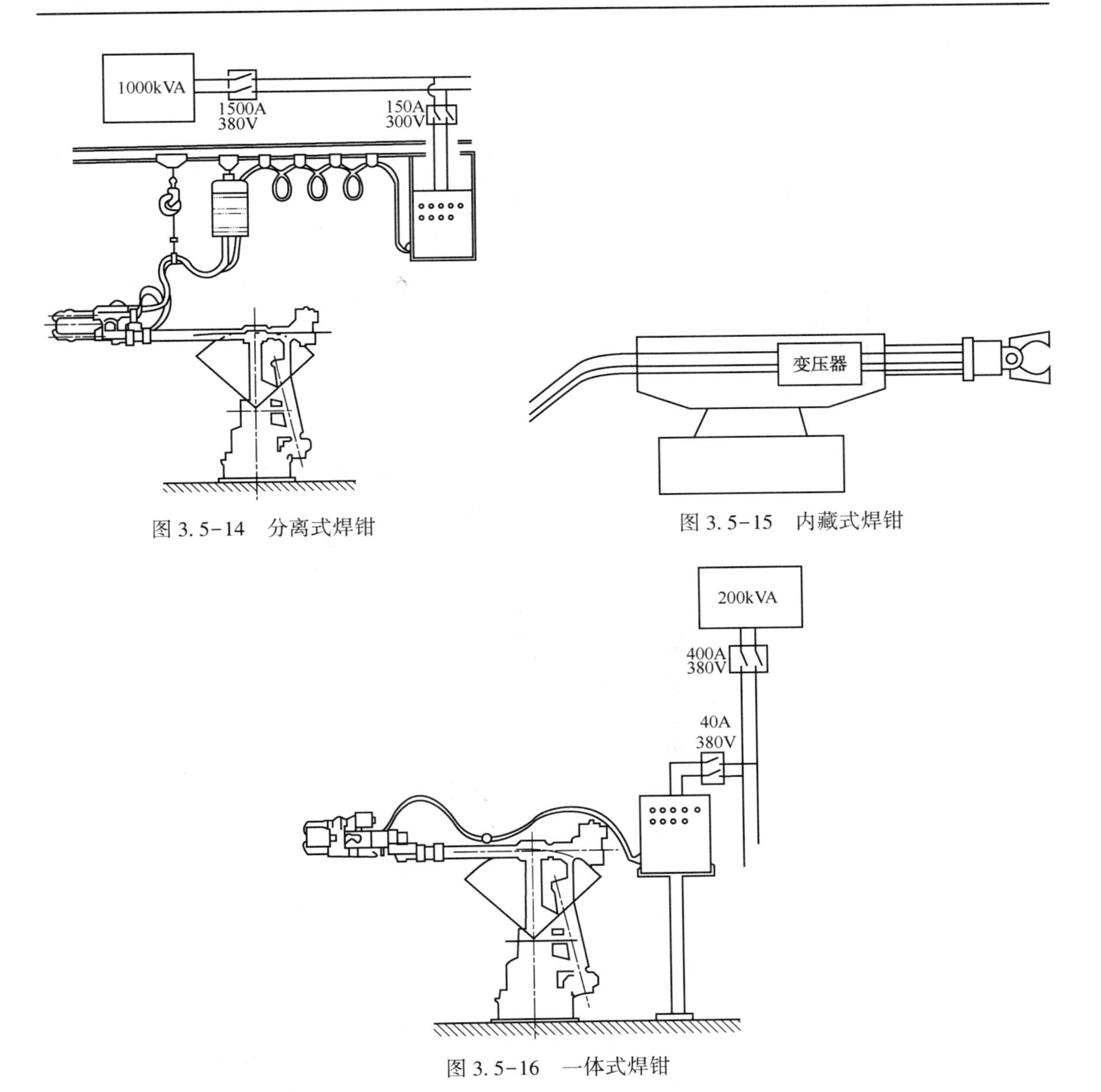

图 3.5-14　分离式焊钳

图 3.5-15　内藏式焊钳

图 3.5-16　一体式焊钳

最近，点焊机器人与 CAD 系统的通信功能变得重要起来，这种 CAD 系统主要用来离线示教。

图 3.5-17 为含 CAD 及焊接数据库系统的新型点焊机器人系统的基本构成。

3.5.3　弧焊机器人

弧焊机器人的应用范围很广，除汽车行业之外，在通用机械、金属结构等许多行业中都有应用。这是因为弧焊工艺早已在诸多行业中得到普及的缘故。弧焊机器人是包括各种焊接附属装置在内的焊接系统，而不只是一台以规划的速度和姿态携带焊枪移动的单机。图 3.5-18为焊接系统的基本组成，图 3.5-19 为适合机器人应用的弧焊方法。

在弧焊作业中，要求焊枪跟踪工件的焊道运动，并不断填充金属形成焊缝。因此，运动过程中速度的稳定性和轨迹精度是两项重要的指标。在一般情况下，焊接速度取 5~50mm/s、

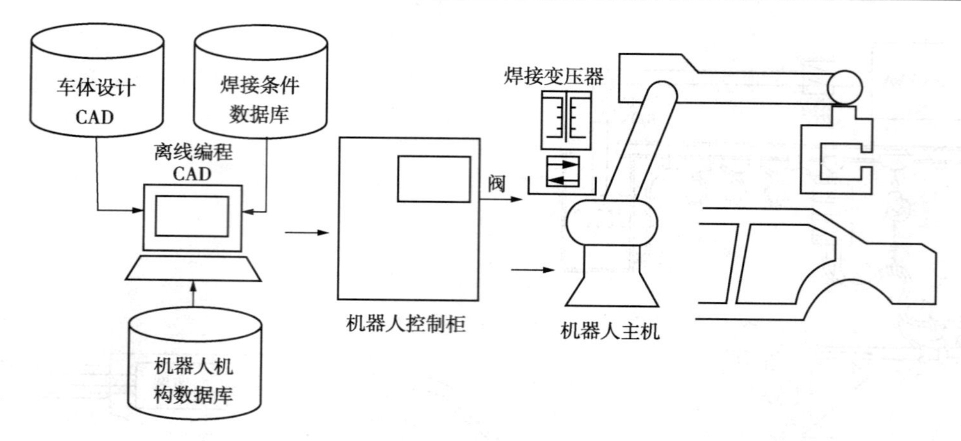

图 3.5-17　含 CAD 系统的点焊机器人系统构成

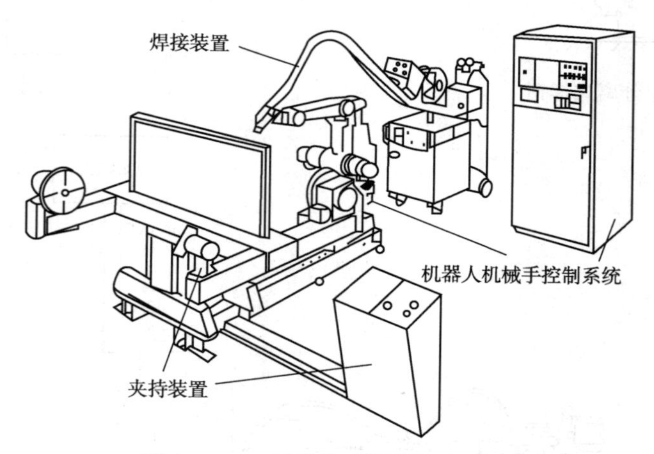

图 3.5-18　弧焊接系统的基本组成

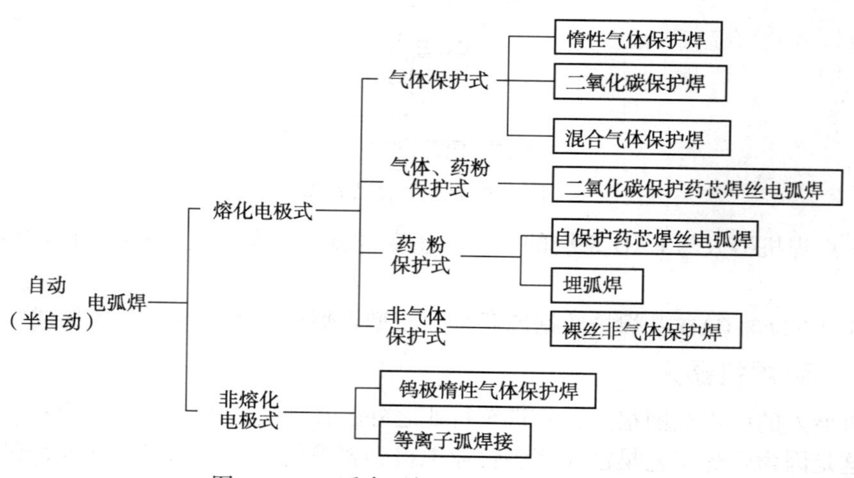

图 3.5-19　适合弧焊机器人的弧焊方法

轨迹精度为±0.2～0.5mm。由于焊枪的姿态对焊缝质量也有一定影响，因此，希望在跟踪焊道的同时，焊枪姿态的可调范围尽量大。作业时，为了得到优质焊缝，往往需要在动作的示教以及焊接条件(电流、电压、速度)的设定上花费大量的劳力和时间，所以，除了上述性能方面的要求外，如何使机器人便于操作也是一个重要课题。

弧焊机器人从机构形式划分，有直角坐标型的弧焊机器人，也有关节型的弧焊机器人。对于小型、简单的焊接作业，机器人有 4、5 轴即可以胜任，对于复杂工件的焊接，采用 6 轴机器人对调整焊枪的姿态比较方便。对于特大型工件焊接作业，为加大工作空间，有时把关节型机器人悬挂起来，或者安装在运载小车上使用。

1. 弧焊机器人的构成

弧焊机器人可以被应用在所有电弧焊、切割及类似的工艺方法中。最常用的应用范围是结构钢和 Cr、Ni 钢的熔化极活性气体保护焊，铝及特殊合金熔化极惰性气体保护焊，Cr、Ni 钢和铝的加冷丝和不加冷丝的钨极惰性气体保护焊以及埋弧焊。除气割、等离子弧切割和等离子弧喷涂外，还实现了在激光切割上的应用。

图 3.5-18 是一套完整的弧焊机器人系统，它包括机器人机械手、控制系统、焊接装置、焊件夹持装置，夹持装置上有两组可以轮番进入机器人工作范围的旋转工作台。

（1）弧焊机器人基本结构　通常弧焊用的工业机器人有 5 个自由度，具有 6 个自由度的机器人可以保证焊枪的任意空间轨迹和姿态。图 3.5-20 为典型的弧焊机器人的主机简图。点至点的移动速度可达 60m/min 以上，其轨迹重复精度可达到±0.2mm，它们可以通过示教和再现方式或通过编程方式工作。

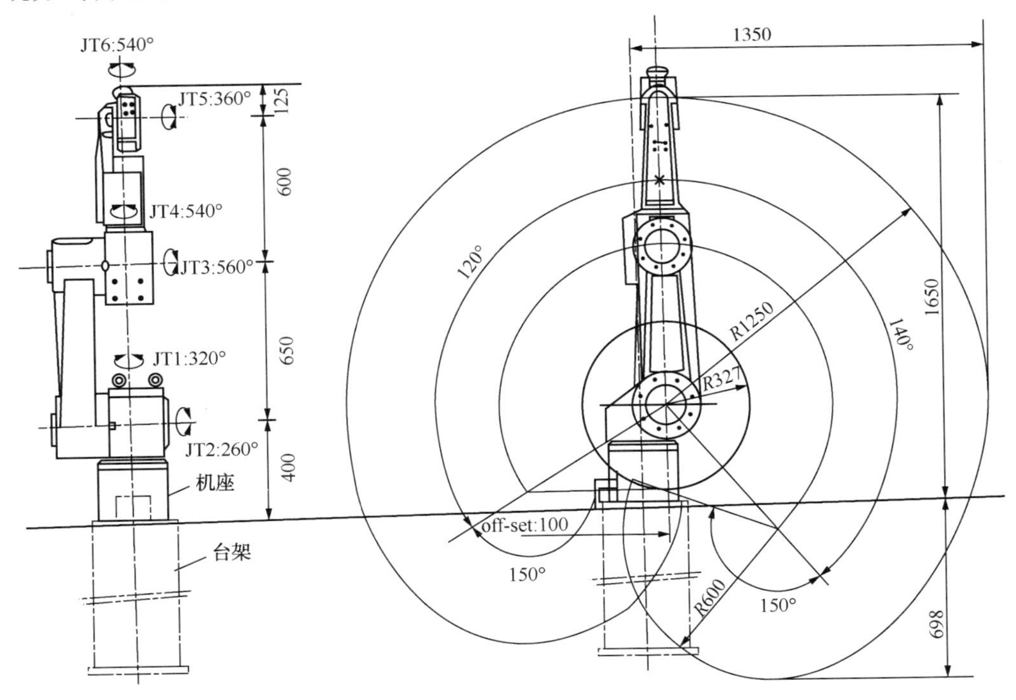

图 3.5-20　弧焊机器人的主机简图

这种焊接机器人具有直线的和环形内插法摆动的功能，6 种摆动方式如图 3.5-21 所示，机器人的负荷为 5kg。

弧焊机器人的控制系统不仅要保证机器人的精确运动，而且要具有可扩充性，以控制周边设备，确保焊接工艺的实施。

（2）弧焊机器人周边设备　弧焊机器人只是焊接机器人系统的一部分，还应有行走机构

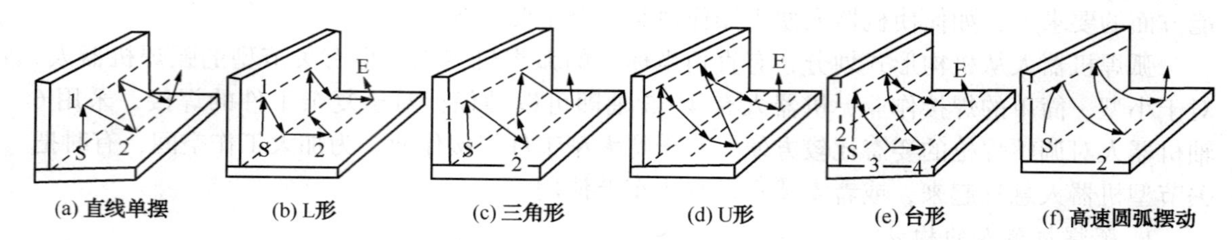

图 3.5-21　弧焊机器人的 6 种摆动方式

及小型和大型移动机架。通过这些机构来扩大工业机器人的工作范围，同时，还具有各种用于接受、固定及定位工件的转胎、定位装置及夹具。

在最常见的结构中，工业机器人固定于基座上，工件转胎则安装于其工作范围内。为了更经济地使用工业机器人，至少应有两个工位轮番进行焊接。

所有这些周边设备的技术指标，均应适应弧焊机器人的要求，即确保工件上焊缝的到位精度达到+0.2mm。以往的周边设备都达不到机器人的要求，为了适应弧焊机器人的发展，新型的周边设备由专门的工厂进行生产。

(3) 焊接设备　用于工业机器人的焊接电源及送丝设备，由于参数选择，必须由机器人控制器直接控制。为此，一般至少通过 2 个给定电压达到上述目的。对于复杂过程，例如，脉冲电弧焊或填丝钨极惰性气体保护焊时，可能需要 2~5 个给定电压，电源在其功率和接通持续时间上必须与自动过程相符合，必须安全地引燃，并无故障地工作，使用最多的焊接电源是晶闸管整流电源。

图 3.5-22 为焊枪与机器人连接的一个例子。在装卡焊枪时，应注意焊枪伸出的焊丝端部的位置应符合机器人使用说明书中所规定的位置，否则示教再现后焊枪的位置和姿态将产生偏差。

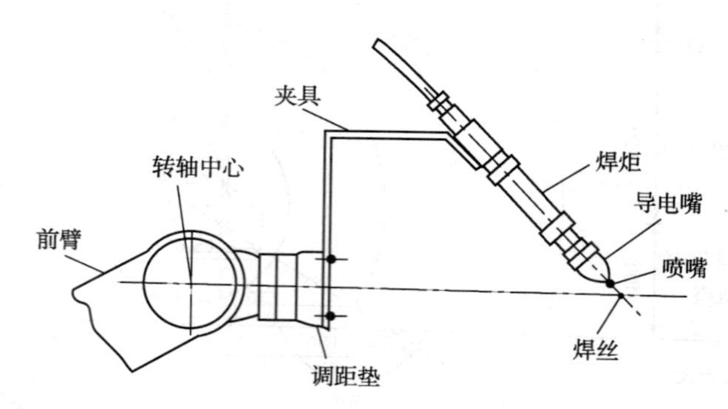

图 3.5-22　焊枪的固定

(4) 控制系统与外围设备的连接　工业控制系统不仅要控制机器人机械手的运动，还要控制外围设备的动作、开启、切断以及安全防护，图 3.5-23 是典型的控制框图。

控制系统与所有设备的通信信号有数字量信号和模拟量信号。控制柜与外围设备用模拟信号联系的有焊接电源、送丝机构和操作机等。这些设备需通过控制系统预置参数，通常是通过 D/A 数模转换器给定基准电压，控制器与焊接电源和送丝机构电源一般都需有电量隔离环节，防止焊接的干扰信号对计算机系统的影响，控制系统对操作电动机的伺服控制与对机器人伺服控制电动机的要求相仿，通常采用双伺服环，确保工件焊缝到位精度与机器人到位精度相等。

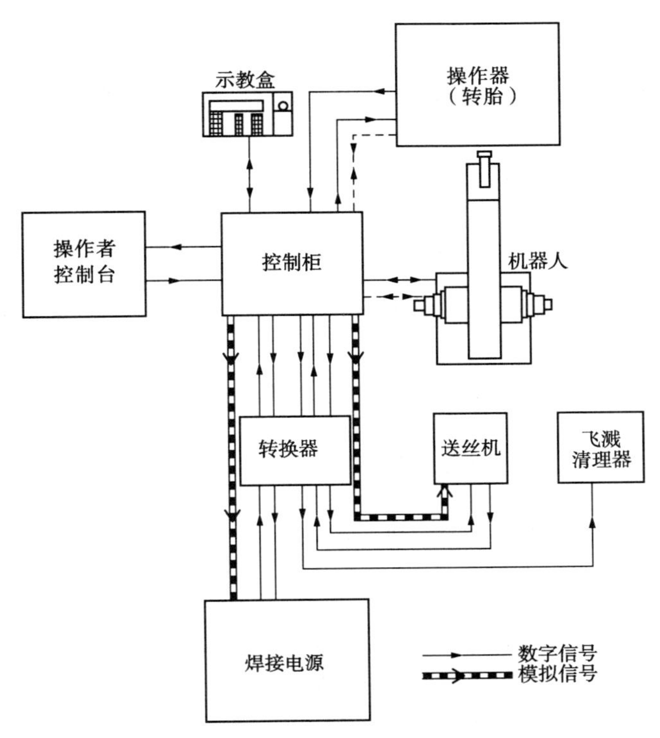

图 3.5-23　控制框图

复习思考题

1. 简述焊接机器人的工作原理。
2. 画图说明机器人的结构组成。
3. 简述点焊机器人焊钳的种类和特点。
4. 简述点焊机器人控制器的工作原理。
5. 简述弧焊机器人的结构组成。

参 考 文 献

[1] 中国机械工程学会铸造分会组编，李新亚主编．铸造手册：第5卷　铸造工艺．3版[M]．北京：机械工业出版社，2011
[2] 中国机械工程学会铸造分会组编，姜石居主编．铸造手册：第6卷　特种铸造．3版[M]．北京：机械工业出版社，2011
[3] 中国机械工程学会铸造分会组编，黄天佑主编．铸造手册：第4卷　造型材料．3版[M]．北京：机械工业出版社，2012
[4] 中国机械工程学会塑性工程学会．锻压手册：第1卷　锻造．3版[M]．北京：机械工业出版社，2013
[5] 王孝培主编．冲压手册．3版[M]．北京：机械工业出版社，2012
[6] 中国机械工程学会焊接学会编．焊接手册：第1卷　焊接方法与设备．3版[M]．北京：机械工业出版社，2016
[7] 中国机械工程学会焊接学会编．焊接手册：第2卷　材料的焊接．3版[M]．北京：机械工业出版社，2014
[8] 中国机械工程学会焊接学会编．焊接手册：第3卷　焊接结构．3版[M]．北京：机械工业出版社，2015
[9] 王卫卫主编．材料成形设备．2版[M]．北京：机械工业出版社，2011
[10] 夏巨谌主编．塑性成形设备[M]．北京：机械工业出版社，2010
[11] 张涛编著．旋压成形工艺[M]北京：化学工业出版社，2009
[12] 樊自由主编．铸造设备及自动化[M]．北京：化学工业出版社，2009
[13] 曹瑜强主编．铸造工艺及设备．2版[M]．北京：机械工业出版社，2012
[14] 王宗杰主编．焊接方法及设备[M]．北京：机械工业出版社，2010
[15] 雷世明主编．焊接方法与设备．2版[M]．北京：机械工业出版社，2013
[16] 赵熹华，冯吉才编著．压焊方法及设备[M]．北京：机械工业出版社，2011
[17] 周兴中主编．焊接方法与设备[M]．北京：机械工业出版社，1990
[18] 高金合．高能束焊[M]．西安：西安工业大学出版社，1995
[19] 陈祝年编著．焊接工程师手册[M]．北京：机械工业出版社，2002
[20] 姜焕中主编．电弧焊及电渣焊．2版[M]．北京：机械工业出版社，1998
[21] 王卫卫主编．金属与塑性成形设备[M]．北京：机械工业出版社，1996
[22] 阎亚林主编．冲压与塑压成型设备[M]．西安：西安交通大学出版社，1999
[23] 孙凤勤主编．冲压与塑压设备[M]．北京：机械工业出版社，1997
[24] 陈善本，林涛等编著．智能化焊接机器人技术[M]．北京：机械工业出版社，2006
[25] 中国铸造协会组织编写，姜不居编著．特种铸造[M]．北京：中国水利水电出版社，2005
[26] 吴俊郊主编．铸造设备[M]．北京：中国水利水电出版社，2008.
[27] 夏巨谌，张启勋主编．材料成形工艺．2版[M]．北京：机械工业出版社，2010
[28] 周述积，侯英玮，茅鹏主编．材料成形工艺[M]．北京：机械工业出版社，2005
[29] 闫洪主编．锻造工艺与模具设计[M]北京：机械工业出版社，2012
[30] 范金辉，华勤主编．铸造工程基础[M]．北京：北京大学出版社，2009
[31] 中国机械工程学会焊接学会编．焊接词典．3版[M]．北京：机械工业出版社，2008
[32] 方洪渊主编．焊接结构学[M]．北京：机械工业出版社，2011
[33] 英若乎主编．焊接原理及金属材料焊接[M]．北京：机械工业出版社，1999
[34] 赵克法主编．铸造设备选用手册[M]．北京：机械工业出版社，2001